普通高等教育机电类系列教材

SolidWorks 2012 机械设计实例精解
——减速器设计

主　编　段志坚　李改灵
副主编　谢庆华　刘治宏　孙爱丽　王　敏
参　编　徐来春　冯仁余　石红霞　刘　宁
　　　　张丽杰　柴树峰　等
主　审　贾巨民

机 械 工 业 出 版 社

本书综合了机械设计与 SolidWorks 2012 软件的相关知识，是一本兼顾理论与实践、直接服务于机械设计的 SolidWorks 2012 软件使用教材。本书是作者结合多年机械设计教学经验与 SolidWorks 软件的实际应用体会，从使用者的角度出发，通过融经验、技巧于一体的典型实例讲解，使读者能够通过对本书的学习，对机械设计知识和 SolidWorks 2012 软件都有一个全新的掌握。

全书采用“图解”的写作风格，强调基础知识和实例相结合，突出设计理念和设计思路，使读者能够轻松地掌握使用 SolidWorks 2012 软件的基本功和实践应用方法。在内容结构上，本书从基础入手，以减速器的设计为例，由浅入深、循序渐进地讲解了从基础零件到复杂装配、生成工程图的整个流程。本书对机械各类零件的建模与工程图制作过程作了详细介绍，读者可以按照书中的步骤一步步实际操作，边学边用，从而掌握 SolidWorks 软件的建模技巧和利用 SolidWorks 进行工程设计的基本流程。

书中用到的部分软件原文件可在天工讲堂小程序中下载。

本书内容严谨，讲解透彻，实例紧密联系机械工程实践，具有较强的专业性和实用性。本书特别适合作为高等院校相关专业师生计算机辅助设计和机械设计教材，也可以作为机械工程技术人员和 SolidWorks 技术人员的参考书以及 SolidWorks 培训班配套教材。

图书在版编目（CIP）数据

SolidWorks 2012 机械设计实例精解．减速器设计/段志坚，李改灵主编．—北京：机械工业出版社，2013.3（2025.1 重印）
普通高等教育机电类系列教材
ISBN 978-7-111-40856-7

Ⅰ.①S…　Ⅱ.①段…②李…　Ⅲ.①机械设计-计算机辅助设计-应用软件-高等学校-教材②减速装置-机械设计-计算机辅助设计-应用软件-高等学校-教材　Ⅳ.①TH122

中国版本图书馆 CIP 数据核字（2013）第 020020 号

机械工业出版社（北京市百万庄大街 22 号　邮政编码 100037）
策划编辑：余　皞　责任编辑：余　皞　李　超　任正一
版式设计：霍永明　责任校对：刘志文　常天培
封面设计：张　静　责任印制：单爱军
北京虎彩文化传播有限公司印刷
2025 年 1 月第 1 版第 7 次印刷
184mm×260mm・22.75 印张・565 千字
标准书号：ISBN 978-7-111-40856-7
定价：59.00 元

电话服务　　　　　　　　　网络服务
客服电话：010-88361066　机　工　官　网：www.cmpbook.com
　　　　　010-88379833　机　工　官　博：weibo.com/cmp1952
　　　　　010-68326294　金　　书　　网：www.golden-book.com
封底无防伪标均为盗版　机工教育服务网：www.cmpedu.com

前　言

亲爱的读者，非常感谢您捧起了这本书，此时您或许会充满疑虑与困惑：这是本怎样的书？从这本书中能学到什么？它有什么特色呢？要不要选用它做学习的助手呢？我们能真切地感受到您的那份疑惑，也深深懂得您对我们的期待。那么，请您静下心来，随我们一起来阅读此书，希望我们能够给您想要的。关于此书，我们想说以下几点：

1. 机械设计与 SolidWorks 的关系

机械设计的本质就是借助我们的智慧设计和制造出更多实用、新颖的产品。大到航母、飞机，小到一个螺钉、垫片，都离不开机械设计。软件的兴起改变了设计模式，SolidWorks 软件以其优异的设计性能、易用性和创新性，极大地提高了机械设计工程师的设计效率和质量，大大缩短了新产品的开发周期，降低了设计难度和成本，增强了设计师的创新能力，使得过去只有行业高手才能胜任的工作变得一般技术人员也容易掌握。

本书的目的在于让读者了解机械设计基础知识的同时，借助 SolidWorks 软件这一机械设计自动化软件来创建零件和装配体的参数化模型，建立相应的工程图，完成机械设计典型零部件——减速器的设计。

2. 本书内容结构

本书结合编者多年机械设计教学经验与 SolidWorks 软件的实际应用体会，从使用者的角度出发，通过融经验技巧于一体的典型实例讲解，系统介绍了机械各类零件分析→建模→装配→工程图制作的全过程。

本书分为四个部分：

- 基础知识，包括第 1、2 章，简要讲述了齿轮减速器总体结构及工作原理，介绍了 SolidWorks 2012 的基础知识。
- 各类零件的设计与建模，包括第 3 ~ 6 章，详细介绍了减速器中各类典型零件、标准件的建模过程。在此过程中遵循先分析后建模、先命令后实例的原则，对相关知识点讲解深入、透彻，使读者掌握 SolidWorks 2012 的建模技巧。
- 减速器装配设计，即第 8 章，介绍了 SolidWorks 2012 中的装配体操作相关基础知识、常用的装配方法和技巧。
- SolidWorks 2012 工程图模块，即第 9 章，介绍了利用 SolidWorks 2012 软件创建各种类型的零件工程图、装配体工程图、SolidWorks 2012 工程图与 Auto CAD 文件交换等。

本书内容全面，全书采用“图解”的写作风格，强调基础知识和实例相结合，突出设计理念和设计思路，使读者能够轻松地掌握 SolidWorks 2012 的基本功和实践应用方法。

3. 本书的特色

现在市场上有各种各样的 SolidWorks 培训书籍，为什么要选择我们的呢？我们的特色在哪里呢？通过比较总结，本书具有以下几个特色：

● 每一章开始的知识导学部分，有助于读者从整体上了解各章将要介绍的内容及其讲解思路，便于读者掌握所介绍的内容和有选择地进行阅读。

● 知识点全面且新颖。本书囊括了 SolidWorks 2012 的各种建模命令，对常见模型采用各种不同的方法建模。例如本书中加入了“Toolbox”法生成齿轮、曲面生成渐开线法和插值法生成渐开线来生成齿轮、工程图标准化问题等。这些都经过精心整理与总结，是其他书中所不常见的。

● 突出“建模思想”，强调“设计意图”。同样一个零件的建模，可以采用不同的设计意图来实现。一个好的设计意图能够使建模过程准确、快速，且模型便于修改。本书中针对每一类零件的结构特点进行分析，选择最佳设计意图来创建模型，使读者在学习过程中形成良好的建模思想。

● 机械设计与 SolidWorks 2012 软件的有机结合。在机械设计过程中，越来越多的人选择 SolidWorks 2012 软件完成产品的设计。但是在实际的过程中经常是设计和建模相离，在建模的过程中不考虑零件的尺寸与结构，盲目地完成设计。本书中加入了部分机械设计内容，使读者能够对建模的各种零件的基础知识的理解有所加深，对零件建模过程中用到的尺寸、标准有据可查，使读者能够真正实现“一册在手、建模无忧”。

● 系统、全面地介绍了 SolidWorks 2012 软件的工程图内容。本书紧密结合大量范例对 SolidWorks 2012 工程图设计进行讲解和说明，分门别类地介绍了机械各类零件工程图的创建，并对 SolidWorks 2012 工程图的标准化问题、与 AutoCAD 文件交换等问题作了详细而准确的描述。

● 科学选择实例。所选用的实例既具有代表性、功能性，又能够恰到好处地说明所学知识点，起到互为补充、功能性和实用性相结合的作用。

● 更加注重实用。全书以实用为出发点，充分考虑机械设计人员在从事实际工作时可能遇到的困难，在关键点上进行点拨，力争达到最大限度缩短产品设计周期的目的。

● 经典的教学案例。本书的建模案例经过编者精挑细选，经典、实用、新颖，全部来自一线工程实践，具有典型性和实用性，使读者倍感亲切，易于触类旁通、举一反三。

本书在内容上不求面面俱到，而是更注重实际需要。书中的全部命令和操作步骤均结合实例介绍，并且每一个实例都是从最基本的操作开始讲解，使读者可以轻松地掌握操作方法。即使是从未接触过 SolidWorks 的新手，只要认真学完本书中所有的实例，就完全可以在最短的时间内成为一名合格的 SolidWorks 用户；对于中级用户，学习本书能进一步提高利用 SolidWorks 进行机械设计的能力和操作技巧。

4. 关于编者

本书的编者都是从事教学研究的一线人员，具有丰富的教学实践经验与教材编写经验。多年的教学工作使我们能够准确地把握学生的心理需求，了解学生在学习过程中常见错误，对于指导学生工程设计实践有独到的见解。在本书中，处处凝结着我们的经验与体会，贯彻着我们的教学理念，希望本书能够为广大读者的学习提供一个捷径。

● 本书的编写过程中，始终坚持由浅入深、循序渐进的原则，以便读者把学习命令融汇到具体的设计中去，更有效地激发读者的学习兴趣，提高学习效果和读者运用SolidWorks 2012进行工程设计的技能。

本书由段志坚、李改灵主编，谢庆华、刘治宏、王敏、孙爱丽副主编，贾巨民主审。

参加本书编写工作的有：军事交通学院贾巨民、段志坚、李改灵、王敏、孙爱丽、徐来春、冯仁余、石红霞、刘宁、张丽杰、柴树峰、吕新远、房京、王臻、黄秋爽、崔鲲、汤振寰、代连弟，解放军理工大学谢庆华，武汉军械士官学校刘治宏，第二炮兵工程大学士官职业教育技术学院林乐旗，空军工程大学理学院赵敏荣，空军勤务学院张勇明，公安海警学院卫静。

由于编者水平及经验有限，疏漏之处望各位读者不吝赐教，编者在此深表感谢。

编　者

目　录

第 1 章　减速器工作原理与结构简介

知识导学

SolidWorks 作为重要的实体建模软件，已广泛地应用到机械设计中。而齿轮减速器作为原动机和工作机之间的一种机械传动装置，其设计过程包括了机械设计中几乎所有的基础知识。本书以一级齿轮减速器为例，应用 SolidWorks 2012 进行零件建模与装配；为了便于后续内容的学习和进行 SolidWorks 2012 实体造型，本章从介绍齿轮减速器总体结构及工作原理出发，对减速器箱体及其附件的结构进行简要介绍，并简明阐述了 SolidWorks 与机械设计的关系。本章内容旨在指导读者了解齿轮减速器的整体结构及组成，了解 SolidWorks 实体造型的设计流程和建模流程。

本章主要内容包括：减速器的总体结构、减速器的工作原理、减速器箱体及附件、SolidWorks 在机械设计中的作用、SolidWorks 实体造型的优越性、SolidWorks 的设计流程、SolidWorks 的建模流程、减速器装配体造型与部分零部件作品欣赏。

- 重点：减速器的总体结构、减速器的工作原理、减速器箱体及附件的结构简介、SolidWorks 的设计流程与 SolidWorks 的建模流程。
- 难点：减速器箱体及附件的结构。

齿轮减速器是连接原动机和工作机的中间机械传动装置，其功用是降低转速、增大转矩，以满足工作机的转速和转矩要求。

为了用 SolidWorks 2012 顺利完成齿轮减速器的设计，有必要先对设计对象本身的机械结构和原理有所了解。本章的三维实体插图均用 SolidWorks 2012 制作。我们相信，通过这样一个具体机械的设计，读者不但能充分掌握 SolidWorks 2012 软件的造型技巧（零件设计与装配设计），同时也能提高机械设计能力。

1.1　齿轮减速器的总体结构

图 1-1-1 所示为齿轮减速器的总体结构外观图，图 1-1-2a、b、c 所示分别为齿轮减速器的三个主要部件：高速轴（输入轴）、低速轴（输出轴）和箱体（箱盖、箱座）的外观图。

图 1-1-3 所示为齿轮减速器的零件分解图，如图所示，齿轮减速器主要由箱体（包括箱盖和箱座）及其附件和轴系零件、部件（包括轴、轴承、轴承盖以及齿轮等传动零件）等组成，从中我们可以了解齿轮减速器的内部结构和各零部件的名称。

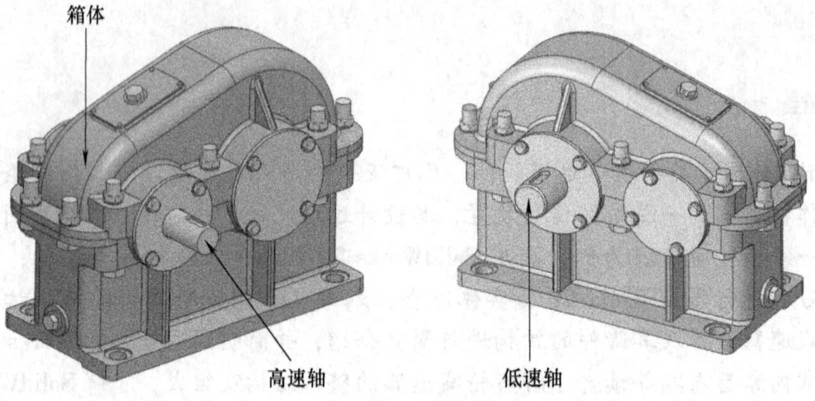

图 1-1-1　齿轮减速器的总体结构外观图

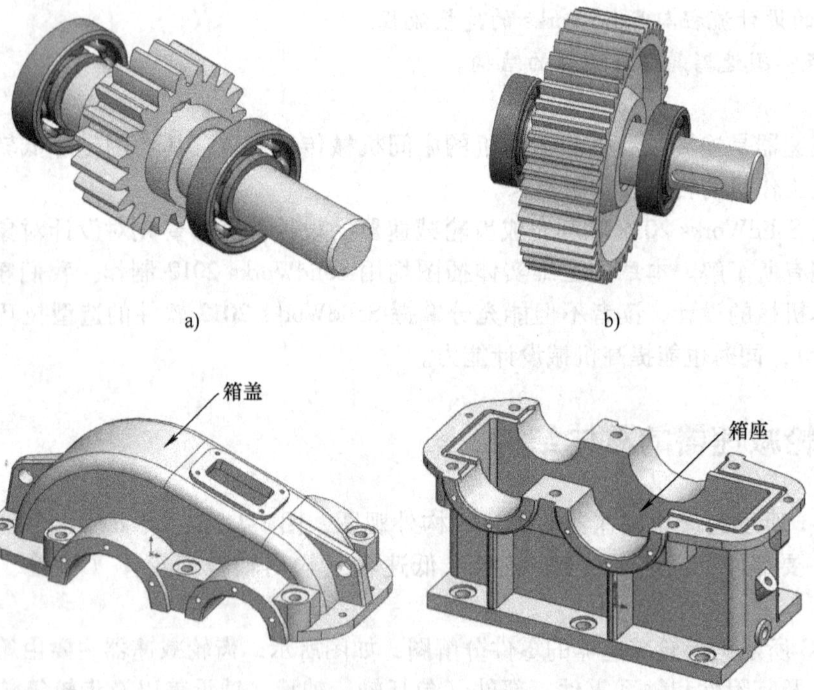

图 1-1-2　齿轮减速器主要部件外观图

a）高速轴　b）低速轴　c）箱体

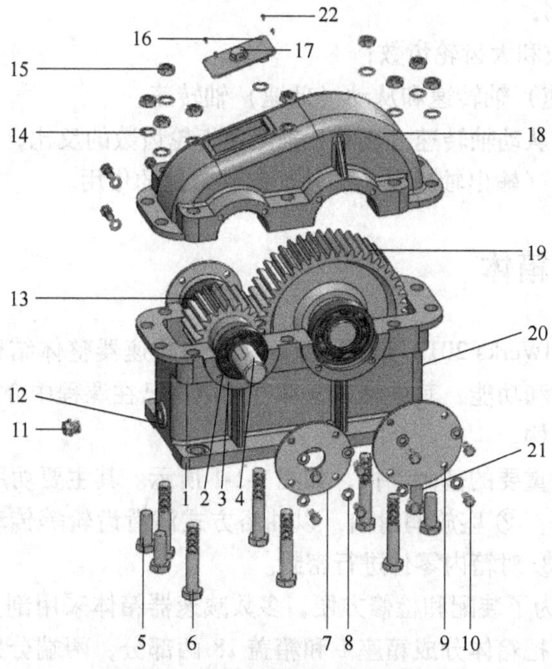

图 1-1-3　齿轮减速器零件分解图

1—箱座　2—轴承　3—毡圈　4—键　5—定位销　6、10—螺栓　7、9—轴承盖　8—调整垫片　11—螺塞　12—封油圈　13—齿轮轴　14—弹簧垫圈　15—螺母　16—检查孔盖　17—通气器　18—箱盖　19—大齿轮　20—油标尺　21—起盖螺钉　22—螺钉

1.2　齿轮减速器的工作原理

齿轮减速器的工作原理就是当电动机的输入转速从主动轴Ⅰ输入后，带动小齿轮 1 转动，小齿轮 1 通过与大齿轮 2 外啮合，带动大齿轮 2 转动，大齿轮带动从动轴Ⅱ转动，最后将运动由从动轴Ⅱ输出，如图 1-2-1 所示。由于大齿轮 2 的齿数多于小齿轮 1，根据齿轮传动比的计算公式有

$$i=\frac{Z_2}{Z_1}=\frac{n_1}{n_2}$$

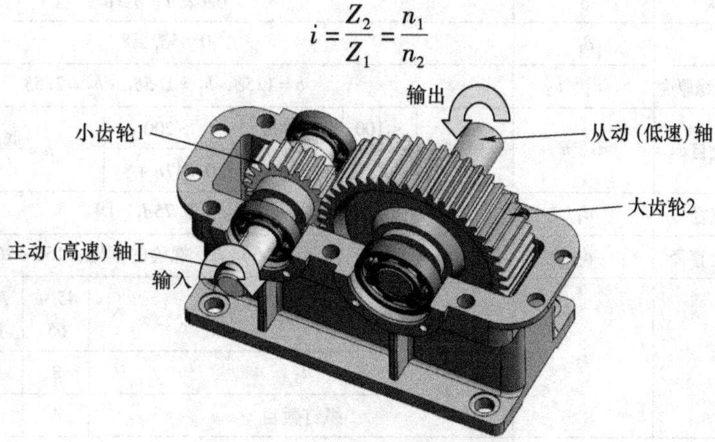

图 1-2-1　齿轮减速器传动原理

式中 i——齿轮传动比；

Z_1、Z_2——小齿轮齿数和大齿轮齿数；

n_1、n_2——主动（高速）轴转速和从动（低速）轴转速。

上式说明主动轴与从动轴转速之比等于轴上两齿轮齿数的反比，故大齿轮的转速比小齿轮慢，再由大齿轮的轴（输出轴）输出，从而起到减速的作用。

1.3 齿轮减速器箱体

为了便于进行 SolidWorks 2012 实体造型，在了解减速器整体结构的同时，有必要了解各主要组成零件的结构和功能，其中轴系零部件的结构已在课程中介绍，本节重点介绍减速器的箱体及其附件的结构。

箱体是减速器非常重要的基础零件，如图 1-1-1 所示。其主要功用是：① 安装减速器的轴系零部件及其附件等；② 盛放润滑油，以油浴方式润滑齿轮等传动件和滚动轴承（滚动轴承采用油润滑时）；③ 对箱内零件进行密封。

如图 1-1-3 所示，为了装配和检修方便，多数减速器箱体采用剖分式结构，剖分面为通过齿轮轴线的水平面，把箱体分成箱座 1 和箱盖 18 两部分，两端分别用两个定位销 5 进行定位，并用一组螺栓 6 将两者紧密地联接在一起，组成箱体。

在批量生产时，箱体一般采用铸铁（HT200 或 HT250）铸造而成；对于受冲击载荷的重型减速器则常采用铸钢箱体；单件生产的减速器则采用钢板焊接而成的箱体。

对箱体的具体要求主要有以下几个方面：一是箱体要有足够的刚度，二是箱体要有良好的工艺性，三是箱体应有足够的容积，四是箱体应有可靠的密封。

由于减速器箱体的形状十分复杂，因此其各部分的结构尺寸很难通过强度、刚度等计算得到，一般均根据结构设计的要求，采用经验公式或类比的方法获得，具体可见表 1-3-1。

表 1-3-1 一级圆柱齿轮减速器铸铁箱体的主要结构尺寸 （单位：mm）

<table>
<tr><th>名　称</th><th>符　号</th><th colspan="6">尺寸关系</th></tr>
<tr><td>中心距</td><td>a</td><td colspan="6">由传动件设计确定</td></tr>
<tr><td>箱座（体）壁厚</td><td>δ</td><td colspan="6">$0.025a+\delta\geqslant 8$</td></tr>
<tr><td>箱盖壁厚</td><td>δ_1</td><td colspan="6">$0.85\delta_1\geqslant 8$</td></tr>
<tr><td>箱座、箱盖、箱座底凸缘厚度</td><td>b、b_1、b_2</td><td colspan="6">$b=1.5\delta$，$b_1=1.5\delta_1$，$b_2=2.5\delta$</td></tr>
<tr><td rowspan="2">地脚螺栓直径及数目</td><td rowspan="2">d_f、n</td><td>a</td><td>≤100</td><td>~200</td><td>>200</td><td rowspan="2" colspan="2">$n=\frac{\text{底座凸缘周长}}{(200\sim300)}\geqslant 4$</td></tr>
<tr><td>d_f</td><td>12</td><td>$0.04a+8$</td><td>$0.047a+8$</td></tr>
<tr><td>轴承旁联接螺栓直径</td><td>d_1</td><td colspan="6">$0.75d_f$</td></tr>
<tr><td>箱盖、箱座联接螺栓直径</td><td>d_2</td><td colspan="6">$(0.5\sim0.6)\ d_f$；螺栓的间距：150 ~ 200</td></tr>
<tr><td rowspan="3">轴承盖螺钉直径</td><td rowspan="3">d_3</td><td colspan="2">轴承座孔（外圈）直径 D</td><td>45 ~ 65</td><td>70 ~ 100</td><td>110 ~ 140</td><td>150 ~ 230</td></tr>
<tr><td colspan="2">d_3</td><td>8</td><td>10</td><td>12</td><td>16</td></tr>
<tr><td colspan="2">螺钉数目</td><td>4</td><td>4</td><td>6</td><td>6</td></tr>
<tr><td>检查孔盖螺钉直径</td><td>d_4</td><td colspan="6">单级减速器：$d_4=6$；双级减速器：$d_4=8$</td></tr>
</table>

（续）

<table>
<tr><th>名　称</th><th>符　号</th><th colspan="11">尺寸关系</th></tr>
<tr><td rowspan="6">d_f、d_1、d_2 至箱外壁距离
d_f、d_2 至凸缘边距离</td><td rowspan="6">c_1
c_2
D_0
R_0
r</td><td>螺栓直径</td><td>M8</td><td>M10</td><td>M12</td><td>M14</td><td>M16</td><td>M18</td><td>M20</td><td>M22</td><td>M24</td><td>M30</td></tr>
<tr><td>$c_{1\min}$</td><td>14</td><td>16</td><td>18</td><td>20</td><td>22</td><td>24</td><td>26</td><td>30</td><td>24</td><td>40</td></tr>
<tr><td>$c_{2\min}$</td><td>12</td><td>14</td><td>16</td><td>18</td><td>20</td><td>22</td><td>24</td><td>26</td><td>28</td><td>35</td></tr>
<tr><td>D_0</td><td>20</td><td>24</td><td>28</td><td>32</td><td>34</td><td>38</td><td>42</td><td>44</td><td>50</td><td>62</td></tr>
<tr><td>$R_{0\max}$</td><td colspan="3">5</td><td colspan="4">8</td><td colspan="3">10</td></tr>
<tr><td>$r_{\max}$</td><td colspan="3">3</td><td colspan="4">5</td><td colspan="3">8</td></tr>
<tr><td>轴承座外径</td><td>D_2</td><td colspan="11">$D+(5\sim5.5)d_3$，D——轴承外圈内径</td></tr>
<tr><td>轴承旁联接螺栓距离</td><td>s</td><td colspan="11">以 Md_1 螺栓和 Md_3 螺钉互不干涉为准尽量靠近，一般取 $s\approx D_2$</td></tr>
<tr><td>轴承旁凸台半径</td><td>R_1</td><td colspan="11">c_2</td></tr>
<tr><td>轴承旁凸台高度</td><td>h</td><td colspan="11">根据低速轴轴承座外径 D_2 和 Md_1 扳手空间 c_1 的要求由结构确定</td></tr>
<tr><td>箱外壁至轴承座端面距离</td><td>L_1</td><td colspan="11">$c_1+c_2+(5\sim8)$</td></tr>
<tr><td>箱盖、箱座肋厚</td><td>m_1、m</td><td colspan="11">$m_1>0.85\delta_1$，$m>0.85\delta$</td></tr>
<tr><td>大齿轮齿顶圆（蜗轮外圆）与箱内壁间距离</td><td>Δ_1</td><td colspan="11">$\geqslant1.2\delta$</td></tr>
</table>

注：1. 对于圆柱齿轮传动，a 为低速级中心距；对于锥齿轮传动，a 为大小齿轮平均分度圆半径之和；对于圆锥-圆柱齿轮传动，a 为圆柱齿轮传动的中心距。

2. Δ 与减速器的级数有关，对于单级减速器，$\Delta=1$mm；对于两级减速器，$\Delta=3$ mm。

3. 表中所列 D_2 的尺寸关系适用螺钉联接式轴承盖；对嵌入式轴承盖，$D_2=1.25D+10$ mm。

1.4　齿轮减速器附件

齿轮减速器除了箱体和轴系零部件外，还需要一系列的附件，分别用来注油、排油、观察油位、通气以及箱体的定位、起盖和吊运等，如图 1-1-3 所示。下面简要介绍这些附件。

（1）检查孔盖　减速器的箱盖上方均有检查孔，用来观察和检查齿轮的啮合情况以及由此孔向箱体内注入清洁的润滑油，供齿轮油浴润滑用。平时，检查孔上端面处应有垫片和检查孔盖 16，并拧紧螺钉 22 来固定，以防止漏油。

（2）螺塞　在箱体侧面，油池的最低位置处均设计有放油螺孔，平时用螺塞 11 堵住。换油时打开螺塞，排出污油；然后拧上螺塞，即可从检查孔注入清洁油液。

（3）油标尺　为了使箱体内经常保持适当的油量，需要在箱体上安装油标尺 20，用来观察油位。

（4）通气器　减速器工作时，为了使箱内受热膨胀的空气能自由地排出，以免箱内压力升高而导致润滑油从密封处向外渗漏，需要在箱盖顶部或检查孔盖上安装通气器 17。

（5）定位销　在箱体（轴承座孔）的加工、减速器的装配和检修时，为了使减速器的箱盖与箱座始终保持一定的正确位置，即正确定位，需要在箱盖与箱座连接凸缘上配做定位销孔，并装上两个定位销 5。

（6）起盖螺钉　对于中、大型减速器（$a>100$mm），通常在箱盖的凸缘上安装有 1 ~2 只起盖螺钉 21。当需要拆卸减速器时，可先拆下箱盖与箱座的联接螺栓以及轴承盖螺钉，然后拧动起盖螺钉，即可将箱盖顶起，使之与箱座分离，以便吊运。

（7）起吊装置　当减速器的质量超过 25kg 时，应在箱盖上安装吊环螺钉或铸出吊耳，以便起吊箱盖；在箱座上铸出吊钩，以起吊箱座或整台减速器。

（8）轴承盖　轴承盖7、9的作用是固定轴承并承受轴向载荷、密封轴承、调整轴系位置和轴承游隙等。其结构有凸缘式和嵌入式两种，如图1-4-1、图1-4-2所示。

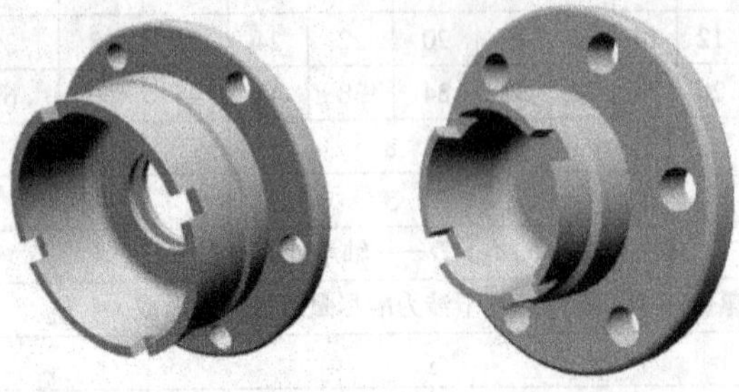

a)　　b)

图1-4-1　凸缘式轴承盖

a）透盖　b）闷盖

a)　　b)

图1-4-2　嵌入式轴承盖

a）透盖　b）闷盖

1.5　机械设计与SolidWorks软件

1.5.1　SolidWorks在机械设计中的作用

机械设计通常需要进行如下四个阶段的操作。

第一阶段：计划阶段，明确机器要具有的功能。

第二阶段：方案设计阶段，明确机器的某项功能通过何种方案实现并确定工作原理。

第三阶段：技术设计阶段，具体的零件设计、三维建模、图样绘制等。

第四阶段：技术文件编制，包括使用手册等文件。

其中用到机械设计软件的主要是技术设计阶段，而其他阶段更多的是需要扎实的理论知识、工作经验等。所以说，要从事机械设计工作，只懂得一两个软件是不够的，还需要掌握非常广泛的专业知识。

当然，机械设计软件还是必须学习的，软件是一个工具，它就像是一辆汽车，使用它可以跑得更快，令机械设计工作效率倍增。而且使用机械设计软件，还可以对方案进行精确的仿真分析，以充分评估设计的可行性，避免错误，减少损失。

1.5.2　SolidWorks实体造型的优越性

SolidWorks实体造型的本质就是在计算机中用一些基本元素来构造机械零件的完整几何模型。传统的工程设计方法是设计人员在图样上利用几个不同的投影图来表示一个三维产品的设计模型，图样上还有许多人为的规定、标准、符号和文字描述。对于一个较为复杂的部件，要用若干张图样来描述。对于过于复杂的零件，设计人员有时只能采用代用毛坯，边加工设计边修改，经过长时间的艰苦工作后才能给出产品的最终设计图样。所以，传统的设计方法严重影响着产品的设计制造周期和产品质量。

利用SolidWorks实体造型进行产品设计时，设计人员可以在计算机上直接进行三维设计，在屏幕上能够见到产品的真实三维模型。产品零件的形状和结构越复杂，更改越频繁，采用三维实体软件进行设计的优越性越突出。

当在计算机中建立零件模型后，工程师就可以在计算机上很方便地进行后续环节的设计工作，如零部件的模拟装配、总体布置、干涉检查等。所以，它为在计算机集成制造和并行工程思想指导下实现整个生产环节采用统一的产品信息模型奠定了基础。

1.5.3　SolidWorks 的设计流程

在 SolidWorks 系统中，零件、装配体和工程图都属于对象，它采用了自顶向下的设计方法创建对象，如图 1-5-1 所示。

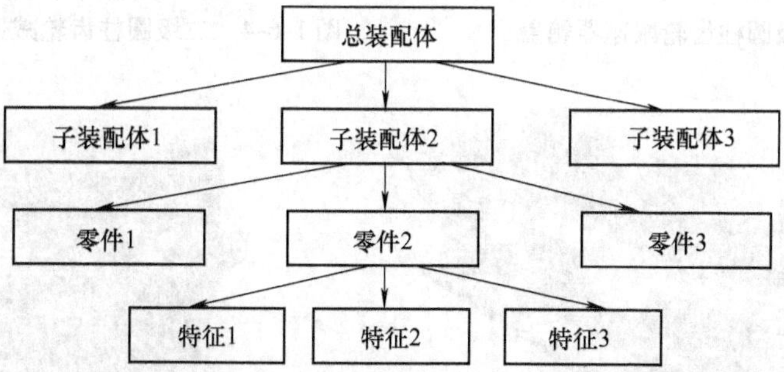

图 1-5-1　自顶向下的设计方法

1.5.4　SolidWorks 的建模流程

模型的建立过程是设计过程的反向实现，通常可通过如下流程来建立模型：

1）创建草图。创建模型的草绘图形，此草绘图形可以是模型的一个截面或轨迹等。

2）创建特征。添加拉伸、旋转、扫描等特征，利用创建的草绘图形创建实体。

3）装配部件。如果模型为装配体，那么还需要将各个零部件按某种规则进行装配，以检验零部件间装配是否合理。

4）绘制工程图。二维工程图有利于工作人员按图样要求加工零件，依照三维实体绘制出二维的工程图是 SolidWorks 的强项，并且比直接绘制二维图形要迅速。

1.6　减速器装配体造型与部分零部件图例（图 1-6-1 ~ 图 1-6-34）

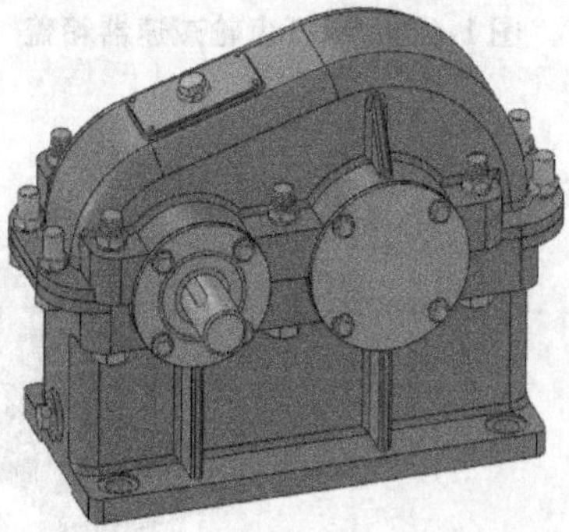

图 1-6-1　单级圆柱齿轮减速器

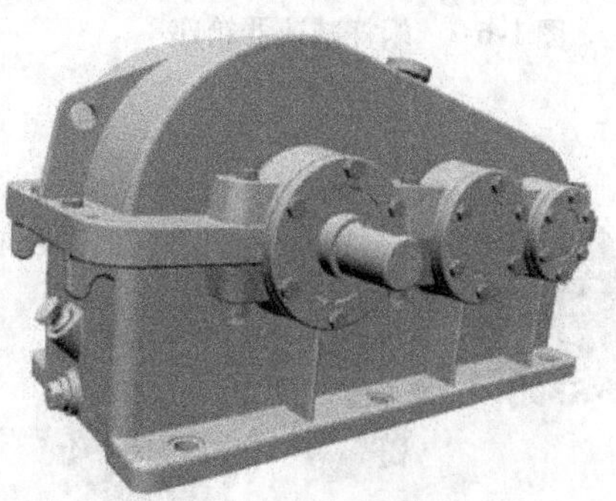

图 1-6-2　二级圆柱齿轮减速器

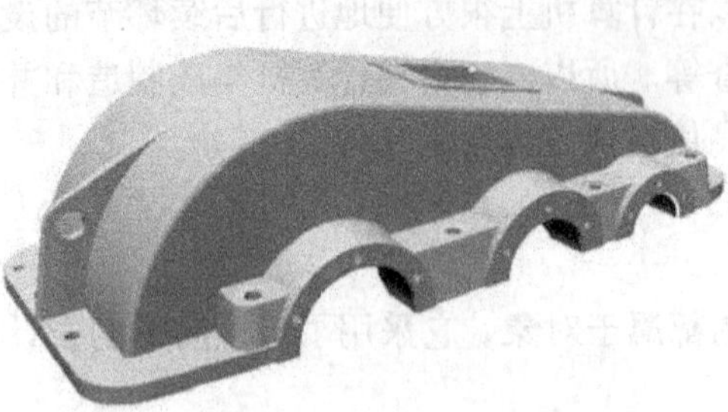

图 1-6-3　二级圆柱齿轮减速器箱盖

图 1-6-4　二级圆柱齿轮减速器齿轮及底座

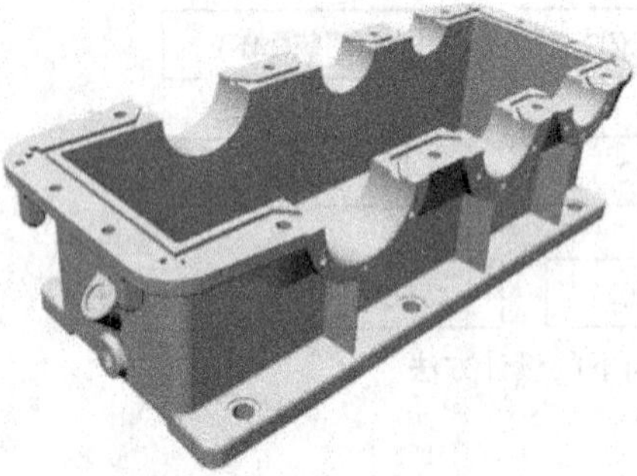

图 1-6-5　二级圆柱齿轮减速器箱座

图 1-6-6　蜗杆齿轮减速器外观图

图 1-6-7　蜗杆减速器箱座

图 1-6-8　蜗杆齿轮减速器箱盖

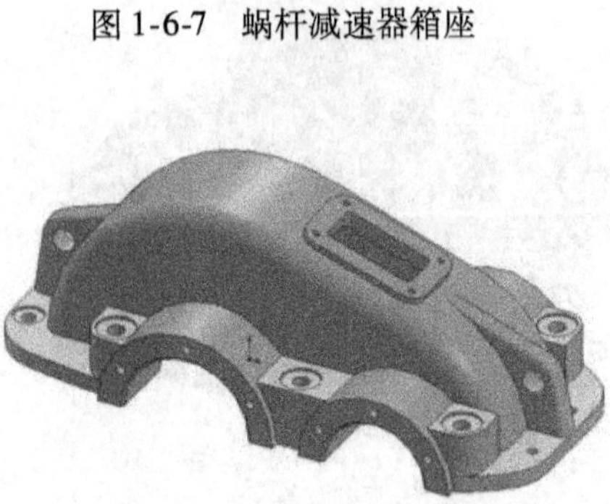

图 1-6-9　一级减速器箱盖

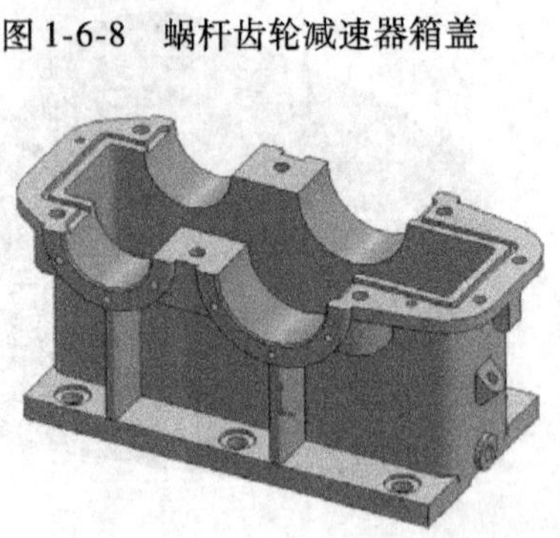

图 1-6-10　一级减速器箱体

图1-6-11　锥齿轮

图1-6-12　圆柱齿轮

图1-6-13　圆头平键

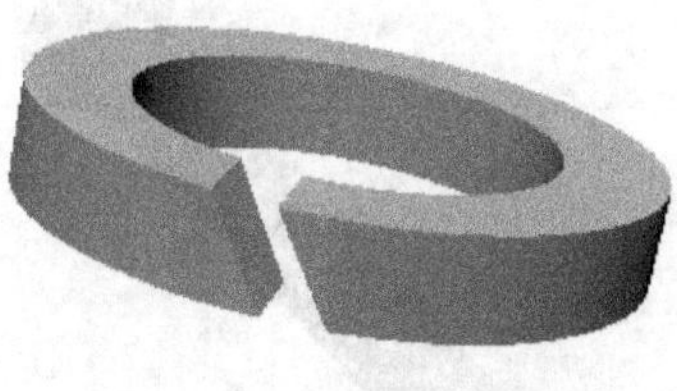

图1-6-14　弹簧垫圈

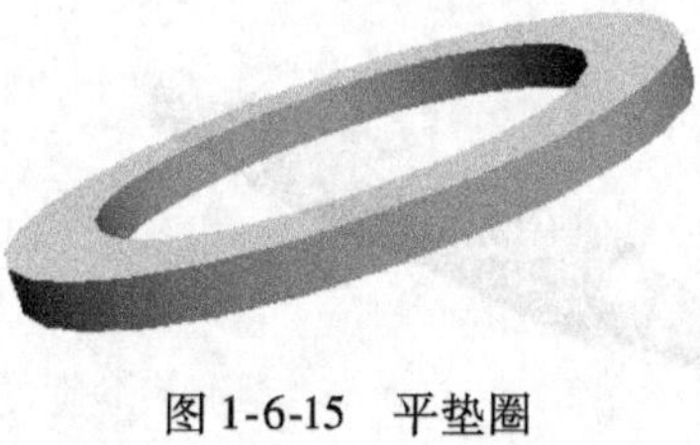

图1-6-15　平垫圈

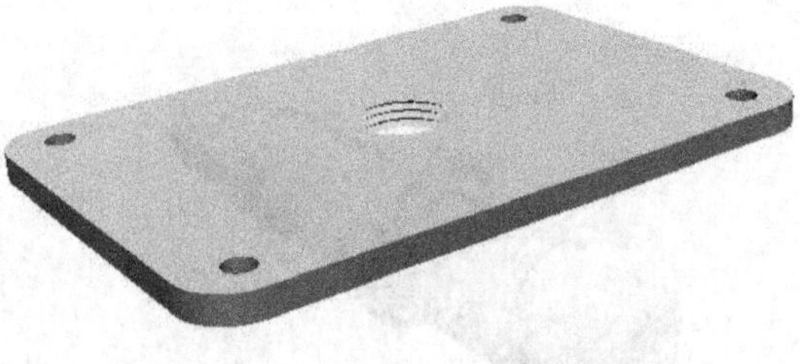

图1-6-16　二级减速器上盖盖板

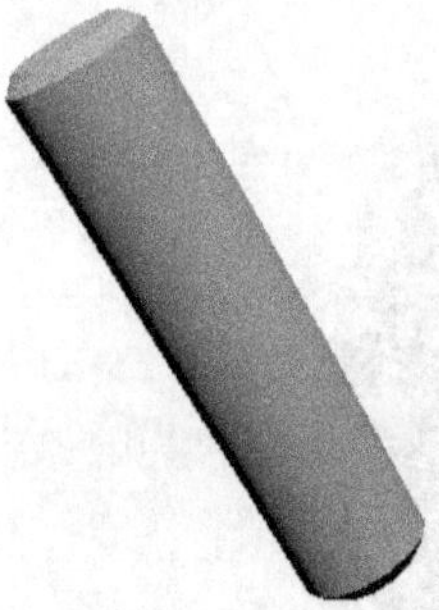

图1-6-17　圆锥销

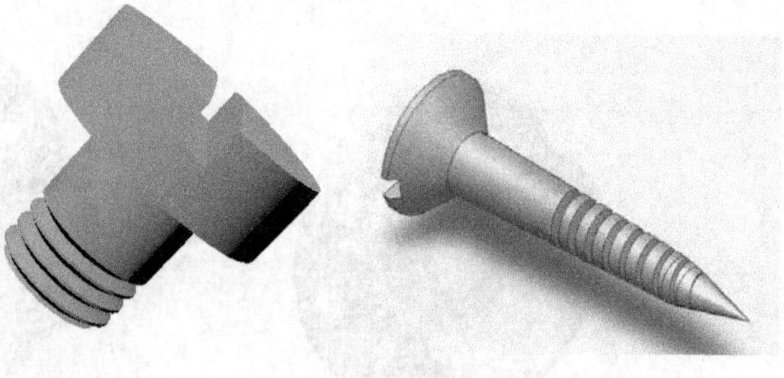

图1-6-18　螺钉

图 1-6-19　窥视板孔

图 1-6-20　螺母

图 1-6-21　螺栓

图 1-6-22　中间轴挡圈

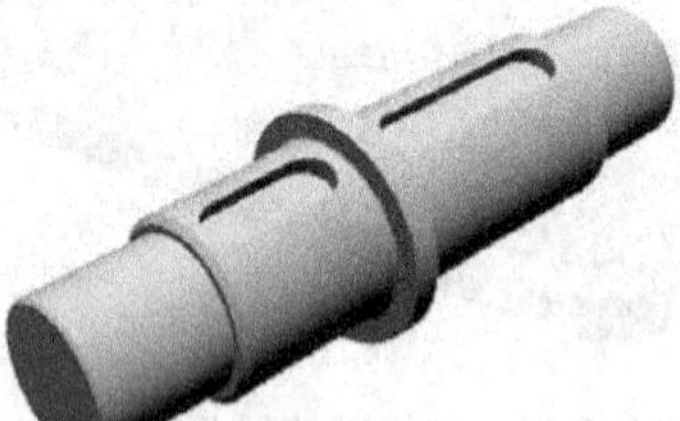

图 1-6-23　二级齿轮传动中间轴

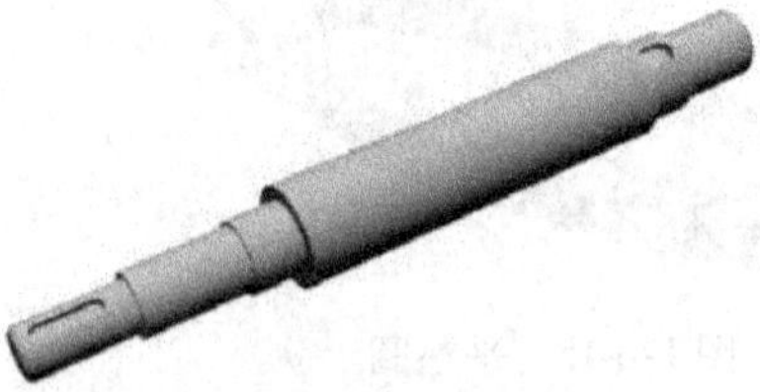

图 1-6-24　输出轴

图 1-6-25　输出轴透盖

图 1-6-26　输出轴闷盖

图 1-6-27　轴承

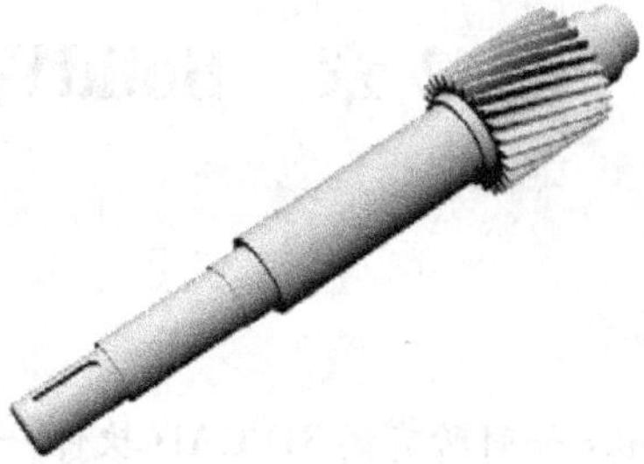

图 1-6-28　齿轮轴

图 1-6-29　套筒

图 1-6-30　底座油塞

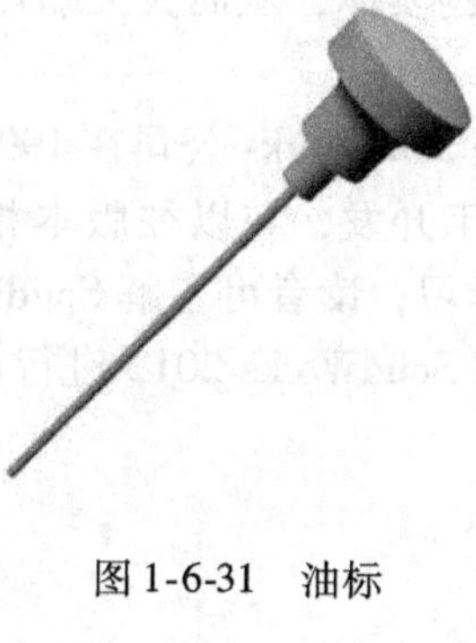

图 1-6-31　油标

图 1-6-32　套杯

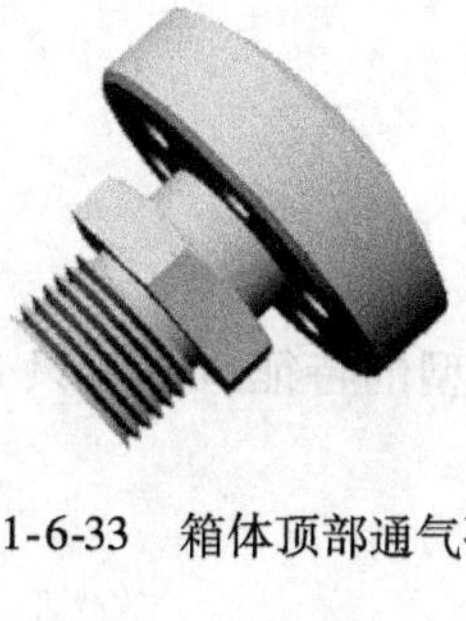

图 1-6-33　箱体顶部通气孔

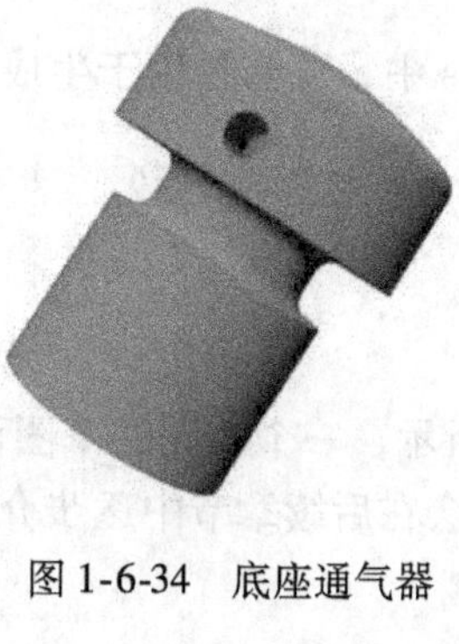

图 1-6-34　底座通气器

第 2 章　SolidWorks 基础知识介绍

知识导学

SolidWorks 如同所有的 3D CAD 软件一样，是一个基于“特征”（Feature）的参数化实体建模工具软件，能方便、快捷地创建和修改大量复杂形状的实体，从而大大缩短零件设计周期，更加清晰地表现工程师的设计意图。为了能够更好地学习后面的实例内容，本章主要介绍 SolidWorks 2012 中的基础知识，并通过实例指导读者掌握 SolidWorks 中草图、三维建模的基本命令、操作方法和步骤。

本章内容主要包括二维草图的绘制、三维建模基础、实体建模的一般过程、SolidWorks 的模型显示与控制、SolidWorks 设计树、特征的编辑与编辑定义。

- 重点：SolidWorks 2012 二维草图的绘制、三维建模基础、实体建模的一般过程、SolidWorks 的模型显示与控制、SolidWorks 设计树。
- 难点：SolidWorks 设计树、特征的编辑与编辑定义。

SolidWorks 是一个基于 Windows 平台的三维设计软件，主要采用参数化和特征造型技术进行建模，能方便、快捷地创建和修改大量复杂形状的实体，从而大大缩短零件设计周期，更加清晰地表现工程师的设计意图。

SolidWorks 公司成立于 1993 年，SolidWorks 95 是 SolidWorks 公司在 1995 年推出的第一个基于 Windows 操作系统的实体造型软件。历经数年开发，与以往版本相比，SolidWorks 2012 的功能更加完善，使用更加方便。通过本章的学习，读者可了解 SolidWorks 2012 的主要功能，二维草图、三维建模的基本操作，掌握利用 SolidWorks 2012 进行产品建模的基本方法。

2.1　二维草图的绘制

在 SolidWorks 中，草图是用于生成草图特征的，这些特征包括：

- 拉伸。
- 旋转。
- 扫描。
- 放样。

如图 2-1-1 所示，一个相同的草图可以形成不同类型的特征。本节只介绍拉伸特征，其他类型的特征将会在后续章节中逐步介绍。

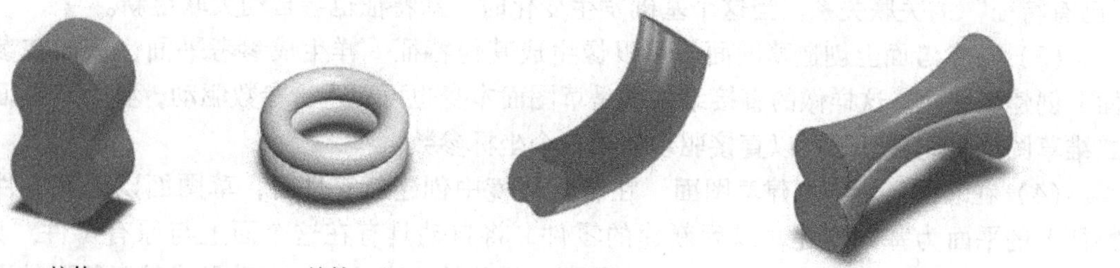

图 2-1-1　草图形成的特征

2.1.1　创建草图平面

草图是一种二维的平面图，用于定义特征的形状、尺寸和位置，是三维造型的基础。与其说是“草图”还不如说是“截面轮廓”更贴切一些。因为草图是二维的，因此创建任何草图，都必须先确定它所依附的草图平面。这个草图平面实际上是一种“可变的、可关联的、用户自定义的坐标系”。有些类似于 AutoCAD 中的 UCS 的概念，但却是可以进行参数驱动的。草图设计的过程一般为：先绘图，再修改尺寸和约束，然后重新生成。如此反复，直到完成，如图 2-1-2 所示。

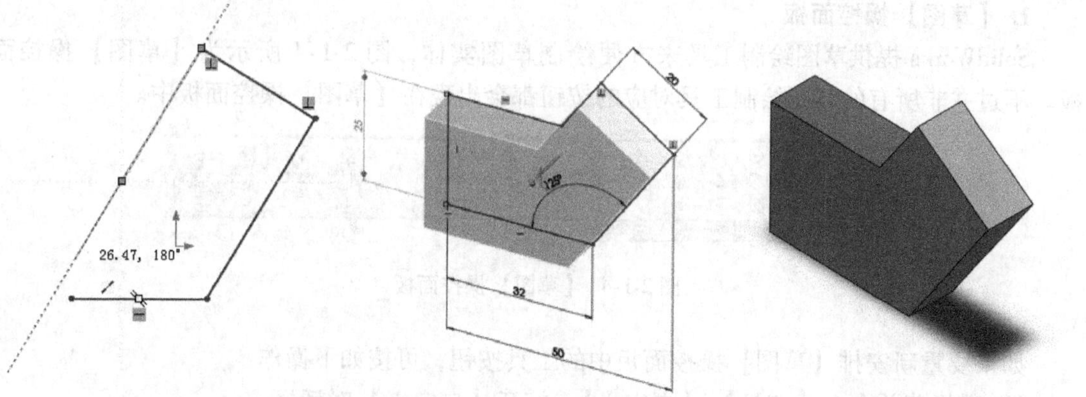

图 2-1-2　草图与拉伸

草图平面的创建，有下面几种方法：

（1）以基础坐标系创建草图面　在零件设计环境下，创建新草图面时，可以选定某个基础坐标系的某坐标平面作为草图面。SolidWorks 自带一个原始的基础坐标系，包括 3 个面、3 个坐标轴和一个原点，就像 AutoCAD 中的 WCS。在 FeatureManager 设计树中可以选定这样的坐标面，如图 2-1-3 所示。默认状态下，在图形区域中这些基准面是不可见的，只有在 FeatureManager 设计树中选择某一个时才可以看见。

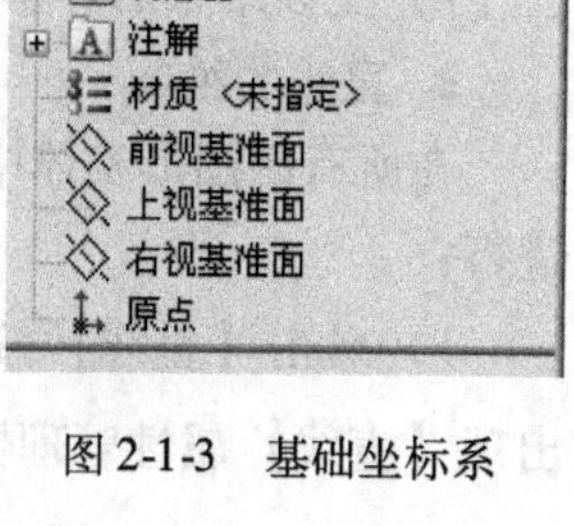

图 2-1-3　基础坐标系

（2）在已有特征上的平面上创建草图面　在创建新草图面时，选定某个特征上的平面，SoildWorks 将根据这个平面创建新的草图面。这个已有特征就成为新特征的基础；新特征将具有与这个

“已有特征”的关联关系。当这个基础发生变化时，新特征也会自动关联更新。

（3）在参考面上创造草图面　可以像生成其他特征一样生成参考平面，从而在参考平面上创建草图面。这样做的直接结果就是草图面本身也可以进行参数驱动，整个草图面上的二维草图也因此具有了可以直接驱动的第三个坐标参数。

（4）在装配环境中创建草图面　在装配环境中创建新零件时，草图面以现有零件上某特征上的平面为基础创建，以后新建的零件，将自动具有在这个面上与原有零件“贴合”这样的装配关系；并能与在这个面上的及原有零件的轮廓投影，自动形成基于装配的形状与尺寸关联。

2.1.2　基本图形绘制

在使用 SolidWorks 绘制草图前，有必要先了解一下【草图】操控面板中各工具的作用。其中，选择工具是整个 SolidWorks 软件中用途最广的工具，使用该工具可以达到以下目的：

➢选取草图实体。

➢拖动草图实体或端点以改变草图形状。

➢选择模型的边线或面。

➢拖动选框以选取多个草图实体。

1.【草图】操控面板

SolidWorks 提供草图绘制工具来方便绘制草图实体，图 2-1-4 所示为【草图】操控面板。不过并非所有的草图绘制工具对应的按钮都会出现在【草图】操控面板中。

图 2-1-4　【草图】操控面板

如果要重新安排【草图】操控面板中的工具按钮，可按如下操作：

1）选择菜单命令【工具】→【自定义】，打开【自定义】对话框。

2）单击【命令】标签，打开【命令】选项卡。

3）在【类别】列表中选择【草图】。

4）单击一个按钮以查看【说明】方框内对该按钮的说明（切线弧），如图 2-1-5 所示。

5）在对话框内单击要使用的图标按钮，将其拖动放置到【草图绘制】工具栏中。

6）如果要删除工具栏上的按钮，只要单击并将其从工具栏拖动放回按钮区域中即可。

7）更改结束后，单击【确定】按钮。

2. 直线的绘制

在所有的图形实体中，直线是最基本的图形实体。如果要绘制一条直线，可按如下操作进行：

1）单击【直线】按钮，或选择菜单命令【工具】→【草图绘制实体】→【直线】，此时出现【直线】属性管理器，鼠标指针变为形状。

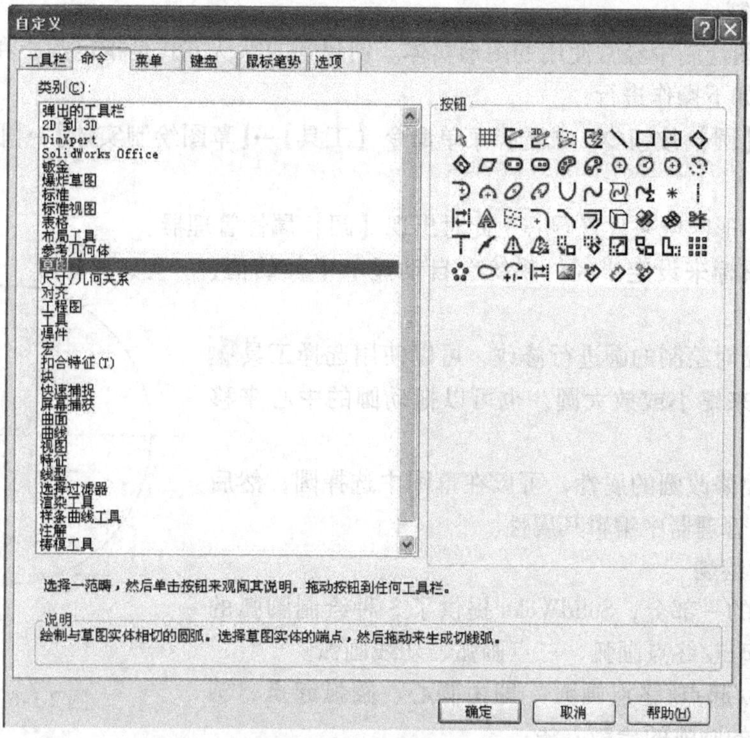

图 2-1-5　对按钮的说明

2）单击图形区域，标出直线的起始处。

3）以下列方法之一完成直线：

➢将鼠标指针拖动到直线的终点然后释放。

➢释放鼠标，将鼠标指针移动到直线的终点，然后再次单击。

注意

在二维草图绘制中有两种模式：单击—拖动或单击—单击。SolidWorks 根据用户的提示来确定模式。

➢如果单击第一个点并拖动，则进入单击—拖动模式。

➢如果单击第一个点并释放鼠标，则进入单击—单击模式。

4）当鼠标指针变为时，表示捕捉到了点；当变为形状时，表示绘制水平直线；当变为形状时，表示绘制竖直直线。

5）如果要对所绘制的直线进行修改，单击选择工具按钮，然后使用以下方法：

➢选择一个端点并拖动此端点来延长或缩短直线。

➢选择整个直线拖动到另一个位置来移动直线。

➢选择一个端点并拖动它来改变直线的角度。

6）如果要修改直线的属性，可以在草图中选择直线，然后在【直线】属性管理器中编辑其属性。

3. 圆的绘制

圆也是草图绘制中经常使用的图形实体。创建圆的默认方式是指定圆心和半径。如果要绘制圆，可按如下操作进行：

1）单击【圆】按钮，或选择菜单命令【工具】→【草图绘制实体】→【圆】，鼠标指针变为形状。

2）单击图形区域来放置圆心，此时出现【圆】属性管理器。

3）拖动鼠标来设定半径，系统会自动显示半径的值，如图 2-1-6 所示。

4）如果要对绘制的圆进行修改，可以使用选择工具拖动圆的边线来缩小或放大圆，也可以拖动圆的中心来移动圆。

5）如果要修改圆的属性，可以在草图中选择圆，然后在【圆】属性管理器中编辑其属性。

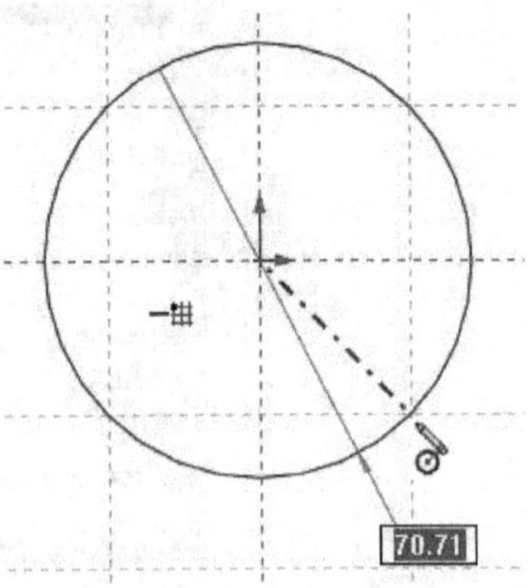

图 2-1-6　绘制圆

4. 圆弧的绘制

圆弧是圆的一部分，SolidWoks 提供了 3 种绘制圆弧的方法：圆心/起点/终点画弧、三点画弧、切线画弧。

（1）圆心/起点/终点画弧　即由圆心、圆弧起点、圆弧终点所决定的圆弧的绘制方法：

1）单击【圆心/起/终点】画弧按钮，或选择菜单命令【工具】→【草图绘制实体】→【圆心/起/终点画弧】，此时鼠标指针变为形状。

2）单击放置圆弧圆心的位置，出现【圆弧】属性管理器。

3）按住鼠标并拖动到希望放置圆弧开始点的位置。

4）释放鼠标，圆周参考线会继续显示。

5）拖动鼠标以设定圆弧的长度和方向。

6）释放鼠标。

7）如果要修改绘制好的圆弧，选择圆弧后在【圆弧】属性管理器中编辑其属性即可。

（2）三点画弧　通过指定 3 个点（起点、终点及中点）来生成圆弧，具体操作如下：

1）单击【三点圆弧】按钮，或选择菜单命令【工具】→【草图绘制实体】→【三点圆弧】，此时指针变为形状。

2）单击圆弧的起点位置，出现【圆弧】属性管理器。

3）拖动鼠标到圆弧结束的位置。

4）释放鼠标。

5）拖动鼠标以设置圆弧的半径，必要的话可以反转圆弧的方向。

6）释放鼠标。

7）在【圆弧】属性管理器中进行必要的变更，然后单击【确定】按钮即可，结果如图 2-1-7 所示。

（3）切线画弧　指生成一条与草图实体相切的弧线。可以用两种方法生成切线弧，即切线弧工具和自动过渡方法。

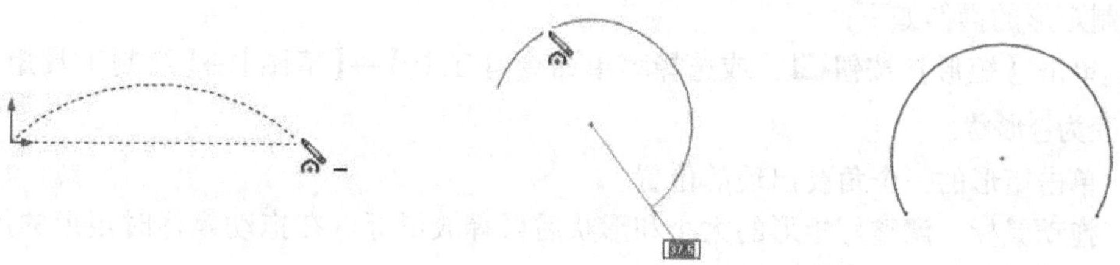

图 2-1-7　三点画弧

使用切线弧工具生成切线弧的操作如下：

1）单击【切线弧】按钮，或选择菜单命令【工具】→【草图绘制实体】→【切线弧】。

2）在直线、圆弧、椭圆或样条曲线的端点处单击，此时出现【圆弧】属性管理器，鼠标指针变为形状。

3）拖动圆弧以绘制所需的形状，如图 2-1-8 所示。

4）释放鼠标。

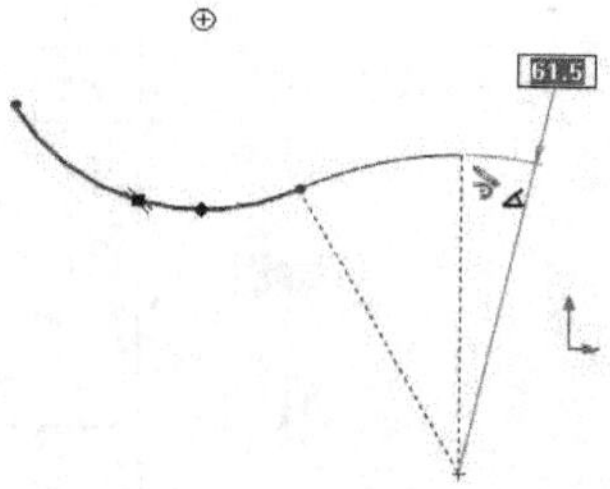

图 2-1-8　绘制切线弧图

注意

SolidWoks 从鼠标指针的移动中可推理出是想要切线弧还是法线弧。绘制过程中存在 4 个目的区，具有图 2-1-9 所示的 8 种可能结果。沿相切方向移动鼠标指针将生成切线弧，沿垂直方向移动将生成法线弧。可通过先返回到端点然后向新的方向移动来实现在切线弧和法线弧之间的切换。

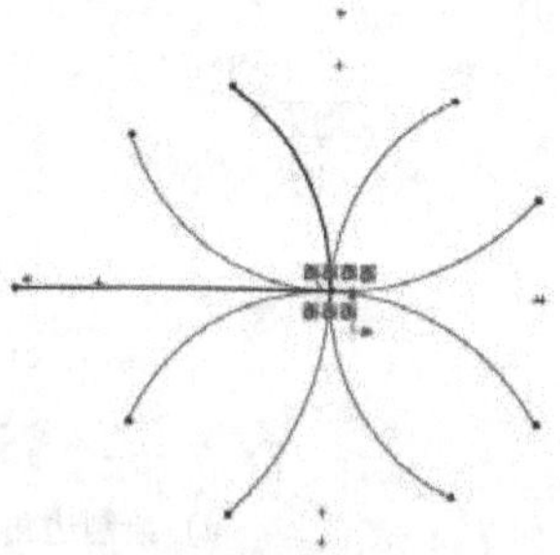

图 2-1-9　8 种可能的结果

（4）自动过渡　除上述方法外，还可通过自动过渡的方法绘制切线弧，具体操作如下：

1）单击【直线】按钮，或选择菜单命令【工具】→【草图绘制实体】→【直线】，此时鼠标指针变为形状。

2）在直线、圆弧、椭圆或样条曲线的端点处单击，然后将鼠标指针移开，预览显示将生成一条直线。

3）将鼠标指针移回到终点，然后再移开，预览则会显示生成一条切线弧。

4）单击鼠标以放置圆弧。

小技巧

如果要想在直线和圆弧之间切换而不回到直线、圆弧、椭圆或样条曲线的端点处，可同时按下〈A〉键即可。

5. 矩形的绘制

（1）边角矩形命令画矩形　矩形的 4 条边是单独的直线，可以分别对其进行编辑（如剪切、删除等）。

绘制矩形的操作如下：

1）单击【矩形】按钮，或选择菜单命令【工具】→【草图】→【绘制工具矩形】，此时指针变为形状。

2）单击矩形的一个角要出现的位置。

3）拖动鼠标，调整好矩形的大小和形状后再释放鼠标。在拖动鼠标时矩形的尺寸会动态地显示，如图 2-1-10a 所示。

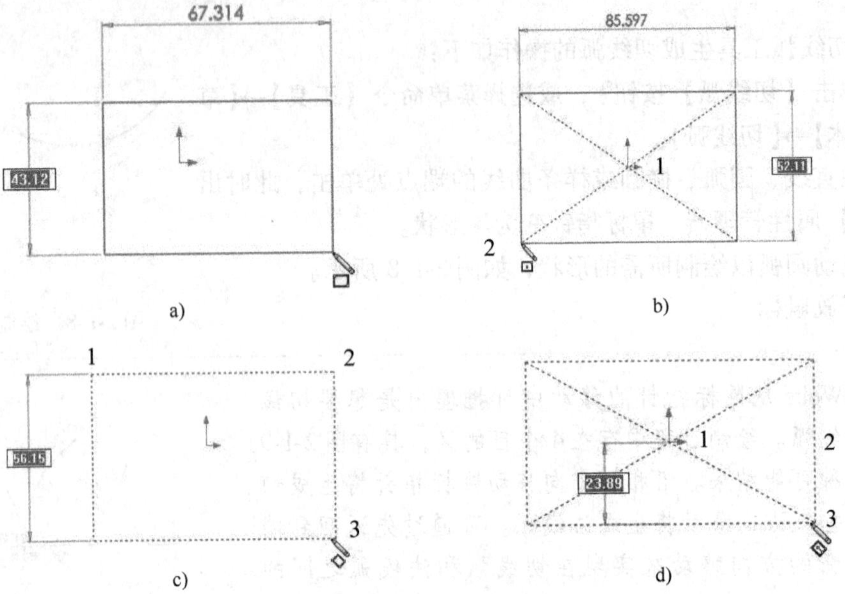

图 2-1-10　绘制矩形

a）绘制边角矩形　b）绘制中心矩形　c）3 点边角矩形　d）3 点中心矩形

（2）中心矩形命令画矩形　中心矩形命令画矩形的方法是通过指定矩形的中心与其上的一个角点来确定矩形的中心和 4 条边线的。

绘制矩形的操作步骤如下：

1）执行命令。在草图绘制状态下，选择菜单命令【工具】→【草图绘制实体】→【矩形】，或者单击【草图】操控面板上的【中心矩形】按钮，此时鼠标变为形状。

2）绘制矩形中心点。在绘图区域单击鼠标左键，确定矩形的中心点 1。

3）绘制矩形的一个角点。移动鼠标，单击左键确定矩形的一个角点 2，矩形绘制完毕，如图 2-1-10b 所示。

（3）3 点边角矩形命令画矩形　3 点边角矩形命令是通过指定 3 个点来确定矩形的，前面两个点用来定义角度和一条边，第三点用来确定另一条边。

绘制矩形的操作步骤如下：

1）执行命令。在草图绘制状态下，选择菜单命令【工具】→【草图绘制实体】→【角矩形】，或者单击【草图】操控面板上的【中心矩形】按钮，此时鼠标变为形状。

2）绘制矩形边角点。在绘图区域单击鼠标左键，确定矩形的边角点 1。

3）绘制矩形的另一个边角点。移动鼠标，单击左键确定矩形的另一个边角 2。

4）绘制矩形的第三个边角点。继续移动鼠标，单击左键确定矩形的第三点 3，矩形绘制完毕，如图 2-1-10c 所示。

（4）3 点中心矩形命令画矩形　3 点中心矩形命令也是通过指定 3 个点来确定矩形的。绘制矩形的操作步骤如下：

1）执行命令。在草图绘制状态下，选择菜单命令【工具】→【草图绘制实体】→【3 点中心矩形】，或者单击【草图】操控面板上的【3 点中心矩】按钮，此时鼠标变为形状。

2）绘制矩形中心点。在绘图区域单击鼠标左键，确定矩形的中心点 1。

3）设定矩形一条边的一半长度。移动鼠标，单击左键确定一个点 2，该点距点 1 的长度为矩形一条边线长度的一半。

4）绘制矩形的一个角点。移动鼠标，单击左键确定矩形的一个角点 3，矩形绘制完毕，如图 2-1-10d 所示。

6. 平行四边形的绘制

平行四边形命令既可生成平行四边形，也可生成边线与草图网格线不平行或不垂直的矩形。

绘制平行四边形的操作如下：

1）单击【平行四边形】按钮，或选择菜单命令【工具】→【草图绘制实体】→【平行四边形】，这时指针变为形状。

2）单击鼠标指针在平行四边形开始的位置。

3）拖动鼠标，并在调整好平行四边形一条边线的方向和长度后再次单击以确定。

4）按住〈Ctrl〉键拖动鼠标，直至平行四边形的大小和形状正确为止。

5）再次单击鼠标结束此次操作。

6）可以通过选择工具拖动平行四边形的一个角来改变其形状。

如果要以一定的角度绘制矩形，可按如下操作：

1）单击【平行四边形】按钮，或选择菜单命令【工具】→【草图绘制实体】→【平行四边形】，这时指针变为形状。

2）在矩形开始的位置单击鼠标。

3）拖动鼠标，并在调整好矩形一条边线的方向和长度后再次单击以确定。

4）拖动鼠标直至矩形的大小正确为止。

5）再次单击以结束此次操作。

6）可以通过选择工具拖动矩形的一个角来改变其形状，但不能通过拖动来更改矩形的角度。

7. 多边形的绘制

多边形是由最少 3 条边，至多 1 024 条长度相等的边组成的封闭线段。绘制多边形的方式是指定多边形的中心以及对应该多边形的内切圆或外接圆的直径。

绘制一个多边形的操作如下：

1）单击【多边形】按钮，或选择菜单命令【工具】→【草图绘制实体】→【多边形】，这时鼠标指针形状变为形状。

2）此时出现【多边形】属性管理器，如图 2-1-11 所示。

3）在【参数】选项区中设置多边形的属性，其中各文本框及按钮的作用如下：

➤ 微调框用于指定多边形的边数。

➤ 微调框用于指定多边形中央的 X 坐标。

➤ 微调框用于指定多边形中央的 Y 坐标。

➤ 微调框用于指定多边形的内切圆或外接圆的直径；该选项决定于是选了内切圆还是外接圆。

➤ 微调框指定多边形旋转的角度。

➤ 新多边形(W) 按钮：单击该按钮，将在关闭属性管理器之前生成另一个多边形。

4）可以在设置好属性后单击【确定】按钮，完成多边形的绘制。

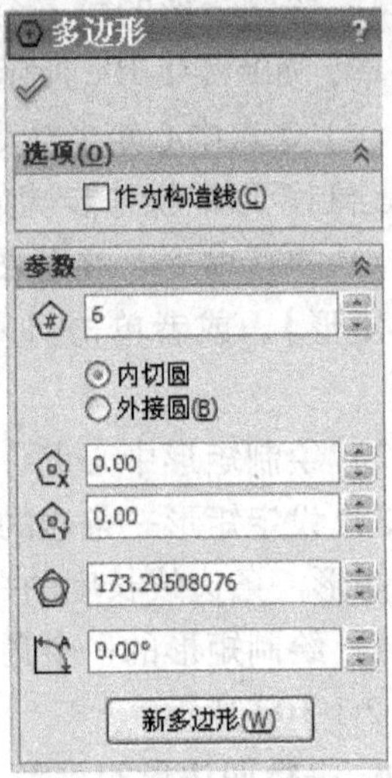

图 2-1-11 【多边形】属性管理器

5）也可以在多边形的中心位置单击。

6）拖动鼠标，根据显示的多边形半径和角度调整好大小和方向，如图 2-1-12 所示。

7）单击鼠标确定多边形。

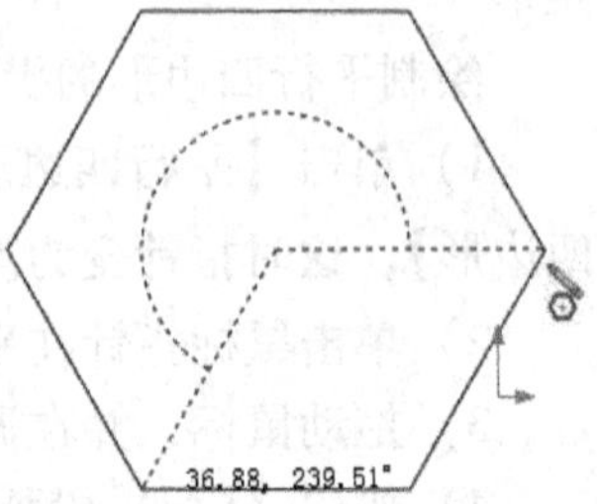

图 2-1-12　绘制多边形

8. 椭圆和椭圆弧（部分椭圆）的绘制

在几何学中，一个椭圆是由两个轴和一个中心点定义的，椭圆的形状和位置由 3 个因素决定：中心点、长轴、短轴。椭圆轴决定了椭圆的方向，中心点决定了椭圆的位置。绘制椭圆的具体操作如下：

1）单击【椭圆】按钮，或选择菜单命令【工具】→【草图绘制实体】→【椭圆】，此时鼠标指针变为形状。

2）在放置椭圆中心点的位置单击。

3）拖动鼠标并再次单击以设定椭圆的长轴。

4）拖动鼠标并再次单击以设定椭圆的短轴。

椭圆弧是椭圆的一部分。如同由圆心、圆弧起点和圆弧终点生成圆弧一样，也可以由中心点、椭圆弧起点以及终点生成椭圆弧。在菜单命令【工具】→【草图绘制实体】后的所有命令并非都有相应的工具按钮，部分椭圆就是其中之一。绘制椭圆弧的具体操作如下：

1）选择菜单命令【工具】→【草图绘制实体】→【部分椭圆】，此时鼠标指针变为形状。

2）在图形区域单击以放置椭圆的中心点。

3）拖动鼠标并单击以定义出椭圆的一个轴。

4）拖动鼠标并单击以定义出椭圆的第二个轴，同时定义了椭圆弧的起点。

5）保留圆周引导线，绕圆周拖动鼠标来定义椭圆的范围，如图 2-1-13 所示。

图 2-1-13　绘制部分椭圆（椭圆弧）

9. 抛物线的绘制

要绘制一条抛物线，可按如下操作进行：

1）单击【抛物线】按钮，或选择菜单命令【工具】→【草图绘制实体】→【抛物线】，鼠标指针变为形状。

2）单击鼠标以放置抛物线的焦点，然后拖动鼠标以放大抛物线。

3）画出抛物线，出现【抛物线】属性管理器。

4）单击抛物线并拖动来定义曲线的范围。

要修改抛物线，可按如下操作进行：

1）单击【选择】按钮，当鼠标指针位于抛物线上时会变成形状。

2）选择一抛物线，此时出现【抛物线】属性管理器。

3）拖动顶点以形成曲线。当选择顶点时鼠标指针变成形状。

➢如要展开曲线，可将顶点拖离焦点。在移动顶点时，移动图标出现在鼠标指针旁，如图 2-1-14a 所示。

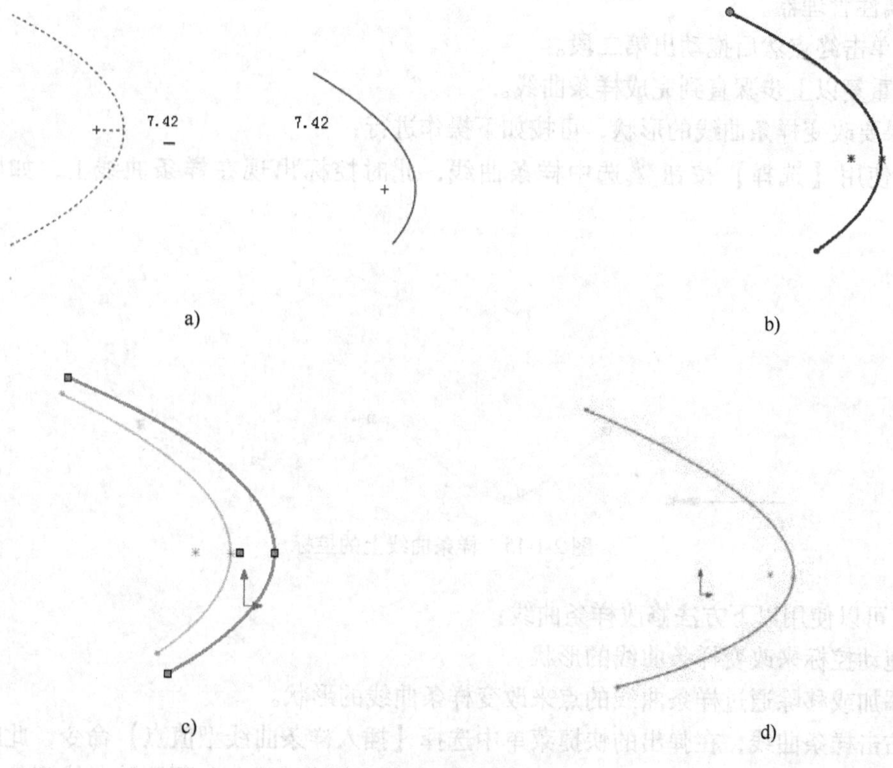

图 2-1-14　绘制抛物线

a）拖动顶点以展开抛物线　b）拖动端点来延长抛物线　c）移动抛物线　d）修改抛物线两边的长度

➢如要制作更尖锐的曲线，可将顶点拖向焦点。

➢如要改变抛物线一个边的长度而不修改抛物线的曲线，可选择一个端点并拖动，如图 2-1-14b 所示。

➢如要将抛物线移到新的位置，可选择抛物线的曲线并将其拖动到新位置，如图 2-1-14c 所示。

➢如要修改抛物线两边的长度而不改变抛物线的圆弧，可将抛物线拖离端点，如图 2-1-14d 所示。

4）要修改抛物线属性，只需在草图中选择抛物线后在【抛物线】属性管理器中编辑其属性。

10. 样条曲线的绘制

样条曲线是由一组点定义的光滑曲线。样条曲线经常用于精确地表示对象的造型。SolidWoks 也可以生成样条曲线，最少只需两个点就可以绘制一条样条曲线，还可以在其端点指定相切的几何关系。

绘制样条曲线时，可按如下操作进行：

1）单击【样条曲线】按钮或选择菜单命令【工具】→【草图绘制实体】→【样条曲线】，这时鼠标指针变为形状。

2）单击鼠标以放置样条曲线的第一个点，然后拖动鼠标出现第一段。此时出现【样条曲线】属性管理器。

3）单击终点然后拖动出第二段。

4）重复以上步骤直到完成样条曲线。

如果要改变样条曲线的形状，可按如下操作进行：

1）使用【选择】按钮选中样条曲线，此时控标出现在样条曲线上，如图 2-1-15 所示。

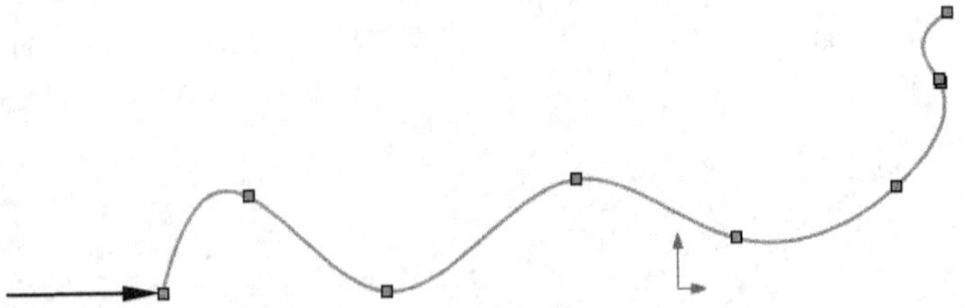

图 2-1-15　样条曲线上的控标

2）可以使用以下方法修改样条曲线：

➢拖动控标来改变样条曲线的形状。

➢添加或移除通过样条曲线的点来改变样条曲线的形状。

➢右击样条曲线，在弹出的快捷菜单中选择【插入样条曲线型值点】命令，此时鼠标指针变为形状。在样条曲线上单击一个或多个需插入点的位置。如要删除曲线型值点，只要选中它后，按〈Delete〉键。用户既可以拖动型值点来改变曲线形状，也可以通过型值点进行尺寸标注或添加几何关系来改变曲线形状。

➢右击样条曲线，在弹出的快捷菜单中选择【移动方框】命令。通过移动或旋转方框操控样条曲线的形状，如图 2-1-16a 所示。

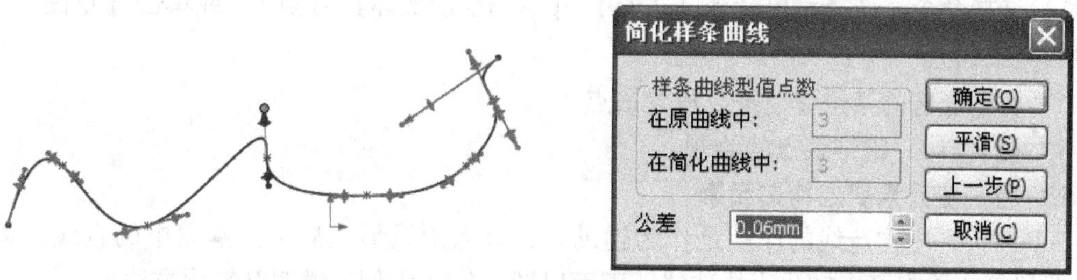

a)　　　　b)

图2-1-16　操控样条曲线的形状
a）操控样条曲线的形状　b）【简化样条曲线】对话框

> **注意**
>
> 移动方框可以用在SolidWorks中生成的可以调整的样条曲线上，不能用于输入的或转换的样条曲线。

➤右键单击样条曲线，在弹出的快捷菜单中选择【简化样条曲线】命令。在弹出的【简化样条曲线】对话框（图2-1-16b）中对样条曲线进行平滑处理。SolidWorks 2012将调整公差并计算生成点更少的新曲线。点的数量在【原曲线中】和【简化曲线中】框中显示，公差在【公差】框中显示。原始样条曲线显示在图形区域中，并给出平滑曲线的预览。简化样条曲线可提高包含复杂样条曲线的模型的性能。

> **注意**
>
> 如有必要，可单击【先前】按钮返回上一层，可多次单击直至返回到原始曲线。

3）单击【简化样条曲线】对话框中的【平滑】按钮，当将样条曲线简化到两个点时，该样条曲线将与所连接的直线或曲线相切。

除了绘制的样条曲线外，Solidworks 2012还可以通过输入和使用如转换实体引用、等距实体、交叉曲线以及面部曲线等工具而生成的样条曲线。

11. 分割曲线

分割曲线工具用于分割一条曲线来生成两个草图实体。通过它不仅可以将一个草图实体分割生成两个草图实体，还可以删除一个分割点，从而将两个实体合并成一个实体。此外还可以为分割点标注尺寸，也可以在管道装配体中的分割点处插入零件。

分割草图实体，可按如下操作进行：

1）打开包含需分割实体的草图。

2）单击【分割曲线】按钮，或选择菜单命令【工具】→【草图绘制实体】→【分割曲线】。

3）当鼠标指针位于可以被分割的草图实体时，其形状会变为。单击草图实体上的分割位置。该草图即被分割成两个实体，并且在这两个实体之间会添加一个分割点。

4）要将两个被分割的草图实体合并成一个实体，只要单击分割点，然后按〈Delete〉键即可。

12. 绘制点

点的绘制很简单。在设计曲面时，点会起到很大的作用。

1）选择命令。选择菜单命令【工具】→【草图绘制实体】→【点】（或单击【草图】工具栏中的 * 按钮）。

2）在图形区的某位置单击以放置该点。

3）按〈Esc〉键结束点的绘制。

13. 将一般元素变成构造元素

SolidWorks 中构造线的作用是作为辅助线，以点画线形式显示。草图中的直线、圆弧、样条曲线等实体都可以转化为构造线。下面以图 2-1-17 为例，说明其转化方法。

1）打开文件“\ SolidWorks 建模 \ 11. SLDPRT”。

2）进入草图环境中，按住〈Ctrl〉键不放，选取图 2-1-17a 中的直线、多边形和圆弧，系统弹出图 2-1-18 所示的【属性】对话框。

3）在【属性】对话框选中 ☑作为构造线(C) 复选框，被选取的元素就转换成图 2-1-17b 所示的构造线。

4）单击【确定】按钮✔，完成转换构造线操作。

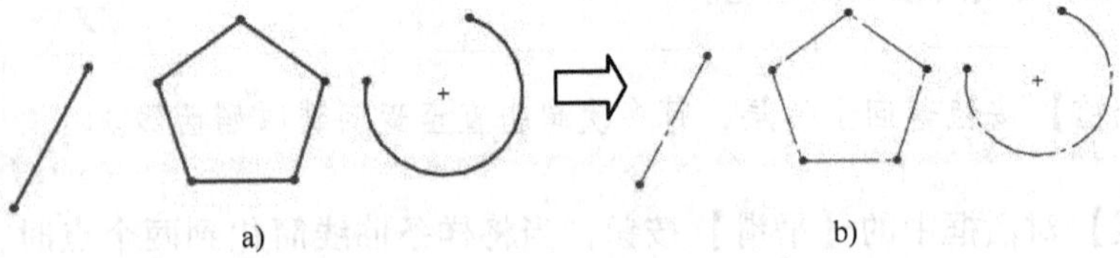

图 2-1-17　将一般元素转换为构造线图
a）一般元素　b）构造元素

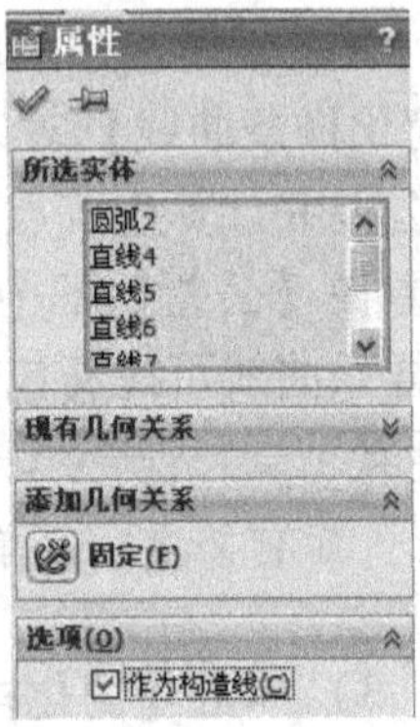

图 2-1-18　【属性】对话框

14. 在草图设计环境中创建文本

1）选择命令。选择菜单命令【工具】→【草图绘制实体】→【文本】（或单击【草图】工具栏中的 A 按钮），系统弹出图 2-1-19 所示的【草图文字】属性管理器。

2）输入文本。在 文字(T) 区域中的文本框中输入文字。

3）设置文本属性。

① 在 文字(T) 区域取消选中复选框 □使用文档字体(U)，单击 字体(F)... 按钮，系统弹出图 2-1-20 所示的【选择字体】对话框。

② 在【选择字体】对话框中的 字体(F)... 列表框中选择宋体，在 字体样式(Y): 列表框中选择斜体，在 高度: 选项区的【单位】文本框中输入“4.00mm”，如图 2-1-20 所示。

③ 单击 确定 按钮，完成文本的字体设置。

4）定义放置位置。在图形的任意位置单击，以确定文本的放置位置。

5）在【草图文字】属性管理器中单击【确定】按钮✔，完成文本的创建。

图 2-1-19 【草图文字】窗口

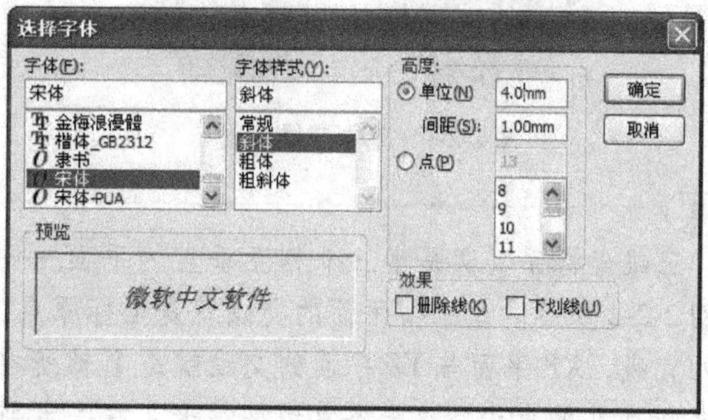

图 2-1-20 【选择字体】对话框

2.1.3 SolidWorks 草图的绘制要点

在 SolidWorks 中绘制草图，通常需要遵循如下原则：

➢为提高设计效率，绘制草图时，应首先绘制草图轮廓（大概形状），然后添加几何约束，最后添加尺寸。

➢在草图绘制的过程中，应尽量多地使用约束关系，而尽量减少草图尺寸的使用，以令草图的构思更加清晰。

➢草图绘制完毕后，应处于“完全定义”状态（即任何图线都不可随意拖动）。

➢为方便修改特征，每一幅草图应尽量简单，不包含复杂的嵌套。用单一实体对象的草图比用多个对象的草图更便于以后操作，复杂的几何形状可以由简单的实体对象组合而成。

2.2 三维建模基础

2.2.1 基本的三维模型

一般来说，三维模型是具有长、宽（或直径、半径等）和高的三维几何体。图 2-2-1 中列举了几种典型的基本模型，它们是由三维空间的几个面拼成的实体模型，这些面形成的元素是线，构成线的基础是点，要注意三维几何图形中的点是三维概念的点，也就是说，点需要由三维坐标系（例如笛卡儿坐标系）中的 *X*、*Y*、*Z* 三个坐标来定义。用 CAD 软件创建基本三维模型的一般操作步骤如下：

1）首先要选取或定义一个用于定位的三维坐标系或三个相互垂直的空间平面，如图 2-2-2 所示。

图 2-2-1　基本三维视图

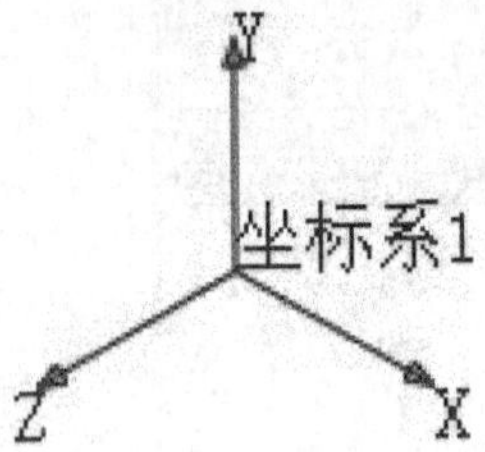

图 2-2-2　坐标系

注意

三维坐标系其实是由三个相互垂直的平面——*XY* 平面、*XZ* 平面和 *YZ* 平面形成的，如图 2-2-2 所示。这三个平面的交点就是坐标原点，*XY* 平面与 *XZ* 平面的交线就是 *X* 轴所在的直线，*XY* 平面与 *YZ* 平面的交线就是 *Y* 轴所在的直线，*YZ* 平面与 *XZ* 平面的交线就是 *Z* 轴所在的直线。这三条直线按笛卡儿右手定则确定方向，就产生了 *X*、*Y* 和 *Z* 轴。

2）选定一个面（一般称为草绘面），作为二维平面几何图形的绘制平面。

3）在草绘面上创建形成三维模型所需的横断面和轨迹线等二维平面几何图形。

4）形成三维立体模型。

2.2.2　复杂的三维模型

图 2-2-3 所示为一个由基本的三维几何体构成的较复杂的三维模型。在目前的 CAD 软件中，对于这类复杂的三维模型有两种创建方法，下面分别予以介绍。

一种方法是布尔运算，通过对一些基本的三维模型做布尔运算（并、交、差）来形成复杂的三维模型。图 2-2-3 中所示的较复杂的三维模型创建的一般操作步骤如下：

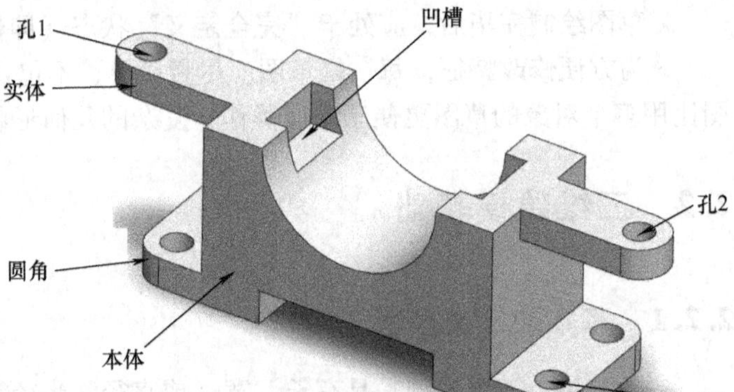

图 2-2-3　较复杂的三维模型

1）用 2.2.1 节介绍的“基本三维模型的创建方法”，创建本体。

2）在本体上加上一个扇形实体形成实体。

3）在左侧实体上减去一个圆柱体形成孔 1。

4）在右侧实体上减去一个圆柱体形成孔 2。

5）本体上减去两个截面为弧的柱体形成圆角。

6）在本体上减去四个圆柱体形成孔 3。

7）在本体上减去一个长方体形成凹槽。

这种方法的优点是无论什么形状的形体，它都能创建。但其缺点也有不少：

第一，用 CAD 创建的所有三维模型将来都要进行生产、加工和装配，以获得真正的产品，所以我们希望 CAD 软件在创建三维模型时，从创建的原理、方法和表达方式上，应该有很强的工程意义（即制造意义）。像圆角、倒角、肋（筋）和壳等这类工程意义很强的几何形状，显然用布尔运算的方法创建时，从创建原理和表达方式上，其工程意义不是很明确，因为它强调的是点、线、面和体等这些没有什么实际工程意义的术语，以及由这些要素构成的“几何形状”的并、交、差运算。

第二，图形处理和 NC 计算等非常复杂，需要较高配置的计算机硬件，同时需要得到边界评估的支持。

后面两节将介绍第二种三维模型的创建方法，即“特征添加”的方法。“特征”和“特征添加”的概念和方法，很早就被制造业软件系统供应商所注意，因而在现行的三维软件中应用广泛。

2.2.3 “特征”与三维建模

目前，“特征”或者“基于特征的”这些术语在 CAD 领域中频频出现，在创建三维模型时，普遍认为这是一种更直接、更有用的创建表达方式。

下面是一些书中或文献中对特征的定义：

➢“特征”是表示与制造操作和加工工具相关的形状和技术属性。

➢“特征”是需要一起引用的成组几何或者拓扑实体。

➢“特征”是用于生成、分析和评估设计的单元。

一般来说，“特征”构成一个零件或者装配件的单元，虽然从几何形状上看，它也包含作为一般三维模型基础的点、线、面或者实体单元，但更重要的是，它具有工程制造意义，也就是说基于特征的三维模型具有常规几何模型所没有的附加的工程制造等信息。

用“特征添加”的方法创建三维模型的好处如下：

➢表达更符合工程技术人员的习惯，并且三维模型的创建过程与其加工过程十分相近，软件容易上手和深入。

➢添加特征时，可附加三维模型的工程制造等信息。

➢由于在模型的创建阶段，特征结合于零件模型中，并且采用来自数据库的参数化通用特征来定义几何形状，这样在设计进行阶段就可以很容易地制订出一个更为丰富的产品工艺，能够有效地支持下游活动的自动化，如模具和刀具等的准备、加工成本的早期评估等。

下面以图 2-2-4 为例，说明用“特征”创建三维模型的一般操作步骤。

1）创建或选取作为模型空间定位的基准特征，如基准面、基准线或基准坐标系。

2）用 2.2.1 节介绍的“基本三维模型的创建方法”，创建基础拉伸特征——本体。

3）在本体上加上一个拉伸特征——实体。

4）在本体上加上一个孔特征——孔 1。

5）在本体上镜像孔特征——孔 2。

6）在本体上添加两个圆角特征——圆角。

7）在本体上添加一个异型向导孔特征并镜像——孔 3。

8）在本体上切除一个拉伸特征——凹槽。

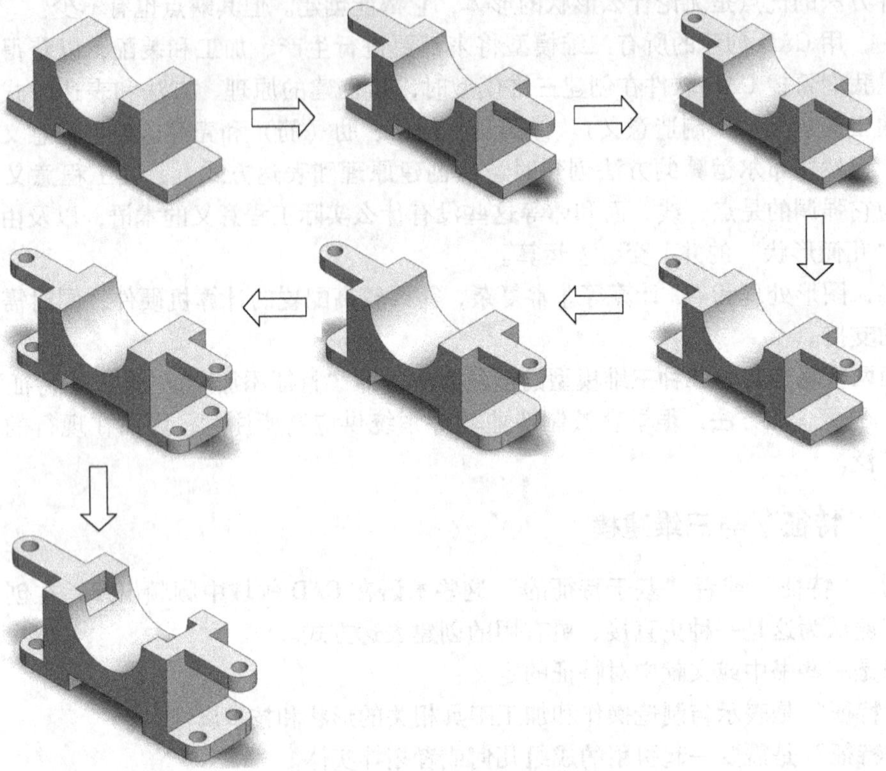

图 2-2-4　复杂三维模型的创建过程

2.3　实体建模的一般过程

用 SolidWorks 2012 创建零件模型的方法十分灵活，主要有以下几种：

1）“积木”式的方法。这是大部分机械零件的实体三维模型的创建方法。这种方法是先创建一个反映零件主要形状的基础特征，然后在这个基础特征上添加其他的一些特征，如拉伸、旋转、倒角和圆角特征等。

2）由曲面生成零件的实体三维模型的方法。这种方法是先创建零件的曲面特征，然后把曲面转换成实体模型。

3）从装配体中生成零件的实体三维模型的方法。这种方法是先创建装配体，然后在装配体中创建零件。

本节将主要介绍用第一种方法创建零件模型的一般过程，其他的方法将在后面章节中陆续介绍。

下面以一个简单实体三维模型为例，说明用 SolidWorks 2012 创建零件三维模型的一般过程，同时介绍拉伸（Pad）特征的基本概念及其创建方法。三维模型如图 2-3-1 所示。

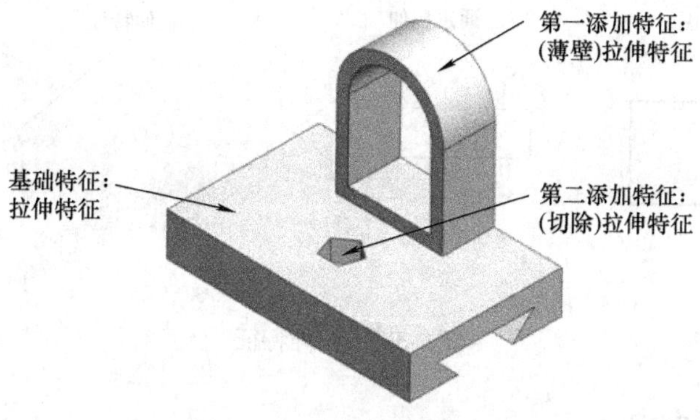

图 2-3-1　实体的三维模型

2.3.1　新建一个零件的三维模型

新建一个零件的三维模型的具体操作步骤如下：

1）选择菜单命令【文件】→【新建】（或在【标准】工具栏中单击按钮），此时系统弹出图 2-3-2 所示的【新建 SolidWorks 文件】对话框。

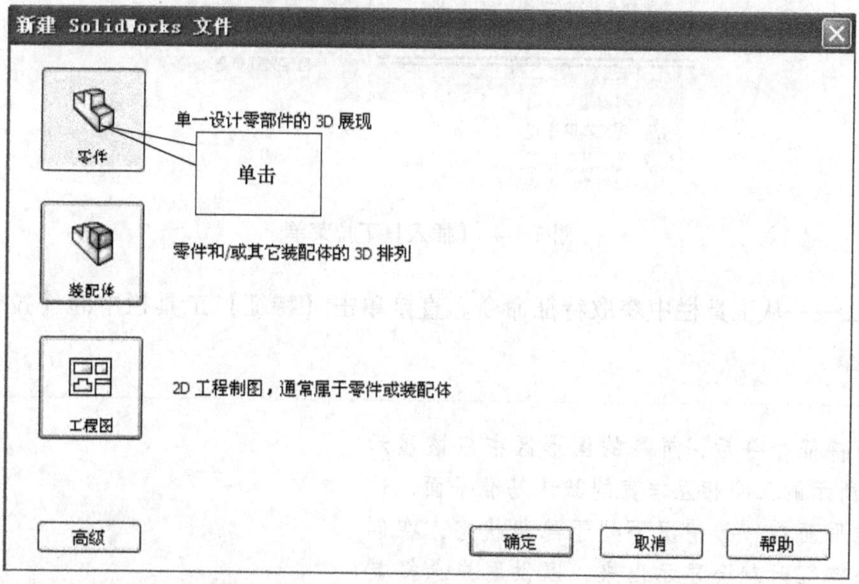

图 2-3-2　【新建 SolidWorks 文件】对话框

2）选择文件类型。在对话框中选择文件类型为“零件”，然后单击确定按钮。

2.3.2　创建一个拉伸特征为零件的基础特征

基础特征是一个零件的主要结构特征，创建什么样的特征作为零件的基础特征比较重要，一般由设计者根据产品的设计意图和零件的特点灵活掌握。本例中的三维模型的基础特征是一个图 2-3-3 所示的拉伸特征。拉伸特征是最基本且经常使用的零件造型特征，它是通过将草绘横断面沿着垂直方向拉伸而形成的。

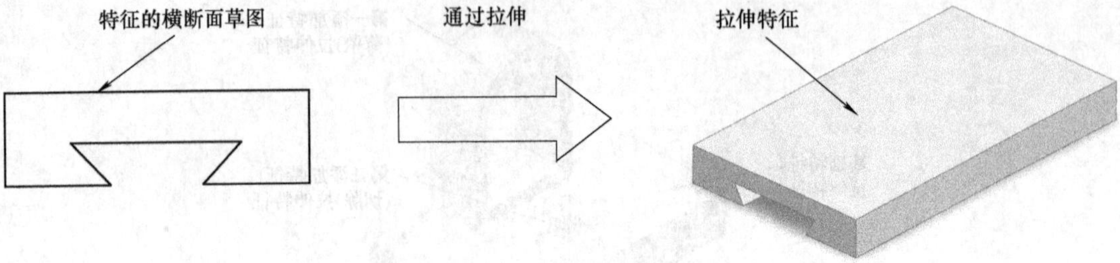

图 2-3-3 拉伸特征

1. 选取拉伸特征命令

选取特征命令一般有下面两种方法：

方法一——从下拉菜单中获取特征命令。如图 2-3-4 所示，选择菜单命令【插入】→【凸台/基体】→【拉伸】。

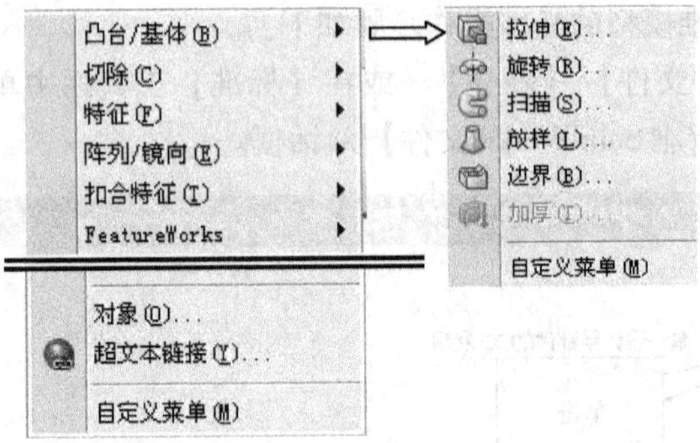

图 2-3-4 【插入】下拉菜单

方法二——从工具栏中获取特征命令。直接单击【特征】工具栏中的【拉伸凸台/基体】按钮。

说明

选择特征命令后，屏幕的图形区中应该显示图 2-3-5 所示的三个相互垂直的默认基准平面，这三个基准平面在一般情况下处于隐藏状态，在创建第一个特征时就会显示出来，以供用户选择其作为草图基准，若想使它们一直处于显示状态，可在设计树中右键单击这三个基准面，从系统弹出的快捷菜单中选择命令。

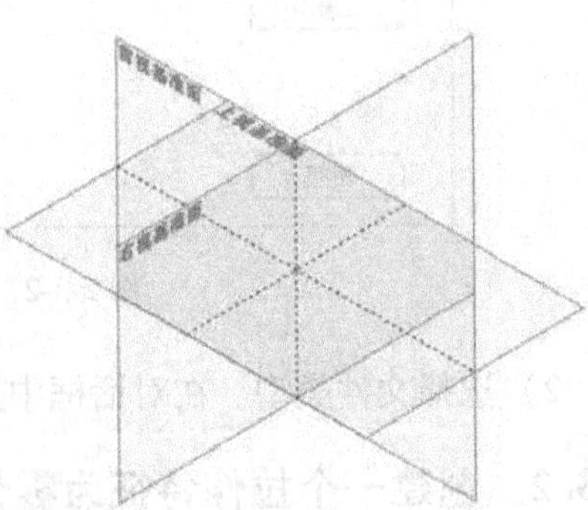

图 2-3-5 三个默认基准平面

2. 定义拉伸特征的横断面草图

定义拉伸特征横断面草图的方法有两种；一是选择已有草图作为横断面草图；二是创建

新草图作为横断面草图。本例中，介绍定义拉伸特征横断面草图的第二种方法，具体定义过程如下：

(1) 定义草图基准面　对草图基准面的概念和有关选项介绍如下：

➢草图基准面是特征横断面或轨迹的绘制平面。

➢选择的草图基准面可以是前视基准面、上视基准面或右视基准面中的一个，也可以是模型的某个表面。

完成上步操作后，系统弹出图 2-3-6 所示的【拉伸】窗口，在系统 选择一基准面来绘制特征横断面。 的提示下，选取右视基准面作为草图基准面，进入草图绘制环境。

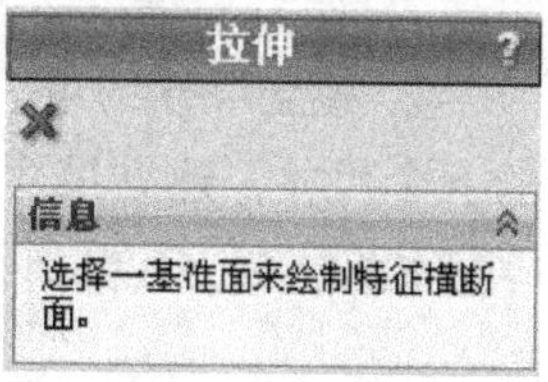

图 2-3-6 【拉伸】窗口

注意

➢理解草图的概念。

➢一个特征一个草图。

➢如果草图画错了可以右键单击该草图，选择“编辑草图”进行编辑。

➢进入草图时，注意左面设计树中的提示，应先选基准面。

(2) 绘制横断面草图　基础拉伸特征的横断面草图是图 2-3-7 所示的封闭边界。下面介绍绘制特征横断面草图的一般步骤。

1) 设置草图环境，调整草绘区。操作提示与注意事项：

➢进入草图绘制环境后，系统不会自动调整草图视图方位，此时应单击【视图】工具栏中的【正视于】按钮，调整到正视于草图的方位（即使草图基准面与屏幕平行）。

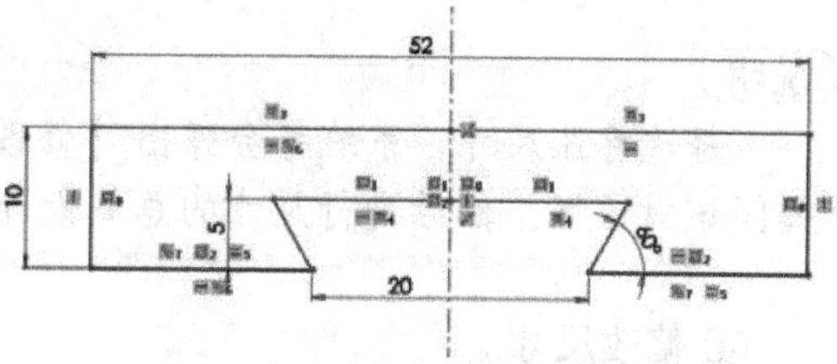

图 2-3-7 基础拉伸特征的横断面草图

➢除可以移动和缩放草绘区外，如果用户想在三维空间绘制草图或希望看到模型横断面草图在三维空间的方位，可以旋转草绘区，方法是按住鼠标的中键并移动鼠标，此时可看到图形跟着鼠标旋转。

2) 创建横断面草图。下面将介绍创建横断面草图的一般操作步骤，在以后的章节中，创建横断面草图时，可参照这里的内容。

① 绘制横断面几何图形的大体轮廓。操作提示与注意事项：

➢绘制草图时，开始时没有必要很精确地绘制横断面的几何形状、位置和尺寸，只要大概的形状与图 2-3-8 相似就可以。

➢绘制直线时，可直接建立水平约束和垂直约束。

② 建立几何约束。建立图 2-3-9 所示的水平、竖直、对称、相等和重合约束。

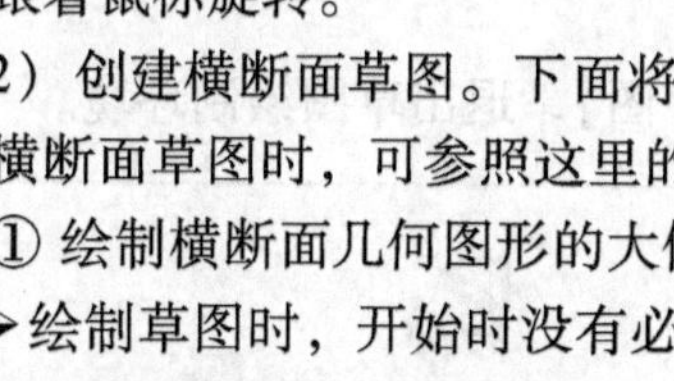
图 2-3-8 草绘横断面的初步图形

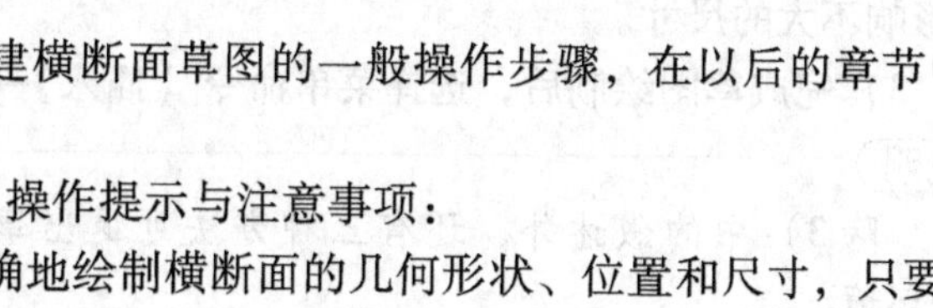
图 2-3-9 建立几何约束

说明

建立对称约束时，需先绘制中心线，并建立中心线与原点的重合约束，如图 2-3-9 所示。

③ 建立尺寸约束。单击【草图】工具栏中的【智能尺寸】按钮，标注图 2-3-10 所示的五个尺寸，建立尺寸约束。

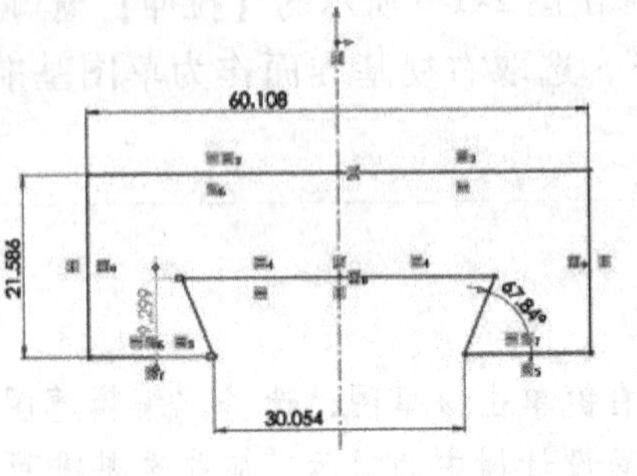

图 2-3-10　建立尺寸约束

说明

每次标注尺寸，系统都会弹出【修改】对话框，并提示所选尺寸的属性，此时可先关闭该对话框，然后进行尺寸的总体设计。

④ 修改尺寸。

将尺寸修改为设计要求的尺寸，如图 2-3-11 所示。其操作提示与注意事项如下：

➢ 尺寸的修改应安排在建立完约束以后进行。

➢ 注意修改尺寸的顺序，先修改对横断面外观影响不大的尺寸。

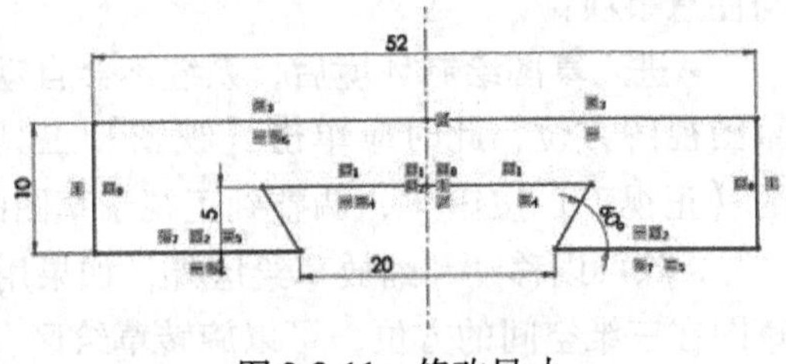

图 2-3-11　修改尺寸

3）完成草图绘制后，选择菜单命令【插入】→【退出草图】，退出草图绘制环境。

说明

除 3）中的叙述外，还有三种方法可退出草绘环境。

➢ 单击图形区右上角的【退出草图】按钮。【退出草图】按钮的位置一般如图 2-3-12 所示。

➢ 在图形区右键单击，从系统弹出的快捷菜单中选择 退出草图 命令。

➢ 单击【草图】工具栏中的按钮，使之处于弹起状态。

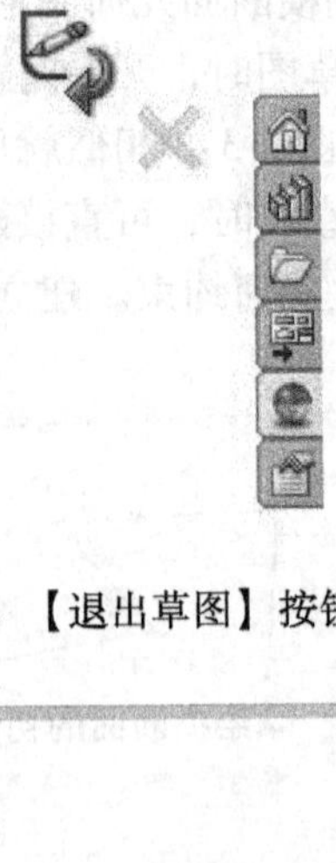

图 2-3-12　【退出草图】按钮的位置

绘制实体拉伸特征的横断面时，应该注意如下要求：

➢横断面必须闭合，横断面的任何部位不能有缺口，如图 2-3-13a 所示。

➢横断面的任何部位不能伸出多余的线头，如图 2-3-13b 所示。

➢横断面可以包含一个或多个封闭环，生成特征后，外环以实体填充，内环则为孔。环与环之间也不能有直线（或圆弧等）相连，如图 2-3-13c 所示。

➢曲面拉伸特征的横断面可以是开放的，但横断面不能有多于一个的开放环。

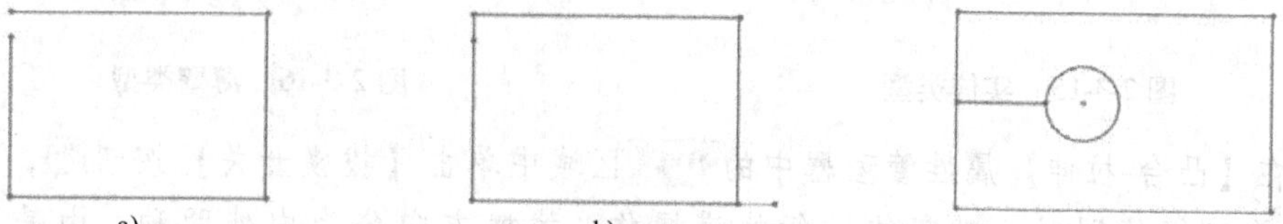

a)　　b)　　c)

图 2-3-13　建立尺寸约束

a）有缺口　b）伸出多余线头　c）相连

3. 定义拉伸类型

退出草图绘制环境后，系统弹出图 2-3-14 所示的【凸台-拉伸】属性管理器，在该窗口中不进行选项操作，只能创建系统默认的实体类型。

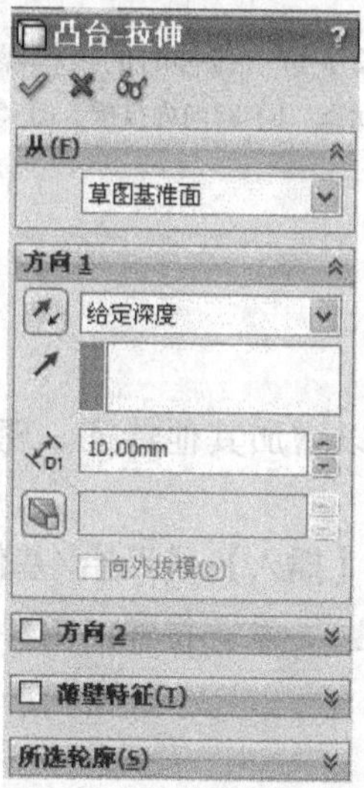

图 2-3-14　【凸台-拉伸】属性管理器

说明

利用【凸台-拉伸】属性管理器可以创建实体和薄壁两种类型的特征，下面分别介绍。

➢实体类型：创建实体类型时，实体特征的草绘横断面完全由材料填充，如图 2-3-15 所示。

➢薄壁类型：在【凸台-拉伸】属性管理器中选中【薄壁特征】复选框，可以将特征定义为薄壁类型。在由草图横断面生成实体时，薄壁特征的草图横断面是由材料填充成的均厚的环，环的内侧或外侧或中心轮廓边是草绘横断面，如图 2-3-16 所示。

说明

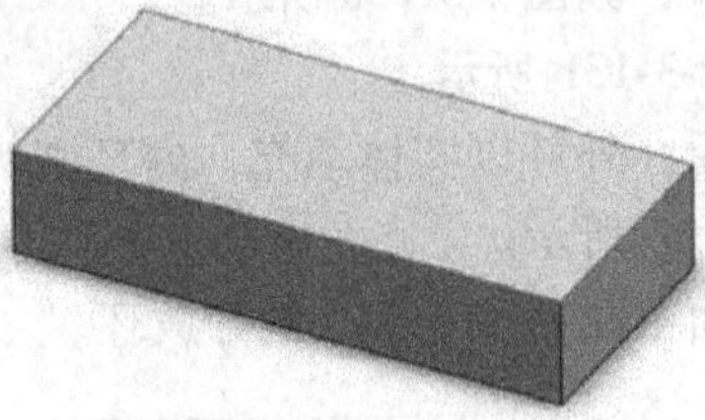

图 2-3-15　实体类型

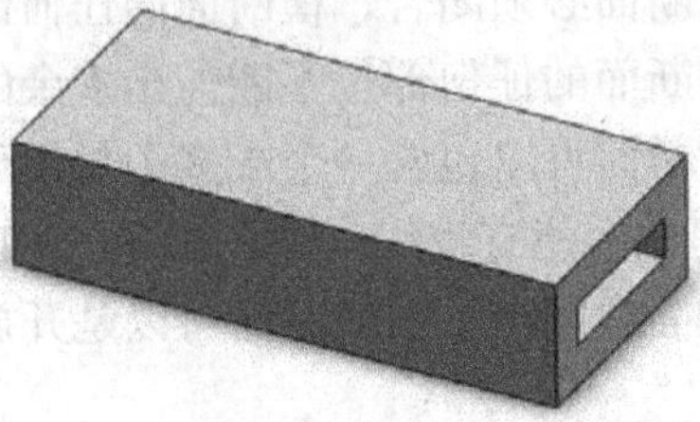

图 2-3-16　薄壁类型

➢在【凸台-拉伸】属性管理器中的方向1区域中单击【拔模开关】按钮，可以在创建拉伸特征的同时，对实体进行拔模操作，拔模方向分为内外两种，由是否选中☑向外拔模(O)复选框决定，图 2-3-17 所示即为拉伸时的拔模操作。

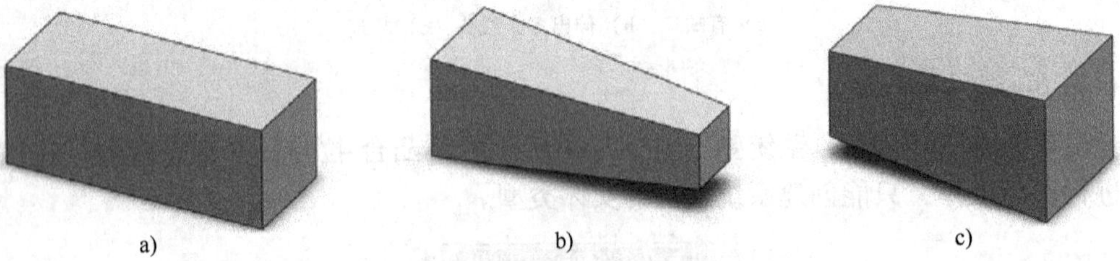

a)　　b)　　c)

图 2-3-17　拉伸时的拔模操作

a) 无拔模状态　b) 5°向内拔模　c) 5°向外拔模

2.3.3　添加其他拉伸特征

1. 添加薄壁拉伸特征

在创建零件的基础特征后，可以增加其他特征。现在要添加图 2-3-18 所示的薄壁拉伸特征，操作步骤如下：

（1）选择命令　选择菜单命令【插入】→【凸台/基体】→【拉伸】，（或单击【特征】工具栏中的【拉伸凸台/基体】按钮），系统将弹出图 2-3-19 所示的【拉伸】对话框。

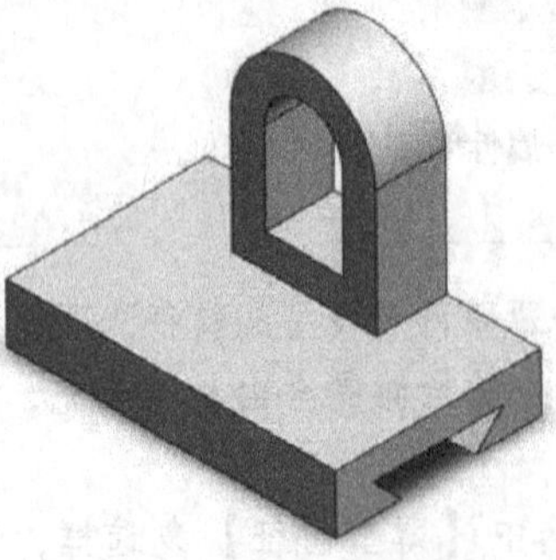

图 2-3-18　薄壁拉伸特征

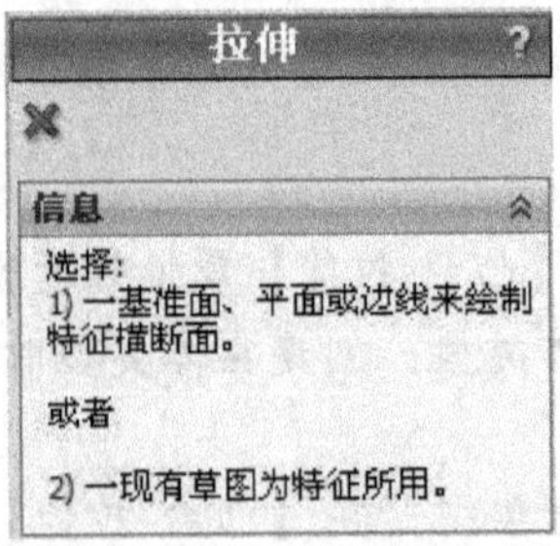

图 2-3-19　【拉伸】对话框

（2）创建横断面草图

1）选取草图基准面。选取图 2-3-20 所示的模型表面作为草图基准面，进入草图绘制环境。

2）绘制特征的横断面草图。

① 绘制草图轮廓。

a. 绘制图 2-3-21 所示的横断面草图的大体轮廓。

b. 转换实体引用。选取图 2-3-21 所示的边线，然后选择菜单命令【工具】→【草图绘制实体】→【转换实体引用】（或在【草图】工具栏中单击【转换实体引用】按钮），该边线变亮，其上面出现“实体转换引用”的约束符号，这样这条边线就变成当前草图的一部分。

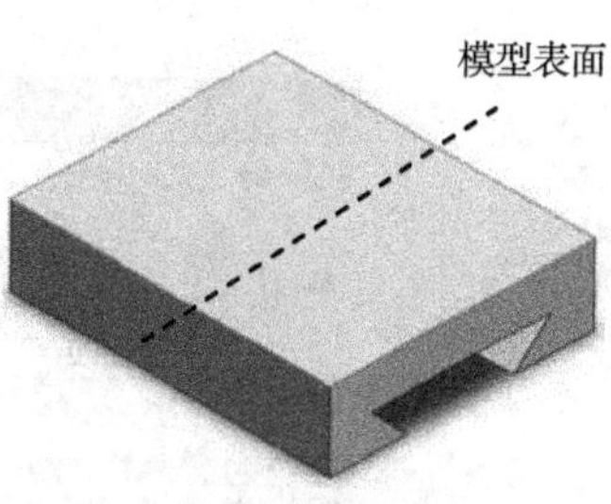

图 2-3-20 选取草绘平面

关于“转换实体引用”的说明：

➢ “转换实体引用”的用途分为作为转换模型边线和作为转换外部草图实体。

➢ 转换模型的边线包括模型上一条或多条边线。

➢ 转换外部草图实体包括一个或多个草图实体。

② 建立几何约束。建立图 2-3-22 所示的对称和相切约束。

③ 建立尺寸约束。标注图 2-3-22 所示的两个尺寸。

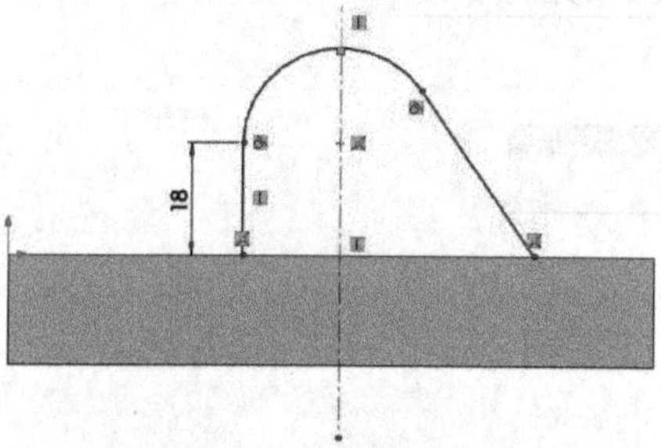

图 2-3-21 转换实体引用

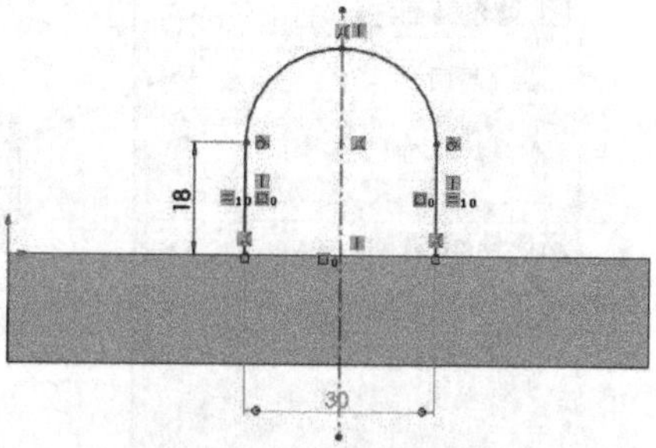

图 2-3-22 横断面草图

④ 修改尺寸。将尺寸修改为设计要求的尺寸，并且裁剪多余的边线。

⑤ 完成草图绘制后，选择菜单命令【插入】→【退出草图】，退出草图绘制环境。

（3）选择拉伸类型 在【凸台-拉伸】属性管理器中选中【薄壁特征】复选框，创建薄壁拉伸特征。

（4）定义薄壁属性

1）选取薄壁厚度类型。在【凸台-拉伸】属性管理器【薄壁特征】区域的下拉列表中选择【单向】选项按钮 单向。

2）定义薄壁厚度值。在【薄壁特征】区域的 文本框中输入“10.00mm”，如图 2-3-23 所示，单击【薄壁特征】区域中的【反向】按钮。

说明

如图 2-3-23 所示，打开【凸台-拉伸】属性管理器中 薄壁特征(T) 区域的下拉列表，列表中各薄壁深度类型选项说明如下：

➢ 单向：使用指定的壁厚向一个方向拉伸草图。

➢ 两侧对称：在草图的两侧各以指定壁厚的一半向两个方向拉伸草图。

➢ 双向：在草图的两侧各使用不同的壁厚向两个方向拉伸草图（指定为方向 1 厚度和方向 2 厚度）。

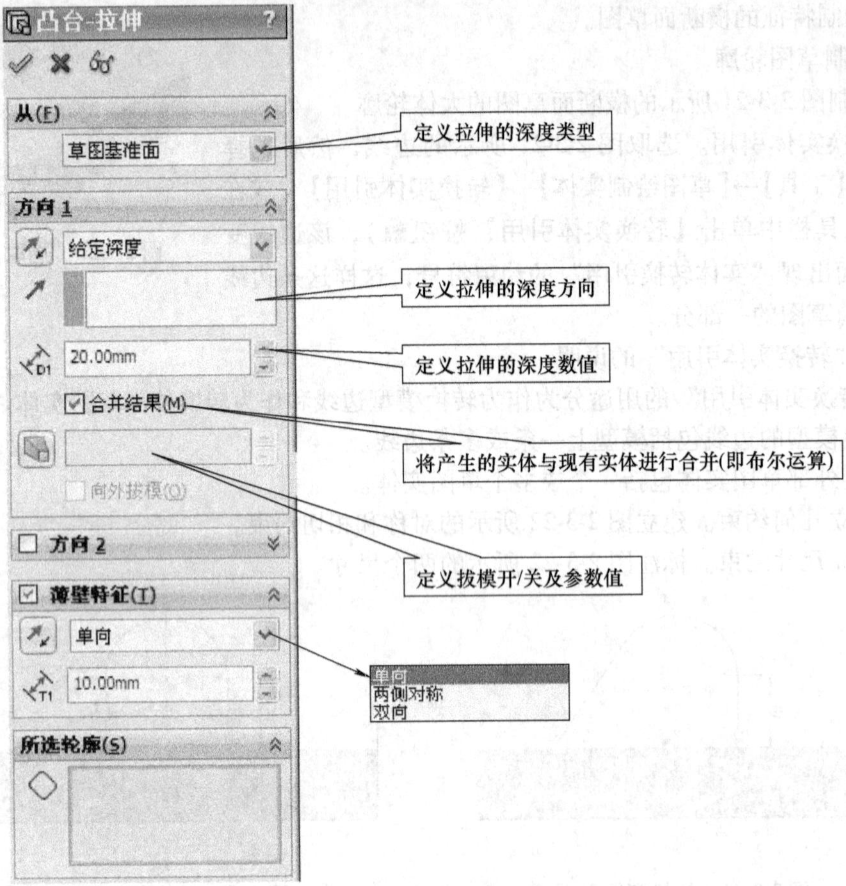

图 2-3-23 【凸台-拉伸】属性管理器

（5）定义拉伸深度属性

1）选取深度方向。单击方向 1区域中的按钮，选取与默认方向相反的方向。

2）选取深度类型。在【凸台-拉伸】属性管理器中方向 1区域的下拉列表中选择给定深度选项。

3）定义深度值。在方向 1区域的文本框中输入“20.00mm”。

（6）完成特征的创建　单击【凸台-拉伸】属性管理器中的【确定】按钮，完成特征的创建。

2. 添加切除类拉伸特征

切除-拉伸特征的创建方法与凸台-拉伸特征基本一致，只不过凸台-拉伸是增加实体，而切除-拉伸则是减去实体。

现在要添加图 2-3-24 所示的切除-拉伸特征，其一般操作步骤如下：

（1）选择命令　选择菜单命令【插入】→【切除】→【拉伸】，（或单击【特征】工具栏中的【拉伸切除】按钮），系统弹出【切除-拉伸】属性管理器。

（2）创建特征的横断面草图

1）选取草图基准面。选取图 2-3-25 所示的模型表面作为草图基准面。

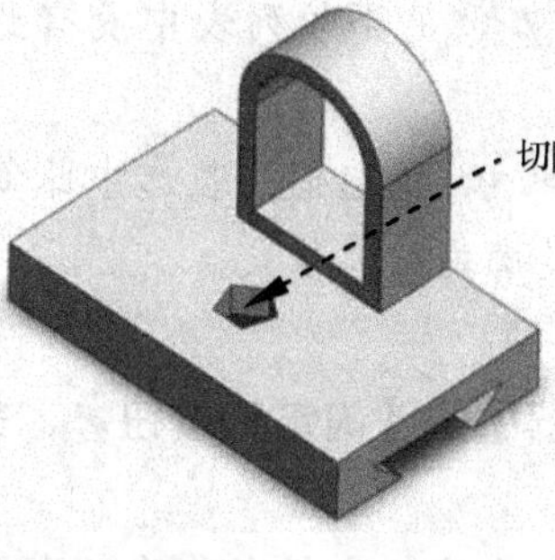

图 2-3-24　切除-拉伸特征

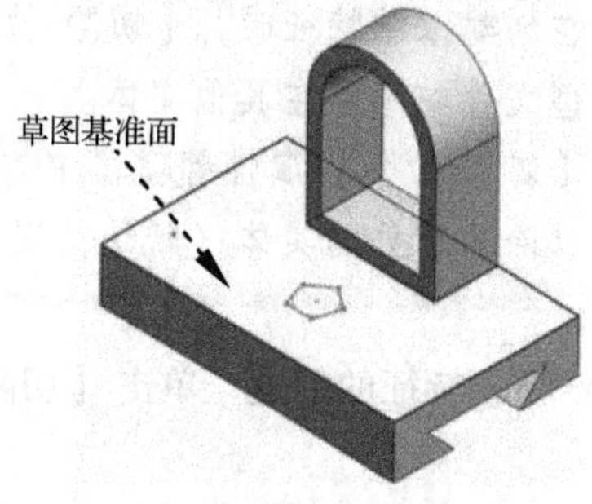

图 2-3-25　选取草图基准面

2）绘制横断面草图。在草绘环境中创建图 2-3-26 所示的横断面草图。

① 绘制一个六边形的轮廓，添加图 2-3-26 所示的三个尺寸约束。

② 将尺寸修改为设计要求的目标尺寸。

③ 完成草图绘制后，选择菜单命令【插入】→【退出草图】，退出草图绘制环境，此时系统弹出图 2-3-27 所示的【切除-拉伸】属性管理器。

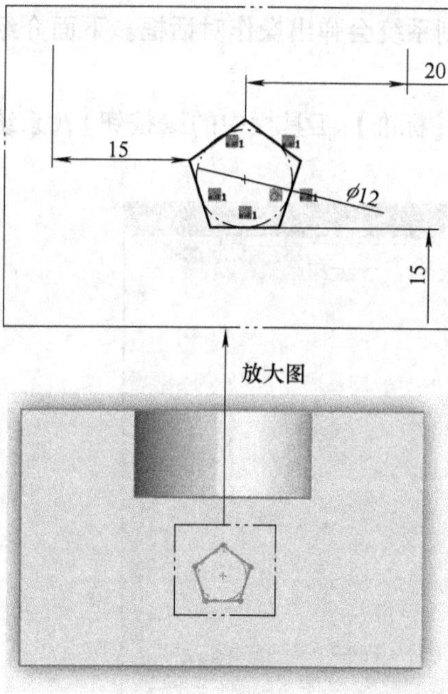

图 2-3-26　横断面草图

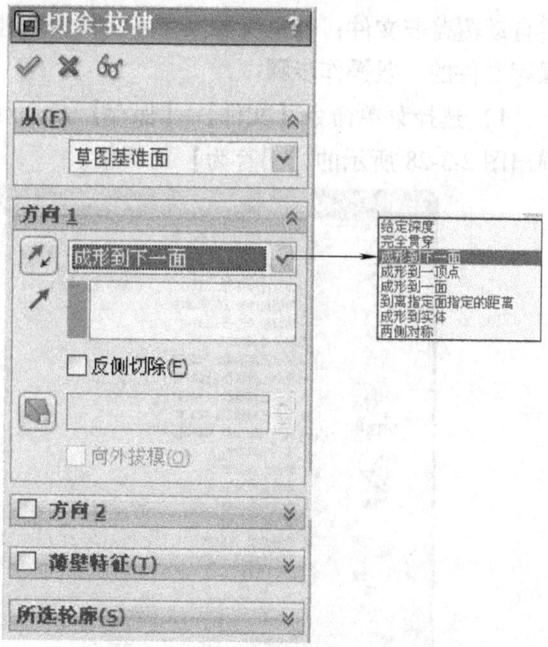

图 2-3-27　【切除-拉伸】属性管理器

（3）定义拉伸深度

1）选取深度方向。采用系统默认的深度方向。

2）选取深度类型。在【切除-拉伸】属性管理器中 区域的下拉列表中选择 选项。

说明

➢成形到下一面选项的含义是：特征将把沿深度方向遇到的第一个曲面作为拉伸终止面。在创建基础特征时，【切除-拉伸】属性管理器中方向1的下拉列表中没有此选项，因为模型文件中不存在其他实体。

➢【切除-拉伸】属性管理器中方向1区域中有一个□反侧切除复选框，若选中此复选框，系统将移除轮廓外的实体（默认情况下，系统切除的是轮廓内的实体）。

(4) 完成特征的创建　单击【切除-拉伸】属性管理器中的【确定】按钮✔，完成特征的创建。

(5) 保存模型文件　选择菜单命令【文件】→【保存】命令，文件名称为“薄壁拉伸特征3”。

说明

有关模型文件的保存，详情请参见2.3.4节“保存文件”的具体内容。

2.3.4　保存文件

保存文件操作分两种情况：若是所要保存的文件存在旧文件，则选择文件保存命令系统将自动覆盖旧文件；若是所要保存的文件为新建文件，则系统会弹出操作对话框。下面介绍保存文件的一般操作步骤。

1）选择菜单命令【文件】→【保存】命令（或单击【标准】工具栏中的按钮），系统弹出图2-3-28所示的【另存为】对话框。

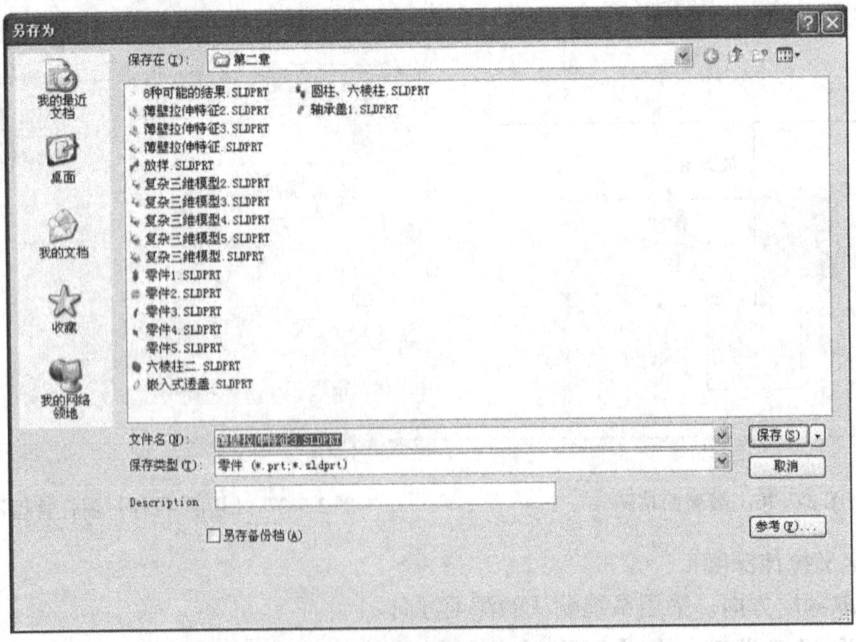

图2-3-28　【另存为】对话框

2）在【另存为】对话框的保存在(I): 下拉列表中选择文件保存的路径，在文件名(N): 文本框中输入可以识别的文件名，单击保存(S)按钮，即可保存文件。

注意

➢下拉菜单中还有一个另存为(A)... 命令，保存(S)与另存为(A)... 命令的区别在于：保存(S)命令是保存当前的文件，另存为(A)... 命令是将当前的文件复制进行保存，并且保存时可以更改文件的名称，原文件不受影响。

➢如果已打开多个文件，并对这些文件进行了编辑，可以用下拉菜单中的保存所有(L)将所有文件进行保存。

➢【另存为】对话框中“Description”的功能说明：☑另存备份档(A)复选框——使用新的名称或路径保存装配体文件的副本，而不替换激活的文件，用户可以继续在原来的装配体文件中工作。参考(F)...按钮——显示一个被当前所选装配体或工程图所参考的文件清单。

2.3.5 SolidWorks 建模技巧

要想利用 SolidWorks 实现快速、精准地建模，需要遵循以下几点：

➢建模之前，应对建模的顺序有全盘考虑。如先做什么，后做什么，用什么特征做等，都要提前考虑清楚。也就是要“建立建模思想”。

➢应合理选择主要草图轮廓和其基准面。如应选择最能代表零件主要形状信息的轮廓作为建立模型的首个草绘图形。选择草图图形所在的基准面时，要考虑到此零件在装配体中的位置和出工程图的方便。

➢应遵循“先大后小、先粗后细”的原则。先作大尺寸形状，再完成局部的细化，形状也是先粗略，再细化，如圆角和倒角等应该到建模的最后阶段进行。

➢单个特征中最好不要包括太多草绘要素。草绘要素多了以后，在模型的后续更改时会产生很多意想不到的错误。

➢能使用现有工具做的最好不要自己生成。如在插入孔特征时使用【异型孔向导】命令插入孔，既方便快捷，又利于后续工程图的输出。

➢应重视 SolidWorks 的二维工程图。SolidWorks 的优势在于可通过三维模型快速生成二维工程图，而且可以通过审查和修改二维工程图对模型进行修改。

2.4 SolidWorks 的模型显示与控制

2.4.1 模型的几种显示方式

SolidWorks 提供了六种模型显示的方法，可通过选择菜单命令【视图】→【显示】（图 2-4-1），或从【视图】工具栏中选择显示方式，如图 2-4-2 所示。

（线架图显示方式）：模型以线框形式显示，所有边线显示为深颜色的细实线，如图 2-4-3 所示。

（隐藏线可见显示方式）：模型以线框形式显示，可见的边线显示为深颜色的实线，

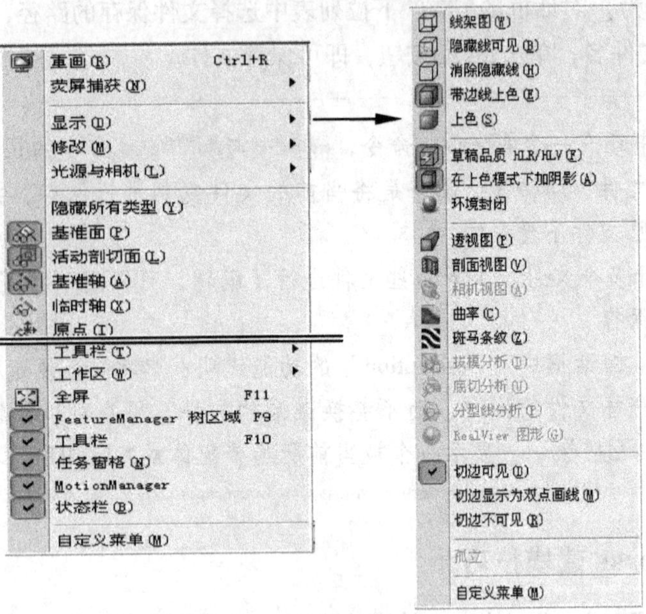

图 2-4-1 【视图】菜单

图 2-4-2 【视图】工具栏

不可见的边线显示为虚线，如图 2-4-4 所示。

（消除隐藏线显示方式）：模型以线框形式显示，可见的边线显示为深颜色的实线，不可见的边线被隐藏起来（即不显示），如图 2-4-5 所示。

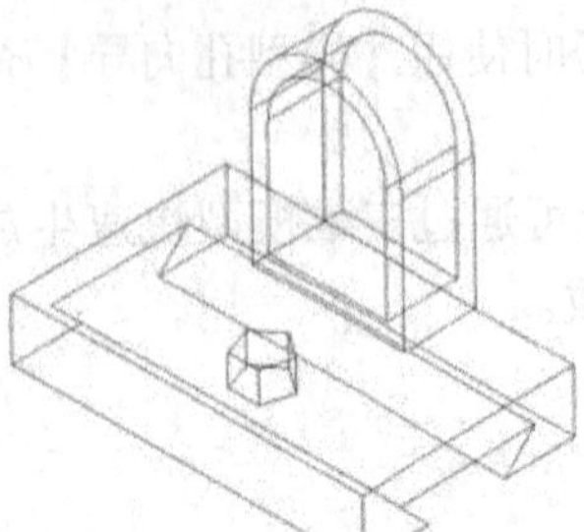

图 2-4-3 线架图

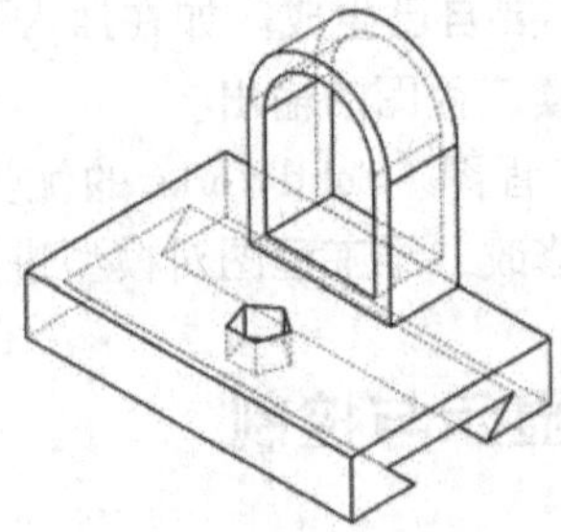

图 2-4-4 隐藏线可见

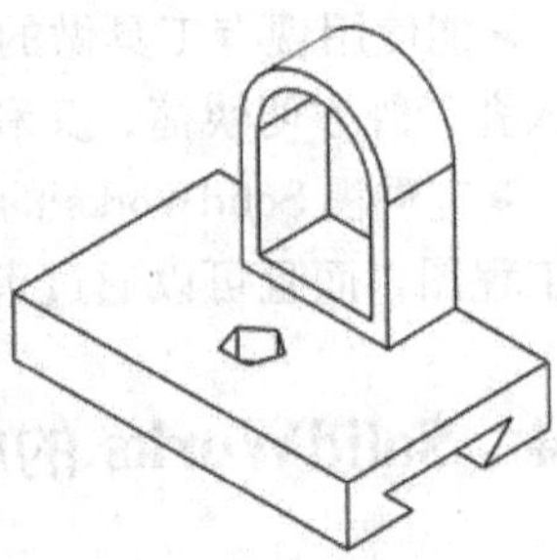

图 2-4-5 消除隐藏线

（带边线上色显示方式）：显示模型的可见边线，模型表面为灰色，部分表面有阴影感，如图 2-4-6 所示。

（带材料上色显示方式）：所有边线均不可见，模型表面为灰色，部分表面有阴影感，如图 2-4-7 所示。

（上色模式中的阴影显示方式）：在上色模式中，当光源从当前视图的模型最上方出现时，模型下方会显示阴影，如图2-4-8所示。

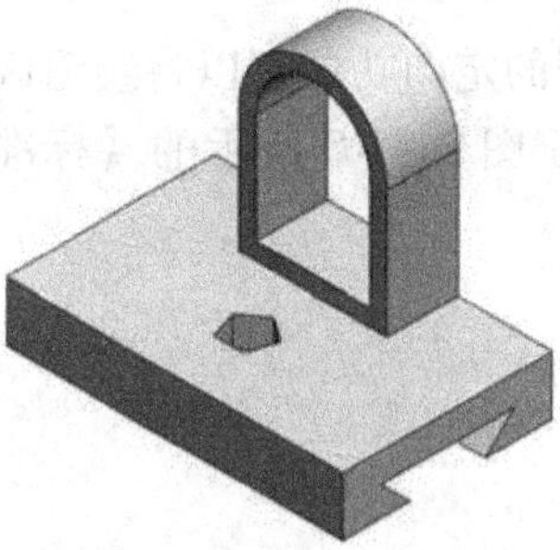

图2-4-6 带边线上色

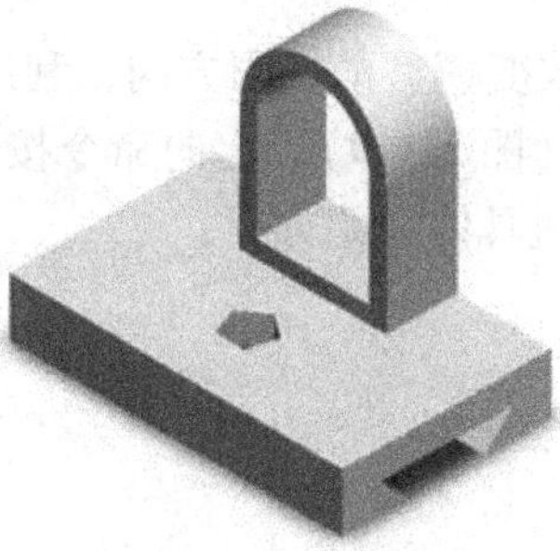

图2-4-7 带材料上色

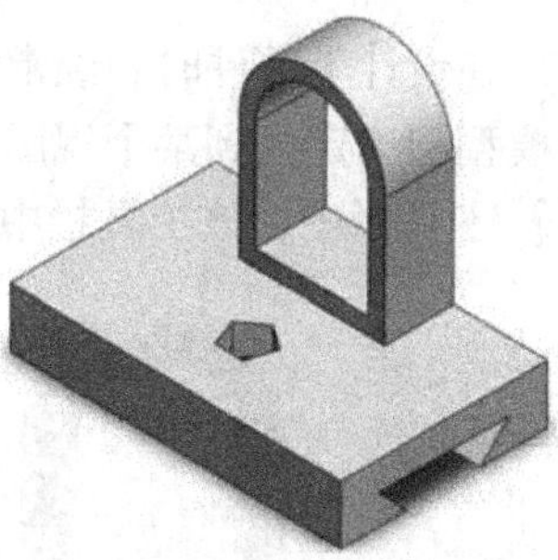

图2-4-8 上色模式中的阴影

2.4.2 视图的平移、旋转、滚转与缩放

视图的平移、旋转、滚转与缩放是零部件设计中常用的操作，这些操作只改变模型的视图方位而不改变模型的实际大小和空间位置，下面叙述其操作方法。

1. 平移的操作方法

1）选择菜单命令【视图】→【修改】→【平移】。

2）在图形区空白处单击右键，从弹出的快捷菜单中选择【平移】命令 平移(P)，然后在图形区按住左键并移动鼠标，此时模型会随着鼠标的移动而平移。

3）按住〈Ctrl〉键和鼠标中键不放并移动鼠标，模型将随着鼠标的移动而平移。

2. 旋转的操作方法

1）选择菜单命令【视图】→【修改】→【旋转】。

2）在图形区空白处单击右键，从系统弹出的快捷菜单中选择【旋转】命令 旋转(R)，然后在图形区按住左键并移动鼠标，此时模型会随着鼠标的移动而旋转。

3）按住鼠标中键并移动鼠标，模型将随着鼠标的移动而旋转。

3. 滚转的操作方法

1）选择菜单命令【视图】→【修改】→【滚转】。

2）在图形区空白处单击右键，从系统弹出的快捷菜单中选择 翻滚视图(G)命令，然后在图形区按住左键并移动鼠标，此时模型会随着鼠标的移动而翻滚。

4. 缩放的操作方法

1）选择菜单命令【视图】→【修改】→【动态放大/缩小】。

2）选择菜单命令【视图】→【修改】→【局部放大】。

3）在图形区空白处单击右键，从系统弹出的快捷菜单中选择 局部放大(B)命令，然后在图形区选取所要放大的范围，可使此范围最大限度地显示在图形区。

4）按住〈Shift〉键和鼠标中键不放，光标变成一个放大镜和上下指向的箭头，向上移动鼠标可将视图放大，向下移动鼠标则缩小视图。

注意

在【视图】工具栏中单击按钮，可以使视图填满整个界面窗口。

2.4.3 模型的视图定向

在设计零部件时，经常需要改变模型的视图方向，利用模型的定向功能可以将绘图区中的模型精确定向到某个视图方向（图 2-4-9），定向命令按钮位于图 2-4-10 所示的【标准视图】工具栏中，该工具栏中的按钮具体介绍如下：

图 2-4-9 原始视图方位

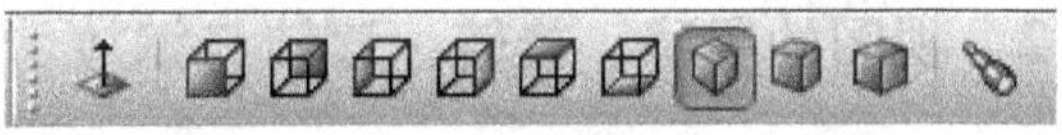

图 2-4-10 【标准视图】工具栏

➢（前视）：沿着 Z 轴负向的平面视图，如图 2-4-11 所示。
➢（后视）：沿着 Z 轴正向的平面视图，如图 2-4-12 所示。
➢（左视）：沿着 X 轴正向的平面视图，如图 2-4-13 所示。

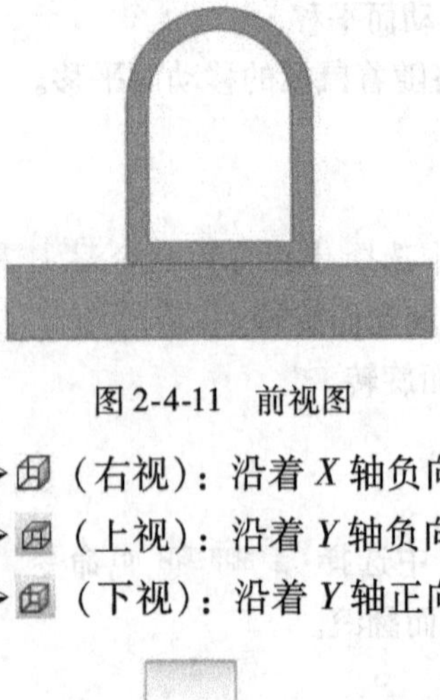

图 2-4-11 前视图

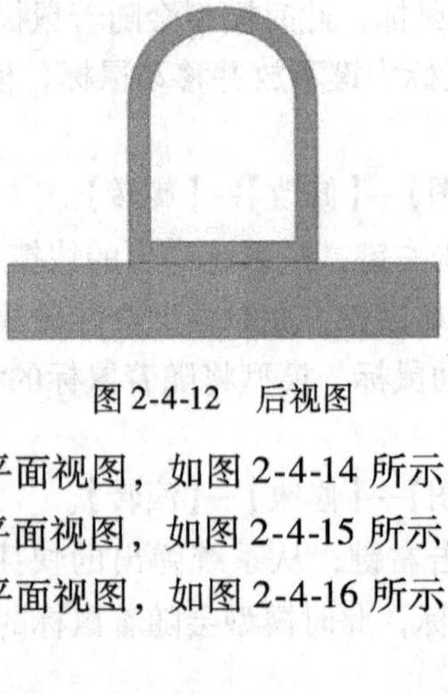

图 2-4-12 后视图

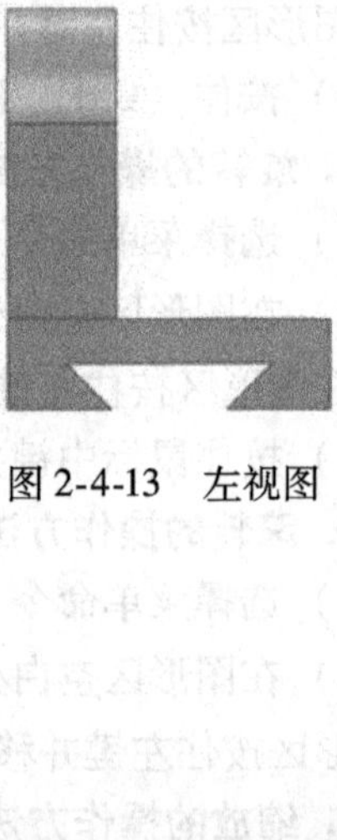

图 2-4-13 左视图

➢（右视）：沿着 X 轴负向的平面视图，如图 2-4-14 所示。
➢（上视）：沿着 Y 轴负向的平面视图，如图 2-4-15 所示。
➢（下视）：沿着 Y 轴正向的平面视图，如图 2-4-16 所示。

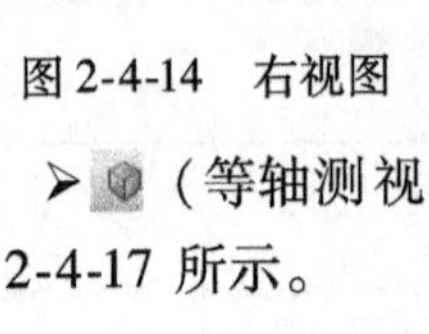

图 2-4-14 右视图

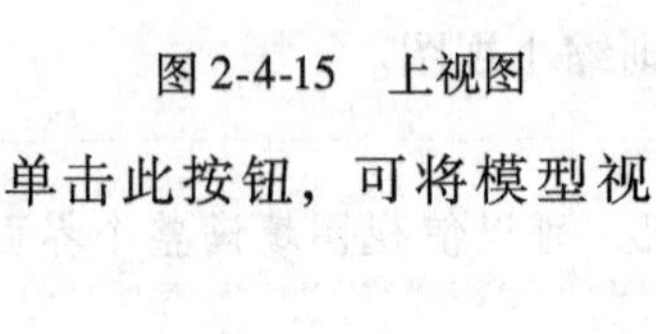

图 2-4-15 上视图

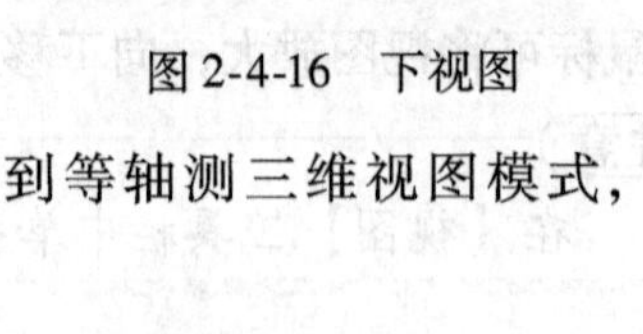

图 2-4-16 下视图

➢（等轴测视图）：单击此按钮，可将模型视图旋转到等轴测三维视图模式，如图 2-4-17 所示。

➢（上下二等角轴测视图）：单击此按钮，可将模型视图旋转到上下二等角轴测三维视图模式，如图 2-4-18 所示。

➢（左右二等角轴测视图）：单击此按钮，可将模型视图旋转到左右二等角轴测三维视图模式，如图 2-4-19 所示。

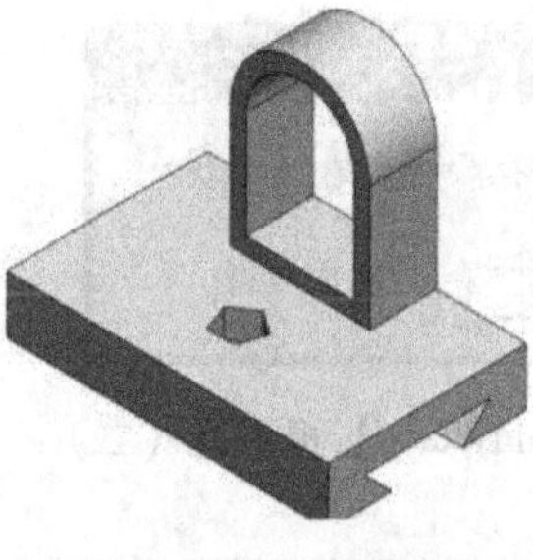

图 2-4-17　等轴测图

图 2-4-18　上下二等角轴测图

图 2-4-19　左右二等角轴测图

➢（视图定向）：这是一个定制视图方向的命令，用于保存某个特定的视图方位。若用户对模型进行了旋转操作，则只需单击此按钮，便可从系统弹出的图 2-4-20 所示的【方向】对话框中，找到这个已命名的视图方位。操作方法如下：

1）将模型旋转到预定视图方位。

2）在【标准视图】工具栏中单击按钮，系统弹出图 2-4-20 所示的【方向】对话框。

3）在【方向】对话框中单击按钮，系统弹出图 2-4-21 所示的【命名视图】对话框，在对话框的视图名称(V):文本框中输入视图方位的名称"View1"，然后单击对话框中的确定按钮，此时View1出现在【方向】对话框的列表顶部，如图 2-4-22 所示。

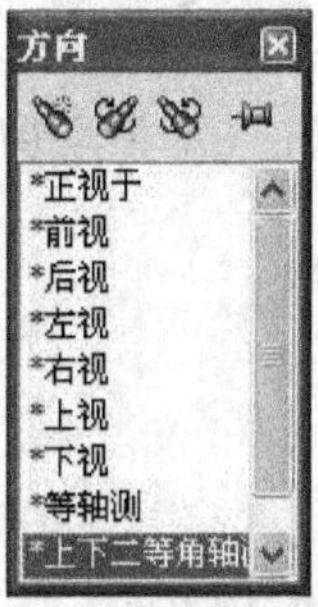

图 2-4-20　【方向】对话框（一）

图 2-4-21　【命名视图】对话框

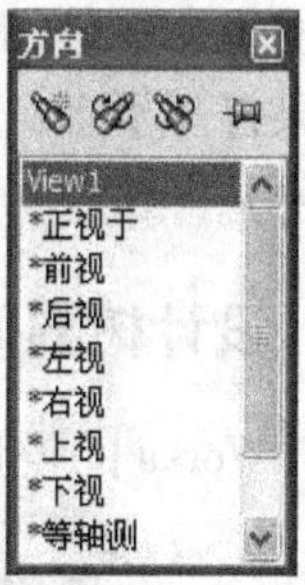

图 2-4-22　【方向】对话框（二）

4）关闭【方向】对话框，完成视图方位的定制。

5）将模型旋转到另一视图方位，然后在【标准视图】工具栏中单击按钮，系统弹出【方向】对话框，在对话框中双击View1按钮，即可回到刚才定制的视图方位。

说明

➢定制的视图方位是不可删除的，如需定制别的视图方位，重新创建即可。

➢【方向】对话框中各按钮的功能说明：按钮——单击此按钮，可以创建定制新的视图方位。按钮——单击此按钮，可以重新设置所选标准视图方位（标准视图方位

说明

即系统默认提供的视图方位），但在此过程中，系统会弹出图 2-4-23 所示的【SolidWorks】提示框，提示用户此更改将对工程图产生的影响，单击对话框中的 是(Y) 按钮，即可重新设置标准视图方位。按钮——单击此按钮，系统将弹出图 2-4-24 所示的【SolidWorks】提示框，单击对话框中的 是(Y) 按钮，可以将所有标准恢复到默认状态。

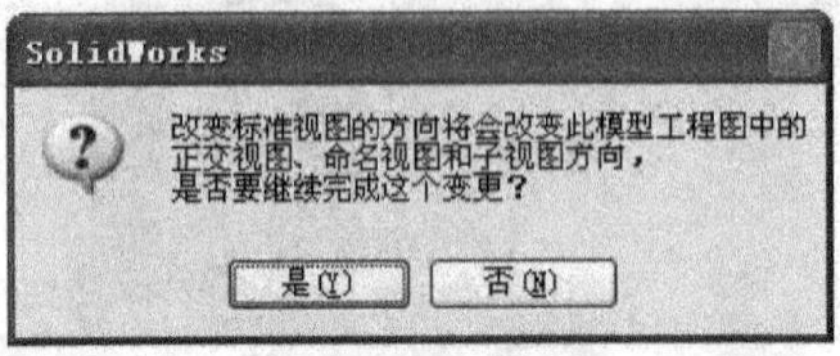

图 2-4-23　【SolidWorks】提示框（一）

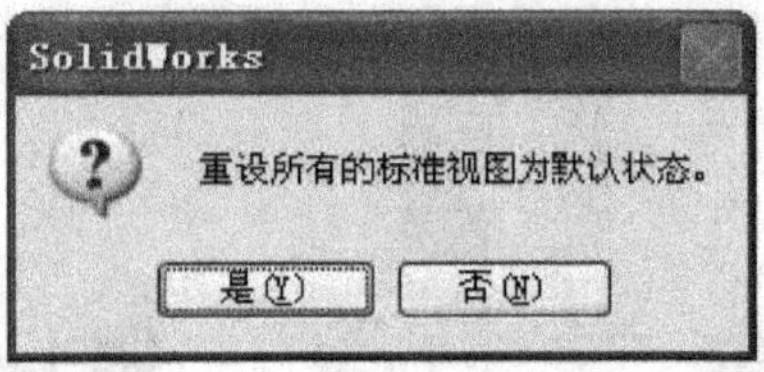

图 2-4-24　【SolidWorks】提示框（二）

2.5　SolidWorks 设计树

2.5.1　设计树概述

SolidWorks 的设计树一般出现在窗口左侧，它的功能是以树的形式显示当前活动模型中的所有特征或零件，在树的顶部显示根（主）对象，并将从属对象（零件或特征）置于其下。在零件模型中，设计树列表的顶部是零部件名称，下方是每个特征的名称；在装配体模型中，设计树列表的顶部是总装配，总装配下是各子装配和零件，每个子装配下方则是该子装配中的每个零件的名称，每个零件名的下方是零件的各个特征的名称。

如果打开了多个 SolidWorks 窗口，则设计树内容只反映当前活动文件（即活动窗口中的模型文件）。

2.5.2　设计树界面简介

SolidWorks 的设计树界面如图 2-5-1 所示。

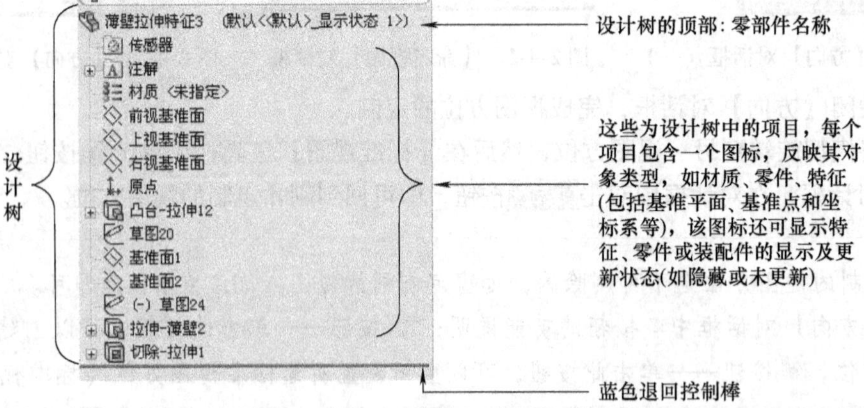

图 2-5-1　设计树界面

2.5.3　设计树的作用与一般规则

1. 设计树的作用

（1）在设计树中选取对象　可以从设计树中选取要编辑的特征或零件对象，当要选取的特征或零件在图形区的模型中不可见时，此方法尤为有用；当要选取的特征和零件在模型中禁用选取时，仍可在设计树中进行选取操作。

注意

SolidWorks 的设计树中列出了特征的几何图形（即草图的从属对象），但在设计树中，几何图形的选取必须是在草绘状态下。

（2）更改项目的名称　在设计树的项目名称上缓慢单击两次，然后输入新名称，即可更改所选项目的名称。

（3）在设计树中使用快捷命令　单击或右键单击设计树中的特征名或零件名，可打开一个快捷菜单，从中可选取相对于选定对象的特定操作命令。

（4）确认和更改特征的生成顺序　设计树中有一个蓝色的退回控制棒，作用是指明在创建特征时特征的插入位置。在默认情况下，它的位置总是在模型树列出的所有项目的最后。可以在模型树中将其上下拖动，将特征插入到模型中的其他特征之间。将控制棒移动到新位置时，控制棒后面的项目将被隐含，这些项目将不在图形区的模型上显示。

可在退回控制棒位于任何地方时保存模型。当再次打开文档时，可使用【向前推进】命令，或直接拖动控制棒至所需位置。

注意

特征是可以上下移动的，但是也不是随便上下移动，子特征必须在父特征之下。

（5）添加自定义文件夹以插入特征　在设计树中添加新的文件夹，可以将多个特征拖动到新文件夹中，以减小设计树的长度，其操作方法有两种：

1）使用系统自动创建的文件夹。在设计树中右键单击某一个特征，在系统弹出的快捷菜单中选择【添加到新文件夹】命令，一个新文件夹就会出现在设计树中，且用右键单击的特征会出现在该文件夹中，用户可重命名文件夹，并将多个特征拖动到文件夹中。

2）创建新文件夹。在设计树中右键单击某一个特征，在系统弹出的快捷菜单中选择【生成新文件夹】命令，一个新文件夹就会出现在设计树中，用户可重命名文件夹，并将多个特征拖动到文件夹中。

将特征从所创建的文件夹中移除的方法是：在 FeatureManager 设计树中将特征从文件夹内拖动到文件夹外部，然后释放鼠标，即可将额外特征从文件夹中移除。

说明

- 拖动特征时，可将任何连续的特征或零部件放置到单独的文件夹中，但不能使用〈Ctrl〉键选择非连续的特征，这样可以保持父子关系。
- 不能将现有文件夹添加到新文件夹中。

（6）设计树的其他作用

➢传感器可以监视零件和装配体的所选属性，并在数值超出指定阈值时发出警告。

➢在设计树中右键单击“注解”文件夹，可以控制尺寸和注解的显示。

➢可以记录“设计日志”并“添加附加件”到“设计活页夹”文件夹。

➢在设计树中右键单击【材质】，可以添加或修改应用到零件的材质。

➢在“光源与相机”文件夹中可以添加或修改光源。

2. 设计树的一般规则

1）项目图标左边的“+”符号表示该项目包含关联项，单击“+”可以展开该项目并显示其内容，若要一次折叠所有展开的项目，则可用快捷键〈Shift〉+〈C〉或右键单击设计树顶部的文件名，然后从系统弹出的快捷菜单中选择【折叠项目】命令。

2）草图有过定义、欠定义、无法解出和完全定义四种类型，前三种在设计树中分别用“(+)”、“(-)”、“(?)”表示，完全定义时草图无前缀；装配体也有四种类型，前三种与草图一致，第四种类型为固定，在设计树中以“(f)”表示。

3）若需重建已经更改的模型，则特征、零件或装配体之前会显示重建模型符号。

4）在设计树顶部显示锁形的零件，不能进行编辑，此零件通常是 Toolbox 或其他标准库零件。

2.6 特征的编辑与编辑定义

2.6.1 编辑特征尺寸

特征尺寸的编辑是指对特征的尺寸和相关修饰元素进行修改，以下将举例说明其操作方法。

1. 显示特征尺寸值

1）打开文件“\SolidWorks 建模\薄壁拉伸特征 3. SLDPRT”。

2）在图 2-6-1 所示模型（薄壁拉伸特征 3_block）的设计树中，双击要编辑的特征（或直接在图形区双击要编辑的特征），此时该特征的所有尺寸都显示出来，如图 2-6-2 所示，以便进行编辑。

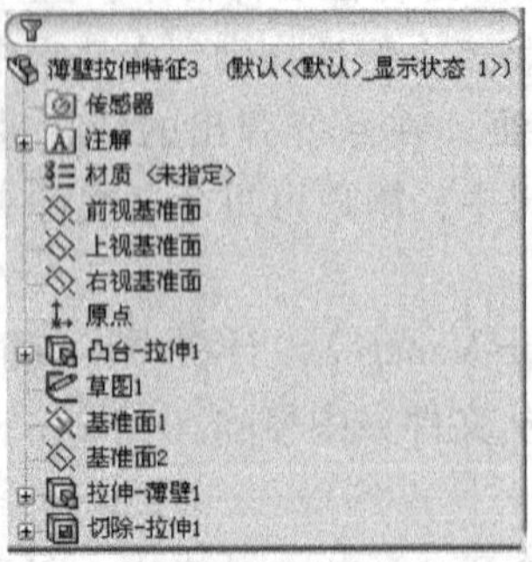

图 2-6-1　设计树

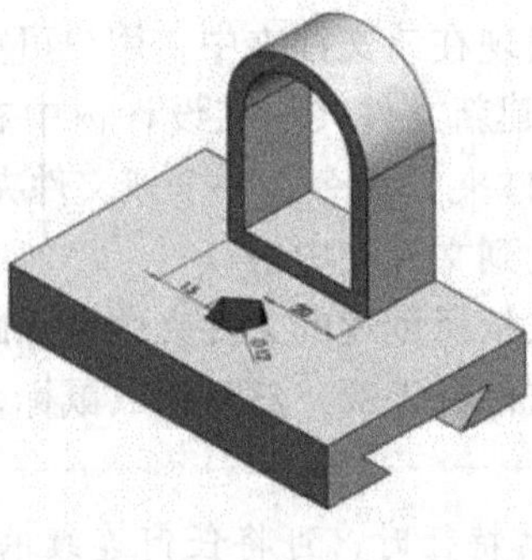

图 2-6-2　编辑零件模型的尺寸

2. 修改特征尺寸值

通过上述方法进入尺寸的编辑状态后，如果要修改特征的某个尺寸值，可按如下方法操作进行：

1）在模型中双击要修改的某个尺寸，系统弹出图 2-6-3 所示的【修改】对话框。

2）在【修改】对话框的文本框中输入新的尺寸，并单击对话框中的【确定】按钮✔。

3）编辑特征的尺寸后，必须进行重建操作，重新生成模型，这样修改后的尺寸才会重新驱动模型。方法是选择菜单命令【编辑】→【重建模型】命令（或单击【标准】工具栏中的按钮）。

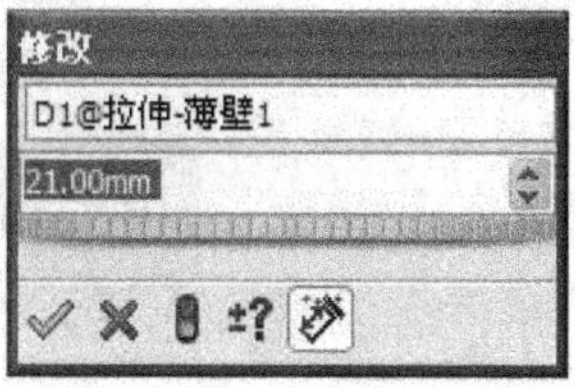

图 2-6-3 【修改】对话框

图 2-6-3 所示的【修改】对话框中各按钮的说明如下：

- ✔按钮——保存当前数值并退出【修改】对话框。
- ✖按钮——恢复原始数值并退出【修改】对话框。
- 按钮——以当前数值重建模型。
- 按钮——用于反转尺寸方向的设置。
- ±?按钮——重新设置数值框的增（减）量值。
- 按钮——标注要输进工程图中的尺寸。

3. 修改特征尺寸的修饰

如果要修改特征的某个尺寸的修饰，其一般操作步骤如下：

1）双击选中要修改尺寸的特征，在模型中单击要修改其修饰的某个尺寸，此时系统弹出图 2-6-4 所示的【尺寸】对话框。

2）在【尺寸】对话框中可进行尺寸数值、字体、公差/精度和显示等相应修饰项设置修改。

① 单击对话框中的 公差/精度(P)，系统将展开图 2-6-5 所示的 公差/精度(P) 区域，在此区域中可以进行尺寸公差/精度的设置。

② 单击对话框中的 引线 标签，系统将弹出图 2-6-6 所示的【引线】选项卡，在该选项卡中可对 尺寸界线/引线显示(W) 进行设置。选中 ☑ 自定义文字位置 复选框，可以对文字位置进行设置。

③ 单击【尺寸】窗口【数值】选项卡中的 标注尺寸文字(I)，系统将展开图 2-6-7 所示的【标注尺寸文字】区域，在该区域中可进行尺寸文字的修改。

④ 单击【尺寸】窗口中的 其它 标签，系统切换到图 2-6-8 所示的【其它】选项卡，在该选项卡中可进行单位和文本字体的设置。

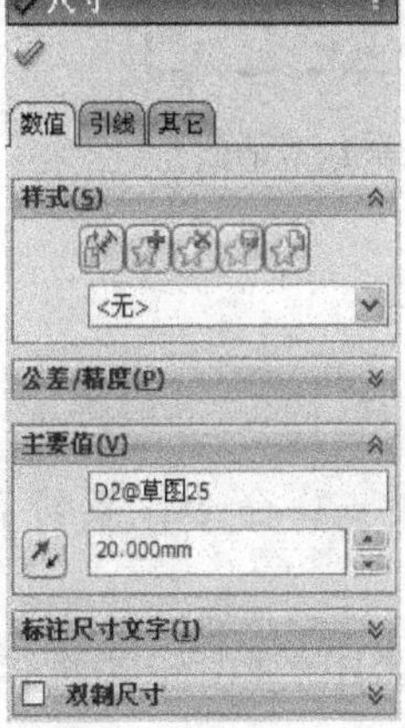

图 2-6-4 【尺寸】对话框

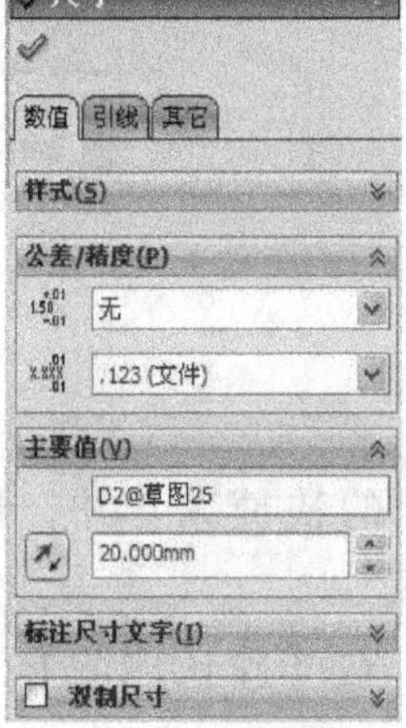

图 2-6-5 【公差/精度】区域

图 2-6-6 【引线】选项卡

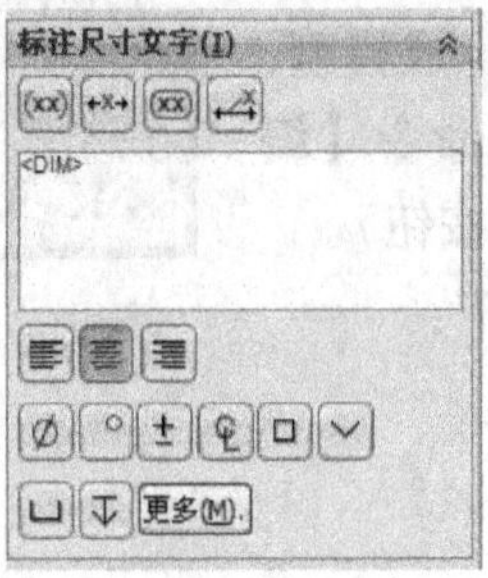

图 2-6-7 【标注尺寸文字】区域

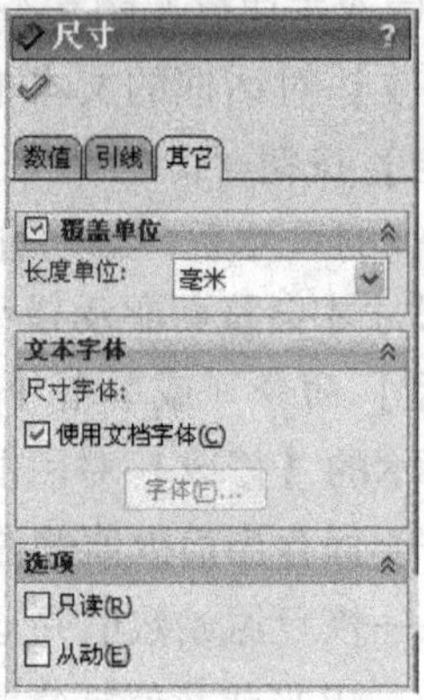

图 2-6-8 【其它】选项卡

2.6.2 查看特征父子关系

在设计树中右键单击所要查看的特征（如拉伸-薄壁 1），从系统弹出的图 2-6-9 所示的快捷菜单中选择 父子关系... (T) 命令，系统弹出图 2-6-10 所示的【父子关系】对话框，在对话框中可查看所选特征的父特征和子特征。

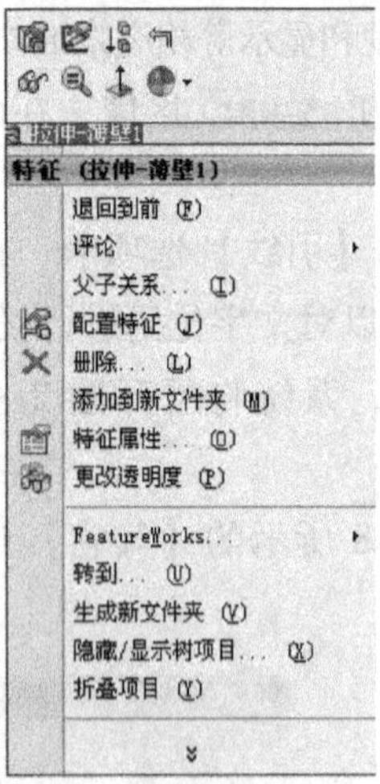

图 2-6-9 快捷菜单

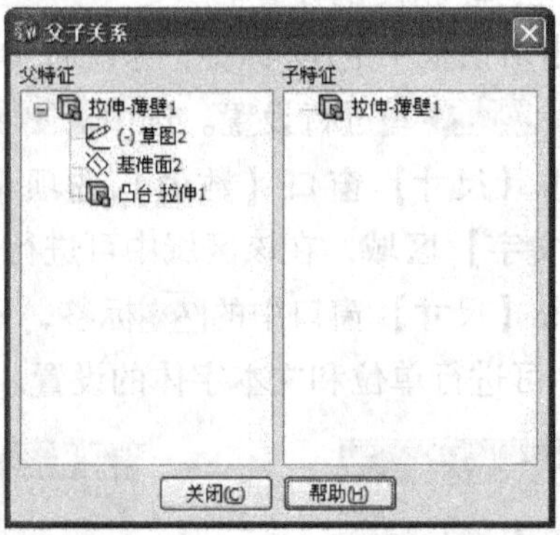

图 2-6-10 【父子关系】对话框

2.6.3 删除特征

删除特征的一般操作步骤如下：

1）选择命令。在图 2-6-9 所示的快捷菜单中，选择 删除... (L) 命令，系统弹出图 2-6-11 所示的【确认删除】对话框。

2）定义是否删除内含的特征。在【确认删除】对话框中选中 同时删除内含的特征(F) 复选框。

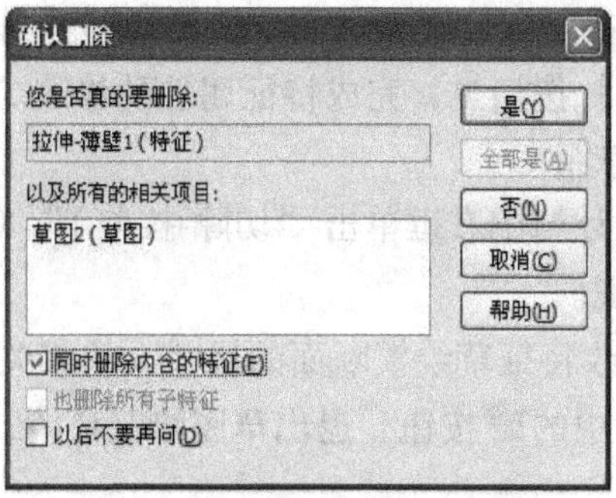

图 2-6-11　【确认删除】对话框

说明

内含的特征即所选特征的子特征，如本例中所选特征的内含的特征即为草图 2（草图），若取消选中的【同时删除内含的特征】复选框，则系统执行删除命令时，只删除特征，而不删除草图。

3）单击对话框中的 是(Y) ，完成特征的删除。

说明

如果要删除的特征是零部件的基础特征（如模型“薄壁拉伸特征 3”中的拉伸特征“拉伸 1”），需选中 也删除所有子特征 复选框，否则其子特征将因为失去参考而重建失败。

2.6.4　特征的编辑定义

当特征创建完毕后，如果需要重新定义特征的属性、横断面的形状或特征的深度选项，就必须对特征进行“编辑定义”，也叫“重定义”。下面以模型（薄壁拉伸特征 3）的切除-拉伸特征为例，说明特征编辑定义的操作方法。

1. 重定义特征的属性

1）在图 2-6-12 所示模型（薄壁拉伸特征 3）的设计树中，右键单击【切除-拉伸 1】特征，在系统弹出的快捷菜单中，选择【切除-拉伸】命令，此时【切除-拉伸 1】属性管理器将显示出来，以便进行编辑，如图 2-6-13 所示。

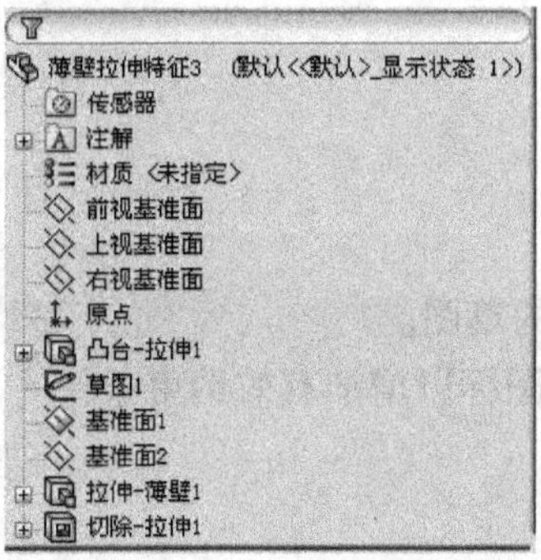

图 2-6-12　设计树

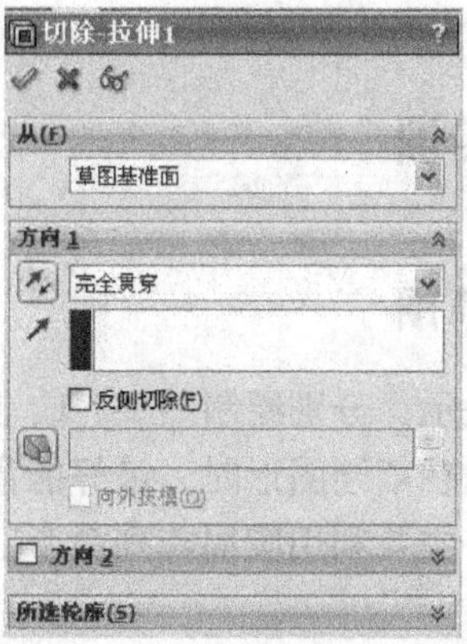

图 2-6-13　【切除-拉伸 1】属性管理器

2）在窗口中重新设置特征的深度类型和深度值及拉伸方向等属性。

3）单击窗口中的【确定】按钮，完成特征属性的修改。

2. 重定义特征的横断面草图

1）在图 2-6-12 所示的设计树中右键单击“切除-拉伸 1”特征，在系统弹出的快捷菜单中选择命令，进入草绘环境。

2）在草图绘制环境中修改特征草绘横断面的尺寸、约束关系和形状等。

3）单击【草绘】工具栏中的按钮，退出草图绘制环境，完成特征的修改。

说明

在编辑特征的过程中可能需要修改草图基准平面，其方法是在图 2-6-14 所示的设计树中右键单击 (-) 草图3，从系统弹出的图 2-6-15 所示的快捷菜单中选择命令，系统将弹出图 2-6-16 所示的【草图绘制平面】对话框，在此窗口中单击，以激活 草图基准面/面(P) 文本框，即可更改草图基准面。

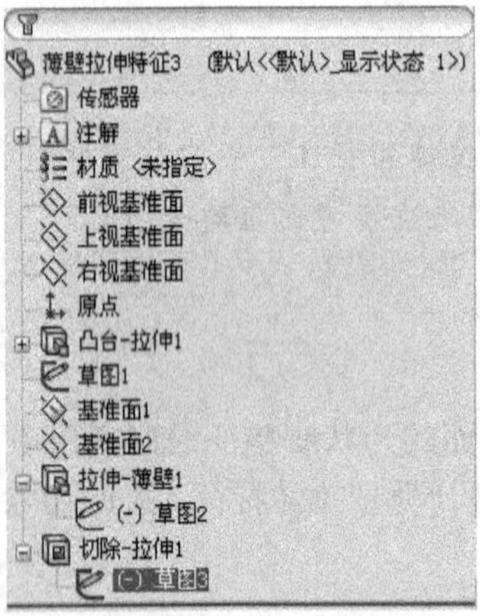

图 2-6-14　设计树

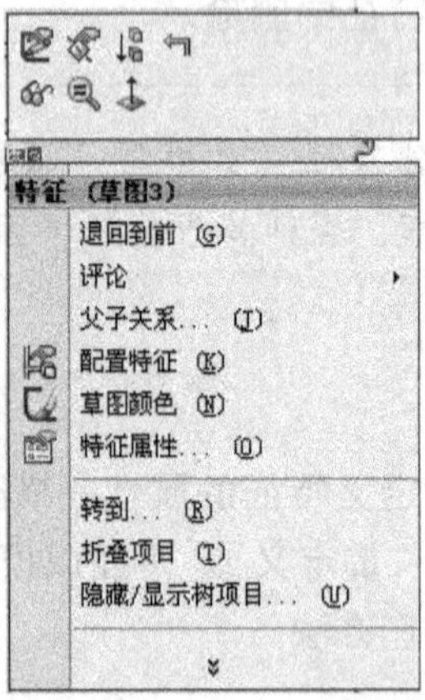

图 2-6-15　快捷菜单

图 2-6-16　【草图绘制平面】对话框

2.7　拓展实训

2.7.1　绘制草图

根据绘图提示，分别绘制图 2-7-1、图 2-7-2 所示的草图。

绘图提示：在草绘图形时，最好能借助“原点”图标以增加有效约束条件。

绘图提示：主要利用圆周阵列命令。

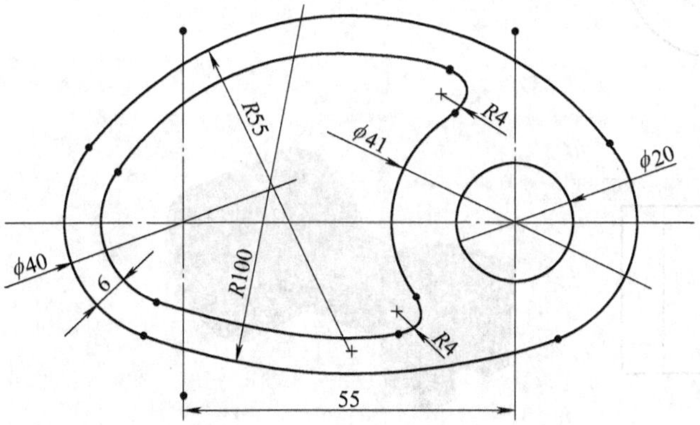

图 2-7-1　实训图（一）

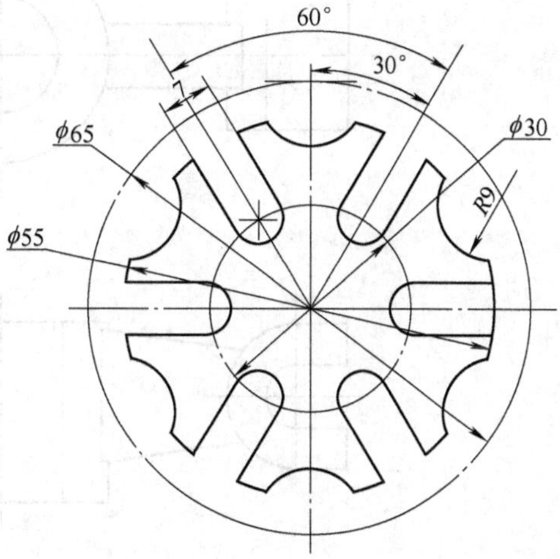

图 2-7-2　实训图（二）

2.7.2　创建实体模型

根据图 2-7-3、图 2-7-4、图 2-7-5 所示零件及其视图，创建零件的实体模型。

绘图提示：注意斜台上孔的中心线通过下方圆锥的顶点。

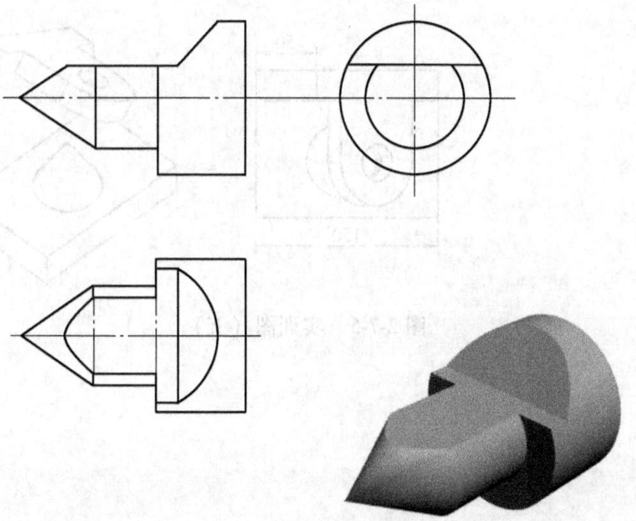

图 2-7-3　实训图（三）

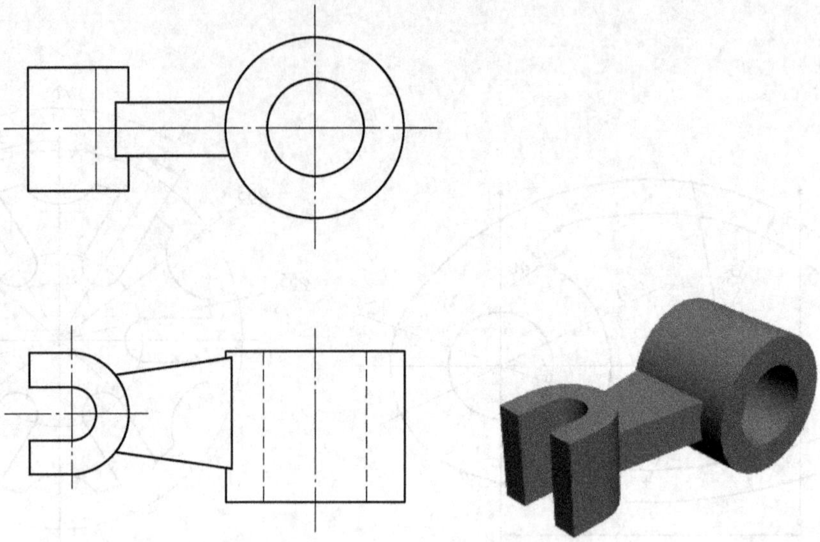

图 2-7-4　实训图（四）

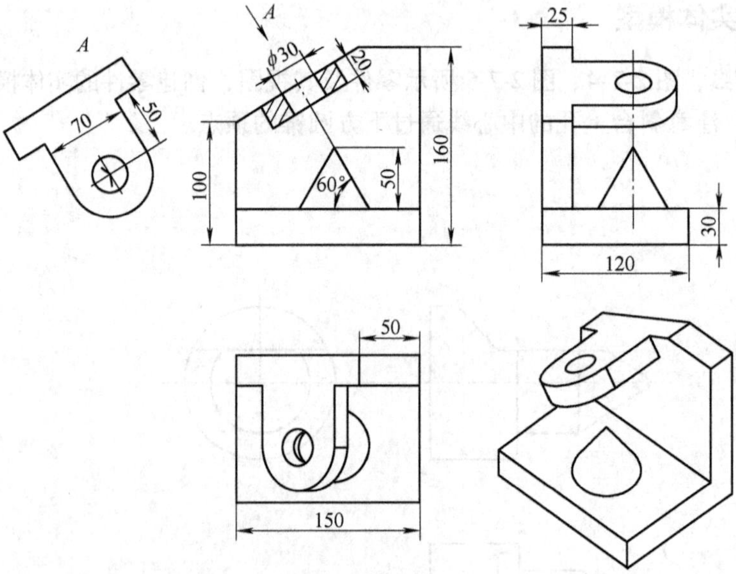

图 2-7-5　实训图（五）

第3章　盘盖类零件的设计

知识导学

盘盖类零件是工程应用中常见机械零件之一。该类零件的基本结构为短粗或扁平的实心或空心回转体，结构形状特点是轴向尺寸小、径向尺寸大。在 SolidWorks 2012 中可以通过拉伸凸台、旋转凸台、拉伸切除、倒角、圆角、阵列等特征建模的方法来创建盘盖类零件。本章旨在通过对上述内容的学习，使读者进一步领会盘盖类零件三维实体造型的基本思想。

本章主要内容包括：盘盖类零件的结构特点、设计注意事项、建模分析，拉伸凸台特征、拉伸切除特征、创建基准轴、倒角特征，盘盖类零件设计范例。

- 重点：盘盖类零件的常用特征，一级圆柱齿轮减速器中闷盖和透盖的创建过程。
- 难点：盘盖类零件的建模思路分析以及常用工具的使用。

3.1　盘盖类零件分析

各种轮子、法兰、轴承端盖及圆盖等都属于盘盖类零件，典型的盘盖类零件如图 3-1-1 所示。本节重点介绍该类零件的结构特点、设计注意事项以及建模分析。

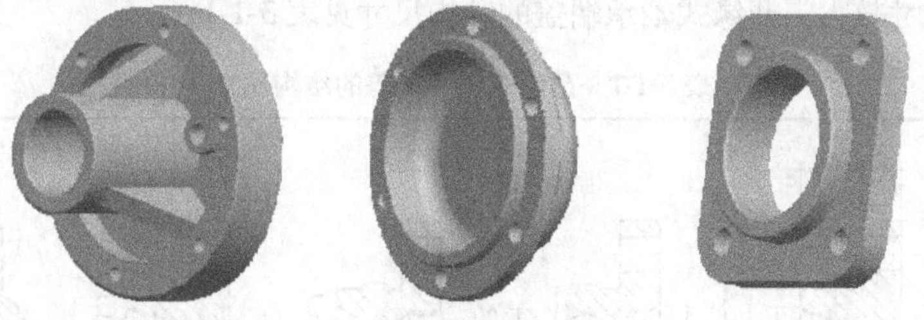

a)　　b)　　c)

图 3-1-1　典型的盘盖类零件

a）法兰　b）闷盖　c）支承盖

3.1.1　盘盖类零件的结构特点

盘盖类零件作为一种非常重要的机械零件之一，用途十分广泛。这类零件主要起压紧、密封、支承、连接及防护等作用。

图 3-1-1a 所示的法兰，俗称法兰片或法兰盘。法兰是一种盘状零件，凡是在两个平面周边使用螺栓连接进行封闭的连接零件，一般都称为“法兰”。法兰是管道、容器或其他结构中作可拆连接时最常用的重要零件，是产品密封和支承以及轴向定位的重要零件，在电机、减速器等产品中起到非常关键的作用，图 3-1-2 所示是法兰在球阀结构中的一个典型

应用。

盘盖类零件的基本形状多为扁平的圆形或方形盘状结构，轴向尺寸相对于径向尺寸小很多，如图 3-1-1 所示。常见的零件主体一般由多个同轴的回转体，或由一正方体与几个同轴的回转体组成。盘盖类零件上常常具有轴孔；为了加强支承、减小加工面积，常设计有凸缘、凸台或凹坑等结构；为了与其他零件相连接，盘盖类零件上还常有较多的螺孔、光孔、沉孔、销孔或键槽等结构；此外，有些盘盖类零件上还具有轮辐、辐板、肋板以及用于防漏的油沟和毡圈槽等密封结构。

图 3-1-2　法兰在球阀结构中的典型应用

3.1.2　盘盖类零件设计的注意事项

一级圆柱齿轮减速器中最典型的盘盖类零件就是轴承端盖，轴承端盖是用来对轴承部件进行轴向固定的，它承受轴向载荷，可以调整轴承间隙，并起密封作用。轴承端盖有凸缘式和嵌入式两种。

根据轴是否穿过端盖，轴承端盖又分为透盖和闷盖两种。透盖中央有孔，轴的外伸端穿过此孔伸出箱体，穿过处需要有密封装置。闷盖中央没有孔，用在轴的非外伸端。

1. 凸缘式轴承端盖

凸缘式轴承端盖调整轴承间隙比较方便，密封性能好，用螺栓固定在箱体上，应用非常广泛，但外缘尺寸较大。凸缘式轴承端盖的结构尺寸见表 3-1-1。

表 3-1-1　凸缘式轴承端盖的结构尺寸

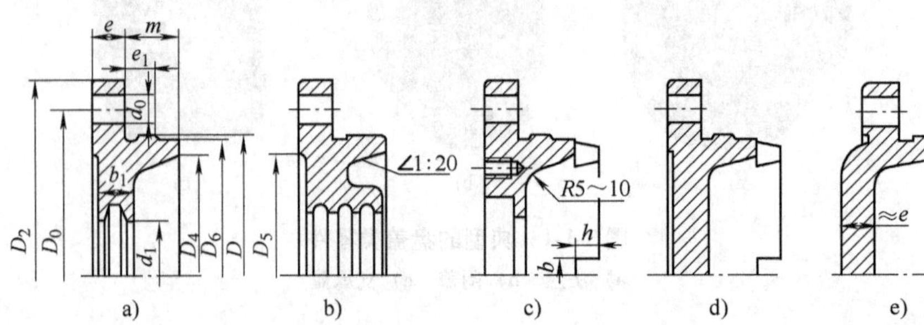

		轴承外径 D/mm	螺栓直径 d_3/mm	螺栓数
$d_0 = d_3 + 1\text{mm}$ $D_0 = D + 2.5\ d_3$ $D_2 = D_0 + 2.5\ d_3$ $e = 1.2\ d_3$ d_3——轴承盖联接螺栓直径 $e_1 \geqslant e$ m 由结构确定	$D_4 = D - (10 \sim 15)\text{m}$ $D_5 = D_0 - 3d_3$ $D_6 = D - (2 \sim 4)\text{mm}$ b_1、d_1 由密封件尺寸确定 $b = 5 \sim 10\text{mm}$ $h = (0.8 \sim 1)b$	45～65	6	4
		70～100	8	4
		110～140	1	6
		150～230	12～16	6

设计凸缘式轴承端盖应注意以下几点：

1）凸缘式轴承端盖与箱座孔配合处较长时，为了减小接触面，应在端部车出一段较小的直径，使配合长度为 e_1，但配合长度 e_1 也不能太短，以免拧紧螺栓时端盖歪斜，一般取 $e_1=(0.1\sim0.5)D$，D 为轴承外径。

2）为使由箱体接合面油沟输入的润滑油能润滑滚动轴承，应该将轴承端盖的端部车出一段较小的直径并铣出缺口。这样装配时油沟的润滑油就能流经缺口，进入轴承腔内进行润滑了。缺口结构如表 3-1-1 中图 c 所示，其结构尺寸 b、h 见表 3-1-1。

3）当轴承端盖毛坯为铸件时，应注意铸造工艺性。如：应有合适的起模斜度和铸造圆角，各部分厚度均应相等。

2. 嵌入式端盖

嵌入式端盖与凸缘式端盖相比较，其结构简单，外径尺寸小，质量轻，不需要用螺栓，只依靠凸起部分就可以嵌入轴承座相应的槽中，安装后外表平整美观；另外可以使外伸轴的伸出长度缩短，有利于提高轴的强度和刚度。但密封性较差、易漏油，而且调整轴承间隙时要开箱盖，以便增减垫片，比较麻烦，主要用于不可调整间隙的轴承和要求质量轻、结构紧凑的场合。嵌入式轴承端盖的结构尺寸见表 3-1-2。

表 3-1-2 嵌入式轴承端盖

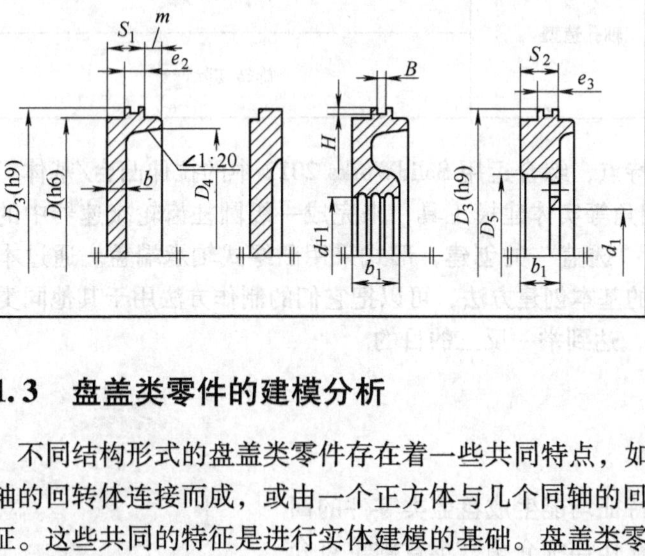

$e_2=8\sim12$mm，$S_1=15\sim20$mm

$e_3=5\sim8$mm，$S_2=10\sim15$mm

m 由结构确定

$b=8\sim10$mm

$D_3=D+e_2$，装有 O 形密封圈的，按 O 形密封圈外径取整

D_5、d_1、b_1 等由密封尺寸确定

H、B 按 O 形密封圈的沟槽尺寸确定

3.1.3 盘盖类零件的建模分析

不同结构形式的盘盖类零件存在着一些共同特点，如图 3-1-1 所示，大部分都是由多个同轴的回转体连接而成，或由一个正方体与几个同轴的回转体组成，同时还有倒角及圆角等特征。这些共同的特征是进行实体建模的基础。盘盖类零件的总体建模思路是运用拉伸凸台特征生成主体，再综合运用拉伸切除、倒角及圆角等实体建模工具来完成建模，见表 3-1-3。

表 3-1-3 盘盖类零件总体建模思路

序号	设计建模思路		实现方法
	造型设计过程	说明	
1	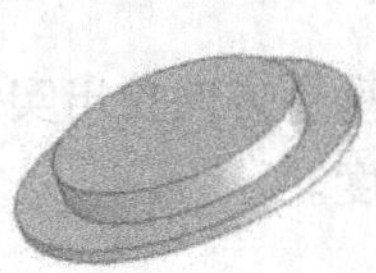	回转体结构造型	拉伸凸台/基体 旋转凸台/基体 拉伸切除

（续）

序　号	设计建模思路		实 现 方 法
	造型设计过程	说　明	
2	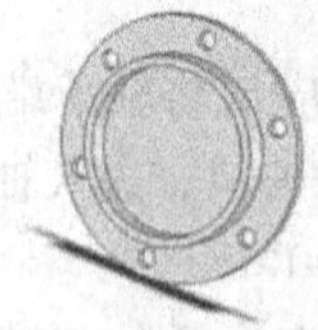	周边通孔造型	拉伸切除 基准轴 圆周阵列
3	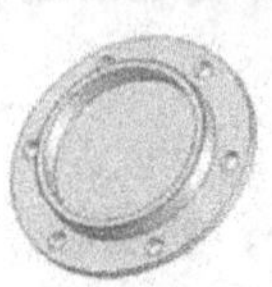	圆角及倒角造型	圆角 倒角
4	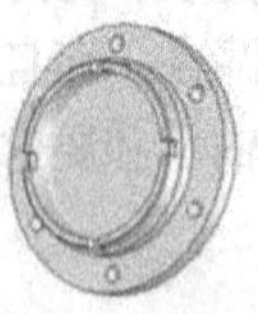	缺口造型	拉伸切除 圆周阵列
5	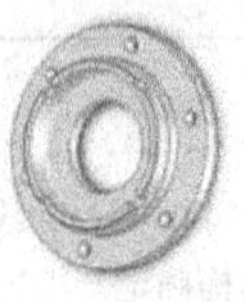	轴孔造型	拉伸切除 旋转切除

本章将结合上述盘盖类零件的特点，综合运用 SolidWorks 2012 中的拉伸凸台/基体、旋转凸台/基体、拉伸切除、倒角及圆角等实体建模工具，来完成一级圆柱齿轮减速器中的两个典型盘盖类零件——“闷盖”和“透盖”的创建，形式采用凸缘式轴承端盖。通过本章实例的学习，可以掌握盘盖类零件的基本创建方法，可以把它们的制作方法用于其他同类零件（如法兰、连接盘等）的创建中，达到举一反三的目的。

3.2　盘盖类零件常用特征

利用拉伸凸台特征和旋转凸台特征均能生成盘盖类零件的回转体结构，旋转凸台特征将在下一章作详细介绍，本章则重点介绍拉伸凸台特征、拉伸切除特征、创建基准轴和倒角特征。以图 3-2-1 所示一级圆柱齿轮减速器中低速轴上的大闷盖为例进行讲解。

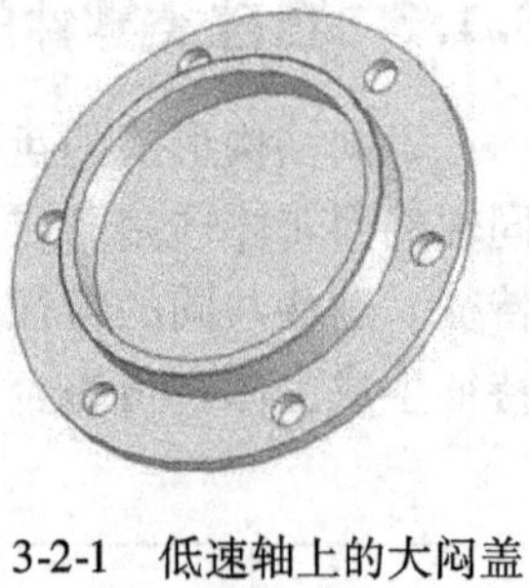

图 3-2-1　低速轴上的大闷盖

3.2.1　拉伸凸台特征

所谓拉伸凸台，就是在完成剖面草图设计后，沿着剖面的垂直方向拉出实体。因此拉伸凸台特征的基本操作步骤是先绘制截面草图，然后确定拉伸长度。

访问【拉伸凸台/基体】命令的操作方法有两种：

➢【特征】工具栏→【拉伸凸台/基体】按钮。

➢选择菜单命令【插入】→【凸台/基体】→【拉伸】。

具体操作步骤如下：

1）启动 SolidWorks 2012，单击【新建】按钮，打开【新建 SolidWorks 文件】对话框，选择零件模块，单击【确定】按钮，创建一个新的零件文件。

2）单击【草图】工具栏中的【草图绘制】按钮，选择前视基准面作为草图绘制基准面。单击【草图】工具栏中的【圆】按钮，以系统坐标原点为圆心任意绘制一个圆。单击【尺寸/几何尺寸】工具栏中的【智能尺寸】按钮，标注直径尺寸 280mm。所得图形如图 3-2-2 所示。

3）单击【特征】工具栏中的【拉伸凸台/基体】按钮，系统弹出【凸台-拉伸】属性管理器，如图 3-2-3a 所示。设置拉伸终止条件为“给定深度”，并在【深度】图标后的文本框中输入“10. 00mm”。单击【确定】按钮，得到如图 3-2-3b 所示的实体。

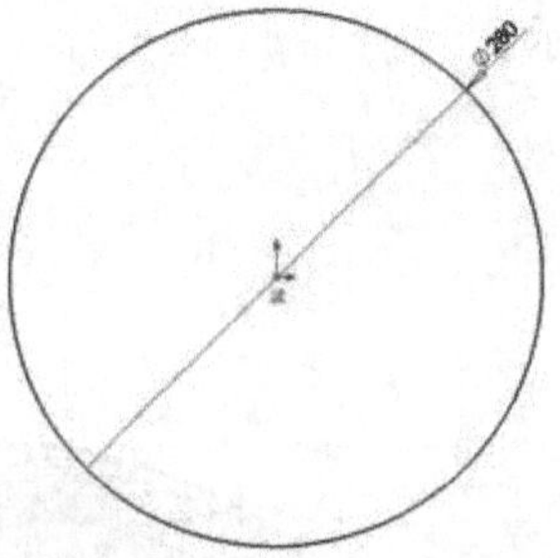

图 3-2-2　绘制大闷盖草图

a)　b)

图 3-2-3　拉伸基体

4）选择图 3-2-4a 所示表面为草图绘制平面，在【标准视图】工具栏中单击【正视于】按钮，使视图转正。单击【草图】工具栏中的【圆】按钮，以系统坐标原点为圆心绘制一个直径为 200mm 的圆，如图 3-2-4b 所示。

5）单击【特征】工具栏中的【拉伸凸台/基体】按钮，系统弹出【凸台-拉伸】属性管理器。设置拉伸终止条件为“给定深度”，并在【深度】图标后的文本框中输入“27. 50mm”，如图 3-2-3a 所示。单击【确定】按钮，完成大闷盖主体结构的创建，得到图 3-2-4c 所示的实体。

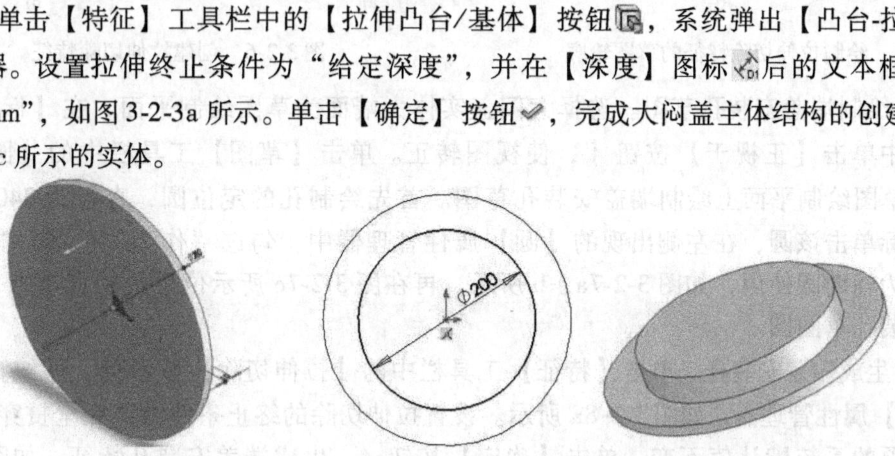

a)　b)　c)

图 3-2-4　通过二次拉伸生成的大闷盖实体

3.2.2　拉伸切除特征

通过拉伸来创建切除特征的菜单与创建凸台特征的菜单是一样的，唯一不同的是切除特征是去除材料，而凸台特征是添加材料。除此之外，两种特征的命令选项是一样的。

访问【拉伸切除】命令的操作方法有两种：

➢【特征】工具栏→【拉伸切除】按钮。

➢选择菜单命令【插入】→【切除】→【拉伸】。

具体操作步骤如下：

1）绘制拉伸切除特征的草图轮廓。选择大闷盖实体小端面为草图绘制平面，在【标准视图】工具栏中单击【正视于】按钮，使视图转正。单击【草图】工具栏中的【圆】按钮，以大闷盖中心为圆心绘制直径为 180mm 的圆，如图 3-2-5 所示。

2）创建【拉伸切除】特征。单击【特征】工具栏中的【拉伸切除】按钮，系统弹出【切除-拉伸】属性管理器，如图 3-2-6a 所示。设置拉伸切除的终止条件为“给定深度”，并在【深度】图标后的文本框中输入“27. 50mm”，保持其他选项的系统默认值不变。单击【确定】按钮，得到大闷盖中间的凹坑，如图 3-2-6b 所示。

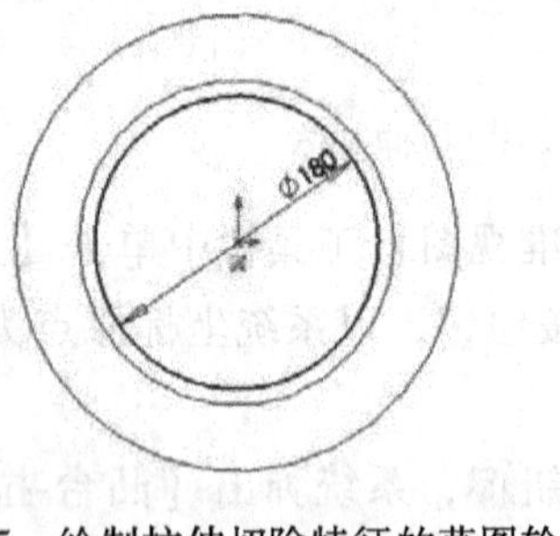

图 3-2-5　绘制拉伸切除特征的草图轮廓

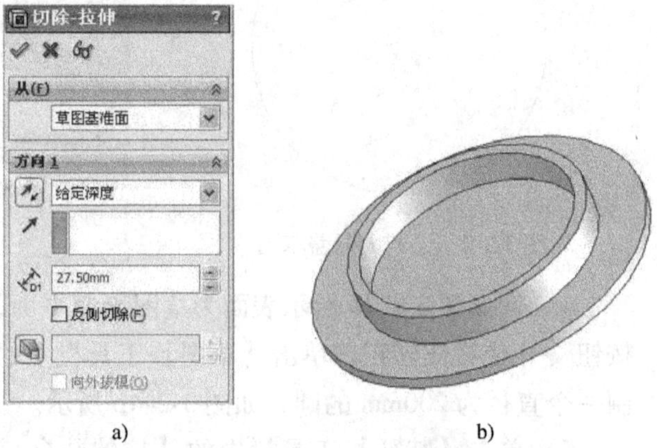

a)　　b)

图 3-2-6　创建拉伸切除特征

3）绘制端盖安装孔草图。选择大闷盖实体大端面为草图绘制平面，在【标准视图】工具栏中单击【正视于】按钮，使视图转正。单击【草图】工具栏中的【圆】按钮，在草图绘制平面上绘制端盖安装孔草图。首先绘制孔的定位圆，直径为 240mm。然后用鼠标单击该圆，在左侧出现的【圆】属性管理器中，勾选“作为构造线”选项，使该圆作为辅助圆使用，如图 3-2-7a、b 所示。再在图 3-2-7c 所示位置绘制直径为 20mm 的端盖安装孔草图圆。

4）生成端盖安装孔。单击【特征】工具栏中的【拉伸切除】按钮，系统弹出【切除-拉伸】属性管理器，如图 3-2-8a 所示。设置拉伸切除的终止条件为“完全贯穿”，保持其他选项的系统默认值不变。单击【确定】按钮，生成端盖安装孔特征，如图 3-2-8b 所示。

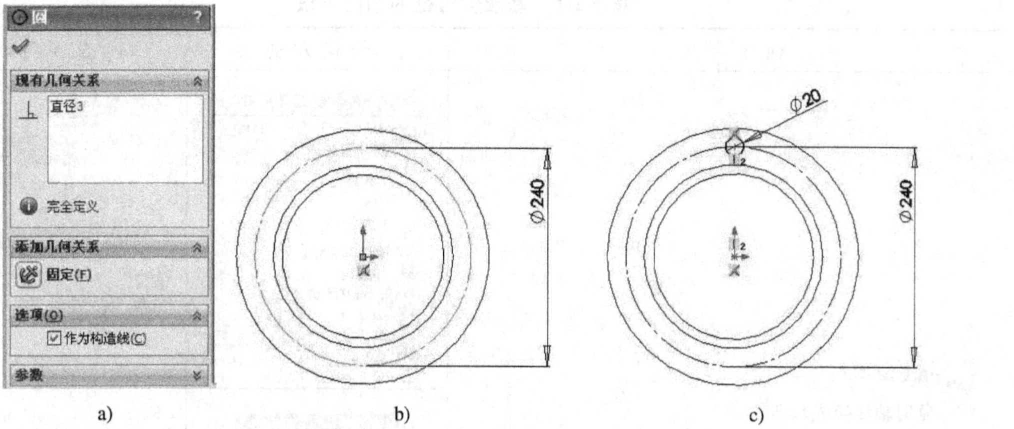

图 3-2-7　绘制端盖安装孔草图

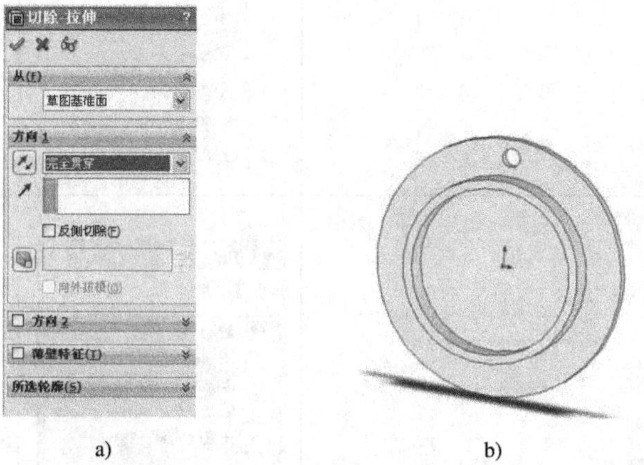

图 3-2-8　通过【拉伸切除】工具生成端盖安装孔特征

3.2.3　创建基准轴

上一节创建了 6 个端盖安装孔中的一个，下面要用【圆周阵列】命令来创建剩下的 5 个孔。在执行【圆周阵列】命令之前，需要有一个轴以围绕其阵列，此轴的创建需要用到【参考几何体】命令。【参考几何体】命令中有两种类型的轴会在创建阵列过程中应用：【临时轴】 临时轴(X)和【基准轴】。

访问【临时轴】和【基准轴】命令的操作方法如下：

➢临时轴：在 SolidWorks 软件中，每个圆柱或圆锥形的特征都有相应的轴，这个轴被称作临时轴。临时轴是系统自动生成的，不可修改。运用【视图】→【临时轴】命令可以查看零件的临时轴，模型的每个圆周面都将显示一个临时轴。

➢基准轴：运用【特征】→【参考几何体】→【基准轴】命令可以创建零件的基准轴。还可以从菜单上选择命令【插入】→【参考几何体】→【基准轴】。基准轴的优点是可以在 FeatureManager 设计树上重命名、选取，并可以调整大小。基准轴特征的创建方法见表 3-2-1。

表 3-2-1　基准轴特征的创建方法

<table>
<tr><th>命令含义</th><th>创建方法</th><th>实　　例</th></tr>
<tr><td rowspan="2">一直线/边线/轴(O)
将一临时轴转换成基准轴</td><td>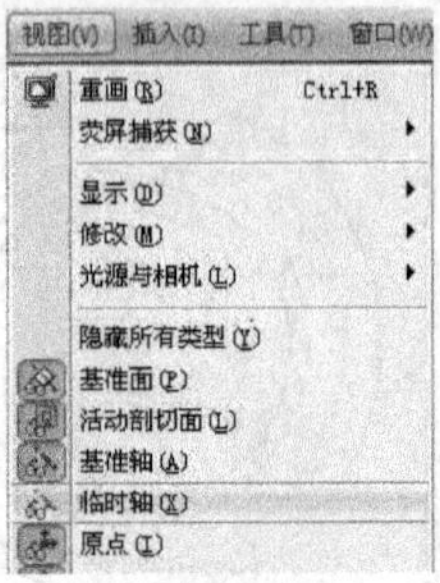
</td><td></td></tr>
<tr><td>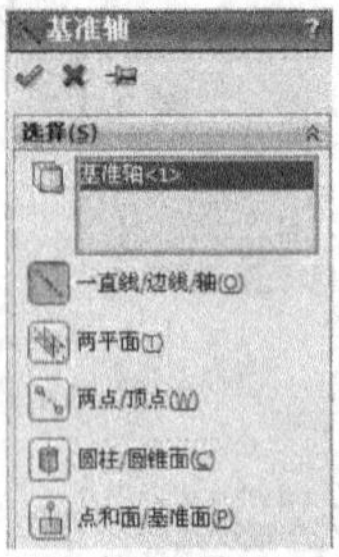
</td><td></td></tr>
<tr><td>两平面(T)
选择两个基准面或者平面</td><td>
</td><td>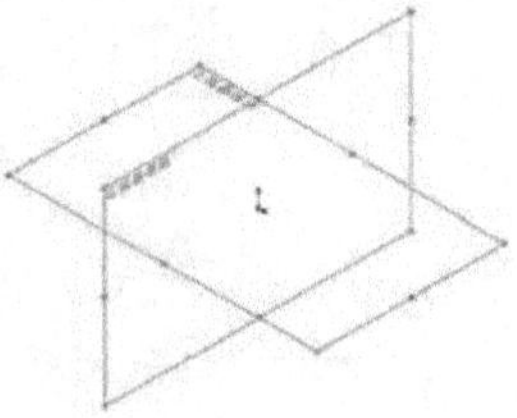
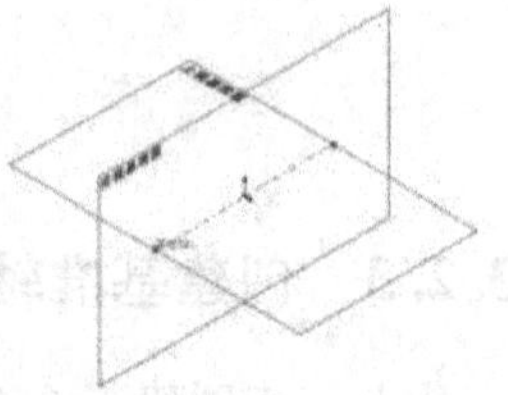</td></tr>
<tr><td>两点/顶点(W)
选择两个草图点或者两个顶点来定义轴</td><td>
</td><td>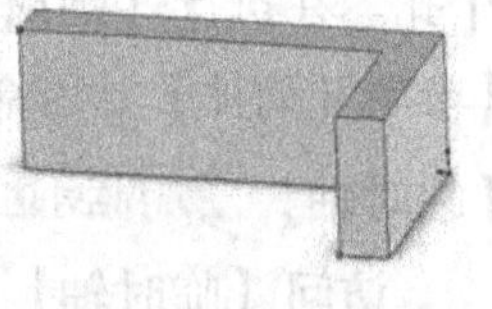
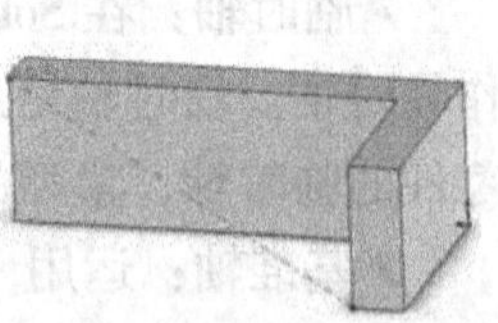</td></tr>
</table>

（续）

命令含义	创建方法	实例
圆柱/圆锥面(C) 选择一个圆柱面或圆锥面来定义轴，轴线即为其旋转中心线	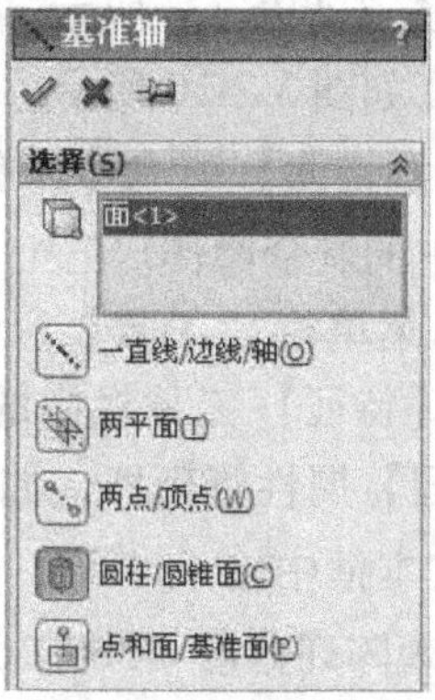	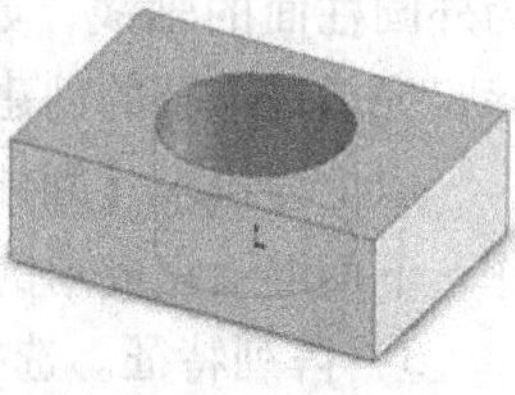 
点和面/基准面(P) 选择一个基准面（或平面）和一个草图点（或顶点）来生成一个通过该点且垂直于面的轴	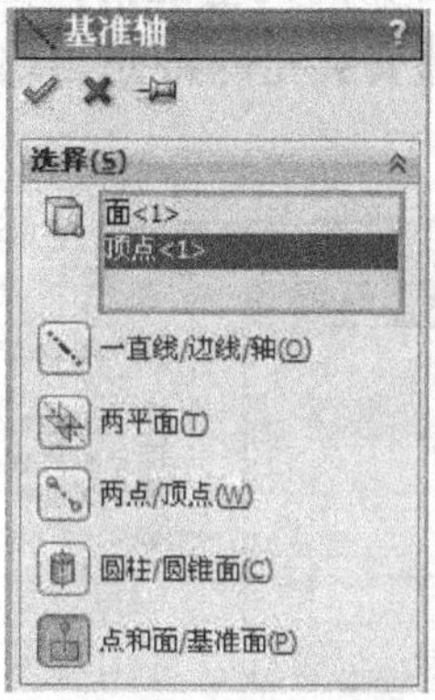	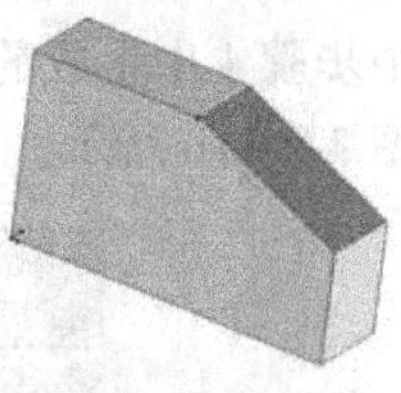 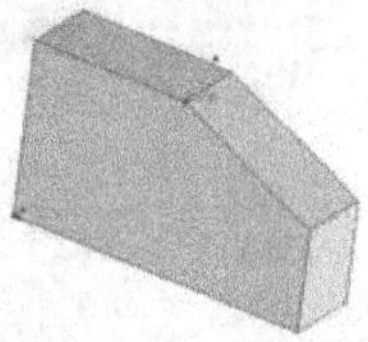

创建基准轴的具体操作步骤如下：

1）创建阵列特征基准轴。单击【参考几何体】工具栏上的【基准轴】按钮，如图3-2-9a所示，系统弹出【基准轴】属性管理器，如图3-2-9b所示。

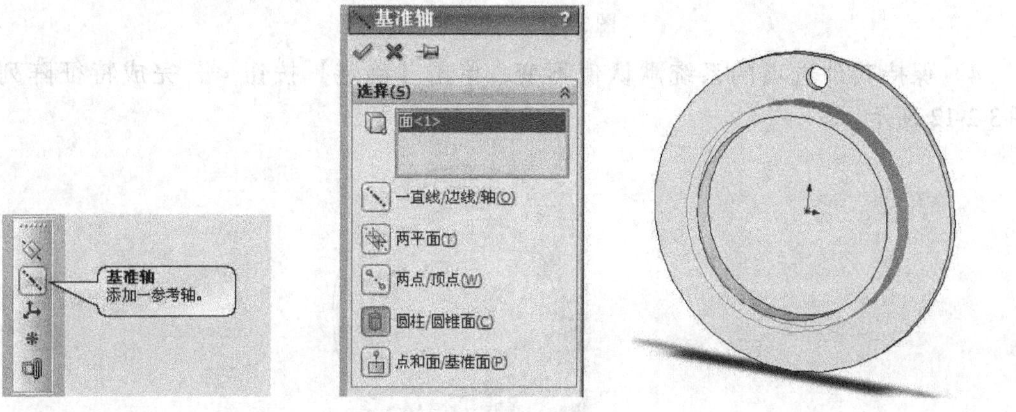

a)　　b)　　c)

图3-2-9　创建基准轴

2）在【基准轴】属性管理器中，单击【圆柱/圆锥面】按钮，在图形窗口中选择大闷盖凸缘的外圆柱面，创建基准轴为外圆柱面的轴线，如图 3-2-9b、c 所示。单击【确定】按钮，完成基准轴的创建，如图 3-2-10 所示。

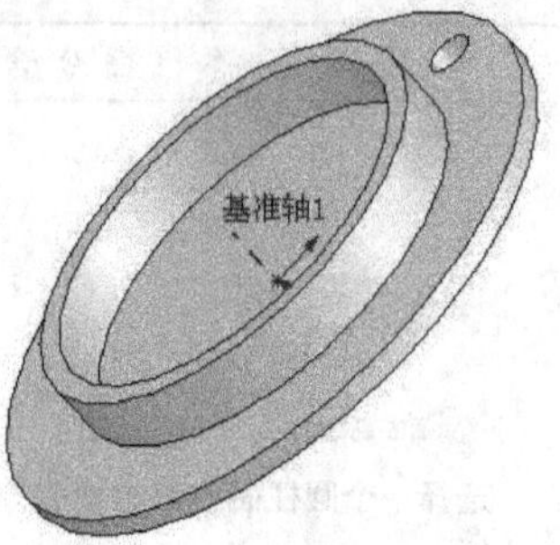

图 3-2-10　创建基准轴

以上为运用【圆柱/圆锥面】命令来创建基准轴的具体操作，下面继续完成本例中的剩余操作。

3）阵列特征。选择菜单栏【工具】→【草图工具】→【圆周阵列】命令，或单击【特征】工具栏中的【圆周阵列】按钮，系统弹出【圆周阵列】属性管理器，如图 3-2-11a 所示。在【实例数】图标后的文本框中输入“6”，选取“等间距”选项，此时在【总角度】图标后的文本框中自动出现阵列角度“360. 00 度”，在【阵列轴】图标后的文本框中选取步骤 2 中生成的基准轴 1 为阵列基准轴，在【要阵列的特征】图标选项组中选取 3. 2. 2 节中步骤 4 中生成的端盖安装孔的特征“切除-拉伸 2”，图形窗口中将高亮显示阵列设置，如图 3-2-11b 所示。

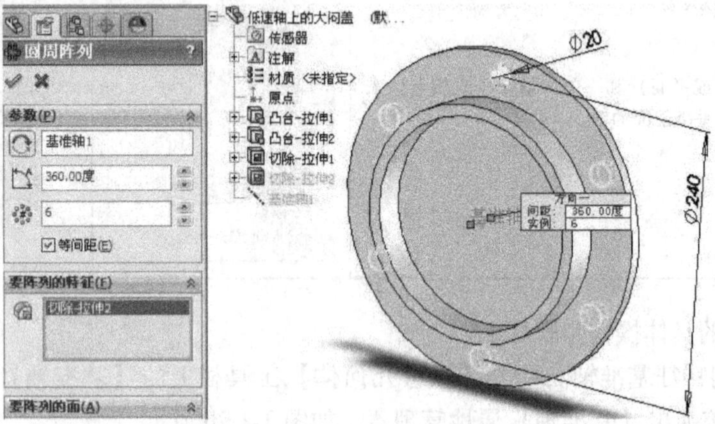

a）　　　　　　　　b）

图 3-2-11　设置阵列参数

4）保持其他选项的系统默认值不变，单击【确定】按钮，完成特征阵列，如图 3-2-12 所示。

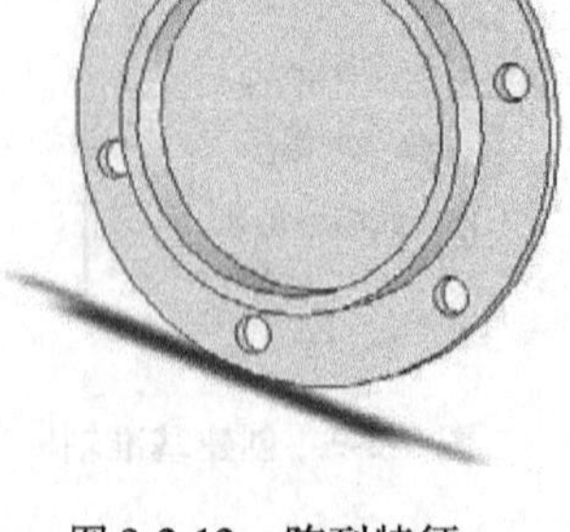

图 3-2-12　阵列特征

3.2.4 倒角特征

倒角就是在模型的边上形成一个斜角。倒角的形状是由几何条件决定的，而不是命令本身。应用【倒角】命令，可以在一条边或者多条边，一个顶点或者多个顶点上创建一个斜角。形状可由两个距离或者一个距离加一个角度来定义。

访问【倒角】命令的操作方法有三种：

➢【特征】工具栏→【倒角】按钮。

➢选择菜单命令【插入】→【特征】→【倒角】。

➢快捷方式：右键单击一个平面或者边线，然后选择【倒角】按钮。

具体操作步骤如下：

1）单击【特征】工具栏中的【倒角】工具按钮，系统弹出【倒角】属性管理器，如图 3-2-13a 所示。

2）设置生成倒角的方式为“角度距离”，在【距离】图标后的文本框中输入“1.00mm”，在【角度】图标后的文本框中输入“45.00 度”，然后选择要生成倒角特征的大闷盖小端外棱边，如图 3-2-13a、b 所示。

3）保持其他选项的系统默认值不变，单击【确定】按钮，完成倒角特征的创建，如图 3-2-13c 所示。

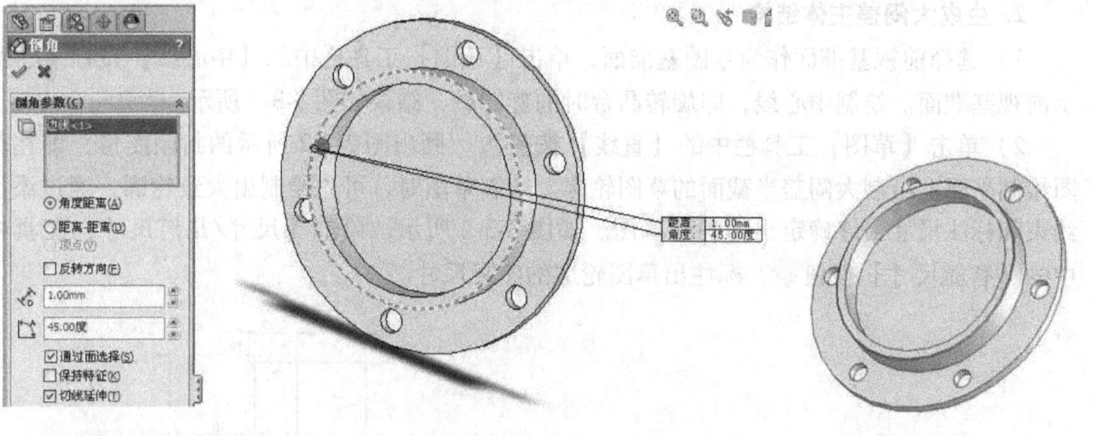

a) b) c)

图 3-2-13 创建倒角特征

以上即为运用拉伸凸台、拉伸切除、创建基准轴和倒角等特征的建模方法，来创建一级圆柱齿轮减速器中低速轴上的大闷盖。下面介绍一级圆柱齿轮减速器中的两个典型的盘盖类零件的创建过程。

3.3 盘盖类零件设计范例

3.3.1 低速轴上的大闷盖

可以采用与上一节相同的方法来生成低速轴上的大闷盖，也可以利用 SolidWorks 2012 中的旋转工具来实现。本节采用旋转的方法创建一级圆柱齿轮减速器中低速轴上大闷盖的实体。

首先绘制旋转特征的半截面草图，通过【旋转凸台/基体】工具来生成大闷盖主体，然后用【拉伸切除】工具创建孔，最后再经过【阵列】、【倒角】等操作完成全部特征的制作。

根据表 3-1-1，可得出大闷盖的尺寸，见表 3-3-1 所示。

表 3-3-1　低速轴上大闷盖的尺寸

公　式	尺寸/mm	公　式	尺寸/mm
d_3 轴承盖联接螺栓直径	8	$e_1 \geqslant e$	
$d_0 = d_3 + 1\text{mm}$	9	m 由结构确定	
D	100	$D_4 = D - (10 \sim 15)\text{mm}$	85 ~ 90
$D_0 = D + 2.5\ d_3$	120	$D_5 = D_0 - 3d_3$	96
$D_2 = D_0 + 2.5\ d_3$	140	$D_6 = D - (2 \sim 4)\text{mm}$	96 ~ 98
$e = 1.2\ d_3$	9.6	b_1 由密封件尺寸确定	8 ~ 10
$b = 5 \sim 10\text{mm}$	8	$h = (0.8 \sim 1)b$	6.4

创建低速轴上大闷盖的具体操作步骤如下：

1. 新建文件

启动 SolidWorks 2012，单击【新建】按钮，在打开的【新建 SolidWorks 文件】对话框中，选择零件模块单击【确定】按钮，创建一个新的零件文件。

2. 生成大闷盖主体结构

1）选择前视基准面作为草图基准面，单击【草图】工具栏中的【中心线】按钮，显示前视基准面。绘制中心线，即旋转凸台时的旋转轴，结果如图 3-3-1 所示。

2）单击【草图】工具栏中的【直线】按钮，画出图 3-3-2 所示的封闭图形，即在草图绘制平面上绘制大闷盖半截面的草图轮廓。绘制草图时，可先绘制出大致轮廓，通过添加约束和标注尺寸最终确定出精确的草图。如图 3-3-2 所示，单击【尺寸/几何尺寸】工具栏中的【智能尺寸】按钮，标注出草图轮廓的实际尺寸。

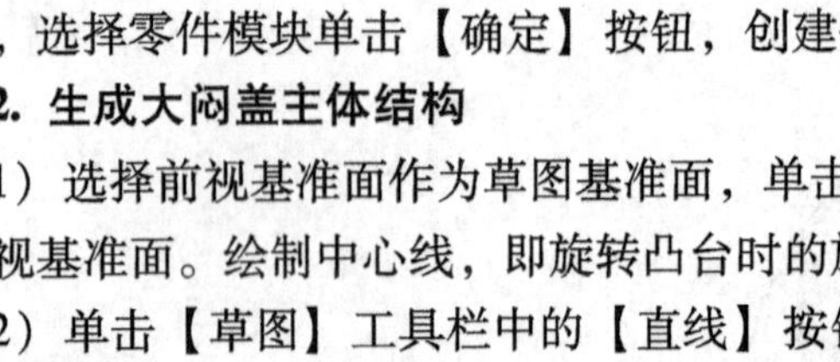

图 3-3-1　绘制旋转中心线

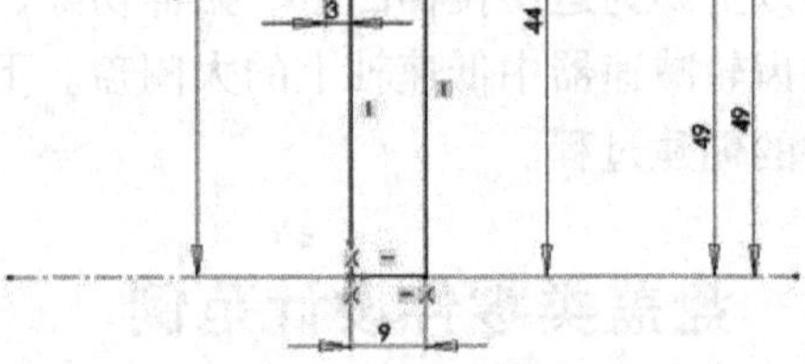

图 3-3-2　绘制旋转截面的草图轮廓

3）单击【草图】工具栏中的【绘制圆角】按钮，系统弹出【绘制圆角】属性管理器。在【圆角半径】图标后的文本框中输入“2.00mm”，然后选择要生成圆角的两条边线，如图3-3-3a所示，单击【确定】按钮✓。其他圆角的创建照此类推，得到图3-3-3b所示草图。

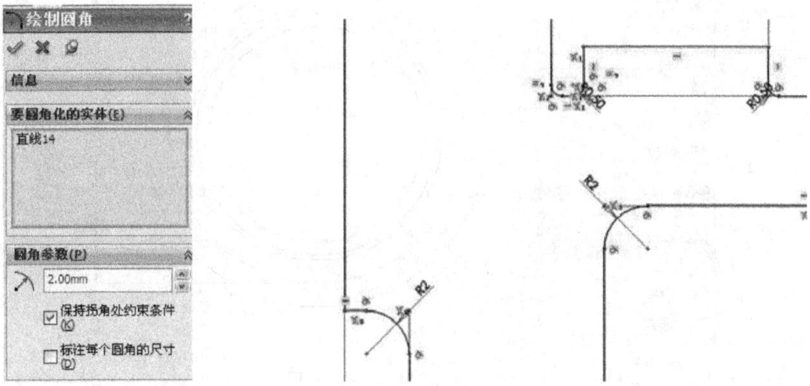

a)　　b)

图3-3-3　绘制圆角

4）单击【特征】工具栏中的【旋转凸台/基体】绘制工具按钮，系统弹出【旋转】属性管理器。设置旋转角度为360.00度，保持其他的系统默认值不变，如图3-3-4所示。单击【确定】按钮✓，完成大闷盖实体的创建，如图3-3-5所示。

图3-3-4　【旋转】属性管理器

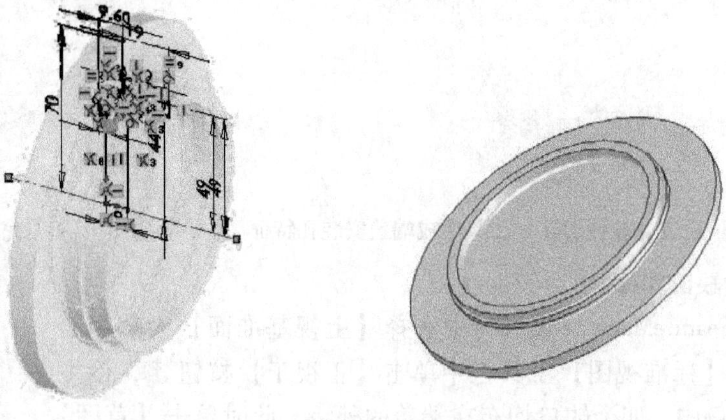

图3-3-5　通过【旋转凸台/基体】工具生成大闷盖实体

3. 创建安装孔实体

1）绘制大闷盖安装孔草图。选择大闷盖实体大端面为草图绘制平面，在【标准视图】工具栏中单击【正视于】按钮，使视图转正。单击【草图】工具栏中的【圆】按钮，在草图绘制平面上绘制端盖安装孔草图。首先绘制孔的定位圆，直径为120mm，单击该圆，在左侧出现的【圆】属性管理器中，勾选“作为构造线”选项，使该圆作为辅助圆使用，如图3-3-6a所示。再在图3-3-6b所示位置绘制直径为9mm安装孔的草图。

2）生成端盖安装孔。单击【特征】工具栏中的【拉伸切除】按钮，系统弹出【切除-拉伸】属性管理器。设置【拉伸切除】的终止条件为【完全贯穿】，保持其他选项的系统默认值不变。单击【确定】按钮✓，生成端盖安装孔特征，如图3-3-7所示。

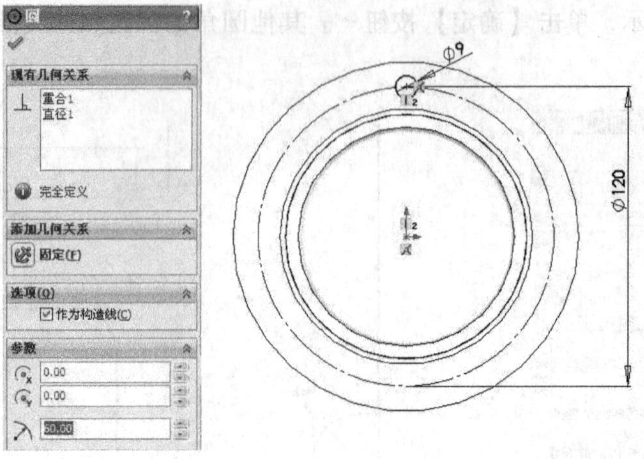

a)　　　　b)

图 3-3-6　绘制安装孔草图

3）重复本章 3.2.3 节和 3.2.4 节的步骤，创建大闷盖的安装孔及倒角，完成后的大闷盖实体如图 3-3-8 所示。

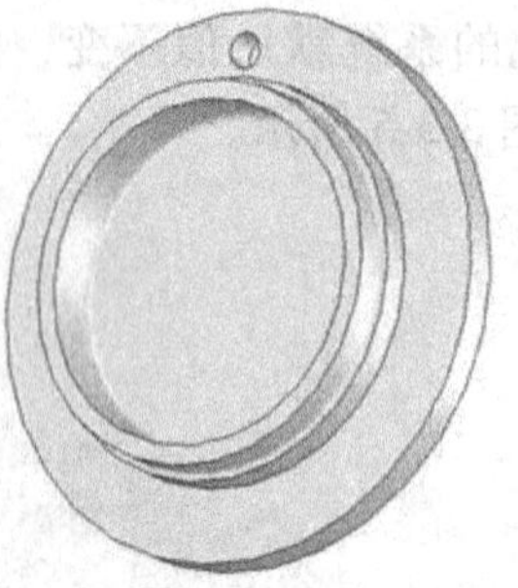

图 3-3-7　通过【拉伸切除】工具生成端盖安装孔特征

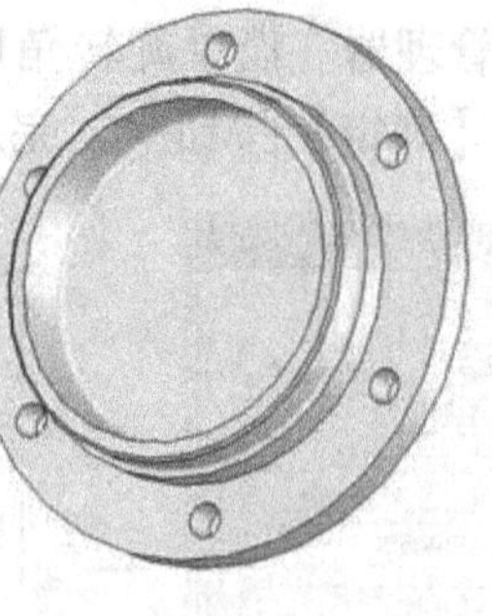

图 3-3-8　完成后的低速轴大闷盖

4. 创建缺口实体

1）在 FeatureManager 设计树中选择【上视基准面】为草图绘制平面，在【标准视图】工具栏中单击【正视于】按钮，使视图转正。本例中，四个缺口均布在端盖的外缘。此时单击【草图】工具栏中的【边角矩形】按钮，在草图绘制平面上选择轴线位置绘制缺口的草图轮廓。缺口的形状尺寸公式见表 3-1-1，取 $b=8$mm，$h=6.4$mm，且矩形右边线与端盖右端面平齐，上下关于原点对称。单击【尺寸/几何尺寸】工具栏中的【智能尺寸】按钮，标注出草图轮廓尺寸，如图 3-3-9 所示。

2）生成缺口。单击【特征】工具栏的【拉伸切除】按钮，系统弹出【切除-拉伸】属性管理器，设置拉伸切除的终止条件为“完全贯穿”。选中“方向 2”，并同时设置拉伸切除的终止条件为“完全贯穿”，如图 3-3-10 所示。单击【确定】按钮，生成端盖安装孔特征，如图 3-3-11 所示。

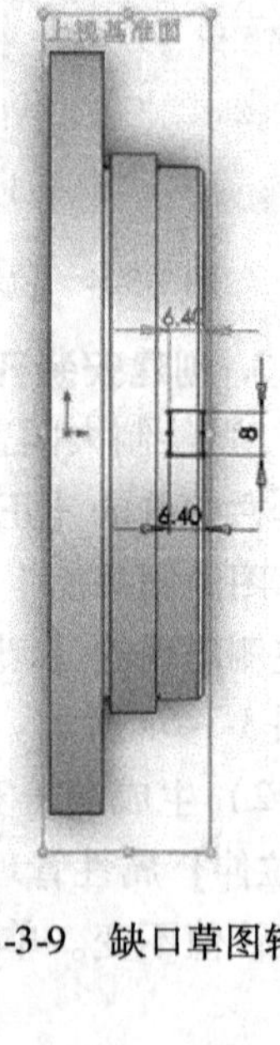

图 3-3-9　缺口草图轮廓

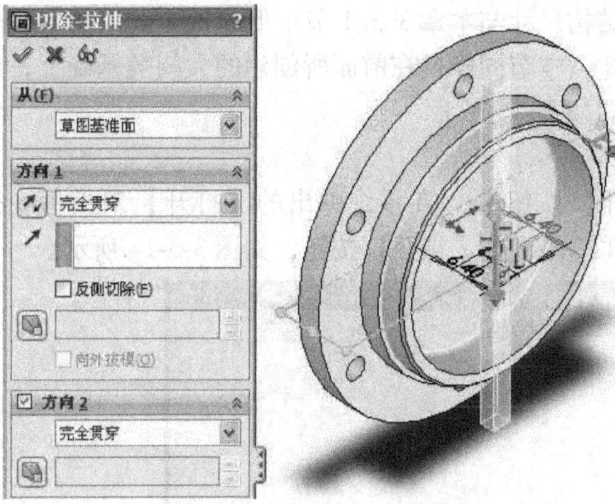

图 3-3-10　设置【切除-拉伸】参数

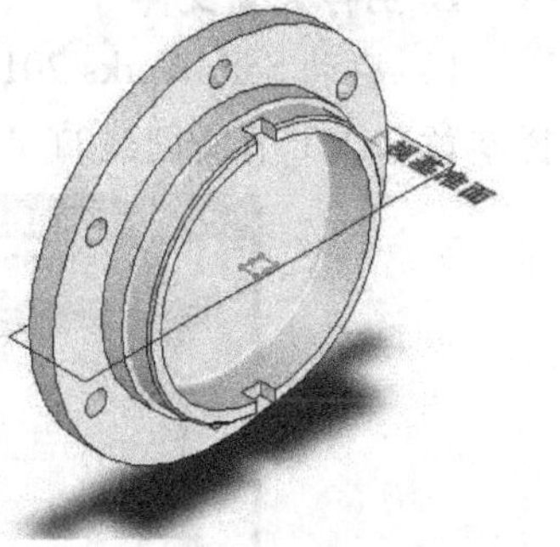

图 3-3-11　创建缺口实体

3）在圆周上阵列出剩余两个缺口。单击【特征】工具栏中的【圆周阵列】按钮，系统弹出【圆周阵列】属性管理器。在【阵列轴】图标后的选项中，选取创建 6 个安装孔时生成的“基准轴 1”为阵列基准轴，在【总角度】图标后的文本框中输入“90”，【实例数】图标后的文本框中输入“2”，选取“等间距”选项，在【要阵列的特征】图标后的选项组中选取步骤 2 中所生成的缺口特征“切除-拉伸 2”，图形窗口中将高亮显示阵列设置，如图 3-3-12 所示。

4）保持其他选项的系统默认值不变，单击【确定】按钮，完成特征阵列，如图 3-3-13 所示。

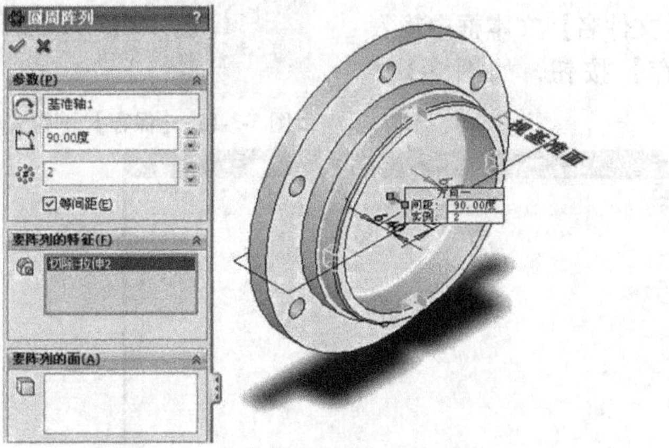

图 3-3-12　设置【圆周阵列】参数

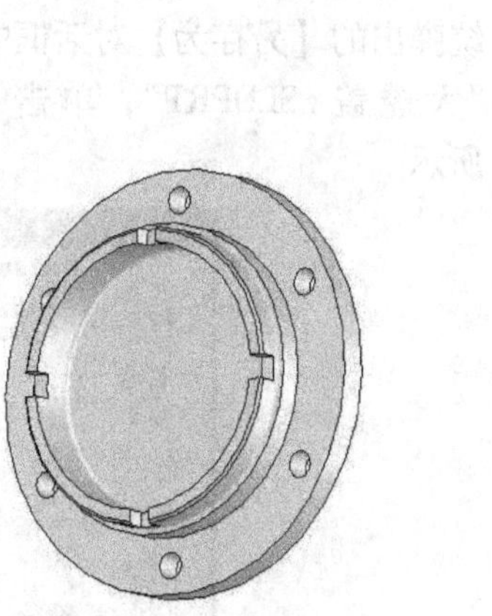

图 3-3-13　大闷盖实体

5. 保存文件

单击【标准】工具栏上的【保存】图标，将文件保存为“大闷盖 . SLDPRT”。关闭当前打开的文件。

3. 3. 2　低速轴上的大透盖

透盖是与闷盖配对使用的减速器零件，由于传动轴的通过，透盖是一个中空的实体。本节所要创建的低速轴上的大透盖，其外部结构尺寸与本章 3. 3. 1 节中低速轴上的大闷盖完全相同，只是增加了一个拉伸切除特征。因此，本节同样是在前面所创建的大闷盖基础上，经过编辑来实现大透盖的制作。具体操作步骤如下：

1. 另存为新文件

1）启动 SolidWorks 2012，单击【打开】按钮，在系统弹出的【打开】对话框中选择本章 3. 3. 1 节所创建的“大闷盖 . SLDPRT”，单击【打开】按钮，如图 3-3-14 所示。

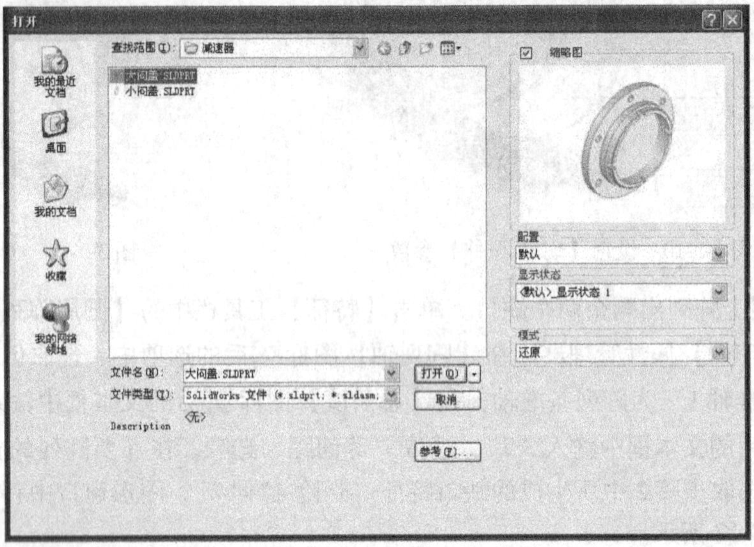

图 3-3-14　打开已存在的零件

2）选择菜单命令【另存为】，如图 3-3-15 所示。在系统弹出的【另存为】对话框中的【文件名】文本框中输入“大透盖 . SLDPRT”，单击【保存】按钮，如图 3-3-16 所示。

图 3-3-15　【保存】下拉菜单

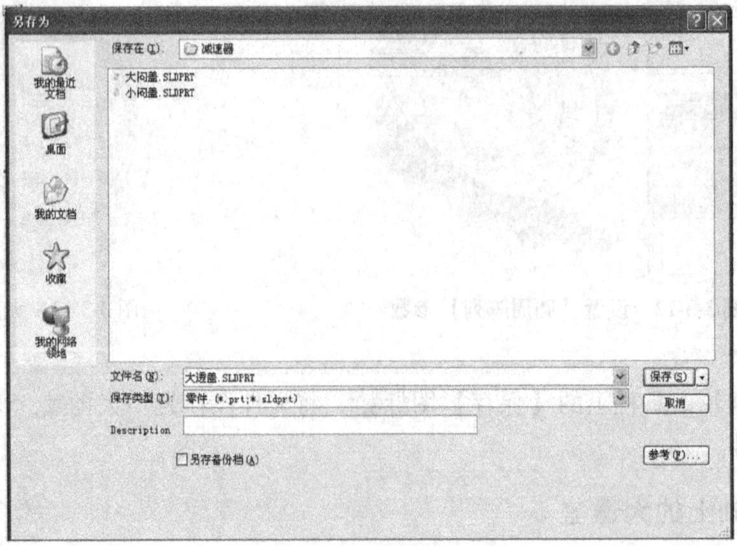

图 3-3-16　另存为新的文件

2. 修改生成大透盖实体

1）绘制拉伸切除特征的草图轮廓。选择图 3-3-17 所示端面作为草图绘制平面。单击【草图】工具栏中的【圆】按钮，在草图平面上绘制以大闷盖中心为圆心的圆，系统弹出【圆】属性管理器，设置圆的半径为 27mm，如图 3-3-18 所示。

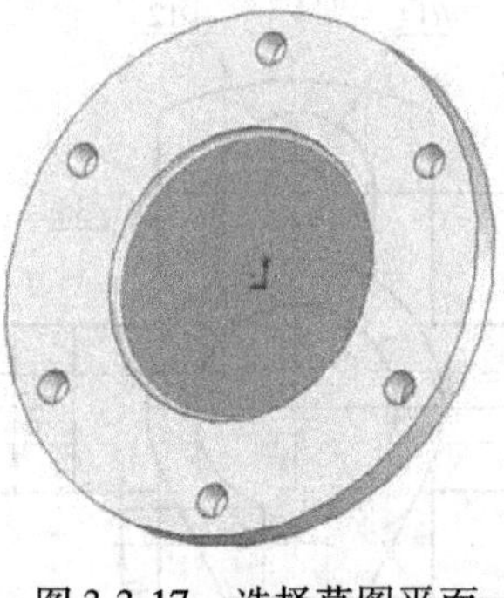

图 3-3-17　选择草图平面

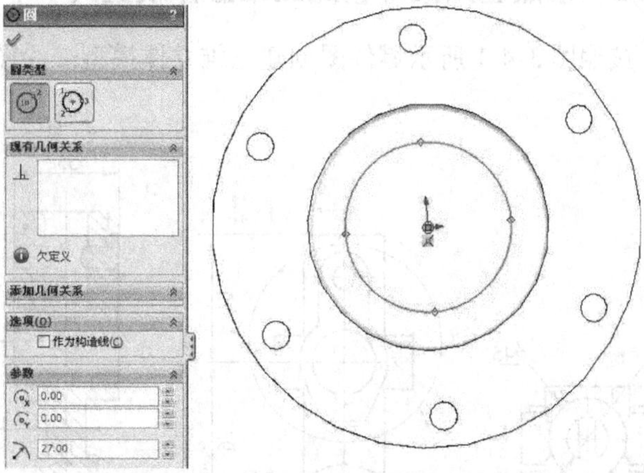

图 3-3-18　绘制拉伸切除特征的草图轮廓

2）生成轴孔。单击【特征】工具栏中的【拉伸切除】按钮，系统弹出【切除-拉伸】属性管理器。设置拉伸切除的终止条件为“完全贯穿”，保持其他选项的系统默认值不变，图形窗口将高亮显示预览，如图 3-3-19 所示。单击【确定】按钮，生成轴孔特征。这样，大透盖的建模过程就完成了，如图 3-3-20 所示。

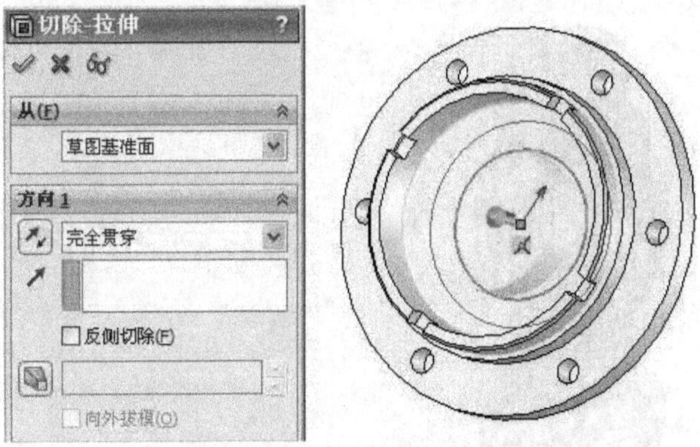

图 3-3-19　定义切除参数

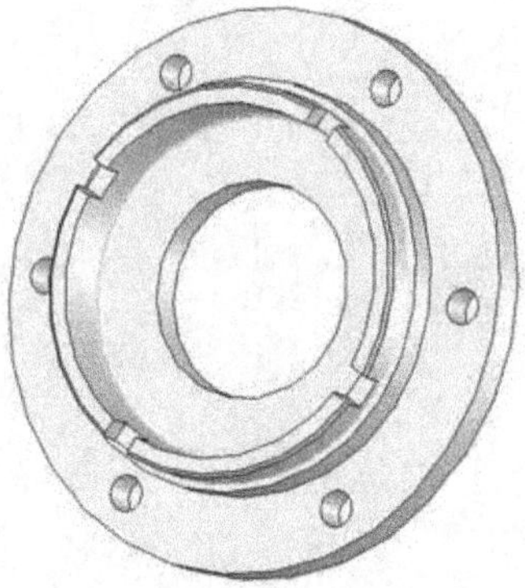

图 3-3-20　大透盖

3. 保存文件

单击【标准】工具栏中的【保存】图标，关闭当前打开的文件。

说明

本章讲述了一级圆柱齿轮减速器中两个典型零件的创建过程，并分别以不同的方法加以实现。对于具有回转体特征的零件来说，一般可以采取拉伸和旋转这两种不同的方式进行建模。通常，采用旋转的方法可以在一定程度上减少建模的步骤。但是，对于复杂零件模型用旋转生成的方法，可能会造成修改、编辑的困难。在实际建模过程中，采用何种方法与途径并没有固定的模式，应视具体问题及使用者的熟练程度加以选择。

3.4　拓展实训

3.4.1　按照已知尺寸创建三维立体模型（一）

按照图 3-4-1 所示零件图创建三维立体模型。绘图提示如下：

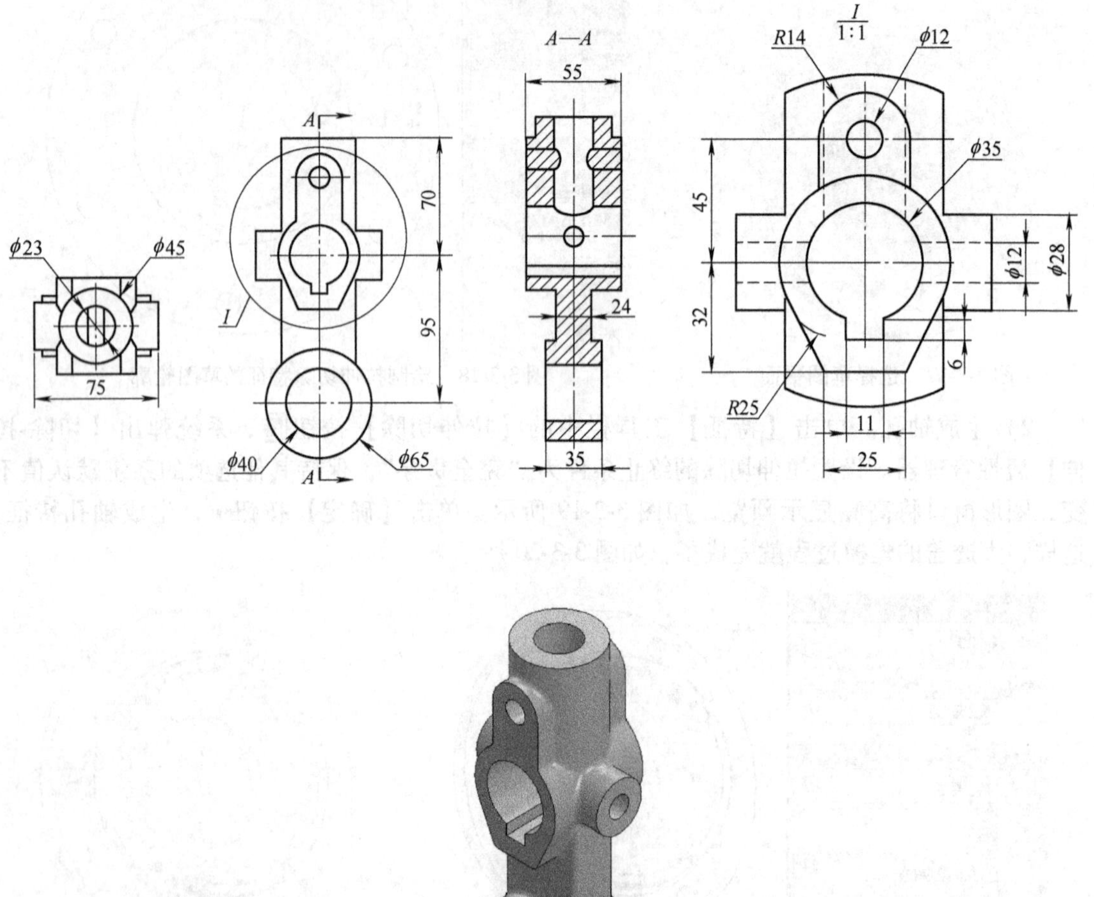

图 3-4-1　实训图（一）

1. 形体分析

1）零件对称。

2）主视图的所有孔均位于零件的中心线上。

3）除非特别说明，所有的圆角均为 3mm。

4）位于前视和右视基准面上的中心孔共享一个中心点。

2. 建模分析

根据形体分析可知，本模型的主形体可以采用拉伸凸台特征来实现，所有的孔均可以采用拉伸切除特征来实现。

> **注意**
>
> 如果本例中采用拉伸凸台特征实现形体的创建，那么可以利用系统默认的基准面先拉伸出所有形体，在拉伸完所有形体后再拉伸切除中间立柱里的孔，这样可以一次性切除各个拉伸操作产生的多余实体，目的是省去创建基准面。

3.4.2　按照已知尺寸创建三维立体模型（二）

按照图3-4-2所示零件图创建三维立体模型。绘图提示如下：

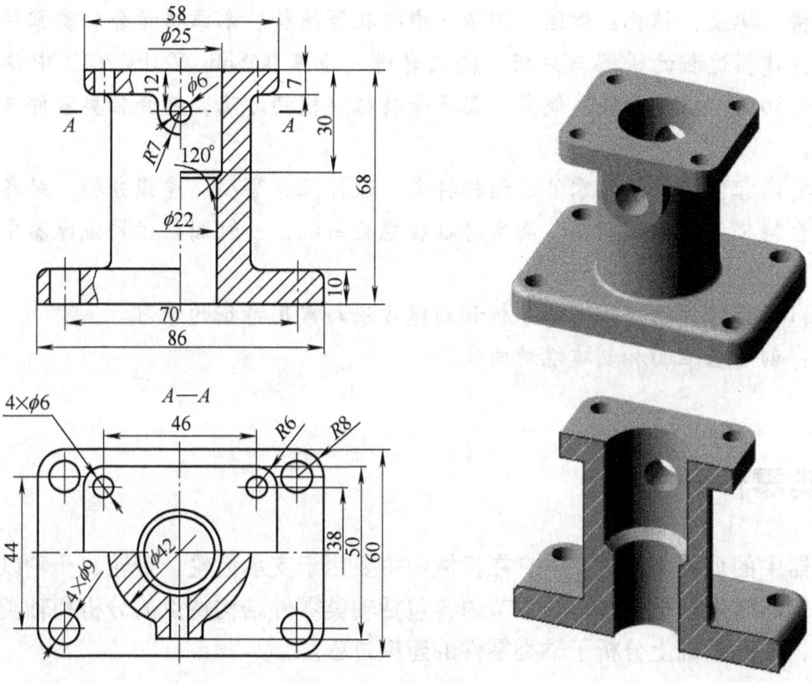

图3-4-2　实训图（二）

1. 形体分析

1）零件前后、左右分别对称。

2）上、下底板四周均布有四个孔。

3）除非特别说明，所有的圆角均为3mm。

4）模型中间的孔为阶梯孔。

2. 建模分析

根据形体分析可知，首先可以采用拉伸凸台特征来依次实现下底板、中间圆柱和上底板的建模，然后利用系统默认的基准面拉伸出前后两个凸台，再依次利用拉伸切除来创建上、下底板上的孔，最后切除模型中间的阶梯孔。

> **注意**
>
> 本例中模型中间为阶梯孔，阶梯部分为与水平面夹角60°的锥面，可以利用旋转切除命令来实现。

第4章　轴类零件的设计

知识导学

轴类零件是机器中经常遇到的典型零件之一。该类零件的基本结构一般由大小不同的同轴回转面（圆柱、圆锥）组成，具有轴向尺寸大于径向尺寸的特点。零件上常有键槽、退刀槽、挡圈槽、螺纹、销孔、倒圆、倒角、中心孔等结构。本章将结合轴类零件的特点，通过对轴类零件建模过程的讲解与分析，使读者进一步掌握SolidWorks 2012中旋转凸台、拉伸凸台、拉伸切除、螺旋曲线、倒角、圆角等特征建模的方法，领会轴类零件三维实体造型的基本思想。

本章主要内容包括：轴类零件的结构特点、设计注意事项、建模分析，轴类零件建模常用的旋转凸台特征、创建基准面、圆角特征和螺旋曲线，一级圆柱齿轮减速器中轴类零件设计范例。

- 重点：轴类零件的建模思路分析和创建方法与常用特征的学习。
- 难点：创建基准面和创建螺旋曲线。

4.1　轴类零件分析

轴是机器中的重要零件之一，它在机械中主要用于支承齿轮、带轮、凸轮以及连杆等传动零部件，传递转矩和承受载荷。本节内容包括轴类零件结构特点的分析和轴类零件设计时的注意事项，在此基础上分析了轴类零件的建模过程。

4.1.1　轴类零件的结构特点

轴类零件是旋转体零件，其长度大于直径，一般由同心轴的外圆柱面、圆锥面、内孔和螺纹及相应的端面组成。按结构形式不同，轴可以分为阶梯轴、锥度心轴、光轴、空心轴、曲轴、凸轮轴、偏心轴、各种丝杠等，如图4-1-1所示。

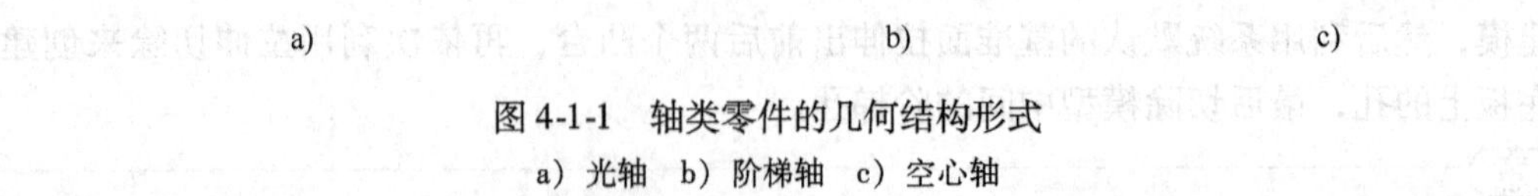

图4-1-1　轴类零件的几何结构形式

a）光轴　b）阶梯轴　c）空心轴

轴类零件通常指轴、套筒等，其主要结构一般由大小不同的同轴回转面（圆柱面、圆锥面）组成。零件上常有键槽、退刀槽、挡圈槽、螺纹、销孔、倒圆、倒角、中心孔等结构。图 4-1-2 所示为减速器从动轴。

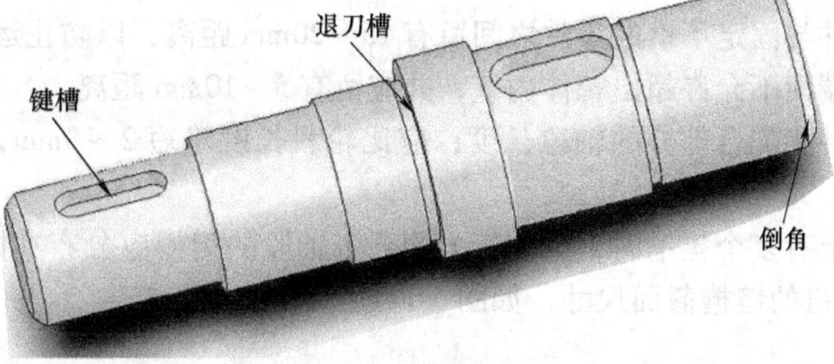

图 4-1-2　减速器从动轴

4.1.2　轴类零件设计的注意事项

轴的结构设计包括确定轴的形状、轴的径向尺寸和轴向尺寸。在确定轴的径向尺寸和结构时，要在初估直径的基础上考虑轴承型号选择、轴的强度、轴上零件的定位与固定等，以便于加工装配。不同的装配方案有不同的阶梯轴形式。在作图前应初步确定装配方案，如图 4-1-3 所示。

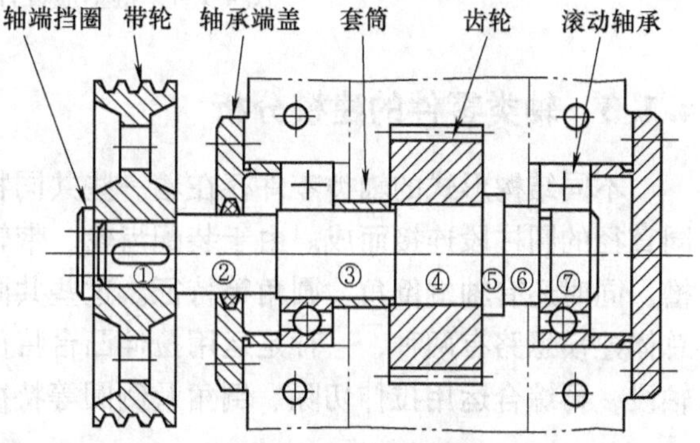

图 4-1-3　轴的结构

1. 轴结构设计的主要要求

为便于轴上零件装拆，常将轴做成阶梯形，使其径向尺寸逐段变化，这样有利于区别各轴段不同的加工要求，以节省加工量。如图 4-1-3 所示，可依次将齿轮、套筒、左端滚动轴承、轴承端盖和带轮从轴的左端装拆，另一滚动轴承从右端装拆。为使轴上零件易于安装，轴端及各轴段的端部应有倒角。在满足使用要求的情况下，轴的形状和尺寸应力求简单，以便于加工。

2. 确定各轴段的直径和长度

轴上零件的装配方案和定位方法确定之后，轴的基本形状就确定下来了。在实际设计中，通常是按转矩强度条件来初步估算轴的直径，并将这一估算值作为轴受扭段的最小直径（也可以凭经验和参考同类机械用类比的方法确定）。

轴的直径确定后，可按轴上零件的装配方案和定位要求，逐步确定各轴段的直径，并根据轴上零件的轴向尺寸、各零件的相互位置关系以及零件装配所需的装配和调整空间，确定轴的各段长度。

3. 注意事项

1）轴上与零件相配合的直径应取标准值，非配合轴段允许为非标准值，但最好取为整数。

2）与滚动轴承相配合的直径与长度，必须符合滚动轴承的内径与宽度标准。

3）安装联轴器的轴径与长度应与联轴器的孔径与长度范围相适应。

4）轴上的螺纹直径应符合标准。

5）若在轴上装有滑移的零件，则应该考虑零件的滑移距离。

6）转动的零件与固定不动的零件之间留有 15 ~ 20mm 距离，以防止运转时发生碰撞。

7）轴承的内端面不允许超出箱体内壁，并应留有 5 ~ 10mm 距离。

8）轴上与零件相配合部分的轴段长度，应比轮毂长度略短 2 ~ 3mm，以保证零件轴向定位可靠。

9）同一根轴上有多个键槽时，为加工方便，各轴段的键槽应分布在同一母线上，并应尽可能采用同一规格的键槽截面尺寸，如图 4-1-4 所示。

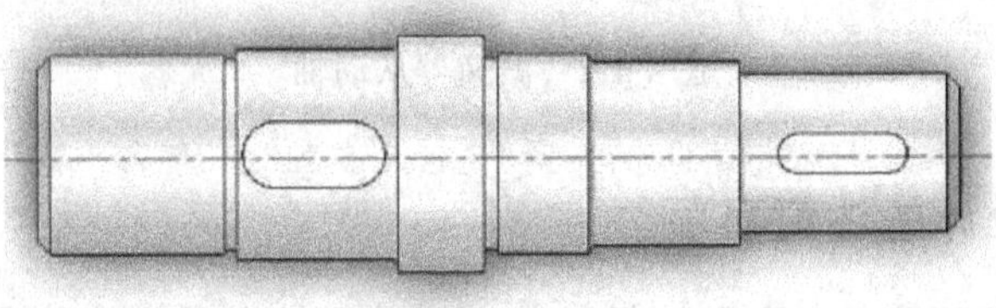

图 4-1-4　键槽应设计在同一加工直线上

4.1.3　轴类零件的建模分析

不同结构形式的轴类零件存在着一些共同特点，如图 4-1-1 所示，大部分都由相同或不同直径的圆柱段连接而成。由于装配齿轮、带轮等旋转零件的需要，轴类零件上一般开有键槽，同时还有轴端倒角、圆角等特征。这些共同的特征是进行实体建模的基础。轴类零件的总体建模思路有两种，一种是运用拉伸凸台特征生成轴段，另一种是利用旋转凸台特征生成轴段，再综合运用拉伸切除、倒角及倒圆等特征来完成建模，见表 4-1-1。

表 4-1-1　轴类零件总体建模思路

顺序号	设计建模思路		实现方法
	造型设计过程	说　明	
1	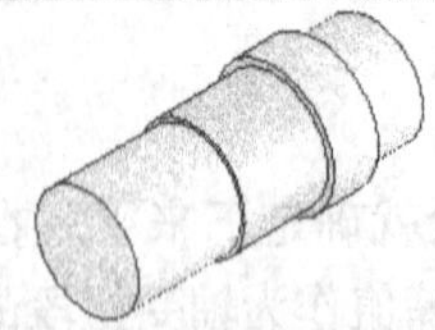	轴段设计	【拉伸凸台/基体】 【旋转凸台/基体】
2	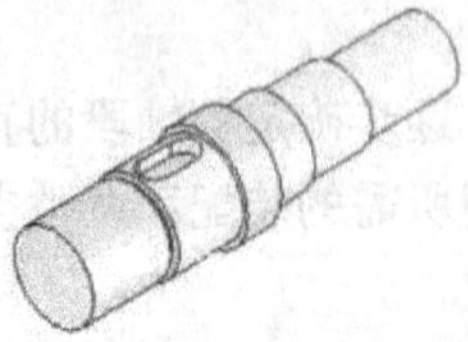	生成键槽、砂轮越程槽	【拉伸切除】
3	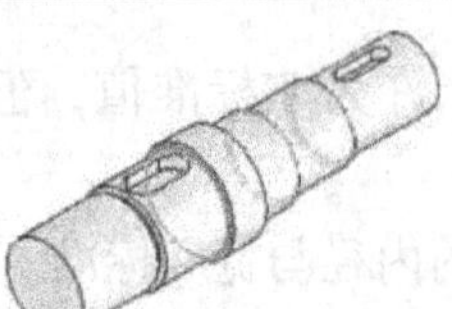	生成圆角结构	【圆角】

（续）

顺序号	设计建模思路		实现方法
	造型设计过程	说　明	
4	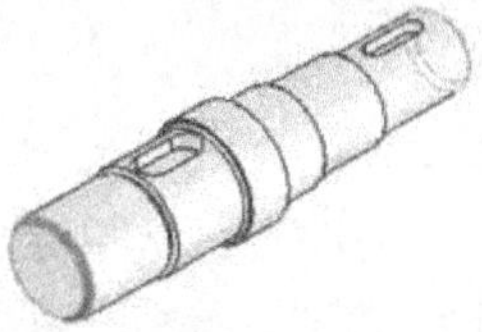	生成倒角结构	【倒角】

本章将结合上述轴类零件的特点，综合运用 SolidWorks 2012 中的【拉伸凸台/基体】、【旋转凸台/基体】、【拉伸切除】、【倒角】及【圆角】等实体建模工具来完成一级圆柱齿轮减速器中的两个典型轴类零件——“高速轴”和“低速轴”的创建。通过本章实例的学习，可以掌握轴类零件的基本创建方法，达到触类旁通的目的。

4.2 轴类零件常用特征

利用拉伸凸台特征和旋转凸台特征均能生成轴段，拉伸凸台特征已在上一章作了详细介绍，本章则重点介绍旋转凸台特征、创建基准面、圆角特征和创建螺旋曲线。以图 4-2-1 所示模型为例进行讲解。

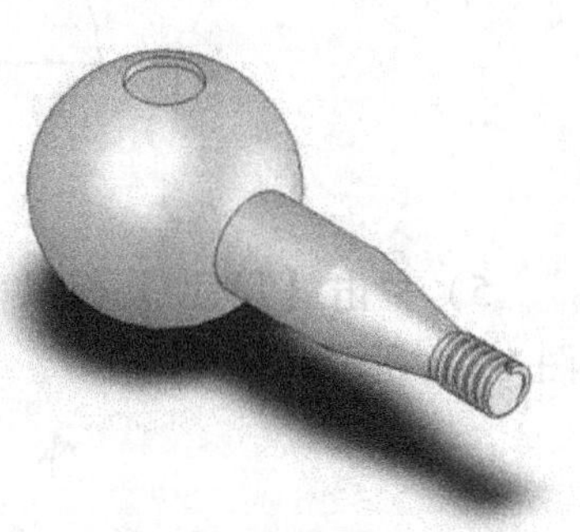

图 4-2-1　模型

4.2.1 旋转凸台特征

所谓旋转凸台特征，即使用【旋转凸台/基体】命令创建凸台。利用轴对称的草图与一条轴创建旋转特征，旋转轴可以是中心线、直线、线性边或者临时轴。如果草图只有一条轴，系统自动选定其为旋转轴；如果多于一条，则必须从中选取一条。

访问【旋转凸台/基体】命令的操作方法有两种：

➢【特征】工具栏→【旋转凸台/基体】按钮。

➢选择菜单命令【插入】→【凸台/基体】→【旋转】

具体操作步骤如下：

1）启动 SolidWorks 2012，单击【新建】按钮，在打开的【新建 SolidWorks 文件】对话框中，选择零件模块单击【确定】按钮，创建一个新的零件文件。

2）单击【草图】工具栏中的【中心线】按钮，选择前视基准面作为草图基准面绘制中心线，即旋转凸台时的旋转轴，结果如图 4-2-2 所示。

图 4-2-2　绘制中心线

3）单击【草图】工具栏中的【圆心/起/终点画弧】按钮，第一点为圆心，第二点为起点，然后画出一个圆弧，如图 4-2-3 所示。

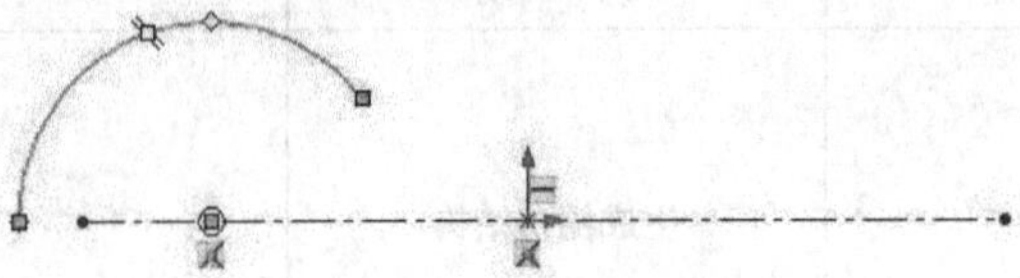

图 4-2-3　绘制圆弧

4）单击【草图】工具栏中的【直线】按钮，画出图 4-2-4 所示的封闭图形，即模型的边界轮廓线。

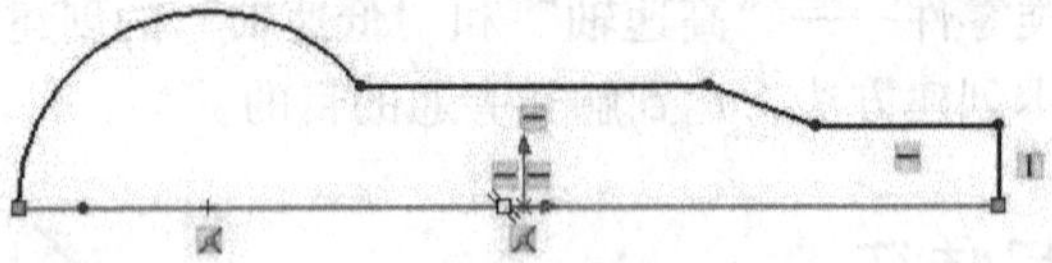

图 4-2-4　模型的边界轮廓线

5）单击【尺寸/几何尺寸】工具栏中的【智能尺寸】按钮，确定草图尺寸，如图 4-2-5 所示。

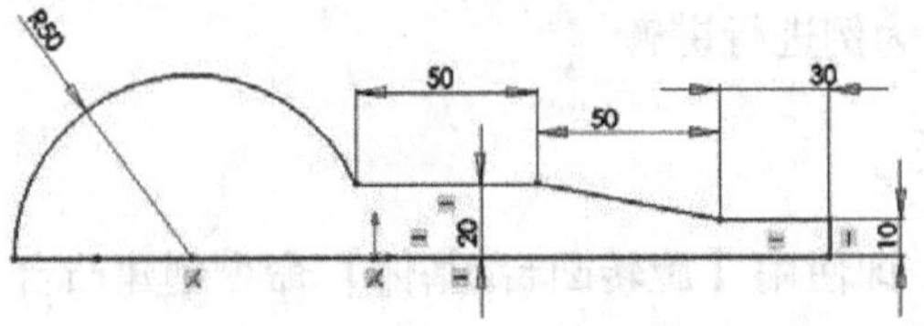

图 4-2-5　标注草图尺寸

6）单击【特征】工具栏中的【旋转凸台/基体】按钮，系统弹出【旋转】属性管理器，设置旋转角度为 360°，保持其他的系统默认值不变。单击【确定】按钮，完成实体的创建，如图 4-2-6 所示。

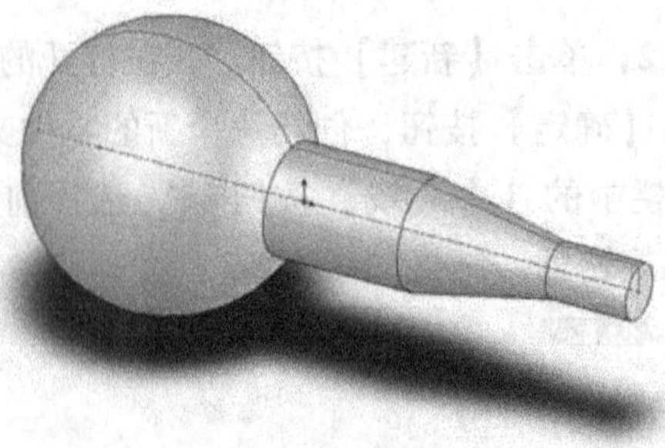

图 4-2-6　创建实体

4.2.2　创建基准面

有些实体需要在系统默认的三个基准面以外的其他参考平面上进行创建，此时就需要建立这种特殊的基准面。使用不同的几何元素，通过【基准面】命令就可以创建多种基准面。基准面、平面、边、点、曲面和草图几何元素都可以参与构造参考平面。

访问基准面命令的操作方法有两种：

➢【特征】工具栏 →【参考几何体】按钮 →【基准面】按钮。

➢选择菜单命令【插入】→【参考几何体】 →【基准面】。

> **注意**
>
> 如果在【插入】菜单中没有【参考几何体】选项，则选择【插入】菜单中的最后一个选项【自定义菜单】，在弹出的菜单中选中【参考几何体】，鼠标在屏幕上任意位置单击，此菜单栏收起。此时再打开【插入】菜单，则将出现【参考几何体】选项。

基准面特征的创建方法见表 4-2-1。

表 4-2-1　基准面特征的创建方法

命令含义	创建方法	实　例
偏移距离：选择模型的一个平坦表面或基准面，输入距离值	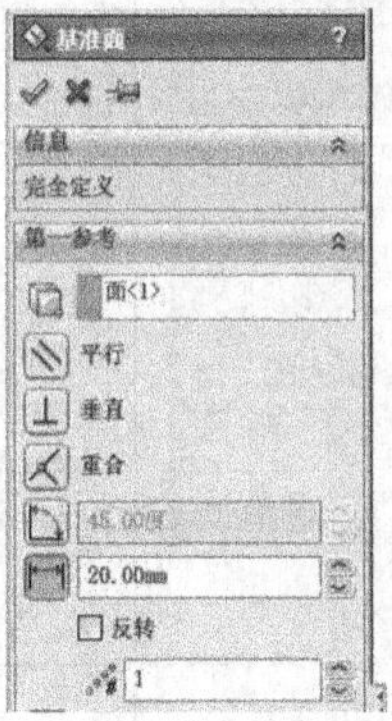	 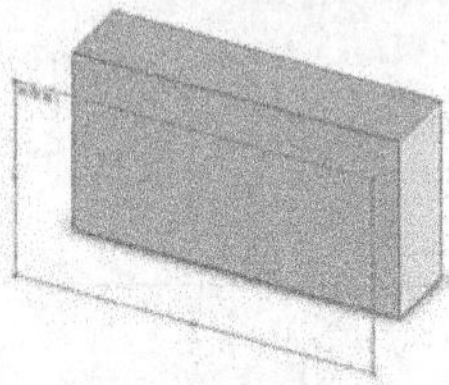
两面夹角：选择模型的一个平坦表面（或平面），同时选取一条边或轴	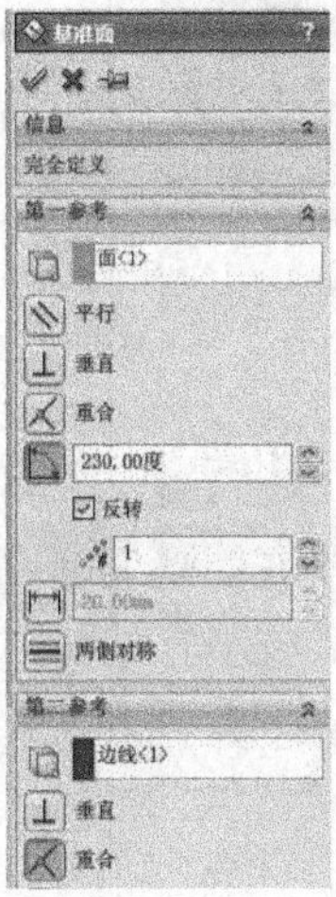	 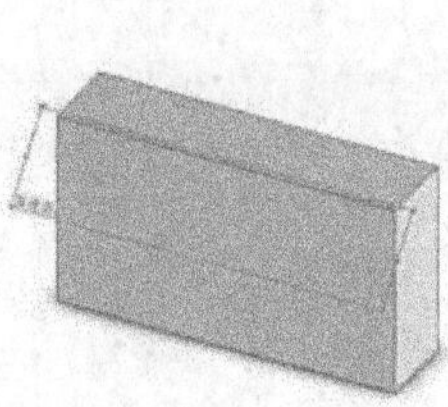

（续）

<table>
<tr><th>命令含义</th><th>创建方法</th><th>实　例</th></tr>
<tr><td rowspan="2">重合：选择三个点</td><td rowspan="2">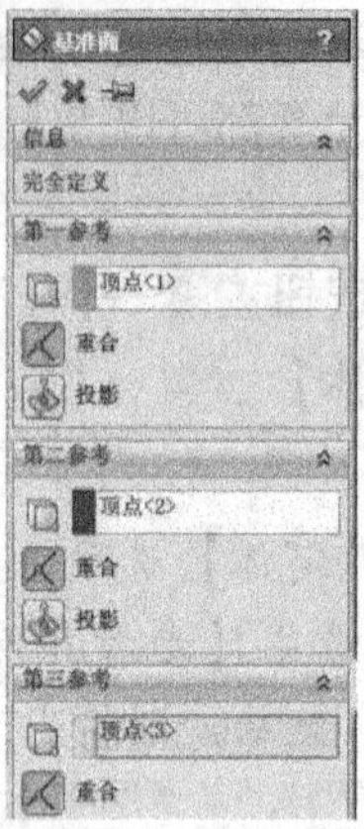
</td><td>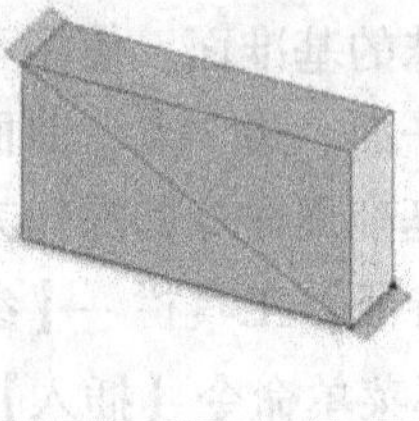</td></tr>
<tr><td>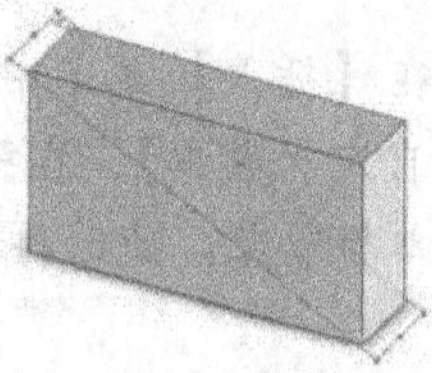</td></tr>
<tr><td rowspan="2">重合：选择一条线和一个点</td><td rowspan="2">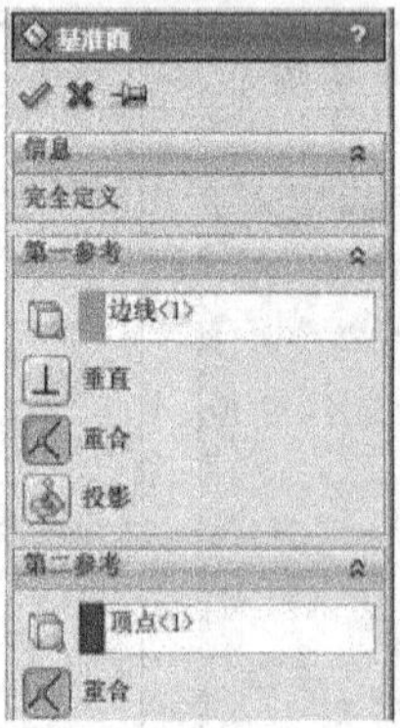
</td><td>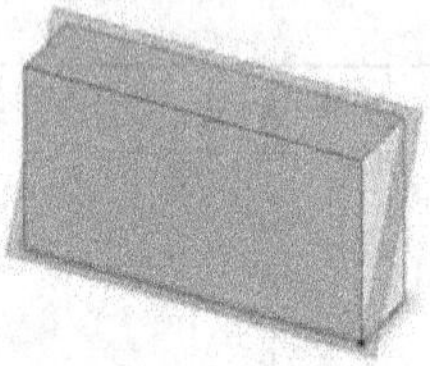</td></tr>
<tr><td>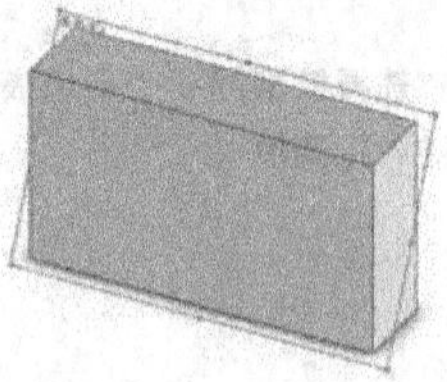</td></tr>
<tr><td rowspan="2">平行：选择一个面和一个点</td><td rowspan="2">
</td><td>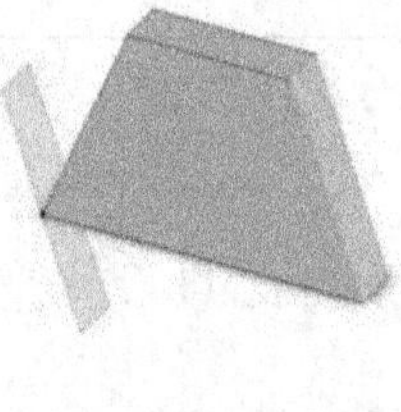</td></tr>
<tr><td>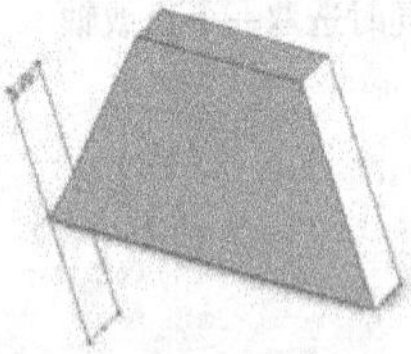</td></tr>
</table>

（续）

命令含义	创建方法	实例
相切和垂直：选择一个圆柱面和要与之垂直的一个平坦表面或者基准面	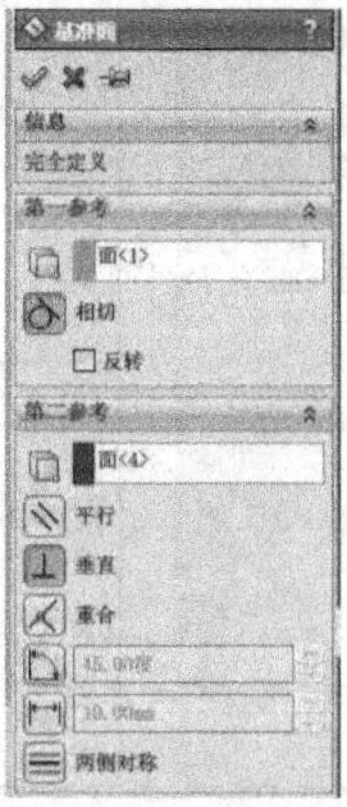	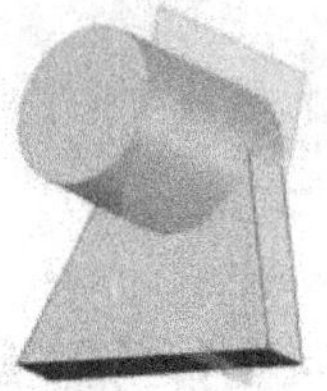 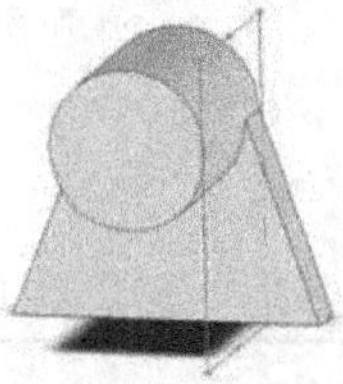
相切和平行：选择一个圆柱面和要与之平行的一个平坦表面或者基准面	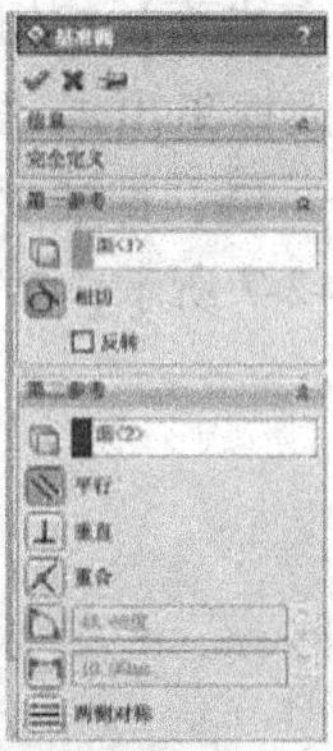	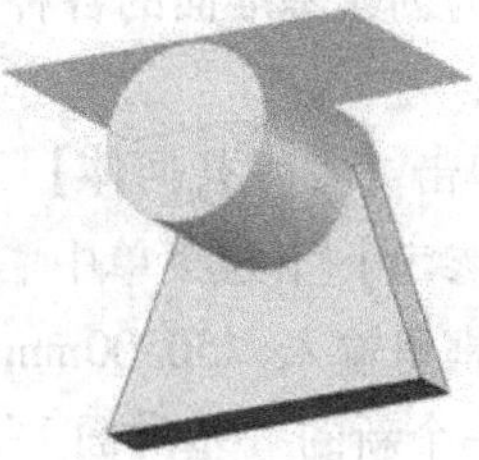 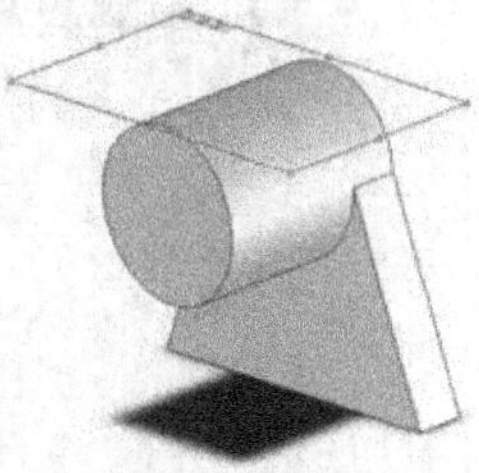
两侧对称：选择两个要与之两侧对称的平面	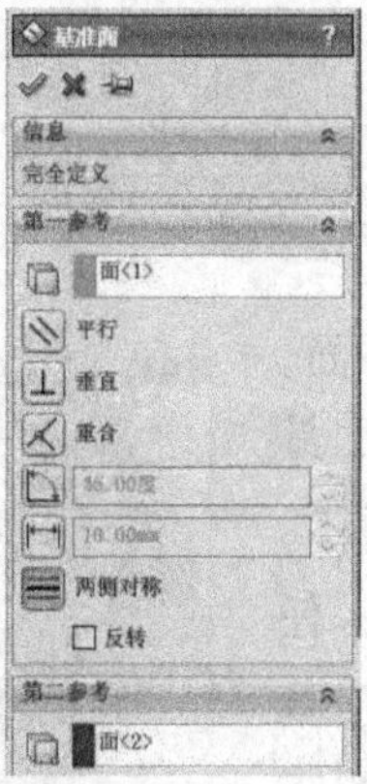	 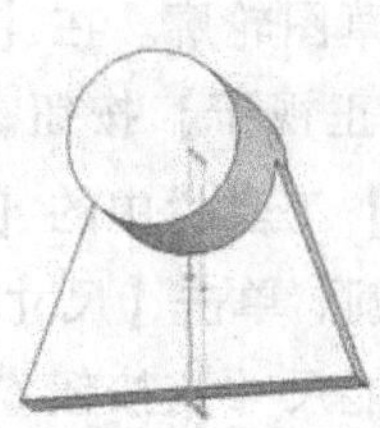

（续）

命令含义	创建方法	实　例
垂直于在线点：选择一条草绘曲线和一个端点	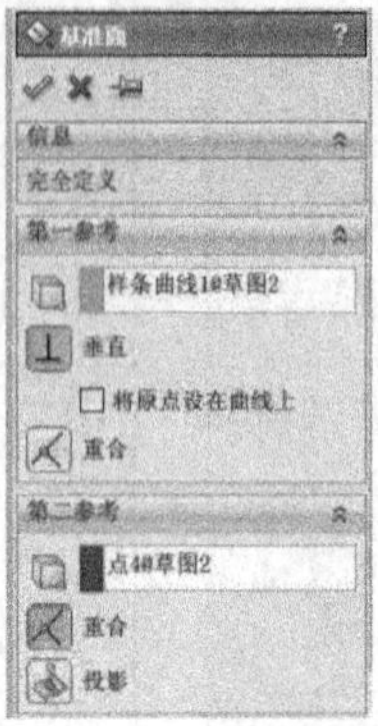	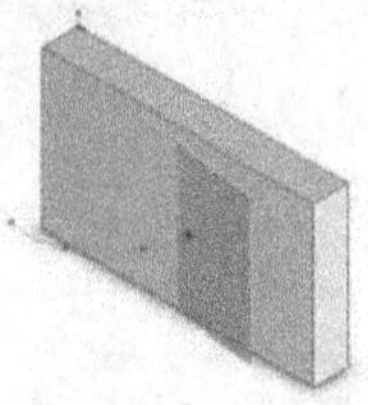 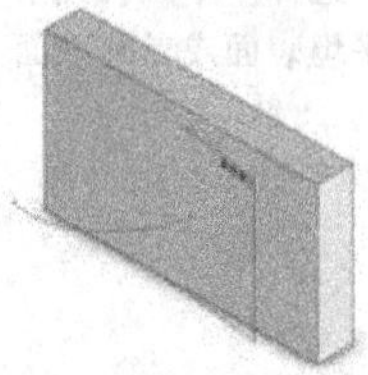

以上为创建基准面的各种方法，本例应用“偏移距离”的方法创建基准面。具体操作步骤如下：

1）单击【参考几何体】工具栏中的【基准面】按钮，首先选择“上视基准面”，则在【第一参考】下拉菜单中图标后的输入框里出现“上视基准面”，然后在距离图标后的文本框里输入“50. 00mm”，按〈Enter〉键，即建立一个距离此模型的“上视基准面”50mm 的一个新的“基准面 1”，结果如图 4-2-7 所示，然后单击【确定】按钮。

a)

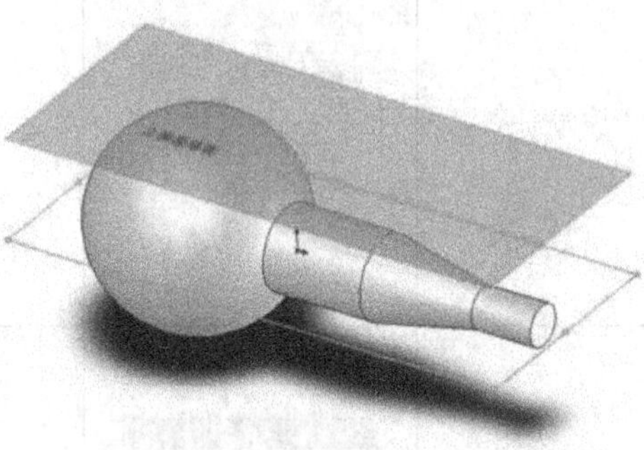

b)

图 4-2-7　创建基准面

2）选取“基准面 1”为草图绘制平面，绘制圆孔的草图轮廓。在【标准视图】工具栏中单击【正视于】按钮，使视图转正。单击【草图】工具栏中的【圆】按钮，任意绘制一个圆。单击【尺寸/几何尺寸】工具栏中的【智能尺寸】按钮，设置该圆的直径尺寸为 30mm，如图 4-2-8 所示。

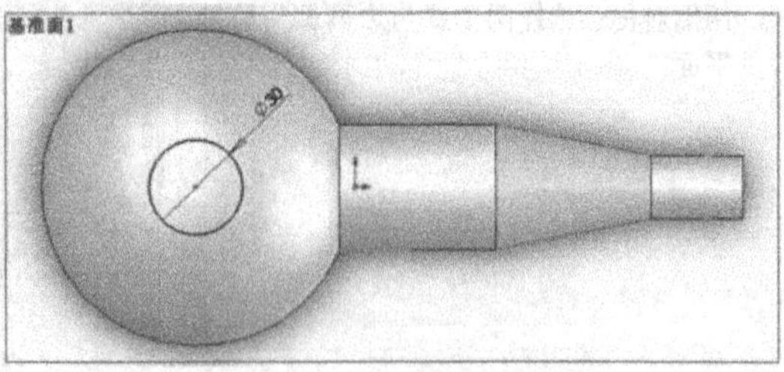

图 4-2-8　绘制圆孔草图

3）单击【特征】工具栏中的【拉伸切除】按钮，出现【切除-拉伸】属性管理器。选择生成孔的方式为“给定深度”，在【深度】图标后的文本框中输入“6.00mm”，按〈Enter〉键，如图 4-2-9a、b 所示，即拉伸切除生成一个深度为 6mm 的圆孔。然后单击【确定】按钮，单击右键，隐藏“基准面 1”，生成图 4-2-9c 所示的圆孔。

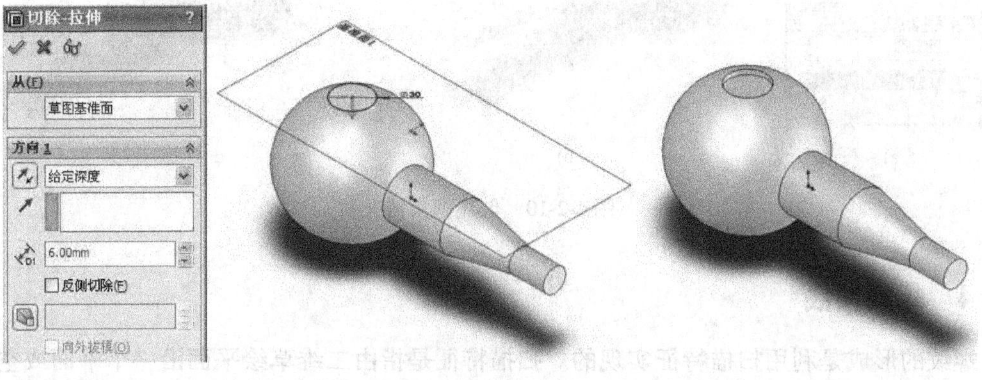

a)　　b)　　c)

图 4-2-9　创建圆孔

4.2.3　圆角特征

圆角特征包括内圆角（增加体积）和外圆角（减少体积）。在所选边上有多种选择方法创建圆角：可以创建等半径或变半径的圆角，也可以使用“切线延伸”选项。

注意

- ➢用同一个命令来创建具有相同半径的多个圆角。
- ➢当需创建不同半径的圆角时，通常应先创建半径较大的圆角。
- ➢圆角特征的创建顺序很重要，创建圆角后生成的面与边可用于生成更多的圆角。
- ➢最后创建装饰性圆角。

访问圆角命令的操作方法有三种：

➢【特征】工具栏→【圆角】按钮。

➢选择菜单命令【插入】→【特征】→【圆角】。

➢快捷方式：右键单击一个面或者边线，然后选择【圆角】按钮。

具体操作步骤如下：

1）单击【特征】工具栏上的【圆角】按钮，在【圆角半径】图标后的文本框中设置圆角半径为 15mm，按〈Enter〉键，生成一个半径为 15mm 的圆角，如图 4-2-10a 所示。

2）单击图 4-2-10b 中所示的边线，在图标后的文本框中会出现“边线 <1>”，即确定要在“边线 <1>”处生成一个半径为 15mm 的圆角。

3）单击【确定】按钮，得到图 4-2-10c 所示的实体。

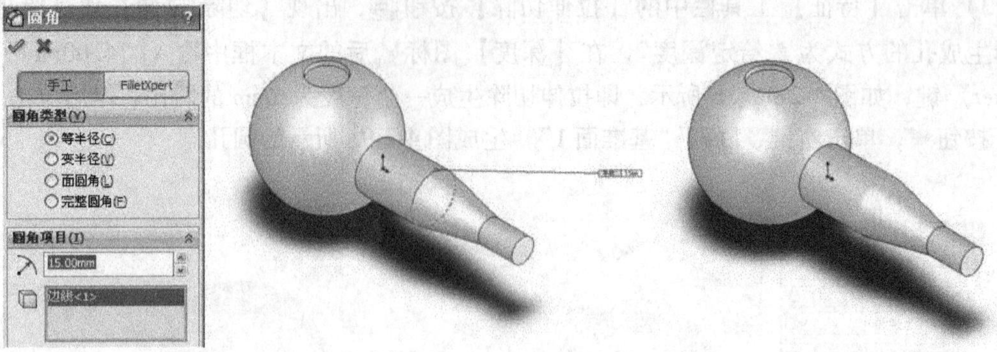

a)　　b)　　c)

图 4-2-10　创建圆角特征

4.2.4　螺旋曲线

螺纹的形成是利用扫描特征实现的。扫描特征是指由二维草绘平面沿一个平面或空间轨迹扫描而成的一类特征，即通过沿着一条路径移动轮廓截面生成的基体、凸台、切除或曲面特征。因此，生成螺纹特征前要先绘制出扫描路径和截面轮廓图形。

螺纹的扫描路径草图是一条螺旋曲线，可以通过【曲线】工具栏上的【螺旋线/涡状线】来创建。访问【螺旋线/涡状线】命令的操作方法有两种：

1）【曲线】工具栏→【螺旋线/涡状线】按钮。

2）选择菜单命令【插入】→【曲线】→【螺旋线/涡状线】。

具体操作步骤如下：

1）选择模型的右端面为草图绘制平面，如图 4-2-11a 所示进入草图绘制环境。单击【转换实体引用】按钮，将右端面轮廓投影在草图上，结果如图 4-2-11b 所示。

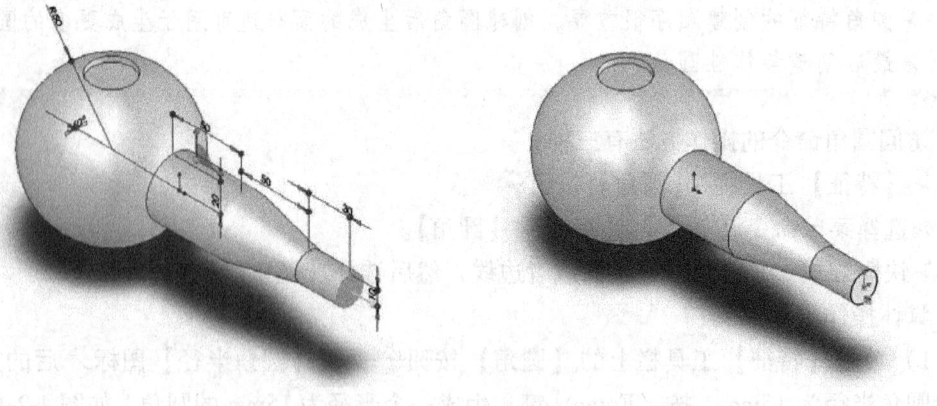

a)　　b)

图 4-2-11　转换实体引用

2）单击【曲线】工具栏上的【螺旋线/涡状线】按钮。

3）在【定义方式】下拉列表框中选择一种螺旋线的定义方式，如图 4-2-12a 所示。

- 螺距和圈数：指定螺距和圈数；
- 高度和圈数：指定螺旋线的总高度和圈数；
- 高度和螺距：指定螺旋线的总高度和螺距。

本例中指定的螺旋线的定义方式为“螺距和圈数”。

4）在【参数】选项区中的【螺距】文本框中输入“5.00mm”，按〈Enter〉键，即确定要生成螺距为5mm的螺旋线，如图4-2-12a所示。

5）选中【反向】复选框，即确定要生成的螺旋线与当时系统默认的方向相反，应将其方向反转过来，如图4-2-12a所示。

6）设置圈数为5.5，起始角度为0°，如图4-2-12a、b所示。

7）单击【确定】按钮✔，得到图4-2-12c所示的螺旋线。

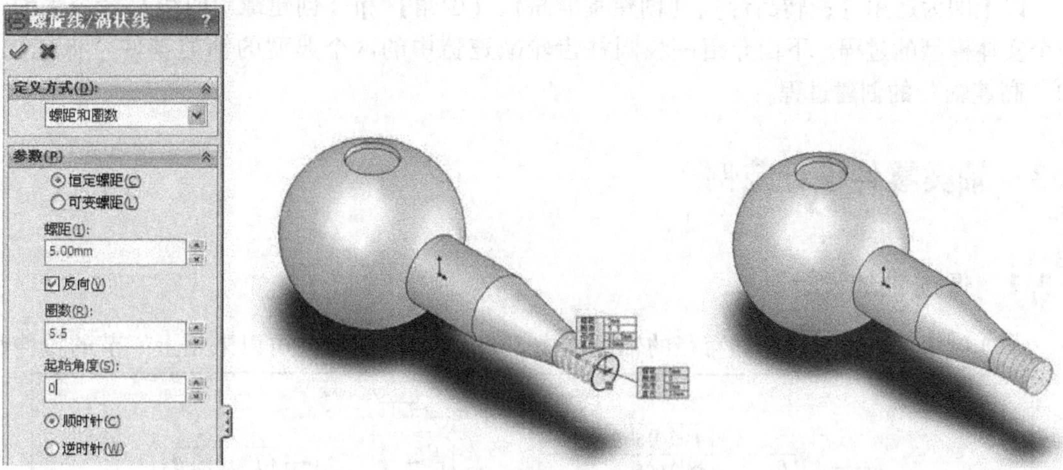

a) b) c)

图4-2-12 创建螺旋线

8）制作基准面。单击已创建的螺旋线的端点，按住〈Ctrl〉键，再单击此螺旋线。选择【参考几何体】工具栏中的【基准面】，单击【确定】按钮✔。出现一个与螺旋线端点保持垂直的“基准面2”，如图4-2-13所示。

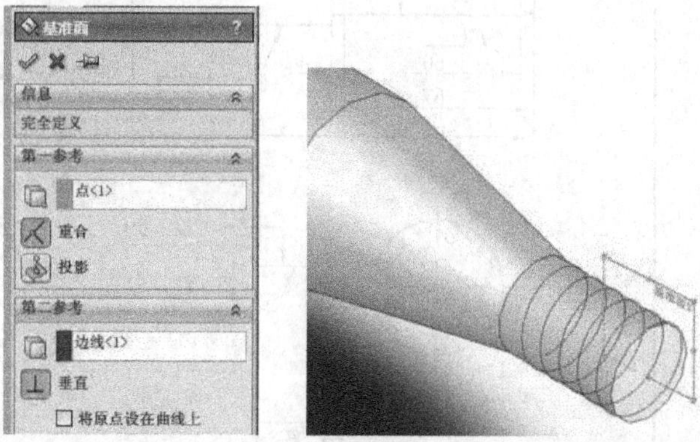

a) b)

图4-2-13 制作垂直于在线点的基准面

9）选中“基准面2”，在【标准视图】工具栏中选择【正视于】按钮，使视图转正。如果转正后的视图是歪的，表示刚刚输入的起始角度不是特定的角度。单击【草图】工具栏中的【矩形】按钮□，在螺旋线端点处绘制一个矩形，如图4-2-14所示。最后单击完成按钮，结束草图绘制。

10）单击矩形和螺旋线，单击【特征】工具栏上的【扫描】按钮，即出现螺纹的预览效果图。单击【确定】按钮，得到图 4-2-15 所示的实体。

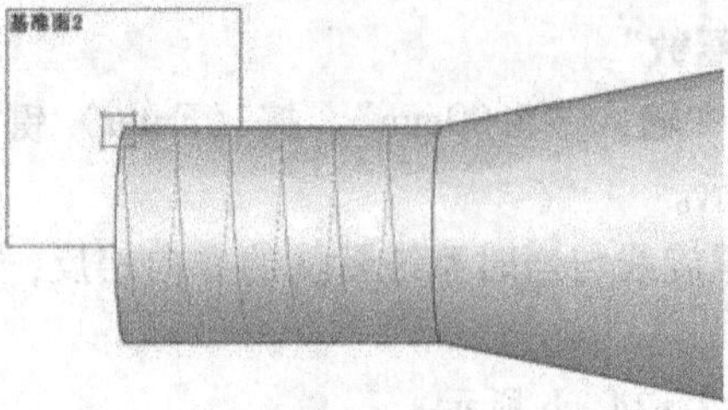

图 4-2-14　绘制截面草图轮廓

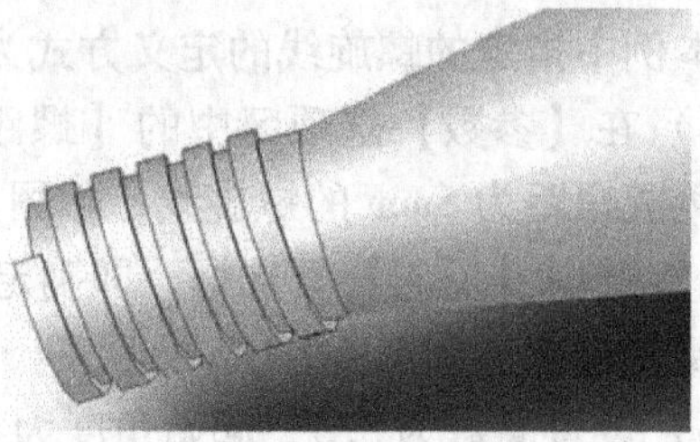

图 4-2-15　生成螺纹

以上即为运用【旋转凸台】、【创建基准面】、【圆角】和【创建螺旋曲线】命令来创建一个实体模型的过程。下面介绍一级圆柱齿轮减速器中的两个典型的轴类零件“低速轴”和“高速轴”的创建过程。

4.3　轴类零件设计范例

4.3.1　低速轴的设计

本实例中的轴由 6 段不同直径的轴段构成，如图 4-3-1 所示。可以采用上一节的拉伸凸

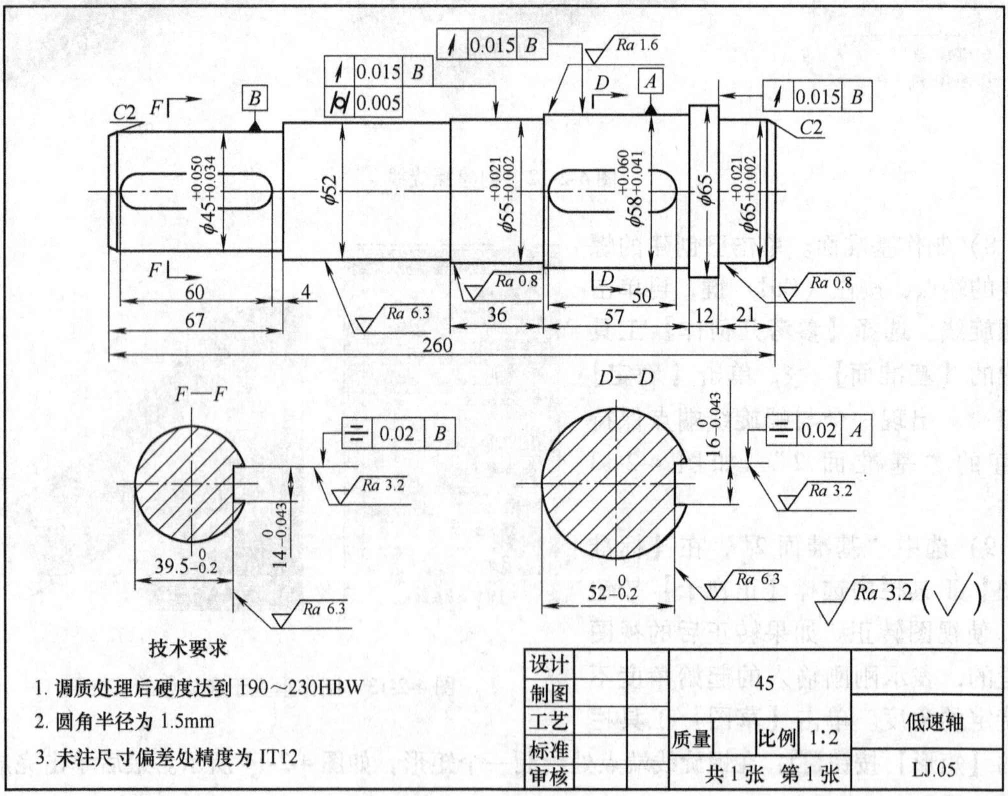

图 4-3-1　低速轴

台/基体的方法来生成该低速轴。同样地，也可以利用 SolidWorks 2012 中的【旋转凸台/基体】工具来实现，本节就采用旋转的方法创建一级圆柱齿轮减速器的低速轴实体。

具体操作步骤如下：

1. 新建文件

启动 SolidWorks 2012，单击【新建】按钮，在打开的【新建 SolidWorks 文件】对话框中选择零件模块，单击【确定】按钮，创建一个新的零件文件。

2. 生成低速轴实体

1）单击【草图】工具栏中的【中心线】按钮，显示“前视基准面”，选择“前视基准面”作为草图基准面，绘制旋转中心线，即旋转凸台时的旋转轴，结果如图 4-3-2 所示。

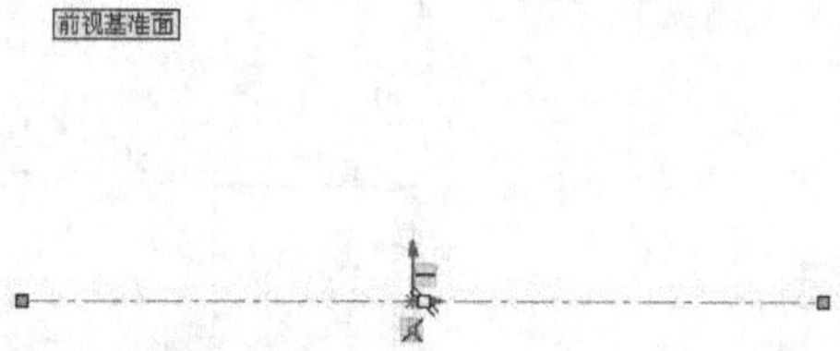

图 4-3-2　绘制旋转中心线

2）单击【草图】工具栏中的【直线】按钮，在草图绘制平面上绘制轴的草图轮廓。单击【尺寸/几何尺寸】工具栏中的【智能尺寸】按钮，确定草图轮廓的实际尺寸，如图 4-3-3 所示。

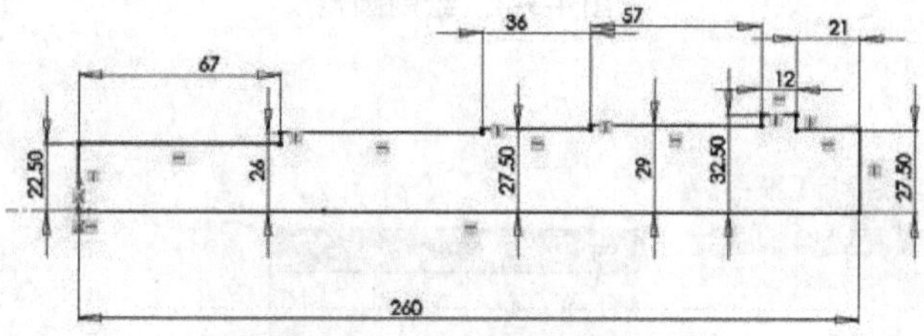

图 4-3-3　绘制旋转草图轮廓

3）单击【草图】工具栏中的【绘制圆角】按钮，系统弹出【绘制圆角】属性管理器。在【圆角半径】图标后的文本框中输入“1. 50mm”。然后选择要生成圆角的两条边线，单击【确定】按钮，如图 4-3-4a 所示。其他圆角的创建依此类推，得到图 4-3-4b 所示的草图。

4）绘制倒角。选择菜单命令【工具】→【草图工具】→【倒角】，如图 4-3-5 所示。系统弹出【绘制倒角】属性管理器。在“倒角参数”中选中“角度距离”选项，在【距离】图标后的文本框中输入“2. 00mm”，【方向 1 角度】图标后的文本框中输入“45. 00 度”，如图 4-3-6 所示。然后选择要生成倒角的两条边线，单击【确定】按钮，其他倒角的创建依此类推，得到图 4-3-7 所示的草图。

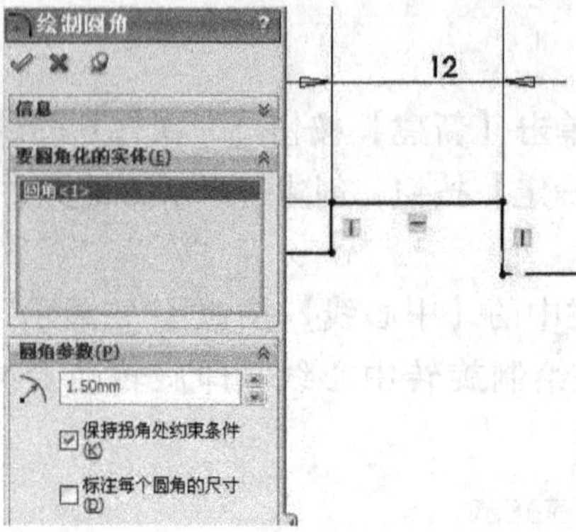

a)

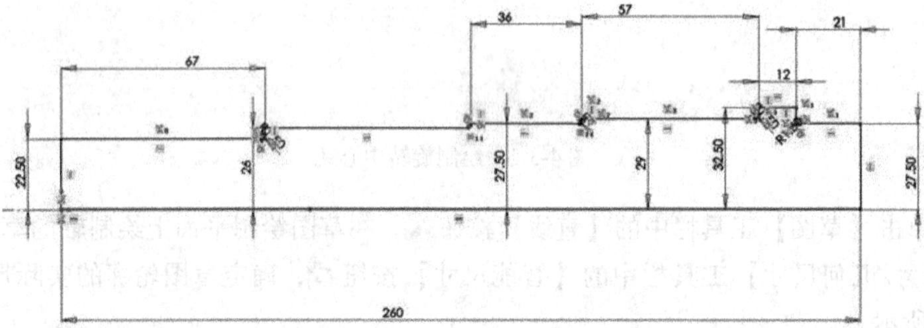

b)

图 4-3-4　绘制圆角

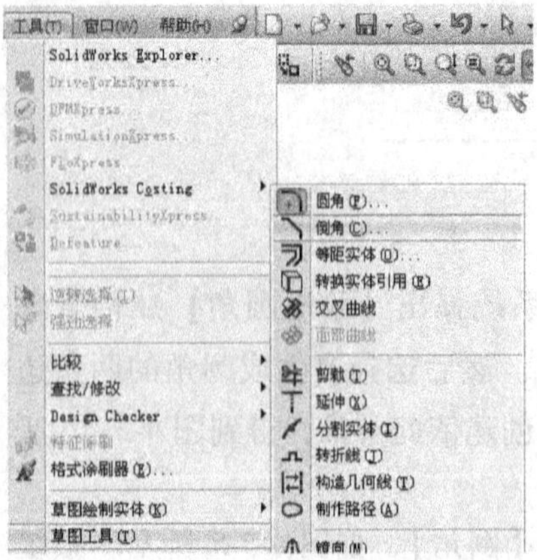

图 4-3-5　【工具】菜单

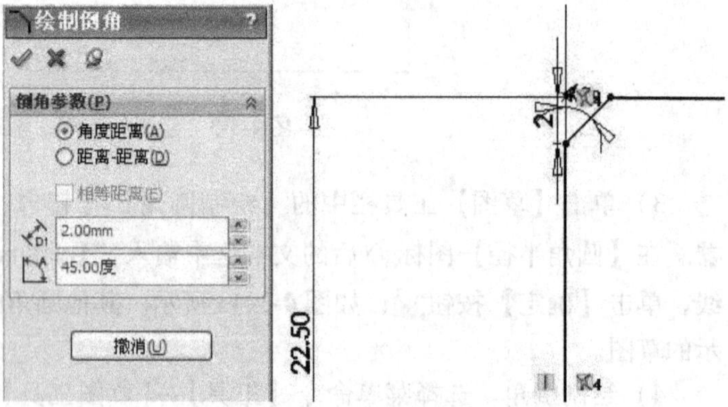

图 4-3-6　设置倒角参数

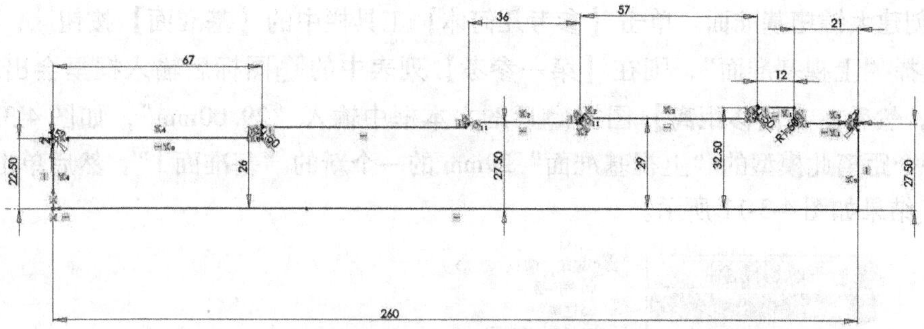

图 4-3-7　旋转草图轮廓

5）单击【特征】工具栏中的【旋转凸台/基体】绘制工具按钮，系统弹出【旋转】属性管理器，设置旋转角度为 360.00 度，保持其他的系统默认值不变，如图 4-3-8 所示。单击【确定】按钮，完成低速轴轴段的创建，如图 4-3-9 所示。

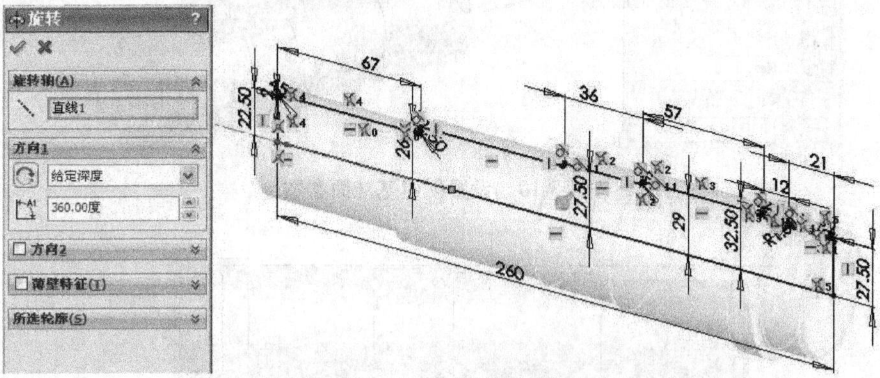

图 4-3-8　设置旋转参数

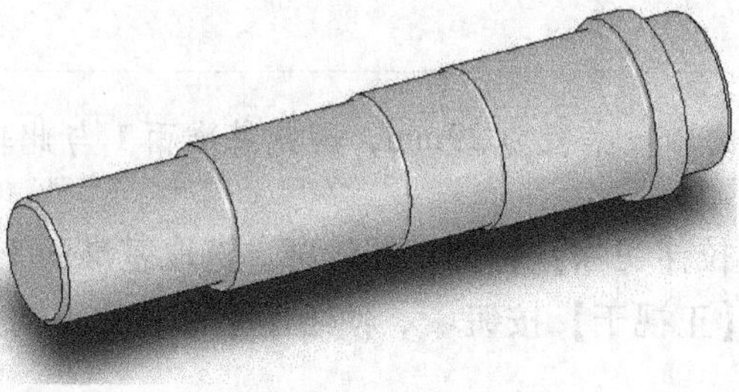

图 4-3-9　旋转实体

3. 创建大键槽特征

说明

键槽可以使用拉伸切除特征来实现，但是键槽又与一般的切除特征不同。大多数情况下，键槽特征是通过对曲面实体的切除来实现的，而在 SolidWorks 2012 中，曲面不能作为草图的绘制平面。因此，创建键槽特征首先要建立一个绘制切除特征草图所需要的基准面。

1）创建大键槽基准面。单击【参考几何体】工具栏中的【基准面】按钮，首先在设计树中选择“上视基准面”，则在【第一参考】列表中的图标后输入框里会出现“上视基准面”，然后在【偏移距离】图标后的文本框中输入“29. 00mm”，如图 4-3-10 所示。即建立一个距离此模型的“上视基准面”29mm 的一个新的“基准面 1”，然后单击【确定】按钮，结果如图 4-3-11 所示。

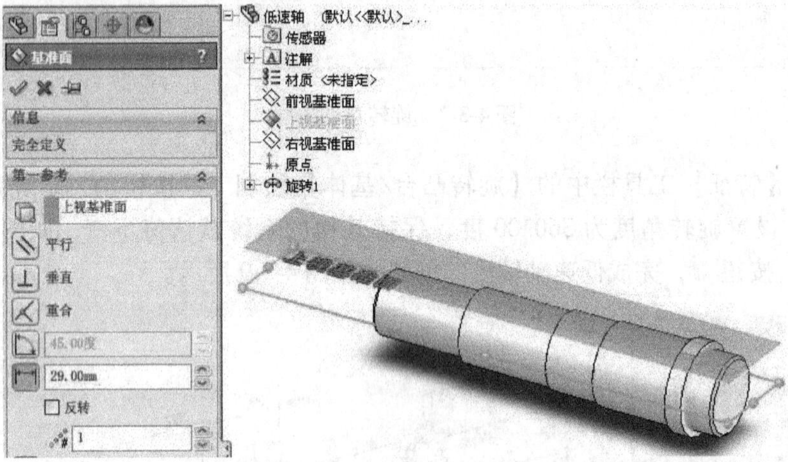

图 4-3-10　设置创建基准面参数

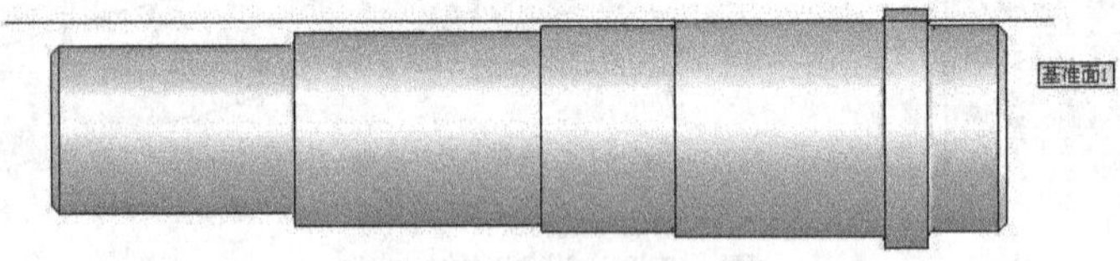

图 4-3-11　基准面 1

注意

因为要生成大键槽的轴段半径为 29mm，因此基准面 1 与此轴段相切

2）绘制大键槽的【拉伸切除】特征草图轮廓。选取基准面 1 为草图绘制平面，在【标准视图】工具栏中单击【正视于】按钮，使绘图平面转为正视方向，如图 4-3-12 所示。

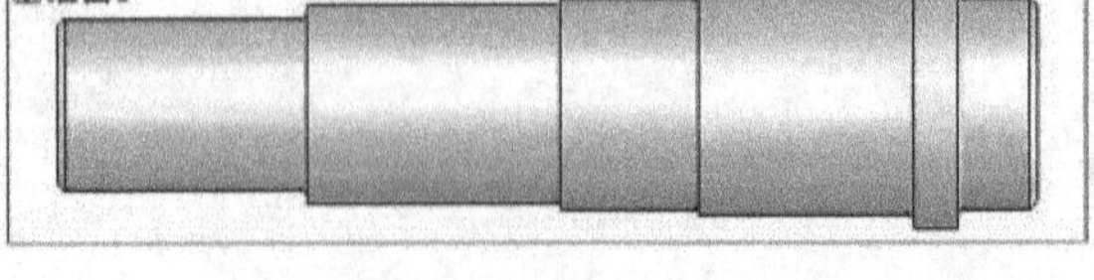

图 4-3-12　视图转正

3）单击【草图】工具栏中的【直线】按钮，在草图绘制平面绘制键槽的直线轮廓部分，单击【尺寸/几何尺寸】工具栏中的【智能尺寸】按钮，标注出草图轮廓尺寸，如

图 4-3-13 所示。

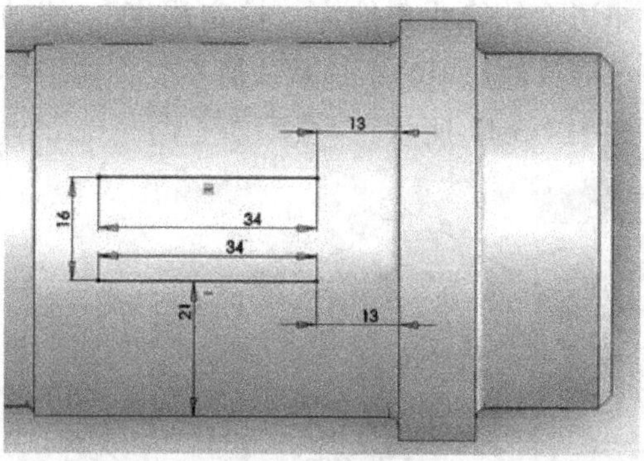

图 4-3-13　在创建的基准面上绘制键槽的直线轮廓

4）单击【草图】工具栏中的【3 点圆弧】按钮，在草图绘制平面绘制键槽的圆弧轮廓部分。以键槽直线轮廓的两端点为圆弧起点和终点，绘制与键槽两直线边相切的圆弧，圆弧半径为 8mm，如图 4-3-14 所示。然后单击【确定】按钮，单击按钮，结束键槽草图绘制，结果如图 4-3-15 所示。

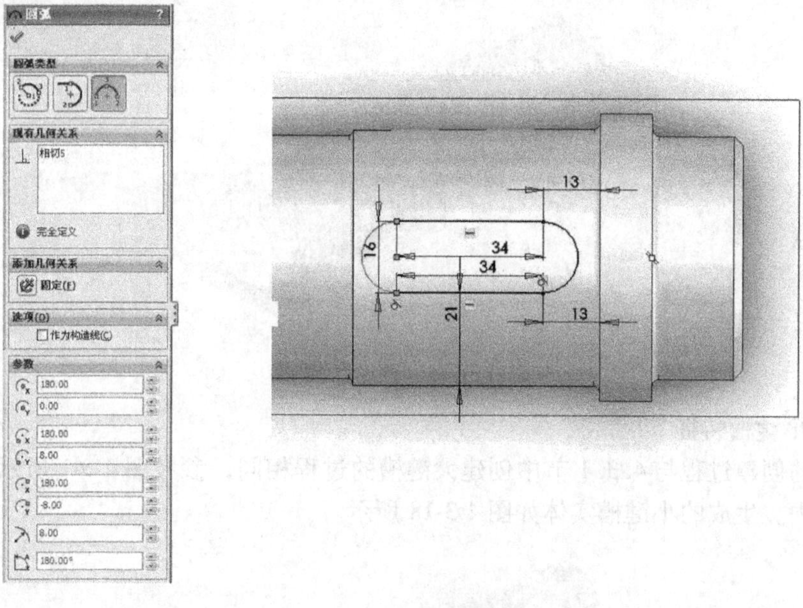

图 4-3-14　设置圆弧参数

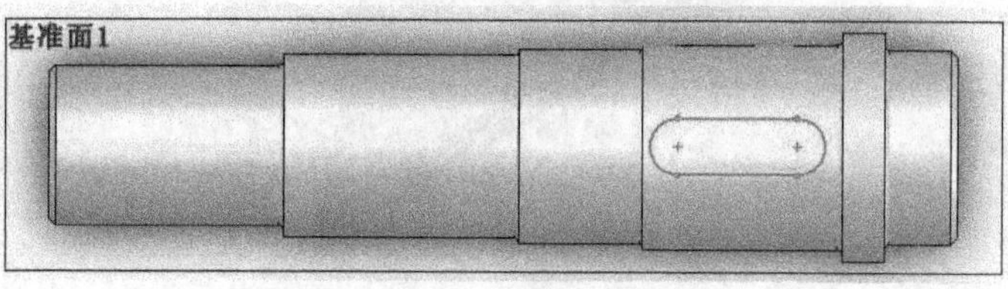

图 4-3-15　大键槽草图轮廓

5）生成大键槽。单击【特征】工具栏中的【拉伸切除】按钮，系统弹出【切除-拉伸】属性管理器。设置拉伸切除的终止条件为“给定深度”，并在【深度】图标后的文本框中输入“6. 00mm”，保持其他选项的系统默认值不变，如图 4-3-16 所示。单击【确定】按钮，生成键槽实体，如图 4-3-17 所示。

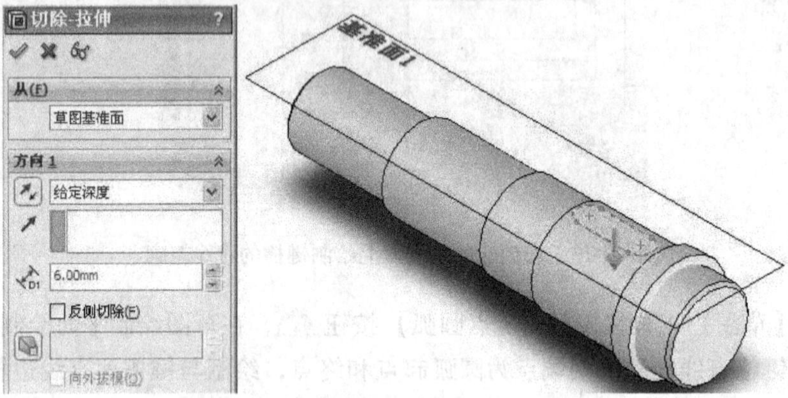

图 4-3-16　设置【拉伸-切除】参数

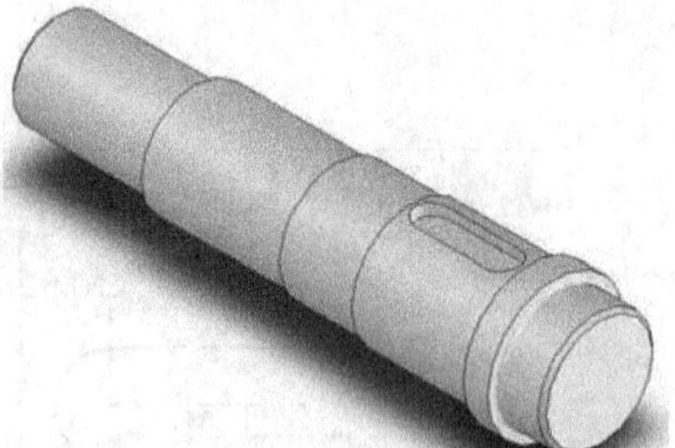

图 4-3-17　生成键槽实体

4. 创建小键槽特征

小键槽的创建过程与 4. 3. 1 节中创建大键槽的过程相同，参考图 4-3-1 所示尺寸进行创建，过程略去。生成的小键槽实体如图 4-3-18 所示。

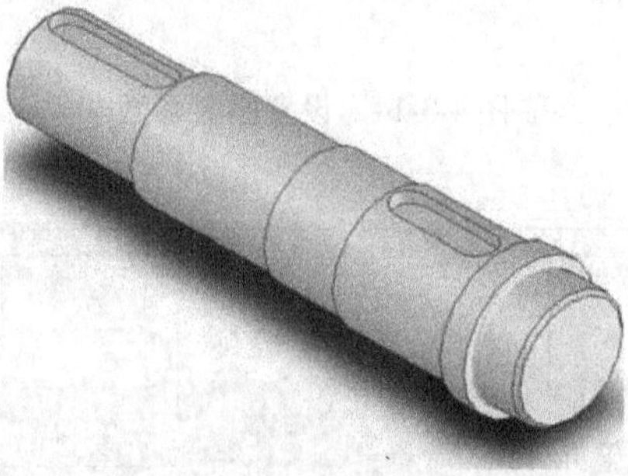

图 4-3-18　创建完成小键槽

5. 保存文件

单击【标准】工具栏中的【保存】图标，将文件保存为“低速轴 . SLDPRT”。关闭当前打开的文件。

4.3.2　高速轴的设计

一级圆柱齿轮减速器的高速轴是一个包含齿轮结构的轴类零件，如图 4-3-19 所示。本例中，该齿轮为直齿轮，模数 $m=3$，齿数 $z=20$，轮齿边缘有倒角。只要绘制好轮齿的草图，就可以利用【拉伸凸台/基体】和【拉伸切除】等命令来生成齿轮的基本模型。轮齿的倒角可以利用旋转切除的方法来生成，因此创建直齿轮实体的关键是绘制好轮齿的草图。其他轴段可以利用拉伸凸台特征实现。

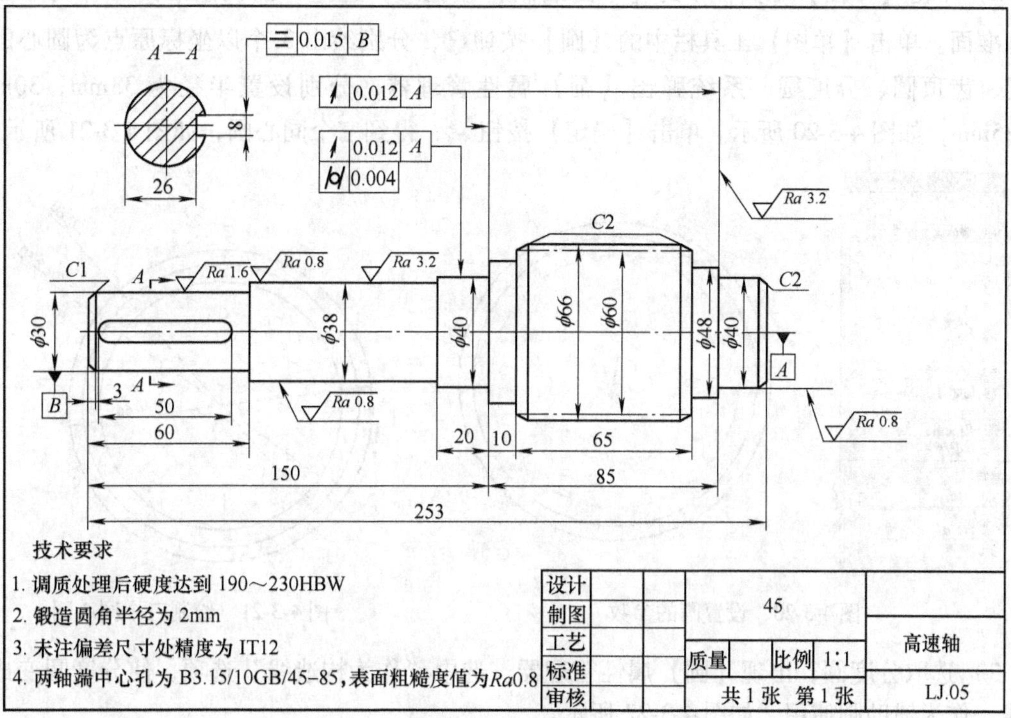

图 4-3-19　高速轴

具体操作步骤如下：

1. 新建文件

启动 SolidWorks 2012，单击【新建】按钮，在打开的【新建 SolidWorks 文件】对话框中选择零件模块，单击【确定】按钮，创建一个新的零件文件。

下面介绍如何构造直齿圆柱齿轮。本节先介绍一种较简便的齿轮轮廓线的近似画法，在后面的章节中还会介绍如何精确地创建渐开线齿轮。

2. 生成齿轮实体

1）根据该齿轮的模数 $m=3$，齿数 $z=20$，齿宽 $b=65$，计算出该齿轮的结构尺寸，见表 4-3-1。

表 4-3-1　齿轮结构尺寸

名　称	符　号	计 算 公 式	尺寸/mm
模数	m	$m = dz = p\pi$	3
齿数	z		20
齿高	h	$H = h_a + h_f = 2.25m$	6.75
齿顶高	h_a	$h_a = m$	3
齿根高	h_f	$h_f = 1.25\,m$	3.75
分度圆直径	d	$d = mz$	60
齿顶圆直径	d_a	$d_a = d + 2h_a = m\ (z+2)$	66
齿根圆直径	d_f	$d_a = d - 2h_f = m\ (z-2.5)$	52.5

2）单击【草图】工具栏中的【草图绘制】按钮，选择“前视基准面”作为草图绘制基准面。单击【草图】工具栏中的【圆】按钮，分别绘出 3 个以坐标原点为圆心的齿根圆、齿顶圆、分度圆，系统弹出【圆】属性管理器，分别设置半径为 33mm、30mm、26.25mm，如图 4-3-20 所示。单击【确定】按钮，得到三个同心圆，如图 4-3-21 所示。

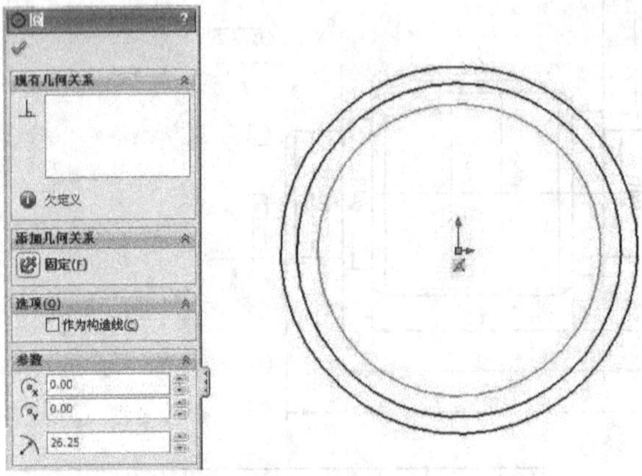

图 4-3-20　设置圆的参数

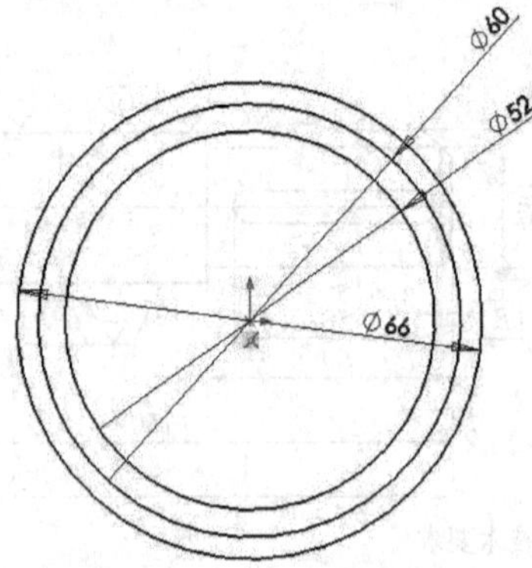

图 4-3-21　绘制三个同心圆

3）选取分度圆，出现【圆】属性管理器。选中“作为构造线”选项，使分度圆变成点画线，作为辅助圆使用，如图 4-3-22 所示。

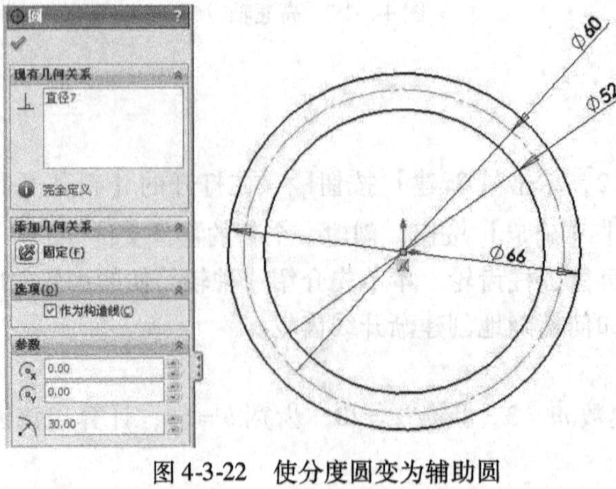

图 4-3-22　使分度圆变为辅助圆

4）单击【草图】工具栏中的【中心线】按钮，通过圆心绘制一条垂直中心线，如图 4-3-23 所示。

5）单击【草图】工具栏中的【点】按钮，移动鼠标至垂线与分度圆的交点处单击，绘制一个点，结果如图 4-3-24 所示。

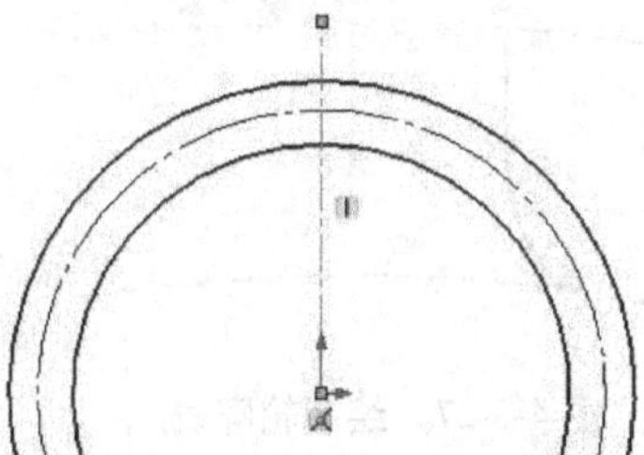

图 4-3-23　绘制垂直中心线

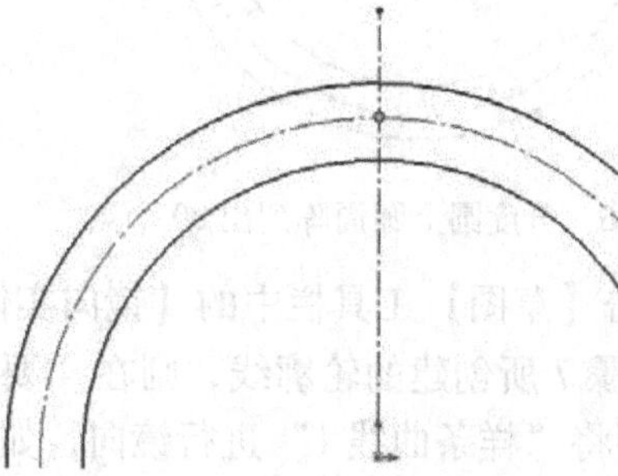

图 4-3-24　创建点

6）选择菜单命令【工具】→【草图工具】→【圆周阵列】，出现【圆周阵列】属性管理器，如图 4-3-25 所示。在“要阵列的实体”区域中可以看到刚绘制的点被默认为要阵列的实体；在【实例数】图标后的文本框中输入“80”，单击【确定】按钮。则在分度圆上生成均匀分布的 80 个点，如图 4-3-26 所示。

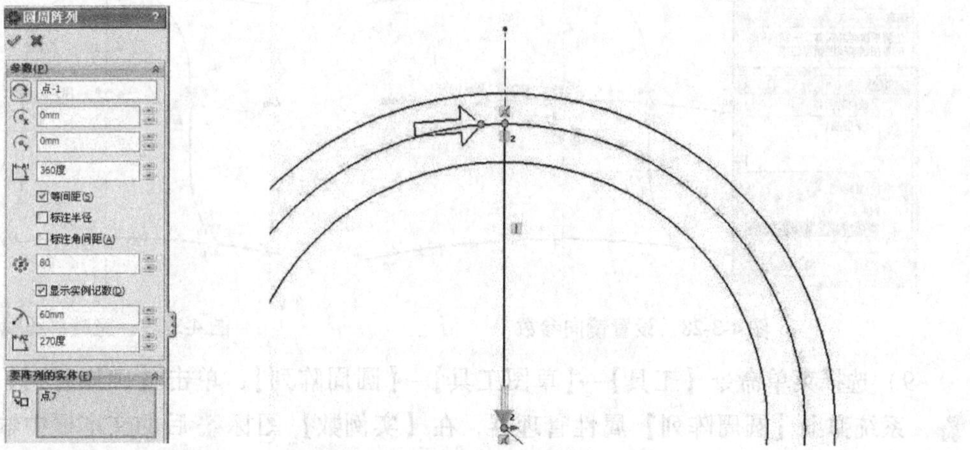

图 4-3-25　设置圆周阵列参数

7）滑动鼠标滚轮局部放大分度圆与直线相交部分，单击【草图】工具栏中的绘制【样条曲线】按钮，以齿顶圆上一点为起点，通过分度圆上的点，即上一步骤所生成的点，绘制一条终止于齿根圆的曲线，如图 4-3-27 所示。

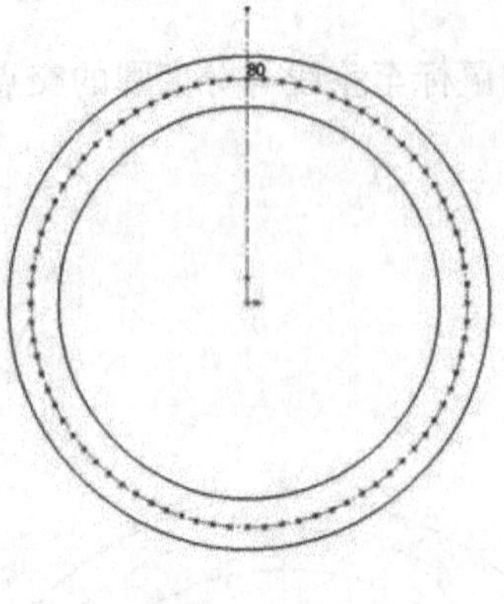

图 4-3-26　分度圆上圆周阵列出 80 个点

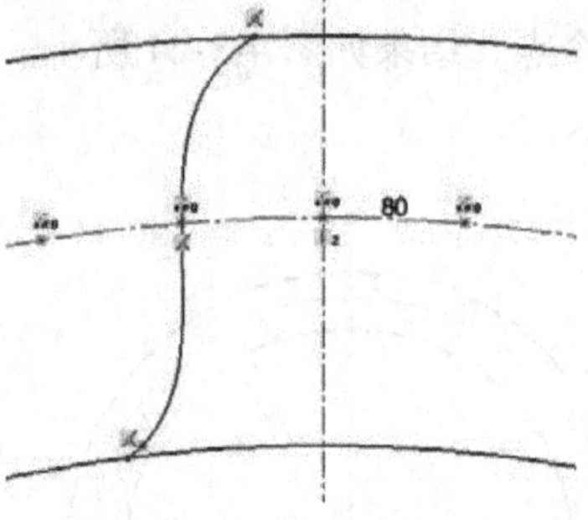

图 4-3-27　绘制轮廓线

8）单击【草图】工具栏中的【镜向实体】图标，系统弹出【镜向实体】属性管理器。单击步骤 7 所创建的轮廓线，则在“要镜向的实体”选项组的输入框中出现“样条曲线 1”，即要将“样条曲线 1”进行镜向，如图 4-3-28 所示。单击【镜向点】文本框，然后单击步骤 4 创建的中心线，则在【镜向点】文本框中出现【直线 1】，即以“直线 1”为对称中心线将“样条曲线 1”进行镜向，如图 4-3-28 所示。此时，在中心线的右侧生成一条该曲线的镜向曲线，并且高亮显示。如果没有错误，单击【确定】按钮，完成镜向操作，如图 4-3-29 所示。

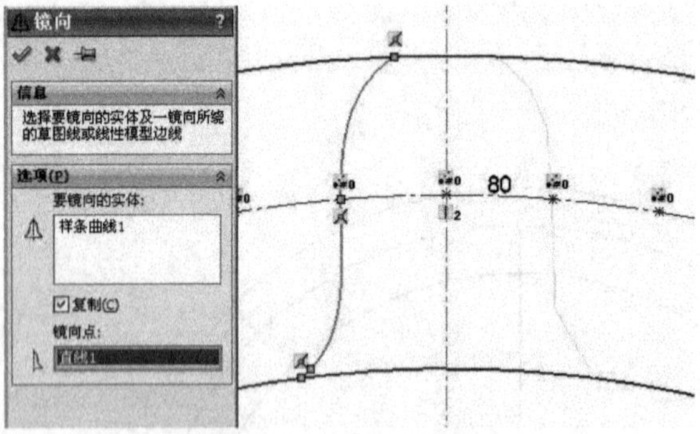

图 4-3-28　设置镜向参数

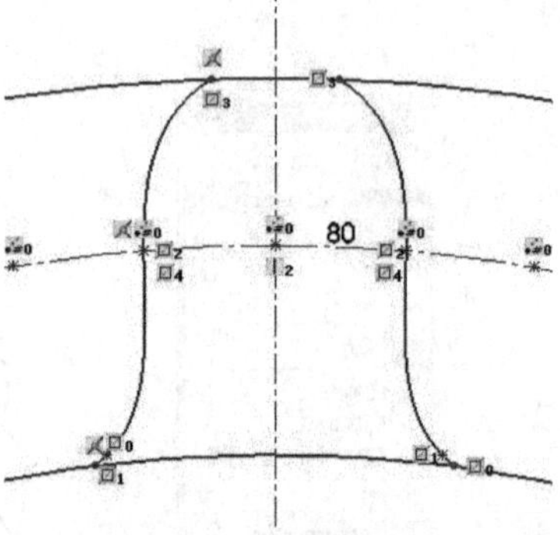

图 4-3-29　完成草图镜向

9）选择菜单命令【工具】→【草图工具】→【圆周阵列】，单击【圆周阵列】命令按钮，系统弹出【圆周阵列】属性管理器，在【实例数】图标后的文本框中输入“20”。在“要阵列的实体”区域中分别单击步骤 8 创建的两条样条曲线，如图 4-3-30 所示。单击【确定】按钮，则在分度圆上生成均匀分布的 20 个轮齿，如图 4-3-31 所示。

10）单击【草图】工具栏中的【剪裁实体】图标，系统弹出【剪裁】属性管理器。选择“强劲剪裁”选项（也可选用“剪裁到最近端”等选项，根据习惯选用），剪除掉齿顶圆与齿根圆中多余的部分，如图 4-3-32 所示。至此轮齿的轮廓草图绘制完毕，如图 4-3-33 所示。

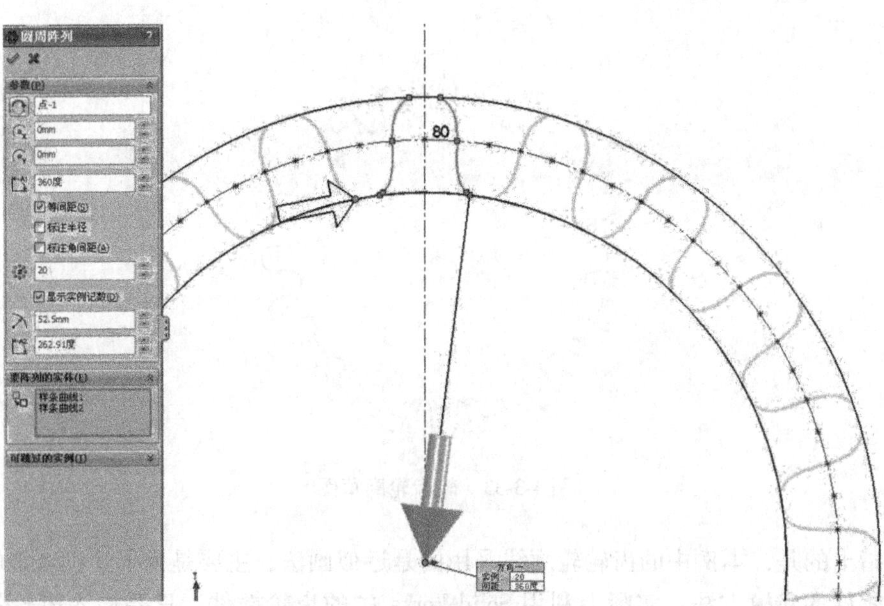

图 4-3-30　设置圆周阵列参数

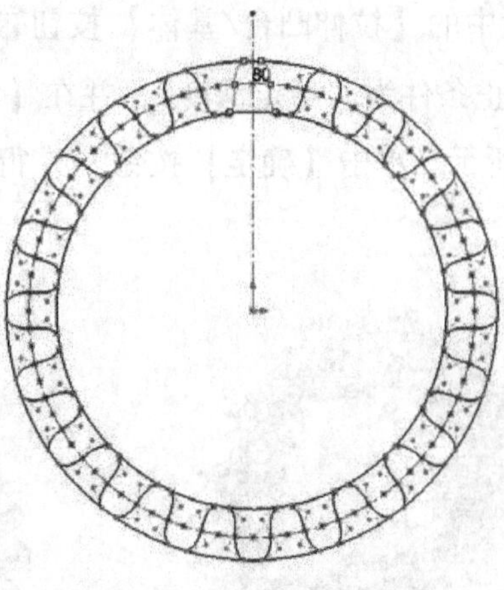

图 4-3-31　轮齿轮廓草图

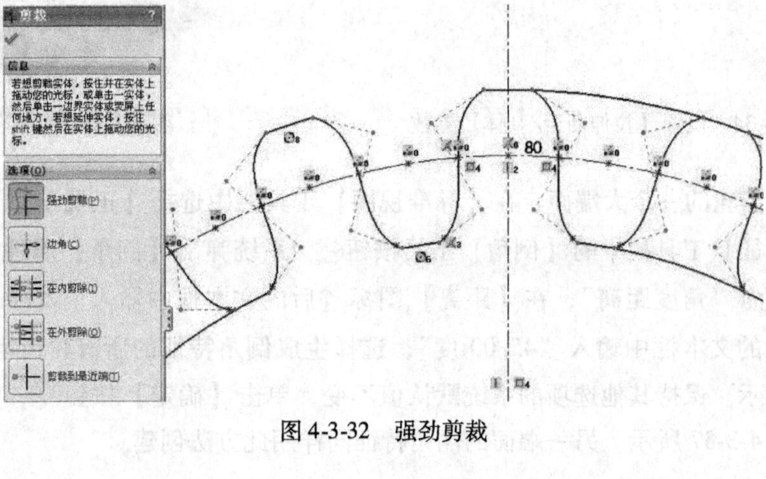

图 4-3-32　强劲剪裁

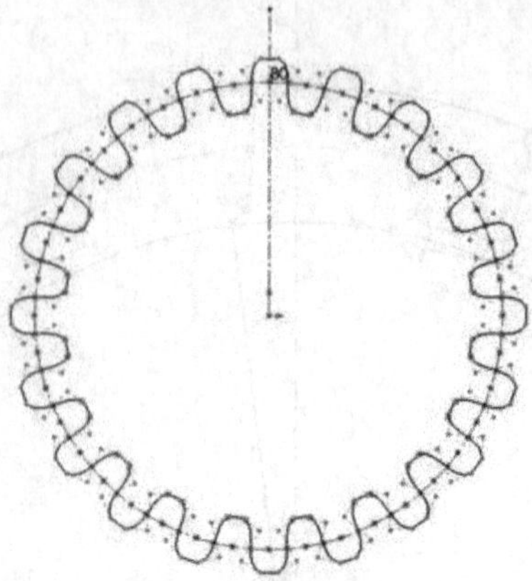

图 4-3-33　轮齿轮廓草图

需要指出的是，本例中的齿轮轮廓线采用的是近似画法，主要是为了让读者能够更好地掌握这类零件的建模方法。实际上利用 SolidWorks 中的齿轮插件，只要输入齿轮的相关参数，就可以轻松地建立各种齿轮的结构模型。

11）单击【草图】工具栏中的【拉伸凸台/基体】按钮，系统弹出【凸台-拉伸】属性管理器。设置拉伸凸台的终止条件为“给定深度”，并在【深度】图标后的文本框中输入“65. 00mm”，如图 4-3-34 所示。单击【确定】按钮，得到如图 4-3-35 所示的实体。

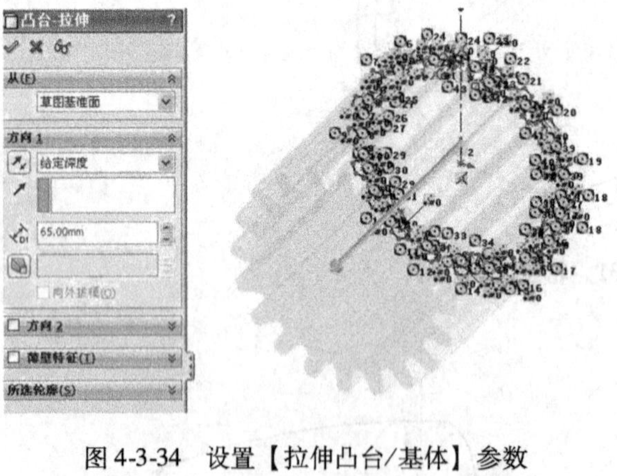

图 4-3-34　设置【拉伸凸台/基体】参数

图 4-3-35　生成齿轮模型

12）单击齿轮的一个大端面，在【标准视图】工具栏中选择【正视于】，使视图转正。单击【特征】工具栏中的【倒角】工具按钮，系统弹出【倒角】属性管理器。设置系统倒角类型为“角度距离”，在【距离】图标后的文本框中输入“2. 00mm”，在【角度】图标后的文本框中输入“45. 00 度”，选择生成倒角特征的所有轮齿齿顶端外棱边，如图 4-3-36 所示。保持其他选项的系统默认值不变，单击【确定】按钮，完成倒角特征的创建，如图 4-3-37 所示。另一端面的倒角特征同样用此方法创建。

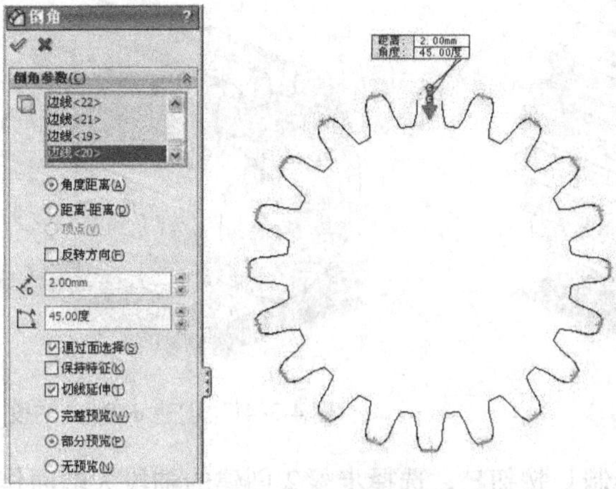

图 4-3-36　设置倒角参数

图 4-3-37　生成倒角特征

以上为如何简便地创建齿轮实体，下面介绍本例中齿轮轴主体轴段的设计。

3. 生成高速轴轴段实体

1）单击【草图】工具栏中的【草图绘制】按钮，选择齿轮的一个大端面作为草图绘制基准面，在【标准视图】工具栏中选择【正视于】，使视图转正。单击【草图】工具栏的【圆】按钮，以坐标原点为圆心绘制圆，系统弹出【圆】属性管理器，设置半径为 24mm，如图 4-3-38 所示。单击【确定】按钮，得到轴段草图轮廓，如图 4-3-39 所示。

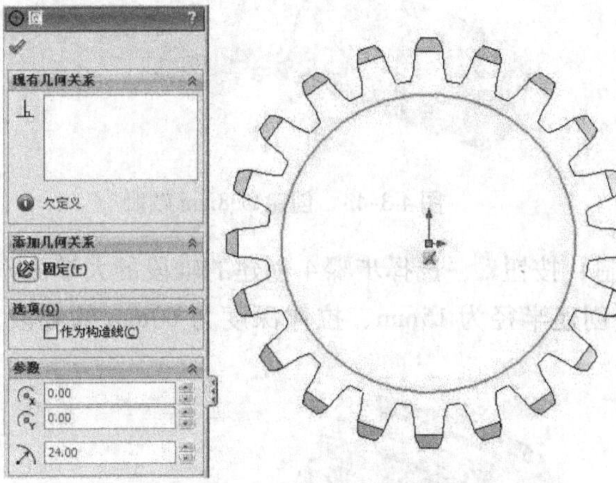

图 4-3-38　设置圆参数

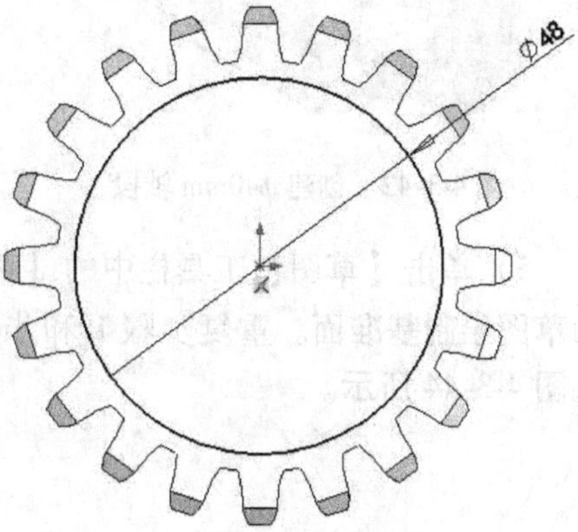

图 4-3-39　草图轮廓

2）单击【草图】工具栏中的【拉伸凸台/基体】按钮，系统弹出【凸台-拉伸】属性管理器。设置拉伸凸台的终止条件为“给定深度”，并在【深度】图标后的文本框中输入“10.00mm”，如图 4-3-40 所示。单击【确定】按钮，得到图 4-3-41 所示的实体。

图 4-3-40　设置拉伸参数

图 4-3-41　创建 ϕ48mm 轴段

3）单击【草图】工具栏中的【草图绘制】按钮，选择步骤 2 创建的轴段大端面作为草图绘制基准面。重复步骤 1 和步骤 2，创建半径为 20mm、拉伸深度为 20mm 的轴段，如图 4-3-42 所示。

4）单击【草图】工具栏中的【草图绘制】按钮，选择步骤 3 创建的轴段的大端面作为草图绘制基准面。重复步骤 1 和步骤 2，创建半径为 19mm、拉伸深度为 70mm 的轴段，如图 4-3-43 所示。

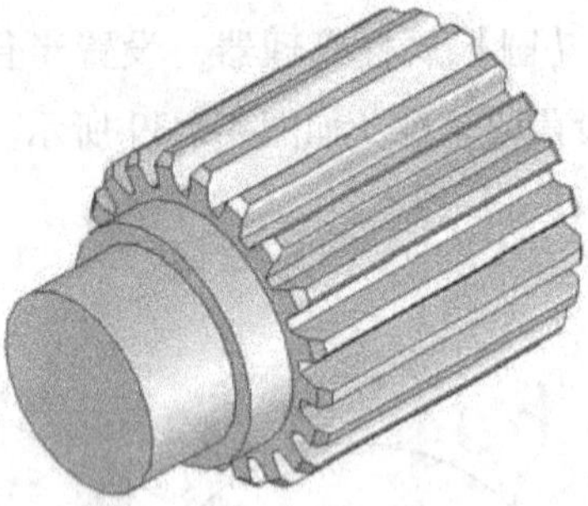

图 4-3-42　创建 ϕ40mm 轴段

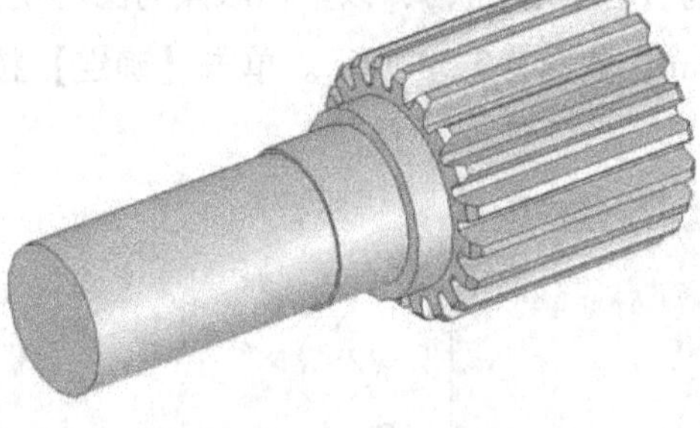

图 4-3-43　创建 ϕ38mm 轴段

5）单击【草图】工具栏中的【草图绘制】按钮，选择步骤 4 创建的轴段的大端面作为草图绘制基准面。重复步骤 1 和步骤 2，创建半径为 15mm、拉伸深度为 60mm 的轴段，如图 4-3-44 所示。

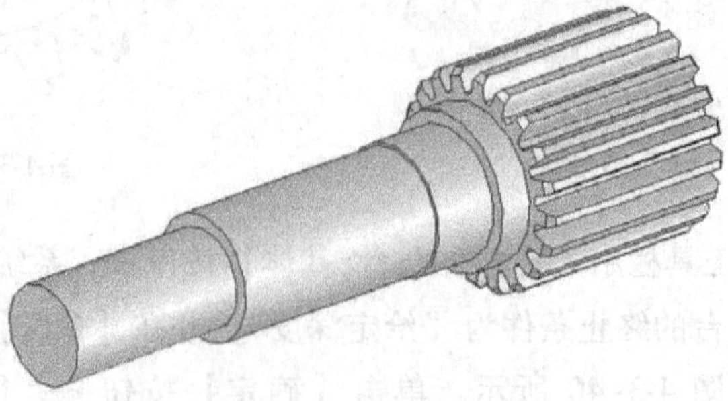

图 4-3-44　创建 ϕ30mm 轴段

6）单击【草图】工具栏中的【草图绘制】按钮，选择齿轮的另一端的大端面作为草图绘制基准面。重复步骤 1 和步骤 2，创建半径为 24mm、拉伸深度为 10mm 的轴段，如图 4-3-45 所示。

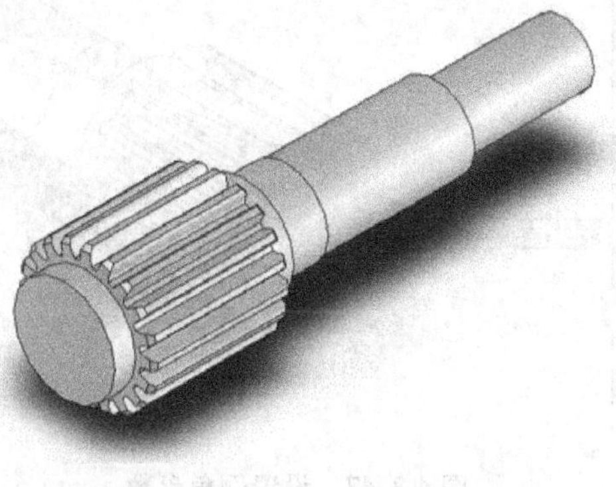

图 4-3-45　创建 ϕ48mm 轴段

7）单击【草图】工具栏中的【草图绘制】按钮，选择步骤 6 所创建的齿轮的大端面作为草图绘制基准面。重复步骤 1 和步骤 2，创建半径为 20mm、拉伸深度为 18mm 的轴段，如图 4-3-46 所示。

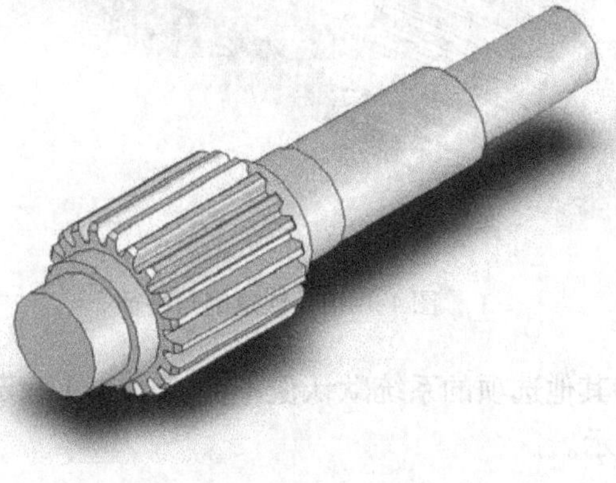

图 4-3-46　创建 ϕ40mm 轴段

以上为创建主体轴段的过程，下面介绍如何完成轴段上的细节部分的创建，即圆角和倒角结构的创建。

4. 生成倒角和圆角特征

1）单击【特征】工具栏中的【倒角】工具按钮，系统弹出【倒角】属性管理器。设置系统倒角类型为“角度距离”，在【距离】图标后的文本框中输入“1. 50mm”，在【角度】图标后的文本框中输入“45. 00 度”，选择即将要生成倒角特征的齿轮轴两个外端面的外棱边，如图 4-3-47 所示。保持其他选项的系统默认值不变，单击【确定】按钮，完成倒角特征的创建，如图 4-3-48 所示。

2）单击【特征】工具栏中的【圆角】工具按钮，系统弹出【圆角】属性管理器。在【半径】图标后的文本框中输入“2. 00mm”，依次选择即将要生成倒圆特征的棱边，

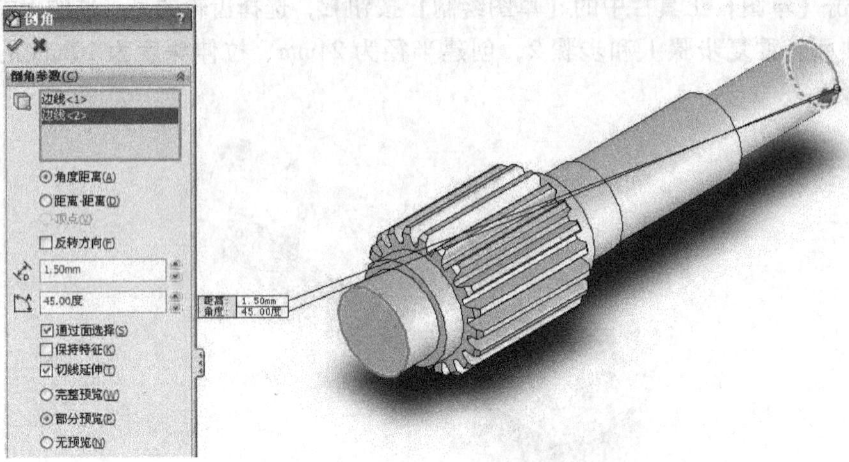

图 4-3-47　设置倒角参数

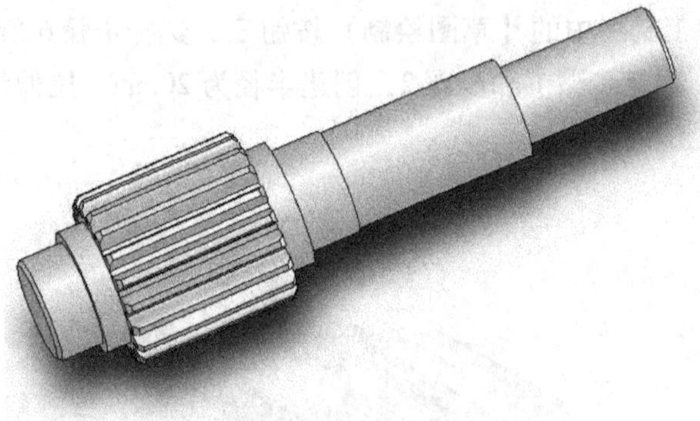

图 4-3-48　创建倒角特征

如图 4-3-49 所示。保持其他选项的系统默认值不变，单击【确定】按钮✔，完成倒角特征的创建，如图 4-3-50 所示。

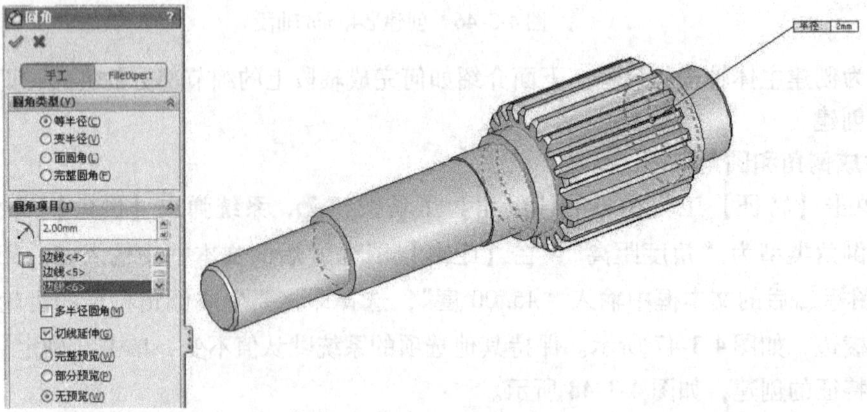

图 4-3-49　创建倒角特征

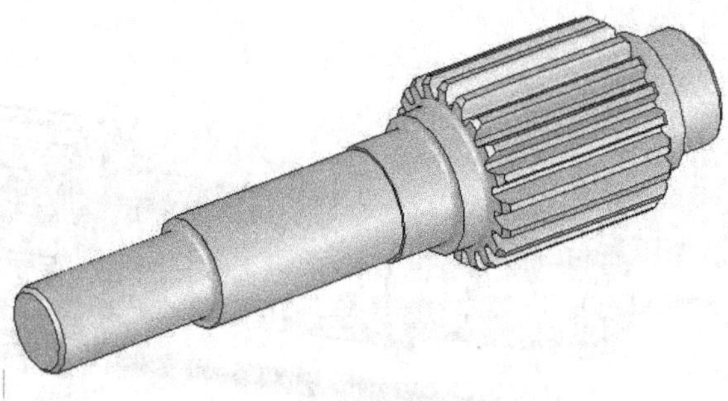

图 4-3-50　创建半径为 2mm 的倒圆特征

3）重复步骤 2，创建半径为 0. 5mm 的圆角，如图 4-3-51 所示。

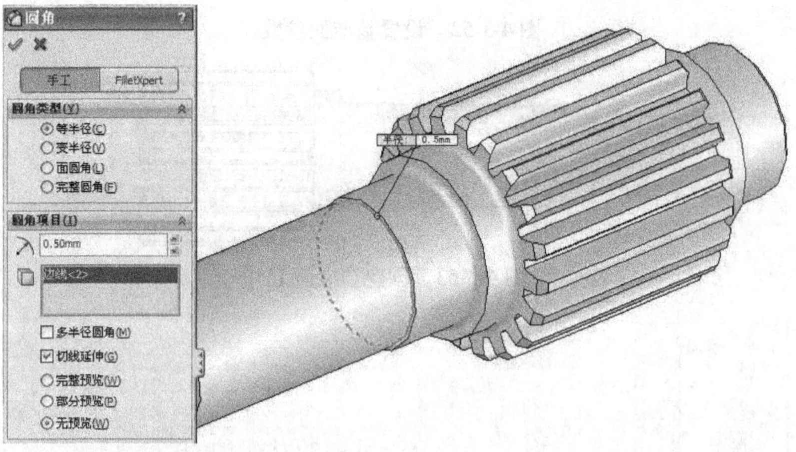

图 4-3-51　创建半径为 0. 5mm 的圆角

最后，介绍轴类零件上的常见结构“键槽”的创建过程。

5. 生成键槽特征

1）单击【参考几何体】工具栏中的【基准面】按钮，首先在设计树中选择“上视基准面”，则在“第一参考”列表中图标后的文本框里会出现“上视基准面”，然后在【偏移距离】图标后的文本框中输入“15. 00mm”，如图 4-3-52 所示。即建立一个距离此模型的“上视基准面” 15mm 的一个新的“基准面 1”，然后单击【确定】按钮，结果如图 4-3-53 所示。

2）绘制键槽拉伸切除特征草图轮廓。选取“基准面 1” 为草图绘制平面，在【标准视图】工具栏中单击【正视于】按钮，使绘图平面转为正视方向，如图 4-3-54 所示。

3）单击【草图】工具栏中的【直线】按钮，在草图绘制平面绘制键槽的直线轮廓部分，单击【尺寸/几何尺寸】工具栏中的【智能尺寸】按钮，确定草图轮廓尺寸。单击【草图】工具栏中的【3 点圆弧】按钮，在草图绘制平面绘制键槽的圆弧轮廓部分。以键槽直线轮廓的两端点为圆弧起点和终点，绘制与键槽两直线边相切的圆弧，设置圆弧半径为 4mm。然后单击【确定】按钮，单击按钮，结束键槽草图绘制，结果如图 4-3-55 所示。

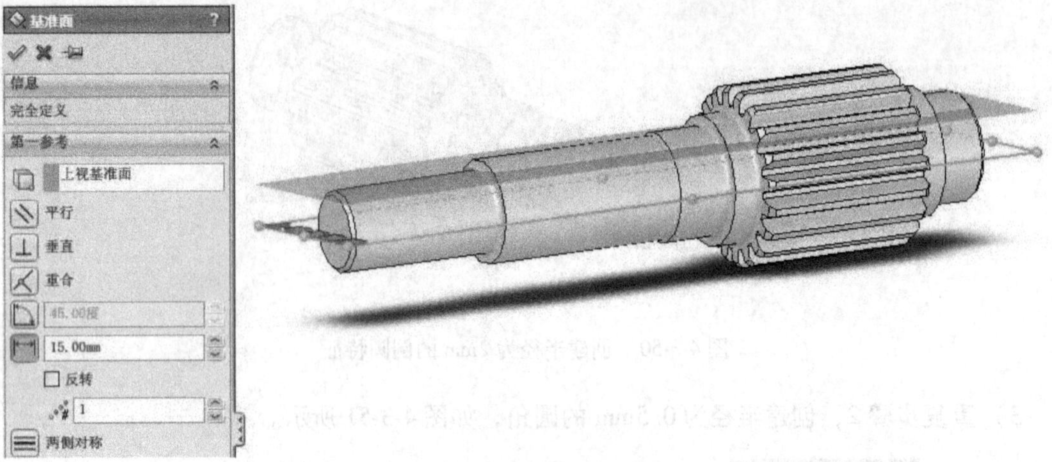

图 4-3-52　设置基准面参数

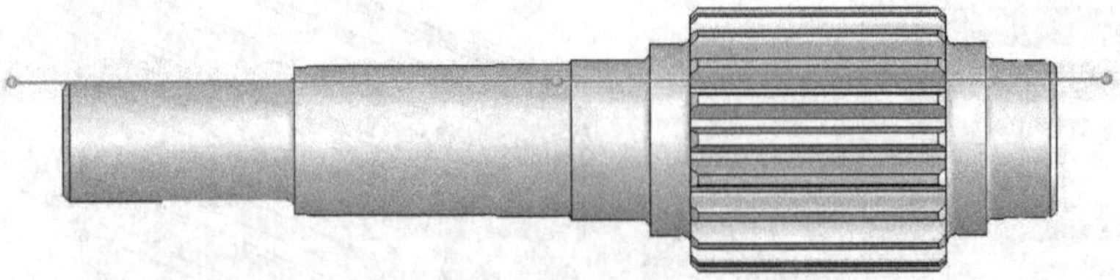

图 4-3-53　创建基准面 1

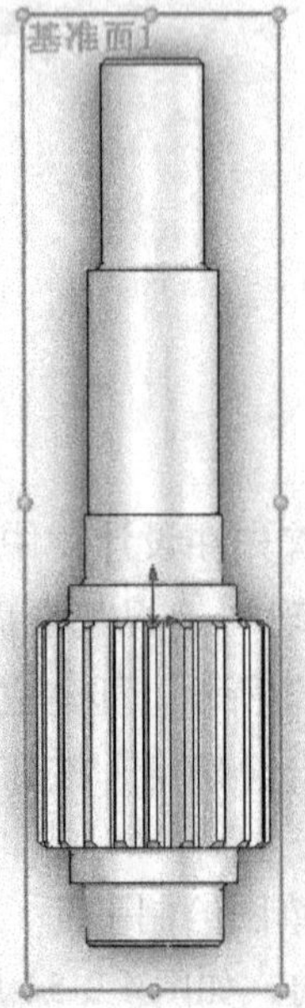

图 4-3-54　视图转正

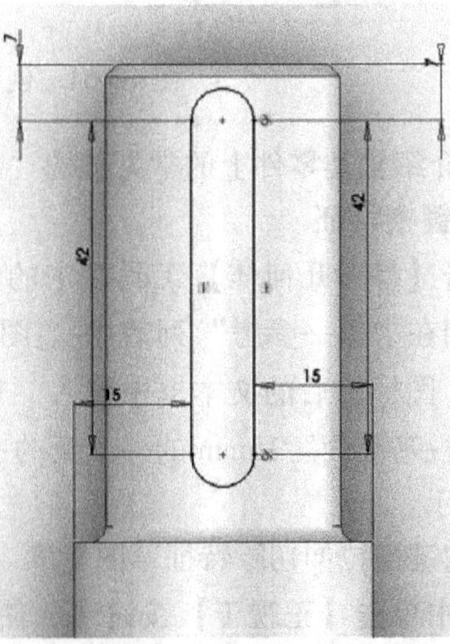

图 4-3-55　大键槽草图轮廓

4）生成键槽。单击【特征】工具栏中的【拉伸切除】按钮，系统弹出【切除-拉伸】属性管理器。设置拉伸切除的终止条件为“给定深度”，并在【深度】图标后的文本框中输入“4.00mm”，保持其他选项的系统默认值不变，如图 4-3-56 所示。单击【确定】按钮，从而完成键槽实体的创建，如图 4-3-57 所示。

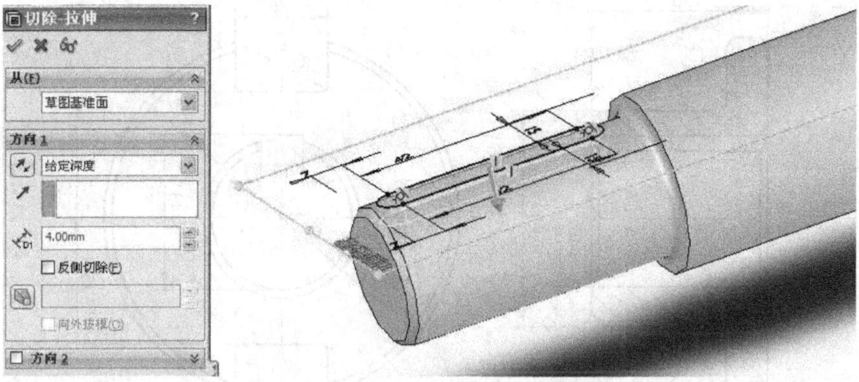

图 4-3-56　设置【拉伸切除】参数

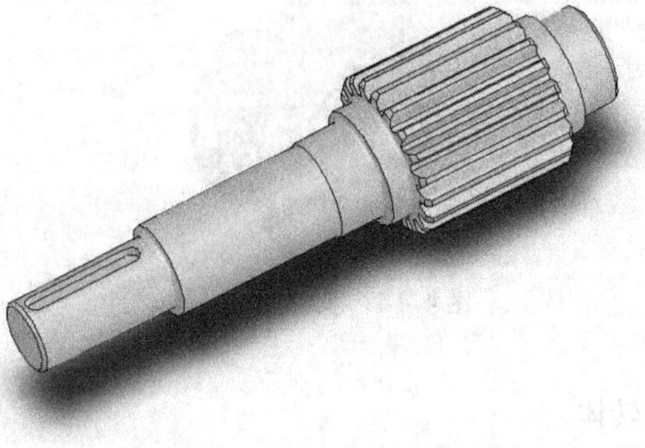

图 4-3-57　高速轴实体

6. 保存文件

单击【标准】工具栏中的【保存】图标，将文件保存为“高速轴 . SLDPRT”。关闭当前打开的文件。

说明

本章讲述了一级圆柱齿轮减速器中两个典型轴类零件的创建过程，并分别以不同的方法加以实现。对于具有回转体特征的零件来说，一般可以采取拉伸和旋转这两种不同的方式进行建模。在介绍高速轴的时候，又介绍了一种创建齿轮结构的简便实现过程。同时，还着重介绍了键槽特征的创建过程。每一种实体的实现不是只有书中介绍的创建方法，在实际建模过程中，采用何种方法与途径并没有固定的模式，应视具体问题及使用者的熟练程度加以选择。

4.4　拓展实训

4.4.1　按照已知尺寸创建三维立体模型（一）

按照图 4-4-1 所示零件图创建三维立体模型。绘图提示如下：

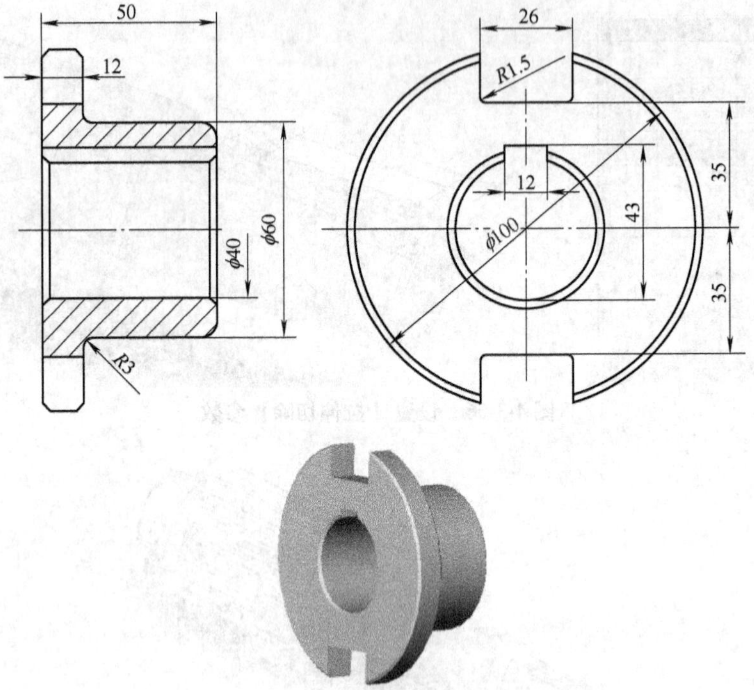

图 4-4-1　实训图（一）

1. 形体分析

1）主形体是大的回转体。

2）从左到右有一个轴孔，孔上有键槽。

3）上下有缺口。

2. 建模分析

根据形体分析可知，本模型的主形体可以采用旋转凸台特征来实现，孔、缺口和键槽可以采用拉伸切除特征来实现。

> **注意**
>
> 本例中模型上下各有一个缺口，可以先生成一个缺口，然后圆周阵列出另外一个缺口。

4.4.2　按照已知尺寸创建三维立体模型（二）

按照图 4-4-2 所示零件图创建三维立体模型。绘图提示如下：

1. 形体分析

1）本模型由三部分组成，主形体是大的回转体。

2）模型下部的孔为阶梯孔。

3）除非特别说明，所有的圆角均为 *R*3mm。

2. 建模分析

根据形体分析可知，本模型的主形体可以采用旋转凸台特征来实现，孔均可以采用拉伸切除特征来实现。

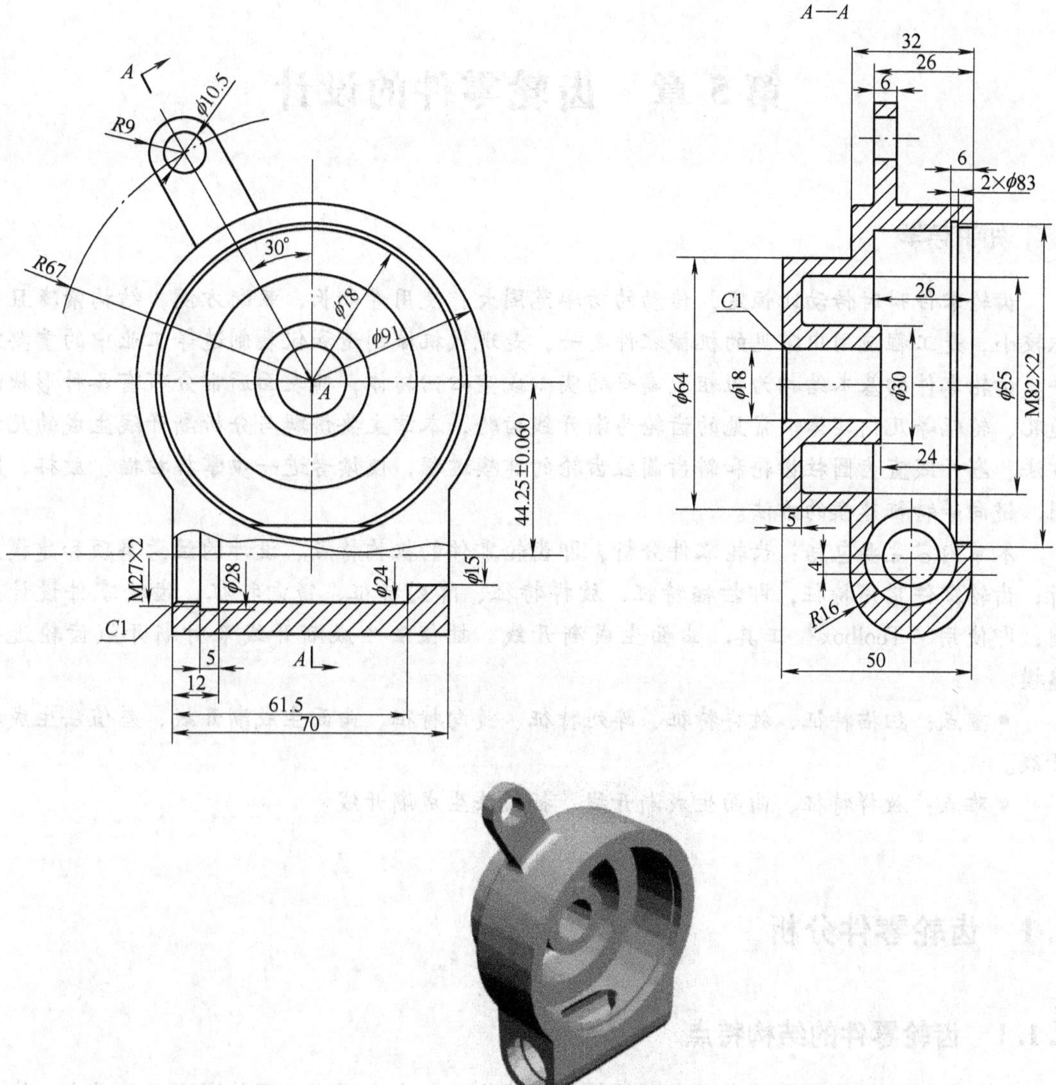
A—A
A
R9
ϕ10.5
R67
30°
ϕ78
ϕ91
A
44.25±0.060
M27×2
ϕ28
ϕ24
ϕ15
C1
5
12
61.5
70
32
26
6
6
2×ϕ83
C1
26
ϕ64
ϕ18
ϕ30
ϕ55
M82×2
24
5
4
R16
50

图 4-4-2　实训图（二）

第 5 章　齿轮零件的设计

知识导学

齿轮零件瞬时传动比恒定，传动的功率范围大，使用寿命长，装配方便，结构紧凑且体积较小，是工程应用中常见的机械零件之一，是现代机械制造和仪表制造等工业中的重要零件。齿轮零件的基本结构为短粗或扁平的实心或空心回转体，其表面通常分布有各种形状的通孔、轮辐等几何实体。常见的齿轮为渐开线齿轮，本章主要讲解与分析渐开线生成的几种方法、渐开线直齿圆柱齿轮和斜齿圆柱齿轮的建模过程，使读者进一步掌握扫描、放样、阵列、镜向等特征建模的方法。

本章内容主要包括：齿轮零件分析，即齿轮零件的机构特点、设计的注意事项和建模分析；齿轮零件常用特征，即扫描特征、放样特征、阵列特征、镜向特征；齿轮零件设计范例，即使用“Toolbox”工具、曲面生成渐开线、插值法生成渐开线来对渐开线齿轮进行建模。

- 重点：扫描特征、放样特征、阵列特征、镜向特征、曲面生成渐开线、差值法生成渐开线。
- 难点：放样特征、曲面生成渐开线、插值法生成渐开线。

5.1　齿轮零件分析

5.1.1　齿轮零件的结构特点

齿轮传动是机器和仪器中最常用的传动方式之一，它广泛应用于传递运动和动力。齿轮传动的质量会影响到机器或仪器的工作性能、使用寿命和使用精度。因此，现代工业中的各种机器和仪器对齿轮传动提出了多方面的要求。最常用的就是渐开线齿轮，下面简单介绍渐开线齿轮的特性。

1. 渐开线直齿圆柱齿轮的特性

（1）渐开线及渐开线齿轮的形成

1）渐开线的形成。当一条直线 L 沿一圆周作纯滚动时，此直线上任一点 K 的轨迹称为该圆的渐开线，如图 5-1-1 所示。该圆称为渐开线的基圆，其半径用 r_b 表示，直线 L 称为渐开线的发生线。

2）渐开线直齿轮的形成。当一发生面 S 在基圆柱上作纯滚动时，发生面上一条与基圆柱母线平行的直线 KK 在空间所形成的渐开面是直齿圆柱齿轮的齿廓曲面，如图 5-1-2 所示。

（2）渐开线齿轮的特点

1）齿轮在传动的过程中能够满足啮合基本定律和定传动比传动。

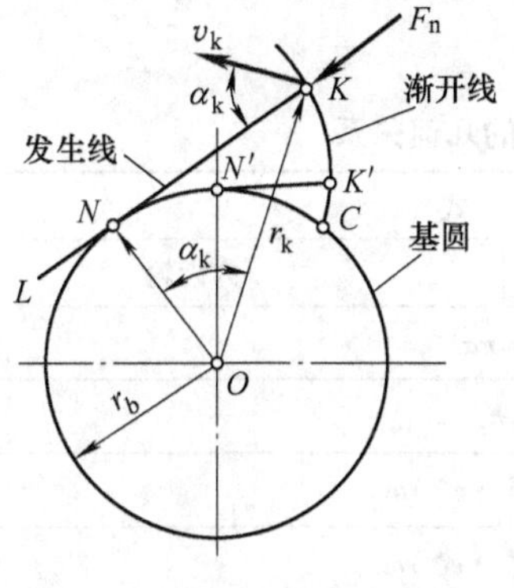

图 5-1-1　渐开线的形成

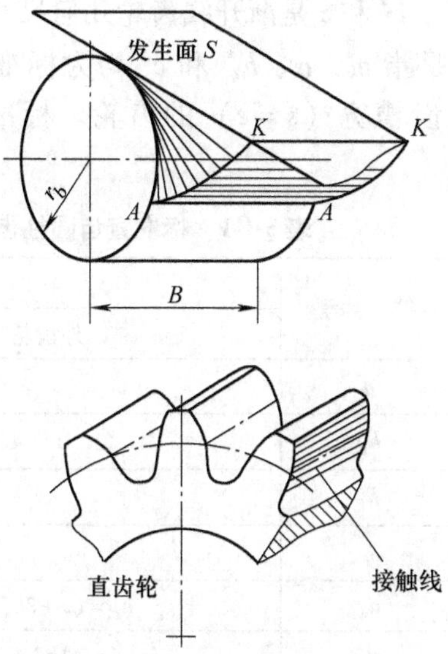

图 5-1-2　渐开线直齿轮的形成

2）渐开线齿廓啮合时的啮合线是直线，且啮合线、过啮合点的法线、基圆的内公切线和正压力线为同一条直线。

3）渐开线齿廓啮合的啮合角不变，故齿廓间压力方向不变，这对于齿轮传动的平稳性是十分有利的。

4）渐开线齿廓啮合具有可分性，即使安装过程中中心距稍有变化仍能保持传动比不变。这一特性可补偿齿轮制造和安装方面的误差，是渐开线齿轮传动的一个重要优点。

2. 渐开线齿轮各部分参数名称及尺寸

图 5-1-3 所示为直齿圆柱外齿轮轮齿的一部分，每个轮齿两侧是形状相同而结构对称的齿廓曲线（简称齿廓）。渐开线齿轮齿廓的各部分名称及符号如下：

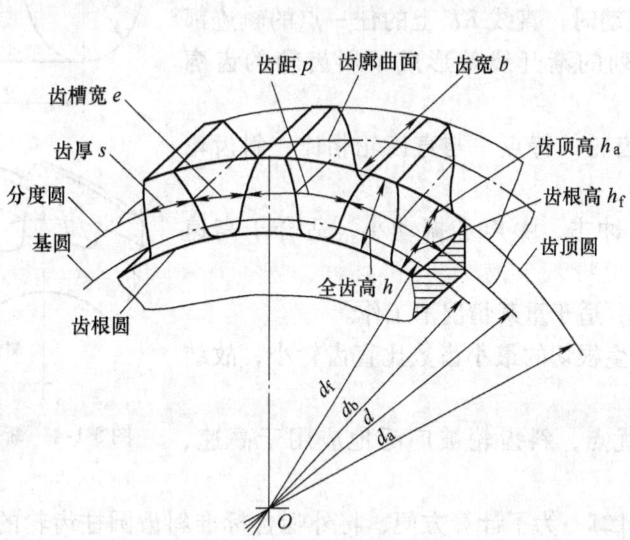

图 5-1-3　齿轮各部分名称

m、α、h_a^*、c^*和 z 是渐开线齿轮几何尺寸计算的五个基本参数。

标准齿轮是指 m、α、h_a^* 和 c^* 均为标准值，具有标准的齿顶高和齿根高，而且分度圆齿厚等于齿槽宽（$s=e$）的齿轮。标准直齿圆柱齿轮的几何尺寸按表 5-1-1 进行计算。

表 5-1-1　标准直齿圆柱齿轮各部分尺寸的几何关系

名　称	符　号	公　式	
		外齿轮	内齿轮
分度圆直径	d	$d=mz$	
齿顶高	h_a	$h_a=h_a^* m$	
齿根高	h_f	$h_f=(h_a^*+c^*)m$	
全齿高	h	$h=(2h_a^*+c^*)m$	
齿顶圆直径	d_a	$d_a=(z+2h_a^*)m$	$d_a=(z-2h_a^*)m$
齿根圆直径	d_f	$d_f=(z-2h_a^*-2c^*)m$	$d_f=(z+2h_a^*+2c^*)m$
基圆直径	d_b	$d_b=d\cos\alpha$	
齿距	p	$p=\pi m$	
齿厚	s	$s=\pi m/2$	
齿槽宽	e	$e=\pi m/2$	
顶隙	c	$c=c^* m$	

3. 斜齿圆柱齿轮各部分参数及尺寸

（1）渐开线斜齿轮的形成　斜齿轮齿面的形成原理与直齿轮相似，不同的是形成渐开面的直线 KK 与母线不平行，而是偏斜了一个角度 β_b，如图 5-1-4 所示。发生面 S 在基圆柱上作纯滚动时，直线 KK 上的任一点的轨迹都是渐开线，这一系列的渐开线就形成了斜齿轮的齿廓曲面。

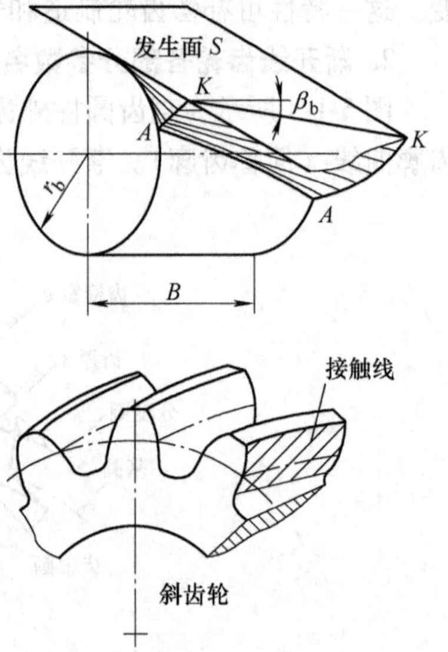

图 5-1-4　渐开线斜齿轮的形成

（2）渐开线斜齿轮的特点　与直齿轮相比，斜齿轮有如下特点：

1）传动平稳，冲击、噪声和振动小，适合于高速传动。

2）承载能力强，适于重载情况下工作。

3）斜齿轮不发生根切的最小齿数比直齿轮小，故结构更紧凑。

由于具有上述优点，斜齿轮被广泛地应用于高速、重载的传动中。

（3）几何尺寸计算　为了计算方便，将外啮合标准斜齿圆柱齿轮的几何尺寸计算公式列于表 5-1-2 中。

表 5-1-2 外啮合标准斜齿圆柱齿轮各部分的几何尺寸（$h_{an}^*=1$，$c_n^*=0.25$，$\alpha_n=20°$）

名 称	代 号	计算公式
端面模数	m_t	$m_t=m_n/\cos\beta$，m_n 为标准值
螺旋角	β	一般取 $\beta=8°\sim20°$
分度圆直径	d	$d=m_tz=(m_n/\cos\beta)z$
齿顶高	h_a	$h_a=m_n$
齿根高	h_f	$h_f=1.25m_n$
全齿高	h	$h=h_a+h_f=2.25m_n$
顶隙	c	$c=h_f-h_a=0.25m_n$
齿顶圆直径	d_a	$d_a=d+2h_a=d+2m_n$
齿根圆直径	d_f	$d_f=d-2h_f=d-2.5m_n$
中心距	a	$a=\dfrac{d_1+d_2}{2}=\dfrac{m_t(z_1+z_2)}{2}=\dfrac{m_n(z_1+z_2)}{2\cos\beta}$

5.1.2 齿轮零件设计的注意事项

对于齿轮零件来说，建模的难点主要体现在齿形（也就是齿廓曲线）的生成上。生成齿廓曲线的方法可大致分为使用外部导入数据生成齿廓曲线、直接使用 SolidWorks 主程序生成齿廓曲线以及使用第三方软件生成齿廓曲线。

SolidWorks 从 2010 版开始，在方程式驱动的曲线中可以输入参数方程，而 2011 版可以输入由方程驱动的 3D 曲线，因此使用 2011 及以上版本的用户，可以用渐开线的参数方程来画标准齿轮；对于使用较低版本的用户，绘制渐开线则稍微复杂一点，本章主要讲述的是使用 SolidWorks 2012 版本创建齿轮零件。

5.1.3 齿轮零件的建模分析

齿轮零件的绘制主要体现在齿形（也就是齿廓曲线）的生成上。在此，我们主要通过例题对在 SolidWorks 中渐开线曲线的绘制加以分析研究。

1. 直齿圆柱齿轮建模分析（表 5-1-3）

表 5-1-3 直齿圆柱齿轮建模分析

序列号	设计分析		实现方法
	设计过程	说 明	
1	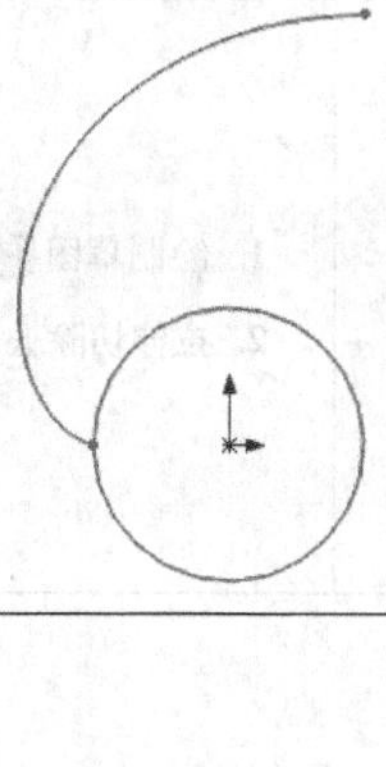	采用自带插件、曲面扫描、插值法等	“Toolbox”插件； 曲面放样 放样曲面(L)； 导入 txt 文件

（续）

序列号	设计分析		实 现 方 法
	设 计 过 程	说　明	
2		生成渐开线齿形	1. 绘制圆 2. 裁剪 3. 圆周阵列 圆周阵列(C).
3	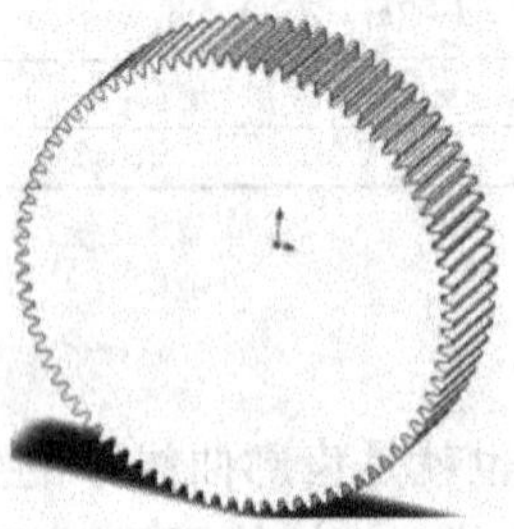	生成圆柱齿轮	拉伸凸台
4	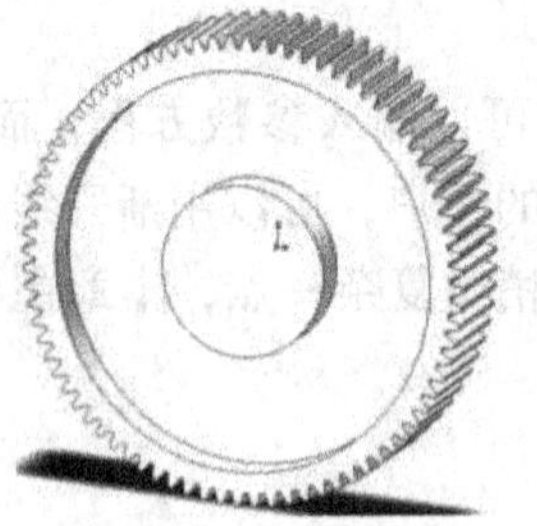	生成轮辐	1. 剖视 2. 旋转切除 旋转(R)... （读者可自己尝试使用拉伸切除）
5	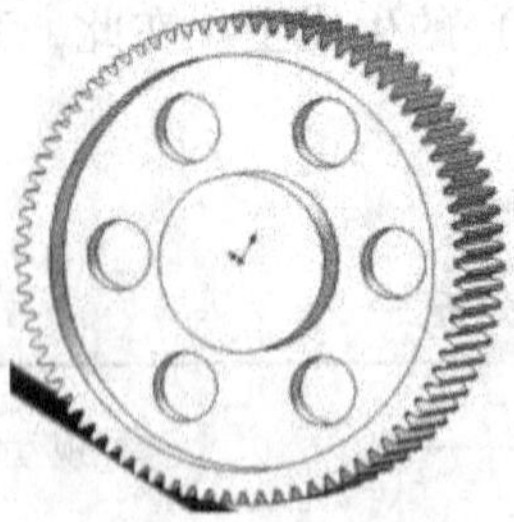	生成减震孔	1. 拉伸切除 2. 圆周阵列 圆周阵列(C).
6		加工轴孔、键槽	1. 绘制草图 2. 拉伸切除

（续）

序列号	设计分析		实现方法
	设计过程	说　明	
7		加工倒角与面圆角	1. 倒角 倒角(C)... 2. 面圆角 圆角(F)...

2. 斜齿圆柱齿轮建模分析（表 5-1-4）

表 5-1-4　斜齿圆柱齿轮建模分析

序列号	设计分析		实现方法
	设计过程	说　明	
1	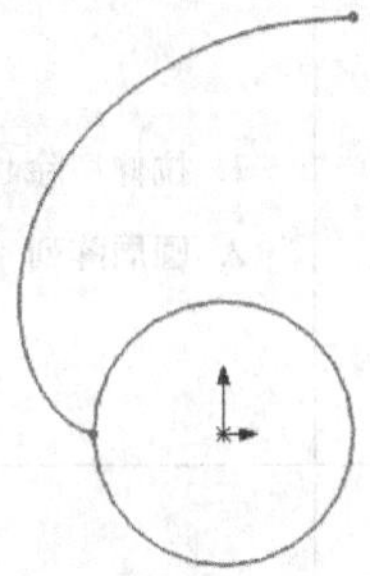	采用自带插件、曲面扫描、插值法等	"Toolbox" 插件； 曲面放样 放样曲面(L)； 导入 txt 文件
2		生成渐开线齿形	1. 绘制圆 2. 裁剪 3. 圆周阵列 圆周阵列(C).
3	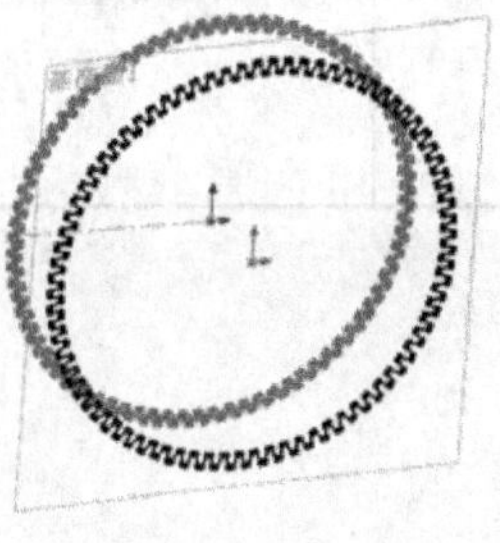	转换实体	1. 新建基准面 基准面 2. 转换实体应用

（续）

序列号	设计分析		实现方法
	设计过程	说　明	
4	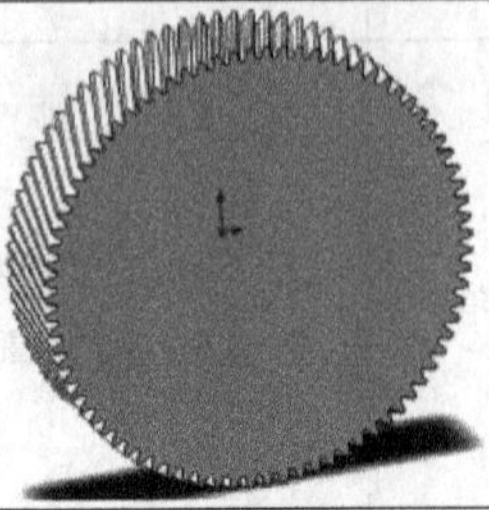	生成斜齿圆柱齿轮	放样
5	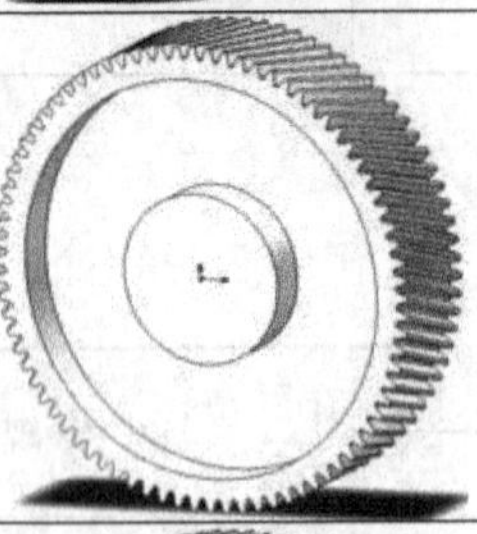	生成轮辐	1. 剖视 2. 旋转切除 旋转(R)...（读者可自己尝试使用拉伸切除）
6	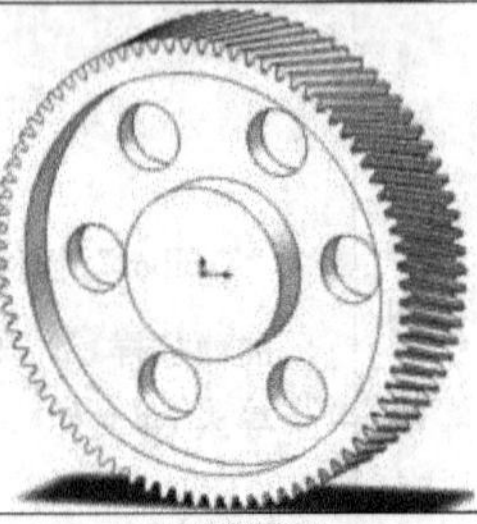	生成减震孔	1. 拉伸切除 2. 圆周阵列 圆周阵列(C).
7	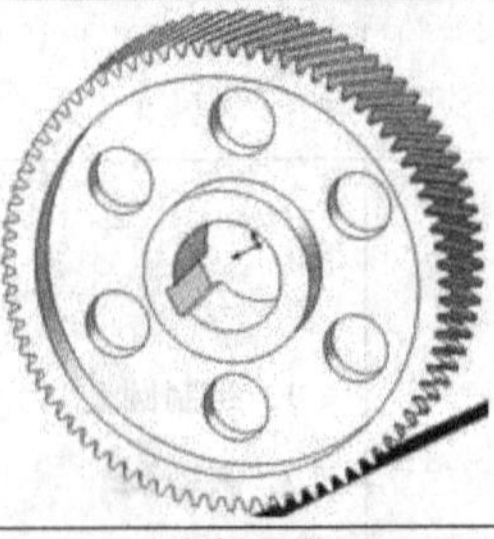	加工轴孔、键槽	1. 绘制草图 2. 拉伸切除
8		加工倒角与面圆角	1. 倒角 倒角(C)... 2. 面圆角 圆角(F)...

5.2　齿轮零件常用特征

5.2.1　扫描特征

扫描特征就是沿着一条路径移动轮廓，生成基体、凸台或者曲面的一种方法。在生成扫描特征时，可以利用引导线生成多轮廓特征或者薄壁特征。

扫描特征的实现：选择菜单命令【插入】→【凸台/基体】→【扫描】。

扫描命令可以通过多种方式实现，这里仅介绍最基本的方法。

注意

➢进行基体或者凸台扫描的特征轮廓必须是闭合的，如果是曲面扫描特征，则可以是闭环也可以是开环。

➢扫描路径可以是开环也可以是闭环。

➢扫描路径可以是一个草图、一条曲线、或者一组模型边线中包含的一条或一组草图曲线。

➢路径的起点必须位于轮廓的基准面上。

➢不论是截面、路径或所形成的实体，都不能出现自相交的情况。

下面通过例题来学习如何使用扫描特征。

例题：酒瓶的设计。

1）单击【新建】按钮，建立一个新的零件文件。

2）选取"上视基准面"为草图绘制平面，并单击【正视于】按钮，单击【草图绘制】按钮，进入草图绘制界面，选择菜单命令【工具】→【草图绘制实体】→【椭圆】，绘制以坐标原点为中心的椭圆，其参数设置如图 5-2-1 所示，单击【退出】按钮退出草图，得到图 5-2-2 所示的椭圆。

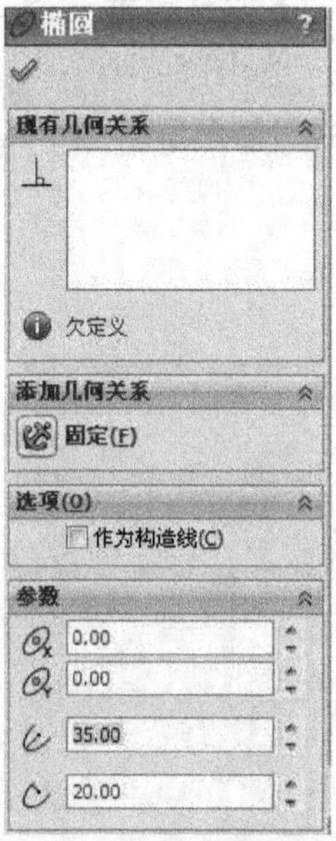

图 5-2-1　椭圆参数设置

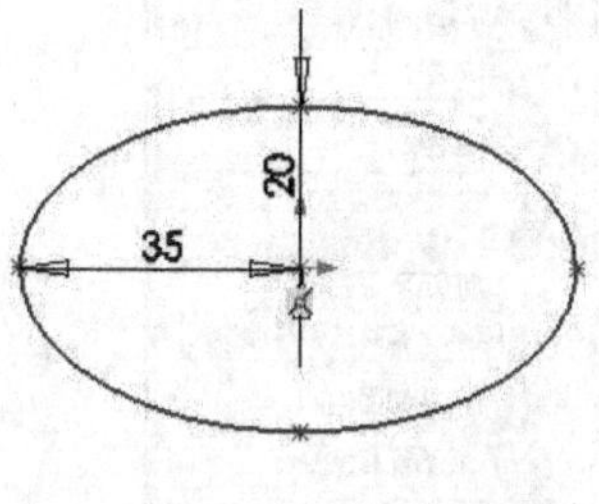

图 5-2-2　草图 1（椭圆轮廓）

3）选取"前视基准面"，单击【正视于】按钮，单击【草图绘制】按钮，进入草图绘制界面，过坐标原点绘制长度为 100mm 的直线，作为椭圆形轮廓的扫描路径，如图 5-2-3 所示，绘制完成后单击【退出】按钮退出草图。

4）选取"前视基准面"，单击【正视于】按钮，单击【草图绘制】按钮，进入草图绘制界面，单击【样条曲线】按钮，绘制样条曲线，作为椭圆形轮廓的第一条引导线，如图 5-2-4 所示，单击【退出】按钮退出草图。

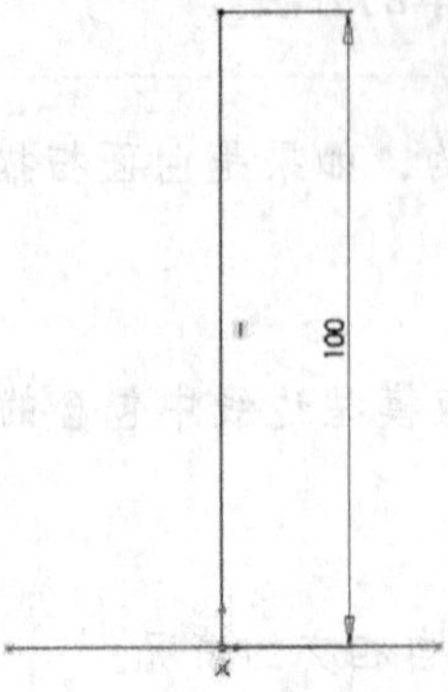

图 5-2-3 草图 2（路径）

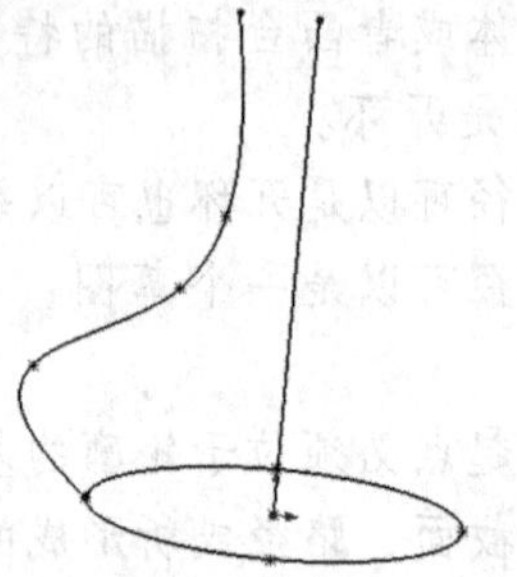

图 5-2-4 草图 3（第一条引导线）

5）选取“右视基准面”，单击【正视于】按钮，单击【草图绘制】按钮，进入草图绘制界面，单击【样条曲线】按钮，绘制样条曲线，作为椭圆形轮廓的第二条引导线，如图 5-2-5 所示，单击【退出】按钮退出草图。

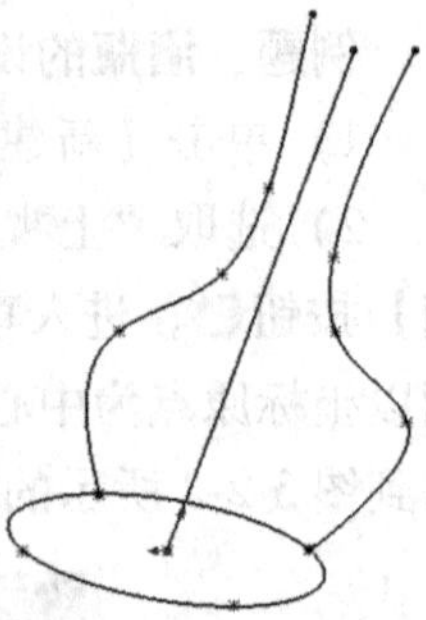

图 5-2-5 草图 4（第二条引导线）

6）单击【扫描】按钮，出现【扫描】属性管理器，选择“草图 1”为扫描轮廓，“草图 2”为扫描路径，选择“草图 3”、“草图 4”为扫描引导线，展开“选项”标签，在“方向/扭转控制”下拉列表框内选择“随第一和第二引导线变化”选项，建立扫描设置，如图 5-2-6 所示，单击【退出】按钮退出草图，得到图 5-2-7 所示的扫描模型。

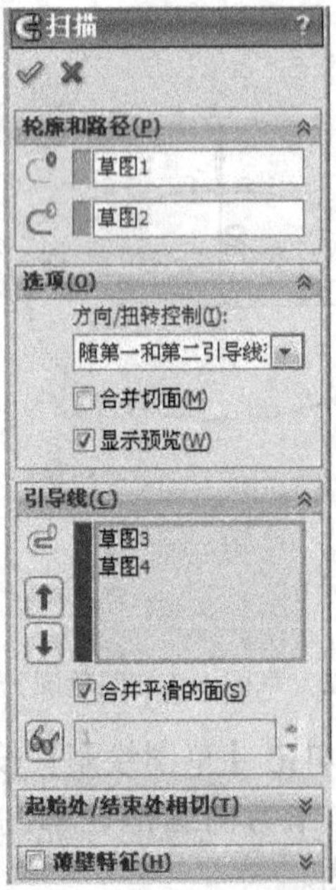

图 5-2-6 【扫描】属性设置

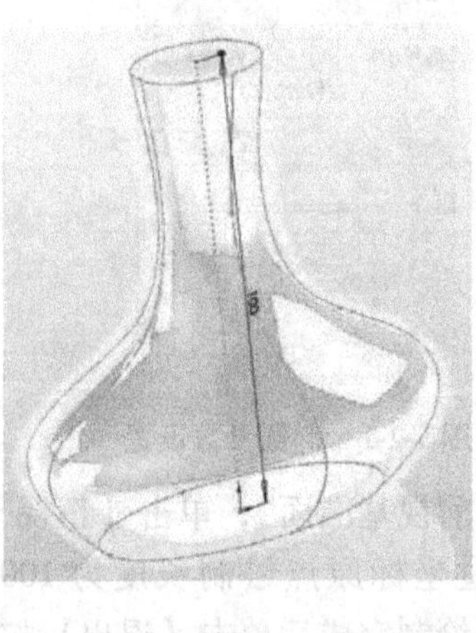

图 5-2-7 扫描模型

7）单击模型顶端，单击【正视于】按钮，单击【草图绘制】按钮，进入草图绘制。以瓶口椭圆的圆心为中心画一直径为 25mm 的圆，如图 5-2-8 所示。

8）单击【特征】工具栏中的【拉伸】按钮，选择步骤 7）所画的圆，出现【凸台-拉伸】特征管理器，设置拉伸类型为“给定深度”，并设置拉伸深度为 15mm，得到图 5-2-9 所示的模型。

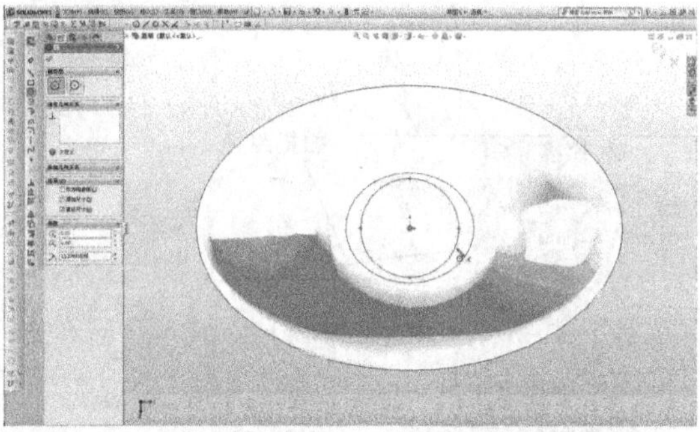

图 5-2-8　绘制瓶口

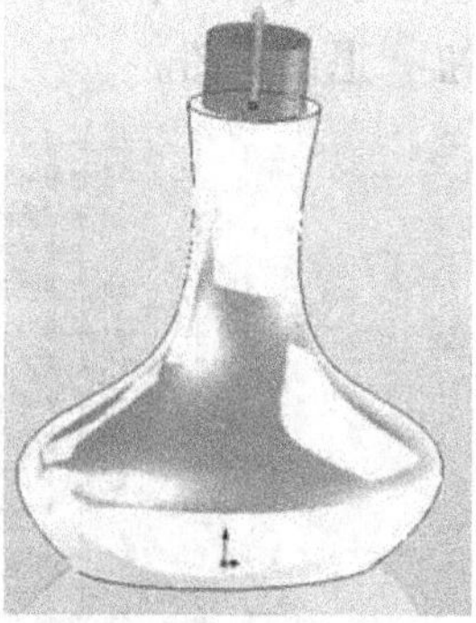

图 5-2-9　拉伸瓶口

9）单击拉伸起始面，单击【正视于】按钮，单击【插入】命令下面的【曲线】按钮，选择插入“螺旋线/涡状线”，绘制和瓶口一样大小的圆，如图 5-2-10 所示，单击【退出】按钮退出草图。【螺旋线】特征管理器的设置如图 5-2-11 所示。

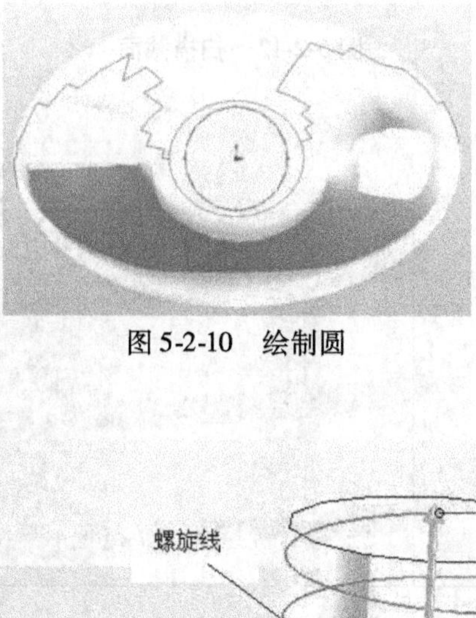

图 5-2-10　绘制圆

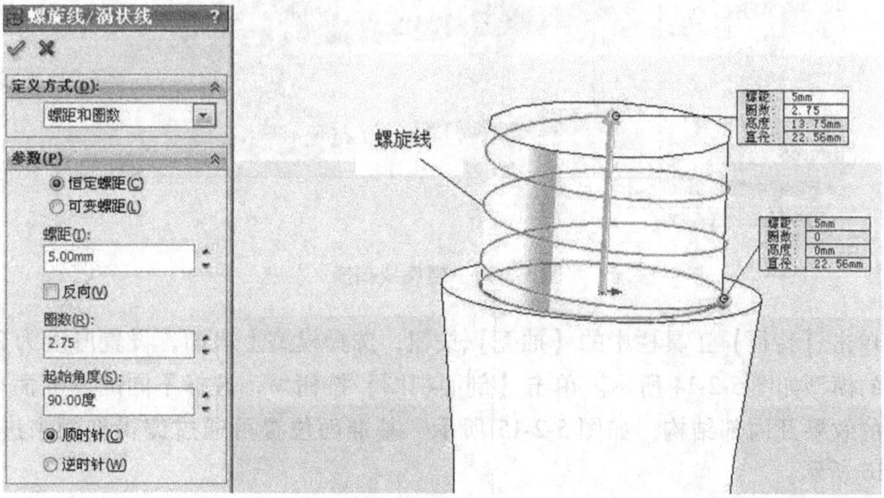

图 5-2-11　螺旋线的设置

注意

如无特殊要求可以将起始角度设置为90°，这样螺旋线的起始位置会位于前视基准面上，便于绘制截面图形。

10）绘制扫描轮廓，如图5-2-12所示，单击【退出】按钮退出草图，单击【扫描】按钮，出现【扫描】特征管理器，其属性设置与扫描结果如图5-2-13所示，单击【退出】按钮退出草图。

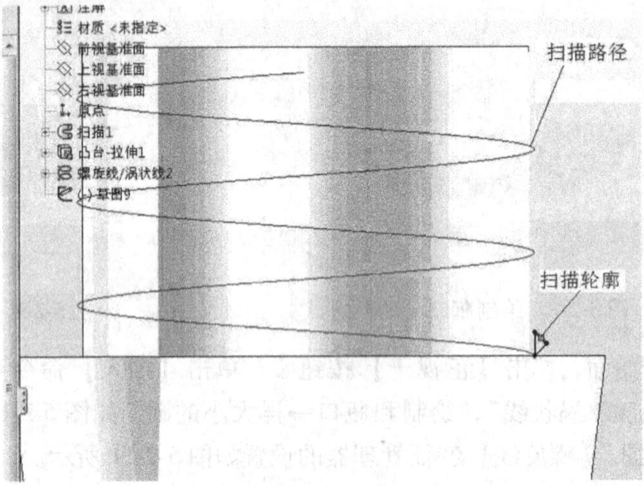

图5-2-12　扫描截面

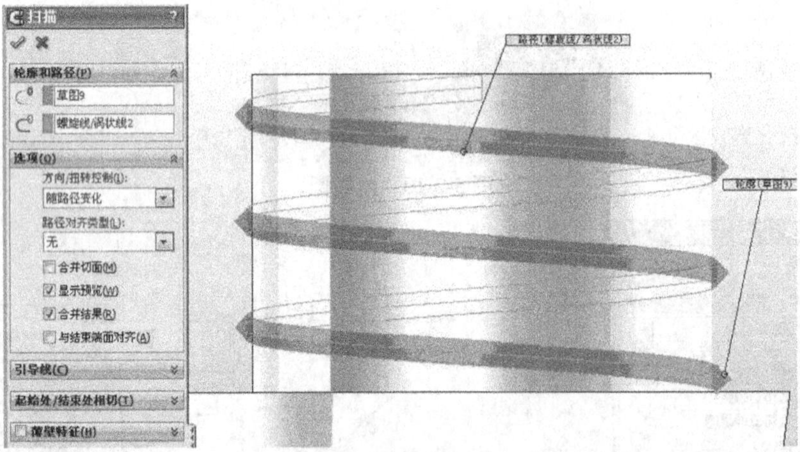

图5-2-13　螺旋线扫描

11）单击【特征】工具栏中的【抽壳】按钮，选择模型上表面，设置厚度为2mm，得到抽壳后的模型如图5-2-14所示。单击【剖面视图】按钮，选择不同的基准面来查看抽壳后模型的效果及内部结构，如图5-2-15所示。基准面位置可通过编辑剖面来进行设置，如图5-2-16所示。

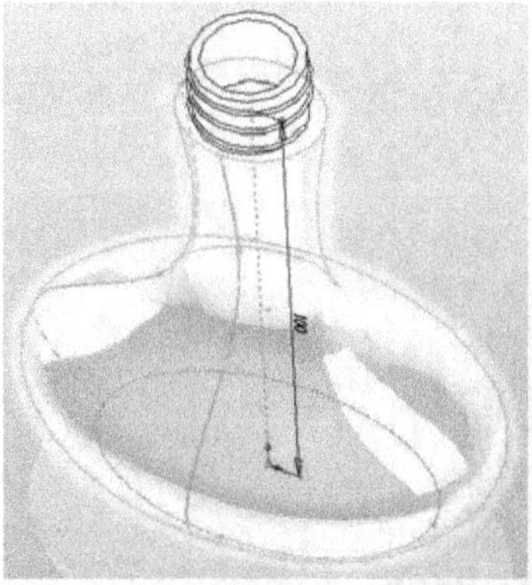

图 5-2-14　抽壳效果

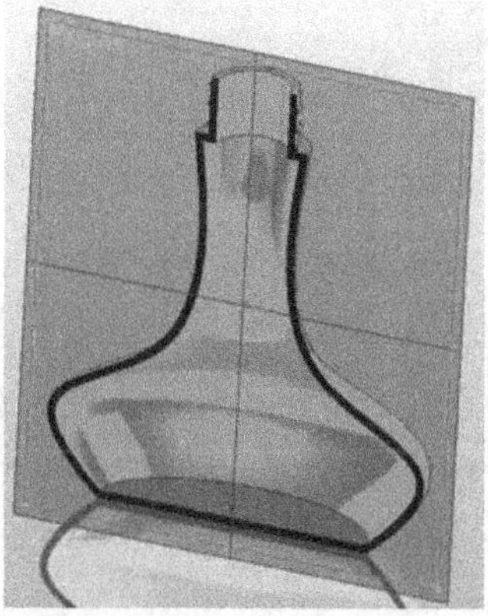

图 5-2-15　抽壳剖视图

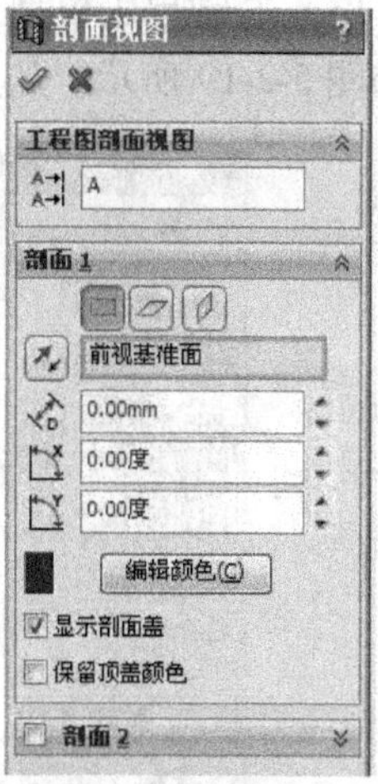

图 5-2-16 【剖面视图】设置

12）右键单击设计树中的【材质】命令并选择【编辑材料】项（图 5-2-17），出现【材料】对话框，如图 5-2-18 所示。在此窗口中，用户可设置相应的材质参数。

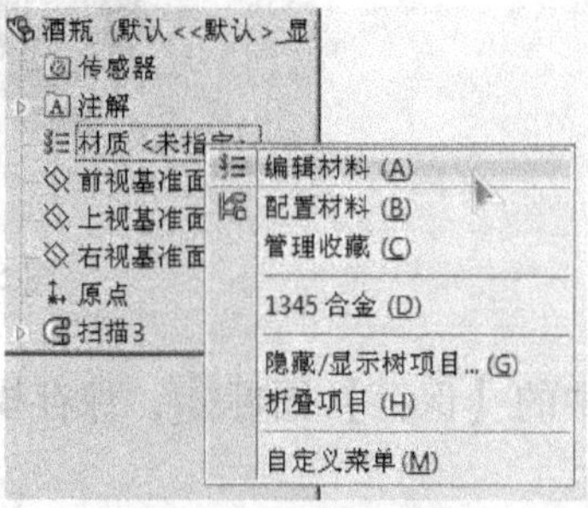

图 5-2-17　编辑材料

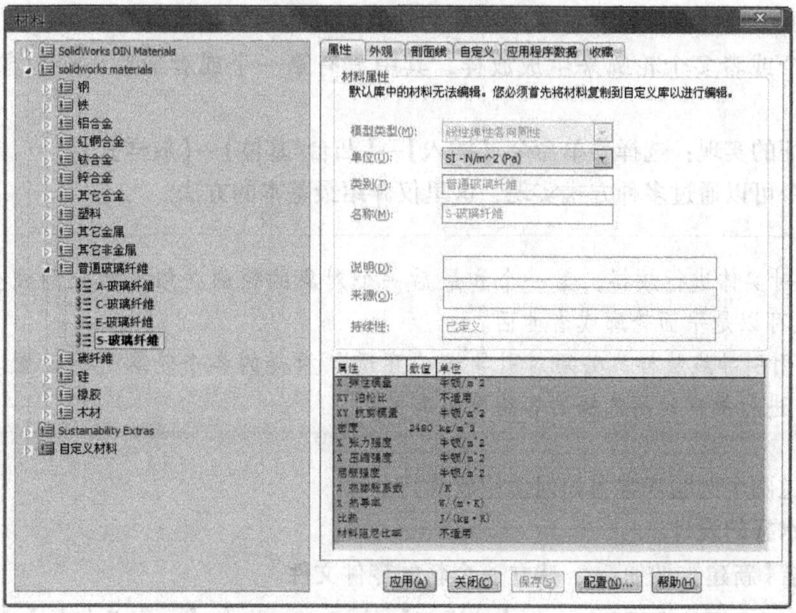

图 5-2-18　选择材质

13）右键单击模型，单击【外观】按钮，出现外观设置【颜色】属性管理器，属性设置如图 5-2-19 所示，从此窗口中选择用户想要的颜色，得到图 5-2-20 所示的模型。

图 5-2-19　定义颜色

图 5-2-20　生成模型

14）单击【标准】工具栏中的【保存】图标，保存模型。

5.2.2　放样特征

放样特征是通过在各轮廓之间过渡而生成的，放样的对象可以是基体、凸台或者曲面，也可以用两个或者多个轮廓来生成放样，其中只有第一个或者最后一个对象的轮廓可以是点。

放样特征的实现：选择菜单命令【插入】→【凸台/基体】→【放样】。

放样命令可以通过多种方式实现，这里仅介绍最基本的方法。

注意

➢ 如果对实体进行放样，第一个和最后一个对象的轮廓必须是由分割线生成的模型或者面，也可以是平面轮廓或者曲面。

➢ 如采用引导线放样，必须对引导线“穿透”放样的各个轮廓进行设置。放样后模型的形状与进行放样时所选择的各轮廓点有关。

下面通过两个例题来学习如何使用放样特征。

例题：水杯的设计。

1）单击【新建】按钮，建立一个新的零件文件。

2）选取“上视基准面”，单击【正视于】按钮，单击【参考几何体】按钮→【基准面】按钮，【基准面】属性管理器的设置如图 5-2-21 所示，建立一个距离上视基准面 70mm 的基准面 1，按此方法建立基准面 2 和 3，如图 5-2-22 所示。

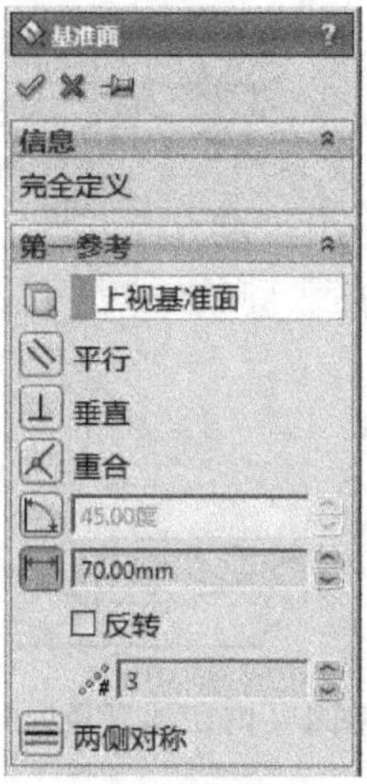

图 5-2-21　【基准面】属性设置（一）

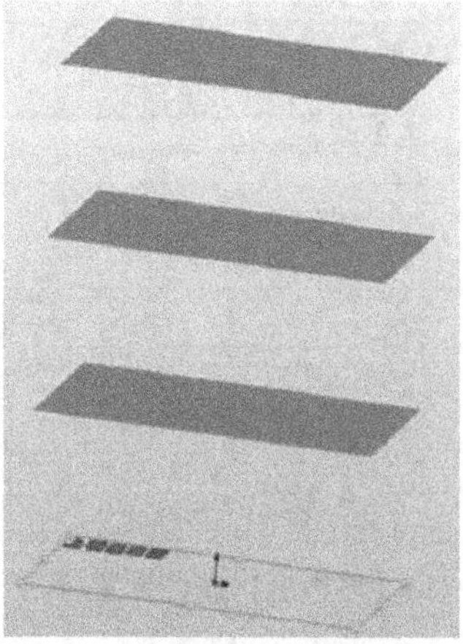

图 5-2-22　基准面的建立

3）选取“上视基准面”，单击【正视于】按钮，单击【草图绘制】按钮，进入草图绘制界面，选择菜单命令【工具】→【草图绘制实体】→【多边形】，属性设置如图 5-2-23 所示，单击【退出】按钮退出草图，得到如图 5-2-24 所示的正八边形。

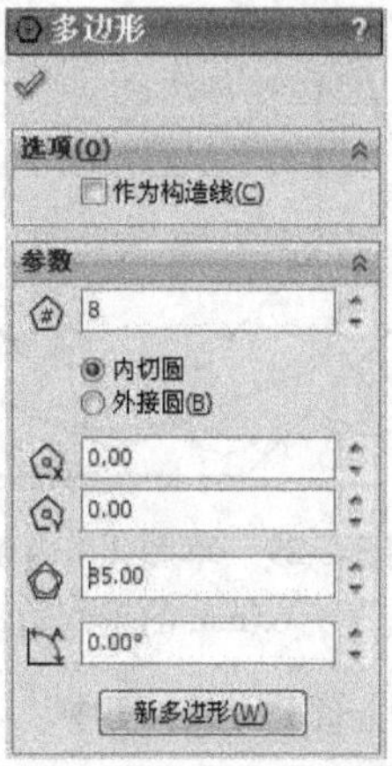

图 5-2-23　【多边形】属性设置（一）

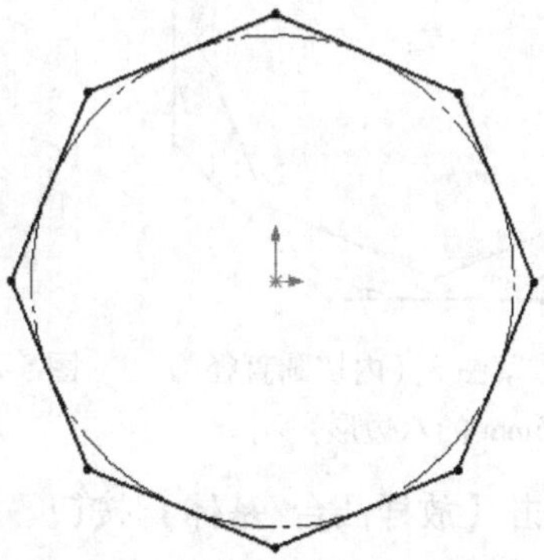

图 5-2-24　草图 1（内切圆直径为 85mm 的正八边形）

4）选取“基准面 1”为草图绘制平面，单击【正视于】按钮，单击【草图绘制】按钮，绘制正八边形，属性设置如图 5-2-25 所示，绘制完成后如图 5-2-26 所示，单击【退出】按钮退出草图。

5）选取“基准面 2”为草图绘制平面，绘制和设置与步骤 3）完全相同的多边形，绘制完成后如图 5-2-27 所示，单击【确定】按钮退出草图。

6）同步骤 5 绘制正八边形，属性设置如图 5-2-28 所示，绘制完成后如图 5-2-29 所示，单击【退出】按钮退出草图。

图 5-2-25 【多边形】属性设置（二）

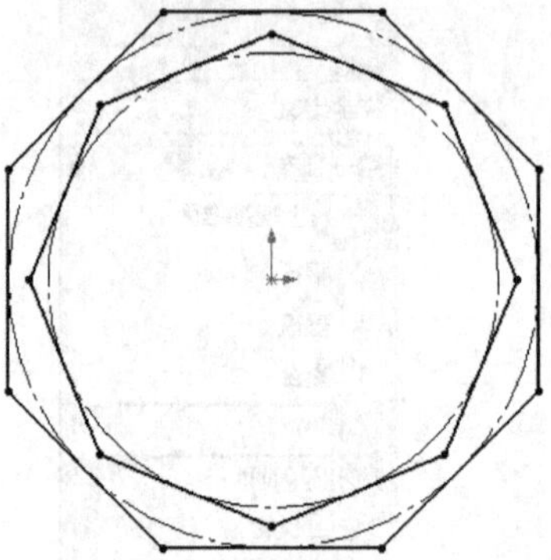

图 5-2-26 草图 2（内切圆直径为 100mm 的正八边形）

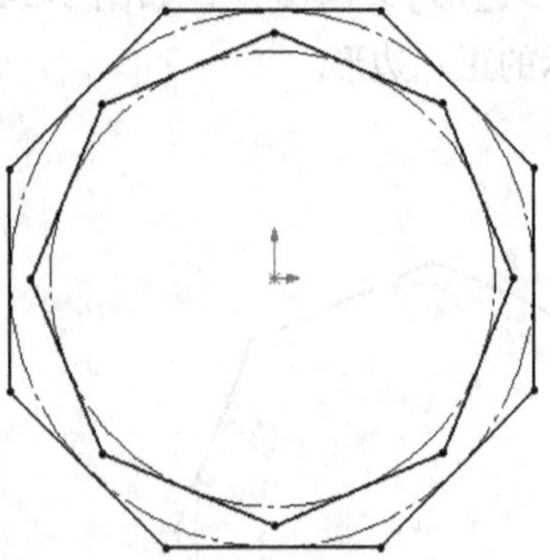

图 5-2-27 草图 3（内切圆直径为 85mm 的八边形）

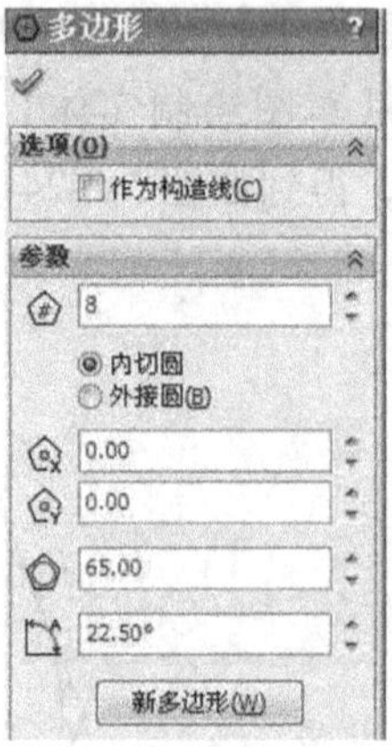

图 5-2-28 【多边形】属性管理器

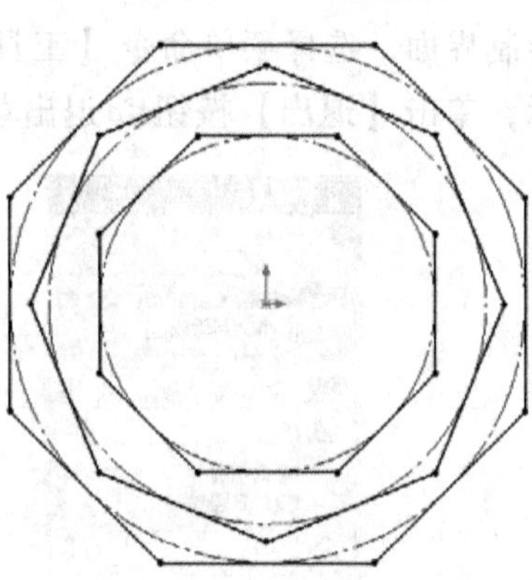

图 5-2-29 草图 4（内切圆直径为 65mm 的正八边形）

7）单击【放样凸台/基体】按钮，出现【放样】属性管理器，其中：“轮廓”选择“草图 1”、“草图 2”、“草图 3”和“草图 4”，单击【确定】按钮，建立放样特征。为了便于观察，右键单击特征管理器中各个基准面，然后单击【隐藏】按钮，隐藏后的模型如图 5-2-30 所示。

注意

放样点选择不同，得到的放样模型也不相同。

8）选取“前视基准面”，单击【正视于】按钮，单击【草图绘制】按钮，进入草图绘制。单击【样条曲线】按钮，绘制图 5-2-31 所示的草图，完成手柄中心线的创建，单击【退出】按钮，退出草图绘制。

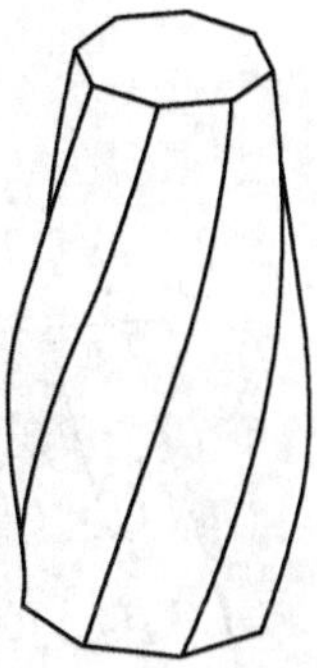

图 5-2-30　杯体建模

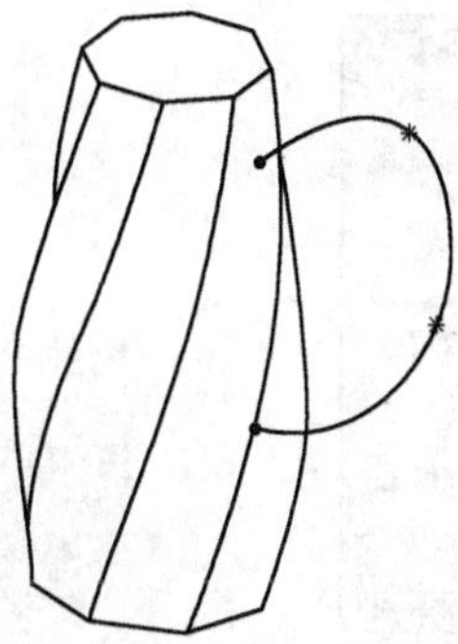

图 5-2-31　手柄中心线的绘制（草图 5）

9）单击【基准面】按钮，出现【基准面】属性管理器，选择样条曲线及其端点为参考（图 5-2-32），单击【确定】按钮，建立“基准面 4”，如图 5-2-33 所示。

10）选取“基准面 4”，单击【草图绘制】按钮，进入草图绘制。绘制一个以样条曲线端点为对称中心、长轴半径为 6mm、短轴半径为 3mm 的椭圆，添加椭圆圆心与样条曲线端点成“穿透”关系，如图 5-2-34 所示，单击【退出】按钮退出草图绘制。

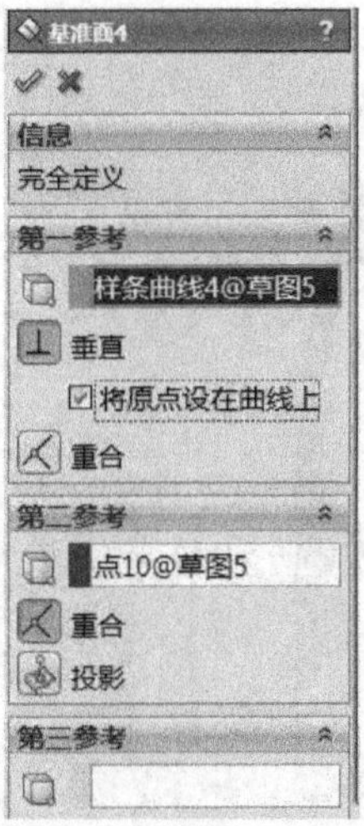

图 5-2-32　【基准面】属性设置（二）

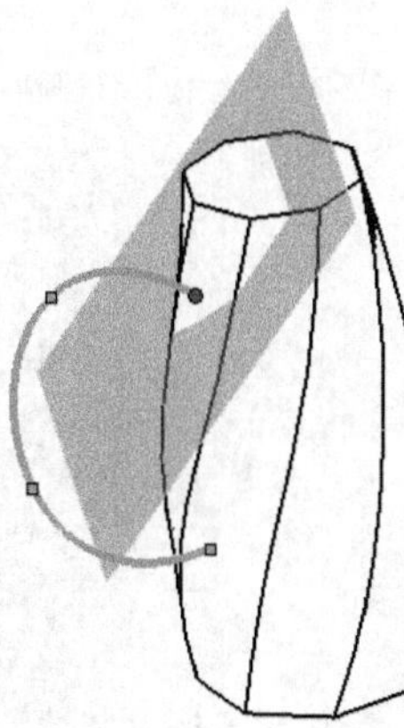

图 5-2-33　建立“基准面 4”

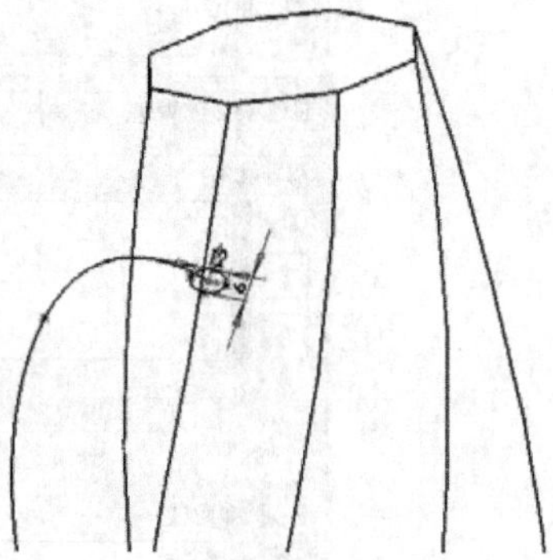

图 5-2-34　绘制椭圆（草图 7）

11）按同样的方法建立“基准面 5”及另一轮廓（直径为 10mm 的圆），如图 5-2-35、图 5-2-36、图 5-2-37 所示。

12）单击【放样凸台/基体】按钮，出现【放样】属性管理器，其设置如图 5-2-38 所示。单击【确定】按钮，建立放样特征，如图 5-2-39 所示。

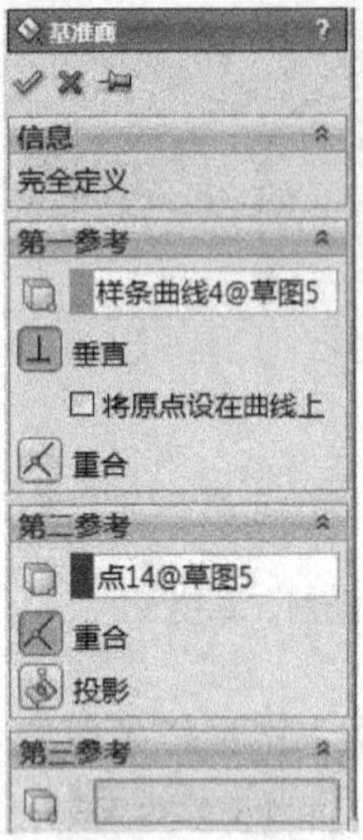

图 5-2-35 【基准面】属性设置（三）

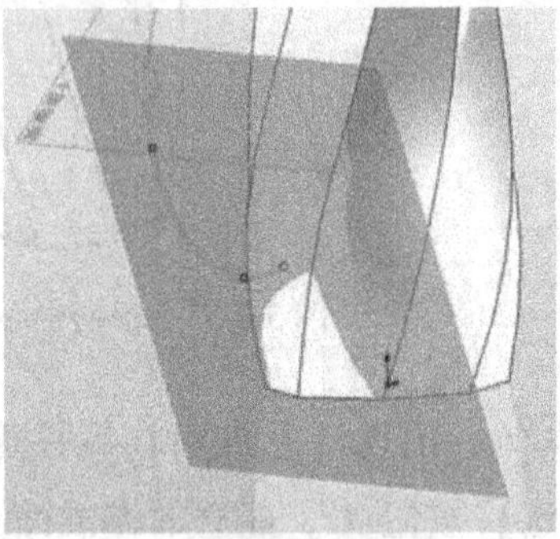

图 5-2-36　建立基准面 5

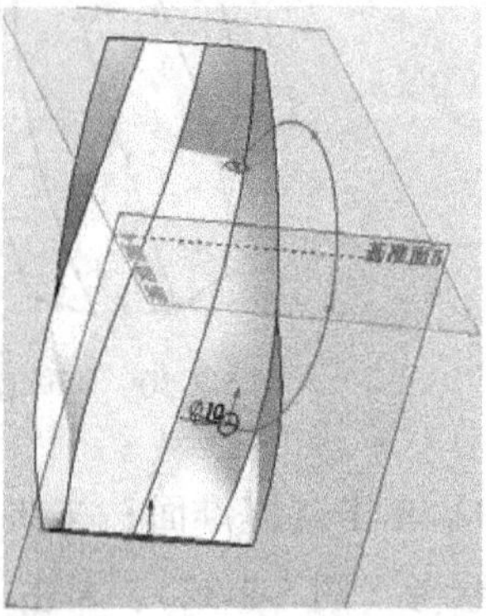

图 5-2-37　绘制圆（草图 8）

图 5-2-38 【放样】属性设置（一）

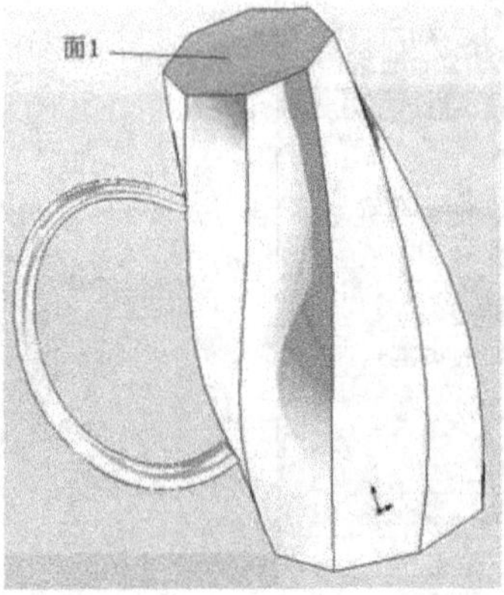

图 5-2-39　水杯

13）单击【抽壳】按钮，出现【抽壳】属性管理器，选择水杯上表面为移出面，建立抽壳特征，其属性如图 5-2-40 所示，得到图 5-2-41 所示的模型。对模型进行渲染，渲染后的效果如图 5-2-42 所示。单击【标准】工具栏中的【保存】图标，保存模型。

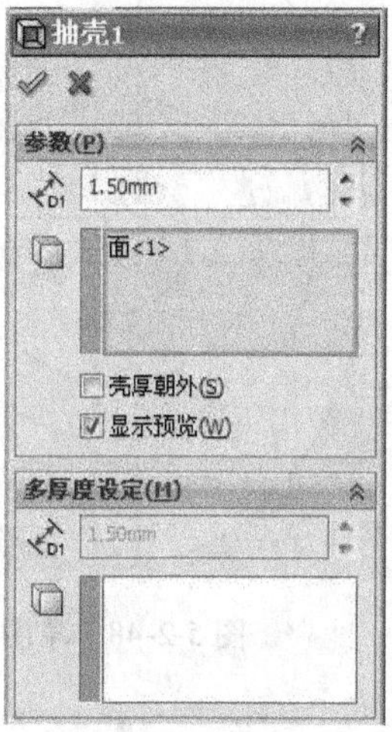

图 5-2-40 【抽壳】属性管理器

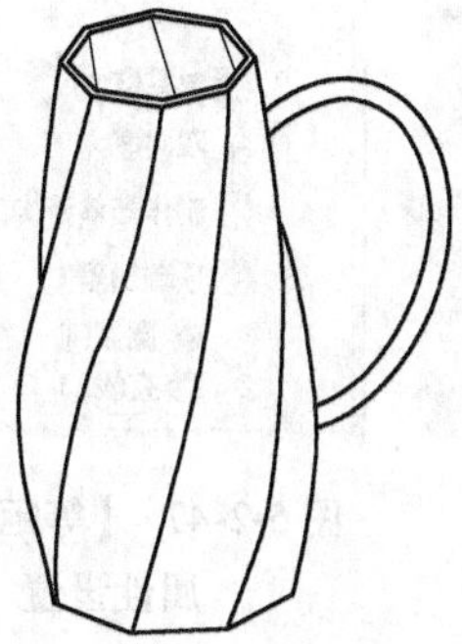

图 5-2-41 牛奶杯图

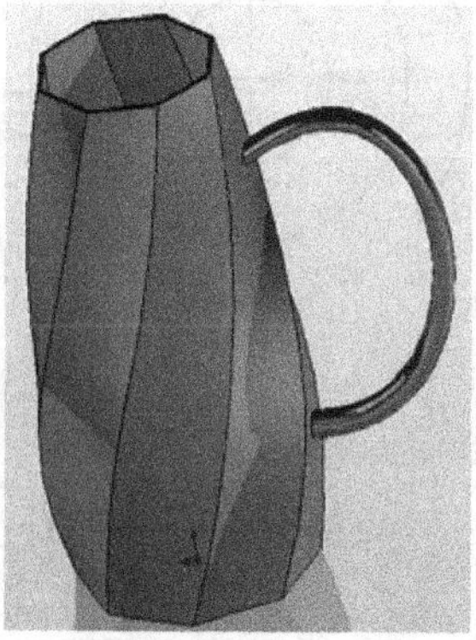

图 5-2-42 渲染后效果

例题：飞机模型的设计。

1）单击【新建】按钮，建立一个新的零件文件。

2）选取“前视基准面”，并单击【正视于】按钮，单击【草图绘制】按钮，绘制一长轴为 90mm、短轴为 70mm 的椭圆，单击【拉伸凸台/基体】按钮，属性设置如图 5-2-43所示，得到图 5-2-44 所示的模型。单击【圆角】按钮，设置圆角半径为 10mm，得到图 5-2-45 所示的模型。

图 5-2-43 【凸台/拉伸】属性管理器

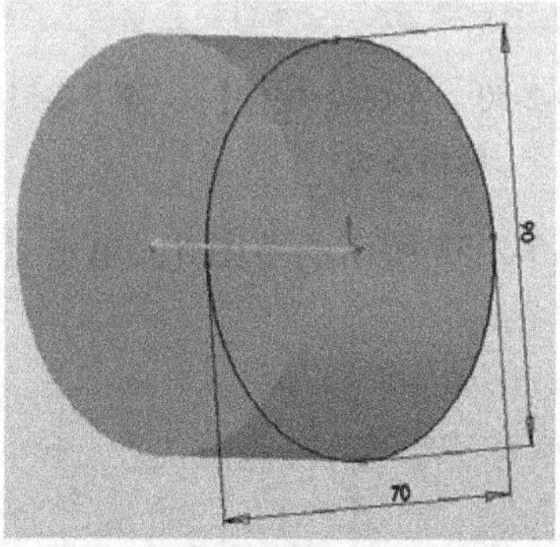

图 5-2-44 拉伸效果

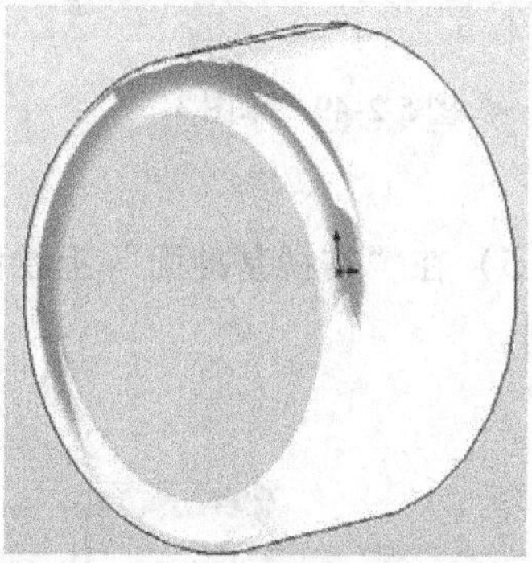

图 5-2-45 圆角效果

3）选取“前视基准面”为草图绘制平面，绘制图 5-2-46 所示的草图 1。单击【等距实体】按钮，其属性设置如图 5-2-47 所示，得到图 5-2-48 所示的草图 2，对图形进行剪裁，得到图 5-2-49 所示草图 3。

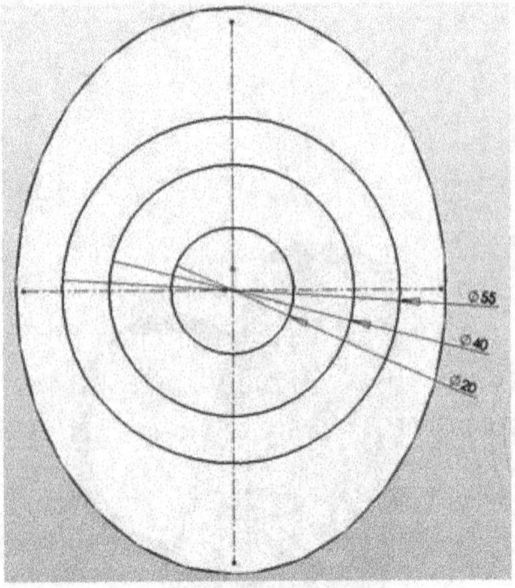

图 5-2-46　草图 1

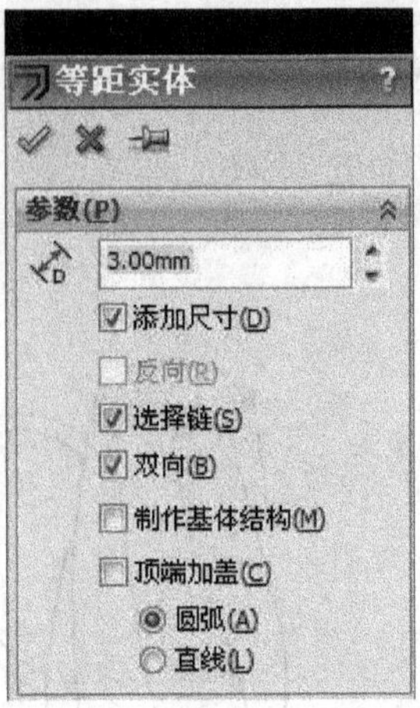

图 5-2-47　【等距实体】属性设置

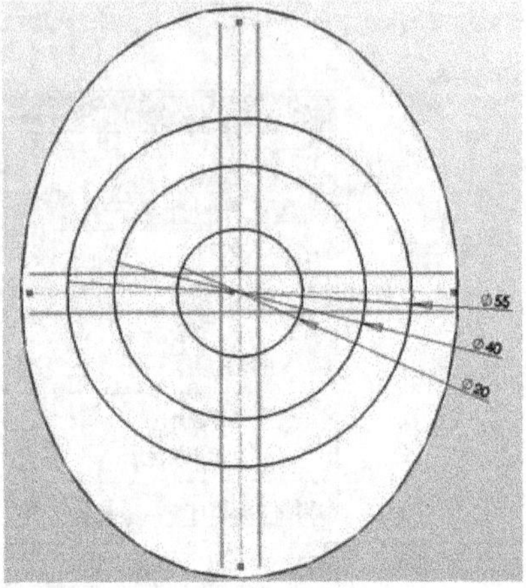

图 5-2-48　草图 2

4）单击【切除-拉伸】按钮，出现【切除-拉伸】属性管理器，属性设置如图 5-2-50 所示。单击【确定】按钮，得到图 5-2-51 所示的模型。

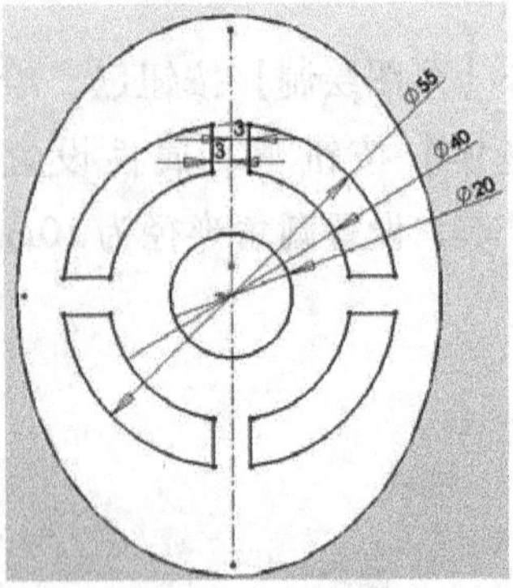

图 5-2-49　草图 3

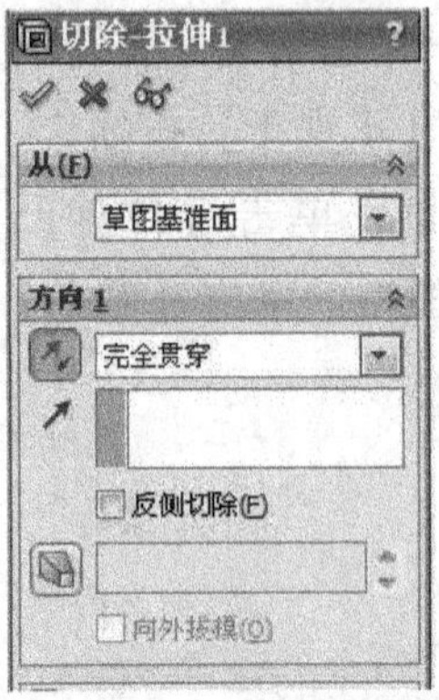

图 5-2-50　【切除-拉伸】属性设置

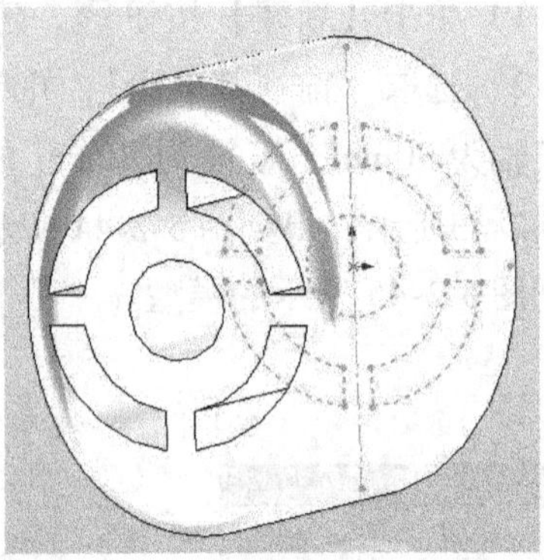

图 5-2-51　切除-拉伸后的结构模型

5）在“右视基准面”上绘制图 5-2-52 所示的草图 5，单击【确定】按钮，退出草图绘制。

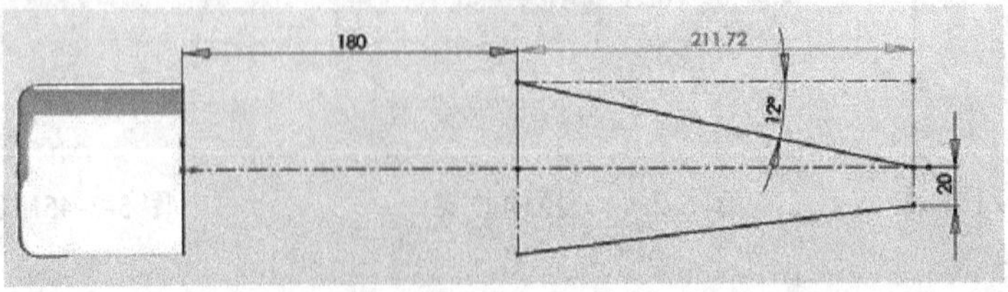

图 5-2-52　草图 5

6）单击【参考几何体】按钮，单击【基准面】按钮 基准面，属性设置如图 5-2-53

所示，得到的基准面 1 如图 5-2-54 所示。

图 5-2-53 【基准面】属性设置（四）

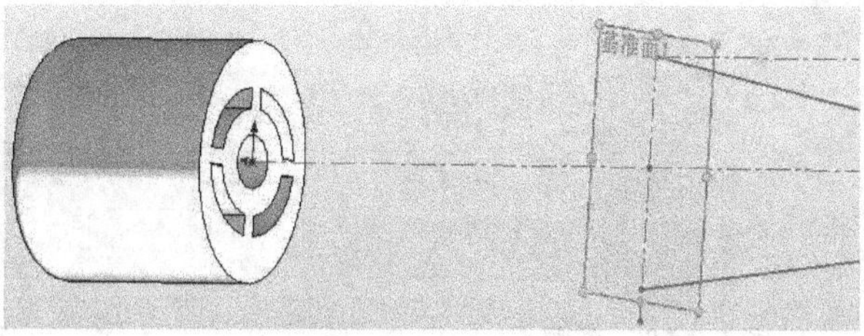

图 5-2-54　基准面 1

7）在“基准面 1”上绘制图 5-2-55 所示的半径为 90mm 的圆。

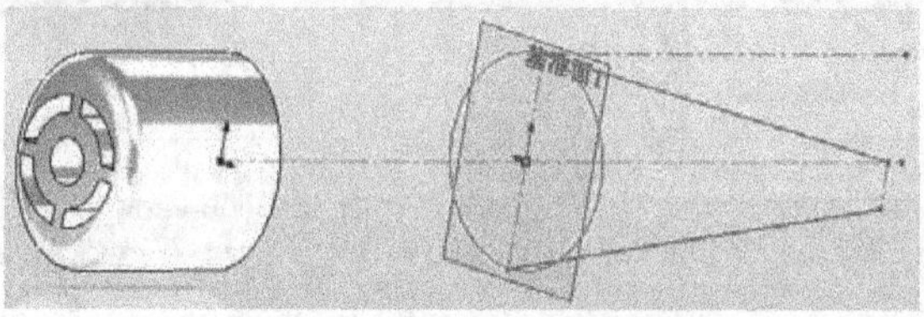

图 5-2-55　尾舱第一个放样轮廓

8）选取“基准面 1”，单击【基准面】按钮 基准面，出现【基准面】属性管理器，属性设置如图 5-2-56 所示，得到“基准面 2”，如图 5-2-57 所示。

图 5-2-56 【基准面】属性设置（五）

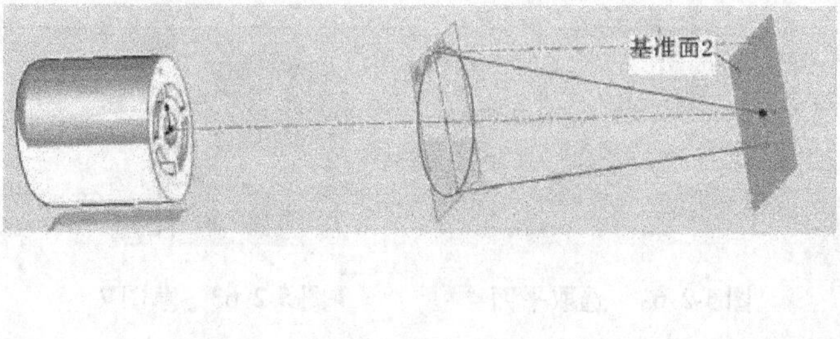

图 5-2-57　基准面 2

9）在“基准面2”上绘制图5-2-58所示的半径为10mm的圆，得到草图6，单击【确定】按钮✔退出草图绘制。

10）选取“右视基准面”，连接草图5与草图6的圆心，得到图5-2-59所示的中心线，单击【确定】按钮，退出草图绘制。

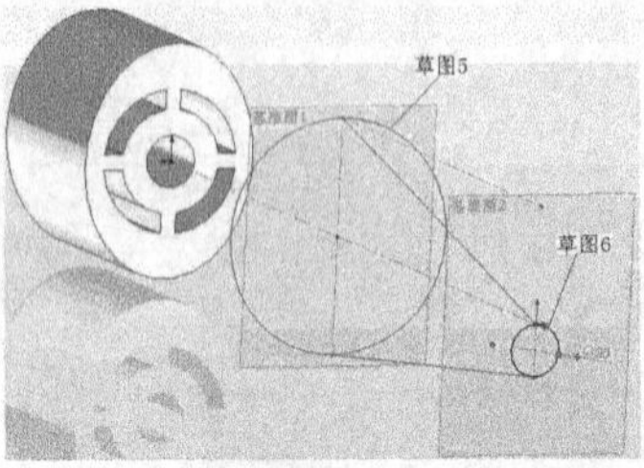

图5-2-58　草图6

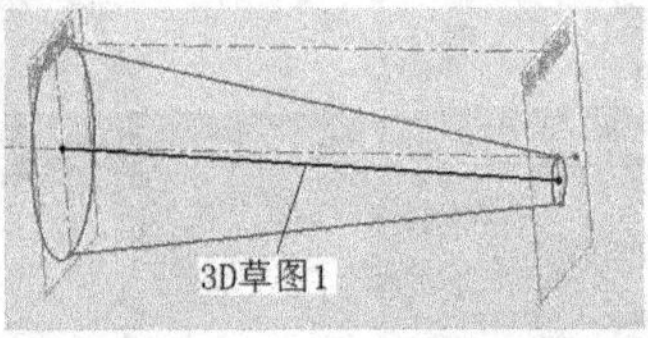

图5-2-59　中心线

11）单击【放样凸台/基体】按钮，出现【放样】属性管理器，属性设置如图5-2-60所示，单击【确定】按钮✔，建立飞机尾舱特征，如图5-2-61所示。

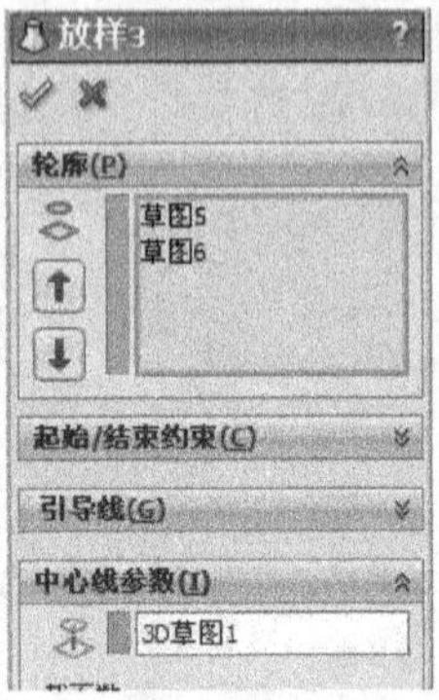

图5-2-60　【放样】属性设置（二）

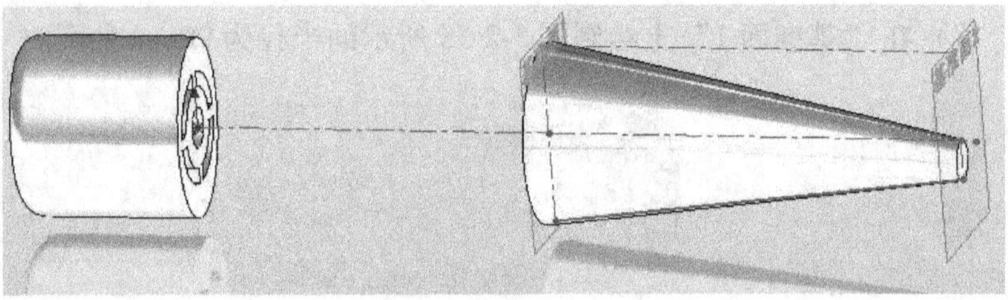
图5-2-61　飞机尾舱

12）选取图5-2-62所示的平面，单击【草图绘制】按钮，单击【转换实体引用】按钮，选择机头尾端的外轮廓，得到图5-2-63所示的草图7，同理将基准面1上的尾舱前端轮廓也转换成实体，得到草图8，如图5-2-64所示。

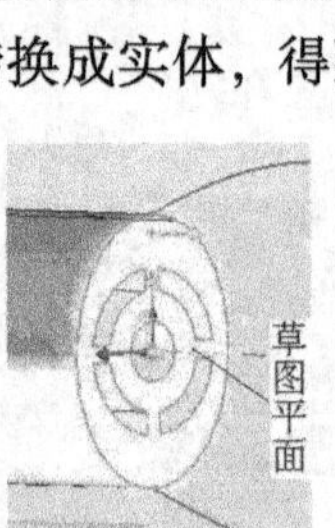

图5-2-62　选取平面

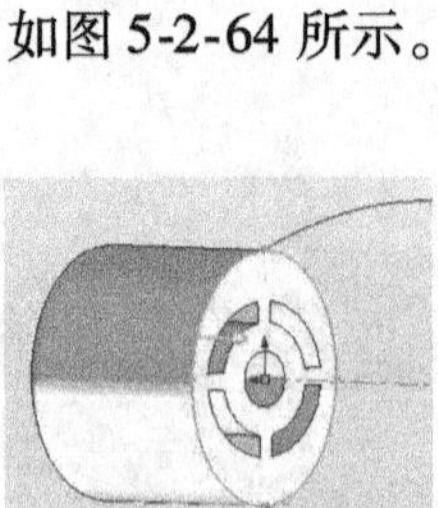
图5-2-63　草图7

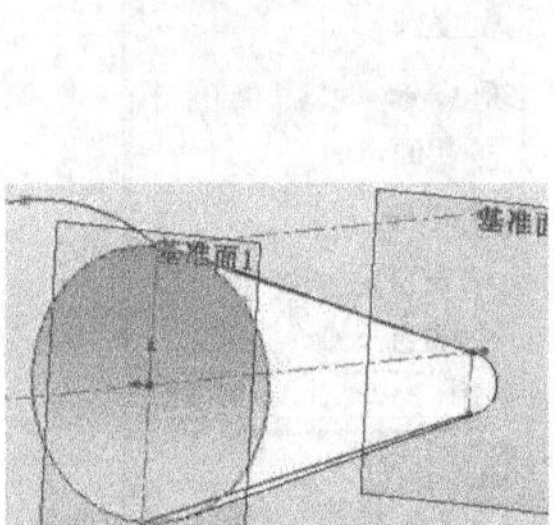

图5-2-64　草图8

13）选取“右视基准面”，单击【样条曲线】按钮，属性设置如图5-2-66所示，得到草图9，如图5-2-65所示。单击【确定】按钮，退出草图绘制。

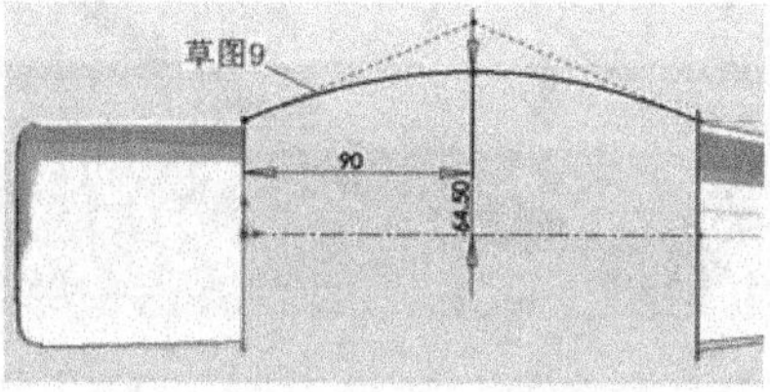

图5-2-65　样条曲线

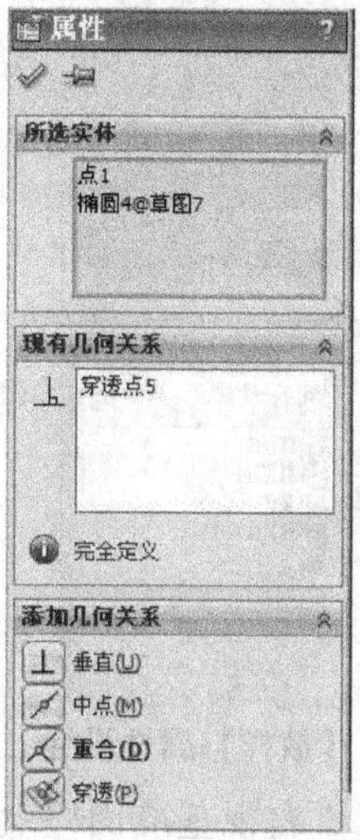

图5-2-66　属性设置

14）选取“右视基准面”，单击【样条曲线】按钮，属性设置同步骤13)，得到图5-2-67所示的草图10。

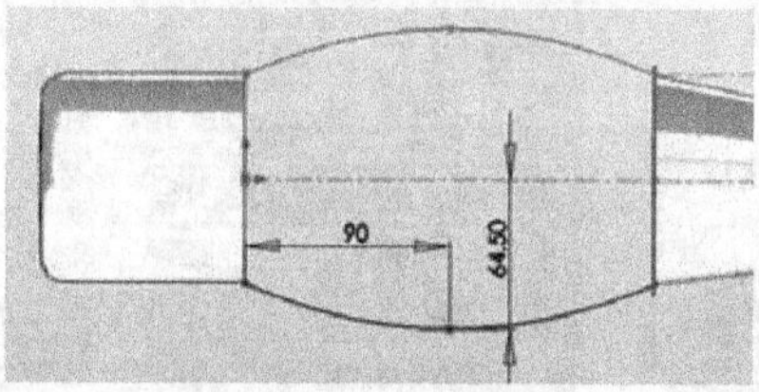

图5-2-67　草图10

15）选取“上视基准面”，单击【样条曲线】按钮，属性设置同步骤13)，得到如图5-2-68所示草图11。

16）操作步骤同15)，得到草图12，如图5-2-69所示。

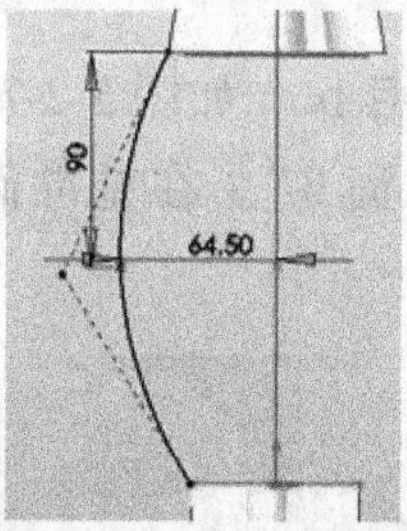

图5-2-68　草图11

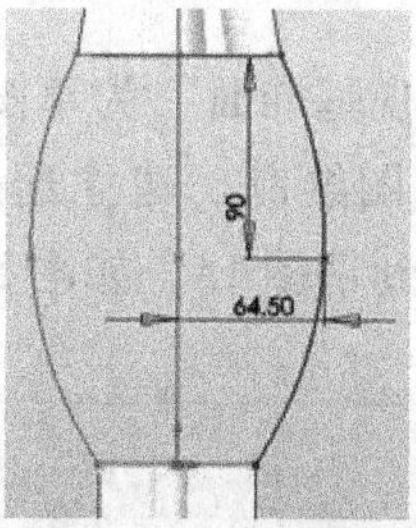

图5-2-69　草图12

17）单击【放样凸台/基体】按钮，出现【放样】属性管理器，属性设置如图5-2-70所示，单击【确定】按钮，建立机身特征，如图5-2-71所示。

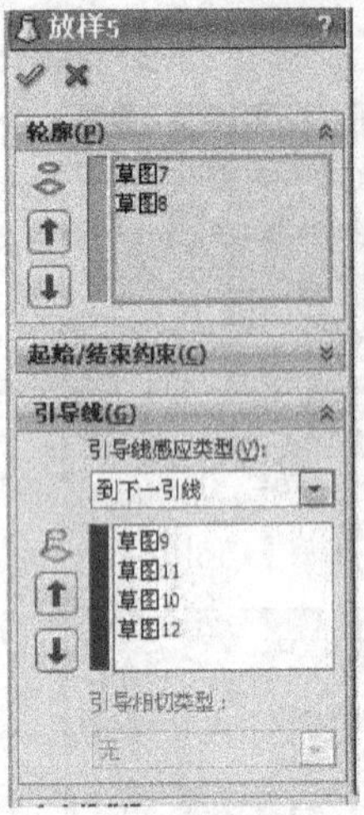

图 5-2-70 【放样】属性设置（三）

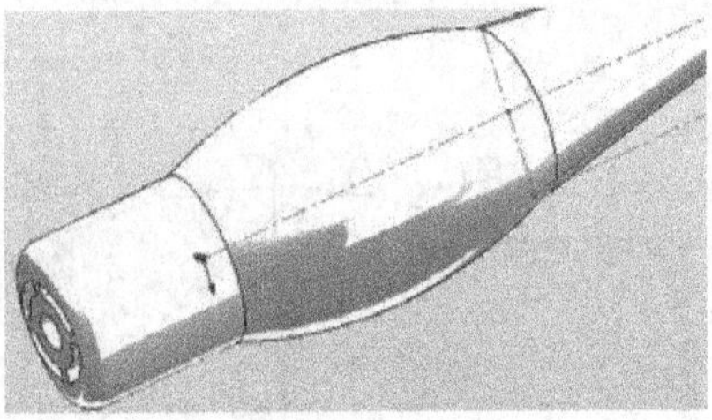

图 5-2-71　放样特征

18）选取“右视基准面”为草图绘制平面，绘制草图 13，如图 5-2-72 所示。单击【旋转凸台/基体】按钮，出现【旋转】属性管理器，属性设置如图 5-2-73 所示，单击【确定】按钮，得到图 5-2-74 所示的飞机驾驶舱模型。

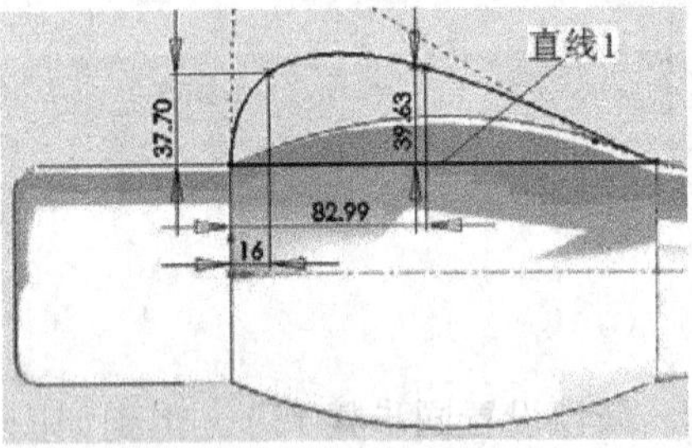

图 5-2-72　草图 13

图 5-2-73 【旋转】属性设置

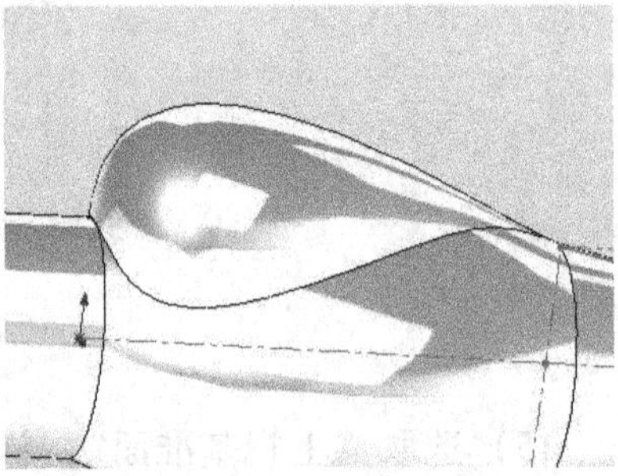

图 5-2-74　驾驶舱

19）选取“右视基准面”为草图绘制平面，绘制草图 14，如图 5-2-75 所示，单击【退出】按钮退出草图绘制。建立通过草图 14 的“基准面 3”。在基准面 3 上绘制直径为 11.89mm 的圆，得到草图 15，如图 5-2-76 所示。

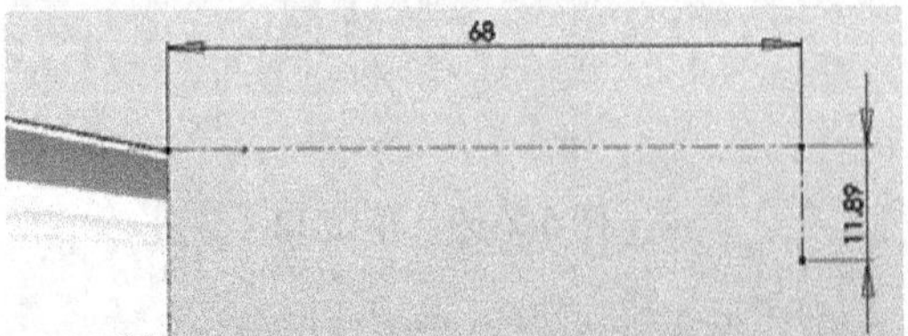

图 5-2-75　草图 14

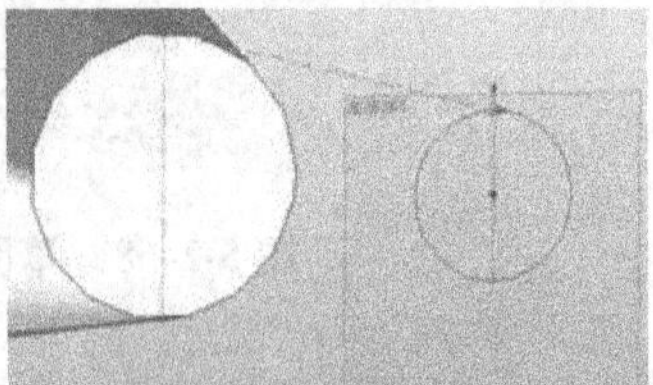

图 5-2-76　草图 15

20）选取图 5-2-77 所示的平面，单击【转换实体引用】按钮，得到草图 16。

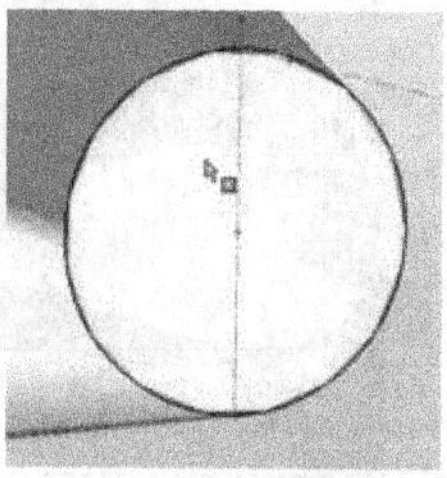

图 5-2-77　转换为实体（草图 16）

21）选取“右视基准面”为草图绘制平面，绘制图 5-2-78 所示的样条曲线，按住〈Ctrl〉键的同时单击草图 16 与样条曲线的曲线端点，添加几何关系为“穿透”，样条曲线的另一端进行同样的设置，得到草图 17，单击【退出】按钮，退出草图绘制。

22）按照图 5-2-79 绘制直线，属性设置同步骤 21，得到草图 18。

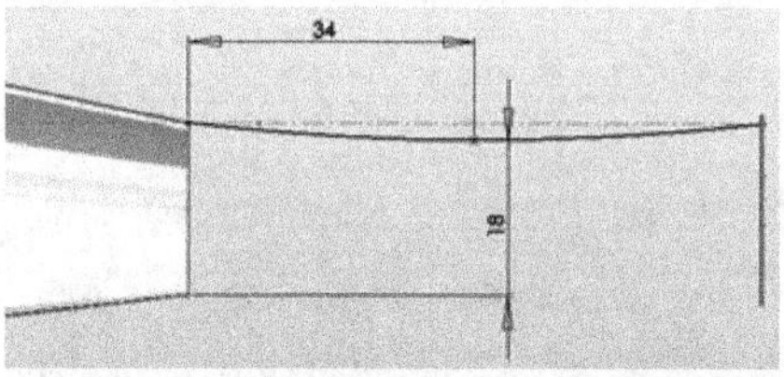

图 5-2-78　草图 17

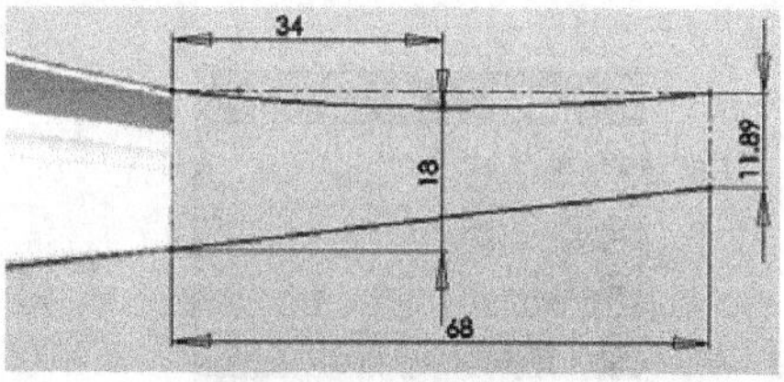

图 5-2-79　草图 18

23）单击【放样凸台/基体】按钮，属性设置如图 5-2-80 所示，单击【确定】按钮，建立飞机尾部特征，如图 5-2-81 所示。

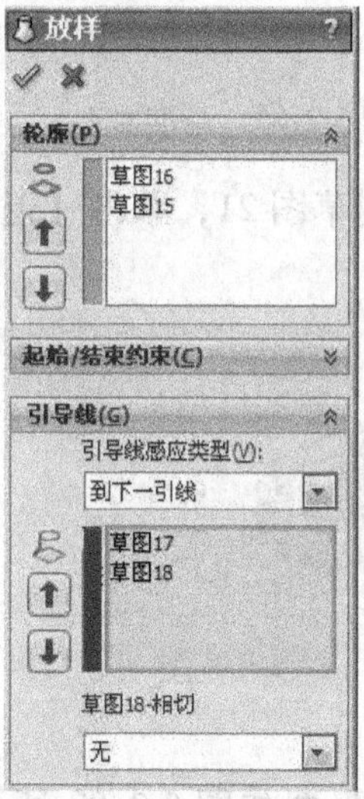

图 5-2-80　【放样】属性设置（四）

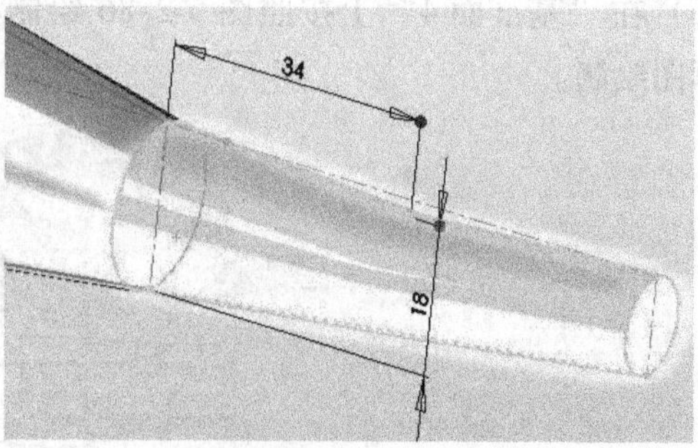

图 5-2-81　飞机尾部

24）选取“右视基准面”为草图绘制平面，按照图 5-2-82 所示尺寸绘制草图，单击【镜向】按钮，得到图 5-2-83 所示的草图 20。单击【确定】按钮，退出草图绘制。

25）建立平行于“右视基准面”的“基准面 4”，属性设置如图 5-2-84 所示，得到图 5-2-85所示的“基准面 4”。

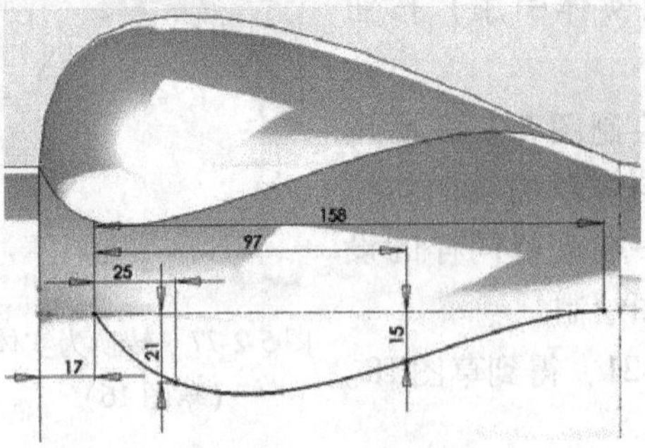

图 5-2-82　草图 19

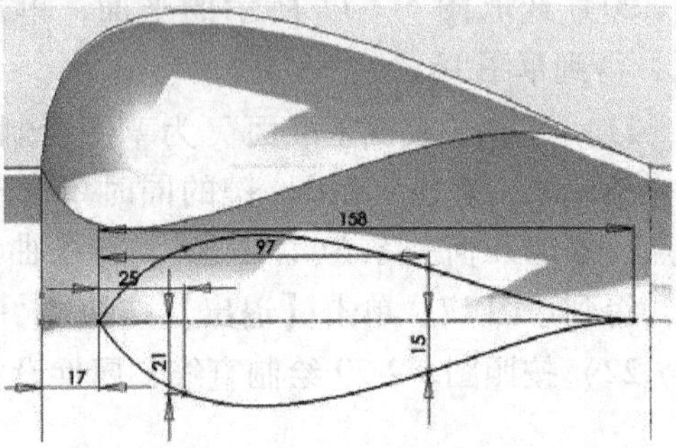

图 5-2-83　草图 20

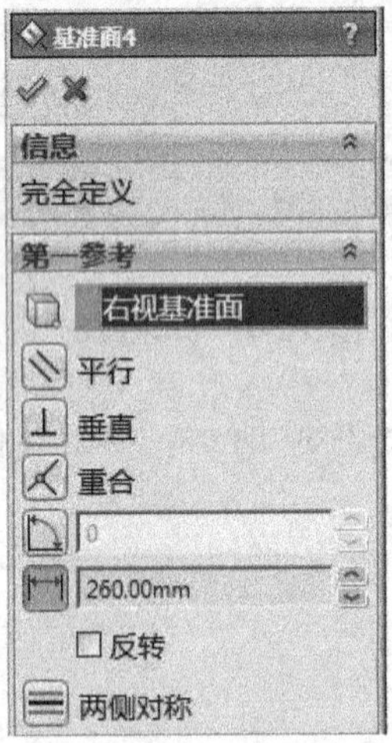

图 5-2-84　【基准面】属性设置（六）

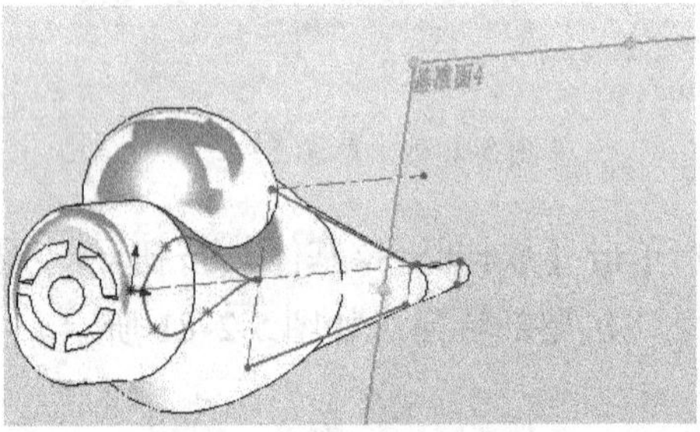

图 5-2-85　基准面 4

26）在“基准面 4”上按照图 5-2-86 绘制椭圆，得到草图 21，单击【退出】按钮，退出草图绘制。

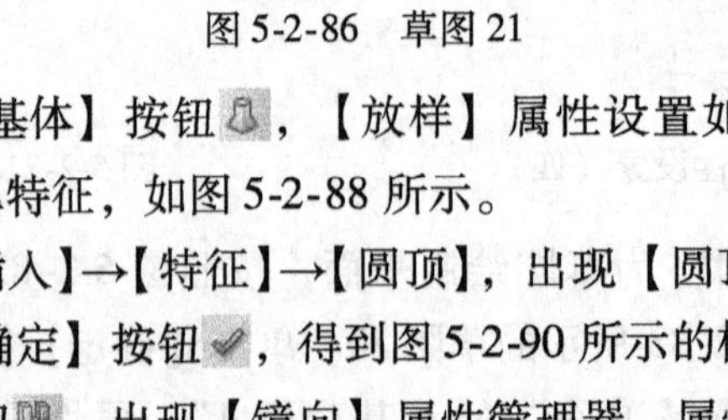

图 5-2-86　草图 21

27）单击【放样凸台/基体】按钮，【放样】属性设置如图 5-2-87 所示，单击【确定】按钮，建立飞机机翼特征，如图 5-2-88 所示。

28）选择菜单命令【插入】→【特征】→【圆顶】，出现【圆顶】属性管理器，属性设置如图 5-2-89 所示，单击【确定】按钮，得到图 5-2-90 所示的模型。

29）单击【镜向】按钮，出现【镜向】属性管理器，属性设置如图 5-2-91 所示，得到图 5-2-92 所示的飞机机翼模型。

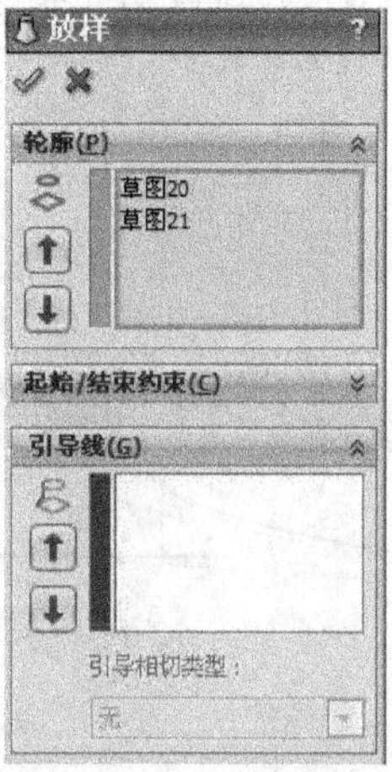

图 5-2-87　【放样】属性设置（五）

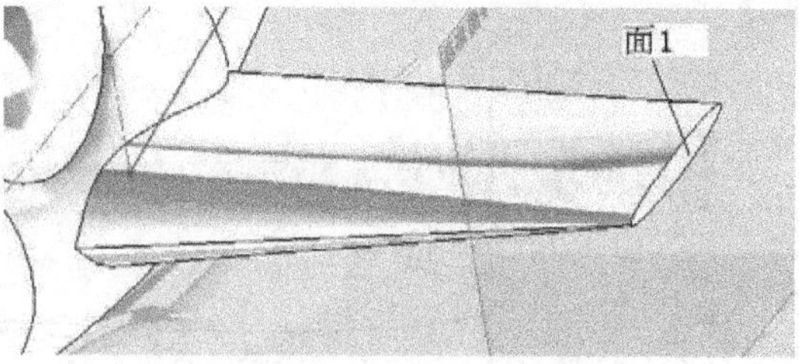

图 5-2-88　机翼

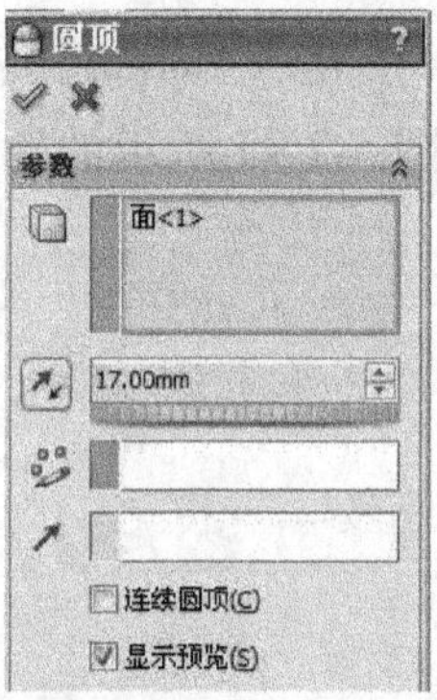

图 5-2-89　【圆顶】属性设置

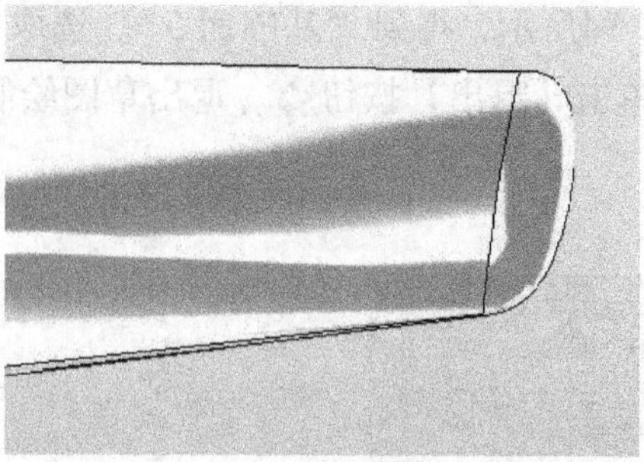

图 5-2-90　机翼圆顶

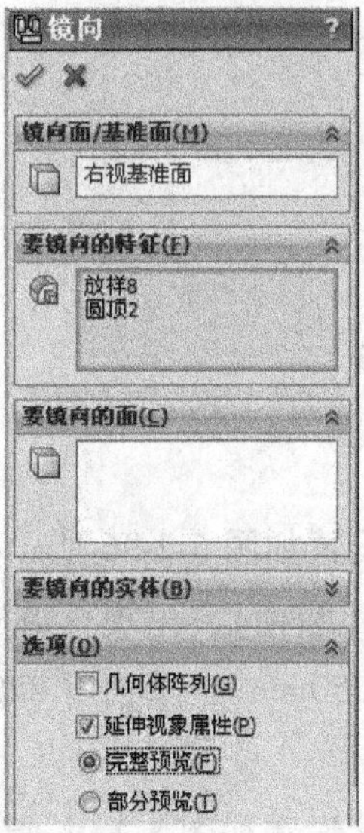

图 5-2-91　机翼【镜向】属性设置

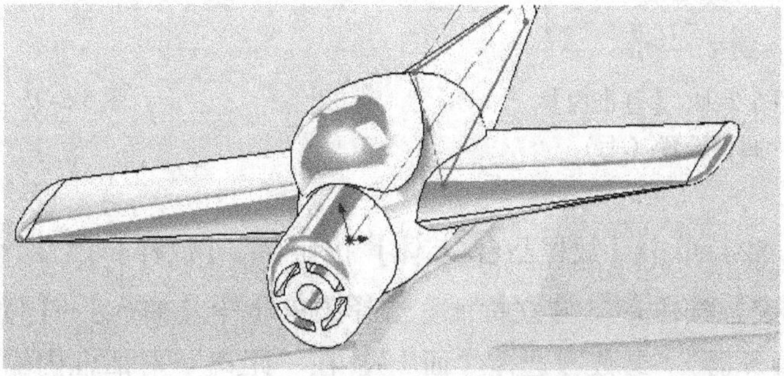

图 5-2-92　飞机机翼

30）选取【右视基准面】为草图绘制平面，按照图 5-2-93 绘制草图，得到草图 22，单击【确定】按钮，退出草图绘制。

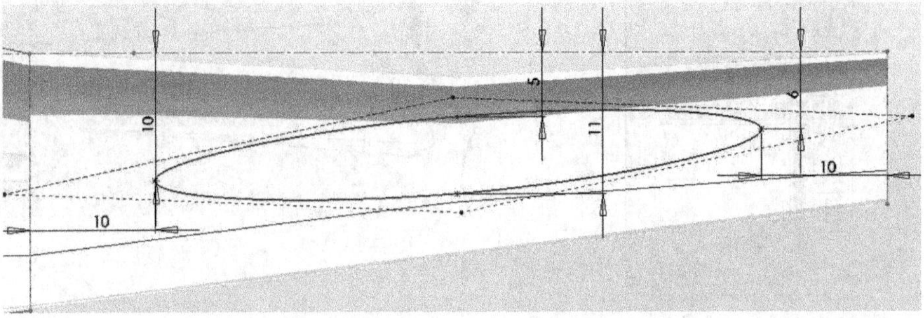

图 5-2-93　草图 22

31）单击【参考几何体】按钮，单击【基准面】按钮 基准面，属性设置如图 5-2-94所示，得到“基准面 5”。选取“基准面 5”，绘制图 5-2-95 所示的椭圆得到草图 23，单击【退出】按钮，退出草图绘制。

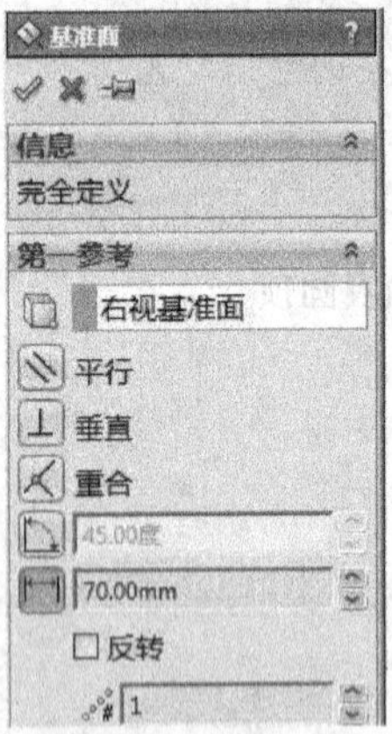

图 5-2-94　【基准面】属性设置（七）

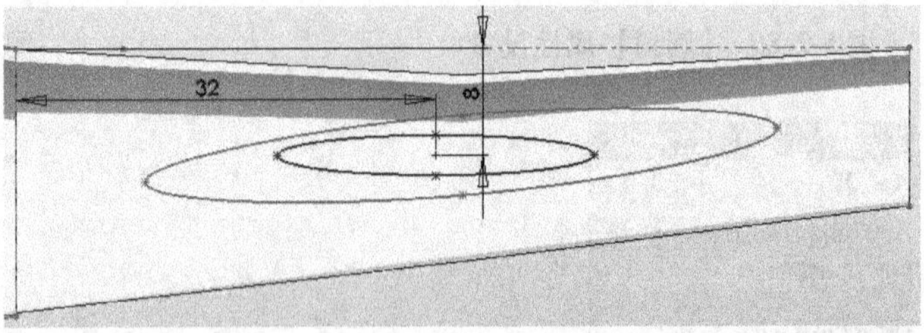

图 5-2-95　草图 23

32）单击【放样凸台/基体】按钮，【放样】属性管理器设置如图 5-2-96 所示，单击【确定】按钮，建立特征。选择菜单命令【插入】→【特征】→【圆顶】，出现【圆顶】属性管理器，“参数”选择“面 1”，在“距离”对话框内输入“1. 50mm”，单击【确定】按钮，得到的飞机尾翼特征如图 5-2-97 所示。

33）单击【镜向】按钮，出现【镜向】属性管理器，属性设置如图 5-2-98 所示，得到图 5-2-99 所示飞机尾翼模型。

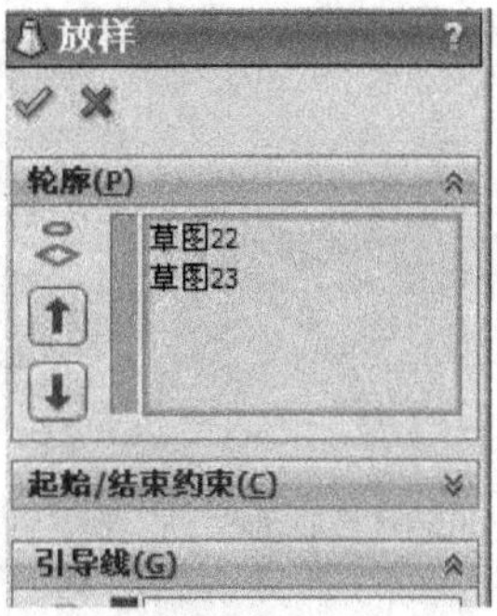

图 5-2-96 【放样】属性设置（六）

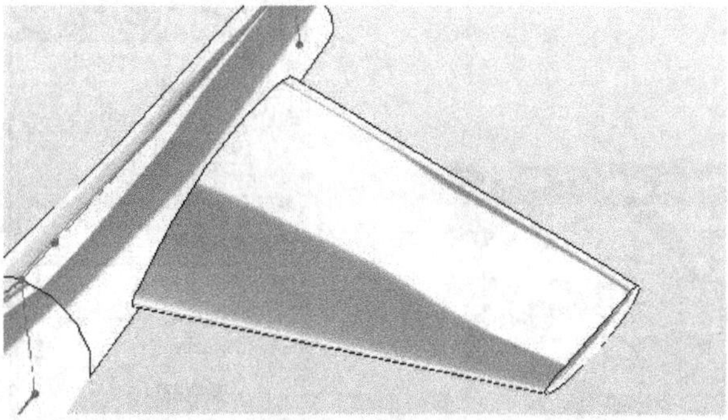

图 5-2-97 飞机尾翼 1

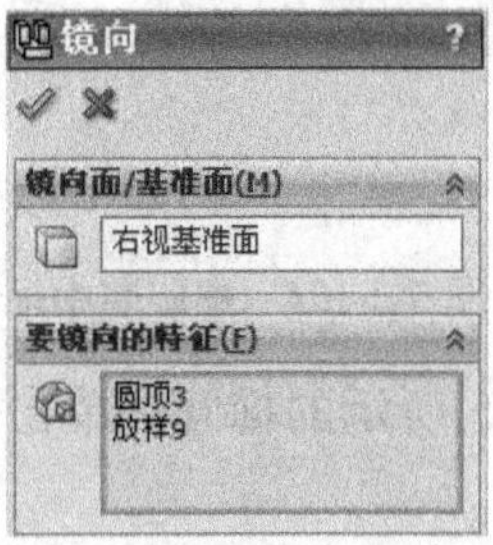

图 5-2-98 尾翼【镜向】属性设置

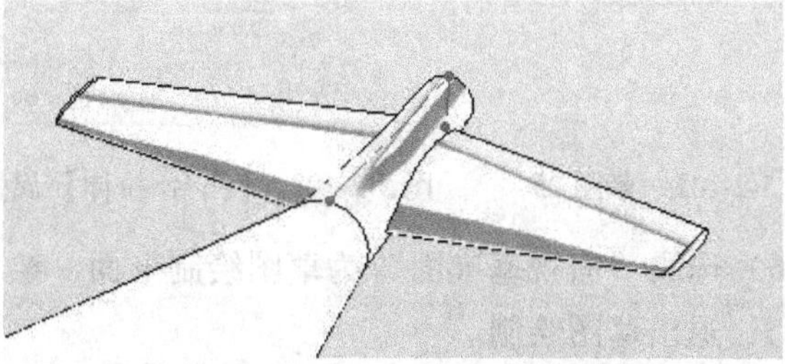

图 5-2-99 飞机尾翼 2

34）选取【右视基准面】为草图绘制平面，绘制图 5-2-100 所示的草图 24。单击【拉伸凸台/基体】按钮，出现【拉伸】属性管理器，在“终止条件”下拉列表框内选择“两侧对称”选项，在“深度”选项中输入“4mm”，单击【确定】按钮，得到图 5-2-101所示的模型。

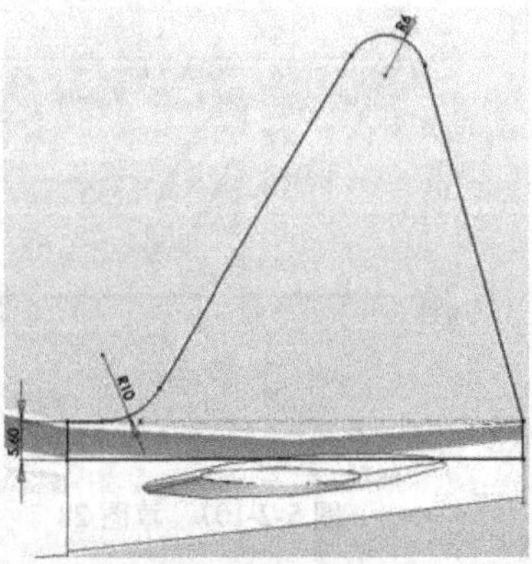

图 5-2-100 草图 24

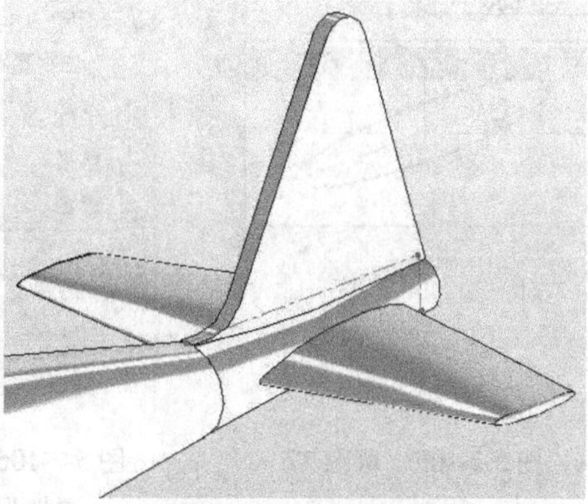

图 5-2-101 飞机尾翼 3

35）选取机头端面，绘制草图 25，如图 5-2-102 所示。单击【拉伸凸台/基体】按钮，出现【拉伸】属性管理器，属性设置如图 5-2-103 所示，单击【确定】按钮，得到图 5-2-104 所示的模型。

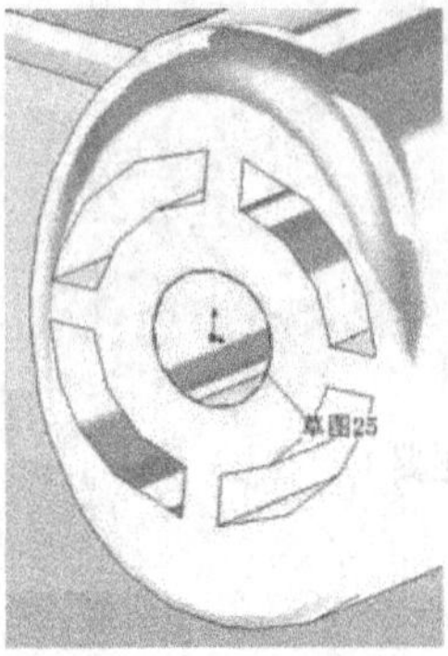

图 5-2-102　草图 25

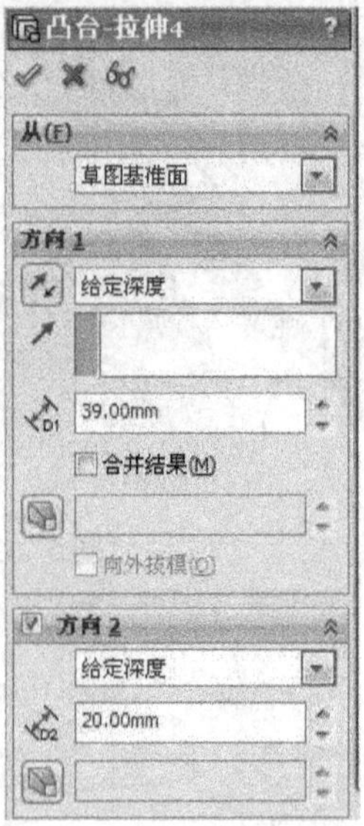

图 5-2-103　【凸台/拉伸】属性设置

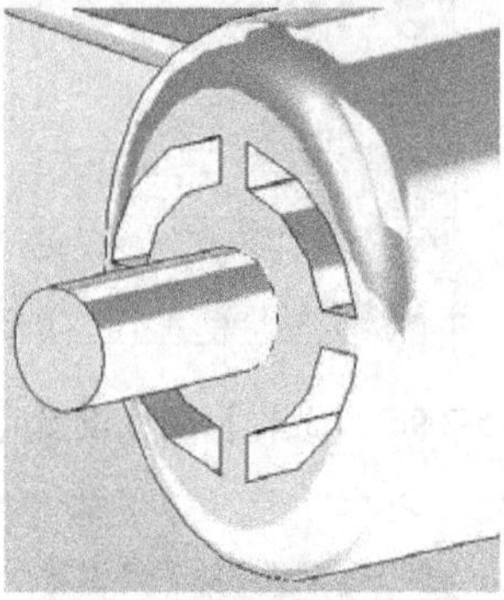

图 5-2-104　螺旋桨中轴

36）选取“右视基准面”为草图绘制平面，绘制图 5-2-105 所示的椭圆，单击【确定】按钮，退出草图绘制。

37）建立“基准面 6”，属性设置如图 5-2-106 所示，并在“基准面 6”上绘制长半轴长为 8mm，短半轴长为 2mm 的椭圆，如图 5-2-107 所示，单击【退出】按钮，退出草图绘制。

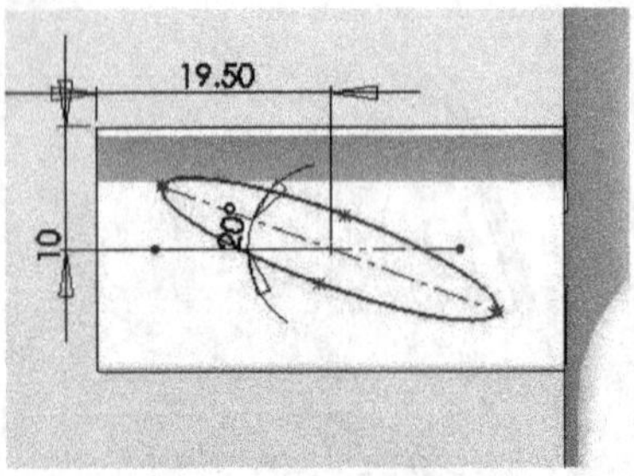

图 5-2-105　草图 27

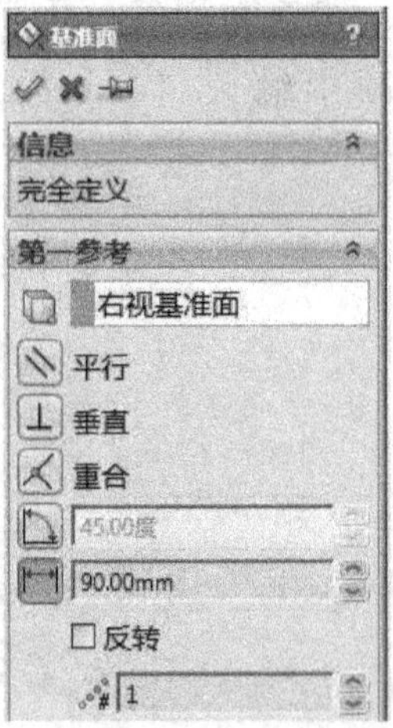

图 5-2-106　【基准面】属性设置（八）

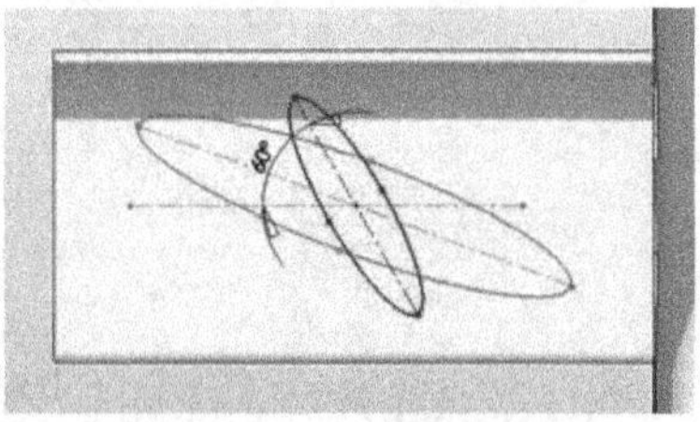

图 5-2-107　草图 28

38）单击【放样凸台/基体】按钮，出现【放样】属性管理器，属性设置如图 5-2-108所示，单击【确定】按钮，建立飞机机翼特征。选择菜单命令【插入】→【特征】→【圆顶】，出现【圆顶】属性管理器，“参数”选择“面 1”，在“距离”文本框内输入“2mm”，单击【确定】按钮，得到图 5-2-109 所示的飞机螺旋桨特征。

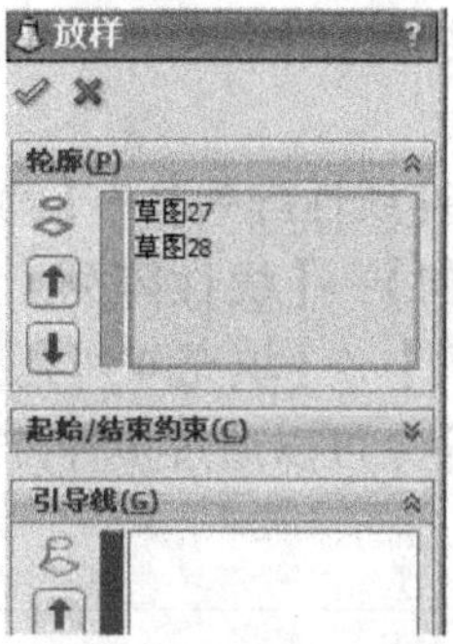

图 5-2-108 【放样】属性设置（七）

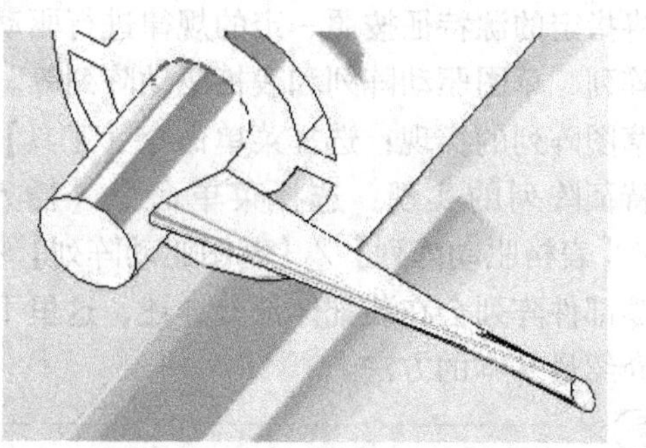

图 5-2-109 螺旋桨特征

39）单击【参考几何体】按钮，单击【基准轴】按钮基准轴，出现【基准轴】属性管理器，选择螺旋桨的基体圆柱面为参考实体，得到“基准轴 1”，单击【确定】按钮，建立基准轴。单击【圆周阵列】按钮，出现【圆周阵列】属性管理器，属性设置如图 5-2-110 所示，单击【确定】按钮，得到图 5-2-111 所示的飞机螺旋桨。

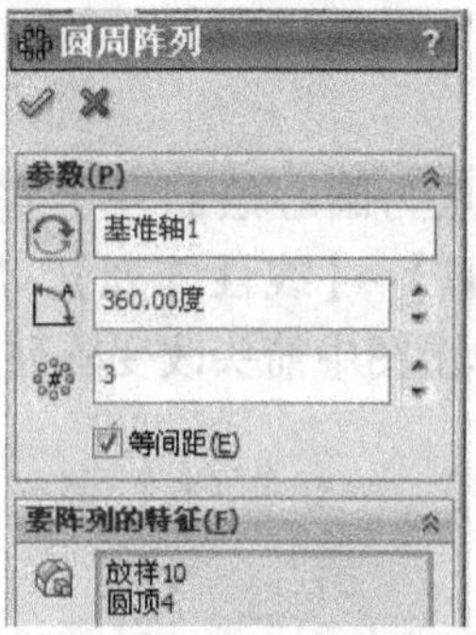

图 5-2-110 【圆周阵列】属性设置

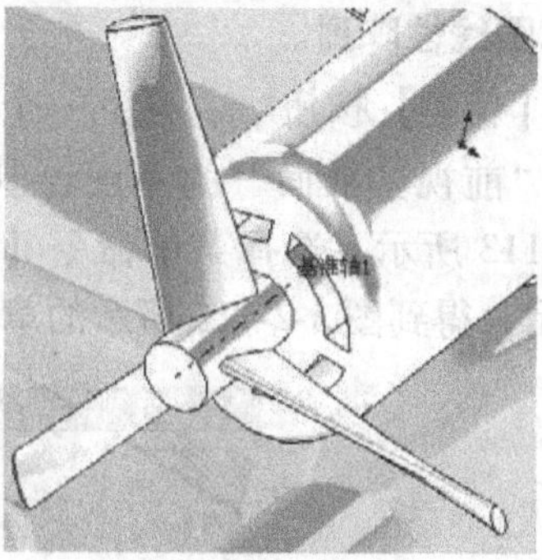

图 5-2-111 螺旋桨

40）经过以上步骤，得到的飞机模型如图 5-2-112 所示。

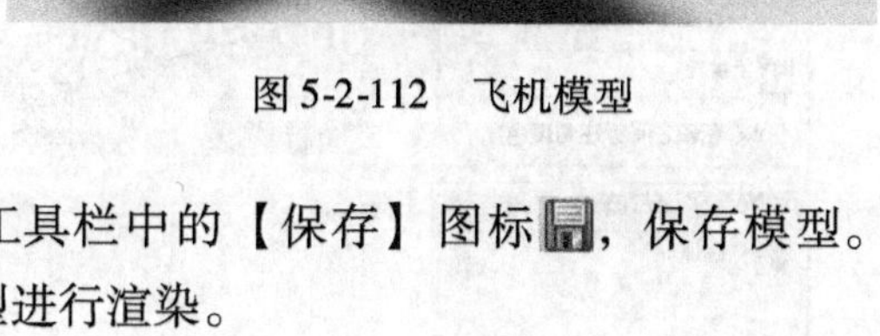

图 5-2-112 飞机模型

41）单击【标准】工具栏中的【保存】图标，保存模型。至此飞机模型的制作结束，读者可以自己对模型进行渲染。

5.2.3 阵列特征

阵列特征分为草图阵列、特征阵列和零部件阵列。阵列特征就是利用驱动尺寸改变增量，将指定的源特征按照一定的规律进行驱动的过程。可以生成线性阵列、圆周阵列、曲线驱动阵列、草图驱动阵列和表格驱动阵列等。

草图阵列的实现：选择菜单命令【工具】→【草图工具】→【线性阵列】/【圆周阵列】。

特征阵列的实现：选择菜单命令【插入】→【阵列/镜向】→【线性阵列】/【圆周阵列】/【表格驱动阵列】/【草图驱动阵列】/【曲线驱动阵列】/【填充阵列】。

零部件阵列会在装配体部分详述，这里不再赘述。阵列命令可以通过多种方式实现，这里仅介绍最基本的方法。

> **注意**
>
> 对特征或者实体进行阵列时，要根据模型的分布特征选择合适的阵列特征，且阵列后的图形或者特征会随着源草图或特征的变化而变化。

下面通过例题来学习各种阵列特征。

1. 草图阵列

(1) 草图线性阵列　草图的线性阵列就是将指定草图按照线性方向进行驱动。

例题：草图线性阵列。

1）单击【新建】按钮，建立一个新的零件文件。

2）选取“前视基准面”为草图绘制平面，以坐标原点为圆心绘制一个直径为 10mm 圆，如图 5-2-113 所示。选择菜单命令【工具】→【草图工具】→【线性阵列】，属性设置如图 5-2-114所示，得到图 5-2-115 所示的草图，还可以通过单击图中箭头改变阵列的方位。

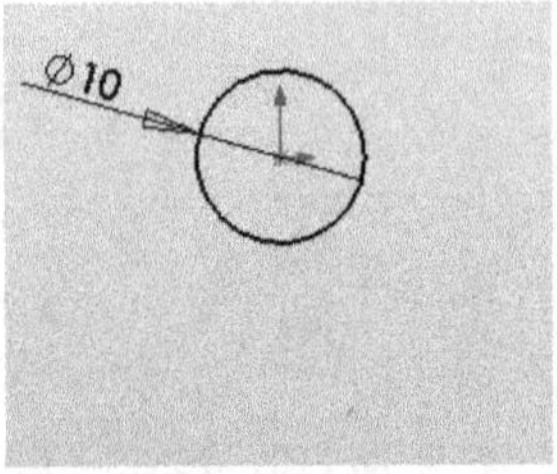

图 5-2-113　草图

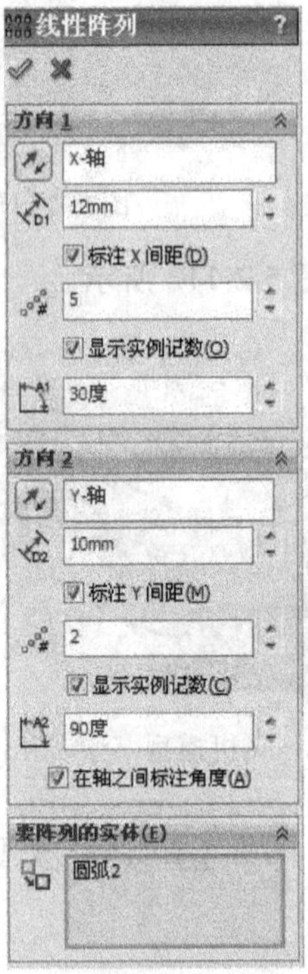

图 5-2-114　【线性阵列】属性设置

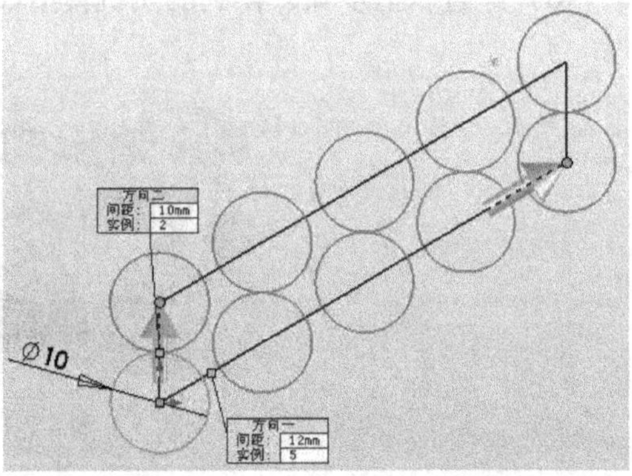

图 5-2-115　线性阵列

3）单击【标准】工具栏中的【保存】图标，保存模型。

（2）草图圆周阵列　草图的圆周阵列就是将指定草图按照圆周方向进行驱动。

例题：草图圆周特征。

1）单击【新建】按钮，建立一个新的零件文件。

2）选取“前视基准面”为草图绘制平面，绘制一个直径为 10mm、距离坐标原点 29mm 的圆，如图 5-2-116 所示，选取菜单命令【工具】→【草图工具】→【圆周阵列】，属性设置如图 5-2-117 所示。本例以坐标原点作为圆周阵列的中心，读者可以自己设置圆周阵列的中心位置、阵列草图的个数以及阵列半径，还可以选择“可跳过的实例”。本例中的属性设置如图 5-2-117 所示，选择了“跳过实例（3）”，结果如图 5-2-118 所示。单击【确定】按钮后，得到的圆周阵列缺少了自“源草图”沿箭头所指顺时针方向的第三个圆。另外，单击圆周上的箭头可以更改圆周阵列的方向。

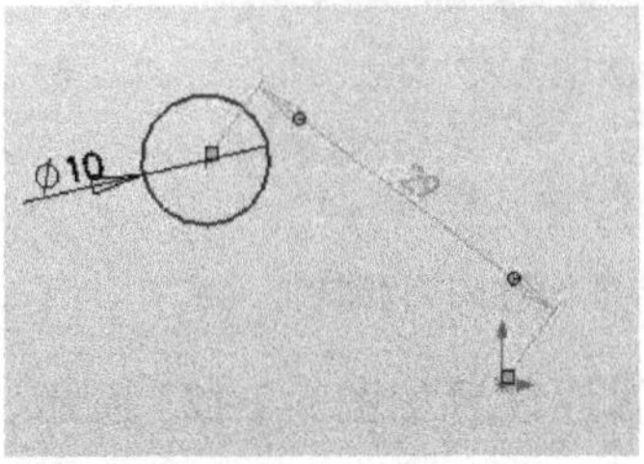

图 5-2-116　源目标

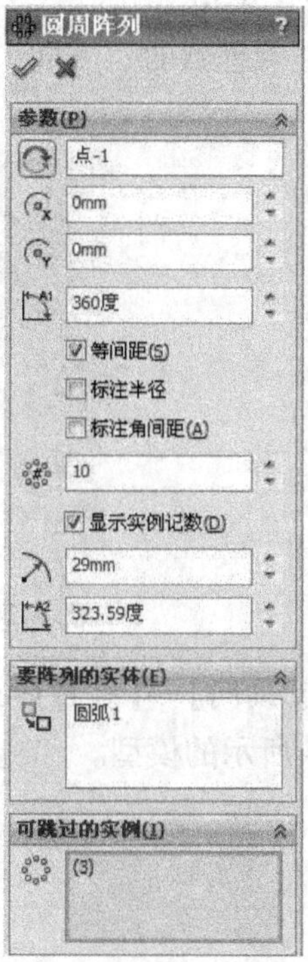

图 5-2-117　【圆周阵列】属性设置

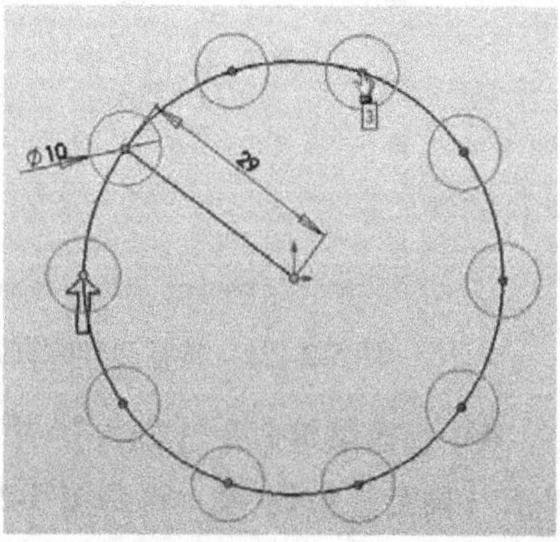

图 5-2-118　圆周阵列

3）单击【标准】工具栏中的【保存】图标，保存模型。

2. 特征阵列

特征阵列与草图阵列相似，都是复制一系列相同的要素，不同之处在于草图阵列复制的是草图，特征阵列复制的是结构特征。经过草图阵列得到的是草图，经过特征阵列得到的是一个复杂零件。

（1）特征线性阵列　特征线性阵列就是在若干个直线方向生成多个指定的源特征。

例题：特征线性阵列。

1）单击【新建】按钮，建立一个新的零件文件。

2）选取“前视基准面”为草图绘制平面，绘制如图 5-2-119 所示矩形，单击【拉伸凸台】按钮，给定深度为 12mm，单击【确定】按钮，得到图 5-2-120 所示的矩形凸台。

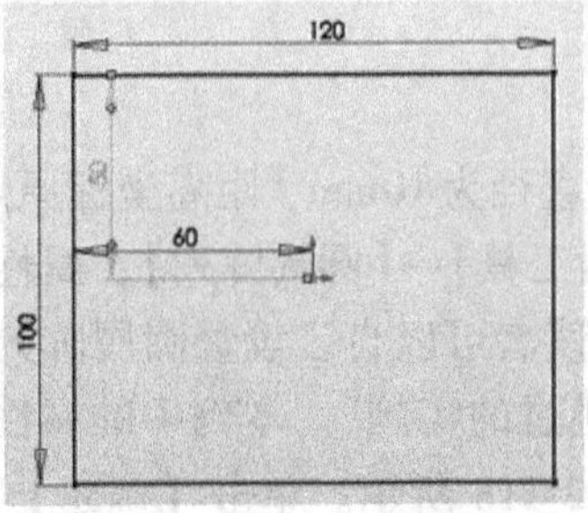

图 5-2-119　绘制矩形

图 5-2-120　拉伸凸台

3）选取模型表面为草图绘制平面，单击【正视于】按钮，绘制图 5-2-121 所示的圆，单击【拉伸切除】按钮，在属性管理器的“方向 1”选项中选取“完全贯穿”，得到图 5-2-122 所示的模型。

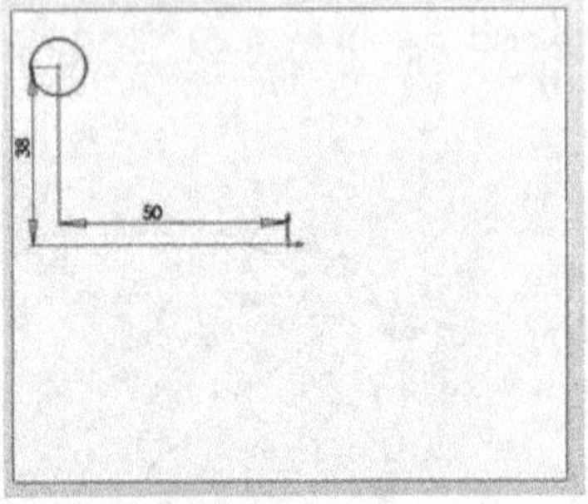

图 5-2-121　特征线性阵列草图

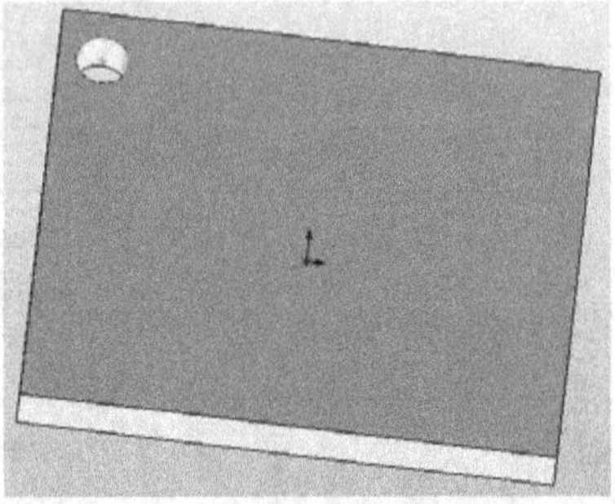

图 5-2-122　特征线性阵列源特征

4）选择菜单命令【插入】→【阵列/镜向】→【线性阵列】，属性设置如图 5-2-123 所示，单击【确定】按钮，得到图 5-2-124 所示的模型。

图 5-2-123　【线性阵列】属性设置

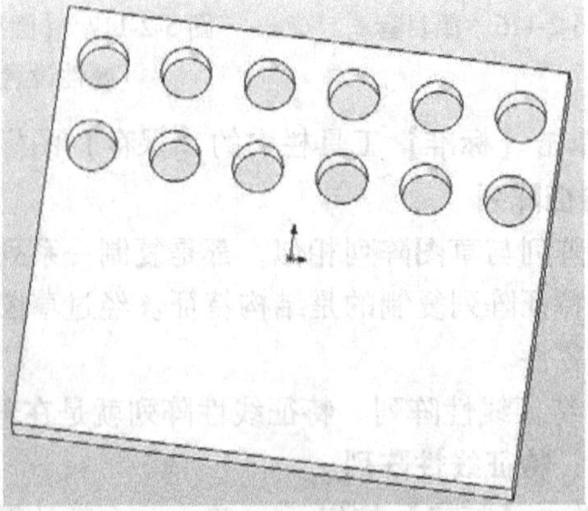

图 5-2-124　特征线性阵列

5）单击【标准】工具栏中的【保存】图标，保存模型。

（2）特征圆周阵列　特征圆周阵列就是将源特征围绕某个指定轴线来复制出多个特征。

> **注意**
>
> 使用特征圆周阵列时需设置阵列轴。

例题：特征圆周阵列。

1）步骤同“特征线性阵列步骤 1）、2）”。

2）选取模型表面为草图绘制平面，单击【正视于】按钮，绘制图 5-2-125 所示的圆，单击【拉伸切除】按钮，在属性管理器的“方向 1”选项中选取“完全贯穿”，得到图 5-2-126 所示的模型。

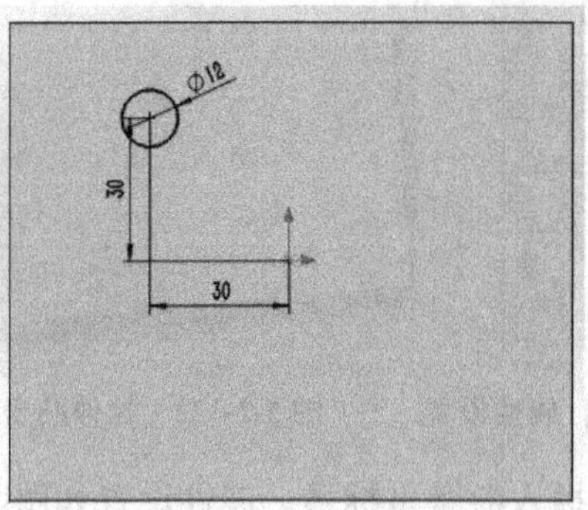

图 5-2-125　特征圆周阵列草图

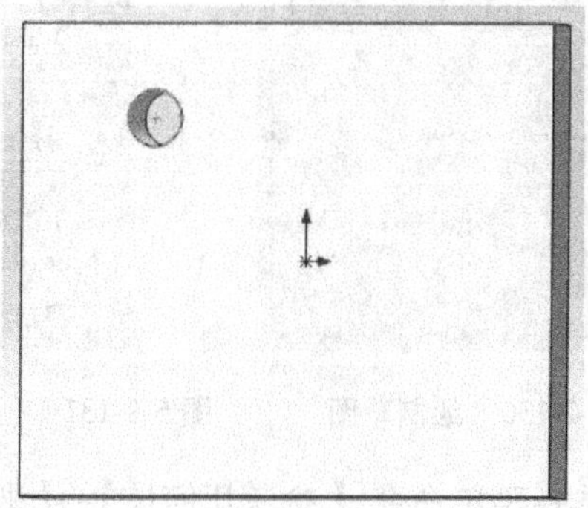

图 5-2-126　特征圆周阵列源特征

3）添加“基准轴”，其属性设置如图 5-2-127 所示，单击【确定】按钮，得到基准轴 1。选择菜单命令【插入】→【阵列/镜向】→【圆周阵列】，【圆周阵列】属性管理器设置如图 5-2-128 所示，单击【确定】按钮，得到图 5-2-129 所示的模型。还可以通过添加“可跳过的实例”来隐藏阵列中的某个指定特征。

4）单击【标准】工具栏中的【保存】图标，保存模型。

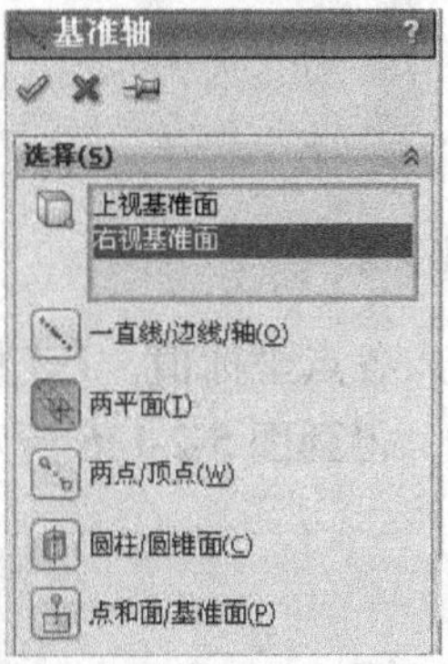

图 5-2-127　添加“基准轴”

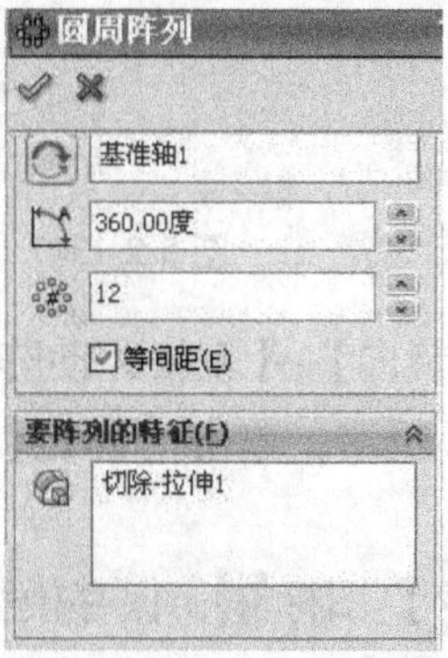

图 5-2-128　【圆周阵列】属性设置

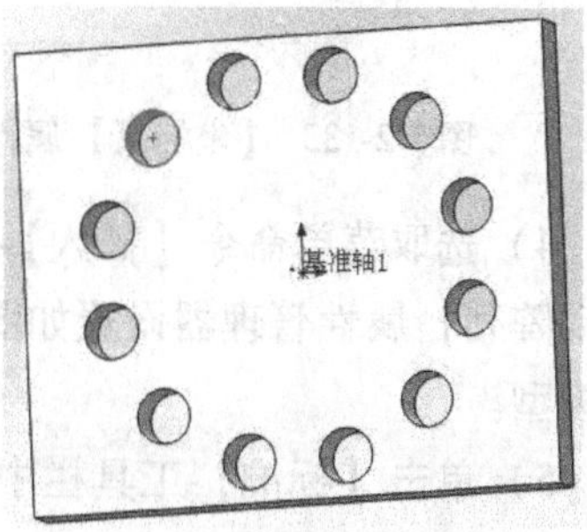

图 5-2-129　特征圆周阵列

（3）表格驱动阵列　表格驱动阵列就是将源特征按照指定的 X、Y 坐标进行阵列。表格驱动阵列通常用来建立孔阵列，但是也可以用于其他源特征的驱动。

注意

可以选择直接输入阵列坐标，也可以使用外部 txt 文件导入所需坐标。此时，需设置坐标系，此处坐标系设置是指设置生成表格驱动阵列的坐标系。

1）步骤同“特征线性阵列步骤 1)、2)”。

2）选取模型表面为草图绘制平面，单击【正视于】按钮，绘制图 5-2-130 所示的圆，单击【拉伸凸台】按钮，属性设置如图 5-2-131 所示，得到图 5-2-132 所示的模型。

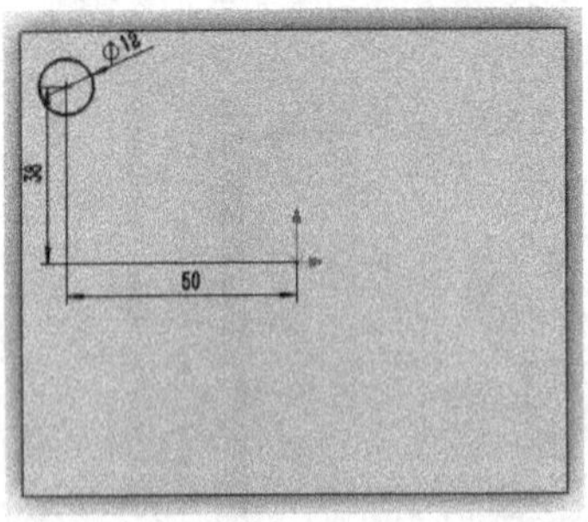

图 5-2-130　绘制草图

图 5-2-131　【凸台-拉伸】属性设置

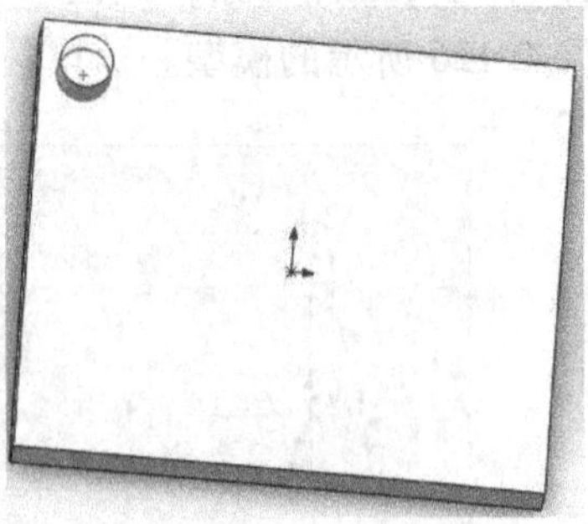

图 5-2-132　拉伸凸台

3）选择菜单命令【参考几何体】→【坐标系】，插入参考坐标系。属性设置如图 5-2-133 所示，得到图 5-2-134 所示的参考坐标系。

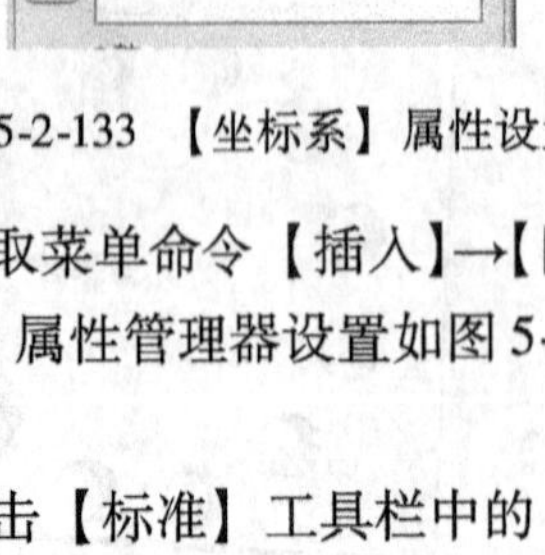

图 5-2-133　【坐标系】属性设置

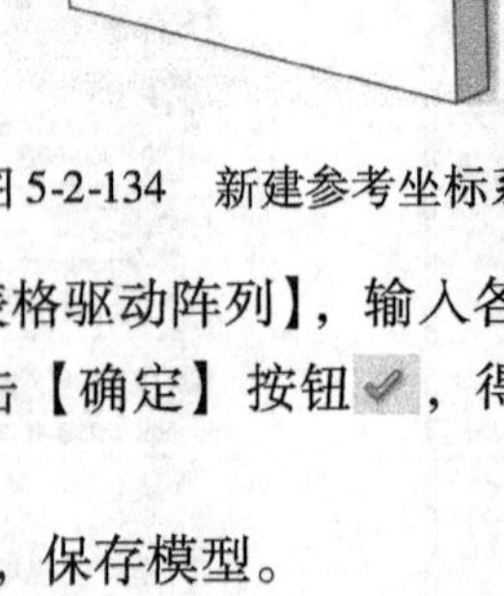

图 5-2-134　新建参考坐标系

4）选取菜单命令【插入】→【阵列/镜向】→【表格驱动阵列】，输入各点坐标值，【表格驱动阵列】属性管理器设置如图 5-2-135 所示，单击【确定】按钮，得到图 5-2-136 所示的模型。

5）单击【标准】工具栏中的【保存】图标，保存模型。

另：还可以单击图 5-2-135 中的【浏览】按钮，导入图 5-2-137 所示的 txt 文档，导入后如图 5-2-138 所示，也可生成图 5-2-136 所示的表格驱动阵列模型。

（4）草图驱动阵列　草图驱动阵列就是通过草图中的特征点来复制源特征的一种阵列方法。

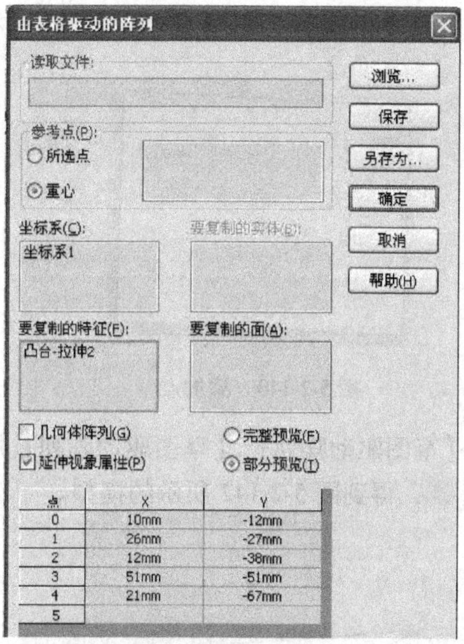

图 5-2-135　【由表格驱动的确阵列】属性设置

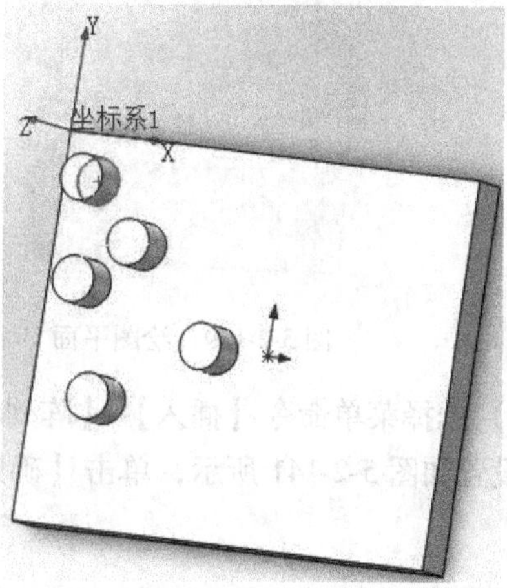

图 5-2-136　表格驱动阵列模型

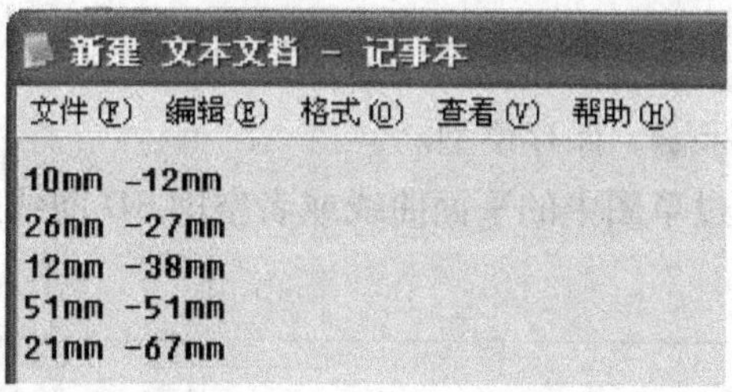

图 5-2-137　文本文档

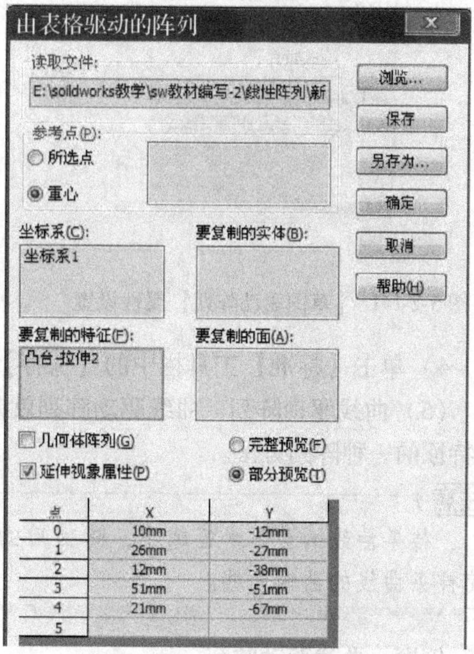

图 5-2-138　导入文本文档

例题：草图驱动阵列。

1）步骤同“表格驱动阵列步骤 1)、2)”。

2）选取图 5-2-139 所示的绘图平面，单击【草图绘制】按钮，添加若干点，得到图 5-2-140所示的草图。

图 5-2-139　绘图平面

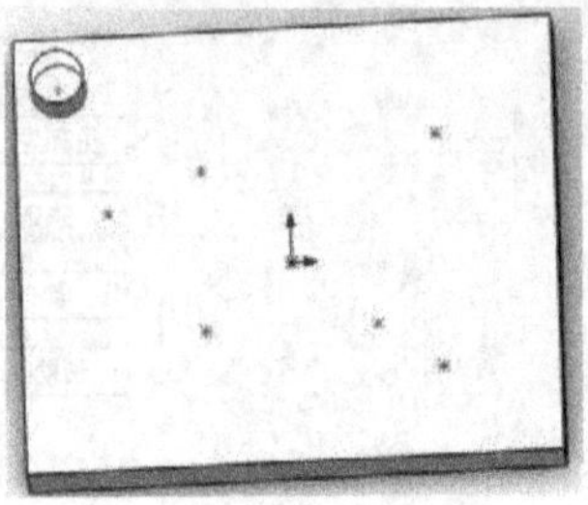

图 5-2-140　添加点

3）选择菜单命令【插入】→【阵列/镜向】→【草图驱动阵列】，【草图驱动阵列】属性管理器设置如图 5-2-141 所示，单击【确定】按钮，得到图 5-2-142 所示的模型。

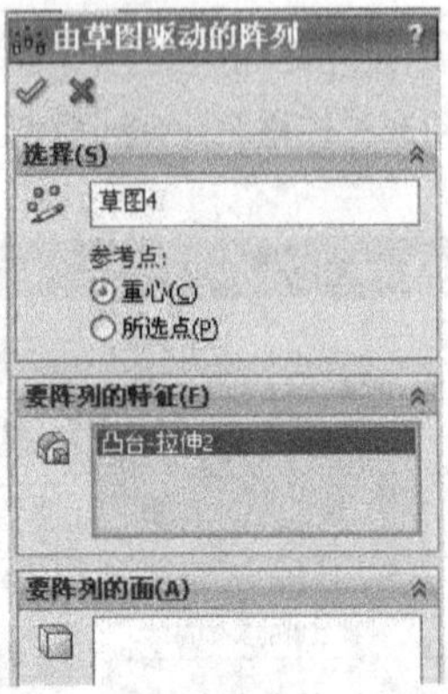

图 5-2-141　【草图驱动阵列】属性设置

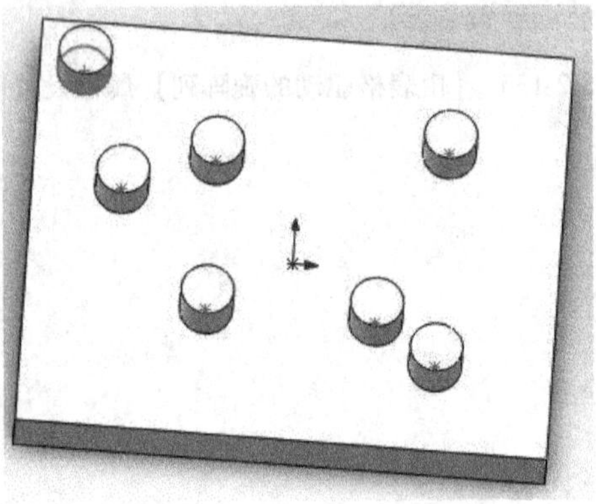

图 5-2-142　草图驱动阵列

4）单击【标准】工具栏中的【保存】图标，保存模型。

（5）曲线驱动阵列　曲线驱动阵列就是通过草图中的平面曲线或者空间 3D 曲线来复制源特征的一种阵列方法。

注意

样条曲线的曲率半径越小，阵列后的特征越可能相交在一起，如无特殊要求应尽量使样条曲线的曲率大些。

例题：曲线驱动阵列。

1）步骤同“表格驱动阵列步骤 1）、2）”。

2）选取图 5-2-143 所示的绘图平面，单击【草图绘制】按钮，单击【样条曲线】按钮绘制样条曲线，单击【确定】按钮，得到图 5-2-144 所示的草图。

3）选择菜单命令【插入】→【阵列/镜向】→【曲线驱动阵列】，【曲线驱动阵列】属性管理器设置如图 5-2-145 所示，单击【确定】按钮，得到图 5-2-146 所示的模型。

图 5-2-143 绘图平面

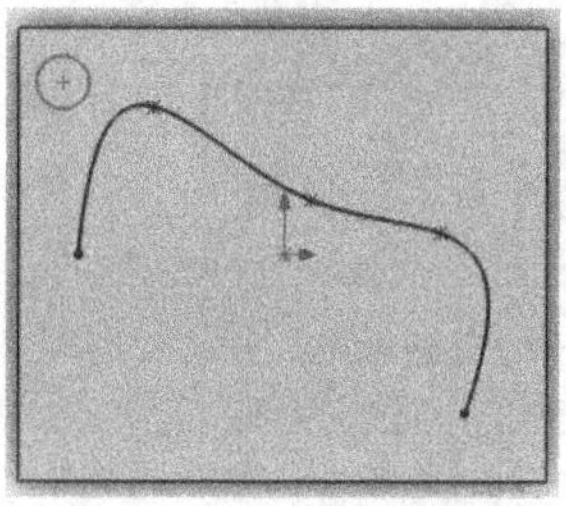

图 5-2-144 样条曲线

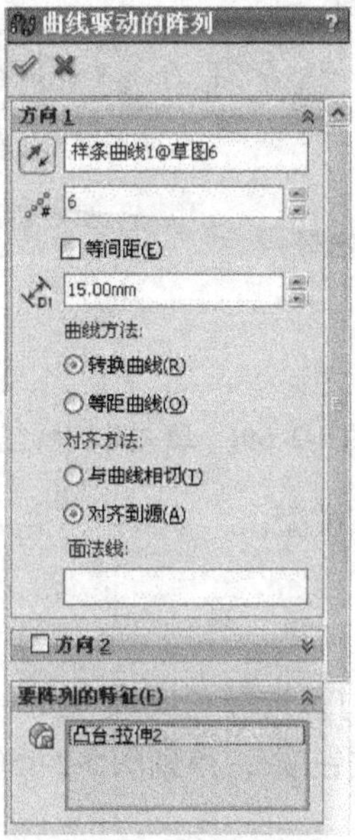

图 5-2-145 【曲线驱动阵列】属性设置

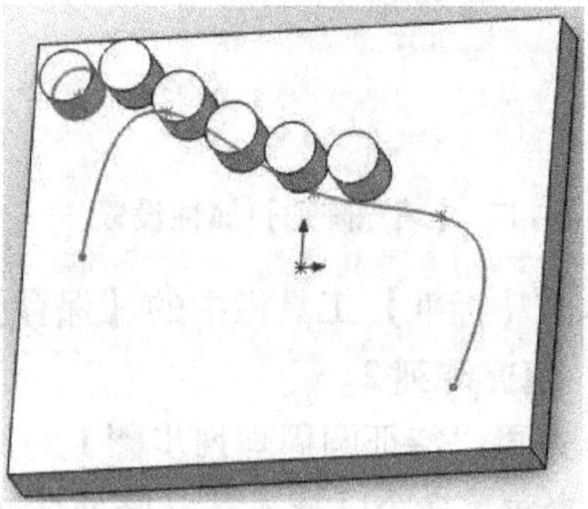

图 5-2-146 曲线驱动阵列

4）单击【标准】工具栏中的【保存】图标，保存模型。本例使用“转换曲线”来建立模型，读者可自己尝试“等距曲线”等方法来建立模型。

（6）填充阵列 填充阵列就是在限定的实体平面或草图区域中对源特征进行阵列的一种方法。

注意

➢有穿孔、圆周、方形、多边形等多种阵列布局可选，可以选择最合适的阵列布局，得到最满足要求的布局规律。

➢填充阵列可以生成所选特征，也可以生成源切。

例题：填充阵列 1。

1）步骤同“表格驱动阵列步骤 1）、2）”。

2）选择菜单命令【插入】→【阵列/镜向】→【填充阵列】，选择“方形阵列”布局，【填充阵列】属性管理器设置如图 5-2-147 所示，单击【确定】按钮，得到图 5-2-148 所示的模型。

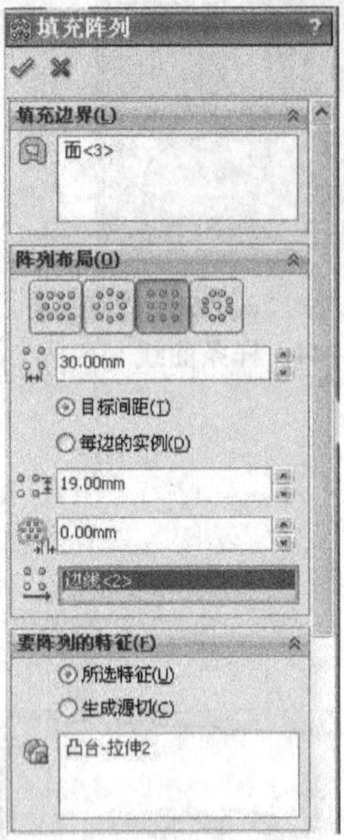

图 5-2-147　【填充阵列】属性设置

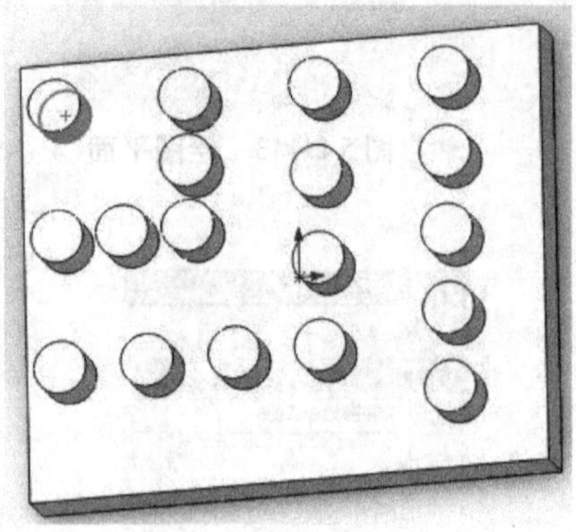

图 5-2-148　填充阵列特征

3）单击【标准】工具栏中的【保存】图标，保存模型。

例题：填充阵列 2。

1）步骤同“特征圆周阵列步骤 1）、2）”。

2）选择菜单命令【插入】→【阵列/镜向】→【填充阵列】，选择“圆周阵列”布局，【填充阵列】属性管理器设置如图 5-2-149 所示，单击【确定】按钮，得到图 5-2-150 所示的模型。

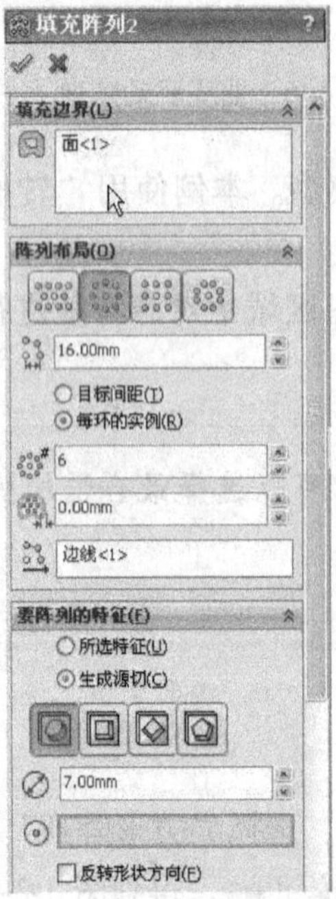

图 5-2-149　【填充阵列】属性设置

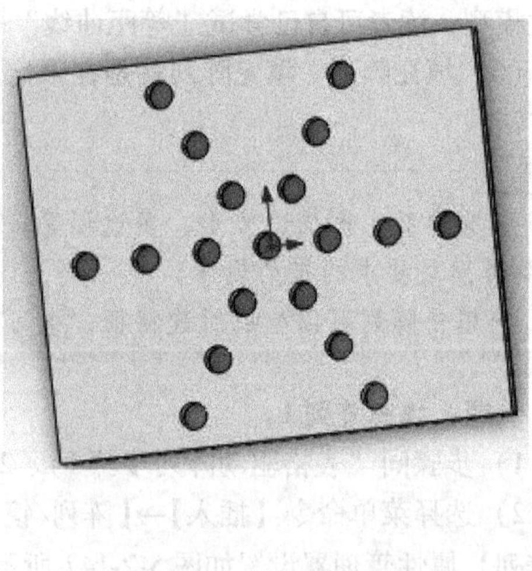

图 5-2-150　填充阵列

3）单击【标准】工具栏中的【保存】图标，保存模型。

3. 零部件阵列

在装配体设置窗口中，零部件阵列包括三种形式，即线性阵列、圆周阵列和特征驱动。

零部件的线性阵列是在装配体中沿着一个或两个方向复制源部件而生成的阵列；零部件的圆周阵列是在装配体中绕一根轴复制源零部件而生成的阵列，这两种阵列的属性设置与零件文件中的相同，但只有在装配体窗口中才能进行，其具体操作可以参照草图阵列和特征阵列的属性设置。在装配体中的特征驱动阵列会按照原装配特征完成指定零部件的装配。

5.2.4　镜向特征

镜向就是在平面的另一侧复制源实体或者创建实体，实体的创建依赖于原始实体，镜向特征随着源实体的改变而改变。除了草图中的镜向，在 SolidWorks 中还有镜向零件和镜向特征。

镜向零件的实现：选择菜单命令【工具】→【草图工具】→【镜向】。

镜向特征的实现：选择菜单命令【插入】→【阵列/镜向】→【镜向】。

镜向命令可以通过多种方式实现，这里仅介绍最基本的方法。

1. 镜向草图

镜向草图就是以草图实体为源目标来进行镜向复制的操作。镜向后可以包含源实体和镜向后的新实体，也可以只包含镜向后的新实体。在进行镜向时可以以任何类型的直线为对称中心进行镜向操作，而不仅仅是构造性直线。

例题：镜向草图。

1）单击【新建】按钮，建立一个新的零件文件。

2）选取"前视基准面"为草图绘制平面，绘制图 5-2-151 所示的矩形。单击【直线】按钮，绘制一条通过原点并与水平成 45°的直线，得到图 5-2-152 所示的直线。

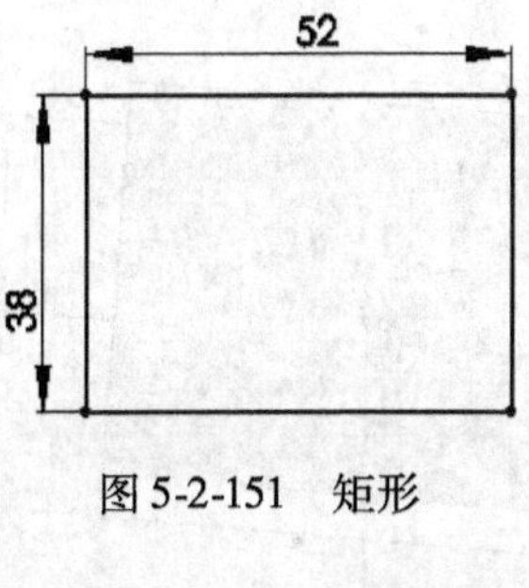

图 5-2-151　矩形

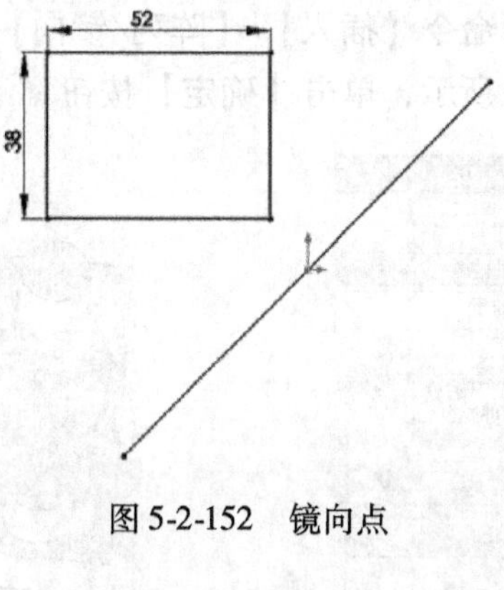

图 5-2-152　镜向点

3）单击【镜向】按钮，出现【镜向】属性管理器，属性设置如图 5-2-153 所示，得到图 5-2-154 所示的镜向草图 1，如不勾选"复制"复选框，则源实体会被镜向到目的位置，而源实体消失，如图 5-2-155 所示。

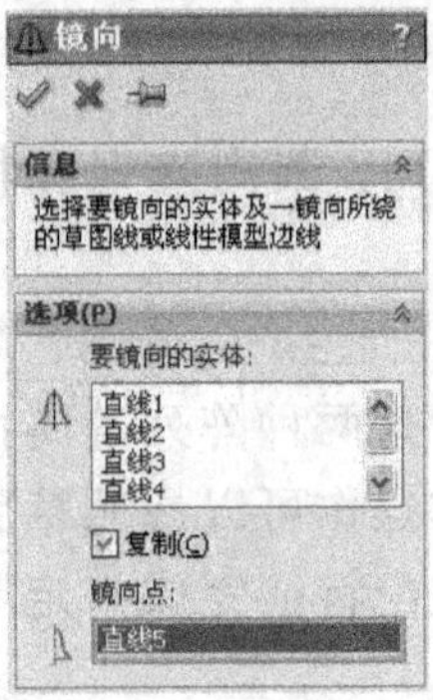

图 5-2-153　【镜向】属性设置

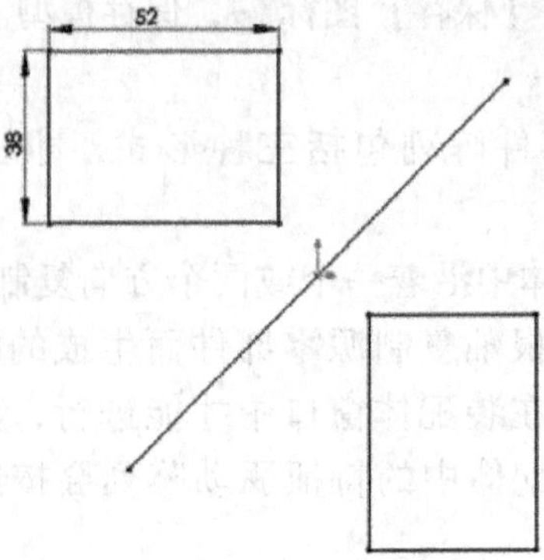

图 5-2-154　镜向草图 1

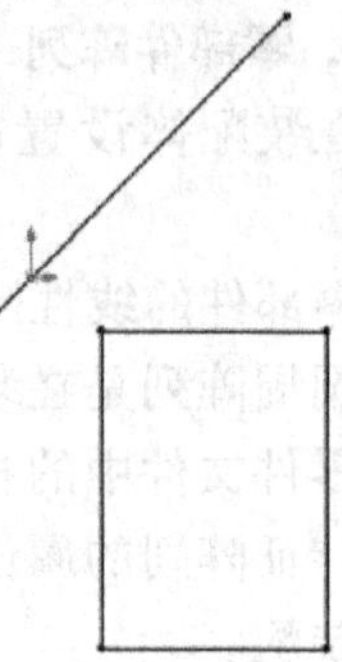

图 5-2-155　镜向草图 2

4）单击【标准】工具栏中的【保存】图标，保存模型。

2. 镜向特征

镜向特征是复制一个特征到一个平面或源平面表面的另一侧。复制后的特征与原始特征相关联，如果原始特征改变了，复制后的特征也会随之更新。

例题：镜向特征。

1）打开图 5-2-156 所示的原始模型，需要注意的是模型的平面中心为坐标原点。

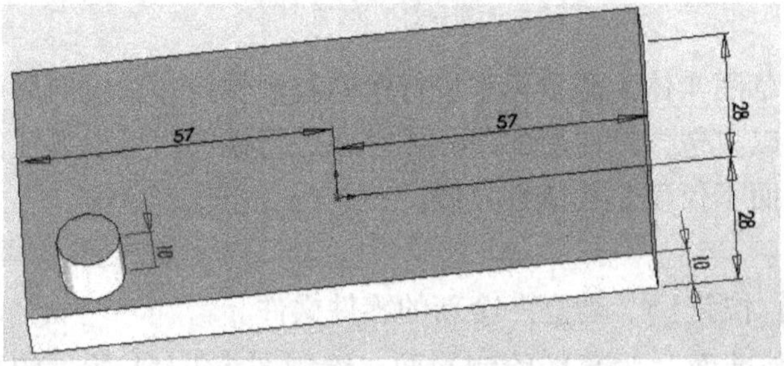

图 5-2-156　原始模型

2）选择菜单命令【插入】→【阵列/镜向】→【镜向】，出现【镜向】属性管理器，属性设置如图 5-2-157 所示，单击【确定】按钮，得到图 5-2-158 所示的模型。

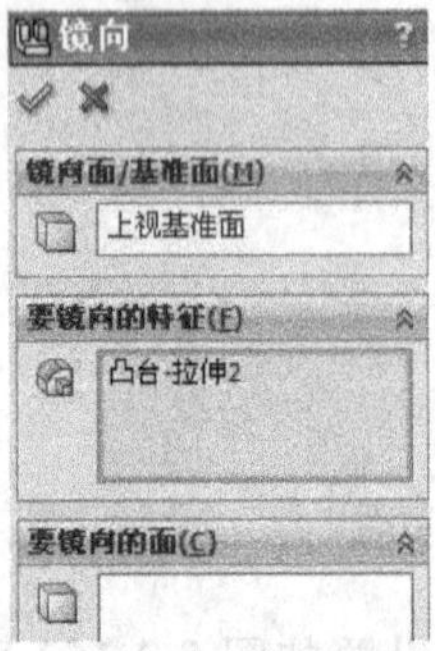

图 5-2-157　【镜向】属性设置（一）

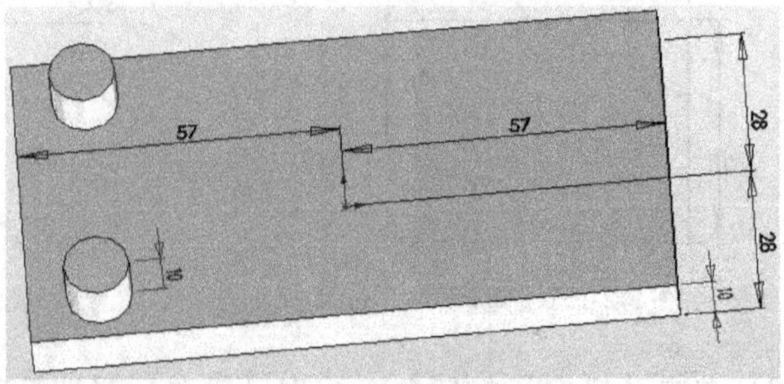

图 5-2-158　镜向（一）

3）再次镜向，属性设置如图 5-2-159 所示，单击【确定】按钮，得到图 5-2-160 所示的模型。

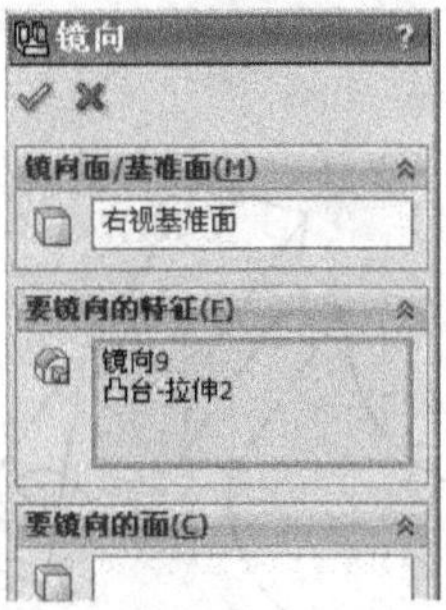

图 5-2-159　【镜向】属性设置（二）

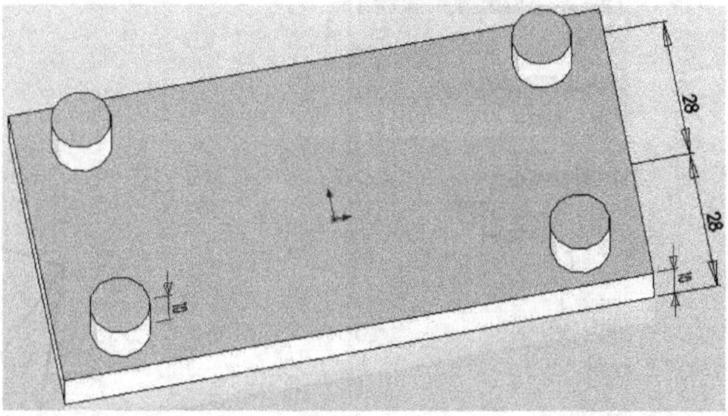

图 5-2-160　镜向（二）

4）单击【标准】工具栏中的【保存】图标，保存模型。

3. 镜向零部件

镜向零部件可以用来创建一个新零件，新创建的零件是一个以前构造并保存的零件的镜向。如果某一零件是对称结构，我们也可以使用镜向命令来镜向此创建零件的全部图元。

注意

对原始零件的修改会反映到镜向零件中。

例题：镜向零部件

1）单击【新建】按钮，建立一个新的零件文件。

2）选取“前视基准面”为草图绘制平面，使用【直线】、【三点圆弧】等命令绘制图 5-2-161所示的草图。单击【拉伸凸台】按钮，出现【拉伸凸台】属性管理器，输入给定深度“60mm”。在模型左侧平面上，通过【拉伸切除】命令，生成一个通孔，如图 5-2-162所示。

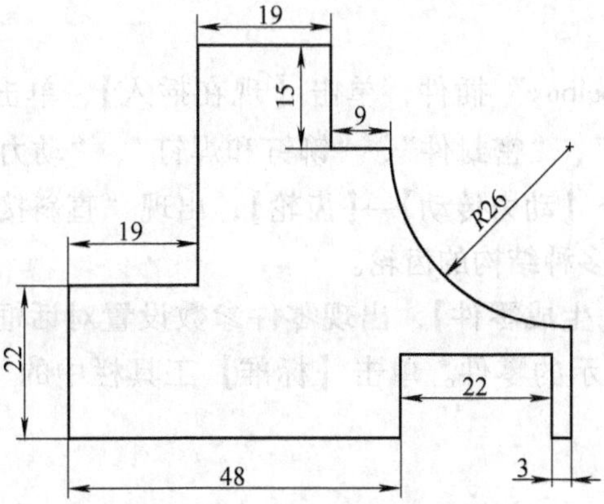

图 5-2-161　草图

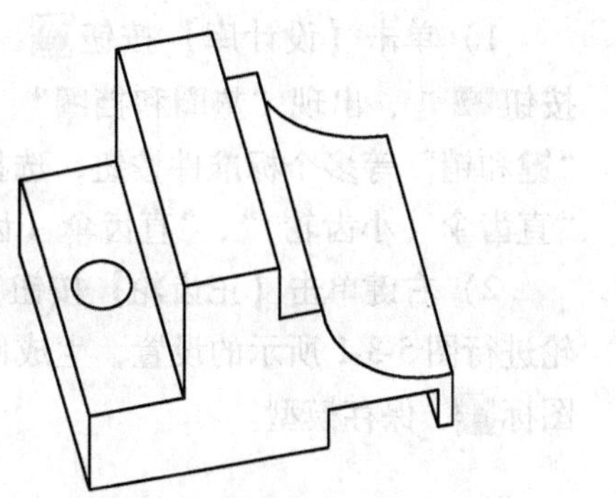

图 5-2-162　原始零件

3）选择菜单命令【插入】→【阵列/镜向】→【镜向】，其属性设置如图 5-2-163 所示，单击【确定】按钮，得到图 5-2-164 所示的模型。

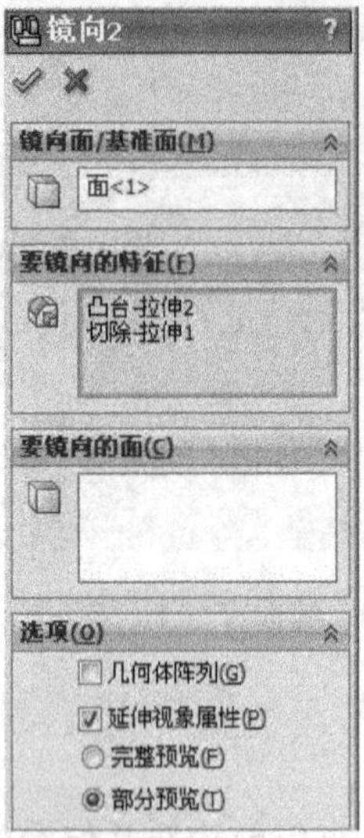

图 5-2-163　【镜向】属性设置

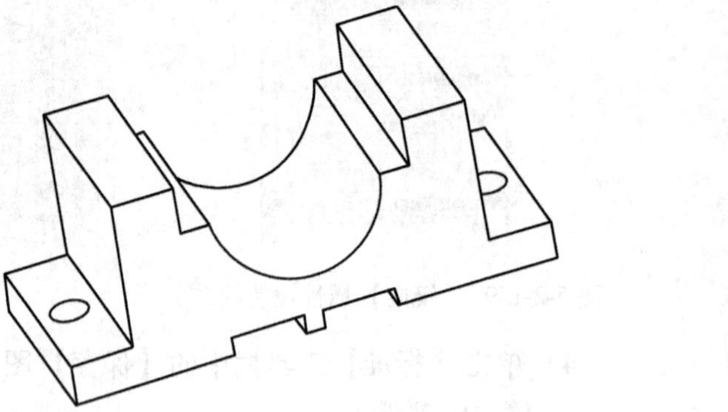

图 5-2-164　镜向零部件

4）单击【标准】工具栏中的【保存】图标，保存模型。

5.3　齿轮零件设计范例

5.3.1　直齿圆柱齿轮的设计

齿轮零件建模的重点是齿形（也就是齿廓曲线）的生成。目前在实际中应用最多的是渐开线齿轮，在此，我们主要通过例题对在 SolidWorks 中渐开线曲线的绘制加以分析研究。

1. “Toolbox”生成齿轮

在 SolidWorks 自带的“Toolbox”工具插件中有简化的“渐开线”齿轮的绘制方法，下面就来介绍一下这种方法。用这种建模方法可以制作出简化的渐开线齿轮。

例题：制作简化的渐开线齿轮。

1）单击【设计库】按钮，打开“Toolbox”插件，单击【现在插入】，单击【Gb】按钮 Gb，出现“垫圈和挡圈”、“结构件”、“密封件”、“铆钉和焊钉”、“动力传动”、“键和销”等多个标准件按钮，选择菜单命令【动力传动】→【齿轮】，出现“直斜接齿轮”、“直齿伞（小齿轮）”、“直齿伞（齿轮）”等多种结构的齿轮。

2）右键单击【正齿轮】按钮，单击【生成零件】，出现零件参数设置对话框，对齿轮进行图 5-3-1 所示的设置，生成图 5-3-2 所示的零件。单击【标准】工具栏中的【保存】图标，保存模型。

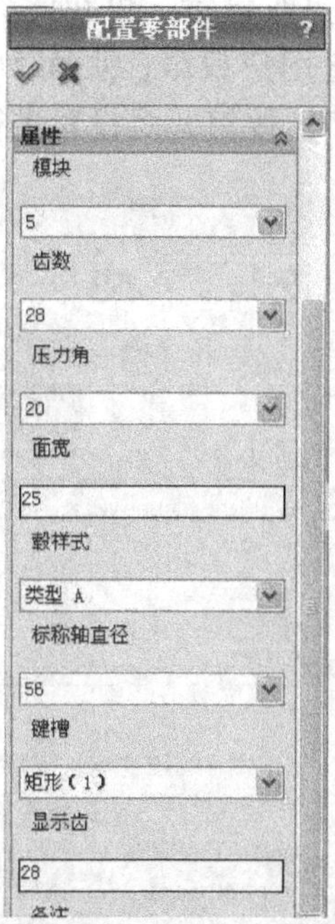

图5-3-1　属性设置

图5-3-2　直齿圆柱齿轮

3）如需要制作辐板式齿轮，可以使用【旋转切除】、【拉伸切除】、【圆周阵列】等命令来完成。通过一系列的设置，就可以得到想要的齿轮。如果还达不到自己的要求，还可以在现有的齿轮基础上进一步进行修改，这里不一一赘述。

另：直接单击【保存】，“Toolbox”会自动保存在安装目录下的“SolidWorks Data”文件夹下面的“CopiedParts”文件夹内。在右键单击生成零件的同时，会自动出现【Toolbox】属性管理器，共有五个页面，页面1如图5-3-3所示，为选择异型孔标准；页面2如图5-3-4

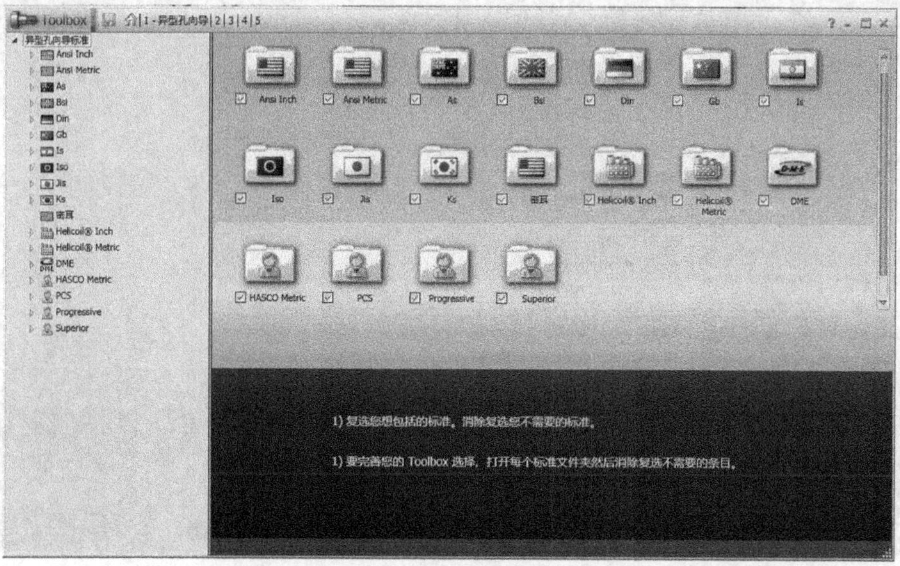

图5-3-3　异型孔设置向导

所示，为自定义五金件标准；页面 3 如图 5-3-5 所示，为用户更改设置，可在此页面完成零件模型保存路径的设置；页面 4 如图 5-3-6 所示，为用户设置用户权限；页面 5 如图 5-3-7 所示，为智能扣件设置。设置完成后单击页面左上角的【保存】按钮，对设置进行保存。

图 5-3-4　自定义五金件

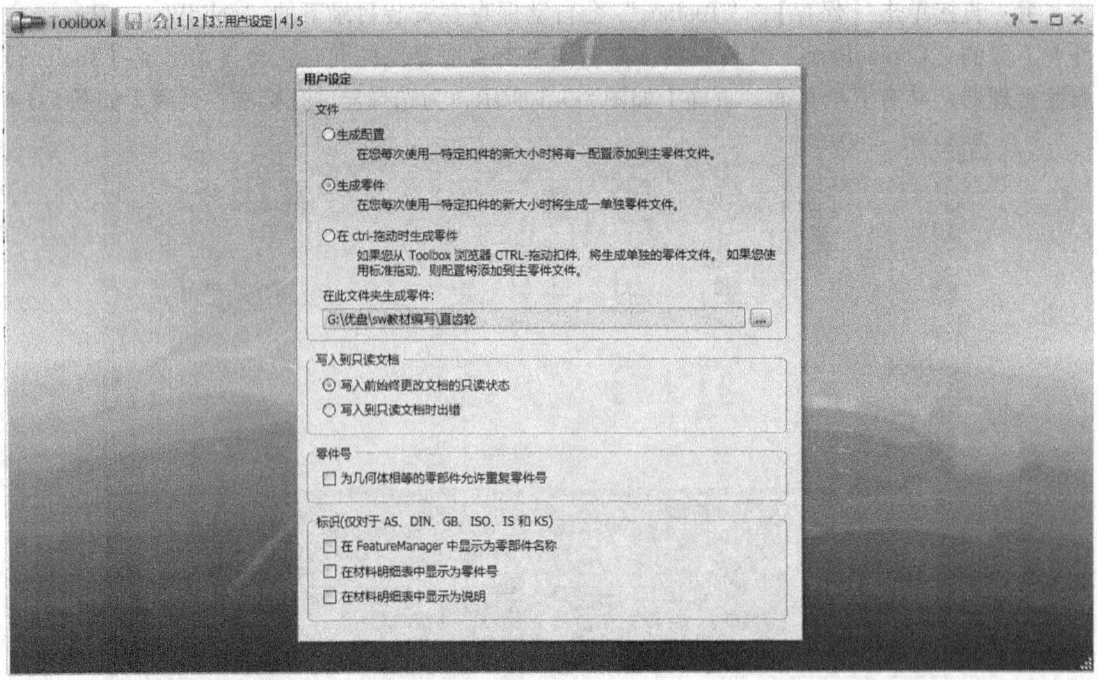

图 5-3-5　用户设置

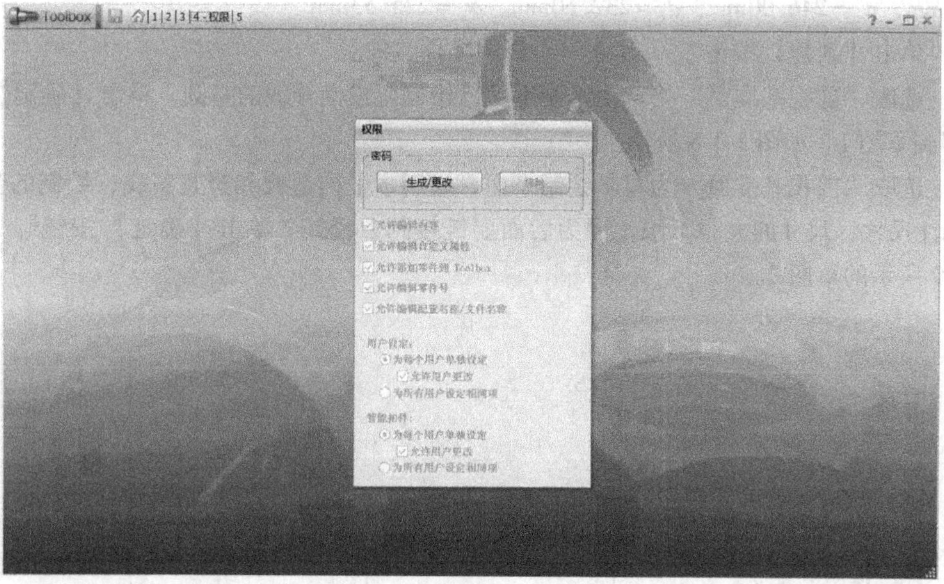

图 5-3-6　使用权限设置

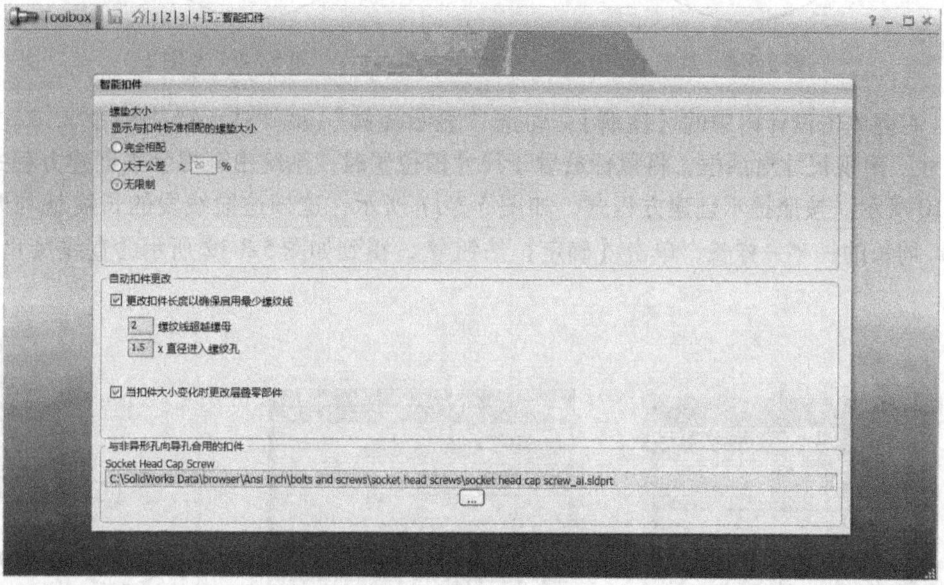

图 5-3-7　智能扣件设置

2. 曲面放样生成渐开线

曲面生成渐开线有很多种方法，曲面扫描、曲面放样等都可生成渐开线齿面，这里仅介绍曲面放样生成渐开线。

例题：建立模数 $m=3.00\text{mm}$，齿数 $z=80$ 的渐开线齿轮，轮齿边缘有倒角，轴心处有一个带键槽的轴孔。

分析：由公式 $d=mz$，$d_a=(z+2h_a^*)m$，$d_f=(z-2h_a^*-2c^*)m$，$d_b=d\cos\alpha$ 可知：$d=$

240. 00mm，$d_a = 246.00$mm，$d_f = 232.50$mm，$d_b = 225.53$mm。

1）单击【新建】按钮，建立一个新的零件文件。

2）选取“前视基准面”为草图绘制平面，绘制生成渐开线的基圆，单击【确定】按钮，得到草图 1，如图 5-3-8 所示。

3）选取“前视基准面”为草图绘制平面，绘制水平构造线和竖直实线，绘制的竖直实线需标注尺寸，尺寸的大小不限，因为后面要链接到方程式。单击【确定】按钮，得到图 5-3-9 所示的草图 2。

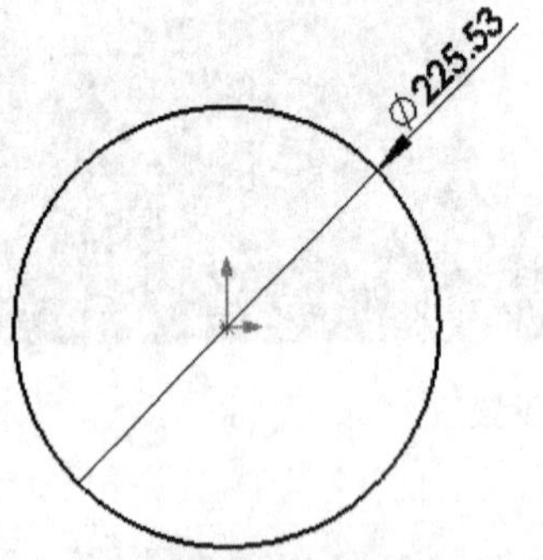

图 5-3-8　草图 1

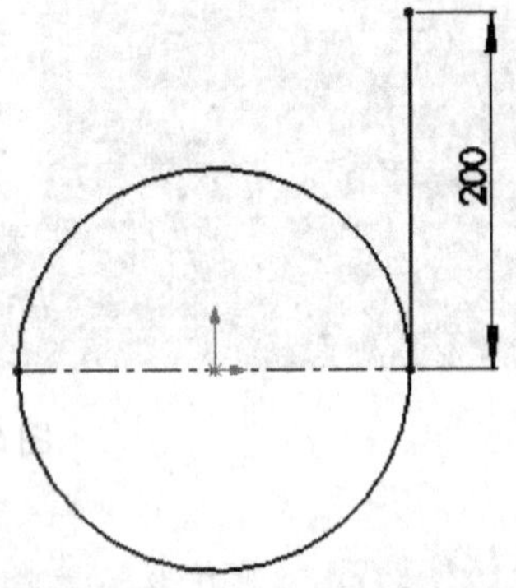

图 5-3-9　草图 2

4）右键单击设计树中的【注解】，勾选“显示注解”和“显示特征尺寸”。双击竖直线的尺寸，出现尺寸对话框，将鼠标放置于尺寸值位置时，系统出现提示来创建方程式，如图 5-3-10 所示。按照提示创建方程式，如图 5-3-11 所示，这样这段线段的长度就与开始圆（基圆）周长的一半一样长，单击【确定】按钮，得到如图 5-3-12 所示的直线尺寸。

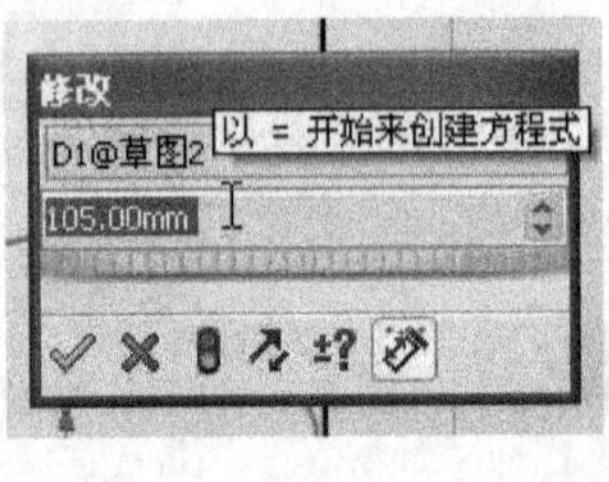

图 5-3-10　【修改尺寸】对话框

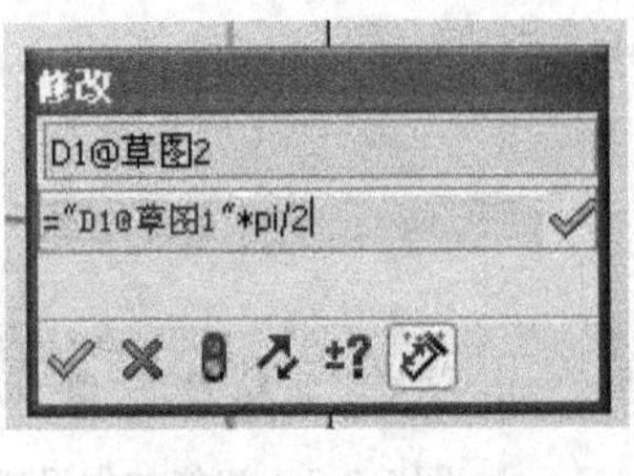

图 5-3-11　创建方程式

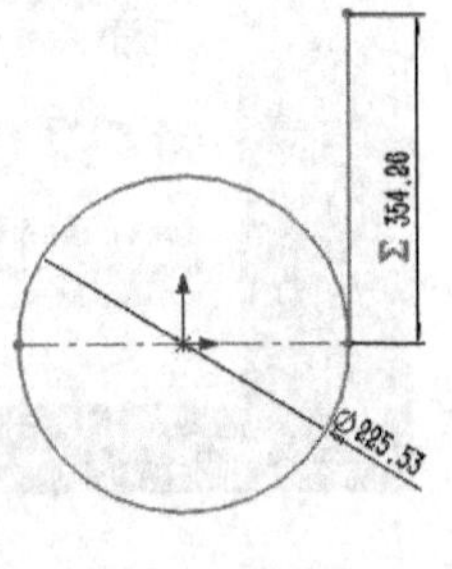

图 5-3-12　设定直线长度

5）选取“前视基准面”为草图绘制平面，单击【3 点圆弧】按钮，绘制一个半径与草图 1 中一样大的半圆，并且圆心重合，圆弧的两点分别与圆的两个点重合。单击【确定】按钮，得到图 5-3-13 所示的草图 3。

6）选取“前视基准面”为草图绘制平面，单击【草图绘制】按钮，单击【点】按钮，将点放置在草图 3 中圆弧的左侧端点处。单击【确定】按钮，得到图 5-3-14 所示的草图 4。

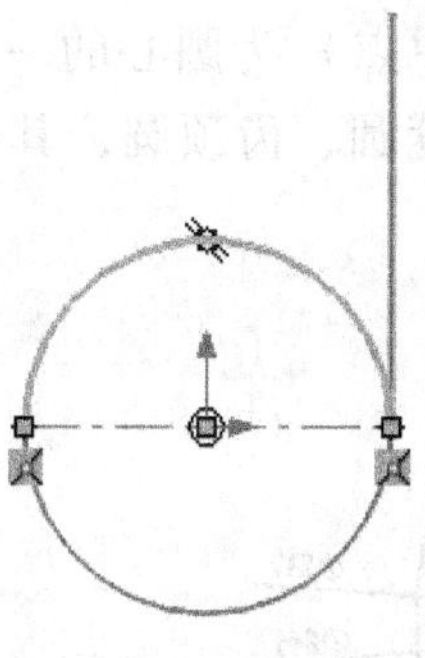

图 5-3-13　草图 3

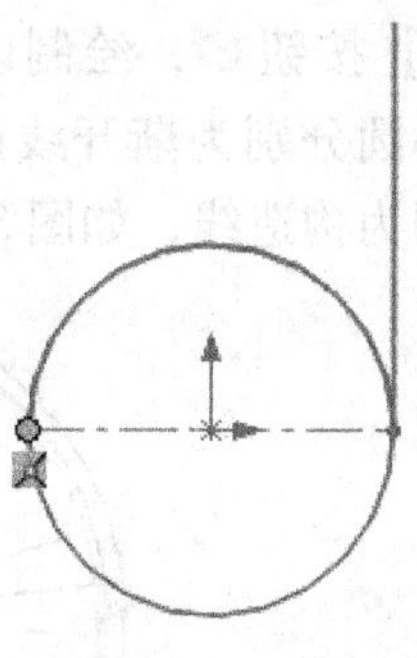

图 5-3-14　草图 4

7）选择菜单命令【插入】→【曲面】→【放样曲面】，出现【曲面-放样】属性管理器，属性设置如图 5-3-15 所示，单击【确定】按钮，得到的放样曲面如图 5-3-16 所示。其中“中心线参数”选项的作用是：使放样的两个轮廓（草图 2 和草图 4）之间形成的中间轮廓（曲面边线轮廓为渐开线）都是“中心线参数”（草图 3）的法线方向。

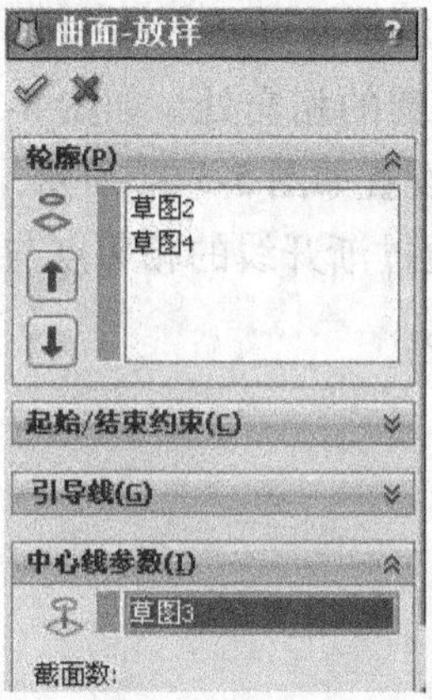

图 5-3-15　【曲面-放样】属性设置

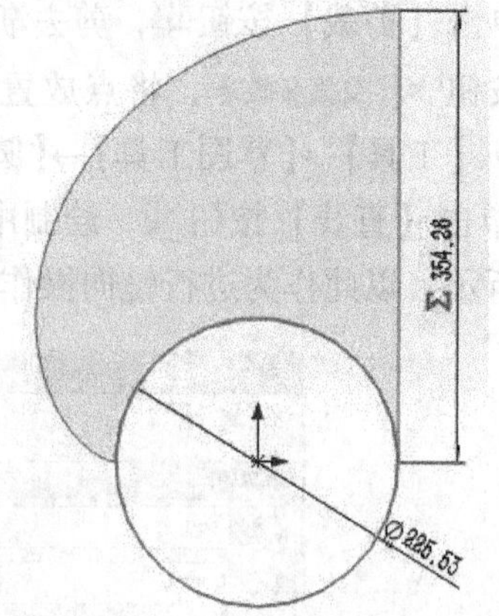

图 5-3-16　放样曲面

8）选取“前视基准面”为草图绘制平面，单击【草图绘制】按钮，单击【转换实体引用】按钮，出现属性管理器，选择渐开线曲面的边线，属性设置如图 5-3-17 所示。单击【退出】按钮，得到的转换实体如图 5-3-18 所示。右键单击形成的渐开线曲面，单击【隐藏】按钮，将渐开线曲面隐藏，得到图 5-3-19 所示的渐开线。

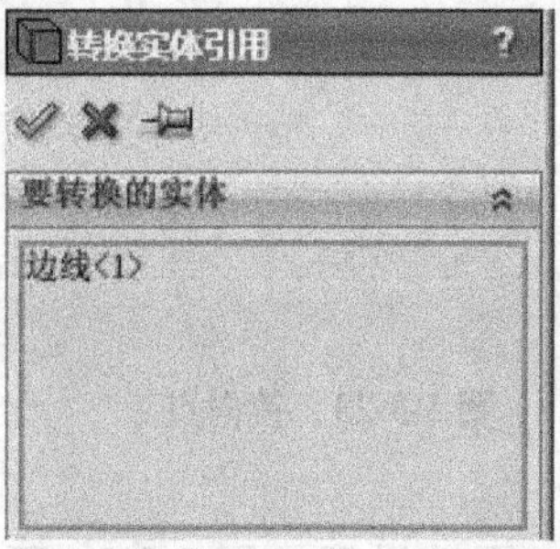

图 5-3-17　【转换实体引用】属性设置

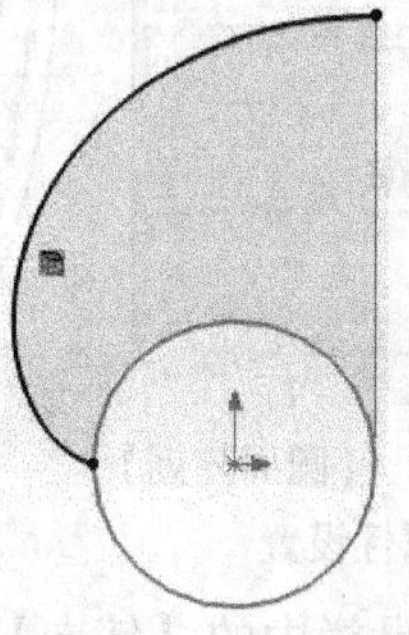

图 5-3-18　转换实体

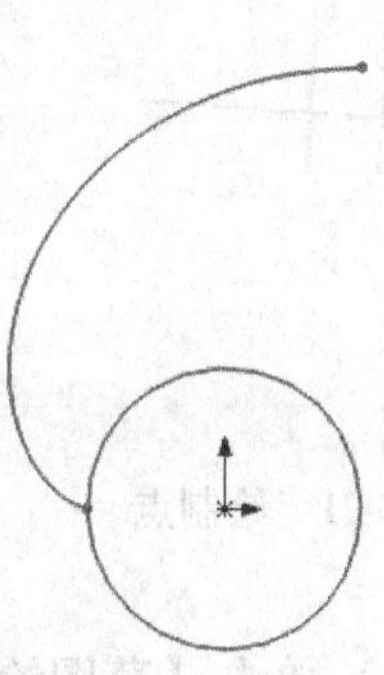

图 5-3-19　渐开线

9）单击【圆】按钮，绘制以基圆圆心（坐标原点）为圆心的一系列同心圆，并标注尺寸，这些同心圆分别为渐开线齿轮的齿根圆、分度圆、齿顶圆，其中分度圆不构成实体，故设置分度圆为构造线，如图 5-3-20 所示。

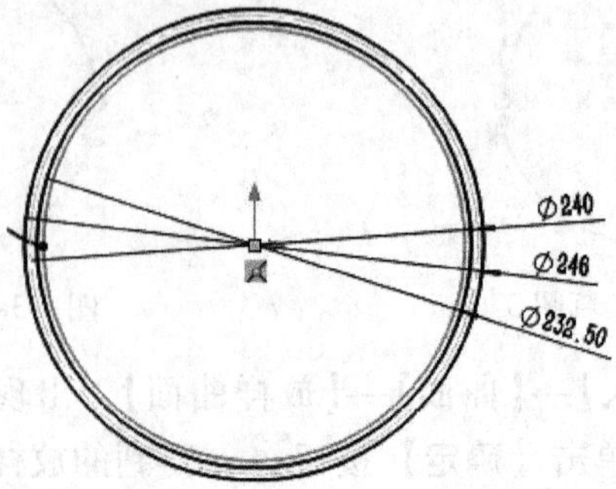

图 5-3-20　齿根圆、分度圆和齿顶圆

10）单击【剪裁】按钮，剪去渐开线上多余部分。单击【点】按钮，选择【交叉点捕捉】按钮 交叉点捕捉，将点放置在渐开线与分度圆的相交处，如图 5-3-21 所示。选择菜单命令【工具】→【草图工具】→【圆周阵列】，属性设置如图 5-3-22 所示，单击【确定】按钮。单击【直线】按钮，绘制中心线，并使其通过渐开线的相邻点与坐标原点，如图 5-3-23 所示，以此作为进行镜向操作时的镜向中心线。

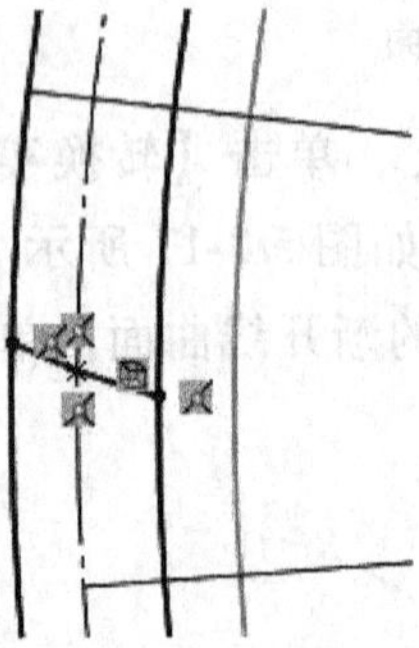

图 5-3-21　绘制点

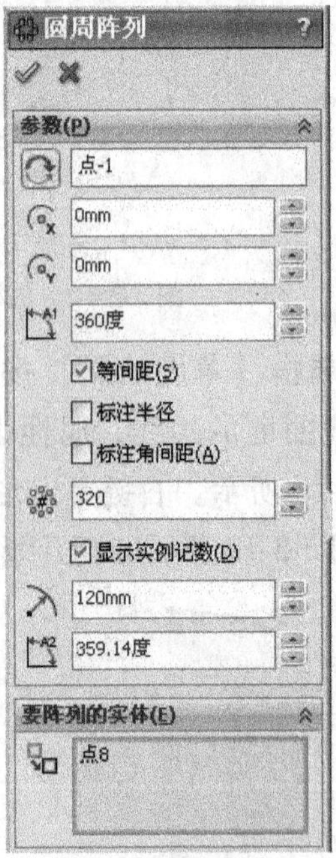

图 5-3-22　【圆周阵列】属性设置

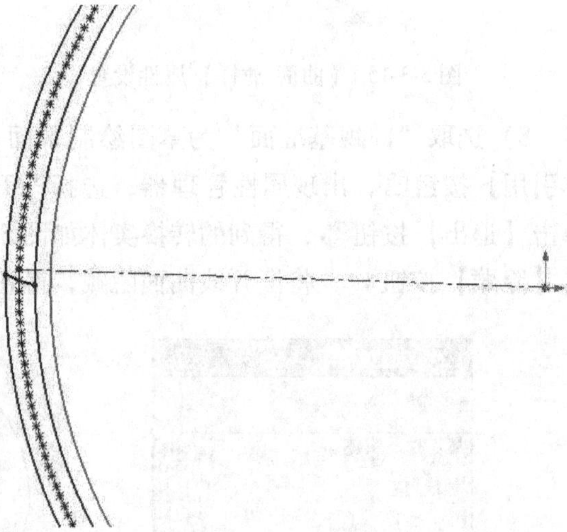

图 5-3-23　镜向点

11）单击【草图绘制】工具栏中的【镜向】按钮，属性设置如图 5-3-24 所示，单击【确定】按钮，得到图 5-3-25 所示的图形。单击【剪裁】按钮，剪去多余部分，得到

图 5-3-26 所示的图形。

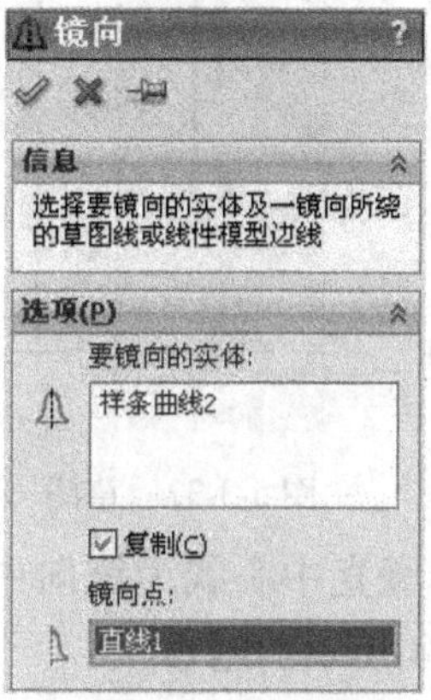

图 5-3-24 【镜向】属性设置

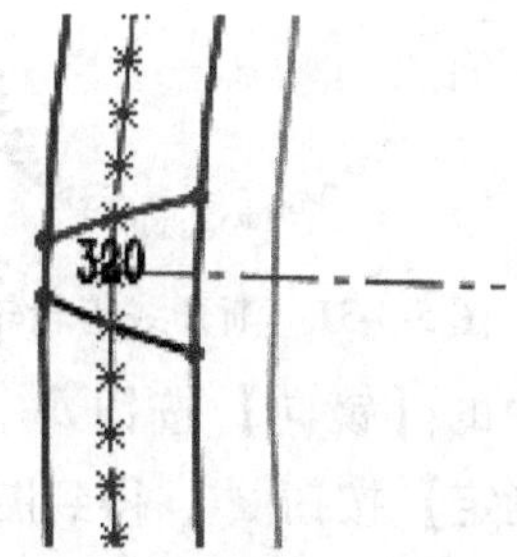

图 5-3-25　镜向

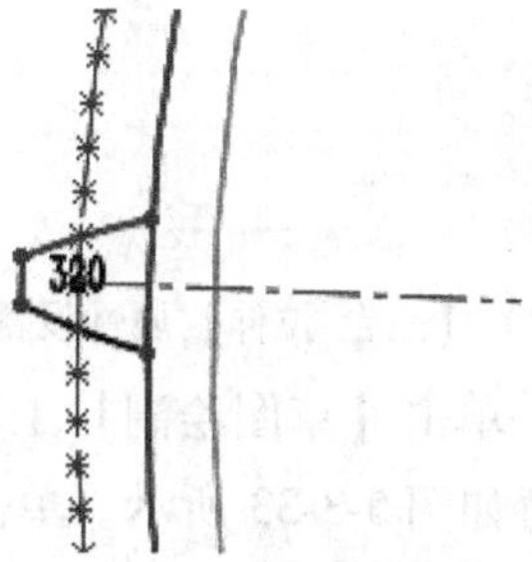

图 5-3-26　剪裁后轮齿

12）选择菜单命令【工具】→【草图工具】→【圆周阵列】，属性设置如图 5-3-27 所示，单击【确定】按钮，得到图 5-3-28 所示的图形。单击【剪裁】按钮，剪去多余部分，得到图 5-3-29 所示的图形。

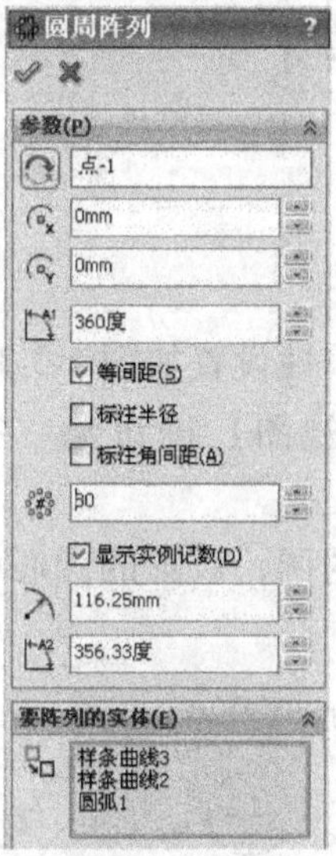

图 5-3-27 【圆周阵列】属性设置

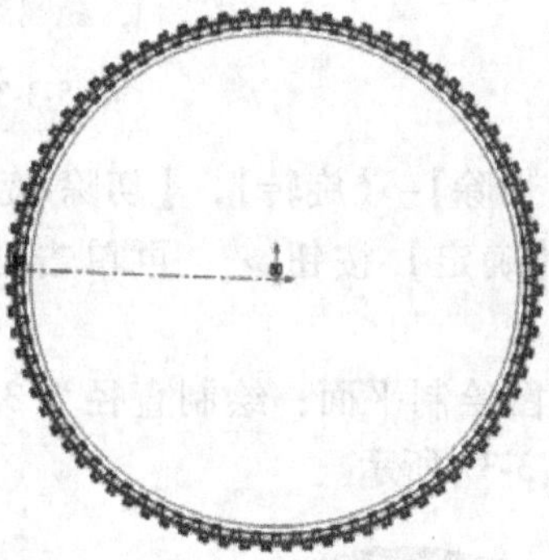

图 5-3-28　轮齿的圆周阵列

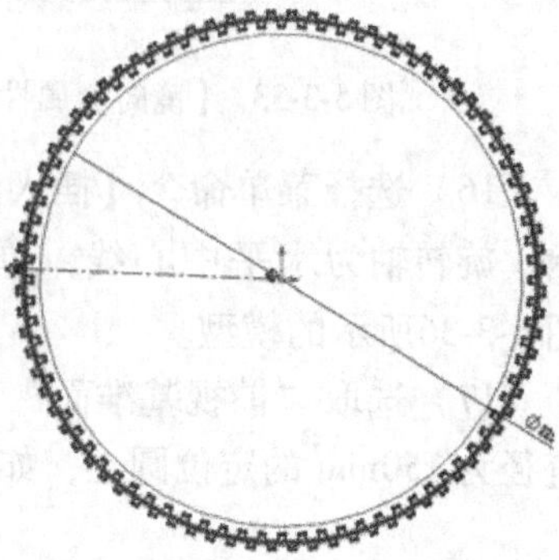

图 5-3-29　渐开线齿轮草图

13）单击【拉伸凸台】按钮，出现【凸台-拉伸】属性管理器，设置拉伸距离为 60mm，如图 5-3-30 所示，拉伸后得到的模型如图 5-3-31 所示。

14）选取“右视基准面”为草图绘制平面，单击【正视于】按钮，单击【剖面视图】按钮，单击【确定】按钮。再选取“右视基准面”，单击【草图绘制】按钮，绘制图 5-3-32 所示的草图。

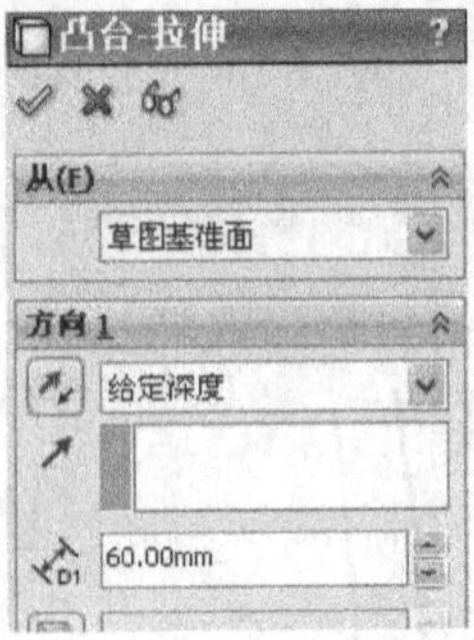

图 5-3-30 【凸台-拉伸】属性设置

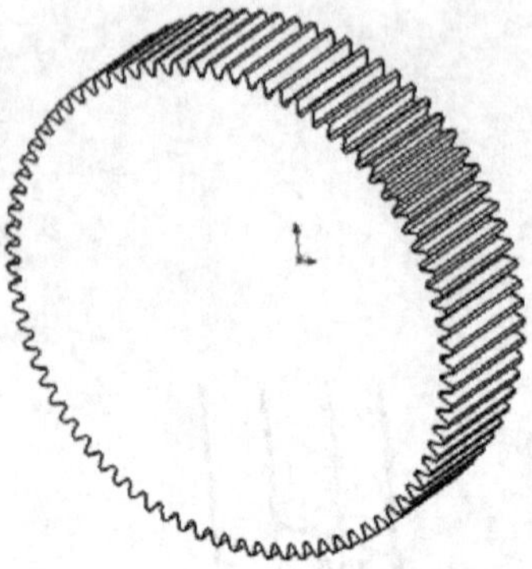

图 5-3-31 渐开线齿轮轮坯

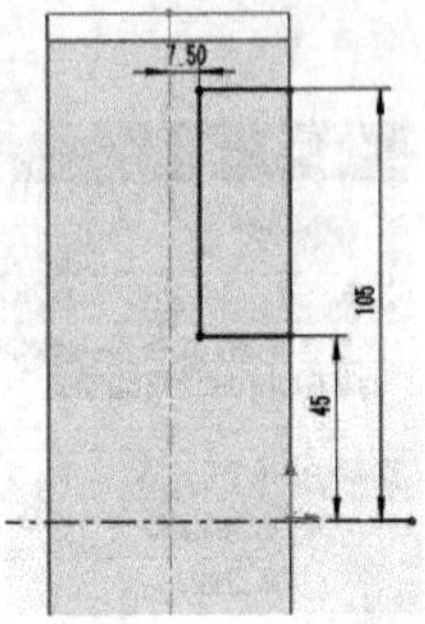

图 5-3-32 草图

15）单击【草图绘制】工具栏中的【镜向】按钮，选择竖直中心线为镜向中心线，属性设置如图 5-3-33 所示。单击【确定】按钮，得到图 5-3-34 所示的图形。

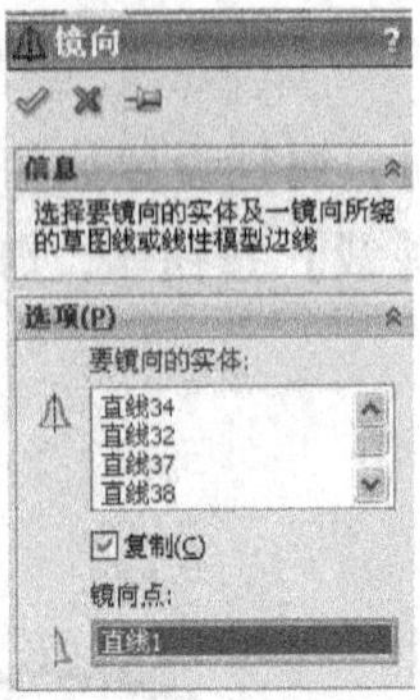

图 5-3-33 【镜向】属性设置

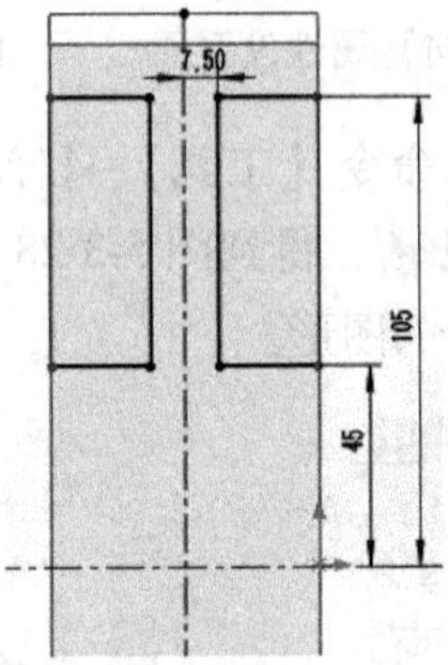

图 5-3-34 镜向

16）选择菜单命令【插入】→【切除】→【旋转】，【切除-旋转】属性设置如图 5-3-35 所示，旋转轴为水平中心线，单击【确定】按钮，再单击【剖面视图】按钮，得到图 5-3-36所示的模型。

17）选取“前视基准面”为草图绘制平面，绘制直径为 35mm 的圆，该圆的圆心位于直径为 150mm 的定位圆上，如图 5-3-37 所示。

图 5-3-35 【切除-旋转】属性设置

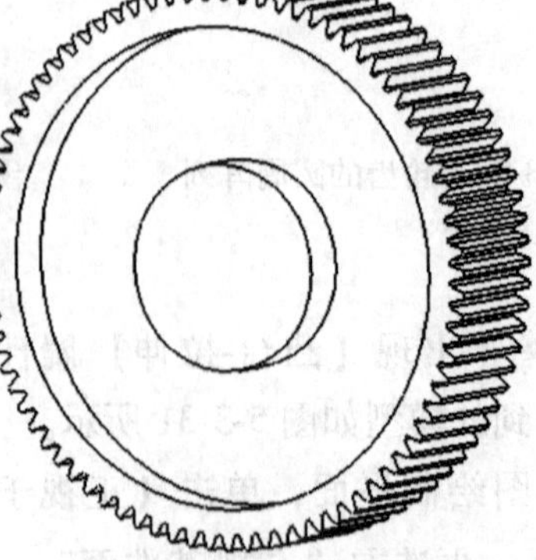

图 5-3-36 旋转切除

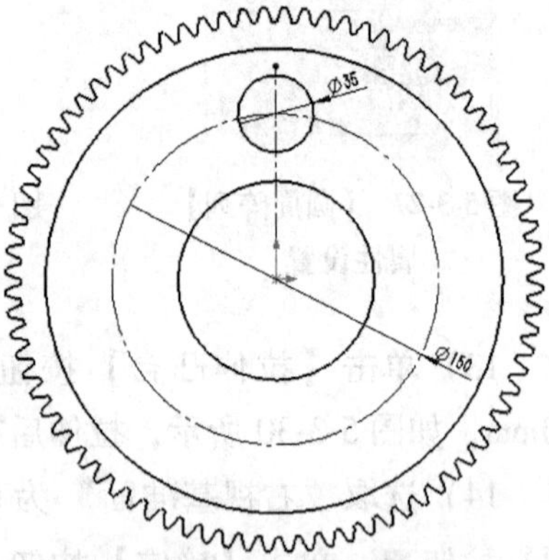

图 5-3-37 绘制圆

18）选取菜单命令【工具】→【草图工具】→【圆周阵列】，【圆周阵列】属性设置如图 5-3-38所示，单击【确定】按钮✓，效果如图 5-3-39 所示。

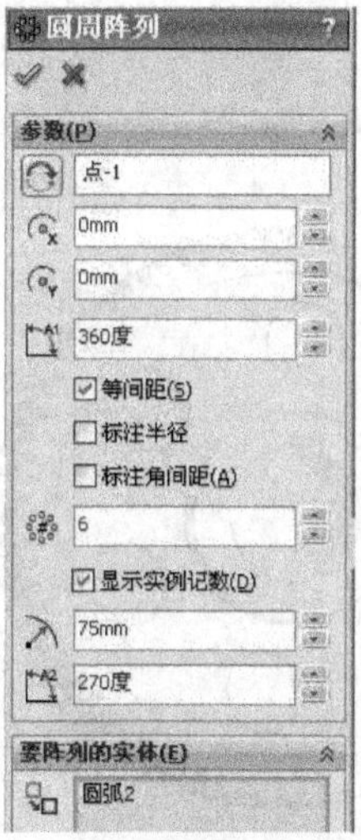

图 5-3-38　【圆周阵列】属性设置

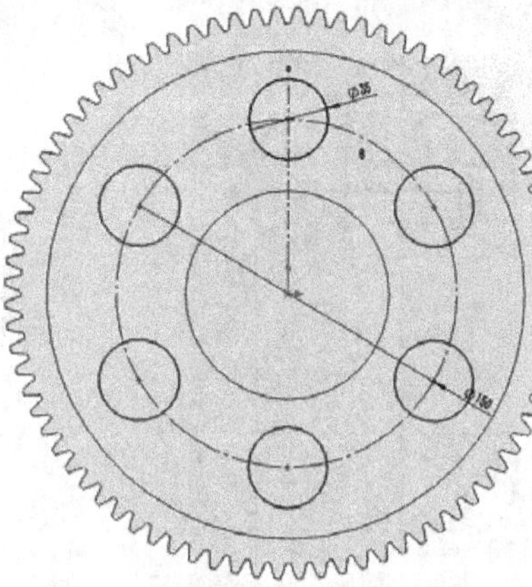

图 5-3-39　圆周阵列

19）单击【拉伸切除】按钮，设置“方向 1”为“反向”，“完全贯穿”，具体设置如图 5-3-40 所示，单击【确定】按钮✓，得到图 5-3-41 所示的模型。

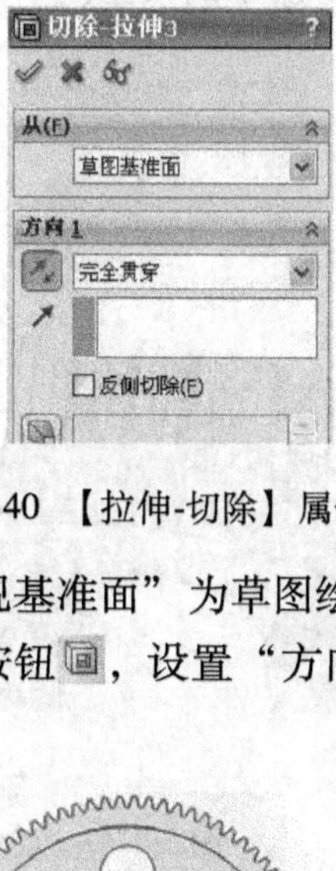

图 5-3-40　【拉伸-切除】属性设置

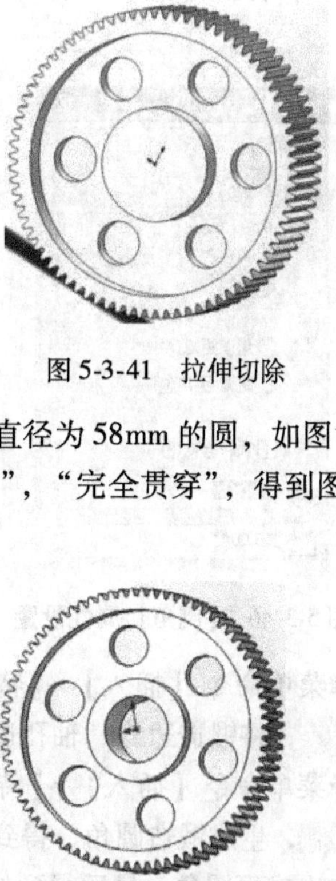

图 5-3-41　拉伸切除

20）选取“前视基准面”为草图绘制平面，绘制直径为 58mm 的圆，如图 5-3-42 所示。单击【拉伸切除】按钮，设置“方向 1”为“反向”，“完全贯穿”，得到图 5-3-43 所示的模型。

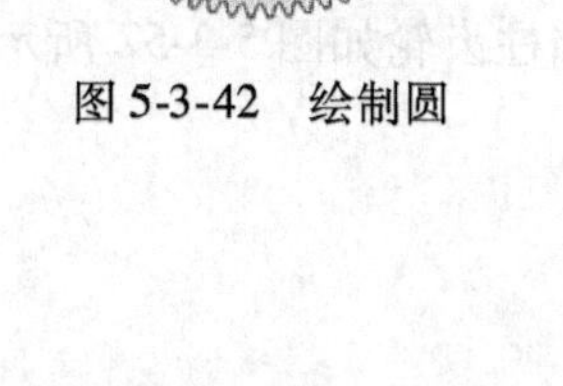

图 5-3-42　绘制圆

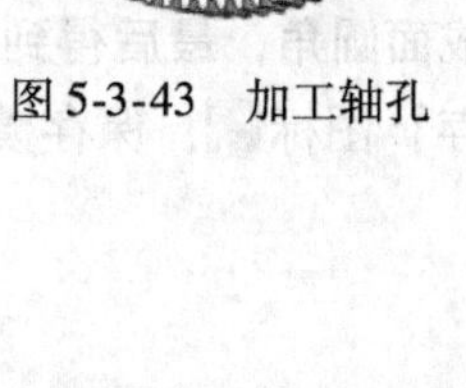

图 5-3-43　加工轴孔

21）选取“前视基准面”为草图绘制平面，应用【直线】、【3点圆弧】命令绘制图5-3-44所示的键槽。单击【拉伸切除】按钮，设置“方向1”为“反向”，“完全贯穿”，单击【确定】按钮，得到图5-3-45所示的模型。

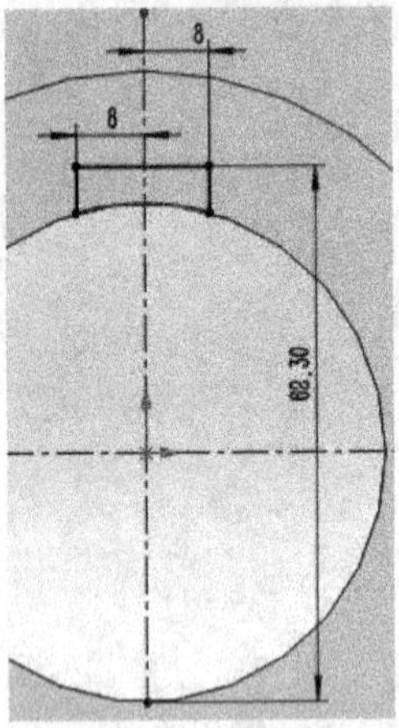

图5-3-44　键槽尺寸

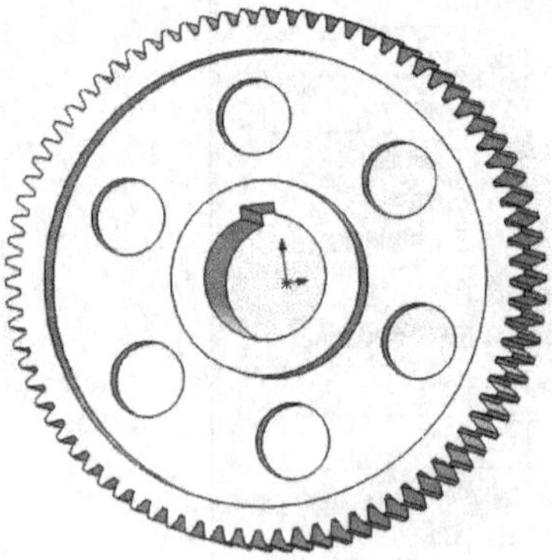

图5-3-45　加工键槽

22）选择菜单命令【插入】→【特征】→【倒角】，其属性设置如图5-3-46所示，单击【确定】按钮，将齿轮轮缘进行倒角，得到图5-3-47所示的模型。

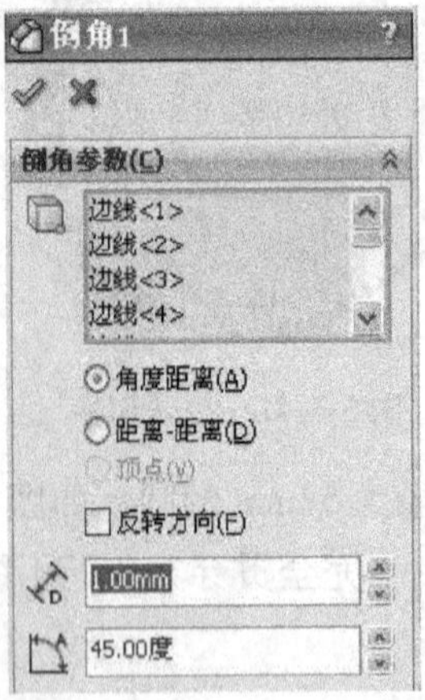

图5-3-46　【倒角】属性设置

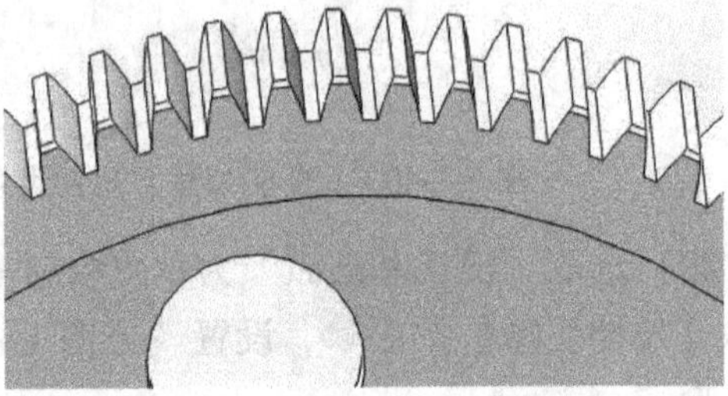

图5-3-47　轮缘倒角

23）选择菜单命令【插入】→【特征】→【倒角】，其属性设置如图5-3-48所示，单击【确定】按钮，将锻造边缘、轴孔进行倒角，得到图5-3-49所示的模型。

24）选择菜单命令【插入】→【特征】→【圆角】，其属性设置如图5-3-50所示，单击【确定】按钮，生成锻造圆角，得到图5-3-51所示的模型。

25）依次生成面圆角，最后得到的渐开线直齿圆柱齿轮如图5-3-52所示。单击【标准】工具栏中的【保存】图标，保存模型。

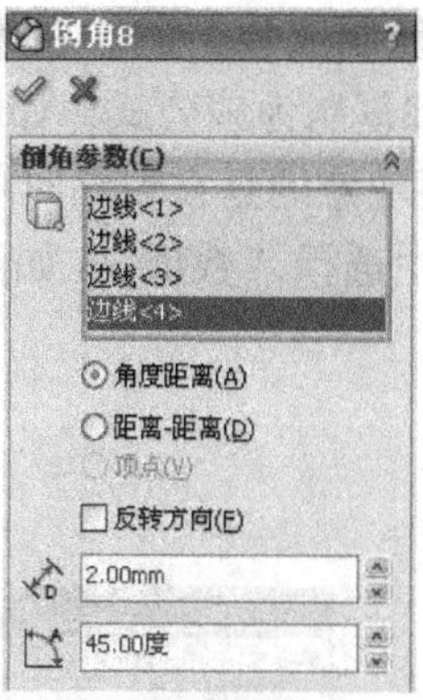

图 5-3-48　【倒角】属性设置

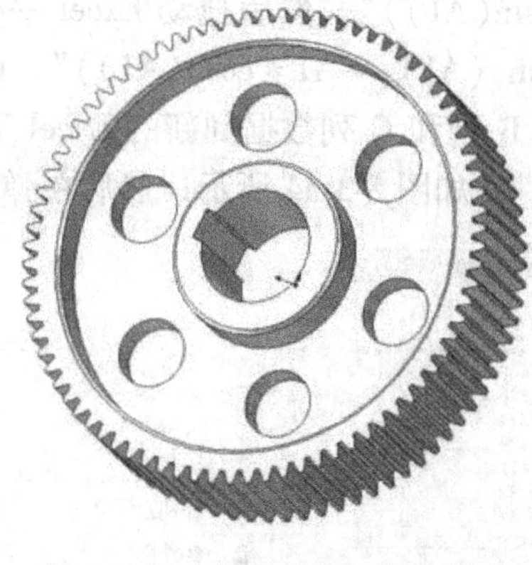

图 5-3-49　锻造边缘、轴孔倒角

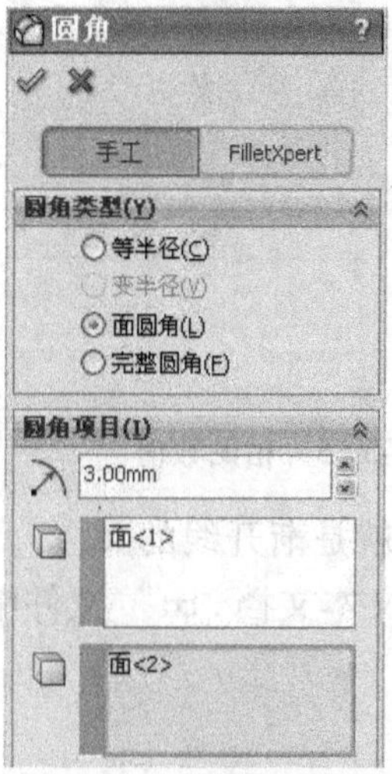

图 5-3-50　【圆角】属性设置

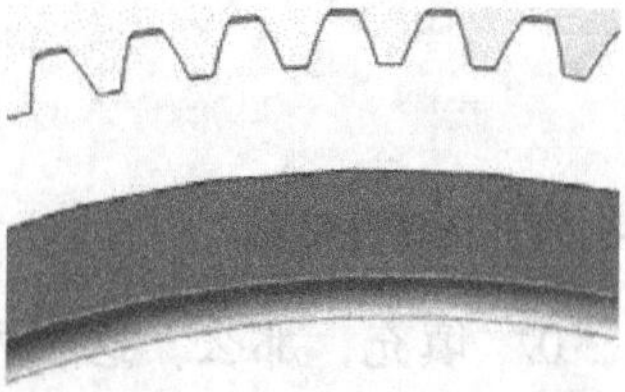

图 5-3-51　生成圆角

图 5-3-52　渐开线直齿圆柱齿轮

3. 插值法生成渐开线

SolidWorks 是基于 Windows 操作系统开发的，所以对于微软的程序比较兼容。本节讲述的插值法就是利用 Microsoft Excel 进行插值，然后再用 SolidWorks 的【通过 XYZ 点的曲线】命令生成渐开线。

例题：插值法生成渐开线。

1）新建一个 Excel 文档，在第一列第一行输入“0”，然后每往下一格增加 0.1 弧度，直到数值增加到 2.7 为止，以此来定义渐开线的区间。如果读者需要其他区间的渐开线，可以灵活修改，也可以通过控制每两个点之间的增量来控制渐开线的精度。

2）渐开线方程的笛卡儿坐标方程为

$$x = a(\cos\theta + \theta\sin\theta)$$
$$y = a(\sin\theta - \theta\cos\theta)$$

式中　a——基圆半径；

θ——极轴角度。

3）在本例题中令基圆半径 $r_a = 100\text{mm}$ ，则在文档的第二列输入公式 “ = 100 * （cos

(A1) + A1 * sin(A1))”，然后拖动 Excel 手柄将整列都复制成该公式。在第三列输入公式“ =100 * （sin （A1） - A1 * cos （A1））”，同样将整列都复制为该公式，如图 5-3-53 所示。

4）复制 B 列和 C 列数据到新的 Excel 工作表。需要注意的是在粘贴时单击右键，选择“选择性粘贴”，如图 5-3-54 所示；然后在弹出的对话框中选择“数值”，如图 5-3-55 所示。

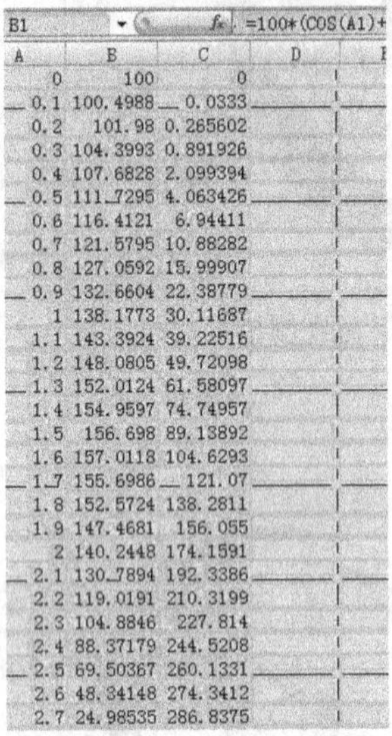
B1　=100*(COS(A1)+

A	B	C	D
0	100	0	
0.1	100.4988	0.0333	
0.2	101.98	0.265602	
0.3	104.3993	0.891926	
0.4	107.6828	2.099394	
0.5	111.7295	4.063426	
0.6	116.4121	6.94411	
0.7	121.5795	10.88282	
0.8	127.0592	15.99907	
0.9	132.6604	22.38779	
1	138.1773	30.11687	
1.1	143.3924	39.22516	
1.2	148.0805	49.72098	
1.3	152.0124	61.58097	
1.4	154.9597	74.74957	
1.5	156.698	89.13892	
1.6	157.0118	104.6293	
1.7	155.6986	121.07	
1.8	152.5724	138.2811	
1.9	147.4681	156.055	
2	140.2448	174.1591	
2.1	130.7894	192.3386	
2.2	119.0191	210.3199	
2.3	104.8846	227.814	
2.4	88.37179	244.5208	
2.5	69.50367	260.1331	
2.6	48.34148	274.3412	
2.7	24.98535	286.8375	

图 5-3-53　生成 Excel 数据

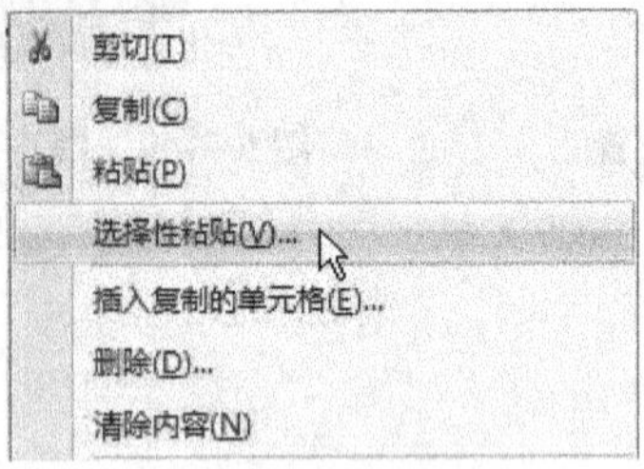

图 5-3-54　选择性粘贴

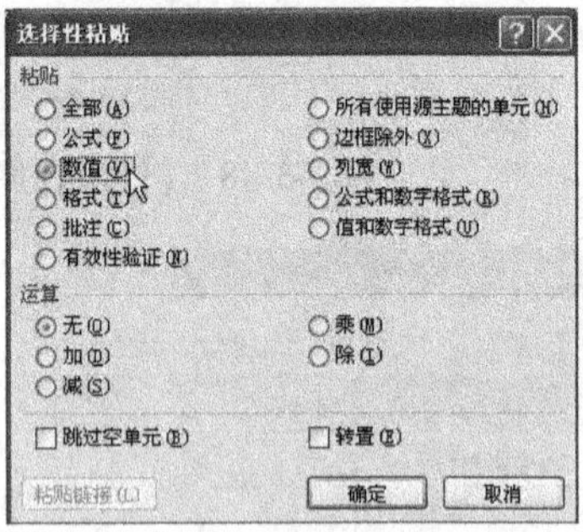

图 5-3-55　粘贴数值

5）再将新表格的第三列全部用“0”填充，那么，这三列数据就是渐开线的 *X*、*Y*、*Z* 的坐标值，如图 5-3-56 所示。选中这些数值，将其复制到新建的“文本文档 . txt”文件中，并进行保存。

6）单击【新建】按钮，建立一个新的零件文件。

7）选取【前视基准面】为草图绘制平面，绘制一个直径为 200mm 的圆为生成渐开线的基圆，单击【确定】按钮，得到基圆，如图 5-3-57 所示。

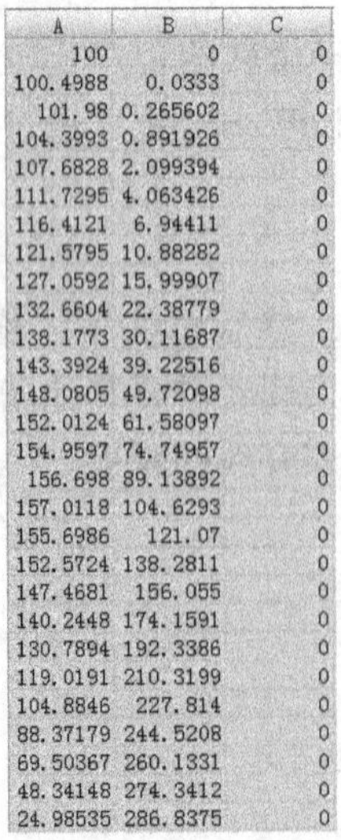

A	B	C
100	0	0
100.4988	0.0333	0
101.98	0.265602	0
104.3993	0.891926	0
107.6828	2.099394	0
111.7295	4.063426	0
116.4121	6.94411	0
121.5795	10.88282	0
127.0592	15.99907	0
132.6604	22.38779	0
138.1773	30.11687	0
143.3924	39.22516	0
148.0805	49.72098	0
152.0124	61.58097	0
154.9597	74.74957	0
156.698	89.13892	0
157.0118	104.6293	0
155.6986	121.07	0
152.5724	138.2811	0
147.4681	156.055	0
140.2448	174.1591	0
130.7894	192.3386	0
119.0191	210.3199	0
104.8846	227.814	0
88.37179	244.5208	0
69.50367	260.1331	0
48.34148	274.3412	0
24.98535	286.8375	0

图 5-3-56　各点位移坐标

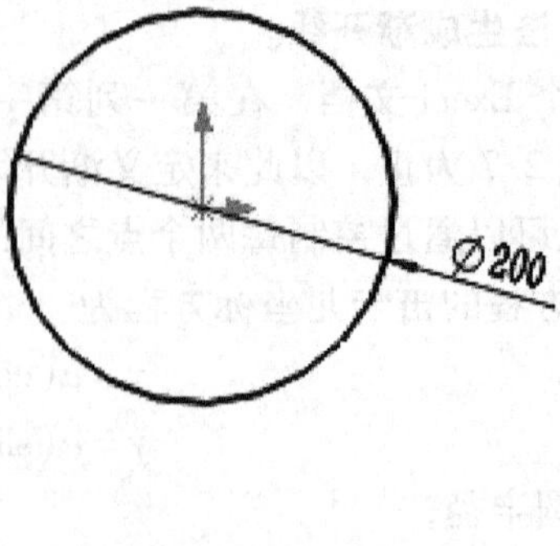

图 5-3-57　基圆

8）选择菜单命令【插入】→【曲线】→【通过 XYZ 点的曲线】，出现属性设置对话框，单击【浏览】按钮，在打开的【文件类型】下拉列表中选择“Text Files”，如图 5-3-58 所示，导入步骤 5 生成的文本文档，如图 5-3-59 所示。单击【保存】→【确定】按钮，则会生成所需的渐开线，如图 5-3-60 所示。

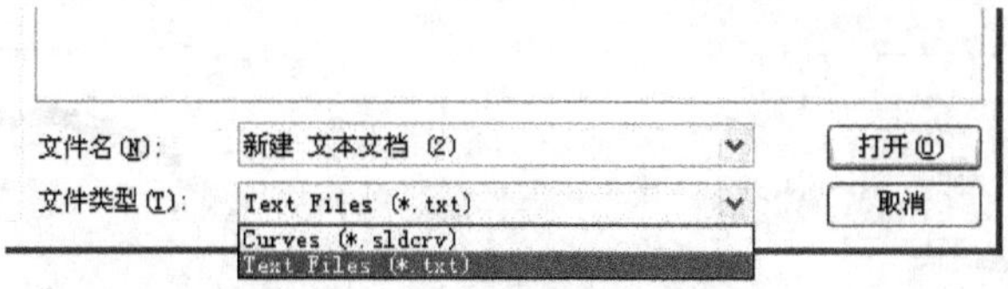

图 5-3-58　选择文件类型

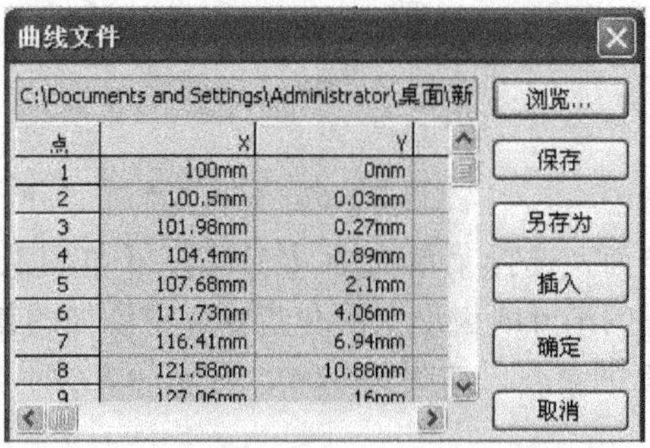

图 5-3-59　导入曲线文件

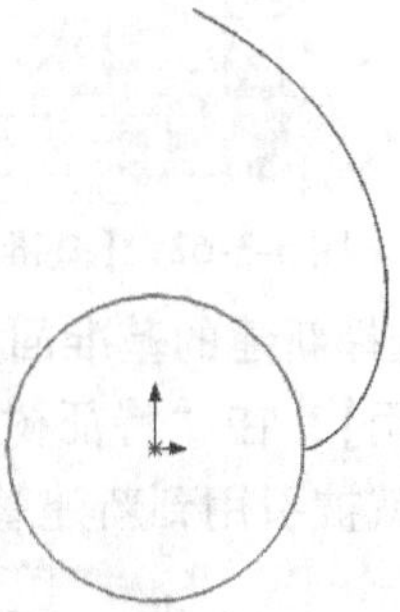

图 5-3-60　生成渐开线

9）由生成的渐开线可以制作出渐开线齿轮，其步骤同“2. 曲面放样生成渐开线”中步骤 9）～25），这里不再赘述。

5.3.2　斜齿圆柱齿轮的设计

在课程设计过程中，使用的斜齿渐开线齿轮可以通过自带的“Toolbox”工具插件来完成，建模方法和直齿渐开线齿轮相同。如果使用渐开线来制作斜齿圆柱齿轮，则在绘制好齿轮轮廓草图后不能采用拉伸凸台特征来构建齿轮实体，而是要在另一基准面上创建旋转一定角度后的齿廓草图，然后利用放样特征来建立三维实体。其他的实体建模过程与上一节直齿轮的建模过程基本相同。

例题：斜齿圆柱齿轮建模，螺旋角为 10°。

分析：与直齿圆柱齿轮相比，不同的是斜齿轮两端的齿廓有一定角度的扭转偏差，这在建模过程中需要注意。为简便起见，该模型的模数和齿数与上一节的直齿圆柱齿轮相同，轴孔的尺寸形状以及倒角的形式也都一样。

1）渐开线的生成和齿轮轮廓草图的生成同“2. 曲面放样生成渐开线”中的步骤 1）～12）。

2）单击工具栏中的【点】按钮，在一个齿轮轮廓上添加一个点，单击【确定】按钮，得到图 5-3-61 所示图形。

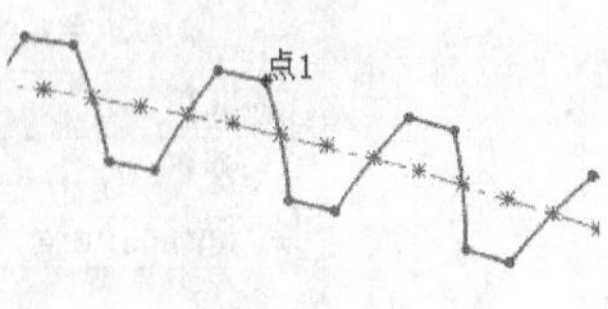

图 5-3-61　添加参考点

3）单击【参考几何体】按钮→【基准面】按钮，出现【基准面】属性管理器，其属性设置如图 5-3-62，得到基准面 1，如图 5-3-63 所示。新建基准面与原基准面之间的距离为 60mm，也就是斜齿轮的齿宽为 60mm。

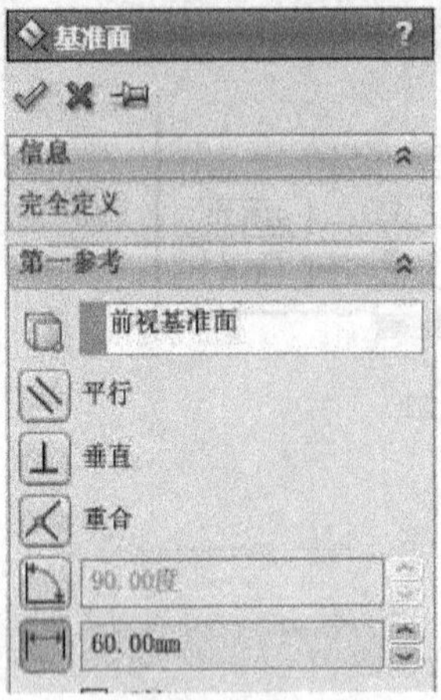

图 5-3-62 【基准面】属性设置

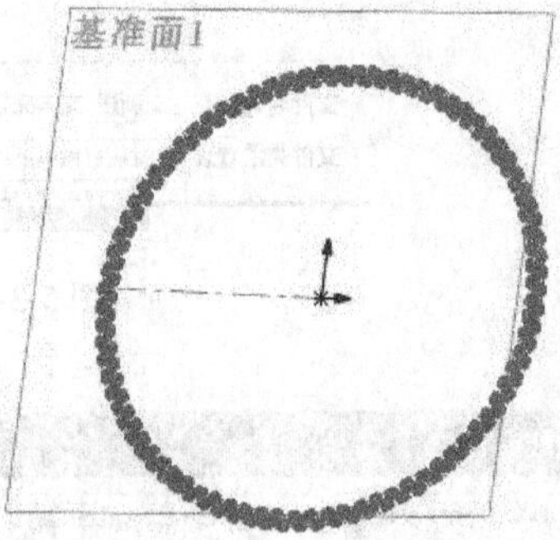

图 5-3-63 新建基准面

4）选择新建的基准面为草图绘制基准面，选择菜单命令【工具】→【草图工具】→【转换实体引用】，在“特征树”中选择已建好的渐开线齿形草图和步骤 2 中添加的参考点，则所选元素就被引用到新建基准面中，形成新的草图，如图 5-3-64、图 5-3-65 所示。

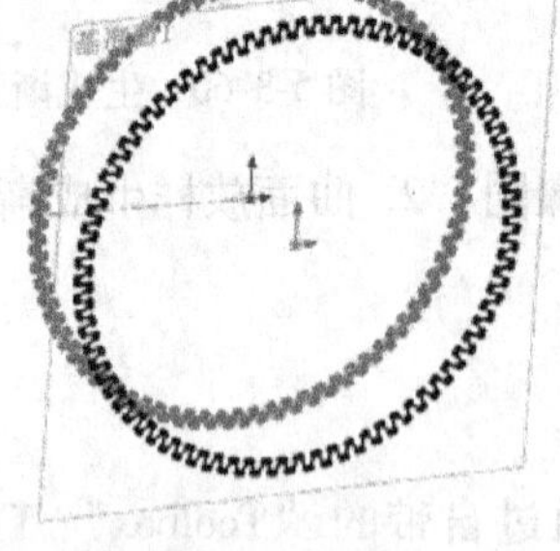

图 5-3-64 新建渐开线齿轮轮廓线

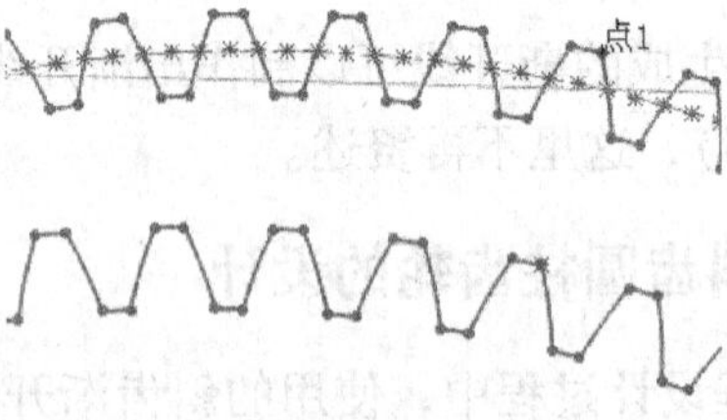

图 5-3-65 引用到新草图的参考点

5）选择菜单命令【工具】→【草图工具】→【旋转】，出现【旋转】属性管理器，属性设置如图 5-3-66 所示，单击【确定】按钮，退出草图绘制，得到图 5-3-67 所示的图形。

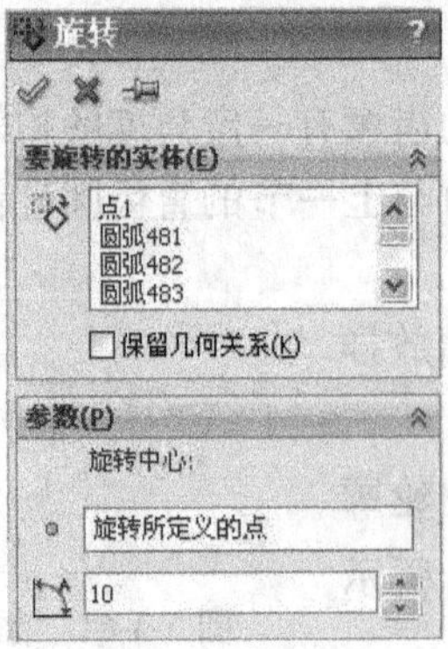

图 5-3-66 【旋转】属性设置

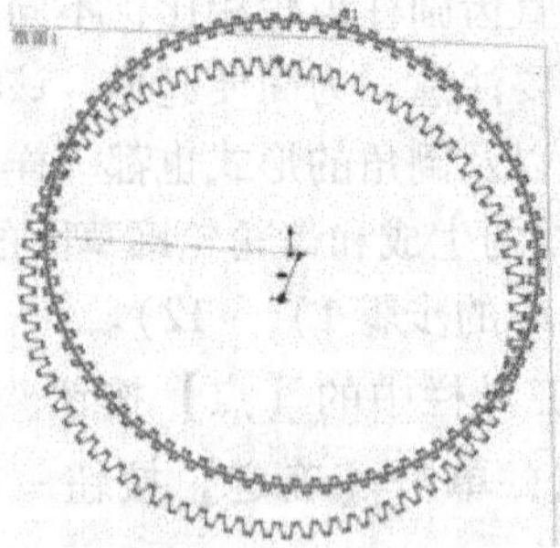

图 5-3-67 旋转草图

6）选择菜单命令【插入】→【凸台/基体】→【放样】，出现【放样】属性管理器，选择轮廓时需注意，需要连选对应参考点所在轮齿的同侧，如图 5-3-68 所示，其属性设置如图 5-3-69 所示。单击【确定】按钮，建立放样特征。分别右键单击图中的“新建基准面”和“参考点”，将其隐藏，便得到图 5-3-70 所示模型。

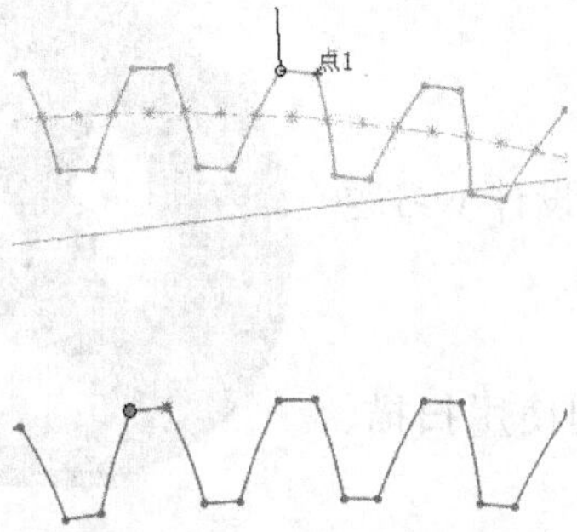

图 5-3-68　放样点的选择

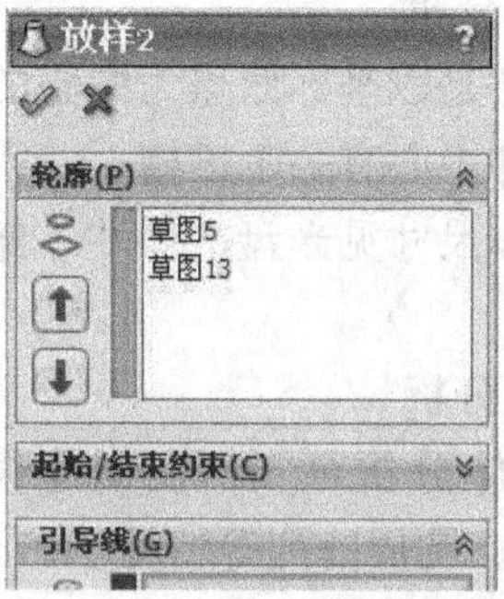

图 5-3-69 【放样】属性设置

7）其余特征生成的操作步骤同“直齿圆柱齿轮”建模中的步骤 14）~25），最后得到的模型如图 5-3-71 所示。单击【标准】工具栏中的【保存】图标，保存模型。

图 5-3-70　斜齿轮轮坯

图 5-3-71　渐开线斜齿圆柱齿轮

5.4　拓展实训

5.4.1　扇叶建模（图 5-4-1）

绘图提示：

1. 形体分析

1）零件是以坐标原点为中心的对称结构。

2）对称中心为坐标原点。

3）除非特别说明，所有的圆角均为 $R5$mm。

4）具体尺寸见光盘文件“\第 5 章齿轮零件的设计\习题\扇叶”。

图 5-4-1　扇叶

2. 建模分析

根据形体分析可知，本模型基体采用拉伸、拉伸切除等特征来实现，扇叶采用放样、圆角及圆周阵列特征来实现。

5.4.2 手轮建模（图 5-4-2）

绘图提示：

1. 形体分析

1）零件是以坐标原点为中心的对称结构。

2）零件中心有一个键槽。

3）具体尺寸见光盘文件“\第5章齿轮零件的设计\习题\手轮”。

2. 建模分析

根据形体分析可知，在创建模型过程中可分别使用扫描、旋转、放样、圆周阵列等特征。

图 5-4-2 手轮

5.4.3 网筛建模（图 5-4-3）

绘图提示：

1. 形体分析

1）零件是以坐标原点为中心的对称结构。

2）具体尺寸见光盘文件“\第5章齿轮零件的设计\习题\网筛”。

2. 建模分析

根据形体分析可知，在创建模型过程中可分别使用旋转、切除、抽壳、拉伸、填充阵列等特征。

图 5-4-3 网筛

5.4.4 骰子建模（图 5-4-4）

绘图提示：

1. 形体分析

1）零件是以坐标原点为中心的对称结构。

2）具体尺寸见光盘文件“\第5章齿轮零件的设计\习题\骰子”。

2. 建模分析

根据形体分析可知，在创建模型过程中可分别使用拉伸、圆角、旋转切除、线性阵列、镜像等特征。

图 5-4-4 骰子

第 6 章　箱体类零件的设计

知识导学

通过本章的学习，一方面可使读者了解与箱体类零件相关的专业知识，另一方面可使读者掌握用 SolidWorks 绘制减速器箱体的详细过程。由于减速器箱体的结构很复杂，所以用到的特征很多，希望读者在学习完本章之后能灵活运用各种常用特征的创建方法。

本章内容主要包括：箱体类零件的结构特点、设计注意事项、建模分析，箱体类零件常用特征中的抽壳特征、筋特征，减速器箱体零件设计范例。

- 重点：掌握用草绘矩形、草绘半圆、草绘圆角、标注尺寸、基准面、添加几何体、拉伸凸台/基体、抽壳、拉伸-切除、异型孔、镜向、阵列和倒圆角等操作方法来创建减速器上箱盖、下箱体零件。
- 难点：与减速器上箱盖、下箱体相关的机械专业知识。

6.1　箱体类零件分析

箱体类零件是机械设计中常用到的零部件，一方面它的内部要容纳许多轴系零部件，另一方面其外部还要和其他机器连接固定。对箱体类零件进行分析主要是从箱体类零件自身的结构特点、设计时的注意事项以及箱体类零件的建模这几个方面来进行的。

6.1.1　箱体类零件的结构特点

箱体类零件种类较多，结构上有较大差异。常见的箱体类零件有：阀体、减速器箱体、泵体等。

箱体类零件一般起支承、容纳、定位、密封和隔振等作用，内部和外部形状较为复杂，主要具有以下结构特点：

1）箱体类零件为传动件等提供了封闭的工作空间，使其处于良好的工作状况，既保护了箱体内零件不受外部环境（如灰尘、异物等）的侵害，又能保护工作人员不受到箱体内工作零件的伤害。因此多数箱体类零件是中空的壳体结构，具有内腔和薄壁。

2）箱体类零件为了方便其他零件的安装以及能够方便地将自身安装到机器中，通常该类零件设计有安装底板、法兰的安装孔以及螺栓孔等结构。

3）箱体类零件的内腔常用来安装传动轴、齿轮（或凸轮）等运动零件，因此常设计有轴孔、轴承孔、凸台等结构。

4）为了进行润滑，箱体内部需要注入润滑油，因此需要设计油槽、加油孔及放油孔等结构。

5）箱体类零件在使用时通常需要合箱，所以箱体盖上有较多安装孔、定位销孔、连接孔等，且为了保证合箱后的严密性，箱体上还常设有凸缘结构。

6）由于箱体类零件是中空结构，箱壁较薄，为了增加箱体的刚度，还需要设计加强筋结构。

7）箱体类零件多为铸造件，需要设计较多的铸造工艺结构，如铸造圆角、倒角、拔模斜度等结构。

6.1.2 箱体类零件设计的注意事项

针对减速器箱体的结构设计，有以下一些注意事项：

（1）设计轴承旁螺栓凸台　为了增大剖分式箱体轴承座的刚度，座孔两侧的联接螺栓之间距离应尽量小，但不能与轴承盖螺钉孔和油沟互相干涉。为此，轴承座孔附近应做出凸台，凸台高度 h 要保证有足够的扳手空间。如图 6-1-1 所示，设计凸台时，首先在主视图上画出轴承盖的外径 D_2，然后在最大轴承盖一侧取螺栓间距 $s \approx D_2$，从而确定轴承旁螺栓的中心线位置，再查阅机械设计手册的凸缘螺栓孔的配置尺寸表，得出扳手空间尺寸 c_1 和 c_2，在满足 c_1 的条件下，用作图法确定凸台的高度 h，再由 c_2 确定凸台宽度。为便于加工，箱体上各轴承旁的凸台高度应相同。凸台侧面锥度一般取 1∶20。

（2）设计箱体凸缘　为保证箱体的刚度，箱盖与箱座的连接凸缘及箱座底面凸缘应适当取厚些。为保证密封，凸缘要有足够的宽度，箱体外壁至凸缘端面的距离为 c_1+c_2。箱座底面凸缘宽度 B 应超过箱座的内壁，如图 6-1-2 所示。

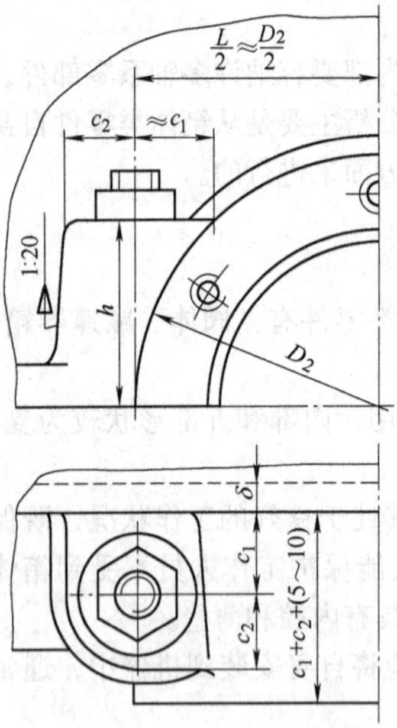

图 6-1-1　轴承旁螺栓凸台

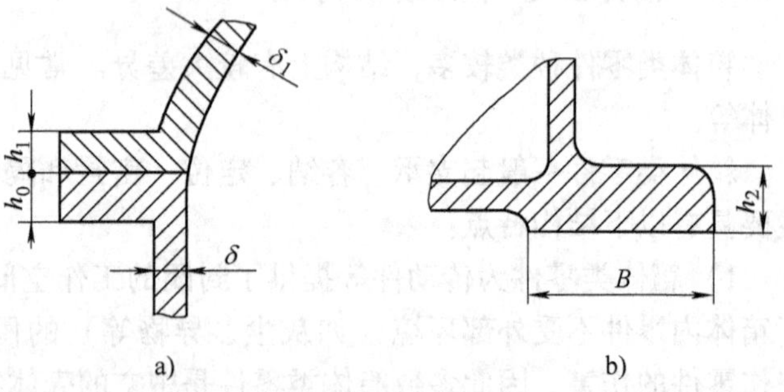

图 6-1-2　箱体连接凸缘及底座凸缘厚度

箱盖与箱座连接凸缘的螺栓组布置间距不能过大，一般为 150 ~ 200mm，并要均匀布置。

（3）确定箱座高度　箱内齿轮转动时，为了避免油被搅动时带起沉渣，一般齿顶到油池底面的距离 $H_2 \geqslant 30 \sim 50\text{mm}$，如图 6-1-3 所示，由此确定箱座的高度 $H_1 \geqslant d_{a2}/2 + H_2 + \delta +$

(5～10)mm（d_{a2}为大齿轮齿顶圆直径，δ为箱座壁厚，其具体值参见表 1-1）。

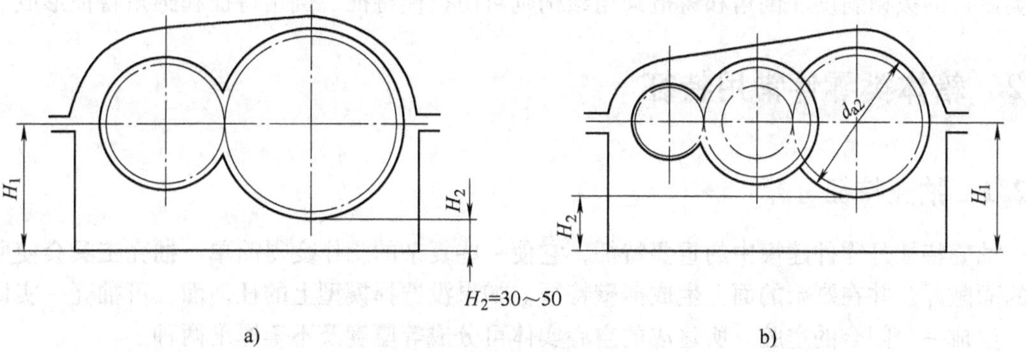

图 6-1-3　确定箱座高度

a）一级减速器　b）二级减速器

（4）设计输油沟　当轴承采用箱体内的油润滑时，应在剖分面箱座的凸缘上开设输油沟，使飞溅到箱盖内壁上的油经油沟流入轴承。输油沟有铣制和铸造方式，设计时应使箱盖斜口处的油能顺利流入油沟，并经轴承盖的缺口流入轴承，如图 6-1-4 所示。

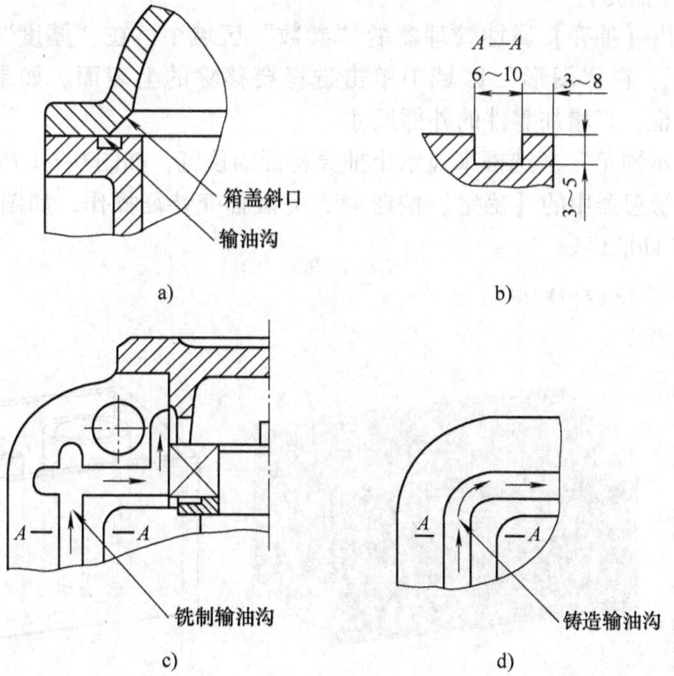

图 6-1-4　输油沟的形式和尺寸

6.1.3　箱体类零件的建模分析

箱体类零件结构较复杂，因此零件模型的创建特征也较多。箱体类零件的主体结构、凸台结构主要用拉伸特征形成。箱体内部的空腔结构主要由抽壳特征或拉伸切除特征组成。加强筋特征形成箱体的筋板，以提高箱体类零件的刚度。箱体上的油槽可由扫描切除特征或拉伸切除特征形成。孔特征及其阵列特征可形成箱体类零件上的轴孔、安装孔、螺栓孔等。箱体类零件的拔模斜度、倒角和铸造圆角结构则可由拔模特征、倒角特征和圆角特征形成。

6.2　箱体类零件常用特征

6.2.1　抽壳特征

抽壳特征是零件建模中的重要特征，它使一些复杂的工作变得简单。抽壳工具会使所选择的面敞开，并在剩余的面上生成薄壁特征。如果没选择模型上的任何面，可抽壳一实体零件，生成一个闭合的空腔。所建成的空心实体可分成等厚度及不等厚度两种。

1. 单厚度抽壳

如果在抽壳时指定各个表面的厚度相等就会形成单厚度抽壳。

示例 1：在某抽壳模型上，利用单厚度抽壳，移除上表面，壳厚为 3mm。

其步骤为：

1）先建立一个模型零件。单击特征工具栏中的【抽壳】按钮，或选择菜单命令【插入】→【特征】→【抽壳】。

2）在系统弹出【抽壳】属性管理器的“参数”区域中，在“厚度”文本框中输入抽壳厚度“3.00mm”，在“图形”区域中单击选择要移除的上表面。如果需要，可以选中“壳厚朝外”复选框，来增加零件的外部尺寸。

3）选中“显示预览”复选框来显示出抽壳特征的预览，如图 6-2-1 所示。

4）单击属性管理器中的【确定】按钮，完成抽壳特征操作，如图 6-2-2 所示，保存为“单厚度抽壳 . sldprt”。

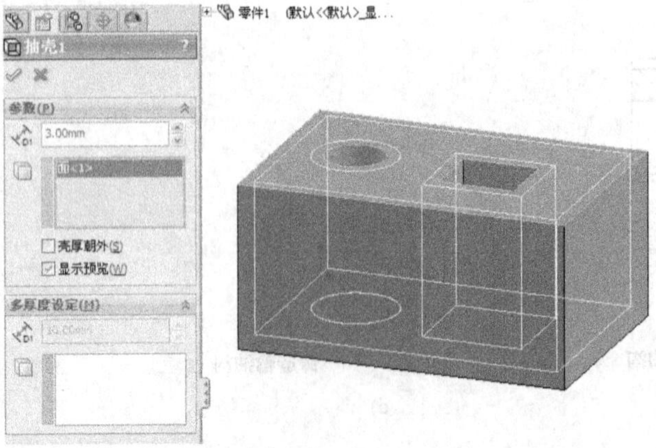

图 6-2-1　【抽壳】属性设置（一）

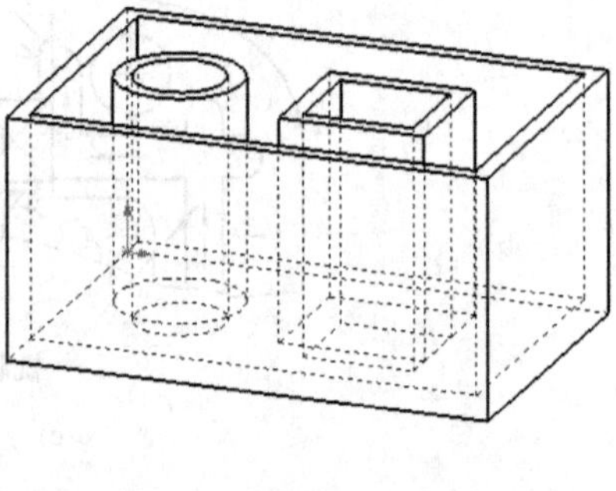

图 6-2-2　单厚度抽壳模型

2. 多厚度抽壳

多厚度抽壳是指执行抽壳命令时，生成不同面具有不同厚度的薄壁实体。

示例 2：在抽壳模型上，利用多厚度抽壳，移除上表面。

其步骤为：

1）先建立一个模型零件。单击【抽壳】按钮，或选择菜单命令【插入】→【特征】

→【抽壳】。

2）在系统弹出【抽壳】属性管理器的“参数”区域中，在“厚度”文本框中输入抽壳厚度值“3.00mm”，再在“图形”区域中单击选择要移除材料的一个或多个面，本例中选择上表面。

3）选中“显示预览”复选框来显示出抽壳特征的预览。

4）展开“多厚度设定”区域，单击“多厚度面”文本框，以激活“多厚度设定”选项。在图形区中选择需要其他厚度的面，相应的面显示在“多厚度面”文本框中。在其中选择左侧面、前侧面，并在“多厚度”文本框中键入“6.00mm”，如图 6-2-3 所示。

5）单击属性管理器的【确定】按钮 ✔，完成抽壳特征操作，如图 6-2-4 所示，保存为“多厚度抽壳．SLDPRT”。

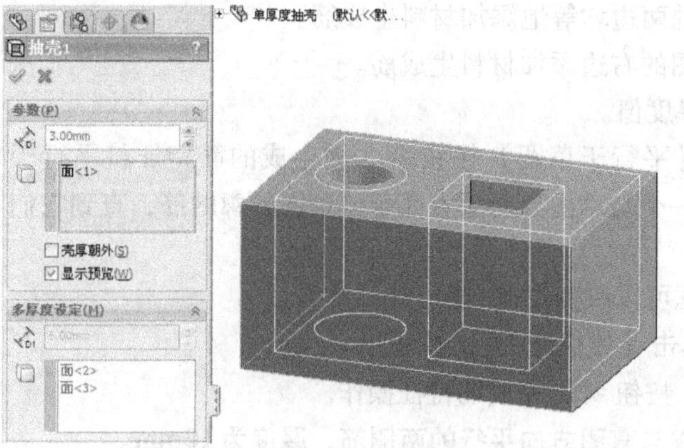

图 6-2-3　【抽壳】属性设置（二）

图 6-2-4　多厚度抽壳模型

3. 抽壳特征诊断

抽壳特征可以显示错误消息，并附有工具以帮助确定抽壳特征失败的原因。新的诊断工具位于抽壳属性管理器中。

运行错误诊断的方法为：

1）先仔细查看打开【什么错】窗口中的说明，然后将其关闭。

2）在【抽壳】属性管理器中的“错误诊断”选项中，如选择“整个实体”，则将诊断模型中的所有区域并报告整个实体中的最小曲率半径；而若选择“失败面”，则将诊断整个实体并只确定抽壳失败的面的最小曲率半径。

3）选择【检查实体/面】命令以运行诊断工具。检查的结果会在图形区中显示，并使用标注来指明模型上需要纠正的特定区域。

4）选中“显示网格”复选框，将会显示 uv 网格。或选中“显示曲率”复选框，将会显示实体的曲率图。选择【转至等距曲面】命令，打开等距曲面属性管理器，用来设置曲面间隙和曲率相关的问题与曲面的不一致。

5）查出原因，对抽壳重新设置。

6.2.2　筋特征

所谓筋，即指在零件上增加强度的部分。筋是在开环或闭环绘制的轮廓上生成的特殊类型拉伸特征。它在轮廓与现有零件之间添加指定方向和厚度的材料，是加强零件结构的增强件。可以用拔模工具生成筋特征，这时需要选择一个要拔模的参考轮廓。

1. 生成与草图方向平行的筋

在筋的属性管理器中，选择【平行于草图】按钮就可以生成与草图方向平行的筋。如果要生成这样的筋特征，其步骤为：

1）绘制筋特征的草图轮廓。要选择或新建一个与实体模型相交的基准面，再在该基准面上绘制草图轮廓，轮廓可以是开环或闭环的，也可以是多个实体。

2）单击【特征】工具栏中的【筋】按钮。在【筋】属性管理器的“参数”区域中，选择一种厚度生成方式：

➢单击【第一边】按钮，在草图的左边添加材料从而生成筋。

➢单击【两侧】按钮，在草图的两边均等地添加材料生成筋。

➢单击【第二边】按钮，在草图的右边添加材料生成筋。

3）在“筋厚度”文本框中输入厚度值。

4）在“拉伸方向”选项中单击【平行于草图】按钮，则生成的筋特征将平行于现有的草图。使用这种拉伸方式将生成一个与草图方向垂直而延伸草图轮廓的筋，直到它们与边界汇合。

5）选中“反转材料方向”复选框可以改变拉伸方向。

6）如果要对筋作拔模处理，可单击【拔模开/关】按钮。

7）单击属性管理器中的【确定】按钮，完成筋特征操作。

示例 3：在一个 L 形模型上，生成与草图方向平行的两侧筋，厚度为 10mm。

其步骤为：

1）先建立一个 L 形模型零件。选择前视基准面为草图绘制平面，在该基准面上绘制一条直线，如图 6-2-5 所示。

2）单击绘图区的直线，然后单击【特征】工具栏中的【筋】按钮。在【筋】属性管理器的“参数”区域中，单击【两侧】按钮，在“筋厚度”文本框中输入“10. 00mm”。在“拉伸方向”选项中选择【平行于草图】按钮，如图 6-2-6 所示。

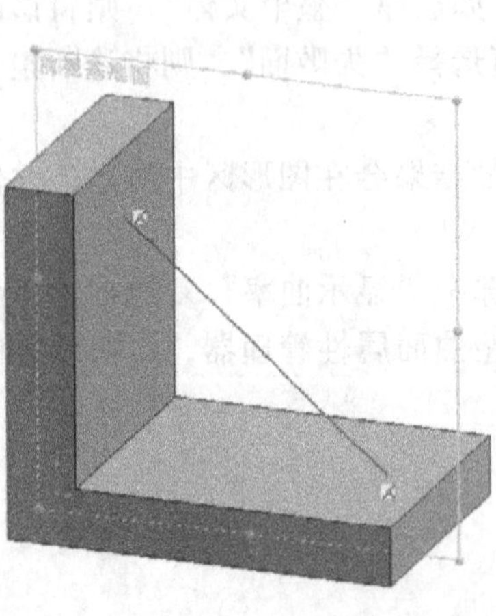

图 6-2-5　示例 3 草图

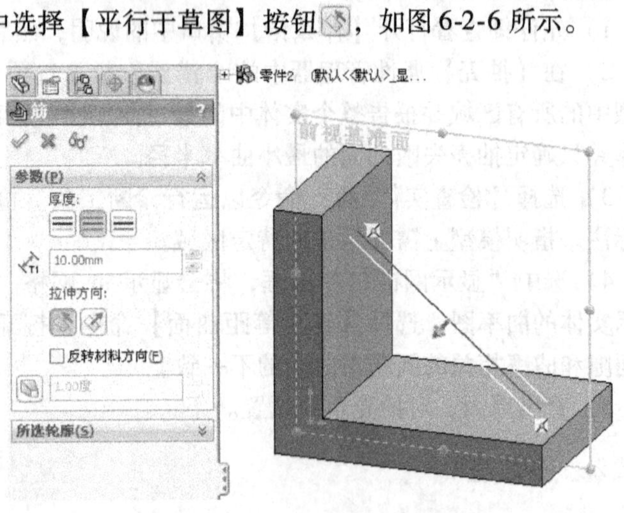

图 6-2-6　【筋】属性设置

3）单击属性管理器中的【确定】按钮，完成筋特征的操作，如图6-2-7所示，保存为“平行于草图的筋.SLDPRT”。

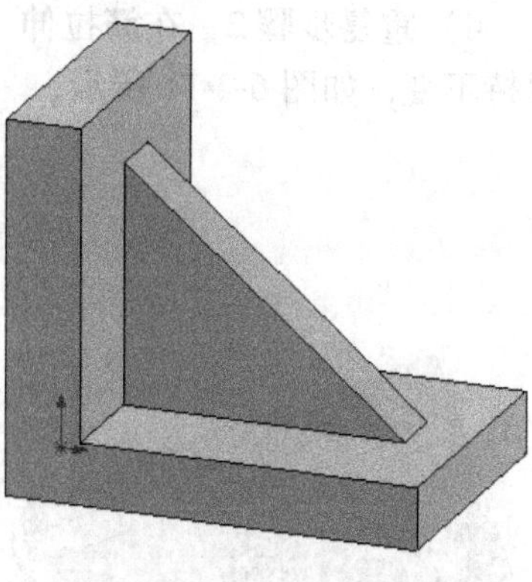

图6-2-7　平行于草图的筋

2. 生成与草图方向垂直的筋

在筋属性管理器的“拉伸方向”选项中，单击【垂直于草图】按钮，则生成的筋特征将垂直于现有的草图。

选择了【垂直于草图】按钮，还需要选择拉伸类型，即“线性拉伸”或“自然拉伸”。

若选择“线性拉伸”，则将生成一个与草图方向垂直而延伸草图轮廓的筋，直到它们与边界汇合。

若选择“自然拉伸”，则将生成一个与轮廓方向相同而延伸草图轮廓的筋，直到它们与边界汇合。

示例4：在长方体壳模型上，生成与草图方向垂直的三个开环两边筋，拉伸类型为线性拉伸、自然拉伸，厚度为10mm。

其步骤为：

1）先创建一个长方体壳零件。新建一个平行于水平面的基准面，并且使该基准面位于长方体壳内的底板上方一定距离。之后在新建的基准面上绘制三条开环圆弧草图，如图6-2-8所示。

2）单击【特征】工具栏中的【筋】按钮。在【筋】属性管理器的“参数”区域中，单击【两侧】按钮，在“筋厚度”文本框中输入“10.00mm”。在“拉伸方向”选项中选择【垂直于草图】按钮。在“类型”选项中选择“线性”复选框，如图6-2-9所示。

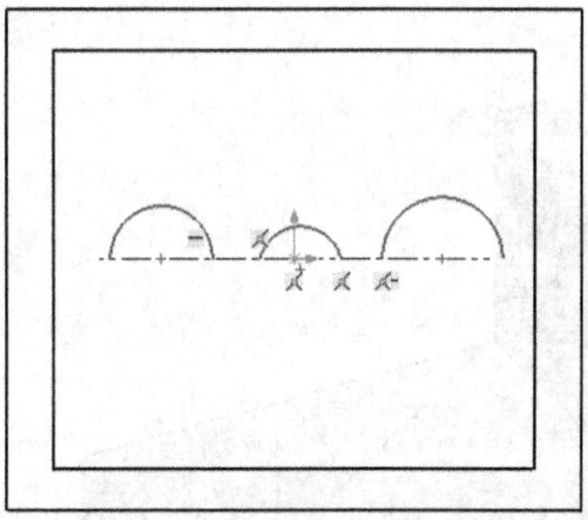

图6-2-8　示例4草图

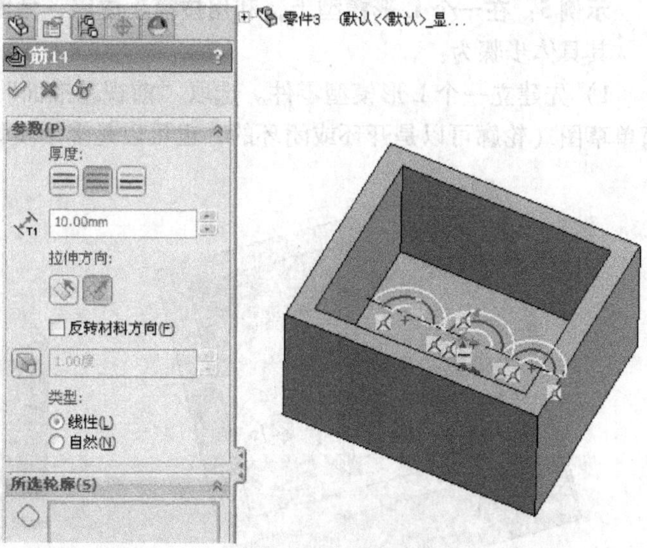

图6-2-9　【筋】属性设置（一）

3）单击属性管理器中的【确定】按钮，完成筋特征操作，如图6-2-10所示，保存为“垂直于草图的线性拉伸筋.SLDPRT”。

4）重复步骤 2，在筋拉伸“类型”选项中选中“自然”复选框，其余选项的设置情况保持不变，如图 6-2-11 所示。

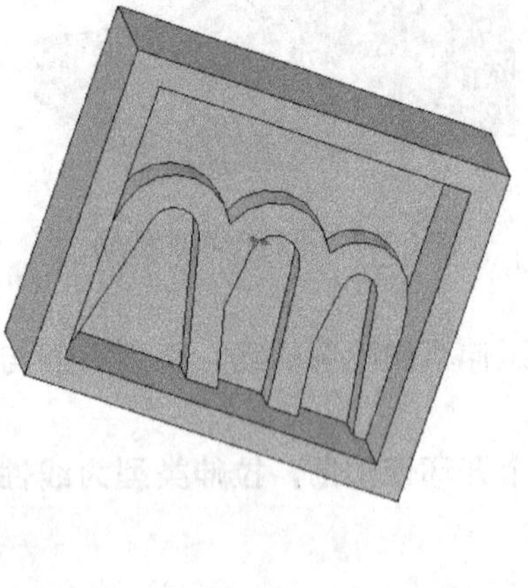

图 6-2-10　垂直于草图的线性拉伸筋

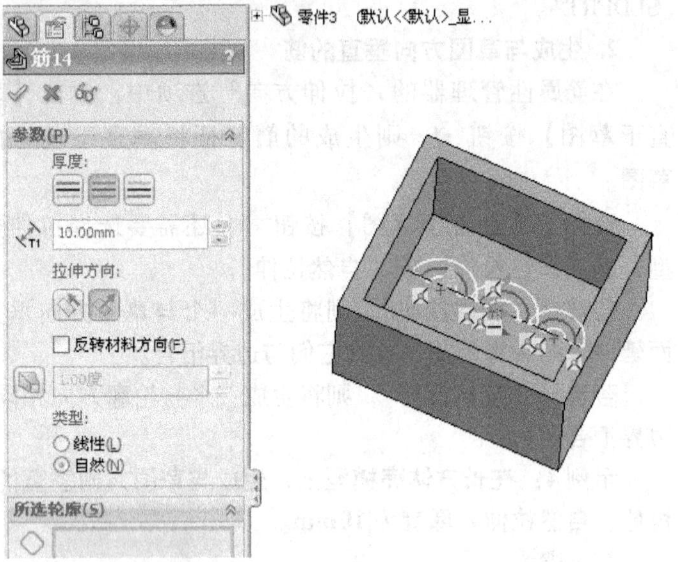

图 6-2-11　【筋】属性设置（二）

5）单击属性管理器中的【确定】按钮，完成筋特征操作，如图 6-2-12 所示，保存为“垂直于草图的自然拉伸筋 . SLDPRT”。

3. 带参考轮廓拔模的筋特征

利用【拔模开/关】按钮来生成具有拔模角度特征的筋。

示例 5：在一个 L 形模型上，利用拔模生成筋，角度为 10°。

其具体步骤为：

1）先建立一个 L 形模型零件。选取“前视基准面”为草图绘制平面，绘制一条直线的简单草图（轮廓可以是开环或闭环的，也可以是多个实体），如图 6-2-13 所示。

图 6-2-12　垂直于草图的自然拉伸筋

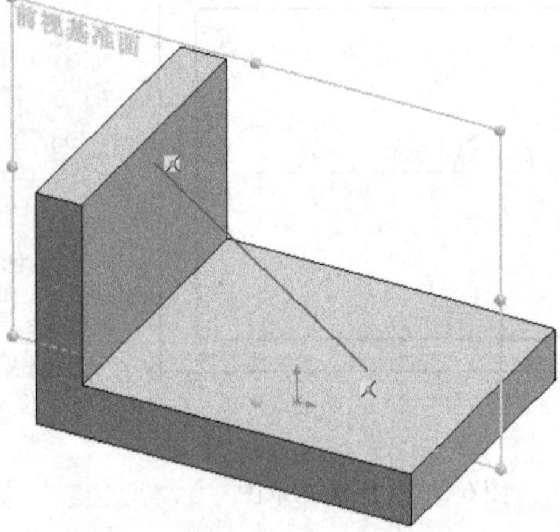

图 6-2-13　示例 5 草图

2）单击绘图区的直线，然后单击【特征】工具栏的【筋】按钮。在【筋】属性管理器的“参数”区域中，单击【两侧】按钮，在“筋厚度”文本框中输入“10.00mm”。在“拉伸方向”选项中单击【平行于草图】按钮。单击【拔模开/关】按钮，输入拔模角度“10°”。选中“向外拔模”复选框生成一向外拔模角度，如图6-2-14所示。

3）单击属性管理器中的【确定】按钮，完成筋特征的操作，如图6-2-15所示，保存为“拔模筋．SLDPRT”。

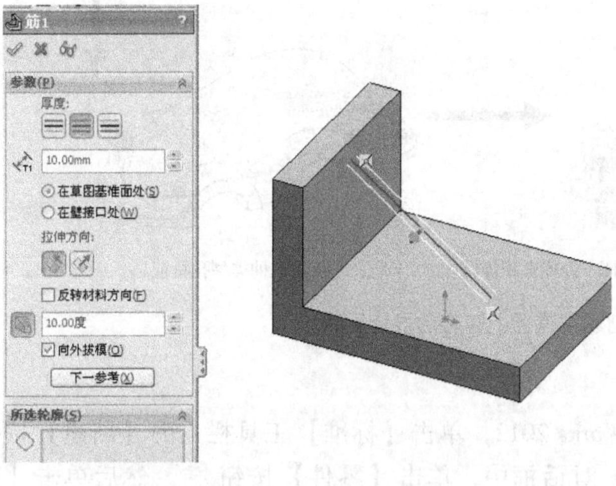

图6-2-14　【筋】属性设置

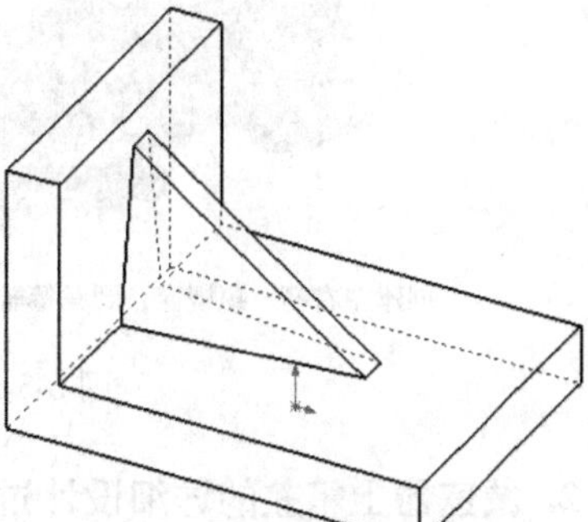

图6-2-15　拔模筋

6.3　箱体类零件设计范例

6.3.1　减速器上箱盖设计

1. 设计思路及实现方法

减速器上的箱盖是一个典型的箱体类零件，是减速器的关键组成部分，用于保护箱体内的零件。上箱盖的设计综合了SolidWorks中的拉伸、抽壳、切除、钻孔、圆周阵列特征，以及制作加强筋、倒圆角等多项功能。

本次机械设计拟创建一个减速器上箱盖，即机盖。其效果如图6-3-1所示。

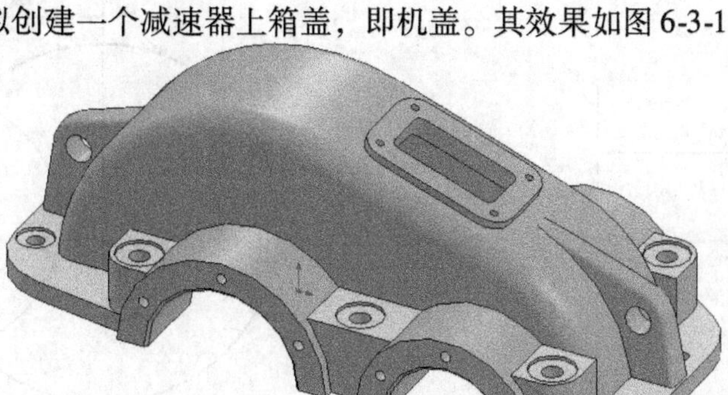

图6-3-1　减速器上箱盖

创建该减速器上箱盖的基本设计思路如图 6-3-2 所示。

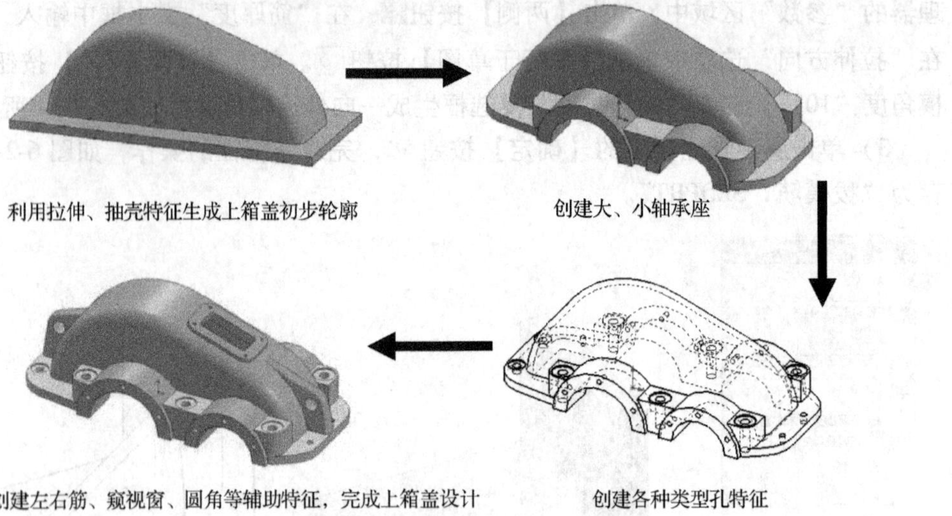

图 6-3-2 创建减速器上箱盖的设计思路

2. 减速器上箱盖的详细设计过程

（1）建立新建文件夹 启动 SolidWorks 2012，单击【标准】工具栏上的【新建】按钮，在打开的【新建 SolidWorks 文件】对话框中，单击【零件】按钮，然后单击【确定】按钮，创建一个新的零件文件。

（2）绘制上箱盖实体

1）确定草图绘制基准。在打开的模型树中选择“前视基准面”为草图绘制平面，单击【正视于】按钮，使绘图平面转为正视方向。单击工具栏中的【中心线】按钮或选择菜单命令【工具】→【草图绘制实体】→【中心线】，在草图绘制平面上绘制三条如图 6-3-3 所示的直线，其中水平线与左边竖直线的交点与原点重合。

2）选择【圆】命令按钮，在草图绘制平面上绘制两个圆，半径分别为 140mm 和 98mm。大圆圆心与图 6-3-3 中的左交点重合，小圆圆心则与图中右交点重合。单击【智能尺寸】按钮，标注圆的外形尺寸，如图 6-3-4 所示。

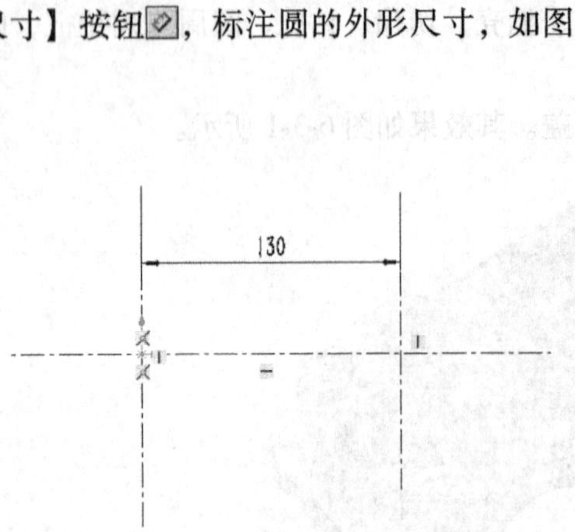

图 6-3-3 确定草图绘制基准

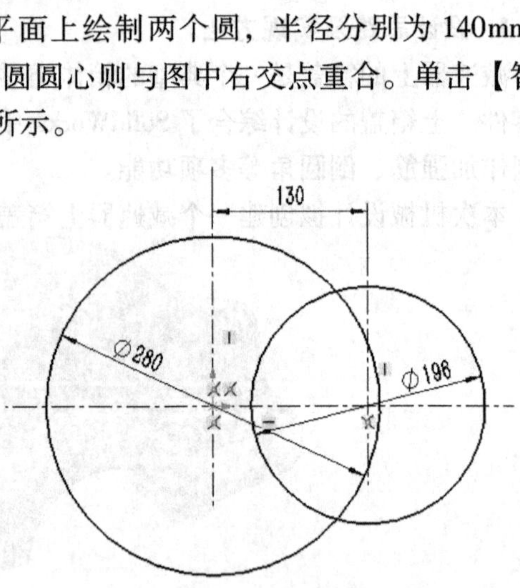

图 6-3-4 绘制圆并标注尺寸

3）单击【草图】绘制工具栏中的【直线】按钮，在草图绘制平面上绘制一条直线与前面所创建的两个圆相交。单击工具栏中的【添加几何关系】按钮，设置直线与两圆的几何关系均为“相切”，如图6-3-5所示。

4）单击【直线】按钮，在草图绘制平面上绘制一条直线，直线的两个端点分别为圆弧与水平中心线的两个交点。并使用工具栏中的【剪裁实体】工具按钮剪裁掉草图中的多余图线，结果如图6-3-6所示。

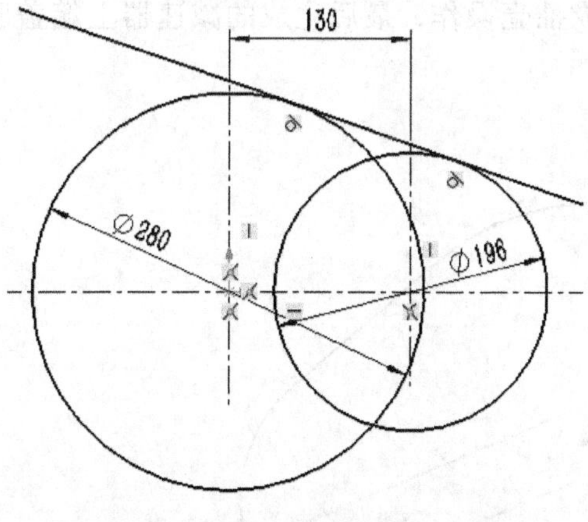

图6-3-5　添加与两圆相切的直线

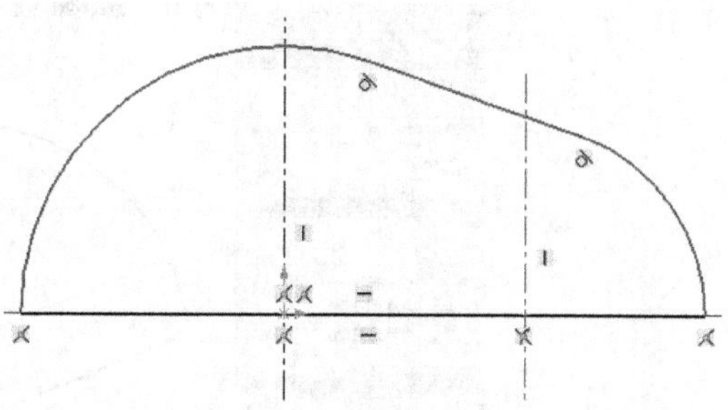

图6-3-6　剪裁后的上箱盖草图轮廓

5）单击【特征】工具栏上的【拉伸凸台/基体】按钮，在系统弹出的【拉伸】属性管理器中设置“方向1”的拉伸类型为“给定深度”，并在“深度”文本框中输入“51.00mm”；同理，设置“方向2”的拉伸类型为“给定深度”，并在“深度”文本框中输入“51.00mm”。保持【拉伸】属性管理器中的其余选项为系统默认值不变，如图6-3-7所示。单击【确定】按钮，完成上箱盖实体的创建。

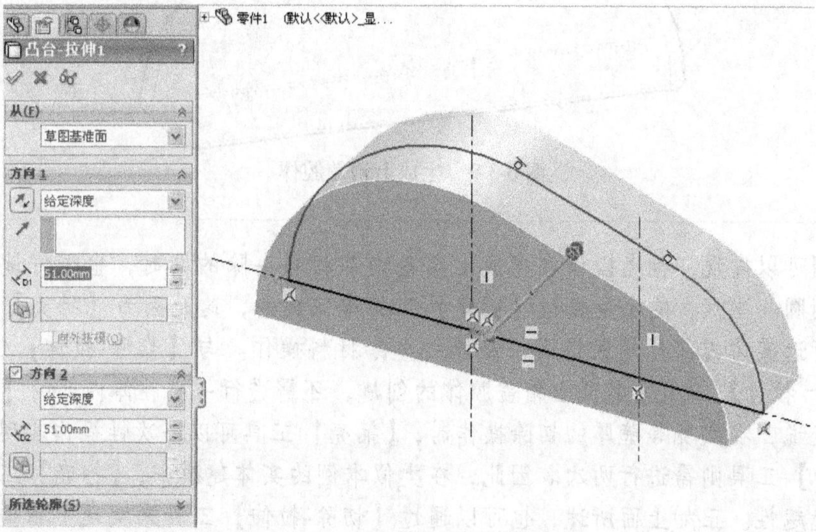

图6-3-7　基体【拉伸】属性设置

6）单击【草图】绘制工具栏中的【绘制圆角】按钮，系统弹出【圆角】属性管理器。选择箱体实体的两条带有圆弧的边线，设置圆角类型为“等半径”，在“圆角半径”文本框中输入“14.00mm”，保持其他选项为系统默认值不变。单击【确定】按钮，完成绘制上箱盖实体圆角特征。

（3）绘制上箱盖腔体　在完成了上箱盖实体的制作后，可以通过 SolidWorks 中的抽壳工具来完成上箱盖腔体的设计，具体步骤如下：

选择上箱盖实体的下表面，单击【抽壳】按钮，系统弹出【抽壳】属性管理器，在“厚度”文本框中输入“8.00mm”。保持【抽壳】属性管理器中的其余选项为系统默认值不变，如图 6-3-8 所示。单击【确定】按钮，完成抽壳操作，最后生成的减速器上箱盖腔体如图 6-3-9 所示。

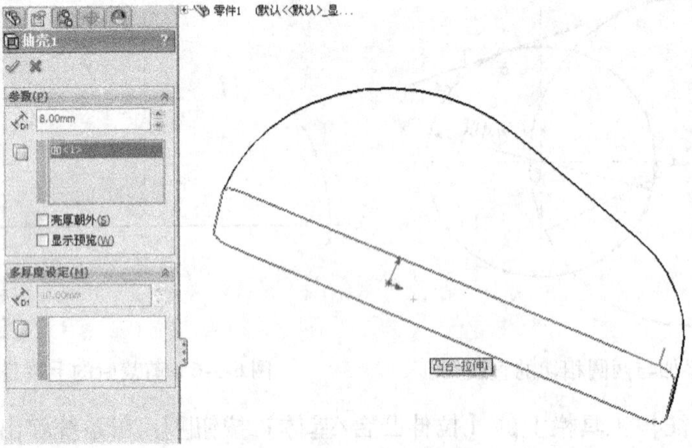

图 6-3-8　定义抽壳参数

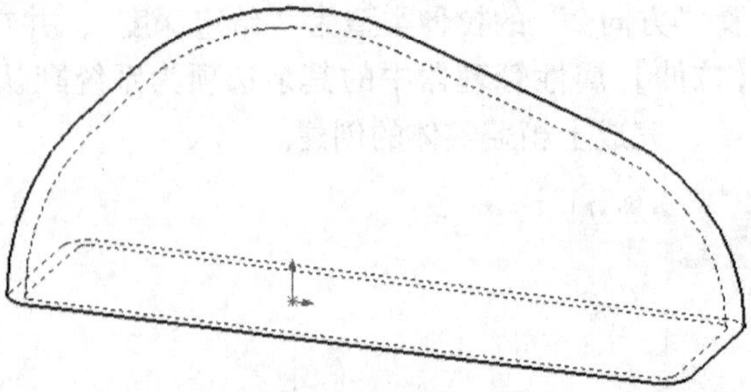

图 6-3-9　生成上箱盖腔体

说明

从上图可以发现，抽壳操作在完成上箱盖内部材料去除的同时，也很好地进行了内部角点的倒圆。当然，它不是通过【圆角】工具来完成的，这是因为【抽壳】操作实质是一种在所选实体内部处处保持同一壁厚的去除材料操作。与【切除-拉伸】工具不同，通过【切除-拉伸】工具来实现上箱盖腔体的创建，还需进行一次腔体内部的【倒圆】操作。也就是说，在实现等壁厚的切除操作时，【抽壳】工具可以一次性操作实现，而使用【切除-拉伸】工具则需进行两次。因此，在类似本例的实体建模中，【抽壳】工具显示了它极大的优越性。正如上面所述，也可以通过【切除-拉伸】工具来实现上箱盖腔体的创建，在此不再一一赘述。

（4）绘制上箱盖装配凸缘初步轮廓　上箱盖的装配凸缘是一个典型的拉伸特征，用于和减速器下箱体的装配。上箱盖装配凸缘的制作方法如下：

1）选择上箱盖实体底面作为草图绘制平面，单击【正视于】按钮，使绘图平面转为正视方向。单击工具栏中的【中心线】按钮，在草图绘制平面上绘制两条上箱盖实体底面的前后、左右对称中心线，如图 6-3-10 所示。

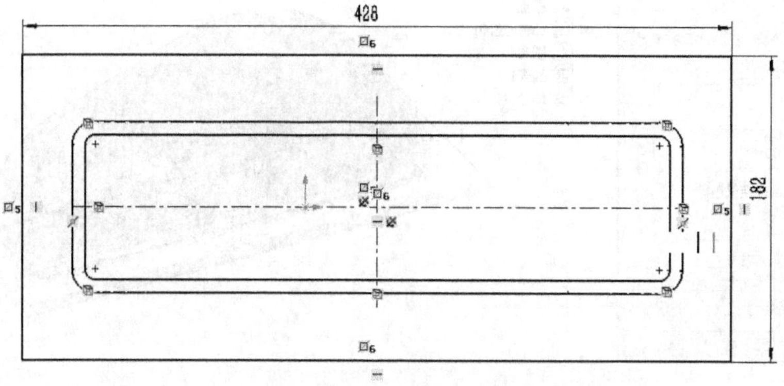

图 6-3-10　绘制上箱盖装配凸缘的矩形轮廓

2）单击【草图】绘制工具栏中的【矩形】按钮，绘制装配凸缘的矩形轮廓。之后使用工具栏中的【添加几何关系】按钮，通过相应设置，使草图中的矩形关于水平和竖直中心线对称。再单击【智能尺寸】按钮，将矩形定位，该矩形长为 428mm，宽为 182mm，如图 6-3-10 所示。

3）单击工具栏中【转换实体引用】按钮或选择菜单命令【工具】→【草图工具】→【转换实体引用】，在弹出的【转换实体引用】属性管理器中选择模型内腔边线转换投影至草图平面。单击【确定】按钮，完成转换实体引用操作，如图 6-3-11 所示。

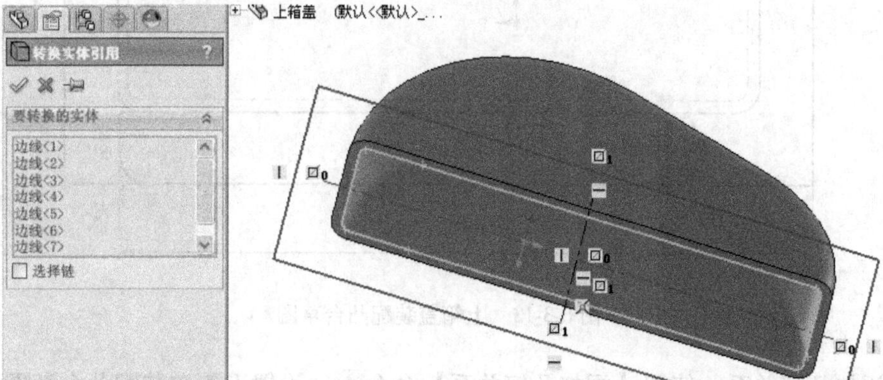

图 6-3-11　利用转换实体引用完成上箱盖装配凸缘草图

4）单击【拉伸凸台/基体】按钮，在系统弹出的【凸台-拉伸】属性管理器中设置拉伸类型为“给定深度”，并在“深度”文本框中输入“12. 00mm”，如图 6-3-12 所示。单击

【确定】按钮✔，完成上箱盖装配凸缘初步轮廓的绘制。

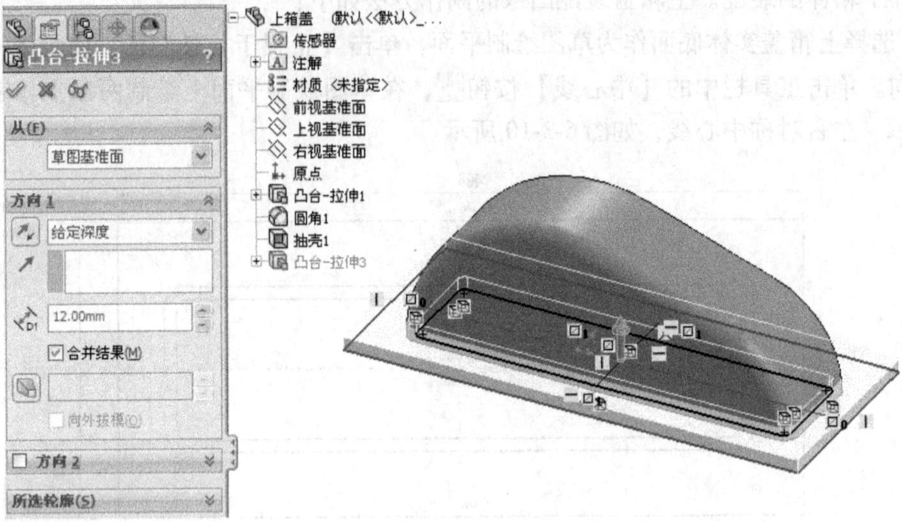

图 6-3-12　上箱盖装配凸缘的【凸台-拉伸】属性设置

（5）绘制上箱盖装配凸台

1）创建上箱盖装配凸台草图轮廓。选择“上视基准面”为草图绘制平面，单击【矩形】按钮□，绘制上箱盖装配凸台的矩形轮廓，并标注矩形的长度尺寸 312mm 以及矩形距离凸缘左边线的尺寸 84mm，如图 6-3-13 所示。

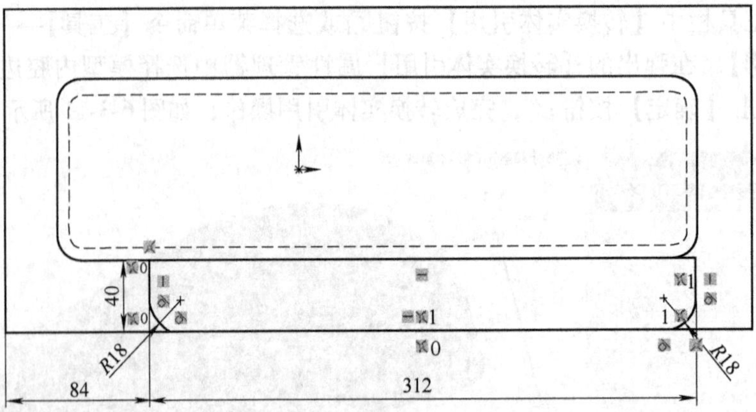

图 6-3-13　上箱盖装配凸台草图

2）添加几何关系。使用【添加几何关系】命令⊥，设置上箱盖装配凸台草图矩形下边线与上箱盖装配凸缘边线之间的几何关系为“共线”；类似地，添加上箱盖装配凸台草图矩形上边线与上箱盖外腔表面边线的几何关系为“共线”，单击【确定】按钮✔，如图 6-3-13 所示。

3）单击工具栏中【圆角】按钮，设置圆角半径为 18mm。单击上箱盖装配凸台草图中矩形的外面两个顶角边，创建草图圆角特征，如图 6-3-13 所示。

4）单击【拉伸凸台/基体】按钮，在系统弹出的【凸台-拉伸】属性管理器中设置拉伸类型为“给定深度”，并在“深度”文本框中输入“45.00mm”，如图6-3-14所示。单击【确定】按钮，完成创建上箱盖装配凸台。

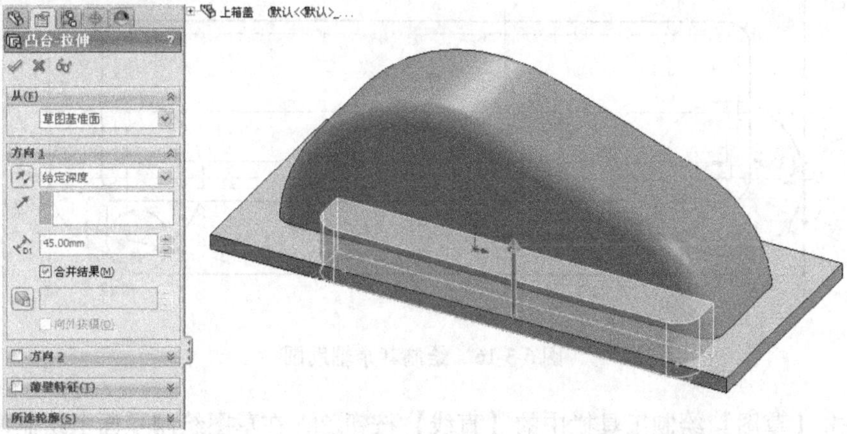

图6-3-14　上箱盖装配凸台的【凸台-拉伸】属性设置

（6）细化上箱盖装配凸缘

1）确定草图绘制基准，以便后面创建细化的上箱盖装配凸缘草图轮廓。选择“上视基准面”为草图绘制平面，并将绘图平面转正。单击工具栏中的【中心线】按钮，在草图绘制平面上绘制两条水平中心线并标注定位尺寸，一条通过坐标原点且是水平对称中心线，另一条与水平对称中心线的距离设置为37mm。之后，绘制三条竖直中心线并标注定位尺寸，一条是通过坐标原点的竖直中心线，另外两条竖直中心线分别与原点距离为126mm和214mm，如图6-3-15所示。

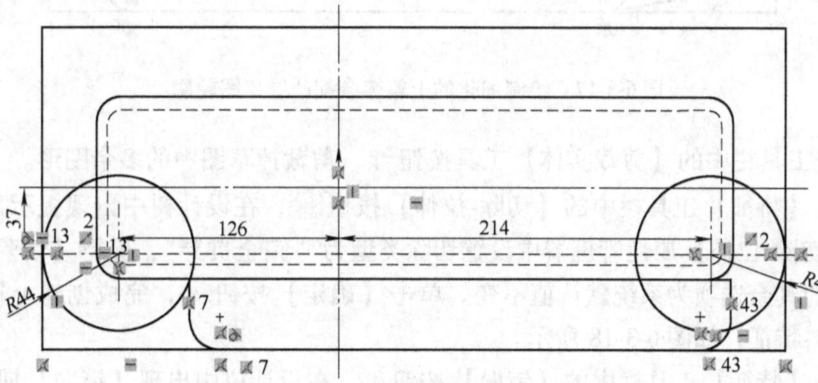

图6-3-15　绘制相关中心线及辅助圆

2）单击工具栏中的【圆】按钮，在草图绘制平面上绘制两个圆，半径均为44mm。圆心与上面新设置的两个中心线交点重合，即点（-126，-37）与点（214，-37）。单击【智能尺寸】按钮，标注相关尺寸，如图6-3-15所示。

3）再次单击工具栏中的【圆】按钮，在草图绘制平面上绘制两个圆，半径均为

18mm。该圆心与前面创建的装配凸台的两个圆角的圆心重合，如图 6-3-16 所示。

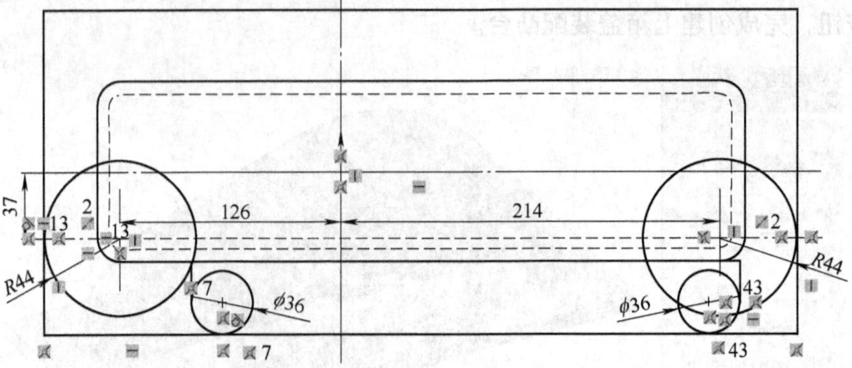

图 6-3-16　绘制其余辅助圆

4）单击【草图】绘制工具栏中的【直线】按钮，在草图绘制平面上绘制两条直线分别与前面所创建的左下部分以及右下部分的两个圆相切，如图 6-3-17 所示。

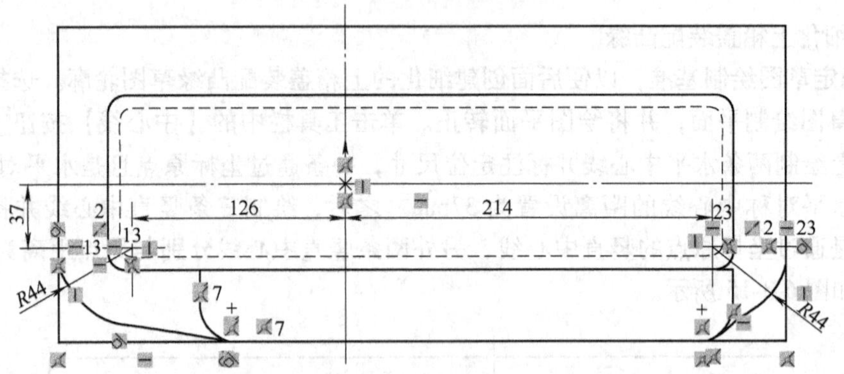

图 6-3-17　绘制细化的上箱盖装配凸缘草图轮廓

5）单击工具栏中的【剪裁实体】工具按钮，剪裁掉草图中的多余图形。

6）单击【特征】工具栏中的【切除-拉伸】按钮，在设计树中出现提示信息，在系统弹出的【切除-拉伸】属性管理器中设置切除类型为“完全贯穿”，保持【切除-拉伸】属性管理器中的其余选项为系统默认值不变。单击【确定】按钮，完成创建上箱盖装配凸缘的切除材料特征，如图 6-3-18 所示。

7）单击【特征】工具栏中的【镜向】按钮，在设计树中出现【镜向】属性管理器，选择“前视基准面”为镜向面，打开设计树，按住 <Ctrl> 键，选取设计树中的“拉伸 3”（即凸台）、“切除-拉伸 1”（即凸缘）。之后单击【镜向】属性管理器中的【确定】按钮，完成创建上箱盖最终装配凸缘，如图 6-3-19 所示。

（7）绘制大、小轴承座孔　上箱盖的轴承座孔与下箱盖的轴承座孔一样，是一个半圆形孔。在箱体与上箱盖装配后，两个半圆形的轴承座孔组成一个完整的圆形孔以安装轴承零件。上箱盖轴承座孔的制作过程如下：

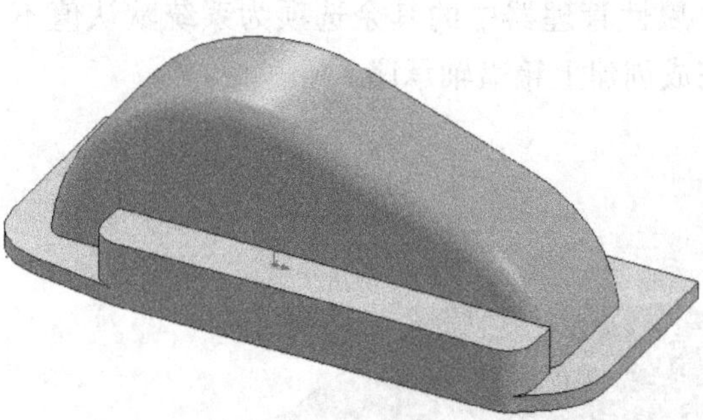

图 6-3-18　形成的切除材料特征

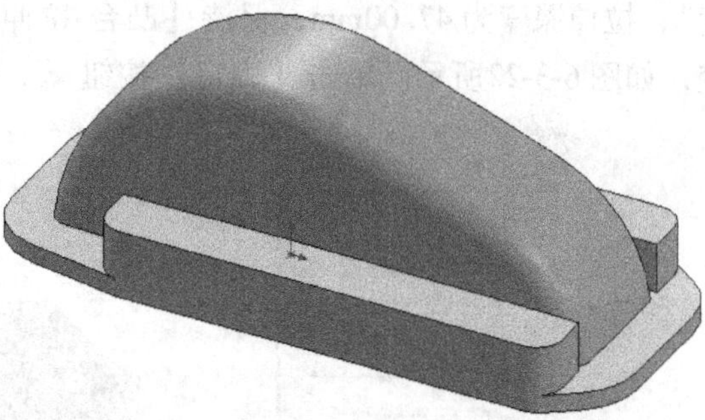

图 6-3-19　创建的凸缘最终效果

1）选择上箱盖腔体外表面为草图绘制平面，选择【中心线】按钮，绘制两条中心线作为草图绘制的基准：一条通过系统坐标系原点，垂直于上箱盖装配凸缘的下表面；另一条中心线与第一条中心线平行，单击【智能尺寸】按钮标注距离尺寸值为 150mm。绘制第三条中心线与上箱盖装配凸缘底边线重合（可以通过添加几何关系来保证），如图 6-3-20 所示。

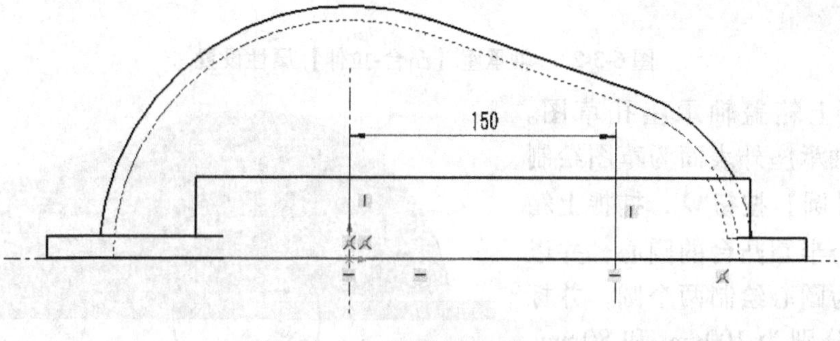

图 6-3-20　绘制轴承座中心线

2）绘制轴承座轮廓草图。单击【圆】绘制工具按钮，分别以图中的“圆心 1”、“圆心 2”为圆心画圆，并标注直径尺寸分别为 140mm 和 120mm。选择【剪裁实体】工具按钮，剪裁掉草图中水平中心线以下的半圆。单击【直线】按钮，在草图绘制平面上绘制两条直线，直线的端点分别为大、小圆弧端点，完成上箱盖轴承座轮廓草图，结果如图 6-3-21所示。

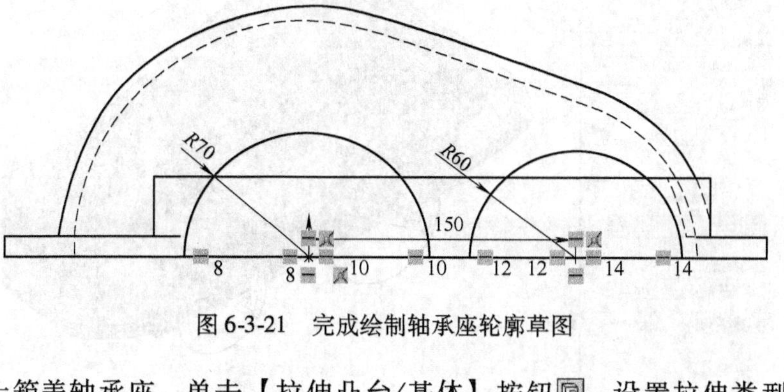

图 6-3-21　完成绘制轴承座轮廓草图

3）创建上箱盖轴承座。单击【拉伸凸台/基体】按钮，设置拉伸类型为“给定深度”，拉伸深度为 47. 00mm，保持【凸台-拉伸】属性管理器中的其余选项为系统默认值不变，如图 6-3-22所示。单击【确定】按钮✓，完成创建上箱盖轴承座。

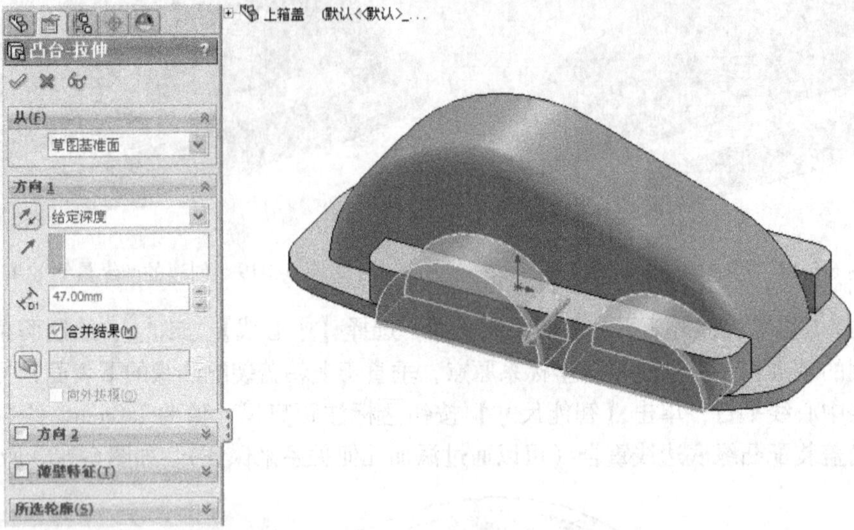

图 6-3-22　轴承座【凸台-拉伸】属性设置

4）绘制上箱盖轴承座孔草图。选择上箱盖轴承座外表面为草图绘制平面，单击【圆】按钮⊙，捕捉上箱盖轴承座两个半圆凸台的圆心，并以这两个圆心为圆心绘制两个圆，并标注直径尺寸分别为 100mm 和 80mm，如图 6-3-23 所示。

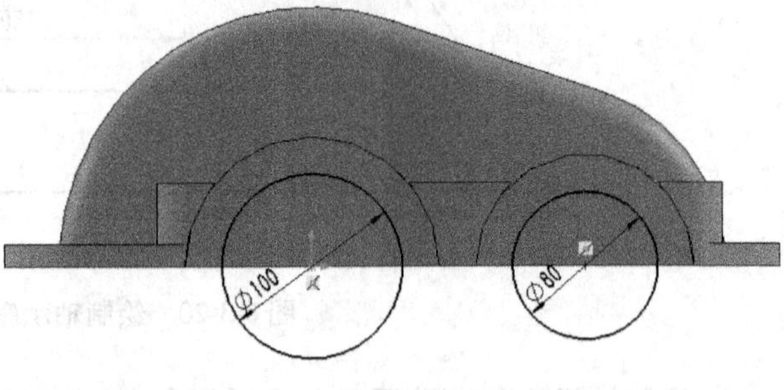

图 6-3-23　绘制轴承座孔轮廓草图

5）单击【特征】工具栏中的【切除-拉伸】按钮，在【切除-拉伸】属性管理器中设置切除方式为“成形到下一面”，如图 6-3-24 所示。单击【确定】按钮✓，完成实体拉伸切除的创建，拉伸切除后的上箱盖如图 6-3-25 所示。

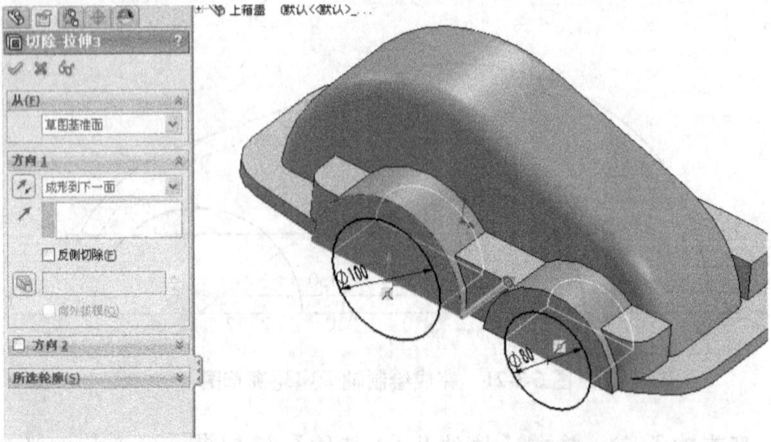

图 6-3-24　轴承座的【切除-拉伸】属性设置

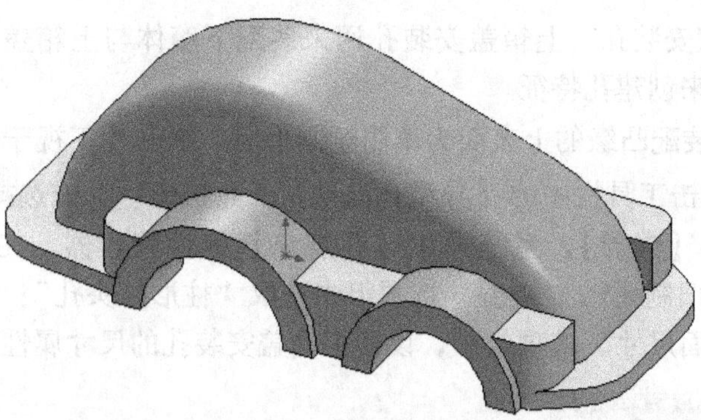

图 6-3-25　创建轴承座孔

6）单击【特征】工具栏中的【镜向】按钮，在设计树中出现【镜向】属性管理器，选择“前视基准面”为镜向面，打开设计树，按住 < Ctrl > 键，选取设计树中的“拉伸 4”（即轴承座）、“切除-拉伸 3”（即轴承座孔），如图 6-3-26 所示。之后单击【镜向】属性管理器中的【确定】按钮，完成创建另一侧轴承座与轴承座孔，如图 6-3-27 所示。

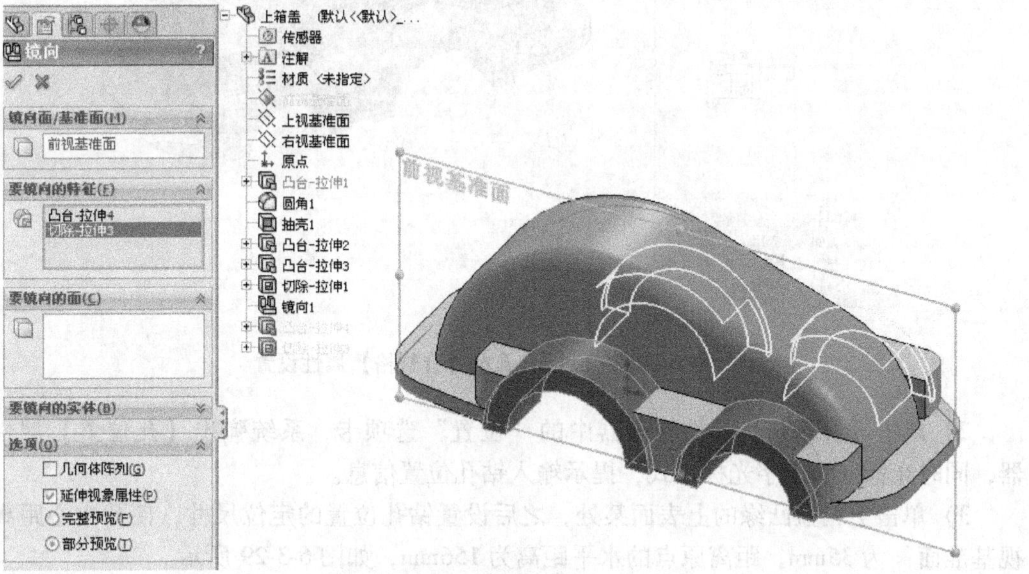

图 6-3-26　【镜向】属性设置

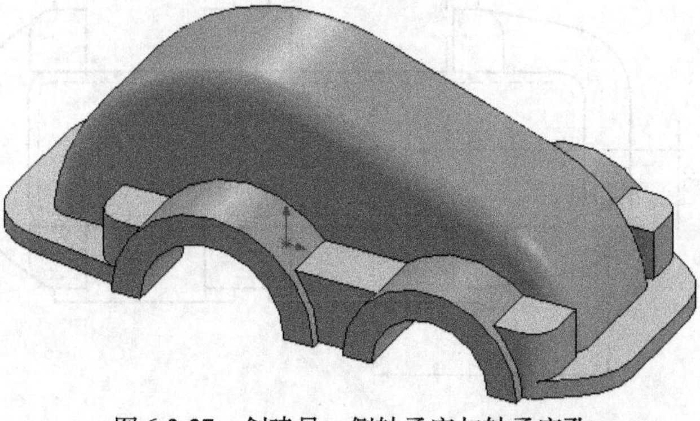

图 6-3-27　创建另一侧轴承座与轴承座孔

（8）绘制上箱盖安装孔　上箱盖安装孔用来装配下箱体与上箱盖。本环节将主要采用【异型孔向导】工具来创建孔特征。

1）选择上箱盖装配凸缘的上表面为草图绘制平面，单击【正视于】按钮，使绘图平面转为正视方向。单击工具栏中的【异型孔向导】工具按钮，或选择菜单命令【插入】→【特征】→【钻孔】→【向导】，系统弹出【孔规格】属性管理器。在“类型”选项卡下，“孔类型”中选取“旧制孔”，“类型”选项组中选取“柱形沉头孔”；设置终止条件为“完全贯穿”，并在“截面尺寸”选项组中，设置上箱盖安装孔的尺寸属性，如图 6-3-28 所示。

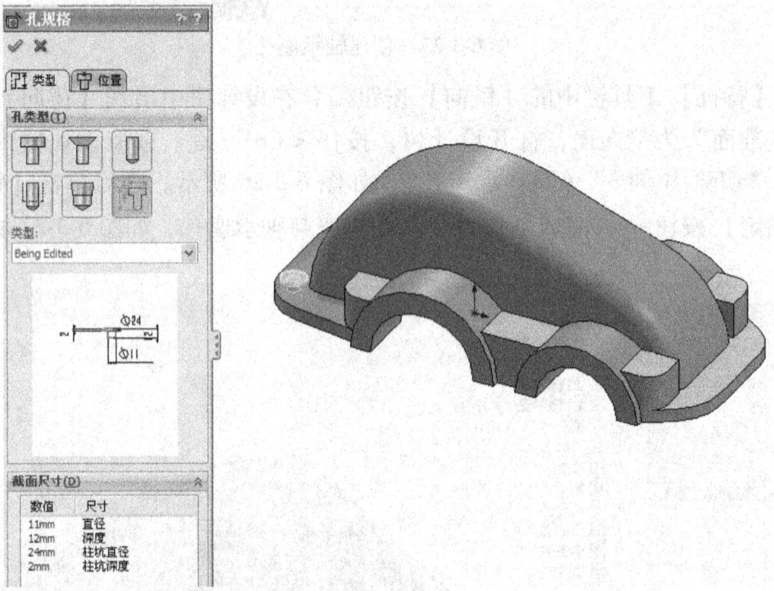

图 6-3-28　ϕ11mm 孔的【孔规格】属性设置

2）单击【孔规格】属性管理器中的“位置”选项卡，系统弹出【孔位置】属性管理器，同时光标变为十字光标形式，提示输入钻孔位置信息。

3）单击上箱盖凸缘的上表面某处，之后设置钻孔位置的定位尺寸，使孔中心距离“前视基准面”为 35mm，距离原点的水平距离为 156mm，如图 6-3-29 所示。

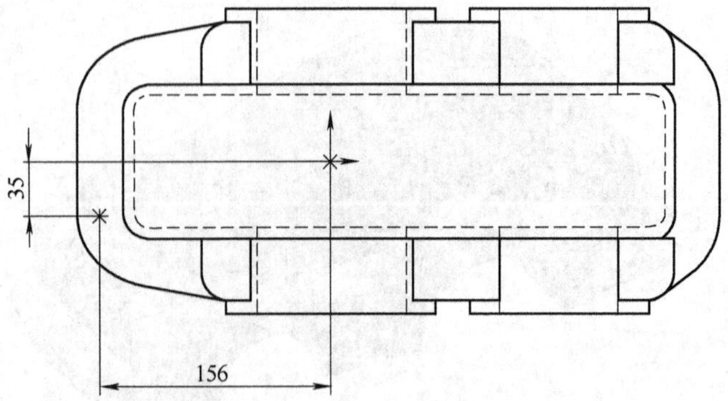

图 6-3-29　设置 ϕ11mm 孔的位置

4）单击【孔位置】属性管理器中的【确定】按钮✓，完成上箱盖某一安装孔的创建，如图6-3-30所示。

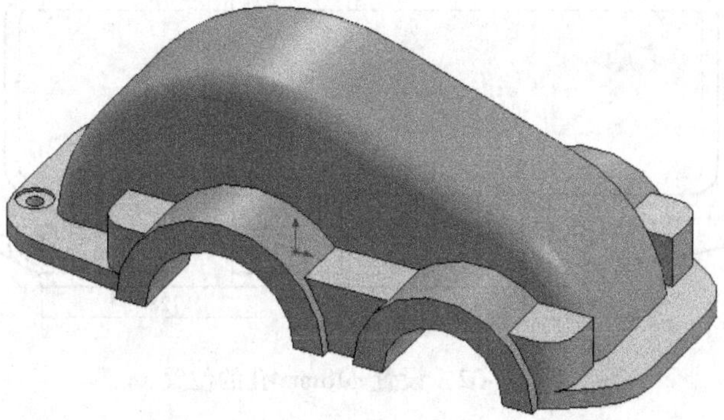

图6-3-30 生成 ϕ11mm 孔特征

5）选择上箱盖装配凸台的上表面为草图绘制平面，单击【正视于】按钮，使绘图平面转为正视方向。单击【异型孔向导】工具按钮，系统弹出【孔规格】属性管理器。在“类型”选项卡下，“孔类型”中选取“旧制孔”，“类型”选项组中选择“柱形沉头孔”；设置终止条件为“完全贯穿”，并在“截面尺寸”选项组中，设置上箱盖安装孔的尺寸属性，如图6-3-31所示。

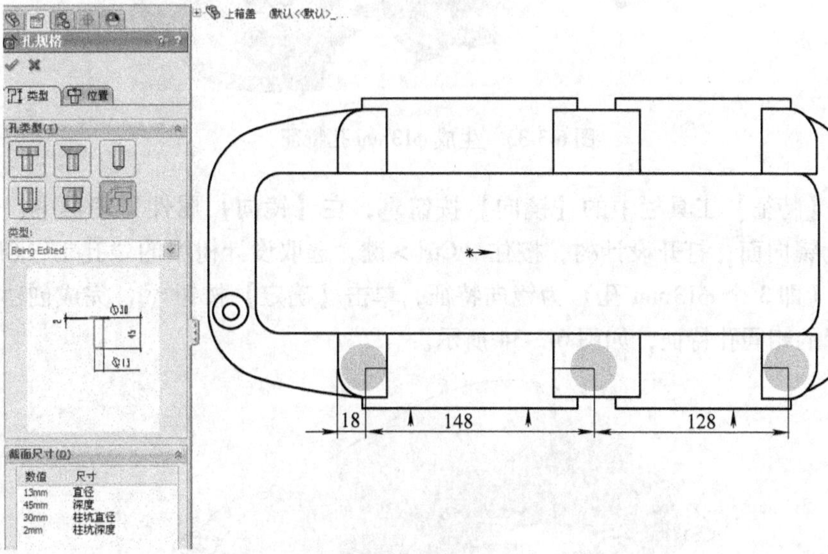

图6-3-31 ϕ13mm 孔的【孔规格】属性设置

6）单击【孔规格】属性管理器中的“位置”选项卡，系统弹出【孔位置】属性管理器，同时光标变为十字光标形式，提示输入钻孔位置信息。

7）单击上箱盖凸台上表面一侧的三处位置，之后设置这三个钻孔位置的相关定位尺寸，如图6-3-32所示。

8）单击【孔位置】属性管理器中的【确定】按钮✓，完成上箱盖凸台某一侧安装孔

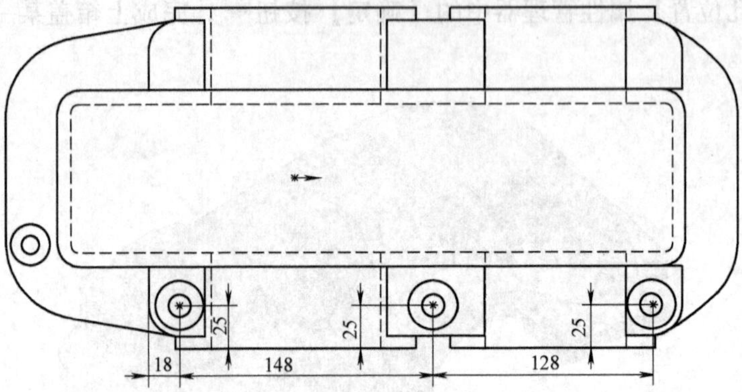

图 6-3-32　设置 ϕ13mm 孔的位置

的创建，如图 6-3-33 所示。

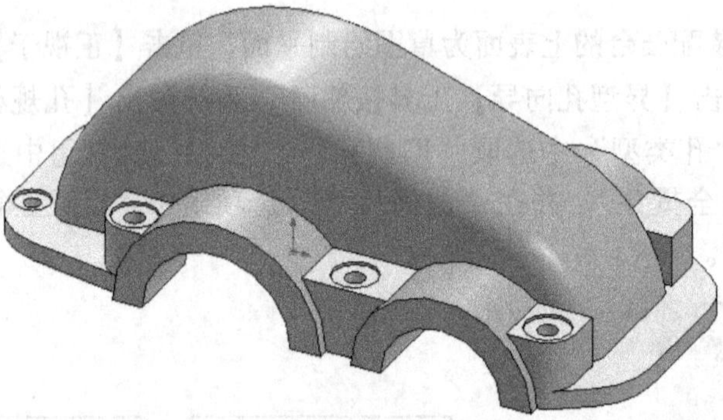

图 6-3-33　生成 ϕ13mm 孔特征

9）单击【特征】工具栏中的【镜向】按钮，在【镜向】属性管理器中，选择“前视基准面”为镜向面，打开设计树，按住 <Ctrl> 键，选取设计树中的“孔 1”（即 ϕ11mm 孔）、“孔 2”（即 3 个 ϕ13mm 孔）为镜向特征，单击【确定】按钮，完成创建上箱盖另一侧相同位置的相同孔特征，如图 6-3-34 所示。

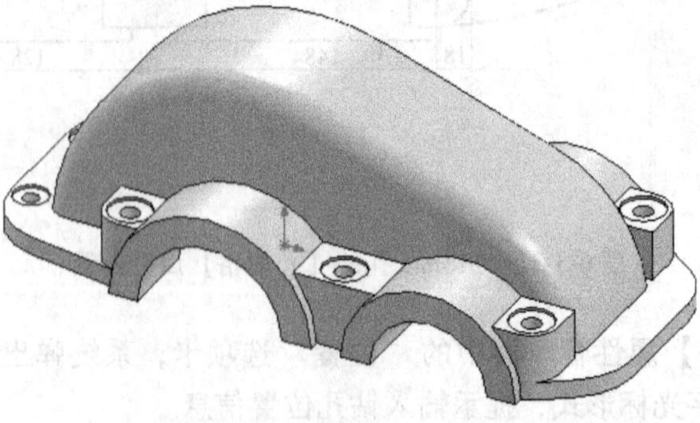

图 6-3-34　【镜向】孔特征

10）选择上箱盖装配凸缘的上表面为草图绘制平面，并将绘图平面转正。单击工具栏中的【异型孔向导】工具按钮，系统弹出【孔规格】属性管理器。在“类型”选项卡下，“孔类型”中选取“旧制孔”，“类型”选项组中选择“推拔孔”，设置“截面尺寸”中主要直径为 8mm，次要直径为 6mm，孔深度为 12mm，如图 6-3-35 所示。

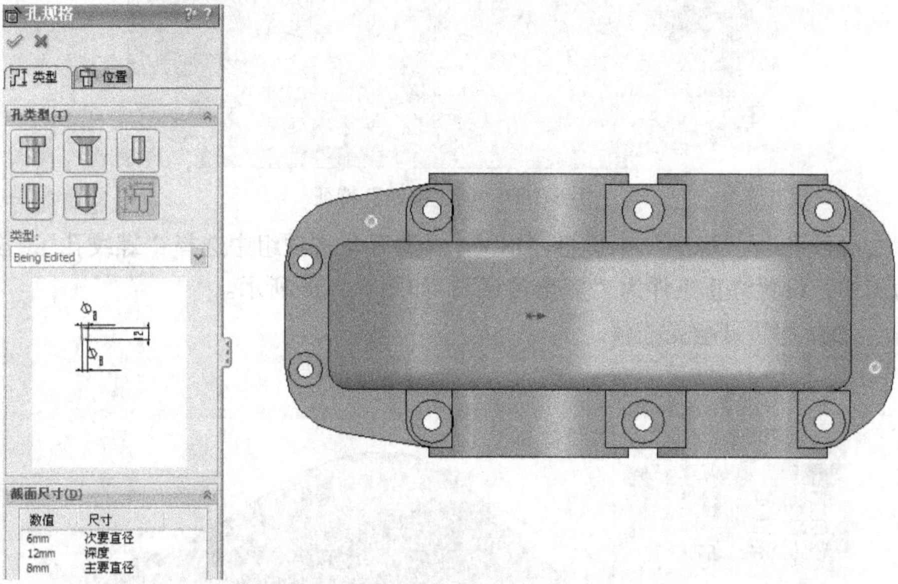

图 6-3-35　锥销孔的【孔规格】属性设置

11）单击【孔规格】属性管理器中的“位置”选项卡，系统弹出【孔位置】属性管理器，同时光标变为十字光标形式，提示输入钻孔位置信息。

12）单击上箱盖凸缘上表面的两处位置，之后设置这两个钻孔位置的相关定位尺寸，如图 6-3-36 所示。

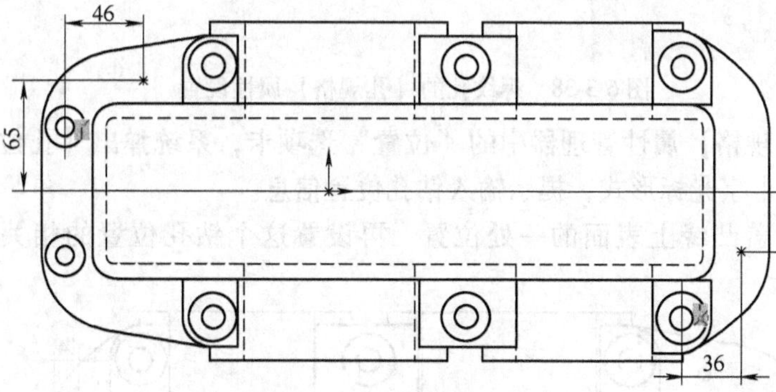

图 6-3-36　设置锥销孔的位置

13）单击【孔位置】属性管理器中的【确定】按钮，完成上箱盖凸缘上锥销孔的创建，如图 6-3-37 所示。

14）选择上箱盖装配凸缘的上表面为草图绘制平面，单击【正视于】按钮，使绘图平面转为正视方向。单击【异型孔向导】工具按钮，在“类型”选项卡下，“孔类型”

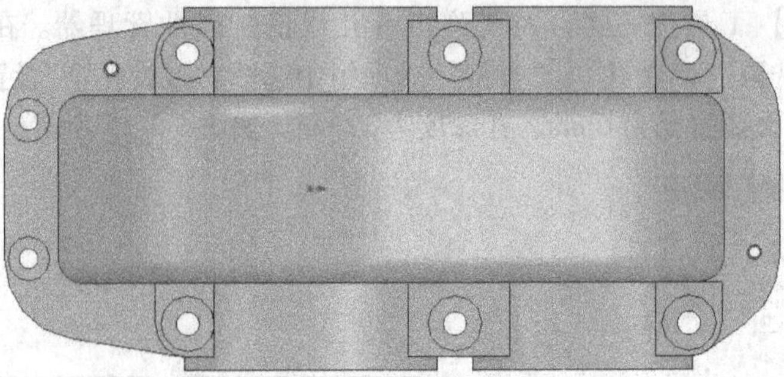

图 6-3-37　创建锥销孔特征

中选取“直螺纹孔”，“标准”中选择“ISO”，“类型”选项组中选择“螺纹孔”，设置螺纹孔大小为 M10，设置终止条件为“完全贯穿”，如图 6-3-38 所示。

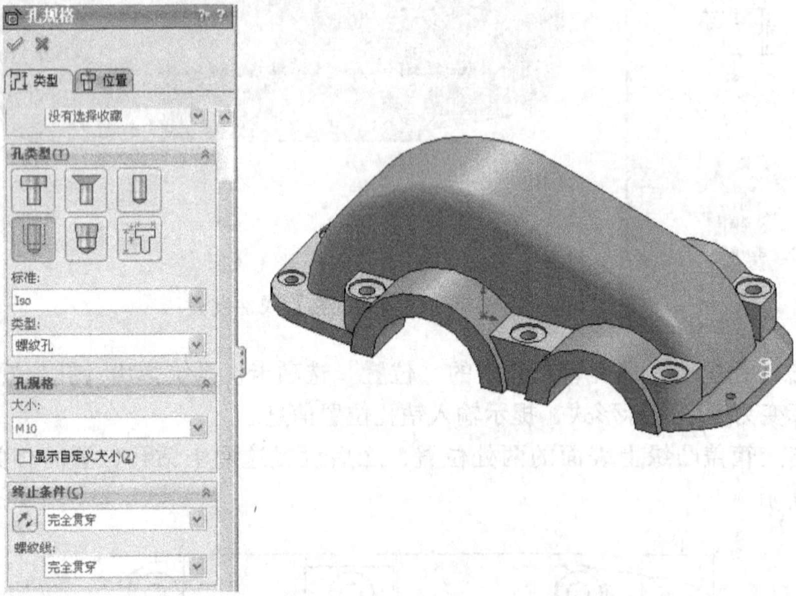

图 6-3-38　螺纹孔的【孔规格】属性设置

15）单击【孔规格】属性管理器中的“位置”选项卡，系统弹出【孔位置】属性管理器，同时光标变为十字光标形式，提示输入钻孔位置信息。

16）单击上箱盖凸缘上表面的一处位置，再设置这个钻孔位置的相关定位尺寸，如图 6-3-39所示。

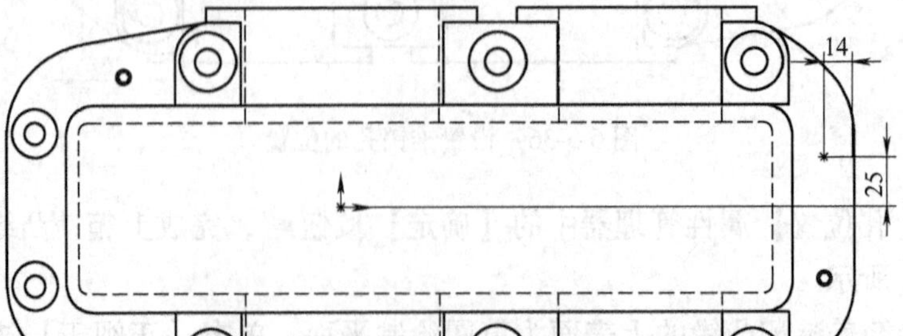

图 6-3-39　设置螺纹孔的位置

17）单击【孔位置】属性管理器中的【确定】按钮，完成上箱盖凸缘上螺纹孔的创建，如图6-3-40所示。

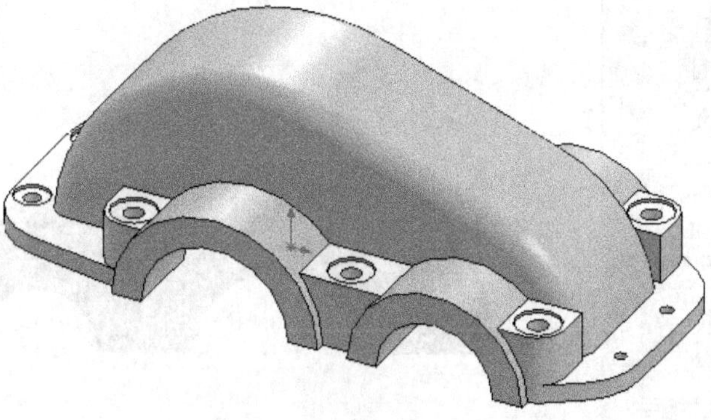

图6-3-40　创建螺纹孔特征

（9）绘制端盖安装孔　上箱盖的端盖安装孔通常是内螺纹的盲孔。本环节将主要采用【异型孔向导】工具来创建盲孔特征。

1）选择上箱盖大小轴承座的前端面为草图绘制平面，单击工具栏中的【圆】绘制工具按钮，分别以两个轴承安装孔的圆心为圆心画圆，系统弹出【圆形】属性管理器，选中【作为构造线】复选框，并设置直径尺寸分别为120mm和100mm。在大、小轴承座前端面的构造线上各绘制一点，并单击【智能尺寸】按钮标注定位尺寸，如图6-3-41所示。

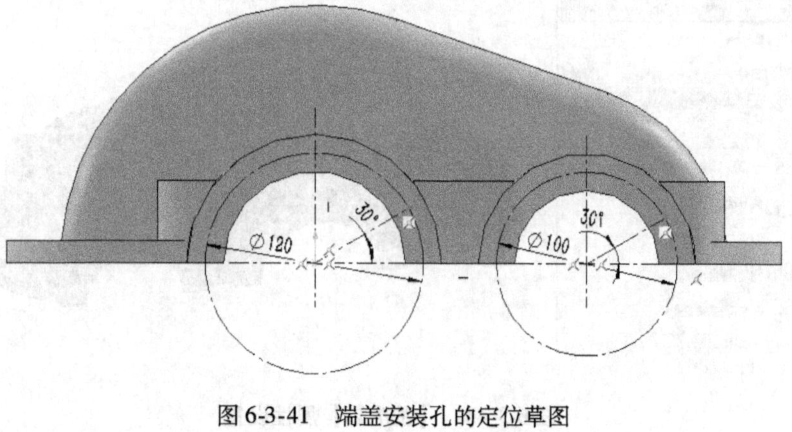

图6-3-41　端盖安装孔的定位草图

2）单击工具栏中的【异型孔向导】工具按钮，系统弹出【孔规格】属性管理器。在“类型”选项卡下，“孔类型”中选取“直螺纹孔”，“标准”中选择“ISO”，“类型”选项组中选择“螺纹孔”，设置螺孔大小为M8，设置终止条件为“给定深度”，深度为15mm。如图6-3-42所示。

3）创建镜向基准轴。单击【参考几何体】按钮，在弹出的子工具栏中选择【基准轴】。系统弹出【基准轴】属性管理器，选择上箱盖的大轴承座内表面为参考面，设置基准轴的创建方式为“圆柱/圆锥面”，单击【确定】按钮，完成基准轴的创建，系统默认该基准轴为“基准轴1”，如图6-3-43所示。

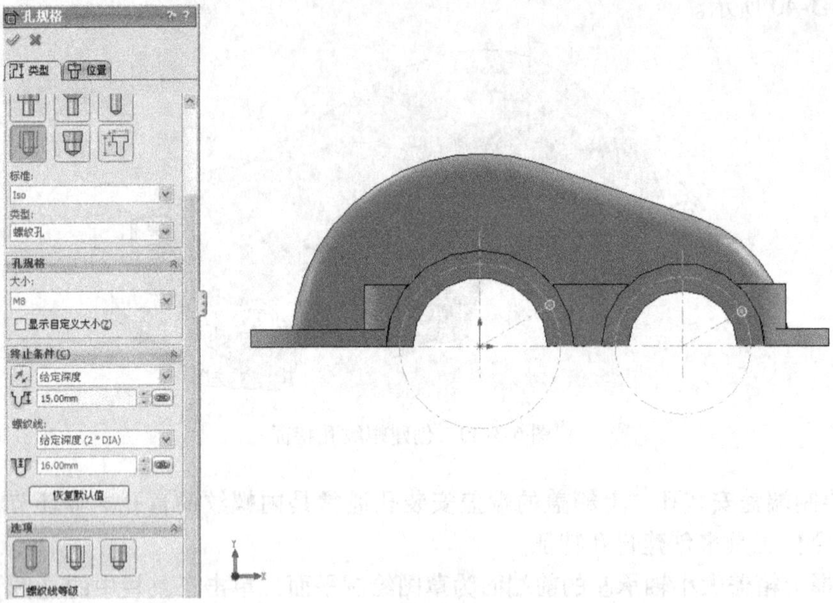

图 6-3-42　轴承座端面螺纹孔的【孔规格】属性设置

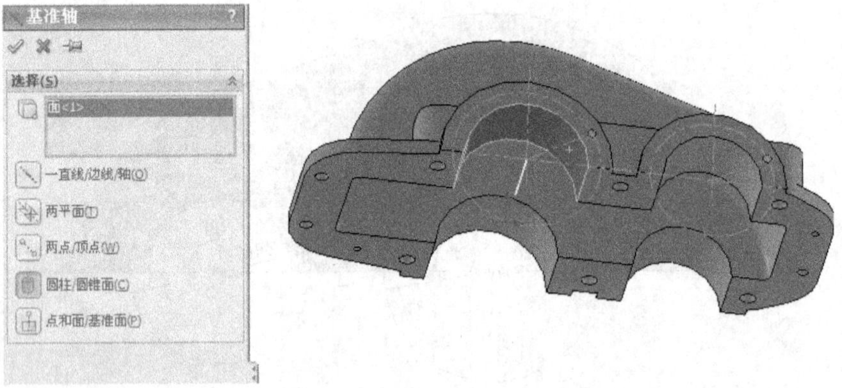

图 6-3-43　【基准轴】属性设置

4）单击【特征】工具栏中的【圆周阵列】按钮，在设计树中出现【阵列（圆周）】属性管理器。基准轴选取前面创建的“基准轴 1”，阵列角度设置为 60.00 度，阵列个数设置为 3 个。再单击“要阵列的特征”选项下的文本框，此时该文本框变为淡蓝色，在设计树中单击上一步生成的 M8 螺纹孔特征，就会在模型上出现预览的阵列孔情况，如图 6-3-44 所示。单击【确定】按钮，完成大轴承座上螺纹孔的创建。

5）按照 2）中所述方法，选取小轴承座端面上的点为螺纹孔放置位置，创建螺纹孔。按照步骤 3 中所述方法，创建“基准轴 2”。按照步骤 4 中所述方法，在小轴承座端面上圆周阵列螺孔。最后效果如图 6-3-45 所示。

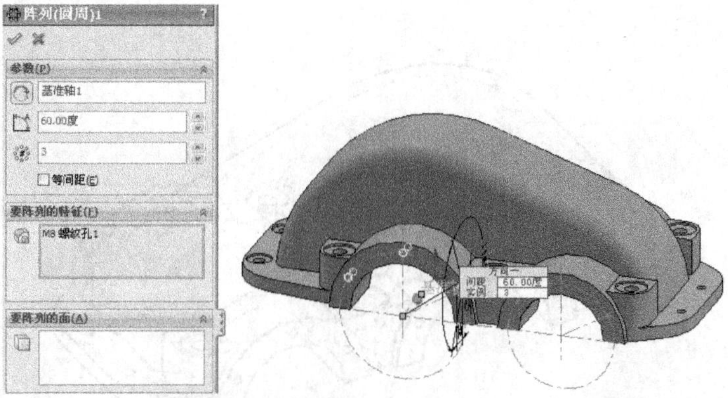

图 6-3-44　大轴承座上生成螺纹孔的【阵列（圆周）】属性设置

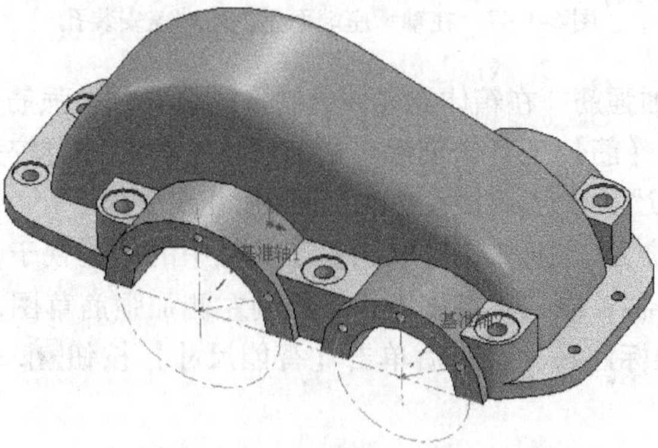

图 6-3-45　小轴承座上生成螺孔

6）单击【特征】工具栏中的【镜向】按钮，选择【前视基准面】为镜向面，打开设计树，按住 <Ctrl> 键，选取设计树中的“阵列（圆周）1”、“阵列（圆周）2”、“M8 螺纹孔 1”、“M8 螺纹孔 2”，如图 6-3-46 所示。之后，单击【镜向】属性管理器中的【确定】按钮，完成在轴承座端面上创建端盖安装孔特征，如图 6-3-47 所示。

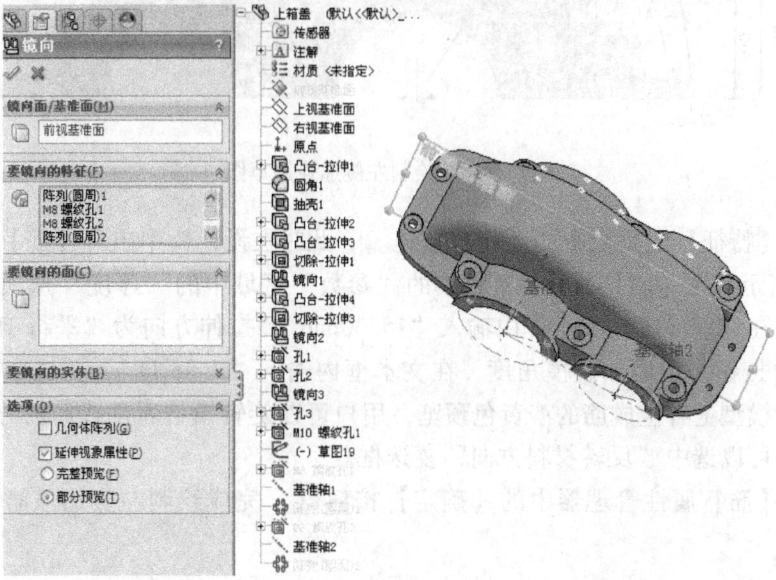

图 6-3-46　上箱盖另一侧螺纹孔的【镜向】属性设置

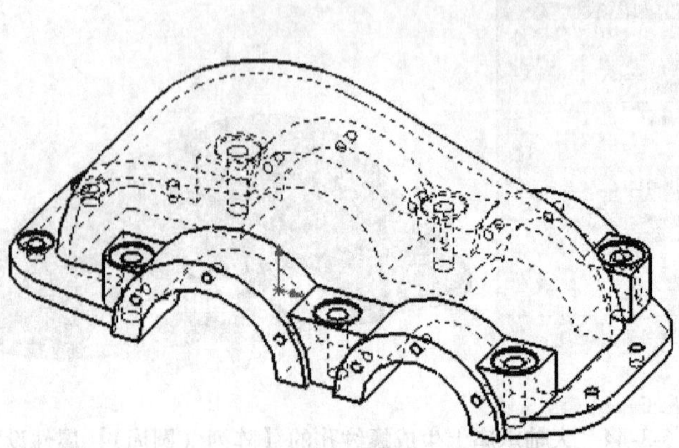

图 6-3-47　在轴承座端面上创建端盖安装孔

（10）绘制上箱盖加强筋　在箱体类零件的制作过程中，加强筋是常用的一种特征，可以通过 SolidWorks 中的【筋】工具来创建。如前所述，筋的种类较多，其不同的形式及创建方法可以参见前面讲述。减速器上箱盖加强筋的制作步骤如下：

1）选取“前视基准面”，再单击【视图】工具栏中的【正视于】按钮，此时该面正对用户，进入“草图绘制”模式。在该模式下绘制左侧加强筋草图，并将草图中的圆弧转换为构造几何线以方便标注尺寸，最后单击【智能尺寸】按钮，标注相关的定位尺寸，如图 6-3-48 所示。

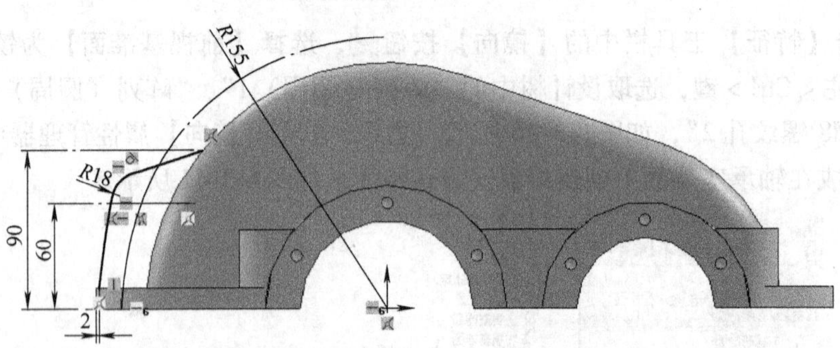

图 6-3-48　绘制左侧加强筋草图

2）单击【特征】工具栏中的【筋】按钮，此时在设计树中出现【筋】属性管理器，如图 6-3-49 所示。在【筋】属性管理器中的“参数”区域中的“厚度”选项里选“两侧”为厚度方向，在“筋厚度”文本框内输入“15. 00mm”，拉伸方向为“平行于草图”，单击【拔模开/关】按钮以添加拔模角度，在文本框内输入“2. 86 度”，并选中“向外拔模”复选框。此时模型上有生成筋的淡黄色预览，用户可以旋转模型看生成筋的方向是否正确，如果不正确，可以选中“反转材料方向”复选框。

3）单击【筋】属性管理器中的【确定】按钮，完成绘制左侧加强筋，如图 6-3-50 所示。

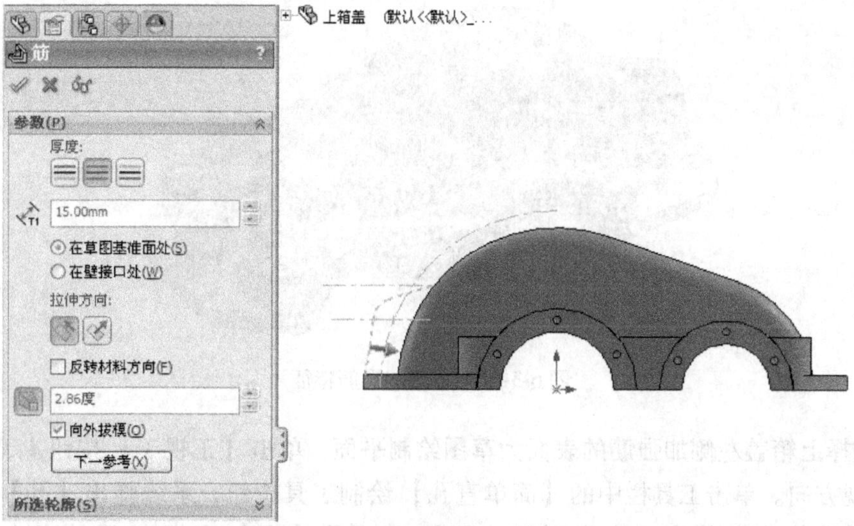

图 6-3-49　左侧加强筋的【筋】属性设置

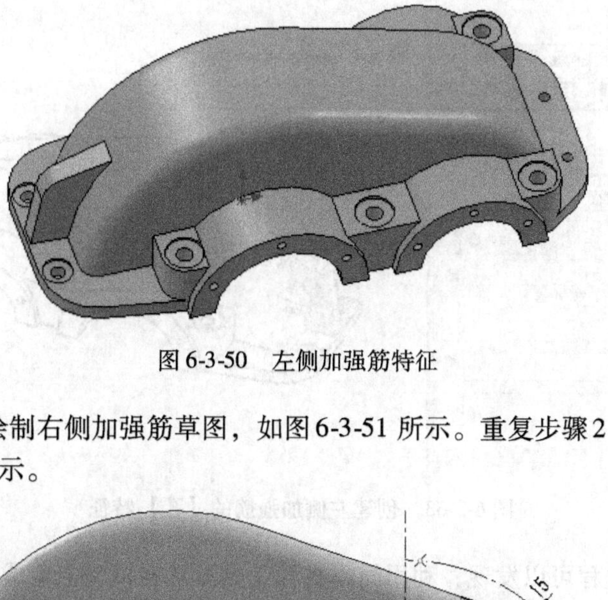

图 6-3-50　左侧加强筋特征

4）重复步骤 1 绘制右侧加强筋草图，如图 6-3-51 所示。重复步骤 2、3 生成右侧加强筋特征，如图 6-3-52 所示。

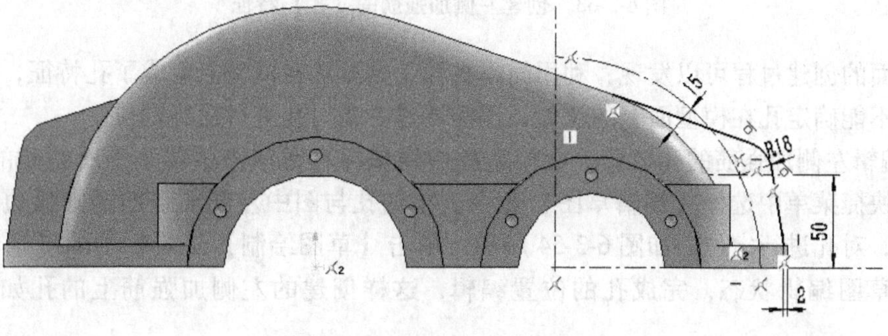

图 6-3-51　绘制右侧加强筋草图

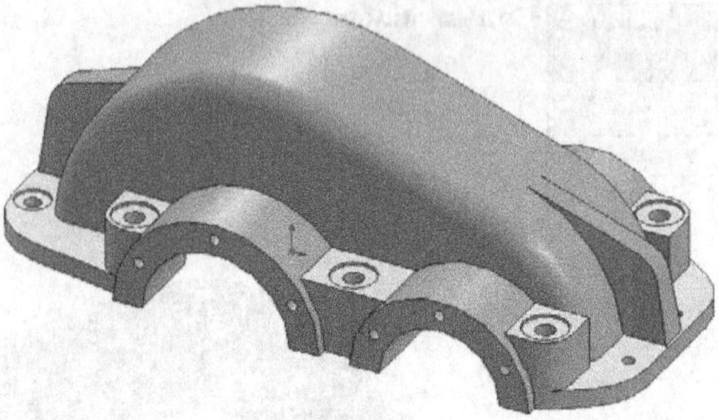

图 6-3-52　右侧加强筋特征

5）选择上箱盖左侧加强筋的表面为草图绘制平面，单击【正视于】按钮，使绘图平面转为正视方向。单击工具栏中的【简单直孔】绘制工具按钮，系统弹出【孔】属性管理器。设置钻孔终止条件为“成形到下一面”，在【孔直径】图标后的文本框中输入“18.00mm”，单击【确定】按钮，系统自动进行切除操作生成孔特征，如图 6-3-53 所示。

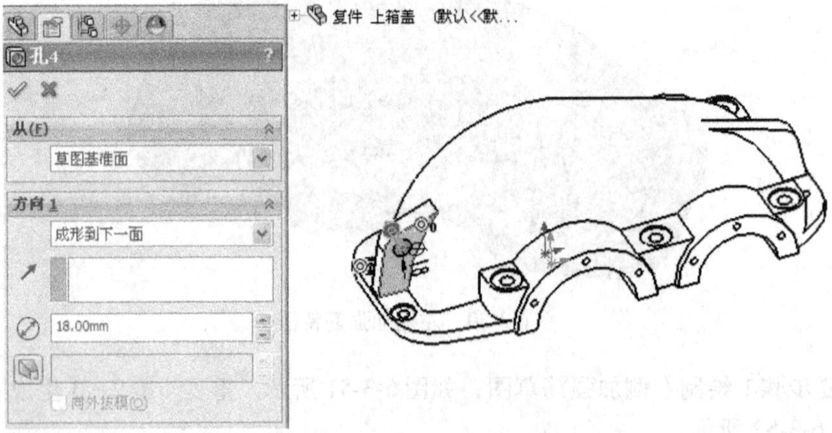

图 6-3-53　创建左侧加强筋的【孔】特征

从上面的创建过程可以发现，利用简单直孔工具虽然在模型上生成了孔特征，但是上面的操作还不能确定孔在模型面上的位置，还需要进一步对孔进行适当定位。

6）编辑左侧加强筋的孔位置。在模型树中用鼠标右键单击步骤 5 中所创建的孔特征。在弹出的快捷菜单中选择【编辑草图】命令。添加孔与图中左侧加强筋的圆弧边线的同心约束关系，对孔进行定位，如图 6-3-54 所示。单击【草图绘制】工具栏中的【退出】按钮，退出草图编辑状态，完成孔的位置编辑，这样创建的左侧加强筋上的孔如图 6-3-55 所示。

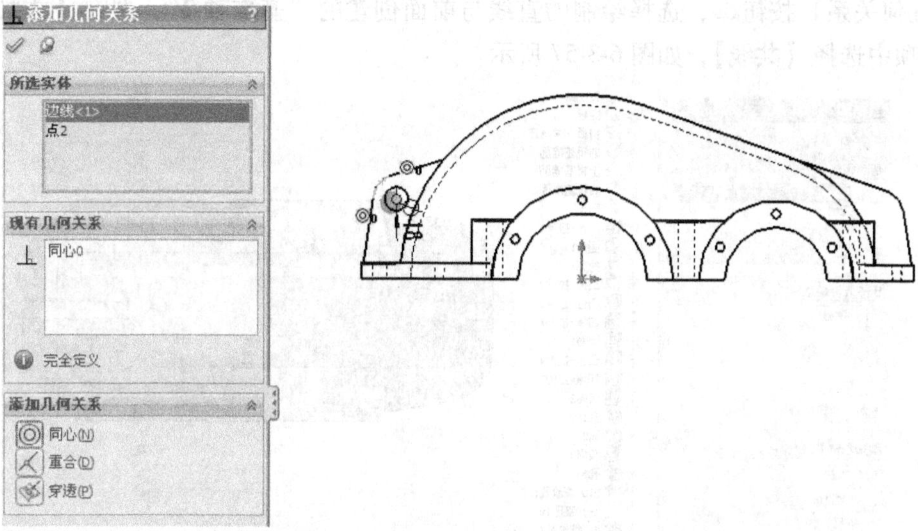

图 6-3-54　左侧加强筋的【添加几何关系】属性设置

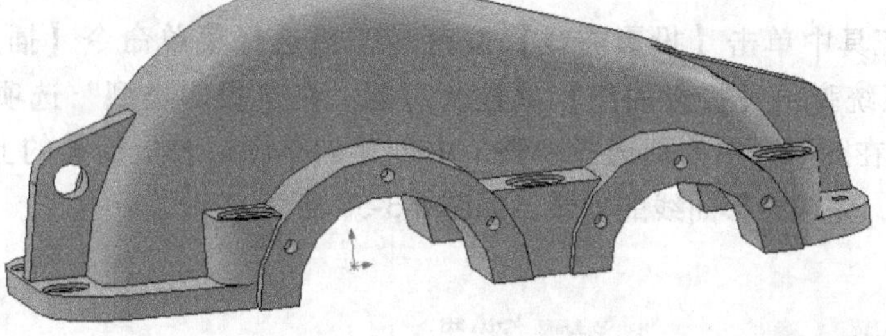

图 6-3-55　创建左侧加强筋的孔特征

7）重复步骤 5、6，创建右侧加强筋上的孔特征，钻孔完成后的上箱盖加强筋外形如图 6-3-56所示。

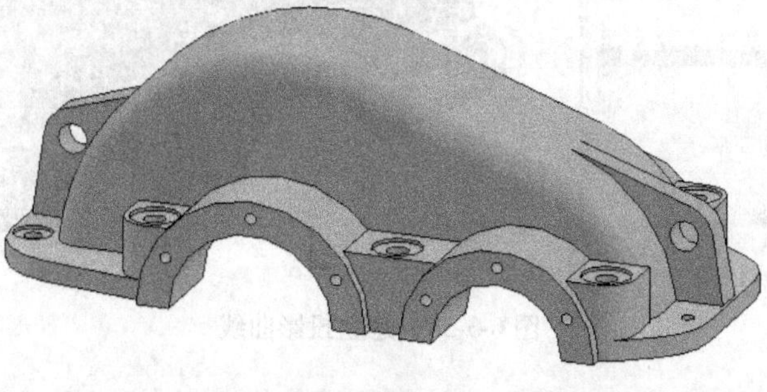

图 6-3-56　创建右侧加强筋上的孔特征

（11）绘制窥视窗

1）选择“上视基准面”为草图绘制平面，单击【正视于】按钮，使绘图平面转为正视方向。单击【草图绘制】工具栏中的【直线】按钮，绘制一条直线。单击工具栏中的

【添加几何关系】按钮⊥，选择绘制的直线与前面创建的“基准轴 2”，并在【添加几何关系】选项中选择【共线】，如图 6-3-57 所示。

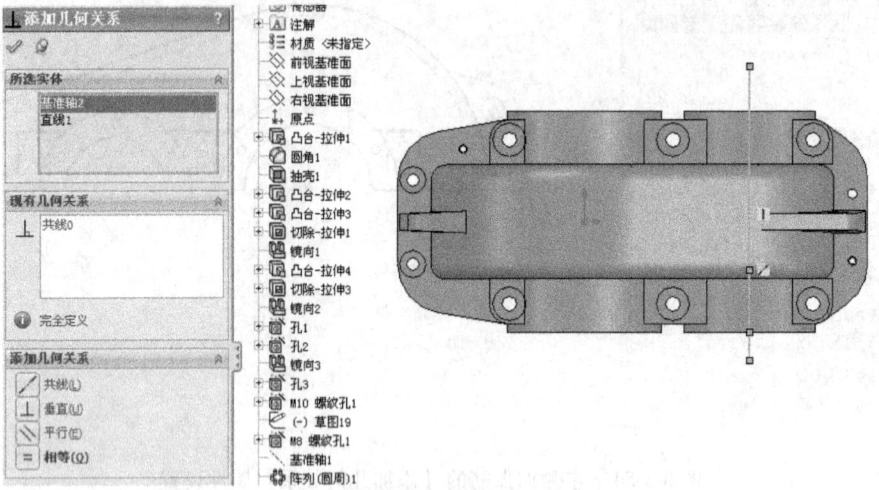

图 6-3-57　【添加几何关系】属性设置

2）在曲线工具中单击【投影曲线】按钮，或选择菜单命令【插入】→【曲线】→【投影曲线】，系统弹出【投影曲线】属性管理器。在“投影类型”选项中选中“面上草图”复选框，并在图形区中分别选择步骤 1 中创建的草图以及上箱盖的上端平顶面。单击【确定】按钮✓，完成投影曲线的创建，如图 6-3-58 所示。

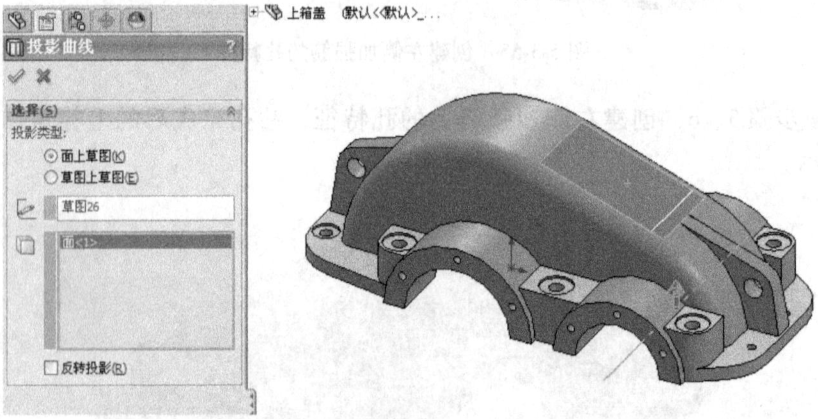

图 6-3-58　建立投影曲线

3）选择上箱盖的上端平顶面为草图绘制平面，进入“草图绘制”模式。在该模式下绘制窥视窗的矩形轮廓草图，其长为 100mm，宽为 65mm。然后对四个角都作倒圆角处理，半径均为 15mm。添加草图中矩形上、下边线的对称关系，并将草图中的矩形右侧边线与步骤 2 中创建的投影曲线重合。最后单击【智能尺寸】按钮，标注相关的定位尺寸，如图 6-3-59所示。

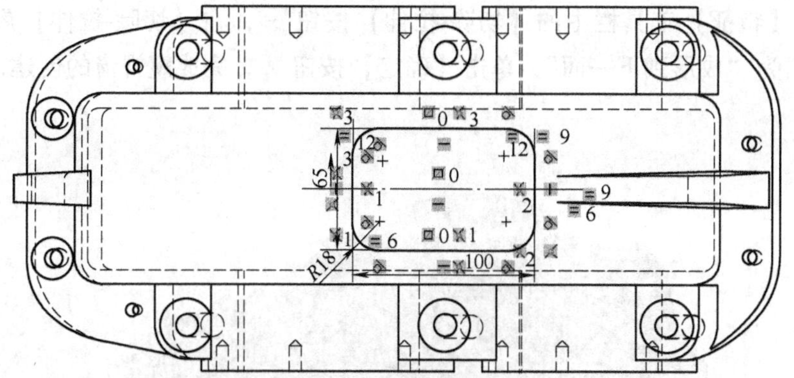

图 6-3-59 绘制窥视窗轮廓草图

4）单击【特征】工具栏上的【拉伸凸台/基体】按钮，在系统弹出的【拉伸】属性管理器中设置拉伸终止条件为“给定深度”，设置深度为5mm，向上箱盖的外部拉伸，保持其余选项为系统默认值不变，单击【确定】按钮，创建窥视窗拉伸特征，如图 6-3-60 所示。

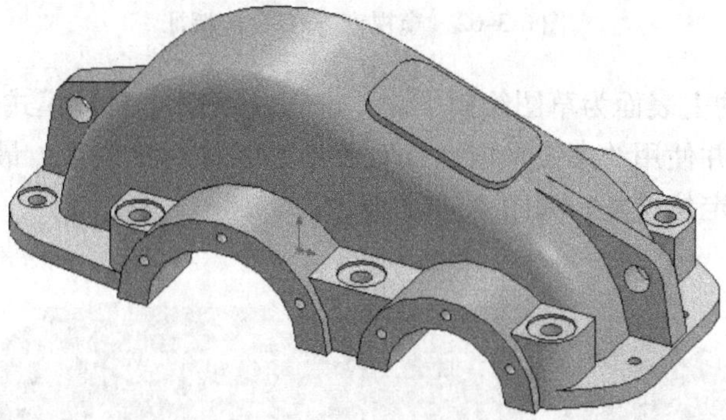

图 6-3-60 窥视窗拉伸特征

5）选择上箱盖的上端平顶面为草图绘制平面，进入草绘模式。绘制窥视窗的切除矩形轮廓草图，其长为70mm，宽为35mm。然后对四个角都作倒圆角处理，半径均为5mm。添加草图中矩形上、下边线的对称关系。最后单击【智能尺寸】按钮，标注相关的定位尺寸，如图 6-3-61 所示。

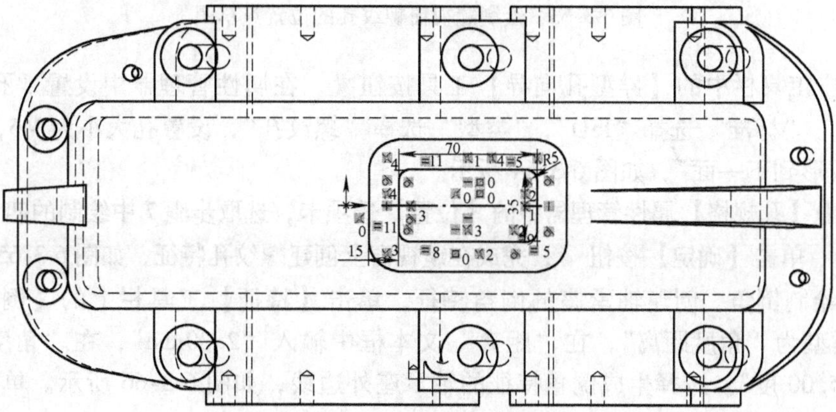

图 6-3-61 绘制窥视窗切除特征草图

6）单击【特征】工具栏中的【切除-拉伸】按钮，在【切除-拉伸】属性管理器中设置切除方式为“成形到下一面”，单击【确定】按钮，完成窥视窗的创建，如图6-3-62所示。

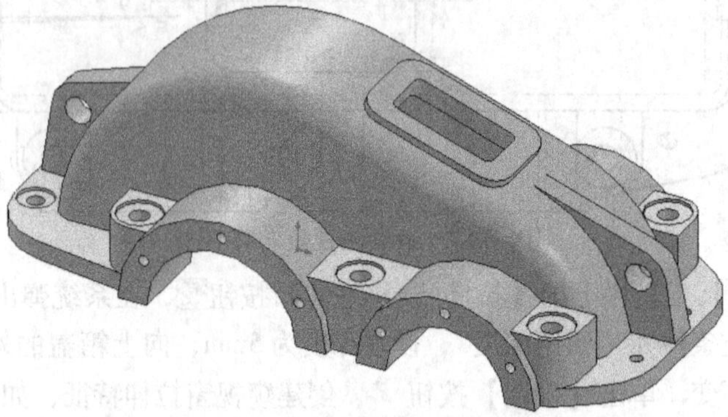

图6-3-62　窥视窗【切除】特征

7）选择窥视窗的上表面为草图绘制平面，进入【草图绘制】模式。在该模式下绘制放置螺纹孔的四个点，并使用约束关系增加点对于中心线的对称约束。最后单击【智能尺寸】按钮，标注相关的定位尺寸，如图6-3-63所示。

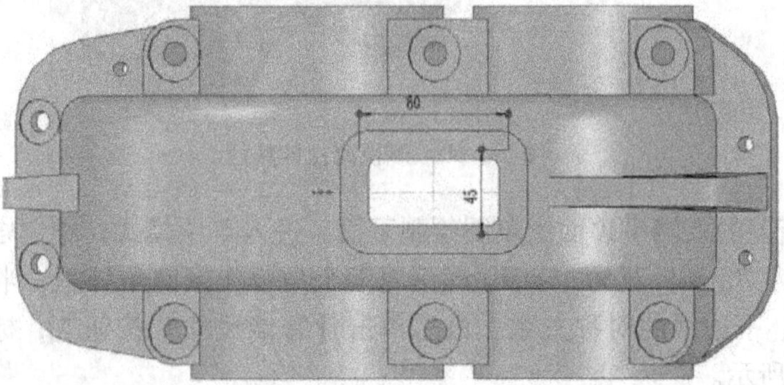

图6-3-63　绘制窥视窗螺纹孔的位置点草图

8）单击工具栏中的【异型孔向导】工具按钮，在属性管理器中设置“孔类型”为“直螺纹孔”，“标准”选择“ISO”，“类型”选择“螺纹孔”，设置孔大小为M6，设置终止条件为“成形到下一面”，如图6-3-64所示。

9）单击【孔规格】属性管理器中的【位置】选项卡，选取步骤7中绘制的四个点作为孔的放置位置。单击【确定】按钮，完成在窥视窗上创建螺纹孔特征，如图6-3-65所示。

（12）绘制倒角　创建轴承座的倒角特征，单击【特征】工具栏上的【倒角】按钮，设置倒角类型为“角度距离”，在“距离”文本框中输入“2.00mm”，在“角度”文本框中输入“45.00度”。选择生成倒角特征的轴承座外边线，如图6-3-66所示。单击【确定】按钮，完成上箱盖轴承座倒角特征的创建。

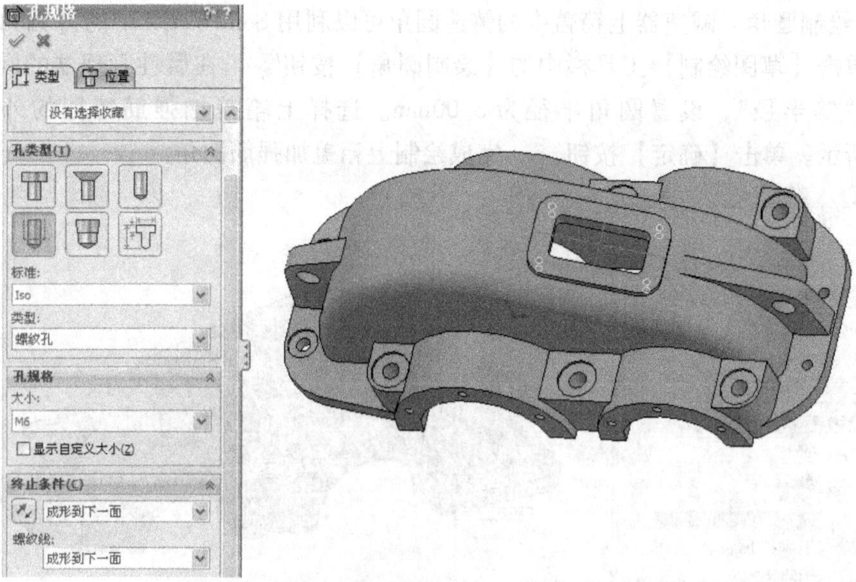

图 6-3-64　窥视窗螺纹孔的【孔规格】属性设置

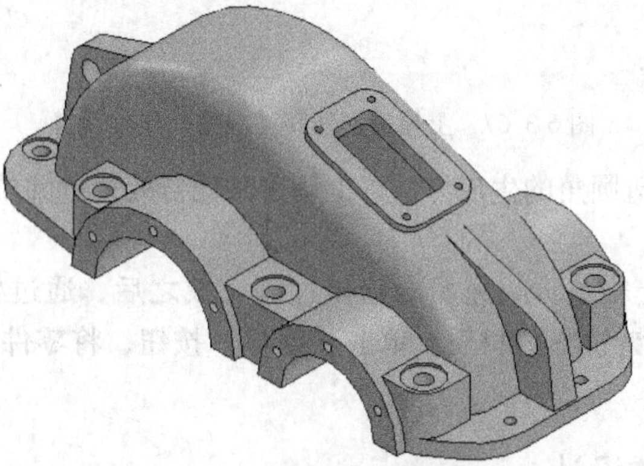

图 6-3-65　创建窥视窗螺纹孔

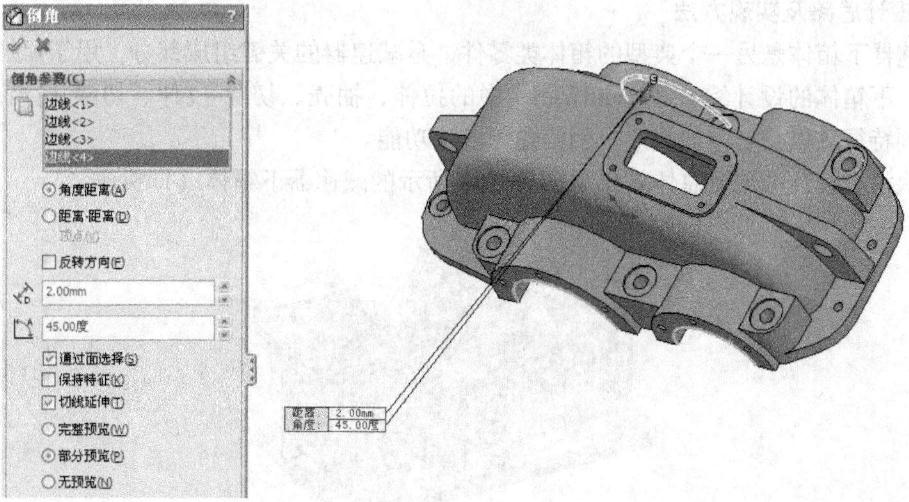

图 6-3-66　【倒角】属性设置

（13）绘制圆角　减速器上箱盖中的铸造圆角可以利用 SolidWorks 中的【圆角】特征工具生成。单击【草图绘制】工具栏中的【绘制圆角】按钮，在属性管理器的圆角类型选项中选择“等半径”，设置圆角半径为 3. 00mm。选择上箱盖加强筋特征的外边线，如图 6-3-67所示。单击【确定】按钮，完成绘制上箱盖加强筋圆角。

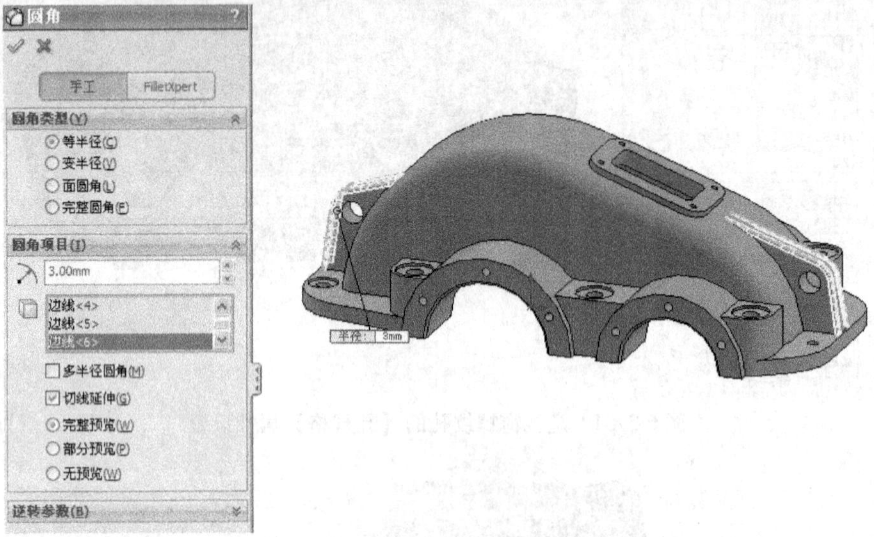

图 6-3-67　上箱盖加强筋【圆角】属性设置

上面详细阐述了铸造圆角的生成方法，上箱盖其他各处铸造圆角的创建与此类似，在此不再一一赘述。

（14）保存减速器上箱盖　减速器的建模过程完成之后，通过模型树中的“材质编辑器”为上箱盖赋予“灰铸铁”的材质。单击【保存】按钮，将零件文件保存为“减速器上箱盖 . SLDPRT”。

6. 3. 2　减速器下箱体设计

1. 设计思路及实现方法

减速器下箱体是另一个典型的箱体类零件，是减速器的关键组成部分，用于保护箱体内的零件。下箱体的设计综合了 SolidWorks 中的拉伸、抽壳、切除-拉伸、切除-扫描、钻孔、圆周阵列特征，以及制作加强筋、倒圆角等多项功能。

本次机械设计拟创建总体效果如图 6-3-68 所示的减速器下箱体（即机座）。

图 6-3-68　减速器下箱体

创建该减速器下箱体的设计思路如图 6-3-69 所示。

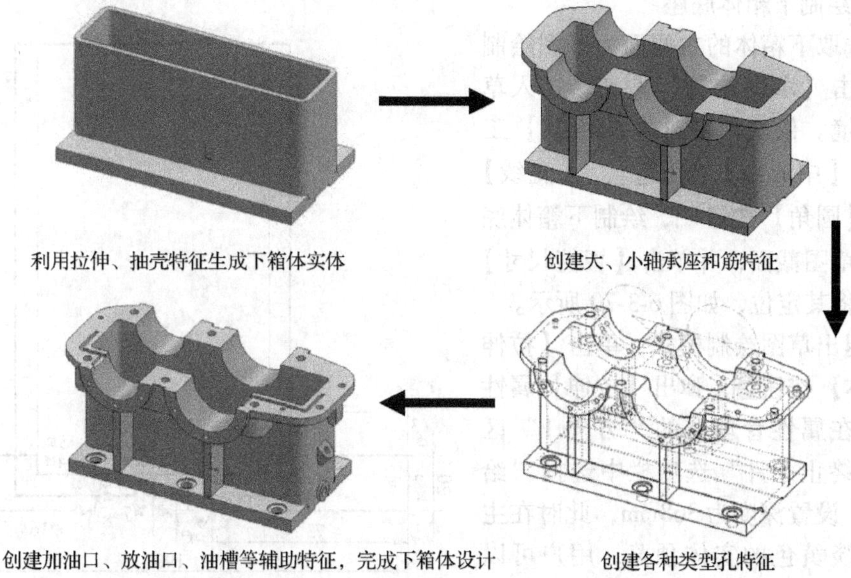

图 6-3-69　创建减速器下箱体的设计思路

2. 减速器下箱体的详细设计过程

绘制减速器下箱体的详细过程如下：

（1）建立新建文件夹　启动 SolidWorks，选择菜单命令【文件】→【新建】或单击【标准】工具栏上的【新建】按钮，系统弹出【新建 SolidWorks 文件】属性管理器。单击【零件】按钮，然后单击【确定】按钮，进入新零件窗口。

（2）绘制下箱体实体

1）单击【特征】工具栏中的【拉伸凸台/基体】按钮，选择上视基准面作为草图绘制基准面，进入草绘模式。

2）单击工具栏中的【中心线】按钮，绘制两条以系统坐标原点为交点的垂直中心线，作为下箱体实体的草图绘制基准。单击【矩形】按钮，绘制下箱体实体的矩形轮廓。通过【添加几何关系】按钮，使草图中的矩形关于水平和竖直中心线对称。再单击【智能尺寸】按钮，将矩形定形，该矩形长为 368mm，宽为 102mm。

3）单击【退出草图】按钮，此时在设计树中出现【拉伸】属性管理器。在“方向 1”区域中的“终止条件”选项栏中选择“给定深度”深度为 165mm。此时在主界面生成淡黄色的实体预览，用户可以根据预览来判断生成的实体是否正确。若正确则单击【确定】按钮，完成实体特征的创建。

4）单击【绘制圆角】按钮。在属性管理器的“圆角类型”选项中选择“等半径”，设置圆角半径为 14mm，选择下箱体实体特征的四条外边线，单击【确定】按钮，完成绘制下箱体实体的圆角。

（3）绘制下箱体腔体　在完成了下箱体实体的制作后，可以通过 SolidWorks 中的抽壳工具来完成下箱体腔体的设计。选择下箱体实体的上表面，单击【抽壳】按钮，设置厚度为 8mm，完成绘制减速器下箱体的腔体。

（4）绘制下箱体底座

1）选取下箱体的右侧面为草图绘制平面，单击【草图绘制】按钮，进入草图绘制环境。依次单击【草图绘制】工具栏中的【中心线】按钮、【直线】按钮、【圆角】按钮，绘制下箱体底座的拉伸草图截面，并单击【智能尺寸】按钮，将其定位，如图 6-3-70 所示。

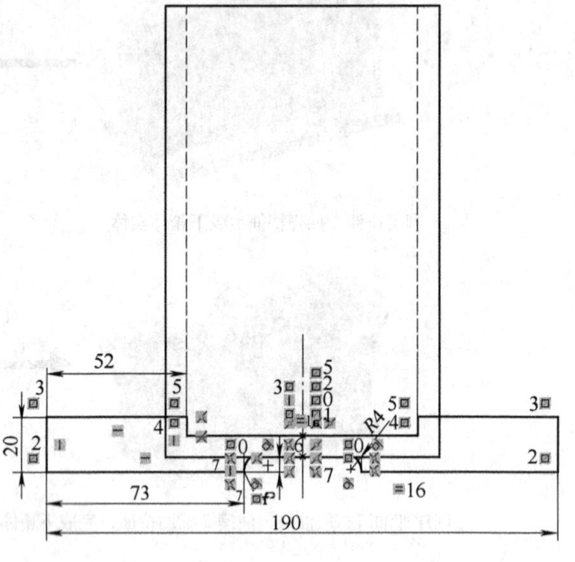

图 6-3-70　绘制下箱体底座草图

2）退出草图绘制模式，单击【拉伸凸台/基体】按钮，弹出【拉伸】属性管理器，在属性管理器的“方向 1”区域中的“终止条件”选项栏中选择“给定深度”，设置深度为 368mm，此时在主界面生成淡黄色的实体预览，用户可以根据预览来判断生成的实体是否正确。

（5）绘制下箱体顶面凸缘

1）创建草图基准面。选择【基准面】命令，选择“上视基准面”为参考面，设置创建方式为“等距距离”，在【距离】图标后的文本框中输入“165. 00mm”，单击【确定】按钮，完成“基准面 1”的创建（基准面的名称可以在设计树中修改），如图 6-3-71 所示。

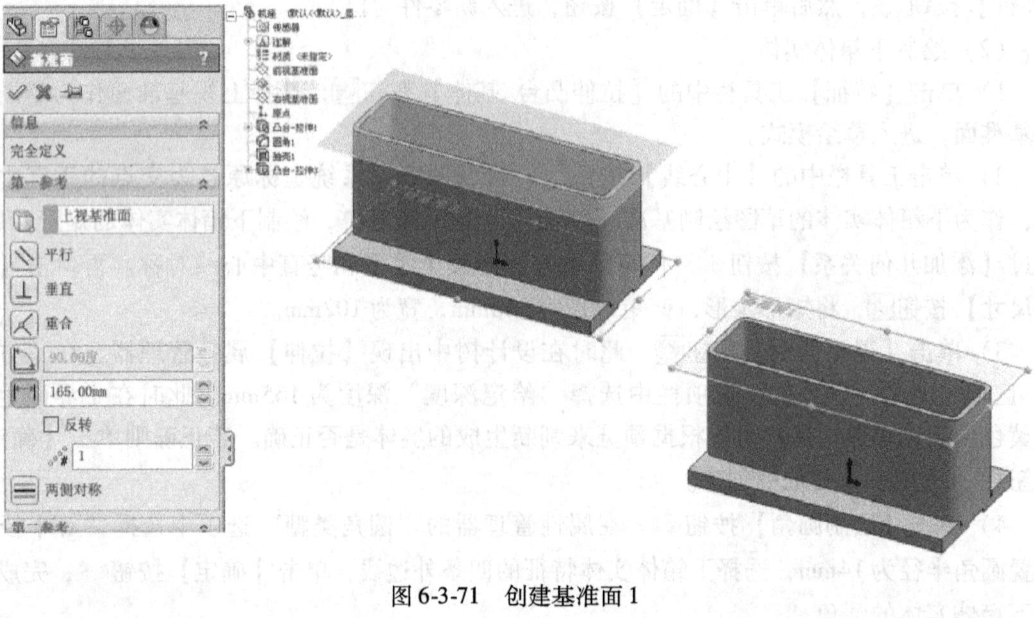

图 6-3-71　创建基准面 1

2）选择基准面 1 作为草图绘制平面，单击工具栏中的【中心线】按钮，绘制两条下箱体实体的前后、左右对称中心线。

3）单击【矩形】按钮▭，绘制一长为428mm，宽为182mm的矩形。单击【添加几何关系】按钮⊥，添加几何约束使所绘矩形关于水平和竖直中心线对称，如图6-3-72所示。

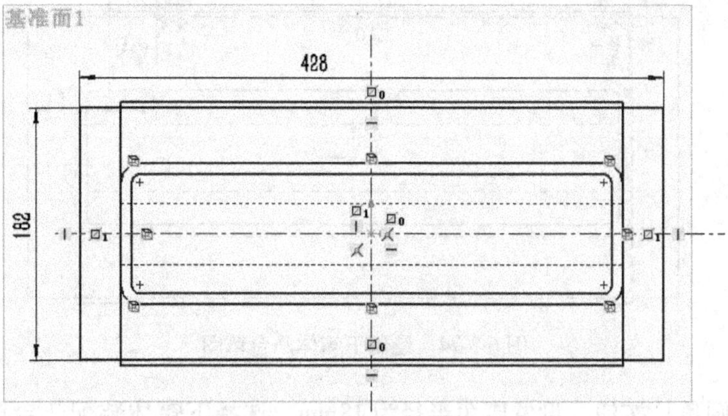

图6-3-72 绘制下箱体顶面凸缘的矩形轮廓

4）单击【转换实体引用】按钮，选中模型内腔边线，将该边线投影至草图平面。

5）单击【拉伸凸台/基体】按钮，在属性管理器的【拉伸类型】选项中选择“给定深度”，设置深度为12mm，其余选项保持不变，完成下箱体顶面凸缘初步轮廓，如图6-3-73所示。

图6-3-73 生成下箱体顶面凸缘特征

（6）绘制下箱体装配凸台

1）创建下箱体装配凸台草图轮廓。选择上视基准面为草图绘制平面，单击【矩形】按钮▭，绘制下箱体装配凸台的矩形轮廓，矩形的长度为312mm、距离下箱体右边线54mm，如图6-3-74所示。

2）添加几何关系。单击【添加几何关系】按钮⊥，设置下箱体装配凸台草图矩形上边线与下箱体装配凸缘边线的几何关系为“共线”；类似地，添加下箱体装配凸台草图矩形下边线与下箱体外腔表面边线的几何关系为“共线”，如图 6-3-74 所示。

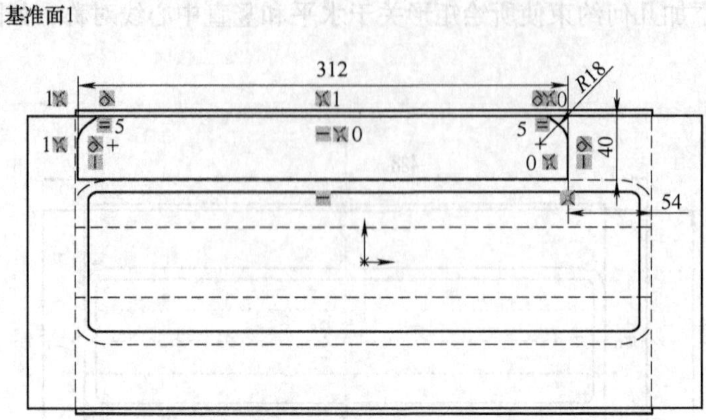

图 6-3-74　绘制下箱体凸台草图

3）选择【圆角】按钮，设置圆角半径为 18mm。选择下箱体装配凸台草图中矩形的外面两个顶角边，创建草图圆角特征，如图 6-3-74 所示。

4）单击【拉伸凸台/基体】按钮，在属性管理器中设置拉伸类型为“给定深度”，拉伸深度为 45mm，创建下箱体装配凸台，如图 6-3-75 所示。

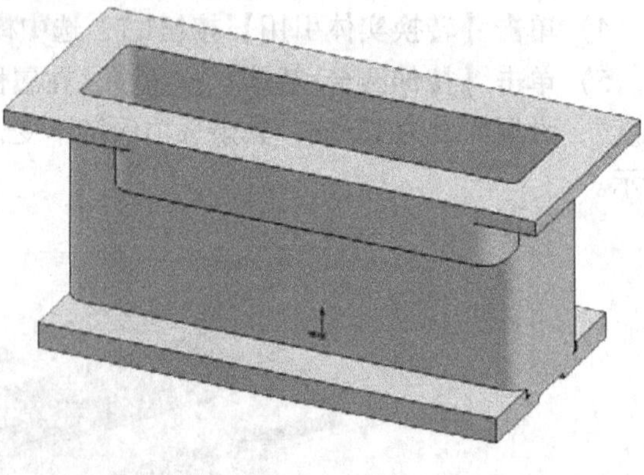

图 6-3-75　创建下箱体装配凸台

（7）细化下箱体装配凸缘

1）确定草图绘制基准，以便后面创建细化的下箱体装配凸缘草图轮廓。

选择“基准面 1”为草图绘制平面，单击【中心线】按钮，绘制两条水平中心线：一条通过坐标原点且是水平对称中心线，另一条与水平对称中心线的距离设置为 37mm。绘制两条分别与下箱体腔体的左、右边缘距离为 14mm 的竖直中心线，如图 6-3-76 所示。

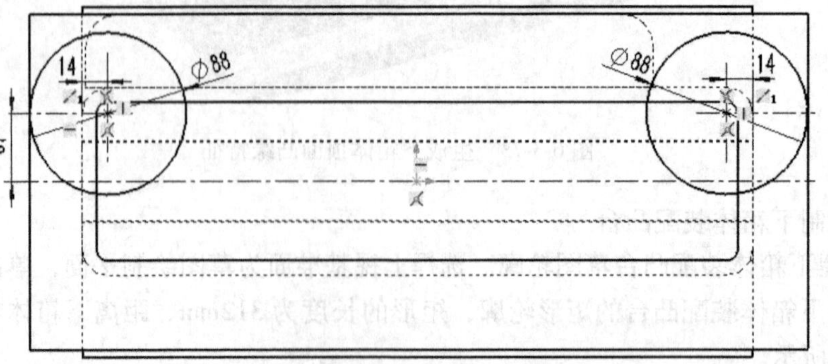

图 6-3-76　绘制相关中心线及辅助圆

2）单击【圆】按钮，绘制两个半径为 44mm 的圆，两圆圆心与两中心线交点重合。单击【智能尺寸】按钮标注相关尺寸，如图 6-3-76 所示。

3）再次单击【圆】按钮，绘制两个半径为 18mm 的圆，该圆与前面创建的装配凸台的两个圆角同心，如图 6-3-77 所示。

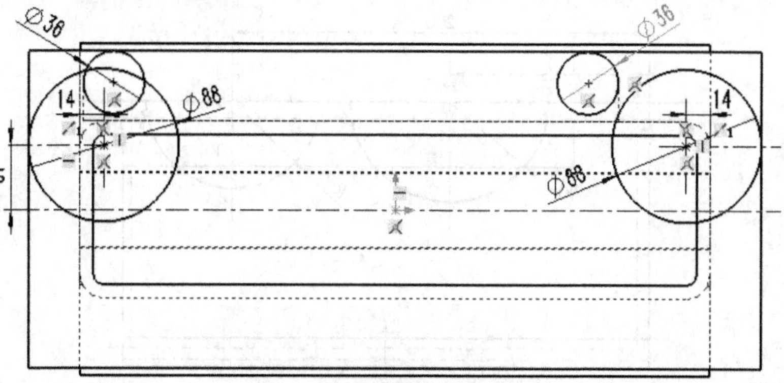

图 6-3-77　绘制其余辅助圆

4）单击【直线】按钮，绘制两条直线分别与前面所创建的左上部分以及右上部分的两个圆相切，如图 6-3-78 所示。

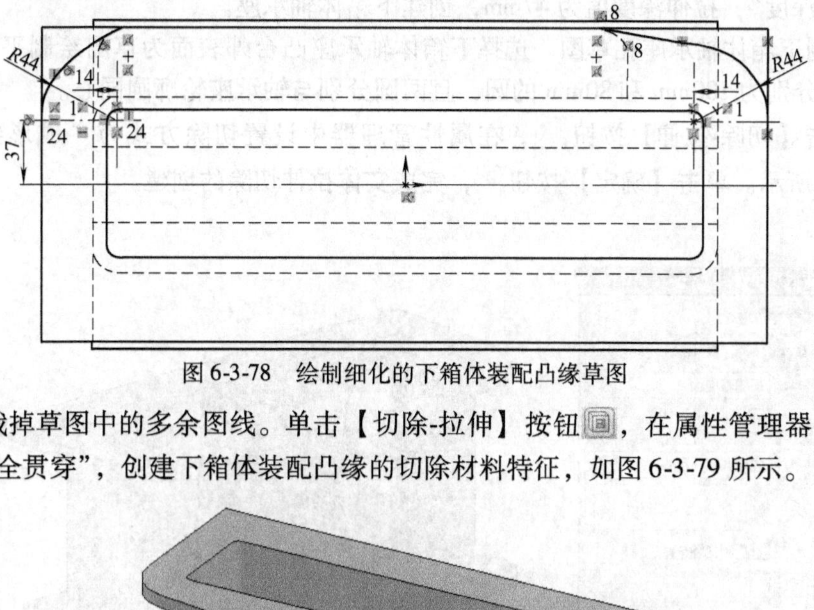

图 6-3-78　绘制细化的下箱体装配凸缘草图

5）剪裁掉草图中的多余图线。单击【切除-拉伸】按钮，在属性管理器中设置切除类型为“完全贯穿”，创建下箱体装配凸缘的切除材料特征，如图 6-3-79 所示。

图 6-3-79　创建的凸缘最终效果

（8）绘制大、小轴承座孔　下箱体的轴承座孔与上箱盖的轴承座孔一样，两个半圆的轴承座孔组成一个完整的圆形孔以安装轴承零件。下箱体轴承座孔的制作过程如下：

1）选择下箱体的腔体外表面为草图绘制平面，绘制如图 6-3-80 所示的轴承座轮廓草图。

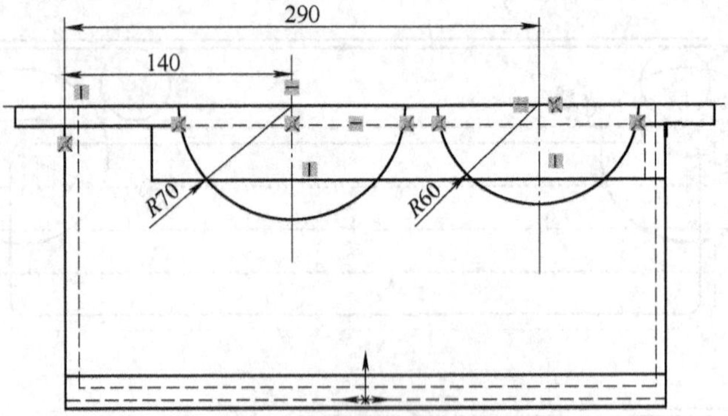

图 6-3-80　绘制轴承座轮廓草图

2）创建下箱体轴承座。单击【拉伸凸台/基体】按钮，在属性管理器中设置拉伸类型为“给定深度”，拉伸深度值为 47mm，创建下箱体轴承座。

3）绘制下箱体轴承座孔草图。选择下箱体轴承座凸台外表面为草图绘制平面，绘制两个直径尺寸分别为 100mm 和 80mm 的圆，且两圆分别与轴承座轮廓圆同心。

4）单击【切除-拉伸】按钮，在属性管理器中设置切除方式为“成形到下一面”，如图 6-3-81 所示。单击【确定】按钮，完成实体拉伸切除的创建。

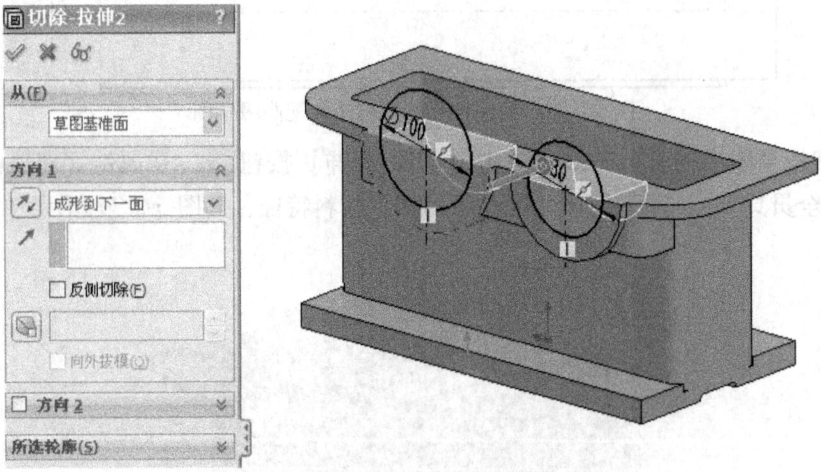

图 6-3-81　轴承座孔的【切除-拉伸】属性设置

（9）绘制加强筋

1）单击【基准面】按钮，建立一个距离箱体右侧面 78mm 的“基准面 2”，如图 6-3-82所示。

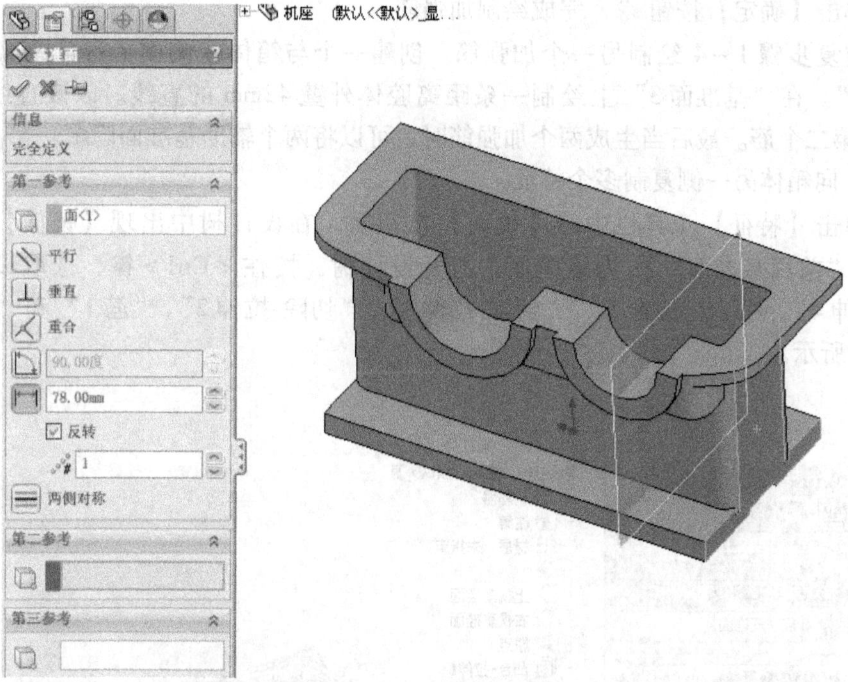

图 6-3-82　设置基准面 2

2）单击【特征】工具栏中的【筋】按钮，选取“基准面 2”为草图绘制平面，绘制一条距离腔体外壁 42mm 的直线，如图 6-3-83 所示。

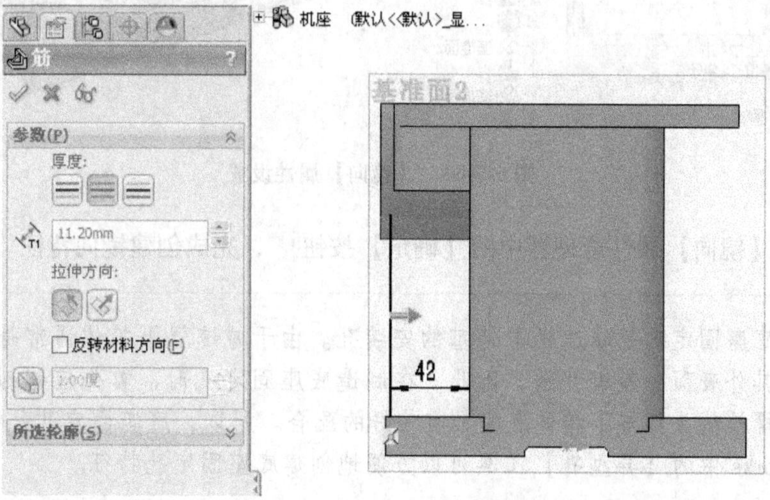

图 6-3-83　【筋】属性设置

3）退出草图绘制环境，此时在设计树中出现【筋】属性管理器，在“厚度”选项中选择“两侧”，设置厚度为 11.2mm，在【拉伸方向】选项中选择“平行于草图”，此时模型上有生成筋的淡黄色预览，用户可以旋转模型看生成筋的方向是否正确，如果不正确，可以选取【反转材料方向】复项框。

4）单击【确定】按钮✓，完成绘制加强筋。

5）重复步骤 1 ~ 4 绘制另一个加强筋。创建一个与箱体左侧面平行且距离 140mm 的“基准面 3”。在“基准面 3”上绘制一条距离腔体外壁 42mm 的直线。以该直线为草图轮廓，生成第二个筋。最后当生成两个加强筋时，可以将两个辅助基准面隐藏。

（10）向箱体另一侧复制多个特征

1）单击【特征】工具栏中的【镜向】按钮，在设计树中出现【镜向】属性管理器，选择“前视基准面”作为镜向面，打开设计树，按住 <Ctrl> 键，选取设计树中的“凸台-拉伸 4”、“凸台-拉伸 5”、“切除-拉伸 1”、“切除-拉伸 2”、“筋 1”和“筋 2”，如图 6-3-84 所示。

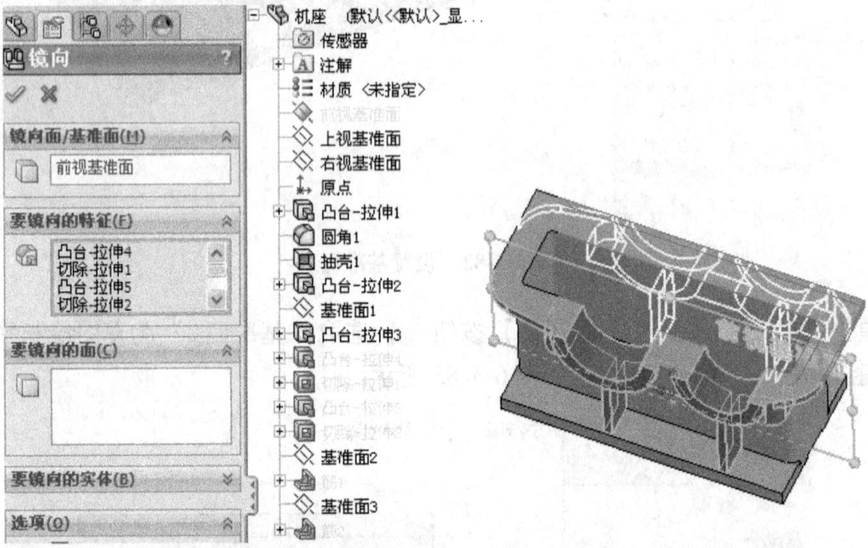

图 6-3-84　【镜向】属性设置

2）单击【镜向】属性管理器中的【确定】按钮✓，完成创建镜向特征。

说明

下箱体底座固定孔是减速器与地基的安装孔。由于减速器下箱体通常是通过铸造方法得到的，其外表面一般较粗糙，因此，在制造底座固定孔时，首先应锪制一个安装平面，以保证螺栓的头部与下箱体底座具有较好的配合。所以，底座固定孔是一个阶梯孔。利用 SolidWorks 中的【异型孔】工具可以方便地创建底座固定孔特征。

（11）绘制底座固定孔　具体的创建方法如下：

1）选择下箱体底座上表面为草图绘制平面，单击工具栏中的【创建异型孔向导】工具按钮，系统弹出【孔规格】属性管理器。其中“孔类型”选取“旧制孔”，在“类型”选项组中选择“柱形沉头孔”；设置终止条件为“完全贯穿”，并在“截面尺寸”选项组中，设置底座固定孔的尺寸属性，如图 6-3-85a 所示。

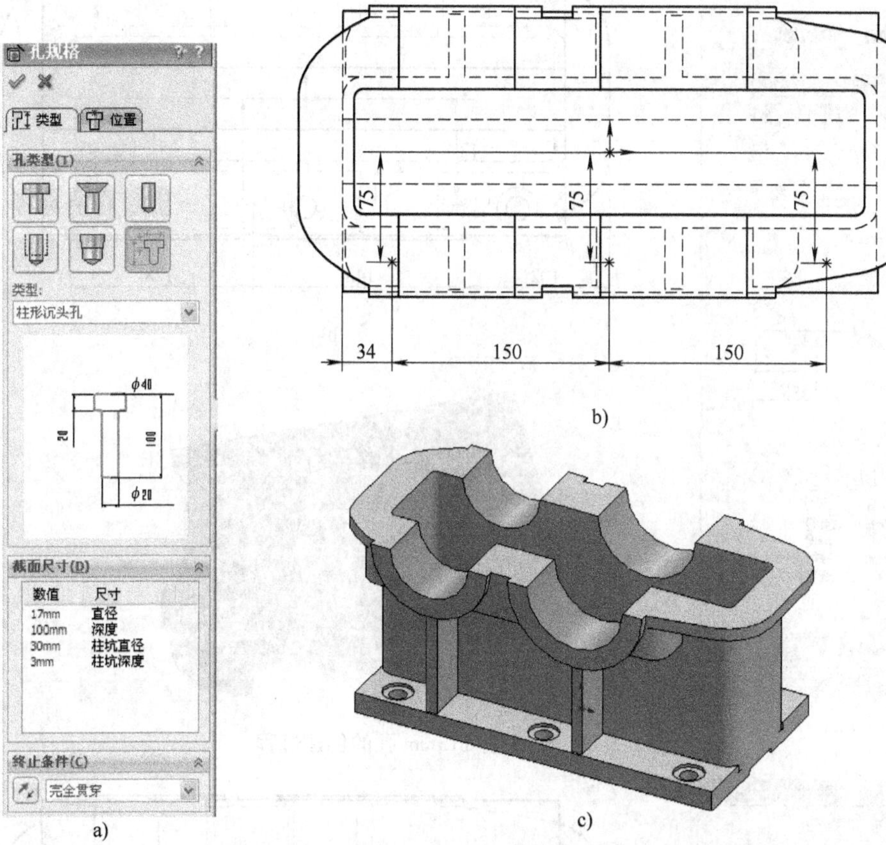

图 6-3-85　底座固定孔特征的创建

2）打开【孔规格】属性管理器中的“位置”选项卡，设置钻孔位置的定位尺寸，使孔中心距离“前视基准面”均为 75mm，孔之间的水平距离的设置情况见图 6-3-85b 所示。

3）单击【孔放置】属性管理器中的【确定】按钮✓，完成底座固定孔的创建，如图 6-3-85c 所示。

（12）绘制下箱体安装孔　下箱体安装孔用来装配下箱体与上箱盖。主要创建三种孔：轴承旁凸台尺寸为 ϕ13mm 的孔、凸缘上尺寸为 ϕ11mm 的孔以及定位销孔。其创建过程类似，步骤如下：

1）选择下箱体装配凸台的下表面为草图绘制平面，参照步骤 11 中介绍的方法创建安装孔，其中孔的定型尺寸、定位尺寸设置情况如图 6-3-86a、b 所示，完成下箱体装配凸台某一侧安装孔的创建，如图 6-3-86c 所示。

2）选择下箱体装配凸缘的下表面为草图绘制平面，参照上面的步骤，设置下箱体安装孔的尺寸属性，如图 6-3-87a 所示。

3）打开【孔规格】属性管理器中的“位置”选项卡，单击下箱体装配凸缘的下表面某处，设置钻孔位置的定位尺寸，使孔中心距离“前视基准面”35mm，距离下箱体装配凸缘左侧的水平 14mm，如图 6-3-87b 所示。

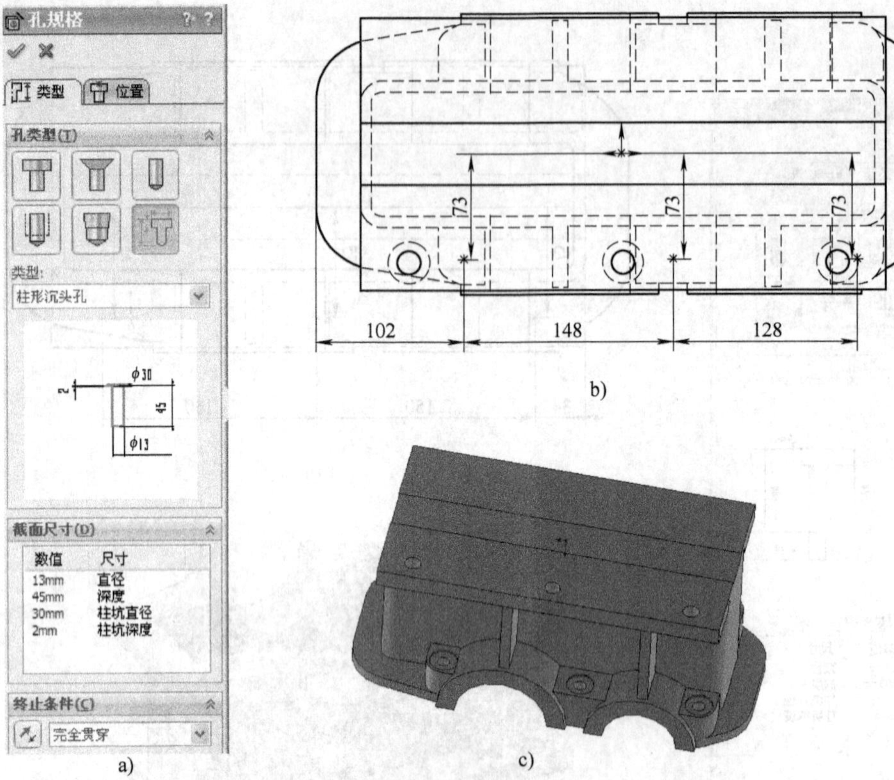

图 6-3-86　凸台上 ϕ13mm 孔的创建过程

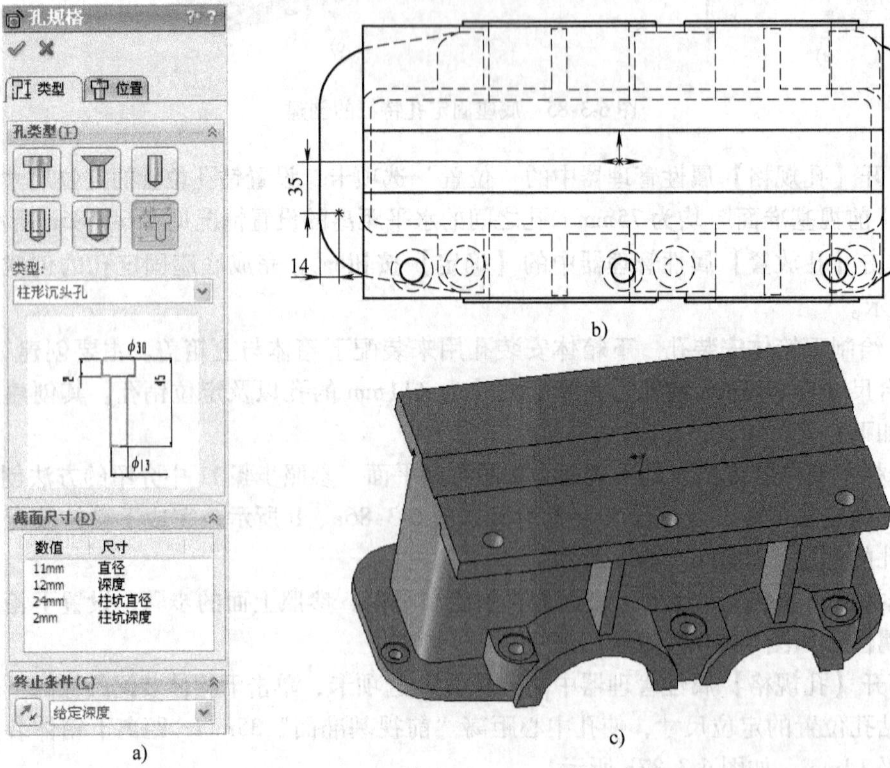

图 6-3-87　凸缘上 ϕ11mm 孔特征的创建

4）单击【确定】按钮，完成下箱体装配凸缘某一安装孔的创建，如图 6-3-87c 所示。

5）选择下箱体装配凸缘的上表面为草图绘制平面，单击【异型孔向导】按钮，在【孔规格】属性管理器的“孔类型”选项中选择“旧制孔”，“类型”选项中选择“推拔孔”；设置“截面尺寸”的主要直径为 8mm，次要直径为 6mm，孔深度为 12mm。此外，在“位置”选项卡中设置两个钻孔位置的相关定位尺寸，如图 6-3-88a、b 所示。

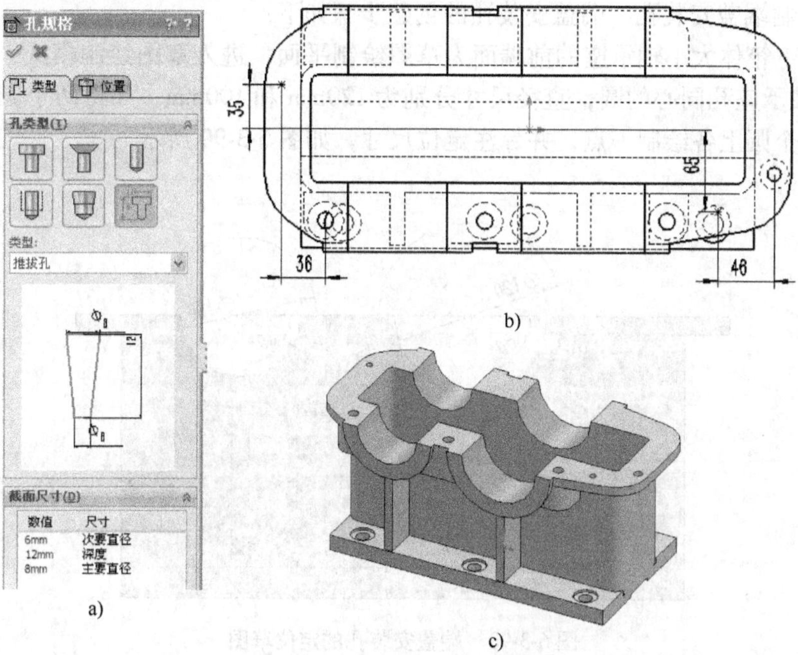

图 6-3-88　锥销孔的创建过程

6）单击【确定】按钮，完成下箱体凸缘上锥销孔的创建，如图 6-3-88c 所示。

7）单击【镜向】按钮，选择前视基准面为镜向面，打开设计树，按住 < Ctrl > 键，选取设计树中的“孔 1”（即底座固定孔）、“孔 2”（即凸台上 ϕ13mm 孔）、“孔 3”（即凸缘上 ϕ11mm 孔）为镜向特征，如图 6-3-89 所示。单击【镜向】属性管理器中的【确定】

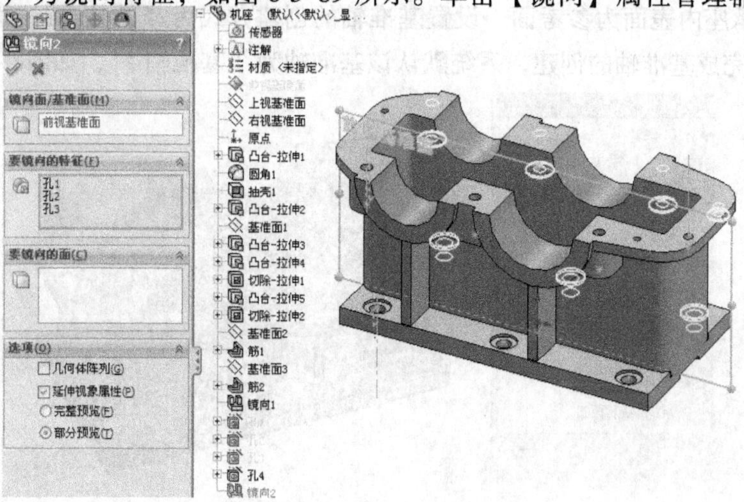

图 6-3-89　【镜向】属性设置

按钮✓，完成创建下箱体另一侧相同位置的相同孔特征。

说明

减速器端盖具有密封、定位轴承等作用。端盖通常以螺纹联接的方式固定在箱体上，在端盖上加工完全贯通的光孔，在减速器的箱体上则加工带螺纹且具有一定深度的盲孔。

（13）绘制端盖安装孔　端盖安装孔的创建步骤如下：

1）选择下箱体大小轴承座的前端面为草图绘制平面，进入草图绘制模式，绘制两个分别与大、小轴承座孔同心的圆，直径尺寸分别为120mm和100mm，并将两个圆设置为“构造线”。在两个圆上各绘制一点，并标注定位尺寸，如图6-3-90所示。

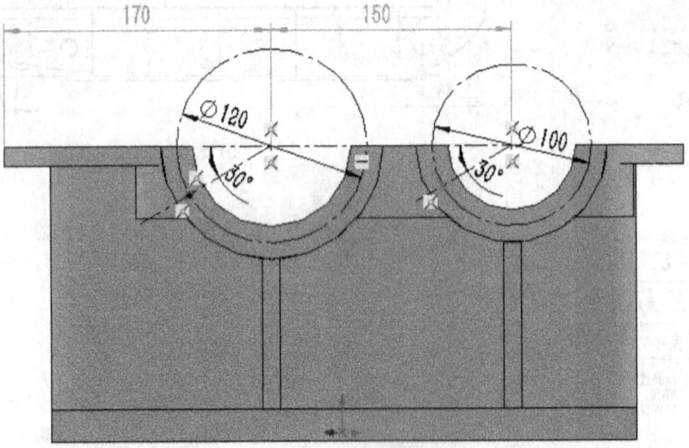

图6-3-90　端盖安装孔的定位草图

2）单击【异型孔向导】按钮，在【孔规格】属性管理器的“孔类型”选项中选择“直螺纹孔”，“标准”选项中选择“ISO”，“类型”选项中选择“螺纹孔”，设置螺纹大小为M8，终止条件为“给定深度”，深度值为15mm。

3）创建镜向基准轴。选择【基准轴】按钮，系统弹出【基准轴】属性管理器，选择下箱体的大轴承座内表面为参考面，设置基准轴的创建方式为“圆柱/圆锥面”，单击【确定】按钮✓，完成基准轴的创建，系统默认该基准轴为“基准轴1”，如图6-3-91所示。

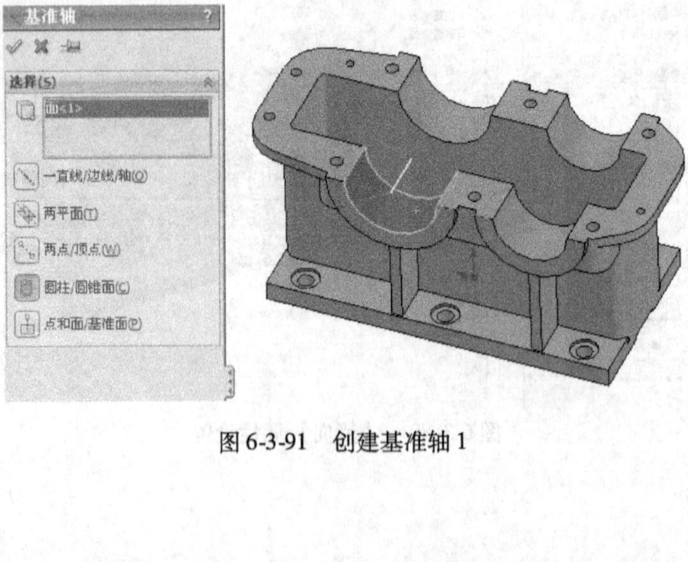

图6-3-91　创建基准轴1

4）单击【特征】工具栏中的【圆周阵列】按钮，在设计树中出现【圆周阵列】属性管理器。基准轴选取前面创建的“基准轴 1”，阵列角度设置为 60.00 度，阵列个数设置为 3 个。再单击“要阵列的特征”选项下的文本框，此时该文本框变为淡蓝色，在设计树中单击上一步生成的 M8 螺纹孔特征，就会在模型上出现预览的阵列孔情况，如图 6-3-92 所示。单击【确定】按钮，完成大轴承座上螺纹孔的创建。

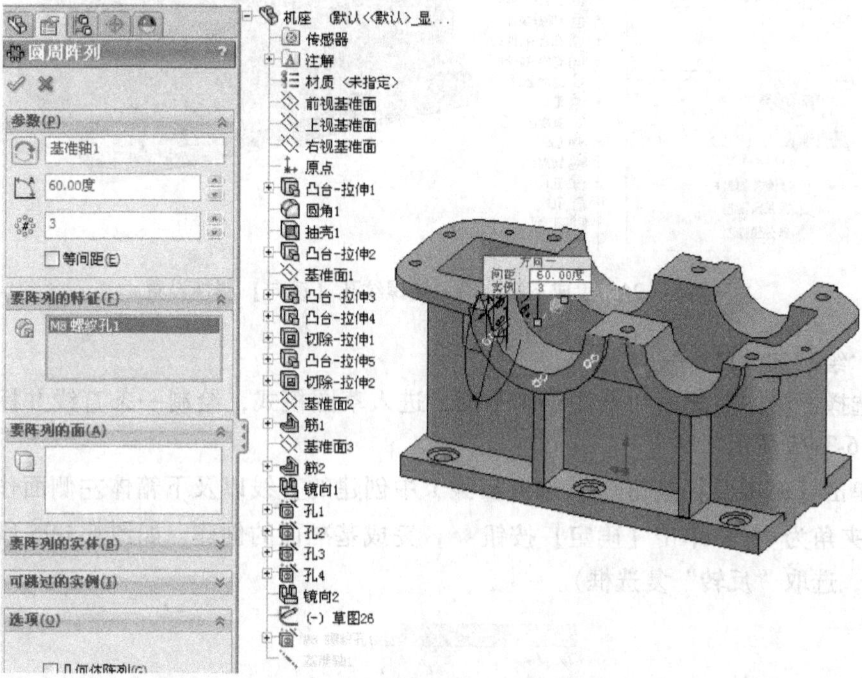

图 6-3-92　大轴承座上生成螺纹孔的【圆周阵列】属性设置

5）按照步骤 2 中所述方法，选取小轴承座端面上的点为螺纹孔放置位置，创建螺纹孔。按照步骤 3 中所述方法，创建“基准轴 2”。按照步骤 4 中所述方法，在小轴承座端面上圆周阵列螺纹孔。最后效果如图 6-3-93 所示。

图 6-3-93　小轴承座上生成螺纹孔

6）单击【特征】工具栏中的【镜向】按钮，选择前视基准面为镜向面，打开设计树，按住 <Ctrl> 键，选取设计树中的“阵列（圆周）1”、“阵列（圆周）2”、“M8 螺纹孔 1”、“M8 螺纹孔 2” 为镜向特征，如图 6-3-94 所示。之后，单击【镜向】属性管理器中的【确定】按钮，完成在轴承座端面上创建端盖安装孔特征。

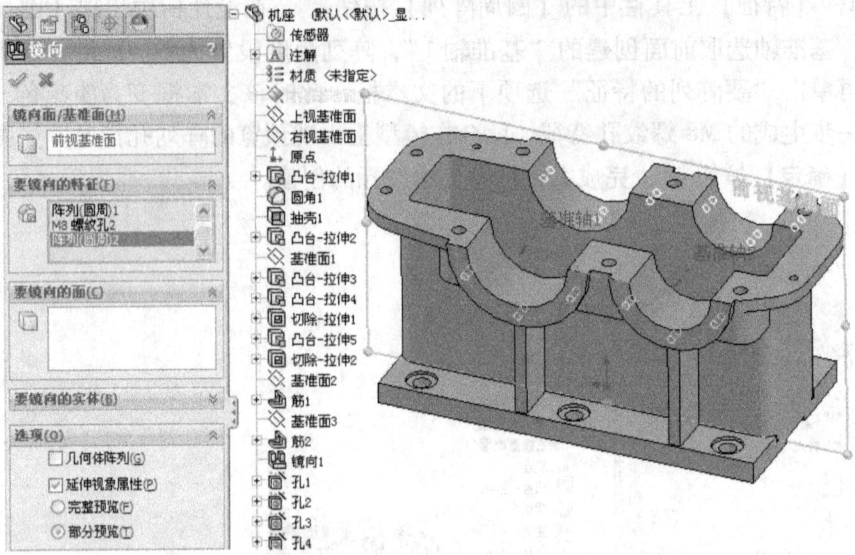

图 6-3-94　生成下箱体另一侧螺纹孔【镜向】属性设置

（14）绘制加油口

1）选择下箱体左侧面为草图绘制平面，进入草图模式，绘制一条直线并标注定位尺寸，如图 6-3-95 所示。

2）单击【基准面】按钮，选取步骤 1 中创建的直线以及下箱体左侧面作为参考实体。设置夹角为 45°，单击【确定】按钮，完成基准面的创建，如图 6-3-96 所示（如方向不正确，选取“反转”复选框）。

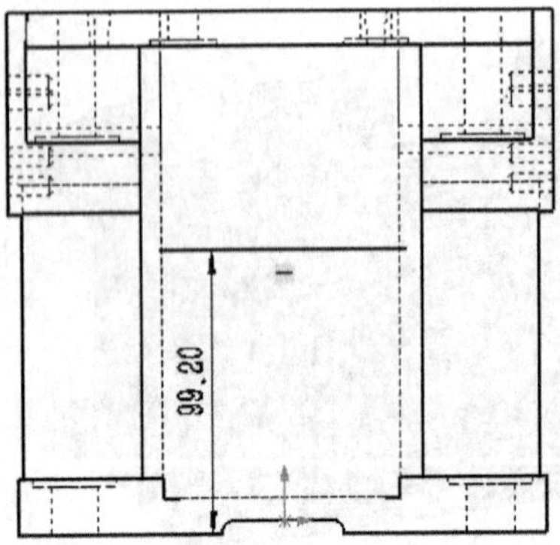

图 6-3-95　绘制直线草图

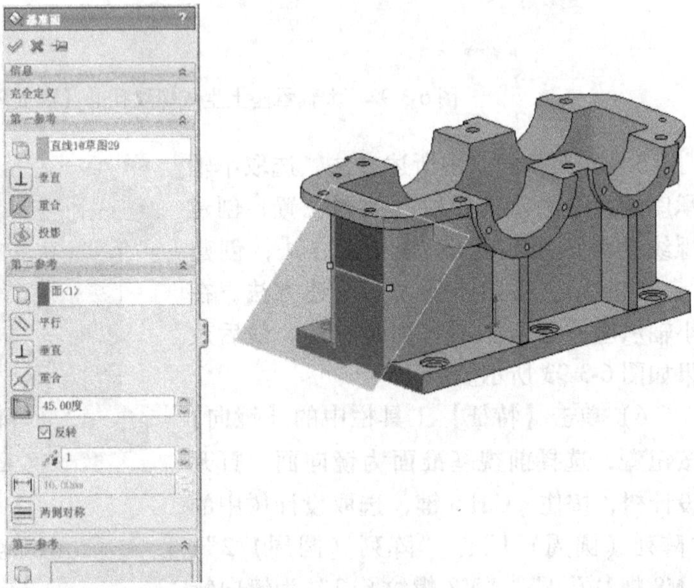

图 6-3-96　设置基准面 3

3）以上一步创建的“基准面 3”为草图绘制平面，利用【直线】、【圆】命令绘制草图并进行标注，如图6-3-97所示。

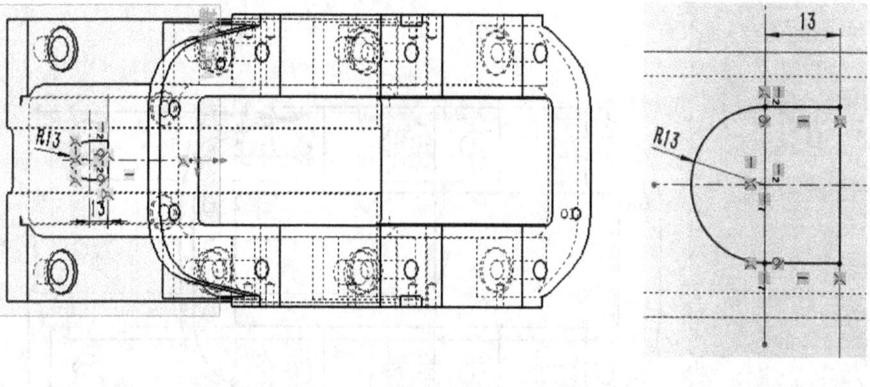

a)　b)

图6-3-97　绘制加油口凸台草图

a）整体图　b）局部放大图

4）单击【拉伸凸台/基体】按钮，设置拉伸类型为“成形到一面”，选择的拉伸方向为向内并拉伸至下箱体左侧面，如图6-3-98所示。单击【确认】按钮，完成下箱体加油口凸台的创建。

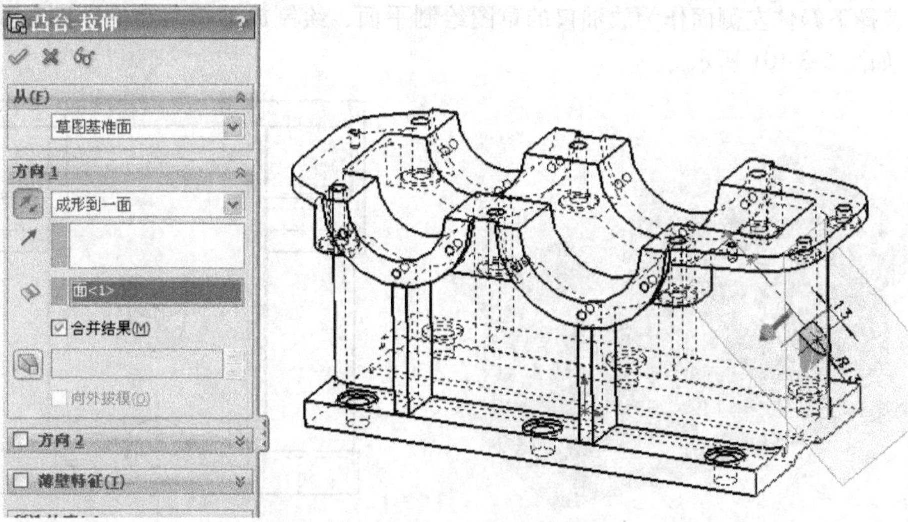

图6-3-98　加油口【凸台-拉伸】属性设置

5）单击【异型孔向导】工具按钮，在【孔规格】属性管理器的“孔类型”选项中选择“直螺纹孔”，“标准”选项中选择“ISO”，“类型”选项中选择“螺纹孔”，设置螺纹孔大小为M12，终止条件为“成形到下一面”，如图6-3-99所示。

6）在【位置】选项卡下，单击加油口凸台上表面的一处位置，设置钻孔位置的相关定位尺寸，如图6-3-99所示。单击【确定】按钮，完成加油口螺纹孔的创建，如图6-3-100所示。

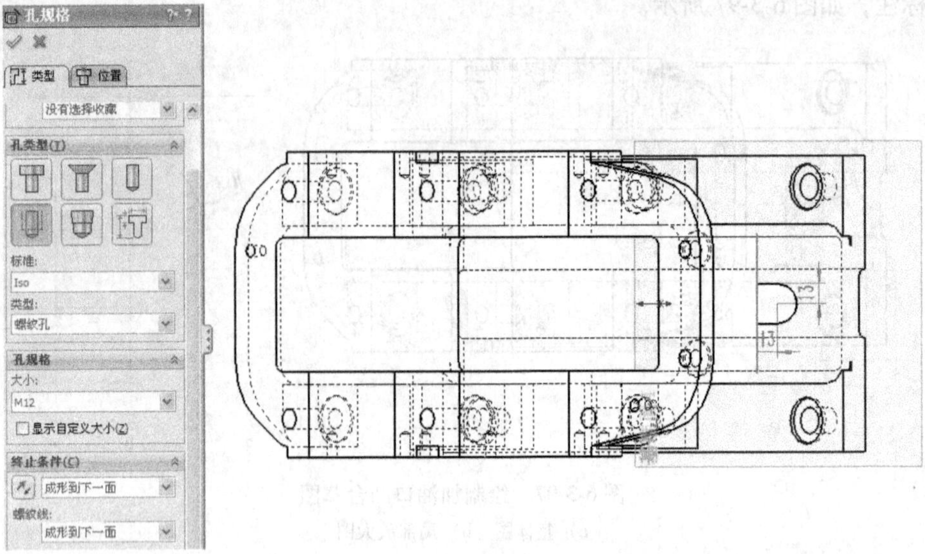

图 6-3-99 设置加油口螺纹孔的规格和位置

（15）绘制放油口 放油口是减速器中的常用特征，可以通过 SolidWorks 中的拉伸工具生成。放油口的具体创建步骤如下：

1）选择下箱体左侧面作为放油口的草图绘制平面，绘制放油口凸台的草图轮廓，并标注尺寸，如图 6-3-101 所示。

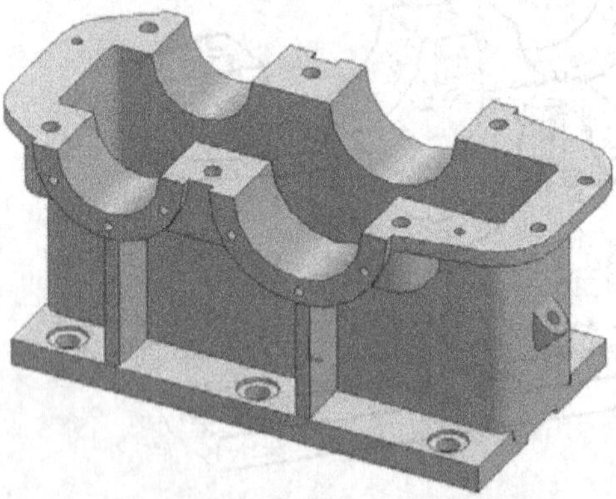

图 6-3-100 创建加油口螺纹孔特征

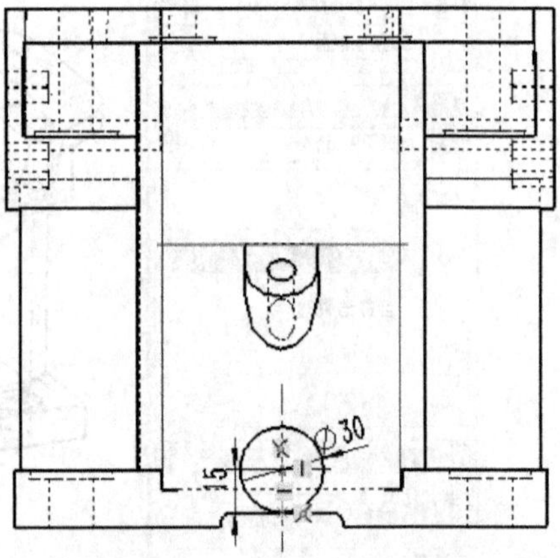

图 6-3-101 绘制放油口凸台草图

2）单击【拉伸凸台/基体】按钮，将上一步所创建的放油口凸台草图向外拉伸 5mm，创建放油口凸台特征。

3）单击【异型孔向导】工具按钮，创建一个大小为 M16 的螺纹孔，其具体设置包括："孔类型"选择"直螺纹孔"，"标准"选择"ISO"，"类型"选择"螺纹孔"，终止条件为"成形到下一面"，如图 6-3-102 所示。

4）在【孔位置】选项卡中，单击放油口凸台上的圆心作为孔的放置位置，如图 6-3-102 所示。单击【确定】按钮，完成放油口螺纹孔的创建。

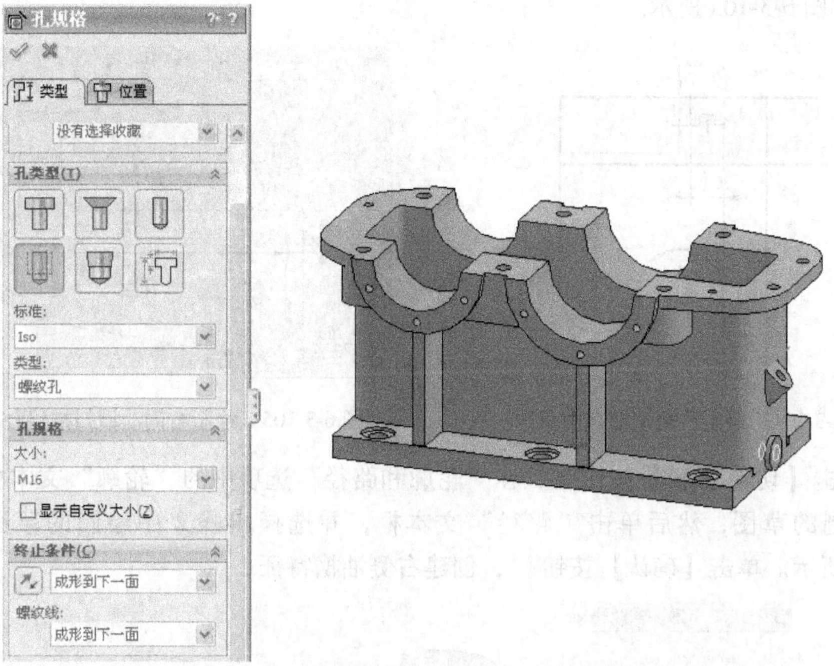

图 6-3-102　设置放油口螺纹孔的规格和位置

（16）绘制起重吊钩

1）选择“前视基准面”作为草图绘制平面，绘制下箱体起重吊钩的拉伸草图截面并标注尺寸，如图 6-3-103 所示。

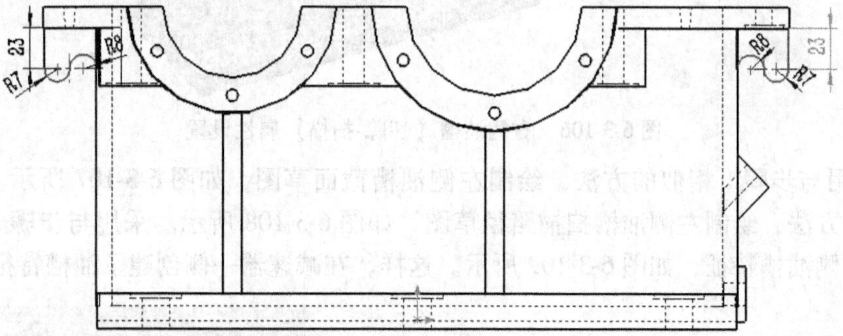

图 6-3-103　绘制起重吊钩草图

2）单击【拉伸凸台/基体】按钮，在“方向 1”和“方向 2”选项中设置拉伸类型为“给定深度”，并在【深度】文本框中输入“10. 00mm”。单击【确认】按钮，创建起重吊钩特征。

（17）绘制油槽特征

1）选择“前视基准面”作为草图绘制平面，绘制右侧油槽截面草图，并进行标注，如图 6-3-104 所示。

2）选择下箱体的上表面作为草图绘制平面，绘制下箱体右侧油槽扫描路径草图，并标注尺寸，如图 6-3-105 所示。

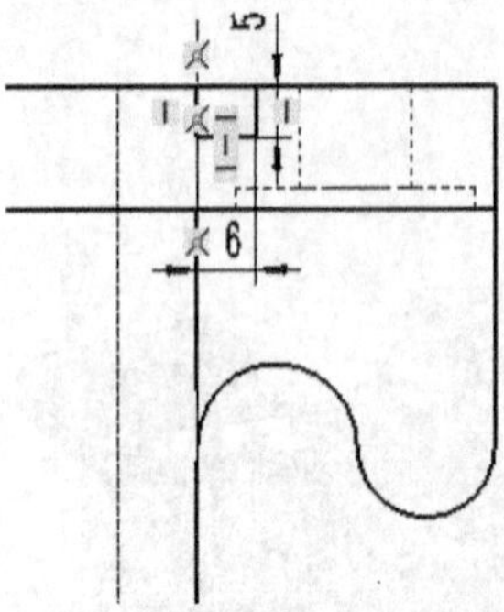

图 6-3-104　绘制右侧油槽截面草图

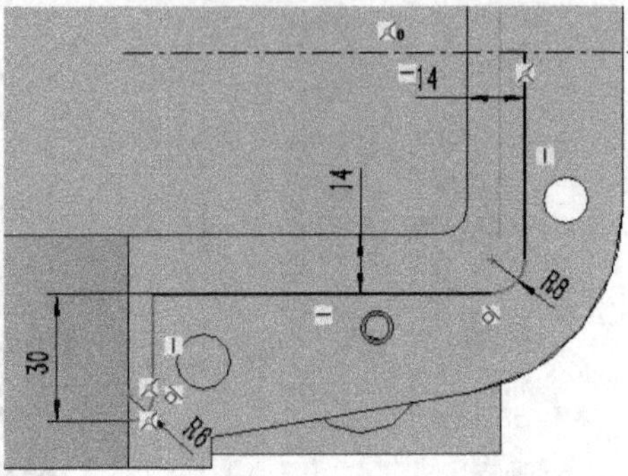

图 6-3-105　绘制右侧油槽扫描路径草图

3）单击【切除-扫描】按钮，在“轮廓和路径”选项中的“轮廓”文本框中选择步骤 1 中绘制的草图，然后单击“路径”文本框，并选择步骤 2 中绘制的草图曲线，如图 6-3-106所示。单击【确认】按钮，创建右侧油槽特征。

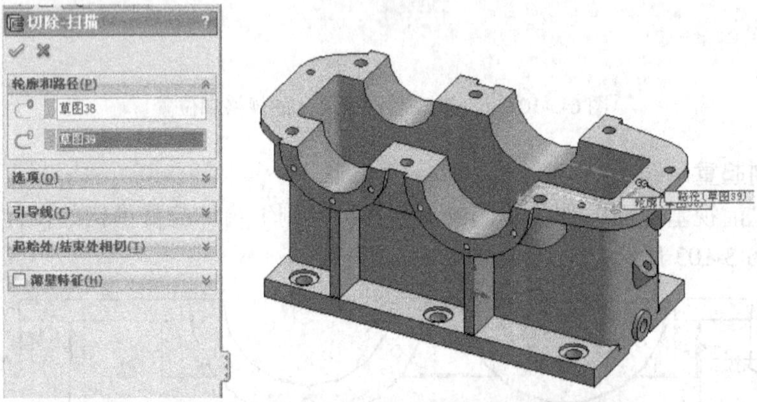

图 6-3-106　右侧油槽【切除-扫描】属性设置

4）采用与步骤 1 相似的方法，绘制左侧油槽截面草图，如图 6-3-107 所示。采用与步骤 2 相似的方法，绘制左侧油槽扫描路径草图，如图 6-3-108 所示。采用与步骤 3 类似的方法，设置左侧油槽特征，如图 6-3-109 所示。这样，在减速器一侧创建了油槽特征。

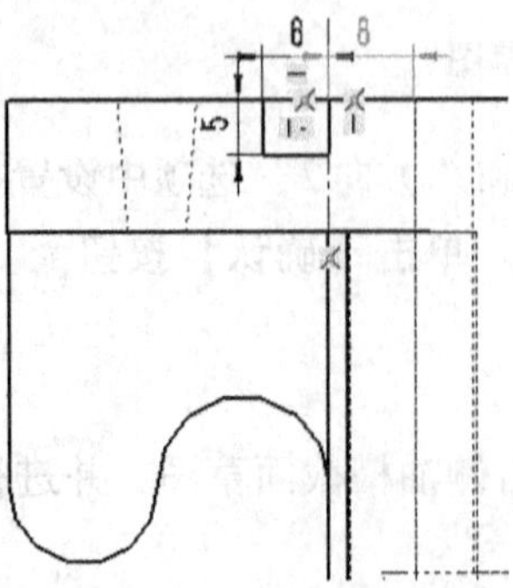

图 6-3-107　绘制左侧油槽截面草图

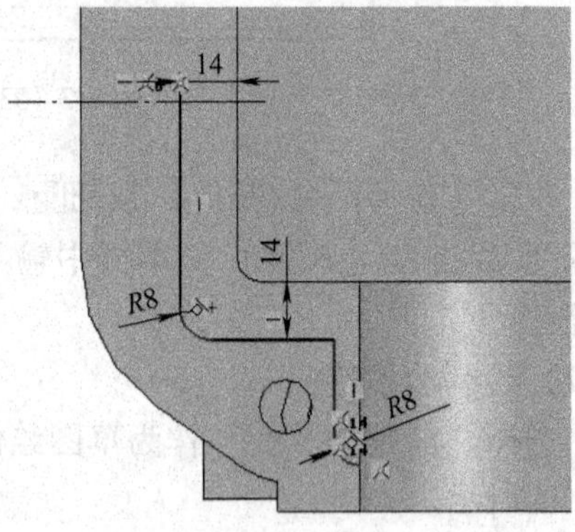

图 6-3-108　绘制左侧油槽扫描路径草图

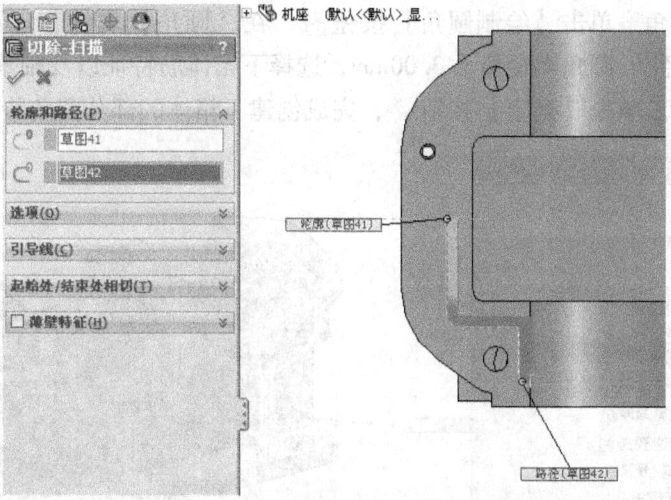

图 6-3-109 左侧油槽【切除-扫描】属性设置

5）单击【镜向】按钮，选择“前视基准面”为镜向面，打开设计树，按住 <Ctrl> 键，选取设计树中的“切除-扫描 1”、“切除-扫描 2”为镜向特征。单击【确定】按钮，完成在减速器下箱体上创建油槽特征，如图 6-3-110 所示。

（18）绘制倒角 单击【倒角】按钮，在【倒角】属性管理器中设置如下：倒角类型为“角度距离”，倒角距离为 2mm，角度为 45°。选择生成倒角特征的轴承安装孔外边线，如图 6-3-111所示。单击【确认】按钮，完成下箱体倒角特征的创建。

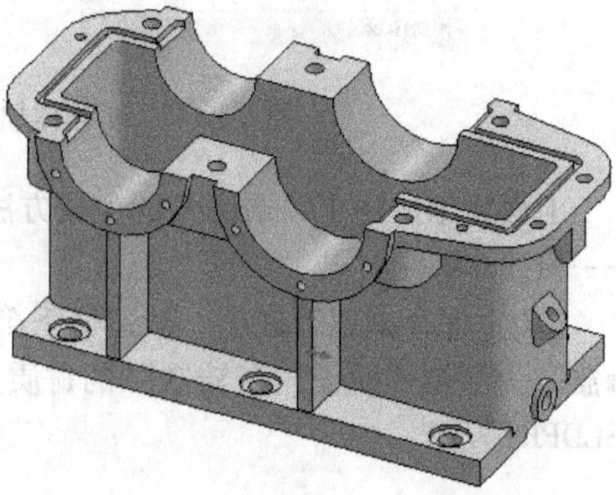

图 6-3-110 创建整体油槽特征

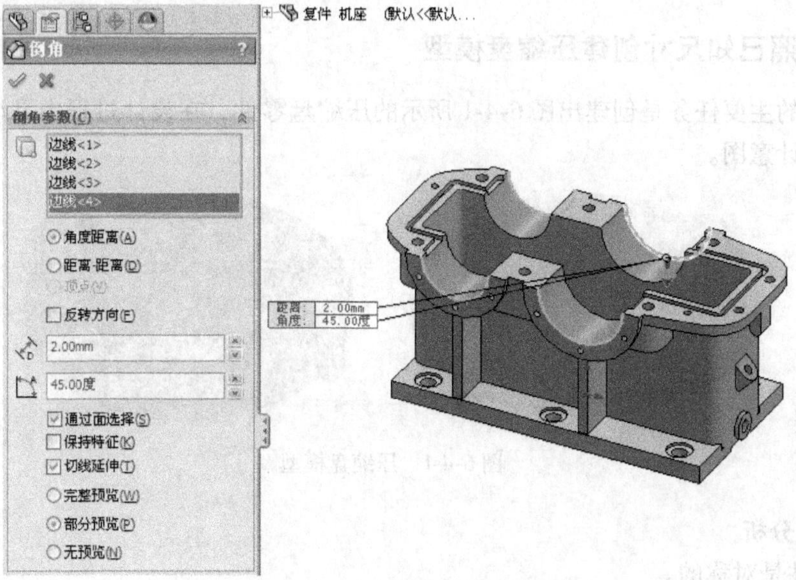

图 6-3-111 【倒角】属性设置

(19) 绘制圆角　单击【绘制圆角】按钮，在【圆角】属性管理器中设置如下：圆角类型为“等半径”，圆角半径值为 3.00mm，选择下箱体筋特征以及轴承座下端的外边线，如图 6-3-112 所示。单击【确定】按钮，完成创建下箱体的部分圆角特征。

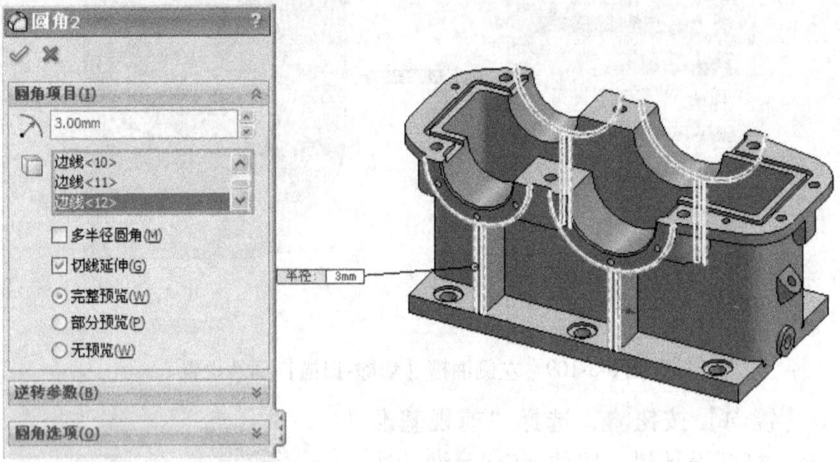

图 6-3-112　下箱体加强筋、轴承座的【圆角】属性设置

上面详细讲述了铸造圆角的生成方法，其他各处的铸造圆角的创建与此类似，在此不再一一赘述。

(20) 保存减速箱底座　减速器下箱体的建模过程完成之后，通过模型树中的“材质编辑器”为下箱体赋予“灰铸铁”的材质。单击【保存】按钮，将零件文件保存为“下箱体. SLDPRT”。

6.4　拓展实训

6.4.1　按照已知尺寸创建压缩盘模型

本实训的主要任务是创建出图 6-4-1 所示的压缩盘零件，在设计过程中灵活地应用几何关系实现设计意图。

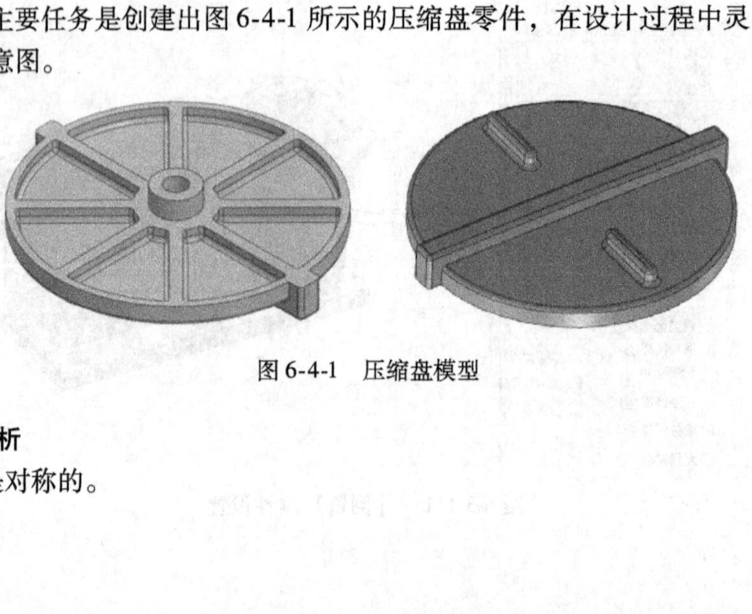

图 6-4-1　压缩盘模型

1. 形体分析

1) 零件是对称的。

2）筋尺寸相同。

3）所有倒角和圆角半径均为 1mm。

2. 建模分析

根据形体分析可知，本模型可以应用抽壳特征、筋特征以及转换实体工具来实现。

6.4.2　按照已知尺寸创建箱体模型

按照图 6-4-2 所示的箱体模型及尺寸信息创建其三维立体模型。

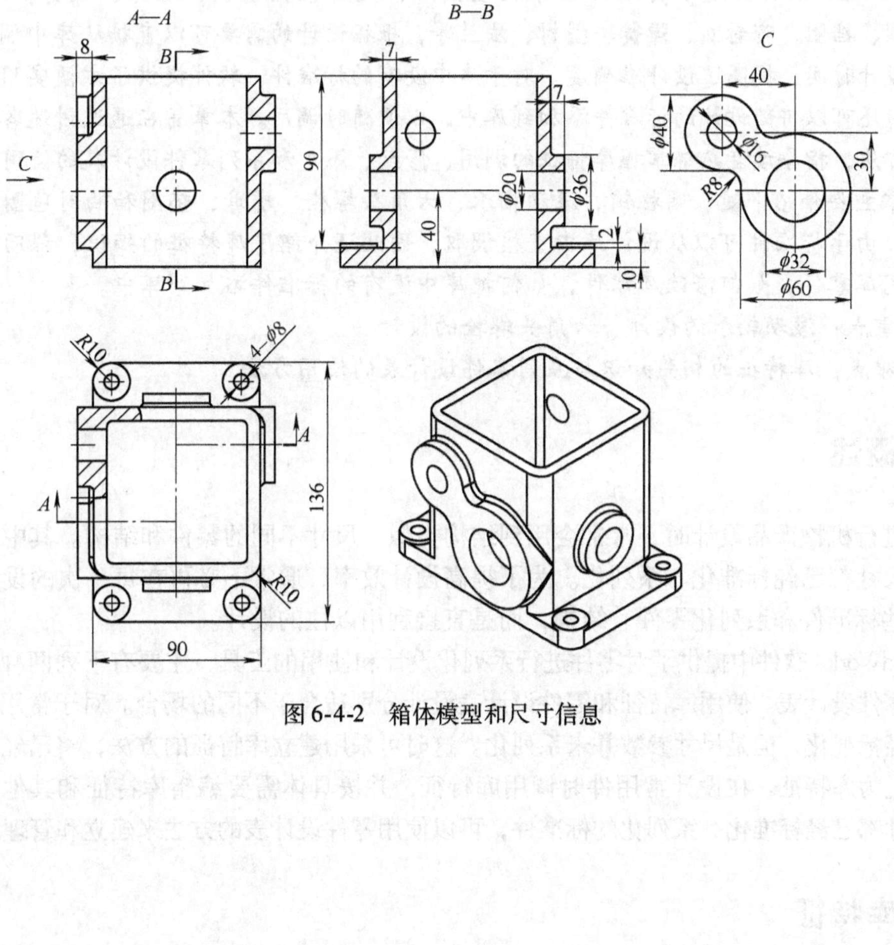

图 6-4-2　箱体模型和尺寸信息

第7章　标准件的设计

知识导学

SolidWorks 软件开发了标准件三维模型图库，主要包括螺栓、螺母、螺钉、螺柱、键、销、垫圈、挡圈、密封圈、弹簧、型材、法兰等，根据设计的需要可以直接从库中调用，大大节省了设计时间，提高了设计准确度。对于库中没有的标准件，软件提供了方便实用的设计方法，同时还可以将新设计的标准件添加到库中，以便随时调用。本章旨在通过讲述各种标准件的设计方法，指导读者熟练掌握库特征的调用、修改、添加和系列零件设计表的使用方法。

本章主要介绍平键、圆柱销、滚动轴承、六角头螺栓、螺母、垫圈和油封毡圈等标准件的设计。由于标准件可以从设计库中直接调取，因此还介绍了库特征的知识，帮助大家学习如何调用库零件，如何修改库零件，如何把库中没有的标准件添加到库中。

- 重点：滚动轴承的设计与六角头螺栓的设计。
- 难点：库特征的相关知识与系列零件设计表的使用方法。

7.1　概述

在进行机械产品设计时，常常会用到结构类似、尺寸不同的零件和结构。其中，标准件的结构尺寸都已经标准化、系列化。为了提高设计效率，通常不必再在每一次的设计中重新设计这些标准件和系列化零件、结构，而是直接利用以往的设计。

SolidWorks 软件中提供了对零件进行系列化设计和使用的工具，主要有下列两种方式：库特征和零件设计表。使用库特征和零件设计表设计分别适合于不同的场合。对于常用件，部分结构已经标准化，但是尺寸参数并未系列化。这时可采用建立库特征的方法，将已经标准化的结构建立为库特征。在设计常用件时调用库特征，并按具体需要编辑库特征和其他尺寸。结构、尺寸都已经标准化、系列化的标准件，可以使用零件设计表的方法来建立和管理。

7.2　库特征

库特征是一组特征的总和，通常是零件设计中的常用结构，这一组特征保存为库特征文件并存放在特征库里。在进行零件设计时，可以像调用系统本身的拉伸特征等基本特征一样调用库特征，并对其进行编辑以实现零件设计的重用，提高设计效率。

7.2.1　库特征的生成

生成库特征的具体步骤如下：

1）新建一个零件文件，建立一个包含所需库特征的零件造型或打开一个已经存在的零件文件。比如生成一个键槽库特征时，首先要建立一个包含轴（拉伸特征）、键槽（切除-

拉伸特征）的零件造型，如图 7-2-1 所示。

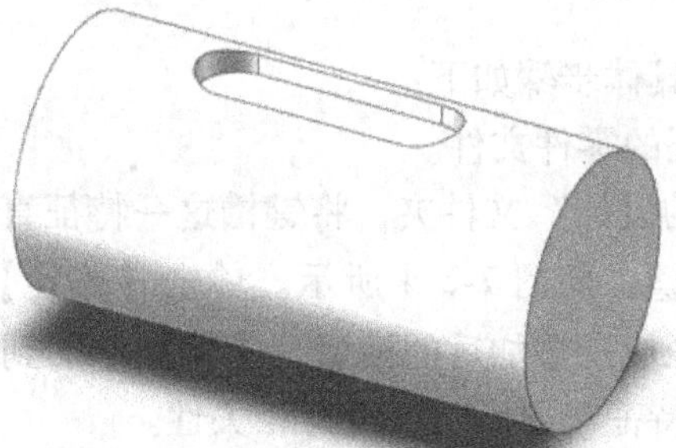

图 7-2-1　键槽

注意

生成库特征时必须依托一个基本特征。

由于键槽作为库特征添加到目标零件时需要定位，因此在创建时必须在基础特征上标注键槽的尺寸。

2）在设计特征树中选取将要创建为库特征的特征，如图 7-2-1 所示，选取键槽（切除-拉伸特征）。

库特征可以是一组特征的组合，也可以是一个特征。按 <Ctrl> 键进行多项选择或按 <Shift> 键进行连续特征选择。

3）选择菜单命令【文件】→【另存为】，弹出如图 7-2-2 所示对话框，在【保存类型】下拉列表中选择保存类型为“＊.sldlfp”，即库特征零件文件。在【文件名】输入框中输入库特征的名称，单击【保存】按钮。然后将库特征放入设计库中，右键单击【Design Library】中的“features”文件夹，选择“新文件夹”，可以根据自己的需要进行重命名，比如重命名为“我的设计”，单击设计库中的 按钮，弹出如图 7-2-3 所示【添加到库】属性管理器，单击【确定】按钮 ，该特征即加到名为“我的设计”文件夹中，可以在新零件文件中调用。

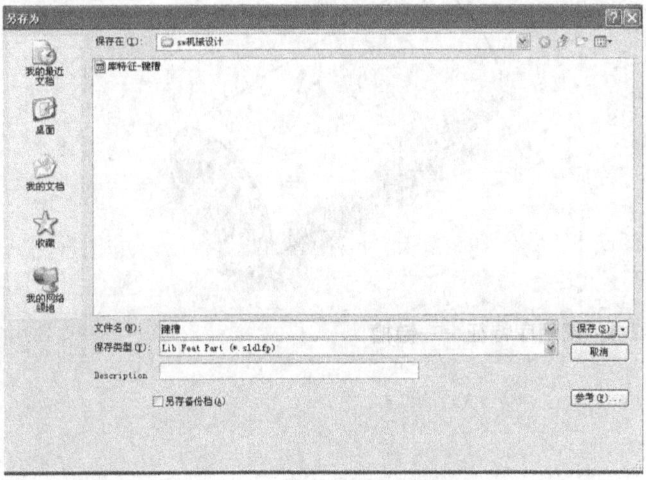

图 7-2-2　【另存为】对话框

图 7-2-3　【添加到库】属性管理器

7.2.2 向零件中添加库特征

向零件中添加库特征的具体步骤如下：

1）打开需要添加库特征的零件文件。

2）打开设计库中“我的设计”文件夹，将键槽这一特征直接拖到需要添加该特征的平面上，根据提示进行位置调整，如图 7-2-4 所示。单击【确定】按钮✓后即可插入所需的键槽。图 7-2-5 所示为库特征成功添加后的模型。库特征添加到零件后，可以根据需要修改库特征。添加到零件中的库特征与原库特征没有相关性。

可以根据设计需要对插入的库特征进行编辑，如将尺寸改为 10mm，如图 7-2-6 所示。

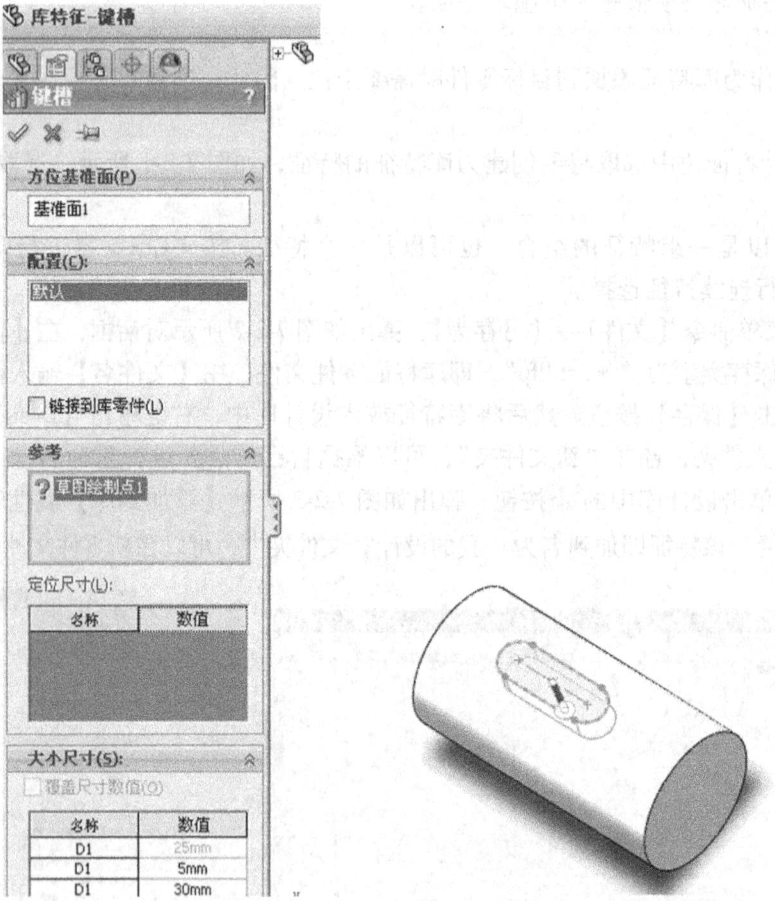

图 7-2-4　调用库特征——键槽

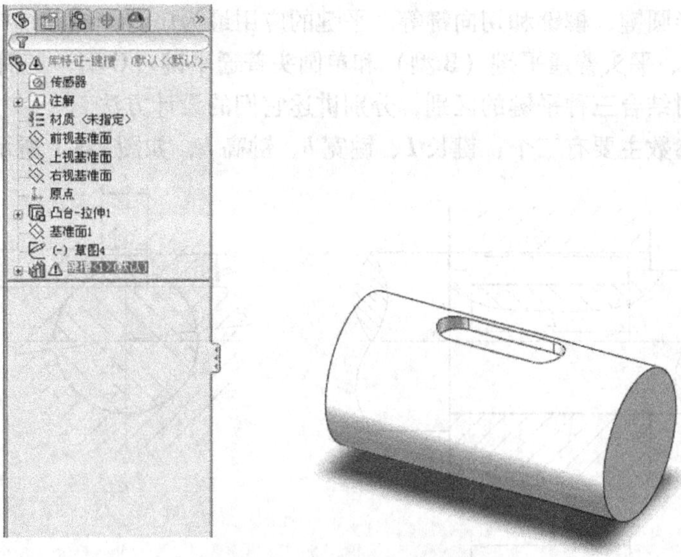

图 7-2-5　完成库特征调用

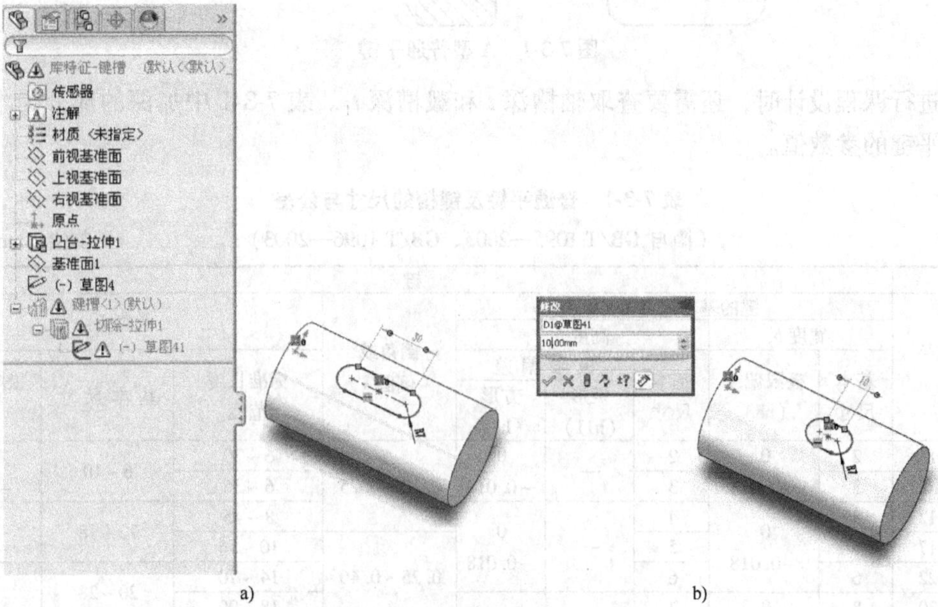

a)　　b)

图 7-2-6　编辑库特征——键槽

a）原特征　b）修改后的特征

7.3　标准件的设计

标准件一般包括螺纹紧固件（也称螺纹联接件）、键、销和滚动轴承等。标准件的每一个参数都可以从标准中查取。

7.3.1　平键的设计

键用来联接轴与安装在轴上的齿轮、带轮等传动零件，起传递转矩的作用。键是标准件，分为平键、半圆键、楔键和切向键等。平键的应用最为广泛，按其结构不同又分为圆头普通平键（A 型）、平头普通平键（B 型）和单圆头普通平键（C 型）三种。本书以 A 型普通平键为例，同时结合三种平键的区别，分别讲述它们的设计方法。

普通平键的参数主要有三个：键长 L、键宽 b、键高 h，如图 7-3-1 所示。

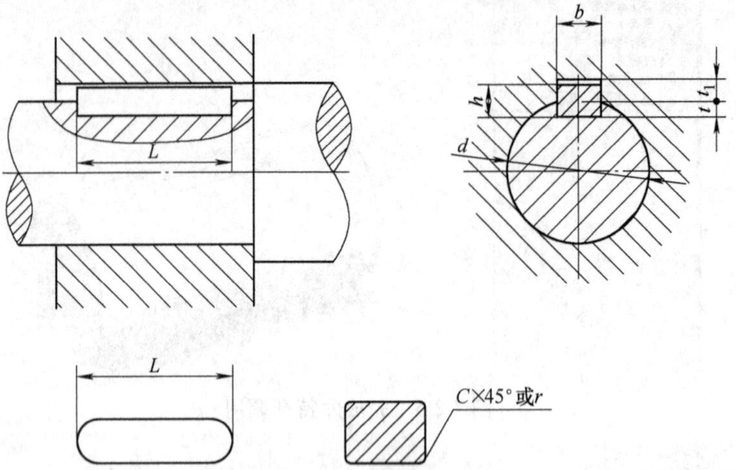

图 7-3-1　A 型普通平键

在进行课程设计时，还需要查取轴槽深 t 和毂槽深 t_1。表 7-3-1 中加深的部分为本节将创建的平键的参数值。

表 7-3-1　普通平键及键槽的尺寸与公差

（摘自 GB/T 1095—2003、GB/T 1096—2003）　　　　（单位：mm）

轴	键								
公称直径 d	键的基本尺寸 $b\times h$					倒角或倒圆 s	长度 L		
	宽度 b		高度 h						
	基本尺寸	极限偏差（h8）	基本尺寸	极限偏差 矩形（h11）	极限偏差 方形（h8）		标准长度范围	基本尺寸	极限偏差 h14
自 6~8	2	0 -0.014	2	—	0 -0.014	0.16~0.25	6~20	6~10	0 -0.36
>8~10	3		3				6~36		
>10~12	4	0 -0.018	4	—	0 -0.018		8~45	12~18	0 -0.43
>12~17	5		5			0.25~0.40	10~56		
>17~22	6		6				14~70	20~28	0 -0.52
>22~30	8	0 -0.022	7	**0 -0.090**	—		18~90		
>30~38	10		8				22~110	32~50	0 -0.62
>38~44	12	**0 -0.027**	8			**0.40~0.60**	28~140		
>44~50	14		9				**36~160**	**56~80**	**0 -0.74**
>50~58	**16**		**10**				**45~180**		
>58~65	18		11	0 -0.110	—		50~200	90~110	0 -0.87
>65~75	20	0 -0.033	12			0.60~0.80	56~220		
>75~85	22		14				63~250	125~180	0 -1.0
>85~95	25		14				70~280		
>95~110	28		16				80~320	200~250	0 -1.15
>110~130	32	0 -0.039	18				90~360		
>130~150	36		20	0 -0.130	—	1.00~1.20	100~400	280	0 -1.30
>150~170	40		22				100~400		

（续）

轴	键								
公称直径 d	键的基本尺寸 $b \times h$					倒角或倒圆 s	长度 L		
	宽度 b		高度 h				标准长度范围	基本尺寸	极限偏差 h14
	基本尺寸	极限偏差（h8）	基本尺寸	极限偏差 矩形（h11）	极限偏差 方形（h8）				
>170～200	45	0 -0.039	25	0 -0.130	—	1.00～1.20	110～450	320～400	0 -1.40
>200～230	50		28				125～500	450～500	0 -1.55
>200～250	56	0 -0.046	32	0 -0.160	—	—	140～500		

注：本标准规定了宽度 b=2～100mm 的普通型、导向型平键键槽的断面尺寸。本书仅给出前者，并保留了旧标准中轴公称直径尺寸范围段以供参考。

1. 建模

1）任意选择一个基准面，这里以前视基准面为例，在此基准面内绘制草图，如图 7-3-2 所示，并标注尺寸。在【尺寸属性】对话框中，将尺寸参数重命名为“L”和“b”，如图 7-3-3和图 7-3-4 所示。

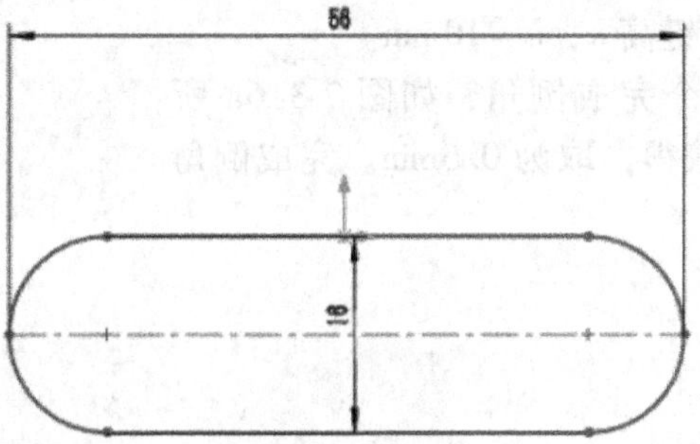

图 7-3-2　键草图

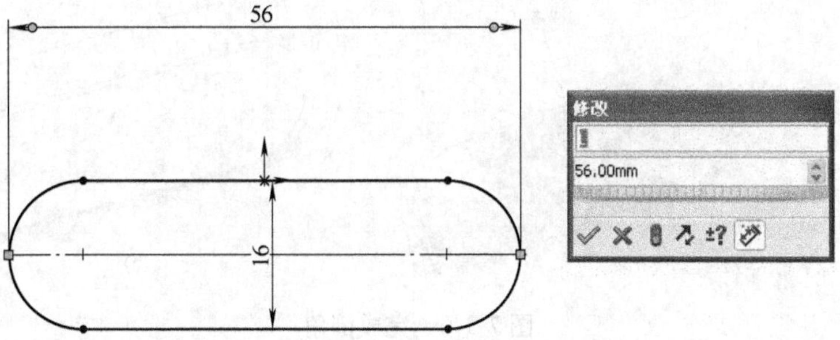

图 7-3-3　键草图重命名为“L”

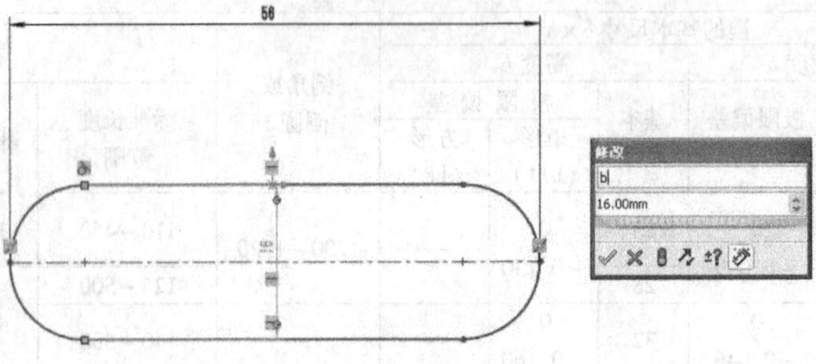

图 7-3-4　键草图重命名为“b”

> **说明**
>
> 对尺寸参数进行重命名是非常重要的环节，将影响在系列零件设计表中添加配置是否顺利。

2）使用【拉伸凸台/基体】命令完成拉伸，如图 7-3-5所示。拉伸长度为键高 h，$h=10$mm。

3）使用【倒角】命令完成倒角，如图 7-3-6a 所示。倒角尺寸查表 7-3-1 获得，取为 0.5mm。完成倒角后的键如图 7-3-6b 所示。

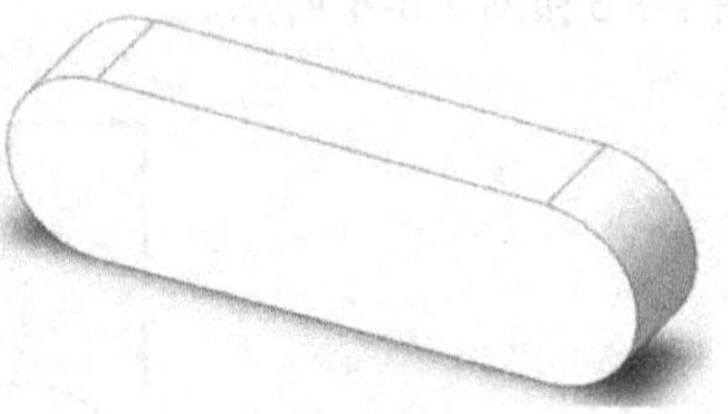

图 7-3-5　完成拉伸

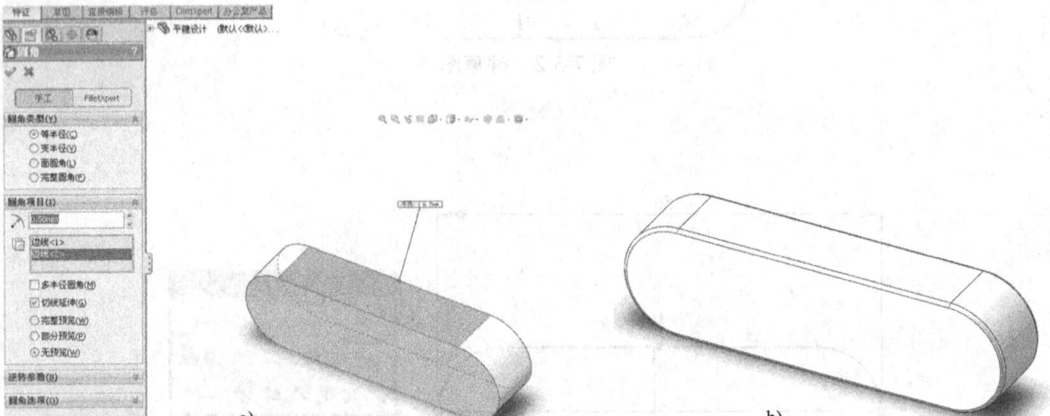

a)　　b)

图 7-3-6　完成倒角

2. 建立系列零件设计表

1）选择菜单命令【插入】→【表格】→【设计表】，如图 7-3-7 所示。

2）在弹出的【尺寸】对话框中，选择需要控制的参数：键长 L、键宽 b、键高 h，如图 7-3-8所示。必须在【尺寸属性】对话框里确定这三个参数对应的尺寸名称。

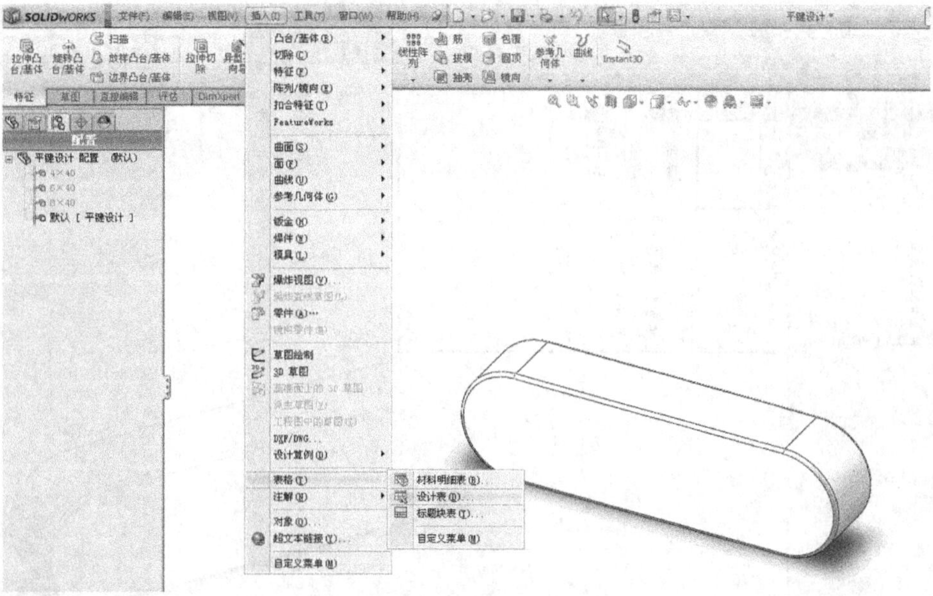

图 7-3-7　插入设计表

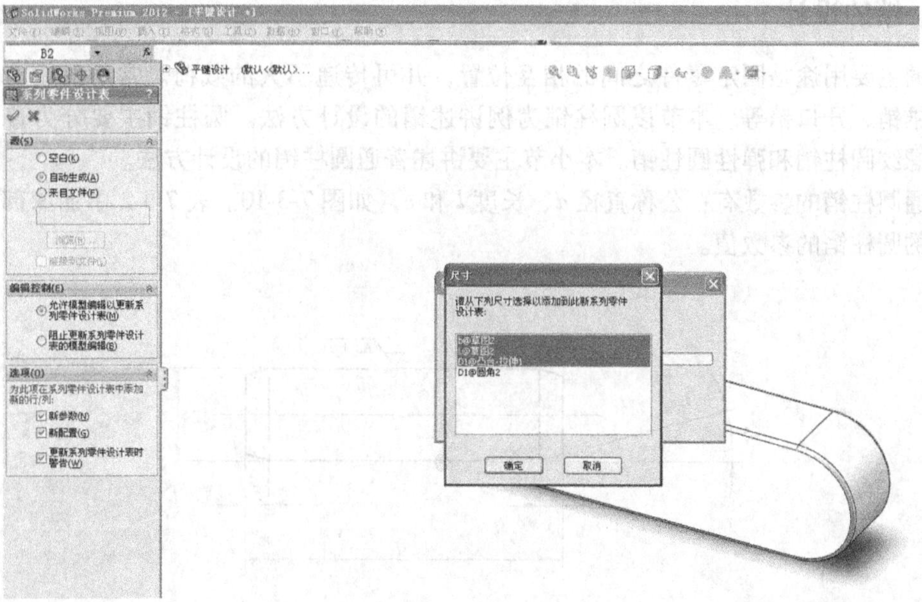

图 7-3-8　选择控制参数

3）系统中的系列零件设计表只包括默认配置，需在表中依次按照键的尺寸系列添加对应配置，如图 7-3-9 所示。单击设计表之外的任何位置，同时在左端的配置中显示包括默认配置在内的 11 个配置。单击其中任何一个配置都会出现与设计表中相匹配的平键图形，可以根据需要调用。若需要的平键在表格中没有配置，只需要在表格中添加即可。

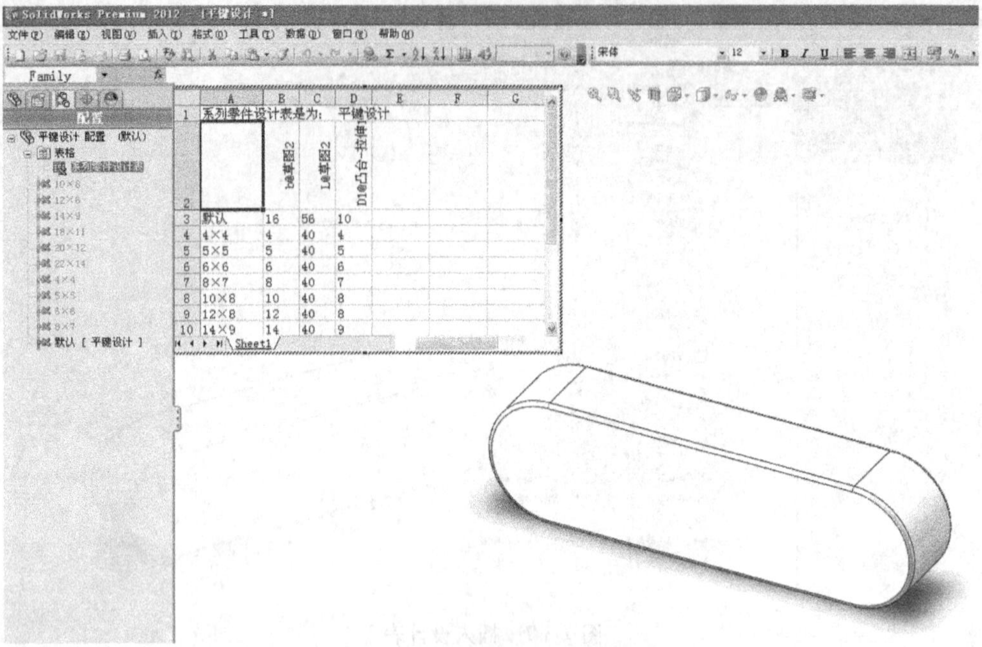

图 7-3-9　添加设计表配置

7.3.2　销的设计

销的主要用途是固定零件之间的相互位置，并可传递不大的载荷。常用的销有：圆柱销、圆锥销、开口销等。本节以圆柱销为例讲述销的设计方法。圆柱销主要分为普通圆柱销、内螺纹圆柱销和弹性圆柱销。本小节主要讲述普通圆柱销的设计方法。

普通圆柱销的参数有：公称直径 d、长度 l 和 c，如图 7-3-10。表 7-3-2 中加深部分为本节创建的圆柱销的参数值。

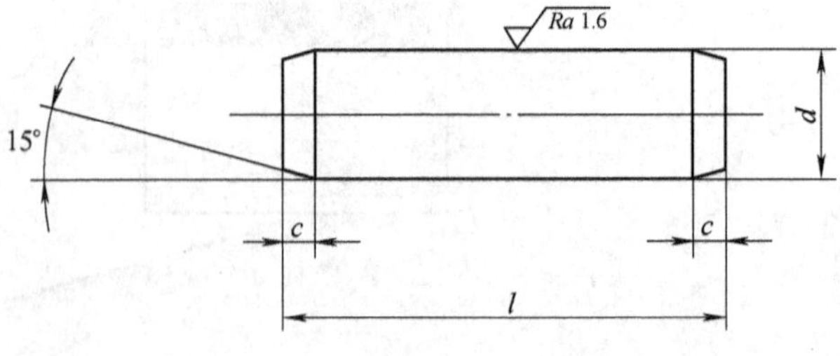

图 7-3-10　B 型普通圆柱销基本参数

表 7-3-2　部分普通圆柱销的尺寸（摘自 GB/T 119.1—2000）　　（单位：mm）

圆柱销	d(h8 或 m6)		3.0	4.0	5.0	6.0	**8.0**	10.0	12.0
	c(≈)		0.5	0.63	0.8	1.2	**1.6**	2.0	2.5
	l(公称)	GB/T 119.1	8~30	8~40	10~50	12~60	**14~80**	18~95	22~140
		GB/T 119.2	8~30	10~40	12~50	14~60	14~80	22~100	26~100

（1）建模

1）任意选择一个基准面，这里以前视基准面为例，在此基准面内绘制草图，并标注尺寸，在【尺寸属性】对话框里将尺寸名改为“1”，单击【确定】按钮，完成上述操作，如图7-3-11所示。

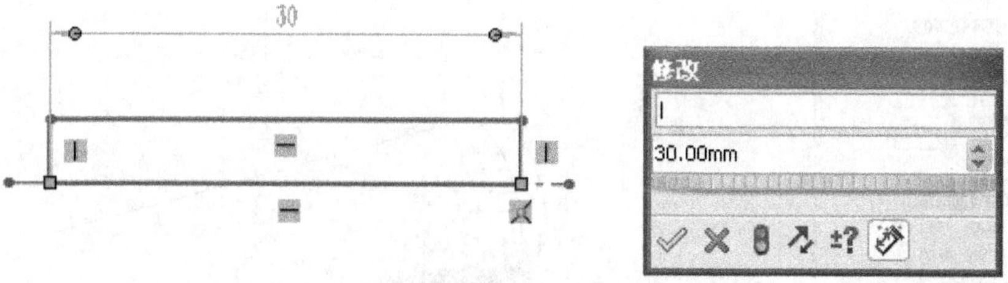

图7-3-11 销草图

2）完成【旋转】命令。单击【特征】工具栏中的【旋转凸台/基体】按钮，在弹出的属性管理器内进行图7-3-12所示的属性设置，单击【确定】按钮，完成旋转，如图7-3-13所示。

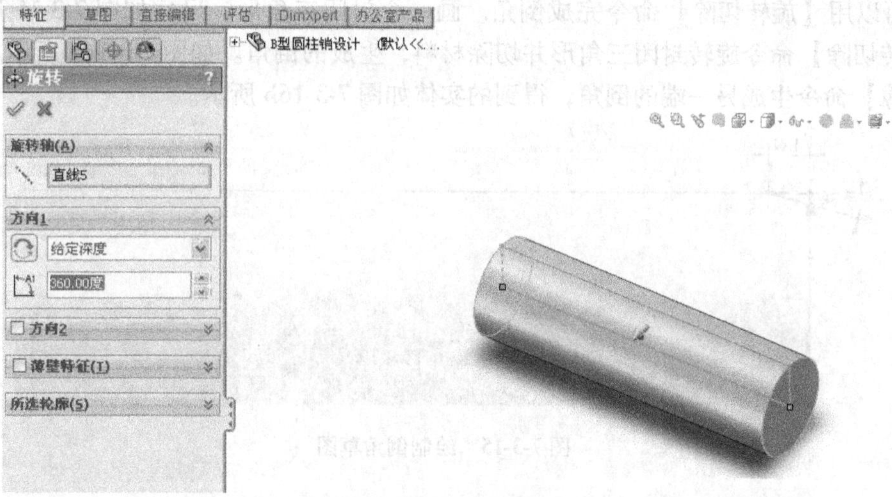

图7-3-12 旋转草图

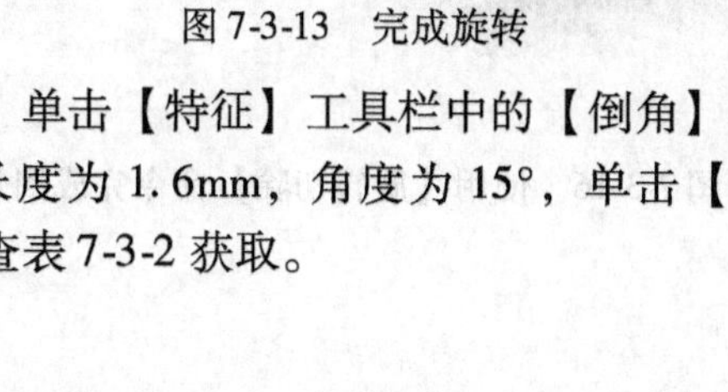

图7-3-13 完成旋转

3）完成【倒角】命令。单击【特征】工具栏中的【倒角】按钮 倒角，选择销的边线为倒角对象，设置倒角长度为1.6mm，角度为15°，单击【确定】按钮完成倒角，如图7-3-14所示。倒角长度c查表7-3-2获取。

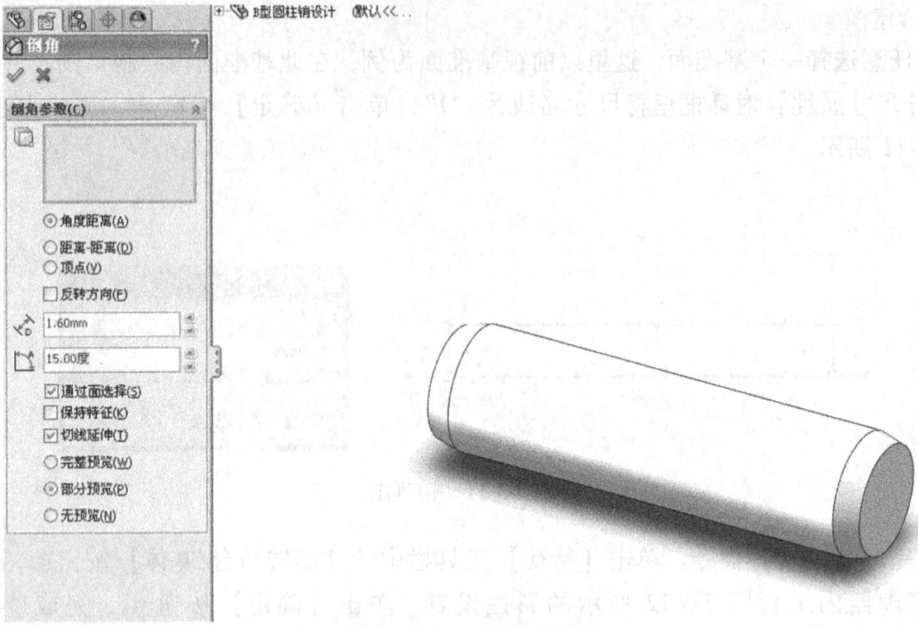

图 7-3-14　完成倒角

也可以用【旋转切除】命令完成倒角。画一个封闭三角形，尺寸如图 7-3-15 所示。通过【旋转切除】命令旋转封闭三角形并切除材料，生成的倒角。如图 7-3-16a 所示。然后使用【镜像】命令生成另一端的倒角，得到的实体如图 7-3-16b 所示。

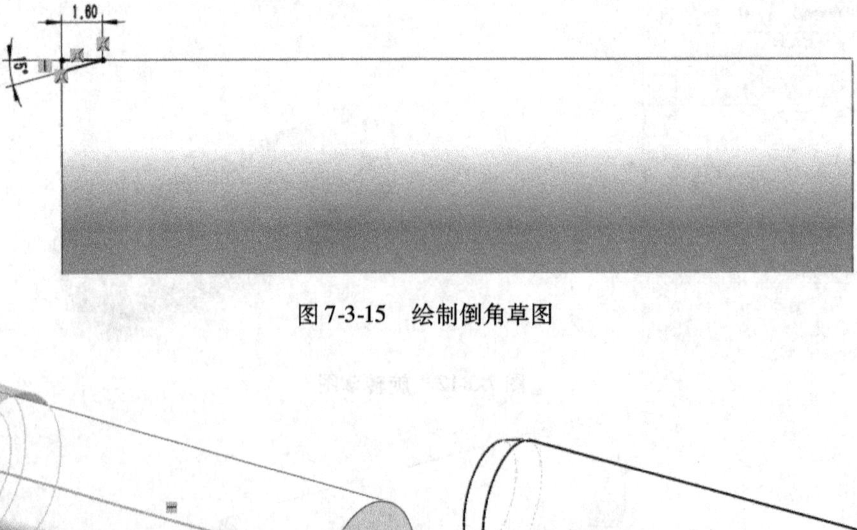

图 7-3-15　绘制倒角草图

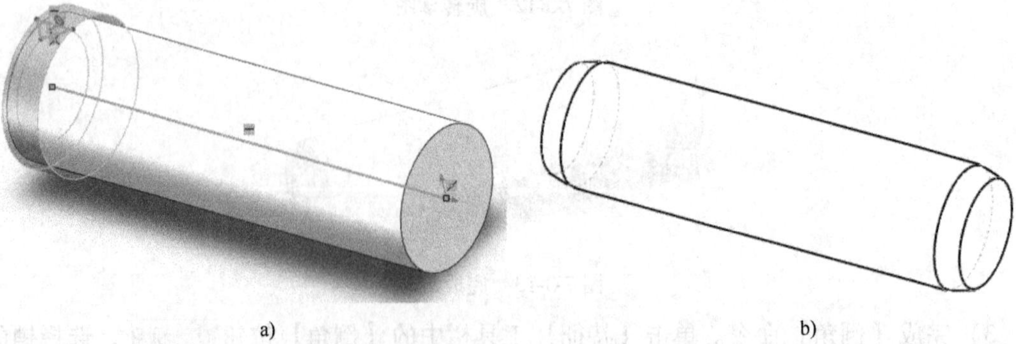

a)　　b)

图 7-3-16　使用【旋转切除】命令完成倒角

（2）建立系列零件设计表

1）选择菜单命令【插入】→【表格】→【设计表】，在弹出的【尺寸】对话框中，选择需要控制的参数，主要参数有长度 l、公称直径 d 和 c。必须在【尺寸属性】对话框里确定这些参数对应的尺寸名称，如图 7-3-17 所示，选定区域即为选定参数，也就是设计表中需要的参数。

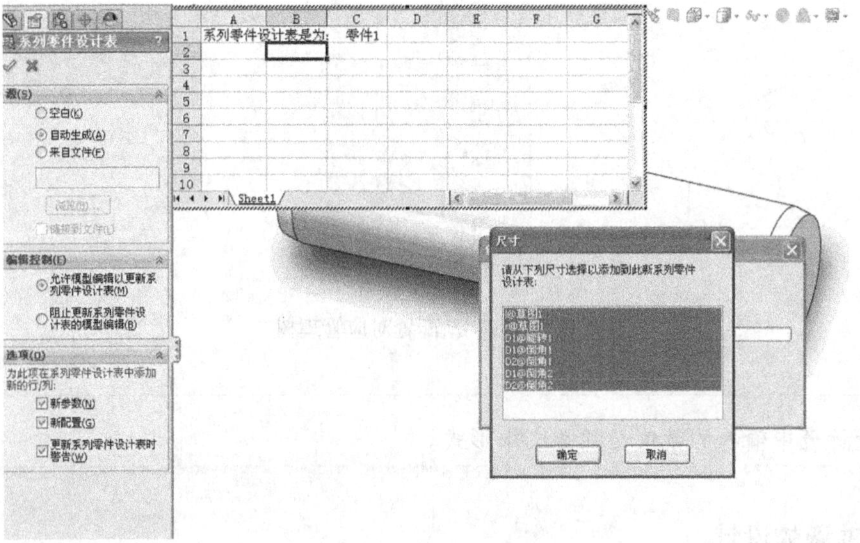

图 7-3-17　确定控制参数

2）创建设计表，输入相应数值，数值必须为文本形式，如图 7-3-18 所示。单击表格外的任意区域，表格都会自动关闭，提示是否按表格内容进行配置，单击【确定】按钮✓后，即生成左边一系列新配置，单击任何一个新配置，都会出现与之匹配的销，便于设计时按需调用，如图 7-3-19 所示。

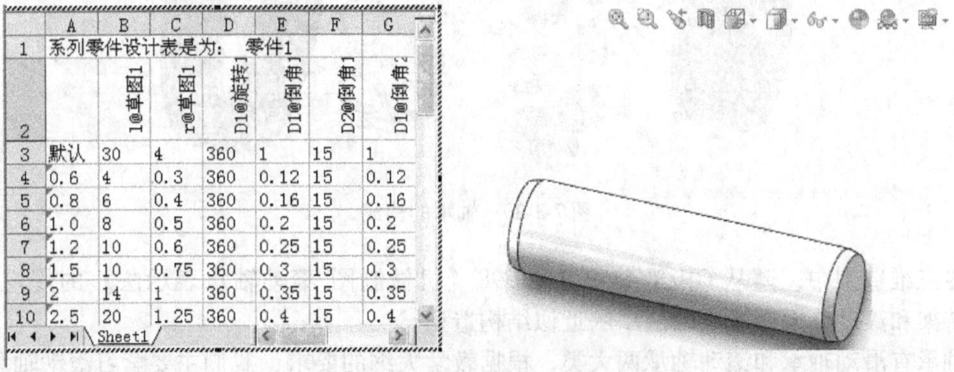

	A	B	C	D	E	F	G
1	系列零件设计表是为：		零件1				
2		l@草图1	r@草图1	D1@旋转1	D1@倒角1	D2@倒角1	D1@倒角2
3	默认	30	4	360	1	15	1
4	0.6	4	0.3	360	0.12	15	0.12
5	0.8	6	0.4	360	0.16	15	0.16
6	1.0	8	0.5	360	0.2	15	0.2
7	1.2	10	0.6	360	0.25	15	0.25
8	1.5	10	0.75	360	0.3	15	0.3
9	2	14	1	360	0.35	15	0.35
10	2.5	20	1.25	360	0.4	15	0.4

图 7-3-18　在设计表中添加新配置

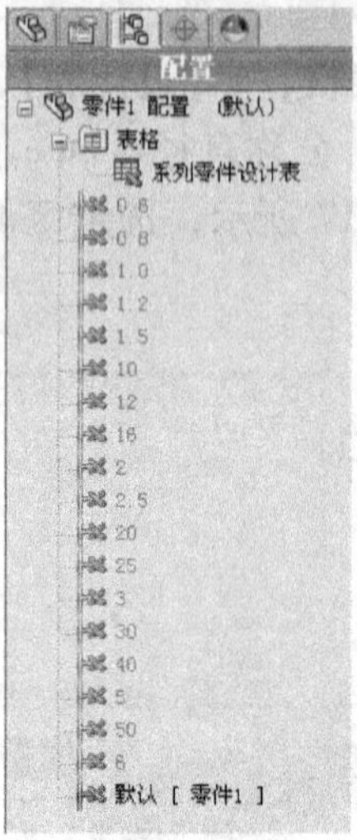

图 7-3-19　新配置对应管理树

说明

在设计表中输入的数值必须是文本形式。

7.3.3　轴承的设计

轴承是由内圈、外圈、保持架和滚动体组成的部件，如图 7-3-20 所示。轴承是标准件，其结构和尺寸均已标准化，需要时，根据要求确定轴承的型号选购即可，不需要绘制详细的部件图。在国家标准中，规定了轴承的一般画法及简化画法。

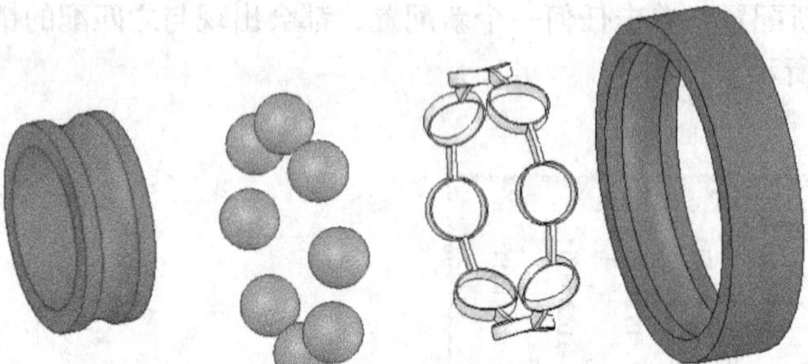

图 7-3-20　轴承的构成

在三维造型中，遵从 GB/T 4459.7—1998《机械制图 滚动轴承表示法》的规定画法，对保持架和滚动体采用规定画法中的近似结构造型。

轴承有滑动轴承和滚动轴承两大类，根据教学大纲的要求，我们主要学习滚动轴承的相关内容。

按照承受载荷的方向或公称接触角的不同，滚动轴承可分为向心轴承和推力轴承。向心轴承主要用于承受径向载荷，其公称接触角 α 从 0°到 45°；推力轴承主要用于承受轴向载荷，其公称接触角 α 从大于 45°到 90°。

按照滚动体形状不同，滚动轴承可分为球轴承和滚子轴承。滚子的种类有圆柱滚子、圆锥滚子、球面滚子和滚针等，如图 7-3-21 所示。

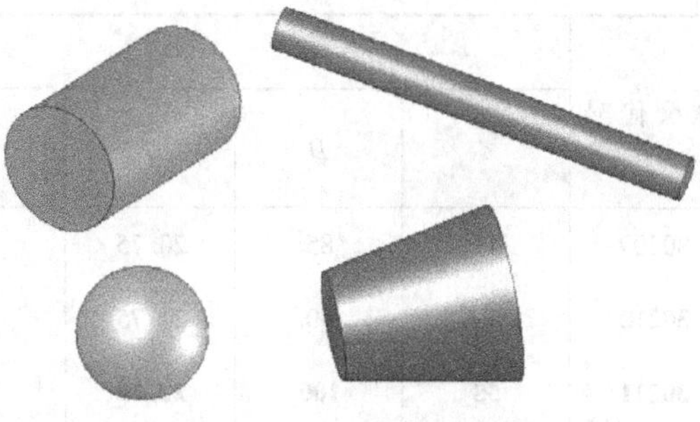

图 7-3-21　滚子的种类

根据课程设计的要求，本书以圆锥滚子轴承为例讲述滚动轴承 30211C 的设计方法。

1. 结构分析

滚动轴承的基本参数有五个：轴承内径 d、轴承外径 D、轴承宽度 T、内圈宽度 B 和外圈宽度 C。其他尺寸都按照国标采用规定画法中的比例确定，如图 7-3-22 所示。轴承虽然是装配件，但是在忽略其内部结构的基础上，我们可以将轴承作为一个零件来设计。30211C 中，“7”代表圆锥滚子轴承，“（0）2”代表宽度系列为窄系列、直径系列为轻系列，“11”代表轴承内径 $d = 11 \times 5 = 55$mm，表 7-3-3 所列为部分圆锥滚子轴承尺寸。

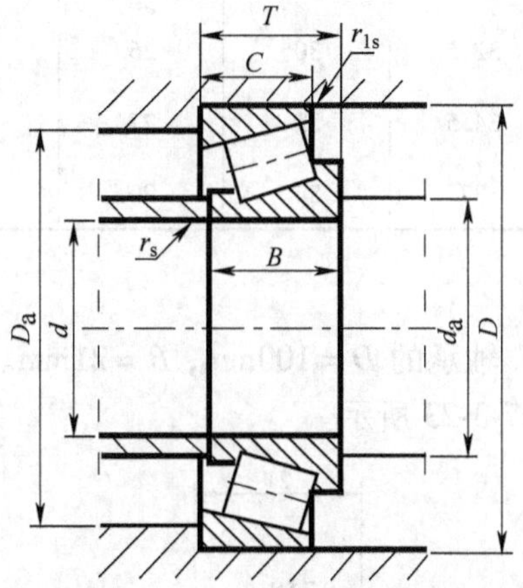

图 7-3-22　圆锥滚子轴承基本参数

表 7-3-3　部分圆锥滚子轴承尺寸

轴承代号	尺寸/mm							
	d	D	T	B	C	r_s /min	r_{1s} /min	a ≈
30203	17	40	13.25	12	11	1	1	9.9
30204	20	47	15.25	14	12	1	1	11.2
30205	25	52	16.25	15	13	1	1	12.5
30206	30	62	17.25	16	14	1	1	13.8
30207	35	72	18.25	17	15	1.5	1.5	15.3
30208	40	80	19.75	18	16	1.5	1.5	16.9

（续）

轴承代号	尺寸/mm							
	d	*D*	*T*	*B*	*C*	r_s /min	r_{1s} /min	*a* ≈
30209	45	85	20.75	19	16	1.5	1.5	18.6
30210	50	90	21.75	20	17	1.5	1.5	20
30211	**55**	**100**	**22.75**	**21**	**18**	**2**	**1.5**	**21**
30212	60	110	23.75	22	19	2	1.5	22.3
30213	65	120	24.75	23	20	2	1.5	23.8
30214	70	125	26.25	24	21	2	1.5	25.8
30215	75	130	27.25	25	22	2	1.5	27.4
30216	80	140	28.25	26	22	2.5	2	28.1
30217	85	150	30.5	28	24	2.5	2	30.3
30218	90	160	32.5	30	26	2.5	2	32.3
30219	95	170	34.5	32	27	3	2.5	34.2
30220	100	180	37	34	29	3	2.5	36.4

2. 建模

1）查表 7-3-3 可知，30211C 轴承的 $D=100$mm，$B=21$mm。在任意一个基准面上绘制草图，以前视基准面为例，如图 7-3-23 所示。

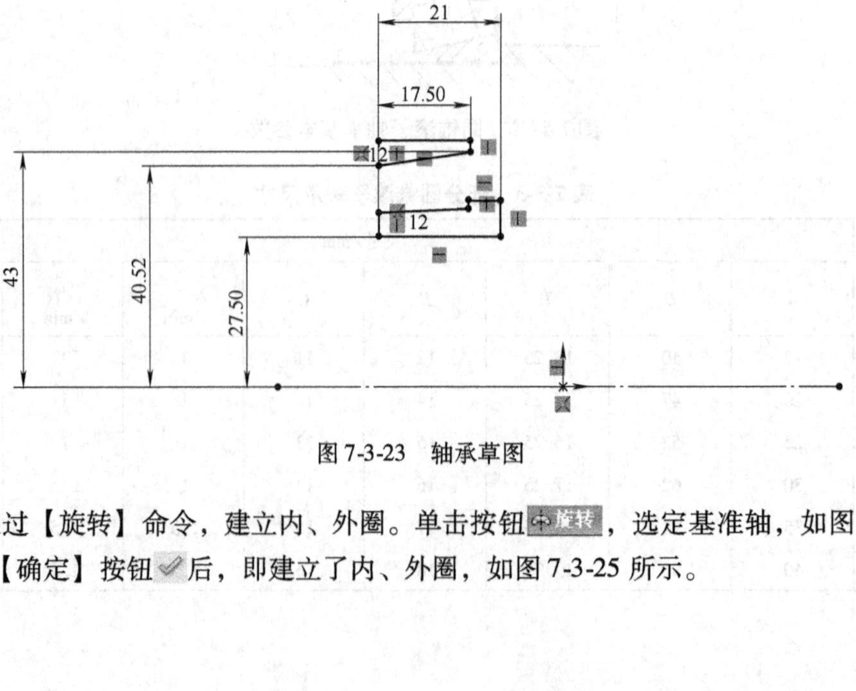

图 7-3-23　轴承草图

2）通过【旋转】命令，建立内、外圈。单击按钮【旋转】，选定基准轴，如图 7-3-24 所示。单击【确定】按钮后，即建立了内、外圈，如图 7-3-25 所示。

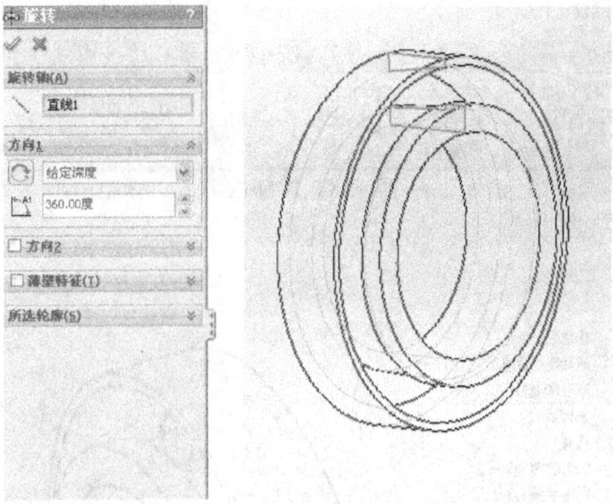

图 7-3-24　轴承内、外圈草图

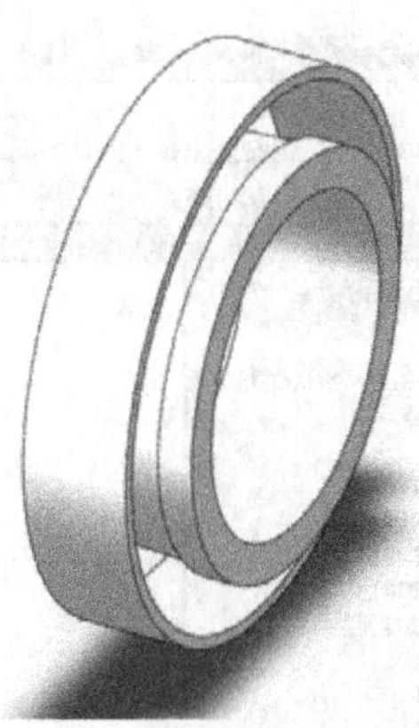

图 7-3-25　建立轴承内、外圈

3）通过【旋转】命令，建立圆锥滚子模型。绘制圆锥滚子草图，单击【旋转凸台/基体】按钮，单击【确定】按钮，即建立圆锥滚子模型，如图 7-3-26 所示。

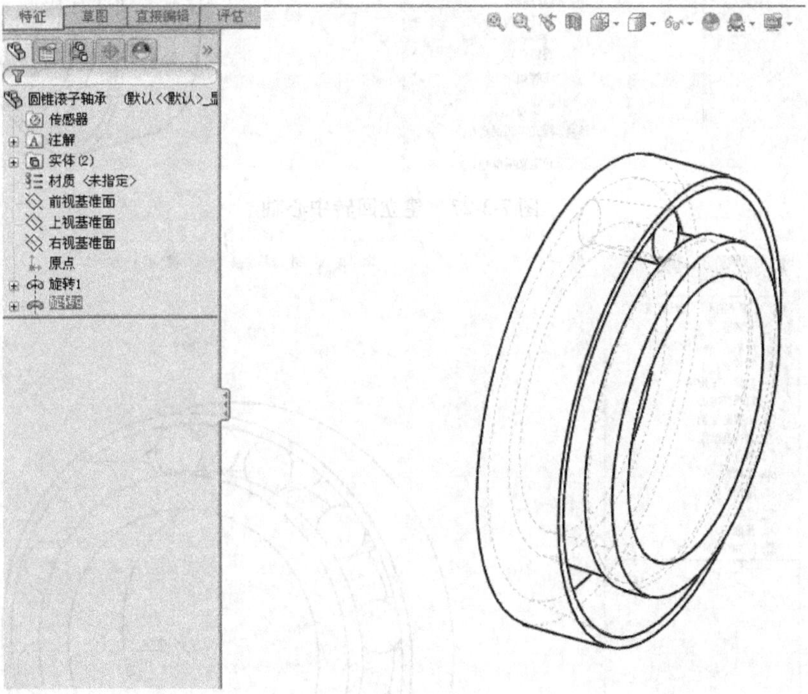

图 7-3-26　旋转生成一个圆锥滚子

4）选择【圆周阵列】命令，阵列圆锥滚子。选择菜单命令【插入】→【参考几何体】→【基准轴】，或单击【基准轴】按钮 基准轴，为圆周阵列建立回转中心轴，如图 7-3-27所示。

5）完成命令，单击【圆周阵列】按钮 圆周阵列，进入【圆周阵列】属性管理器。选择阵列对象为圆锥滚子，阵列中心轴为上一步建立的基准轴。生成的圆锥滚子阵列如图 7-3-28

所示。

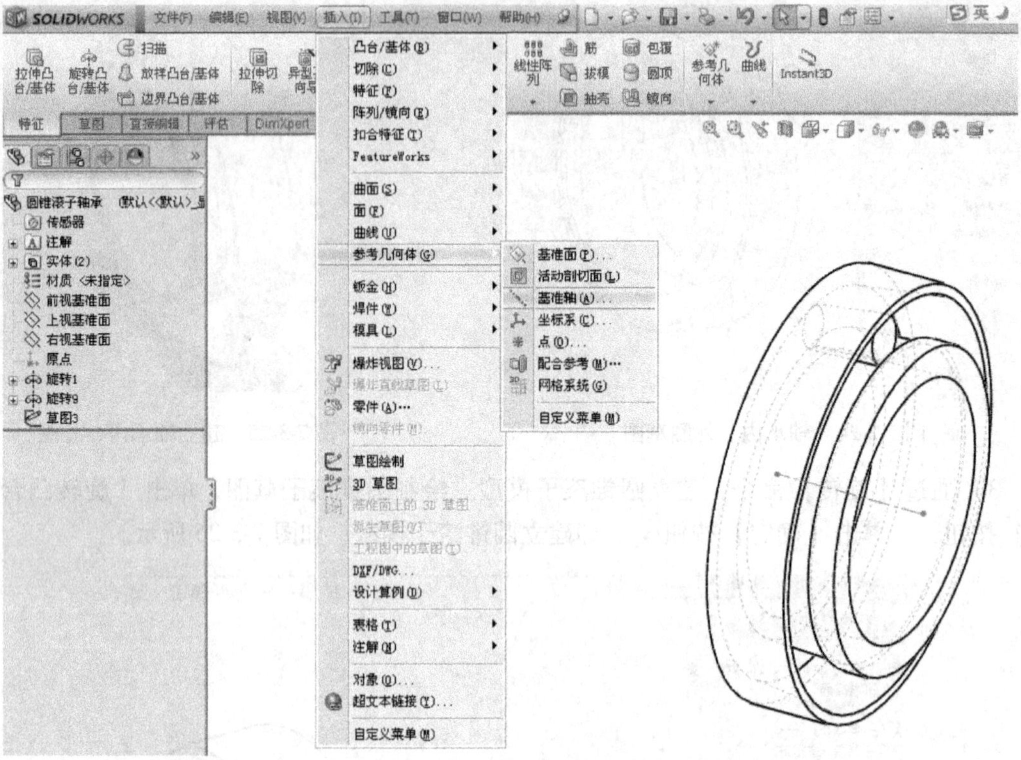

图 7-3-27 建立回转中心轴

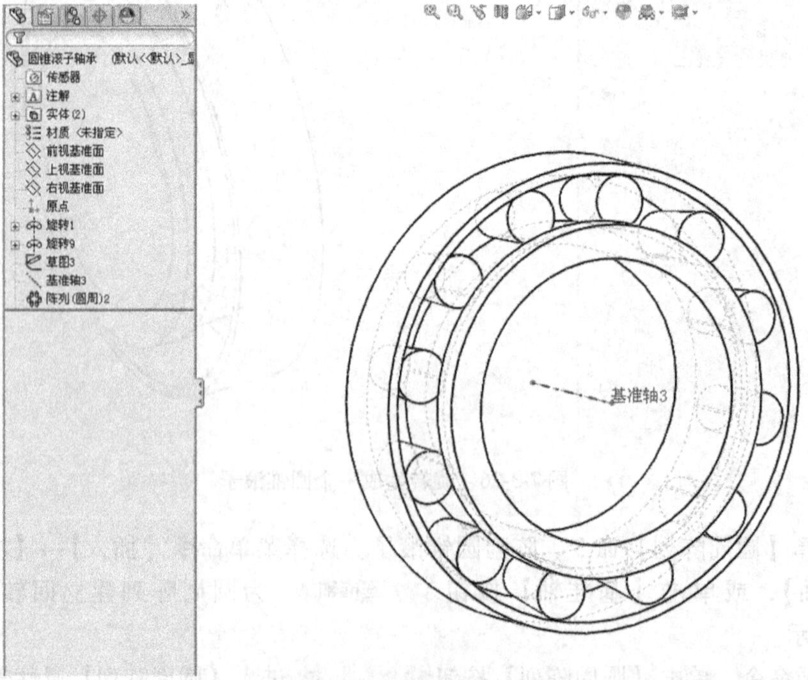

图 7-3-28 阵列生成圆锥滚子

3. 建立系列零件设计表

减速器需要的轴承还有圆锥滚子轴承 3208E，其设计过程与上述轴承相同，只是数值需要调整，因此可以建立零件设计表，通过生成新配置，完成 3208E 轴承的设计。

1）选择菜单命令【插入】→【表格】→【设计表】，在弹出的【尺寸】对话框中，选择需要控制的参数，如图 7-3-29 所示。也可以把参数全部选中，根据自己的需要修改相应的数值。

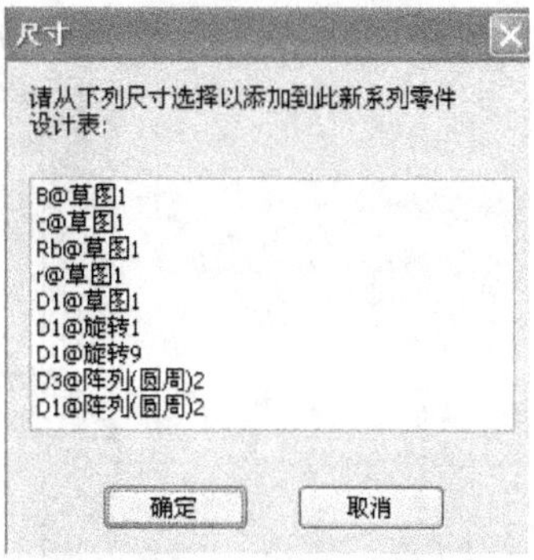

图 7-3-29　确定尺寸参数

> **小技巧**
>
> ➢在【尺寸】对话框中根据需要选择尺寸参数，并且应对每个选择的尺寸参数进行重命名。
>
> ➢在尺寸参数较少或对每个尺寸参数的含义都非常明确的情况下，也可以把尺寸参数全部选中。

2）建立的系列零件设计表，如图 7-3-30 所示。此设计表只包含默认配置，需在表中添加新配置，如图 7-3-31 所示，数据查表获得。单击【确定】，在 Configuration Manager 中即可生成相应的新配置。

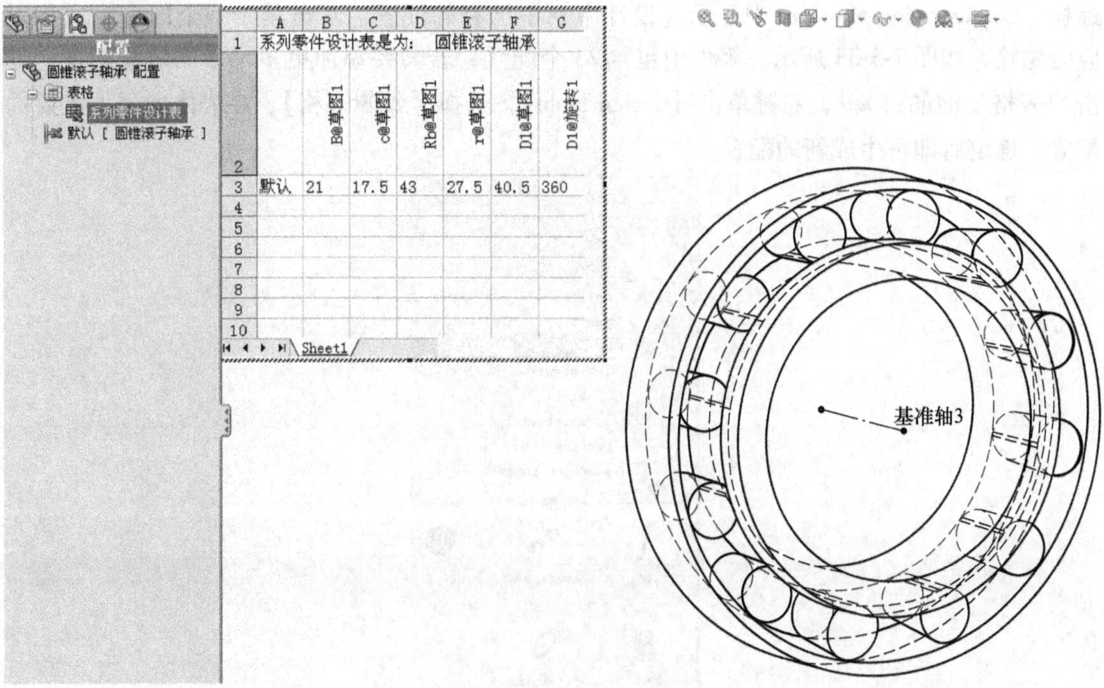

图 7-3-30　系列零件设计表

	A	B	C	D	E	F	G
1	系列零件设计表是为: 圆锥滚子轴承						
2		B@草图1	c@草图1	Rb@草图1	r@草图1	D1@草图1	D1@旋转1
3	默认	21	17.5	43	27.5	40.5	360
4	3208E	19	14.5	32.5	34	30	360
5							
6							
7							
8							
9							
10							

Sheet1

图 7-3-31　添加新配置

7.3.4　六角头螺栓的设计

在设计中用到螺栓时，可以有以下几种方法：

1. 直接调用系统【设计库】里的螺栓

SolidWorks 中提供了螺栓的库零件，单击【库特征】按钮，单击【设计库】中的“parts”文件夹，打开“hardware”文件夹，如图 7-3-32 所示。该文件夹中包含开口销、螺栓、齿轮、螺母和挡圈五类标准件和常用件。选择“flange bolt”即可调用【设计库】中的螺栓。Configuration Manager 中显示【设计库】中已有的配置，双击其中一个即会生成相对应的螺栓，如图 7-3-33 所示。零件中包含 23 个配置，若需要添加更多尺寸的螺栓配置，单击“表格”前的 ，右键单击【design table】，选择【编辑表格】，在表格中添加需要的配置，确定后即可生成新的配置。

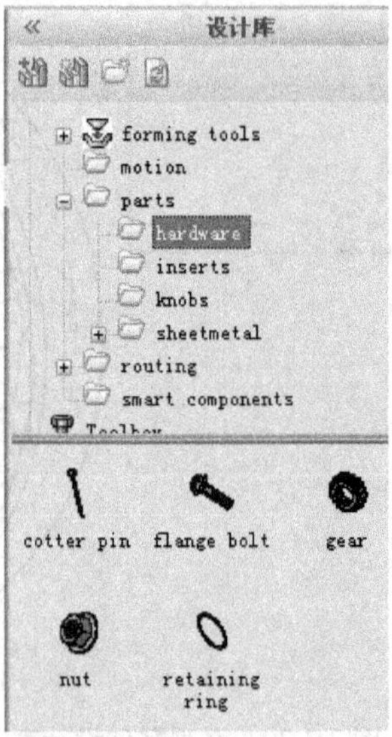

图 7-3-32　【设计库】中螺栓的调用

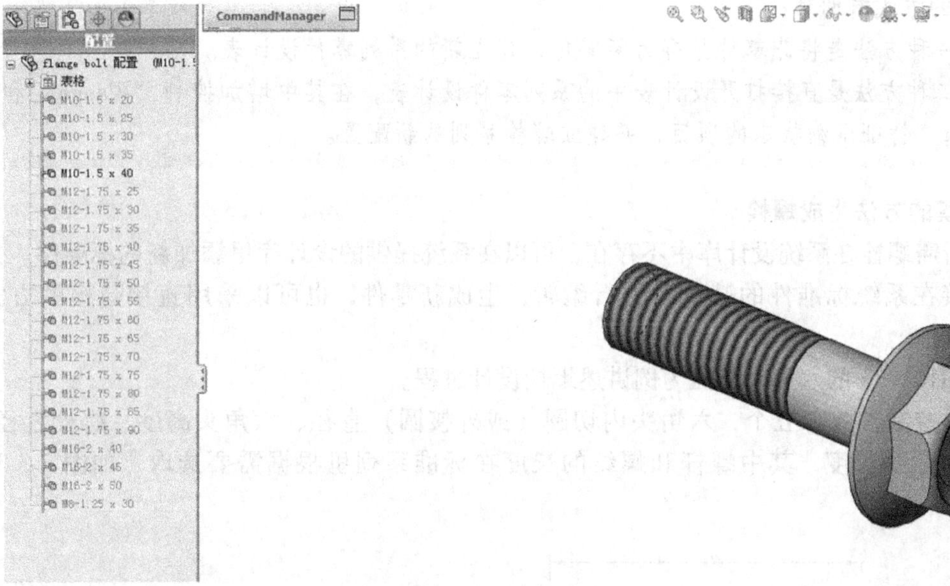

图 7-3-33　添加螺栓新配置

2. 编辑库零件

库零件中的螺栓为法兰面螺栓，可以对其进行编辑以建立普通螺栓。如图 7-3-34 所示，只需将其中的“Flange” 和“Head Cut”设置为压缩状态，就可以得到普通螺栓。

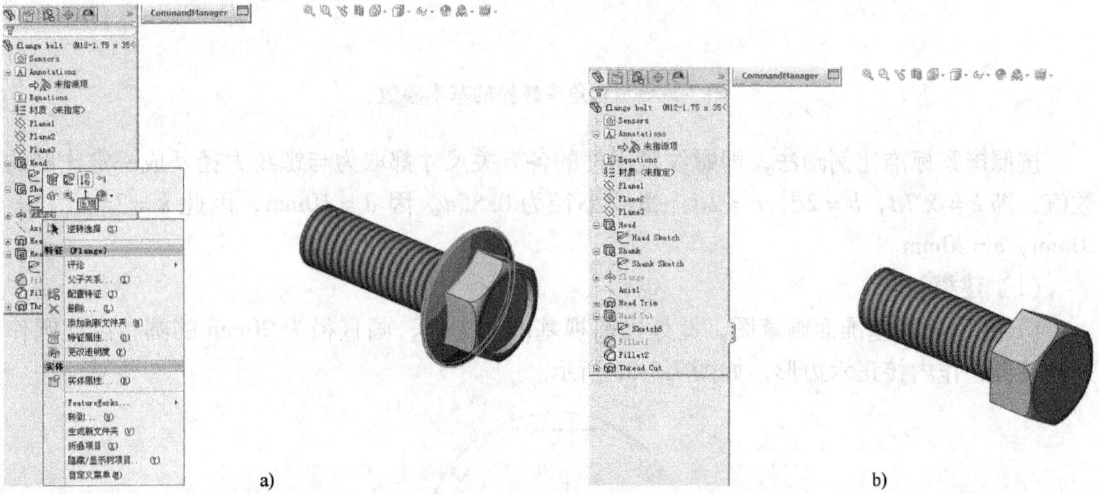

图 7-3-34　法兰面螺栓编辑成普通螺栓的过程

注意

被压缩的命令显示为浅灰色。

小技巧

编辑的方式有两种：

➢第一种方法是将此零件另存为新零件，建立新的系列零件设计表。

➢第二种方法是直接打开设计表中的系列零件设计表，在其中增加控制“Flange”和“Head Cut”特征压缩状态的项目，并建立螺栓系列的新配置。

3. 建模的方法生成螺栓

如果所需螺栓在系统设计库中不存在，可以在系统提供的设计库里添加新的标准件。并且可以直接在系统标准件的基础上进行编辑，生成新零件，也可以采用直接建模的方式设计。

现以 M10×35 的六角头螺栓为例讲述螺栓设计过程。

螺栓的控制参数有五个：六角头内切圆（或外接圆）直径、六角头高度、螺栓直径、螺杆长度和螺纹长度，其中螺杆和螺纹的长度在标准系列里根据需要选取，如图 7-3-35 所示。

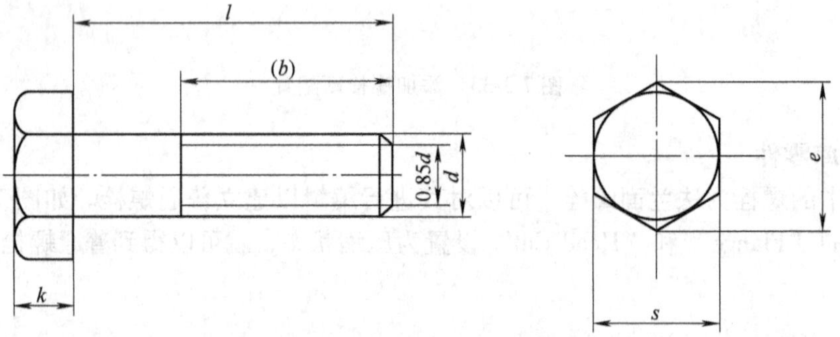

图 7-3-35　六角头螺栓的基本参数

按照国家标准比例画法，即螺纹紧固件的各有关尺寸都取为与螺纹大径 d 成一定比例的数值，即 $k=0.7d$，$b=2d$，$e=2d$，螺纹小径为 $0.85d$。因 $d=10$mm，因此 $k=7$mm，$b=20$mm，$e=20$mm。

（1）建模

1）选取任意基准面画草图。此处以前视基准面为例，画直径为 20mm 的圆，以此圆作为外接圆，作内接正六边形，如图 7-3-36 所示。

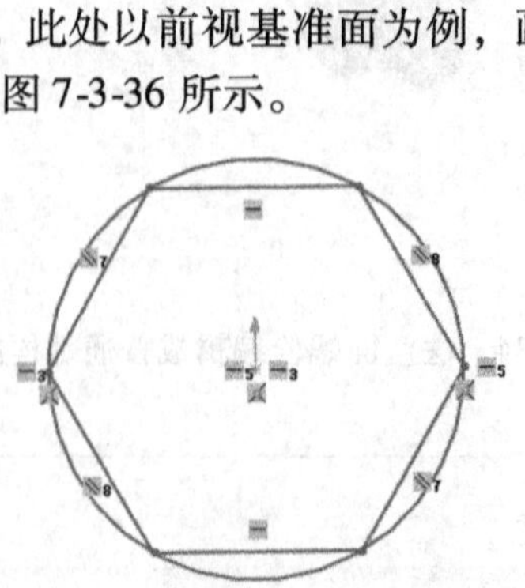

图 7-3-36　绘制正六边形草图

2）删去外接圆。选择退出草图，回到【凸台-拉伸】属性管理器。拉伸正六边形为正六棱柱，拉伸长度为 7mm，如图 7-3-37 所示。

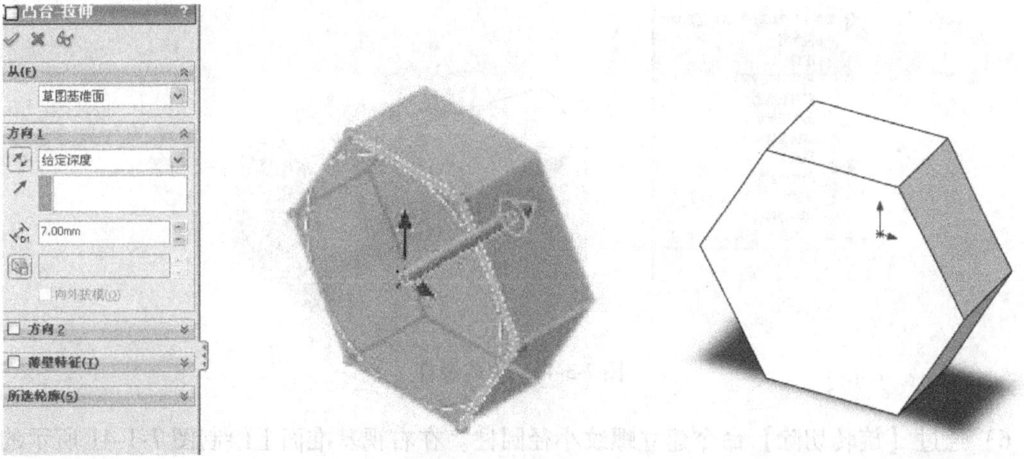

图 7-3-37　完成拉伸

3）在【特征管理器】中的快捷菜单里，选择 特征属性... (Q)，进入【特征属性】对话框，修改草图名称及拉伸特征名称为“正六边形”和“六棱柱”，如图 7-3-38 所示。修改草图名以及拉伸特征名的目的是使其中的尺寸具有一个和零件结构相关的直观的名字。

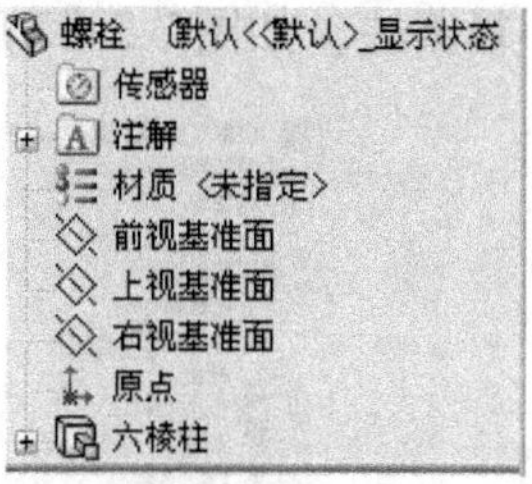

图 7-3-38　重命名

4）使用【旋转切除】命令，为正六棱柱做倒角，如图 7-3-39 所示。

a)　　b)

图 7-3-39　完成倒角

a）绘制倒角草图　b）旋转切除生成倒角

5）使用【旋转】命令建立螺杆。在右视基准面上绘制矩形框，旋转成螺杆，如图 7-3-40 所示。

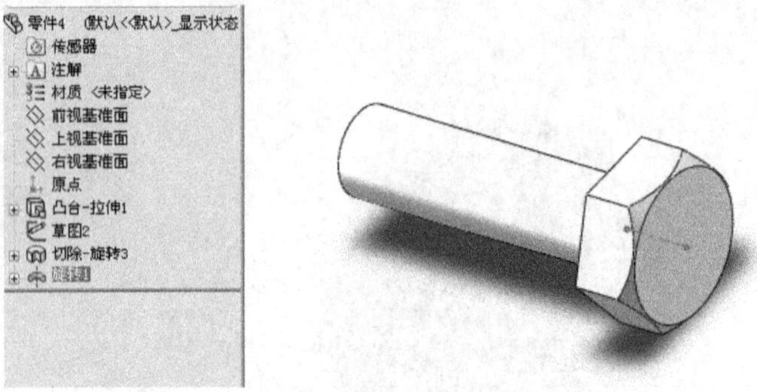

图 7-3-40　生成螺杆

6）通过【旋转切除】命令建立螺纹小径圆柱。在右视基准面上绘制图 7-3-41 所示的草图，并标注 *b* 的尺寸，在【尺寸属性】中命名为“b”。使用【旋转切除】命令建立外螺纹的小径圆柱，如图 7-3-42 所示。

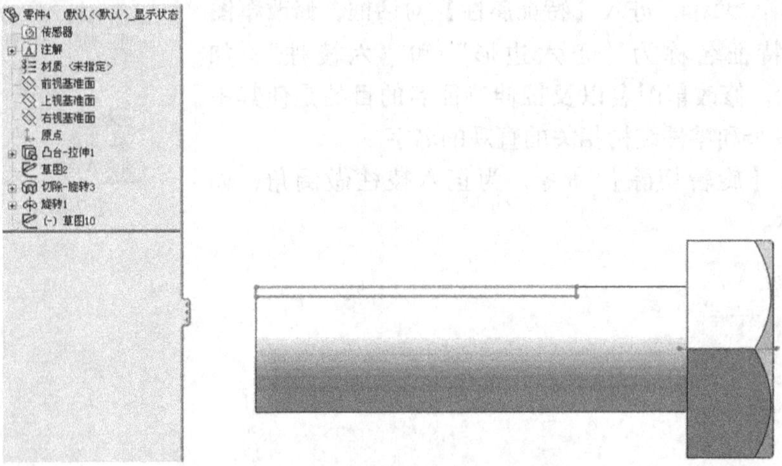

图 7-3-41　绘制螺纹小径草图

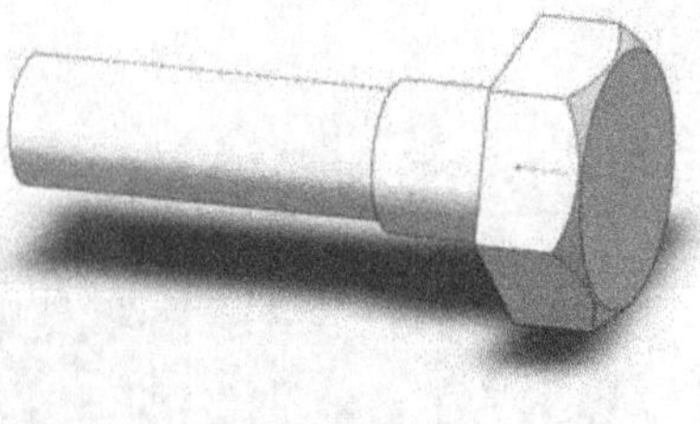

图 7-3-42　生成外螺纹小径圆柱

7）使用【装饰螺纹线】命令建立螺纹。选择菜单命令【插入】→【注解】→【装饰螺纹线】，如图 7-3-43 所示。

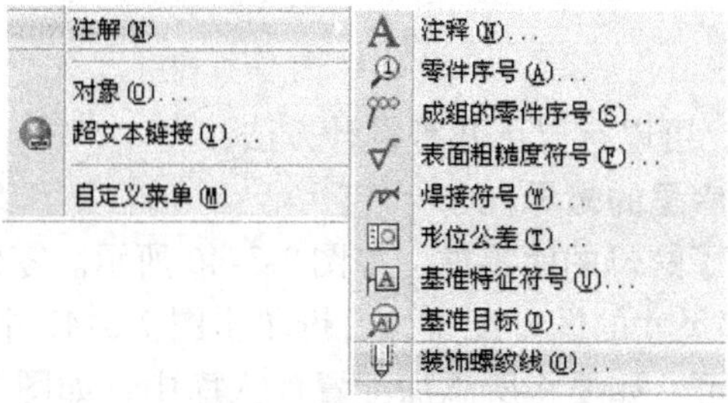

图 7-3-43　选择【装饰螺纹线】命令

8）选择一个圆形边线，生成的装饰螺纹线如图 7-3-44 所示。

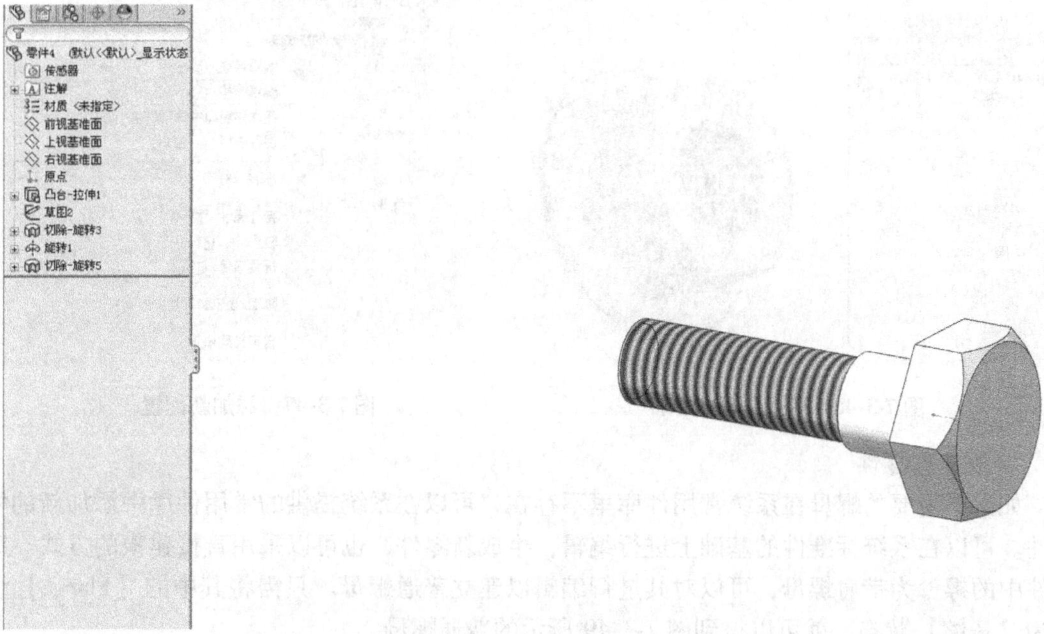

图 7-3-44　生成装饰螺纹线

（2）建立系列零件设计表　选择菜单命令【插入】→【系列零件设计表】，建立螺栓的系列零件设计表。建立过程中，系统弹出【尺寸】对话框，如图 7-3-45 所示，提示选择需要添加到系列零件设计表中的参数。

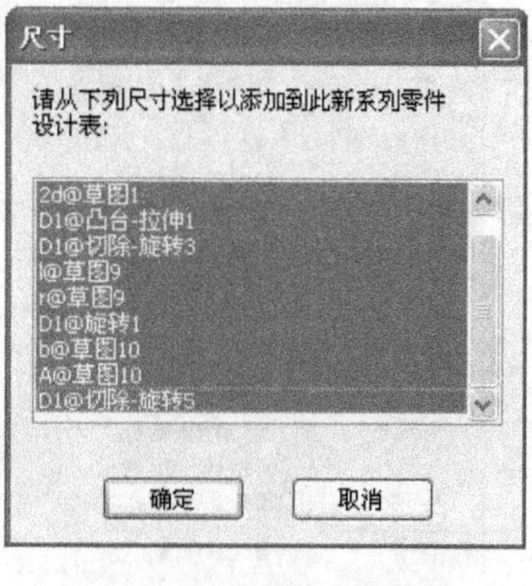

图 7-3-45　确定尺寸参数

在这里因为涉及前面绘制草图时标注尺寸的问题，因此必须将必要参数重新命名。

（3）添加对应螺纹尺寸系列的配置　在系列零件设计表中，添加六角头螺栓的相关配置。具体方法参照 7.3.1 中平键设计的相关内容。

7.3.5 螺母设计

在设计中用到螺母时，可以有以下几种设计方法：

1. 直接调用系统设计库里的螺母。

1）SolidWorks 中提供了螺母的库零件，如图 7-3-46 所示。零件中包含 7 个配置。

2）如果需要添加更多尺寸的螺母配置，右键单击图 7-3-47 中的【Design Table】，然后选择【编辑表格】选项即可。如要将所添加配置放入库中，如图 7-3-48 所示，选择【添加到库】即可。

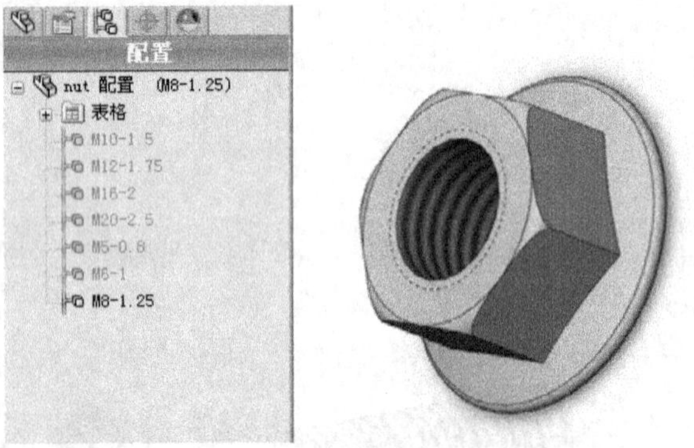

图 7-3-46　调用螺母库零件

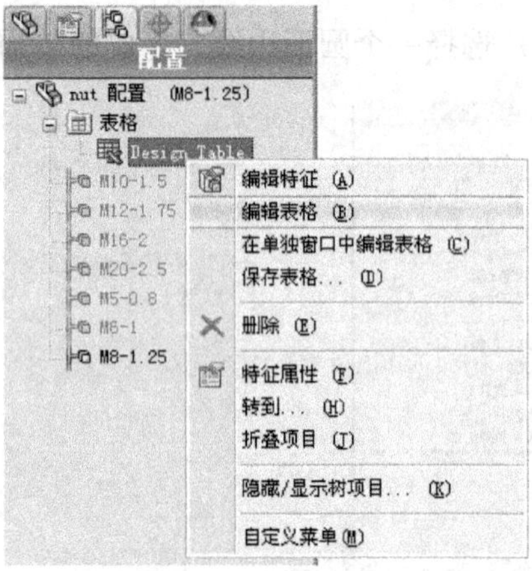

图 7-3-47　添加新配置

2. 添加库零件

如果所需要的螺母在系统常用件库里不存在，可以在系统提供的常用件库中添加新的标准件。可以在系统标准件的基础上进行编辑，生成新零件，也可以采用直接建模的方式。库零件中的螺母为带肩螺母，可以对其进行编辑以建立普通螺母。只需将其中的【Flange】设置为【压缩】状态，就可以得到图 7-3-49 所示的普通螺母。

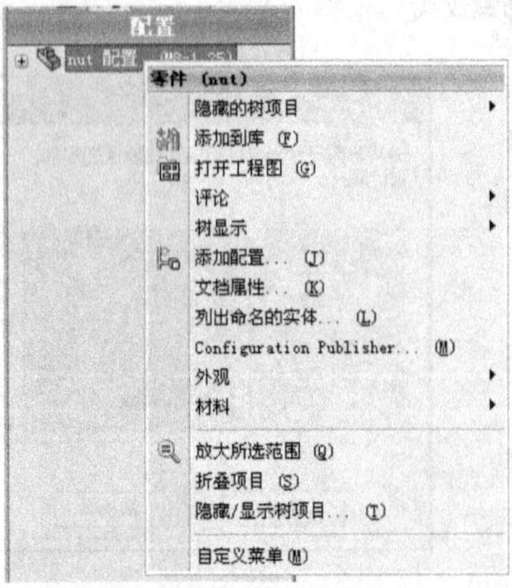

图 7-3-48　添加到库

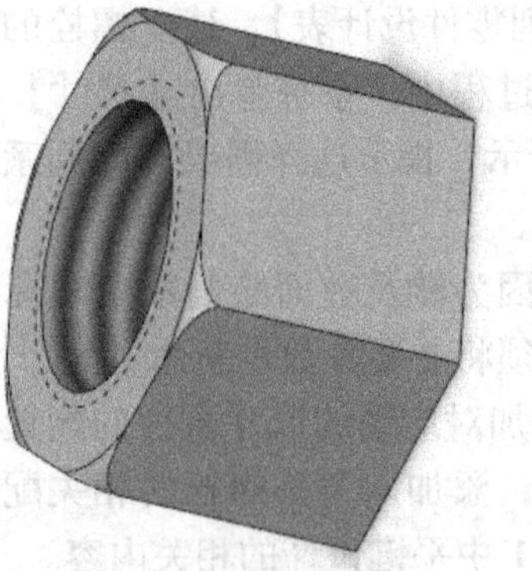

图 7-3-49　普通螺母

此处以 M10 的普通螺母为例讲述螺母的设计方法。

螺母的设计同样用比例画法，即 $h=0.8d$，如图 7-3-50 所示。

（1）建模

1）在前视基准面内绘制正六边形，如图 7-3-51 所示。

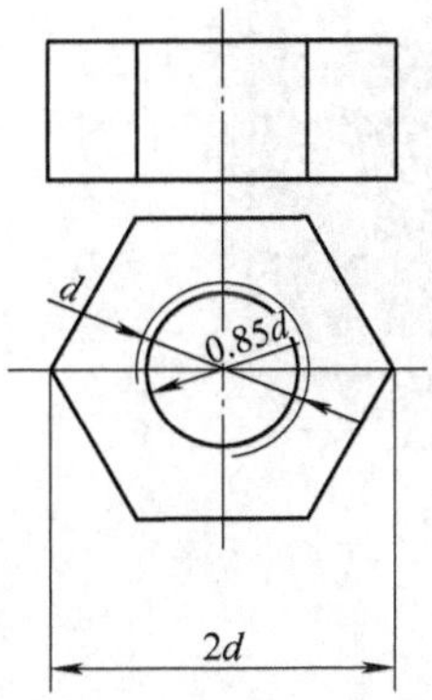

图 7-3-50　螺母

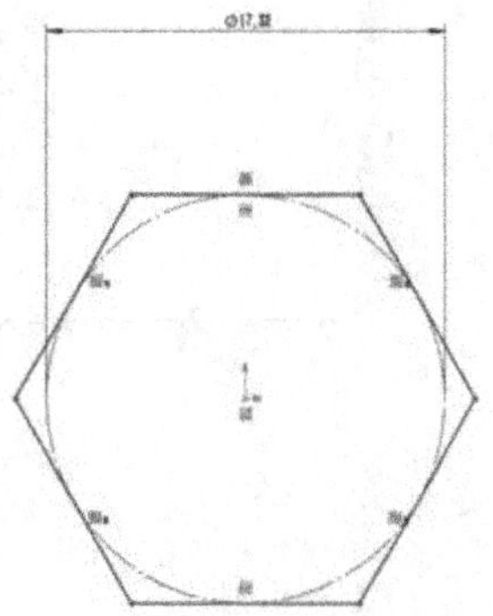

图 7-3-51　绘制正六边形草图

注意

标注内切圆直径尺寸并在其尺寸属性里命名为“D”。将内切圆设为构造线，不参与拉伸实体的构成。

2）选择【退出草图】，使用【拉伸凸台/基体】命令，将平面正六边形拉伸 8mm，生成正六棱柱，同时在【特征属性】对话框里将其命名为“六棱柱”，如图 7-3-52 所示。

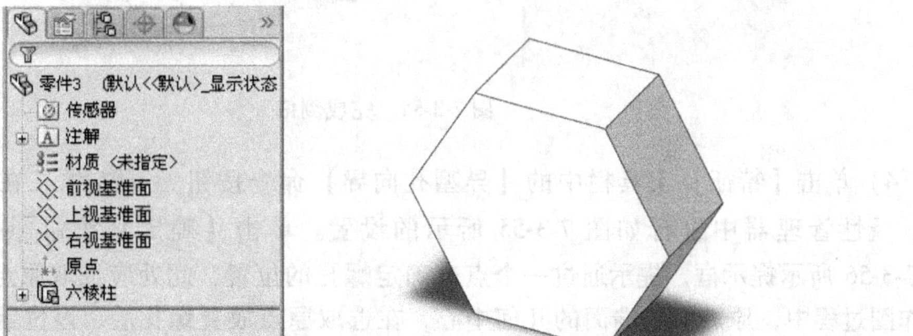

图 7-3-52　正六棱柱及命名

3）使用【旋转切除】命令为六棱柱做倒角。绘制草图时，要标注尺寸，并在【尺寸属性】对话框中改为对应的名称，即将长度“1.34”命名为“l1”，角度“135°”命名为“角度”，如图 7-3-53 所示。使用【旋转切除】命令，生成倒角，如图 7-3-54 所示。

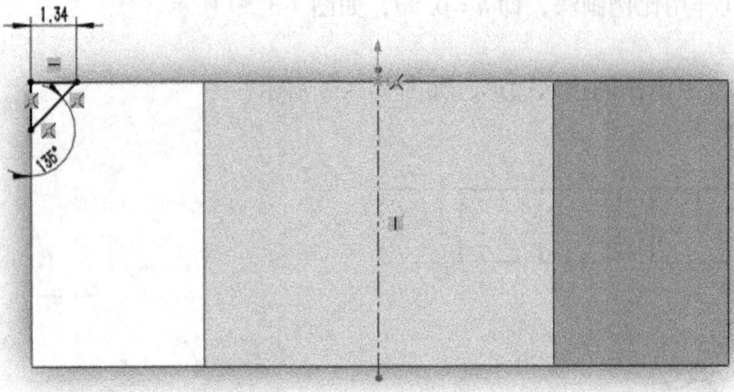

图 7-3-53　绘制倒角草图

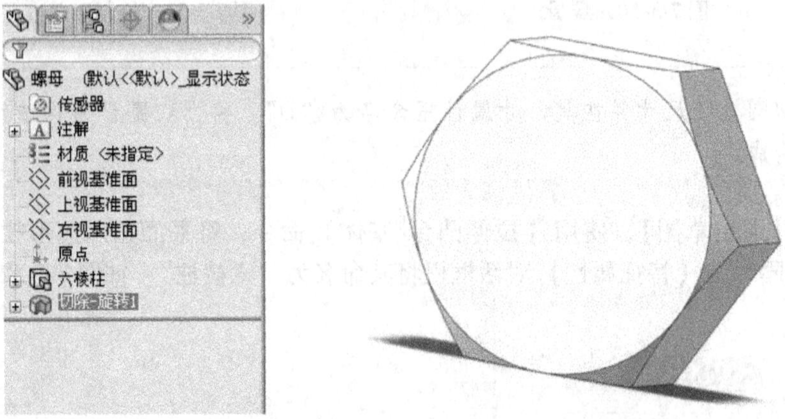

图 7-3-54　完成倒角

4）单击【特征】工具栏中的【异型孔向导】命令按钮 异型孔向导，在弹出的【孔规格】属性管理器中进行如图 7-3-55 所示的设置。单击【确定】按钮，屏幕显示如图 7-3-56 所示提示框，提示通过一个点来确定螺孔的位置，此处应选取原点的位置。如果在作图过程中，原点不是端面的几何中心，在选取原点放置螺孔后，该位置不是最后的位置，必须进行调整，如图 7-3-57 所示。生成的螺母如图 7-3-58 所示。

(2) 建立系列零件设计表　选择菜单命令【插入】→【表格】→【设计表】，为新建立的螺纹建立零件设计表。在图 7-3-59 所示的系列零件设计表中，选择【自动生成】选项，系统弹出一个空白的 Excel 表格和一个【尺寸】对话框，如图 7-3-59 所示。在【尺寸】对话框中选择必要的尺寸添加到零件设计表中，单击【确定】，生成默认配置。在设计表中可以添加新的配置。生成的新配置可以添加到库中，以便以后随时调用，如图 7-3-60 所示。

图 7-3-55 异型孔规格设置

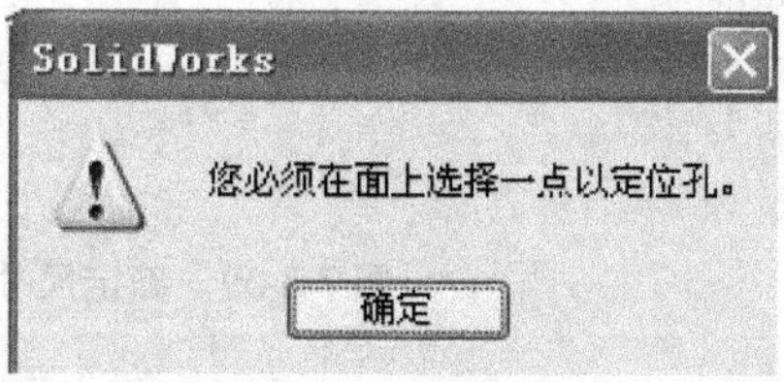

图 7-3-56 定位对话框

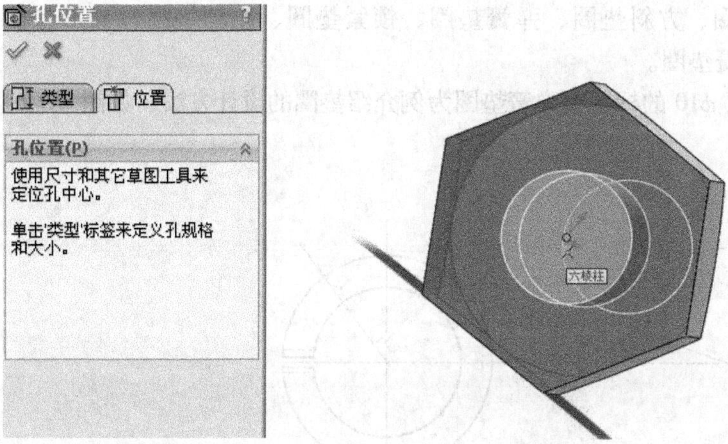

图 7-3-57 螺孔定位

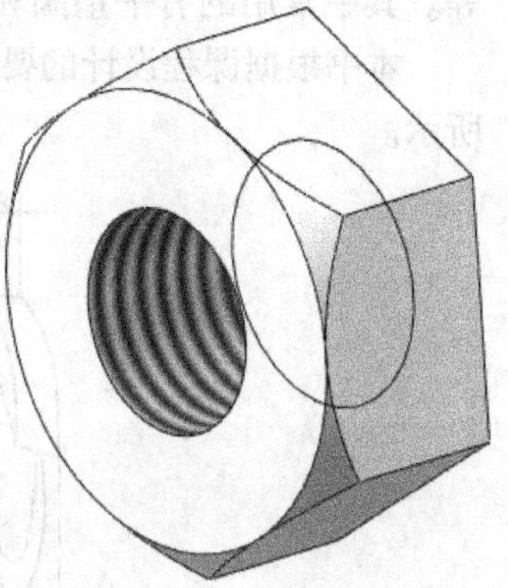

图 7-3-58 生成螺母

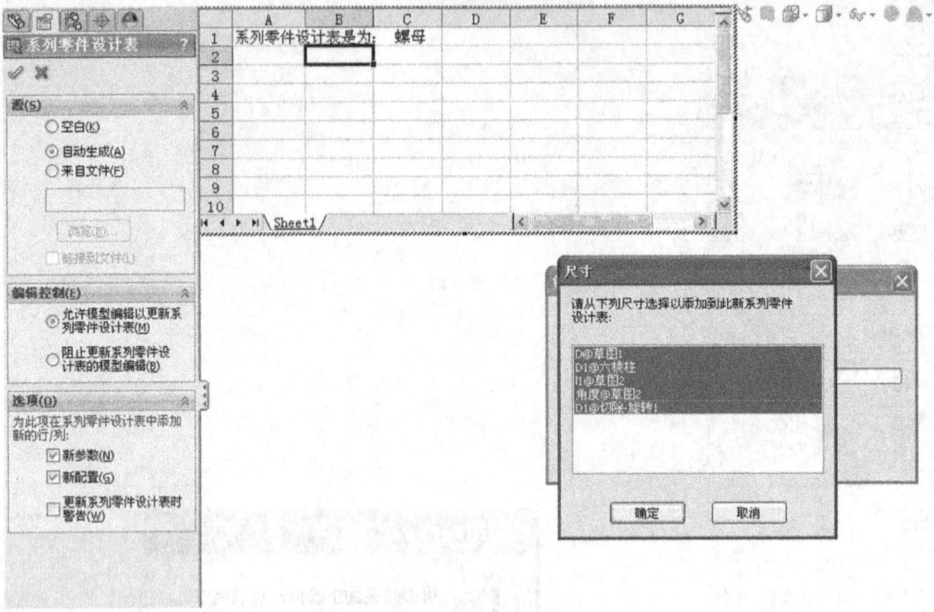

图 7-3-59　确定尺寸参数

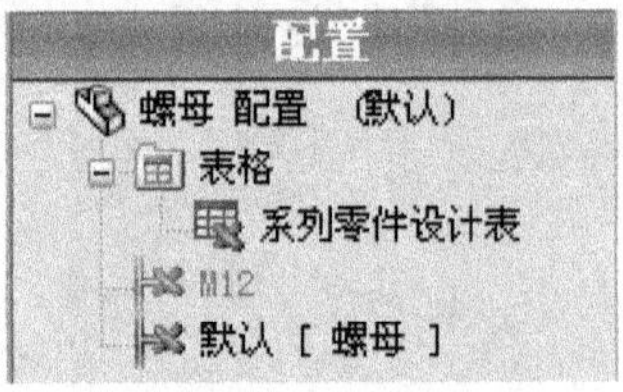

图 7-3-60　新配置管理树

7.3.6　垫圈设计

垫圈的种类很多，有平垫圈、方斜垫圈、弹簧垫圈、锁紧垫圈、止动垫圈和异形垫圈等。其中常用的有平垫圈和弹簧垫圈。

本书根据课程设计的要求以 $\phi10$ 的标准型弹簧垫圈为例介绍垫圈的设计方法，如图 7-3-61 所示。

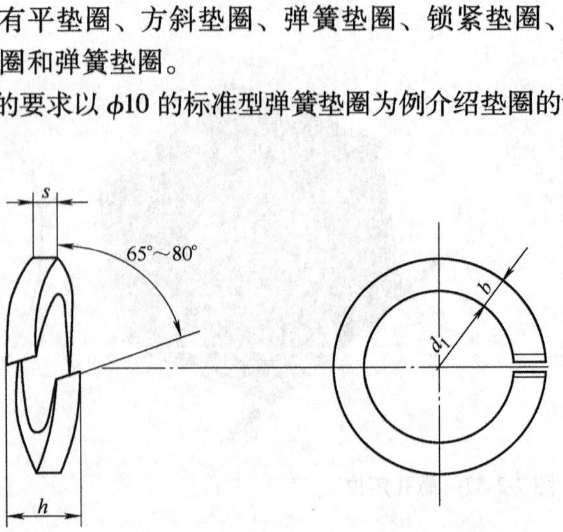

图 7-3-61　标准型弹簧垫圈的基本参数

1. 建模

要想绘制符合国家标准要求的弹簧垫圈，首先要查取设计时需要的基本参数。表 7-3-4 中加深的部分是本节所要设计的垫圈的参数。

表 7-3-4　垫圈　（单位：mm）

规格（螺纹大径）			3	4	5	6	8	**10**	12	(14)	16
d_{min}			3.1	4.1	5.1	6.1	8.1	**10.2**	12.2	14.2	18.2
GB/T 93—1987	$s(b)$	公称	0.8	1.1	1.3	1.6	2.1	**2.6**	3.1	3.6	4.1
	h	min	1.6	2.2	2.6	3.2	4.2	**5.2**	6.2	7.2	8.2
		max	2	2.6	3.25	4	5.25	**6.5**	7.75	9	10.25
	m	≤	0.4	0.55	0.65	0.8	1.05	**1.3**	1.55	1.8	2.05
GB/T 859—1987	s	公称	0.6	0.8	1.1	1.3	1.6	**2**	2.5	3	3.2
	b	公称	1	1.2	1.5	2	2.5	**3**	3.5	4	4.5
	h	min	1.2	1.6	2.2	2.6	3.2	**4**	5	6	6.4
		max	1.5	2	2.75	3.25	4	**5**	6.25	7.5	8
	m	≤	1.3	0.4	0.55	0.65	0.8	**1.0**	1.25	1.5	1.6
规格（螺纹大径）			(18)	20	(22)	24	(27)	30	(33)	36	
d_{min}			18.2	20.2	22.5	24.5	27.5	30.5	33.5	36.5	
GB/T 93—1987	$s(b)$	公称	4.5	5.0	5.5	6.0	6.8	7.5	8.5	9	
	h	min	9	10	11	12	13.6	15	17	18	
		max	11.25	12.5	13.75	15	17	18.75	21.25	22.5	
	m	≤	2.25	2.5	2.75	3	3.4	3.75	4.25	4.5	
GB/T 859—1987	s	公称	3.6	4	4.5	5	5.5	6	—	—	
	b	公称	5	5.5	6	7	8	9	—	—	
	h	min	7.2	8	9	10	11	12	—	—	
		max	9	10	11.25	12.5	13.75	15	—	—	
	m	≤	1.8	2.0	2.25	2.5	2.75	3.0	—	—	

在绘制草图过程中，必须将必要的参数进行标注，并重新命名。

1）任意选取基准面进行草图绘制，这里选取右视基准面，以原点为圆心绘制直径为 15.4mm 和 10.2mm 的同心圆。需要注意的是：选取原点为圆心不是必须的，可以随意选取圆心。但是以原点为圆心有助于图形的前后、左右、上下对称，为下面进行特征处理作准备。退出草图绘制，使用【拉伸凸台/基体】命令拉伸草图，拉伸长度 $s=2.6$mm，如图 7-3-62 所示。

2）使用【拉伸切除】命令，生成弹簧垫圈的开口。

选取前视基准面为草图绘制平面，绘制与水平线夹角为 10°～25°之间的两条相互平行的斜线，长度必须大于 2.6mm，如图 7-3-63 所示。

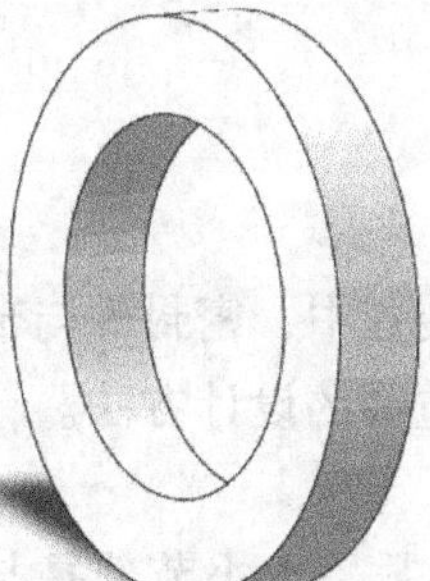
图 7-3-62　同心圆环

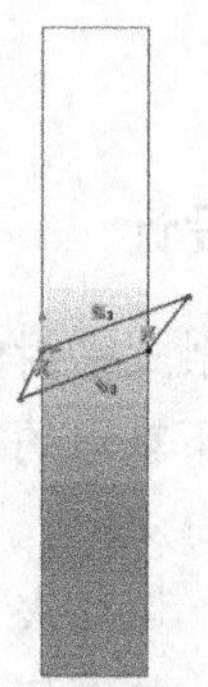
图 7-3-63　绘制开口的草图

3）退出【草图绘制】，单击【特征】工具栏中的【拉伸切除】按钮 拉伸切除 ，在弹出的【拉伸-切除】对话框中进行图 7-3-64 所示的设置，单击【确定】按钮，生成标准型弹簧垫圈，如图 7-3-65 所示。

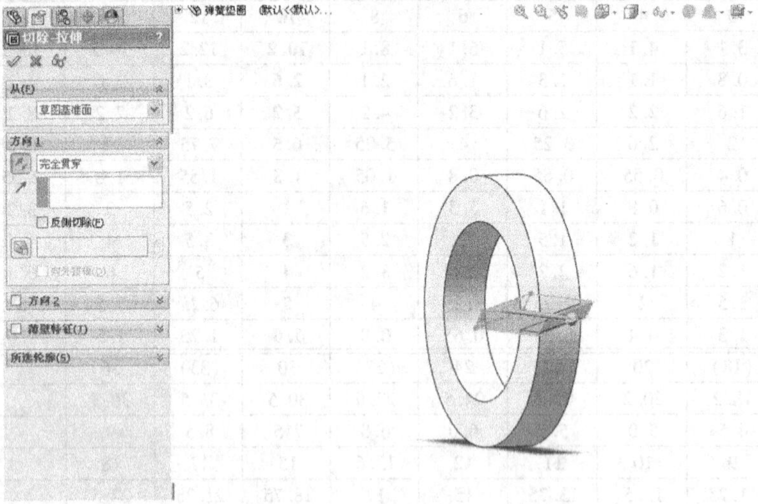

图 7-3-64　拉伸切除生成开口

图 7-3-65　标准型弹簧垫圈

2. 建立系列零件设计表

选择菜单命令【插入】→【表格】→【设计表】，按照螺栓设计表的生成方法，生成相应的设计表。形成的配置为默认配置，可以根据需要在设计表中输入数值，输入完毕后只需单击表格外任意区域均可提示生成新的配置，在管理树中可以看到新生成的相应配置。双击任一配置名称即有相应的立体模型与之对应，管理树如图 7-3-66 所示。

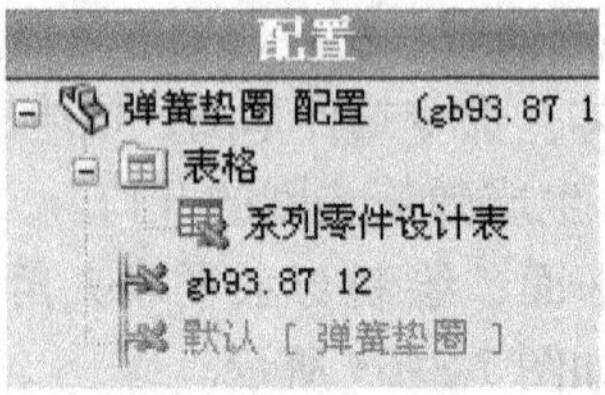

图 7-3-66　管理树

7.3.7　油封毡圈的设计

油封毡圈密封是接触式密封的一种。在此类密封装置中，密封件与轴直接接触。一般适用于中、低速运转条件下轴承的密封。下面介绍油封毡圈的设计方法。

1. 建模

油封毡圈是标准件，可在表 7-3-5 中查出其基本参数。本小节选择与轴径为 50mm 配合的油封毡圈的设计为例，如图 7-3-67 所示。查表 7-3-5 可知 $b=7$mm，$D=66$mm，$d=49$mm。

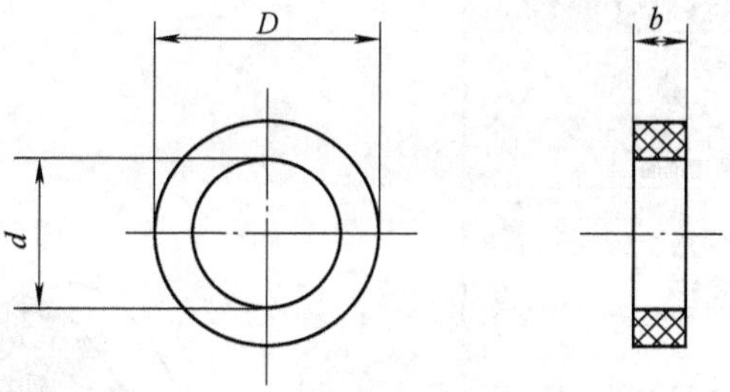

图 7-3-67　油封毡圈

表 7-3-5　油封毡圈（FZ/T 92010—1991）

轴径 d_0	油封毡圈					沟　槽	
	d	D	b	D_1	d_1	b_1	b_2
25	24	37		38	26		
28	27	40		41	29		
30	29	42		43	31		
32	31	44		45	33		
35	34	47	5	48	36	4	5.5
38	37	50		51	39		
40	39	52		53	41		
42	41	54		55	43		
45	44	57	5	58	46	4	5.5
48	47	60		61	49		
50	49	66	7	67	51	5	7.1
55	54	71		72	56		

1）模型比较简单，选取右视基准面进行草图绘制，绘制同心圆环，标注尺寸，并在【尺寸属性】对话框里进行重命名，如图 7-3-68 所示。

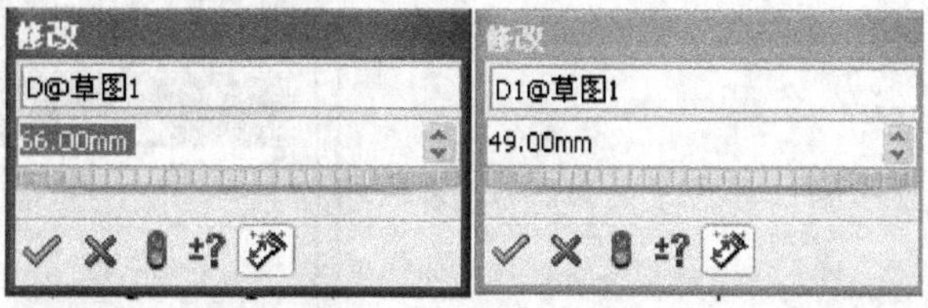

图 7-3-68　重命名

2）退出草图绘制，完成拉伸，拉伸长度为 7mm，如图 7-3-69 所示。

2. 建立系列零件设计表

选择菜单命令【插入】→【表格】→【设计表】，选中【自动生成】，弹出【尺寸】对话

图 7-3-69　拉伸生成油封毡圈

框和 Excel 表格，选择需要的参数，如图 7-3-70 所示，单击【确定】，即可生成默认配置。若想添加新的配置，只需在表格中添加相应的数值即可，比如增加了名为“1”的新配置，如图 7-3-71 所示。

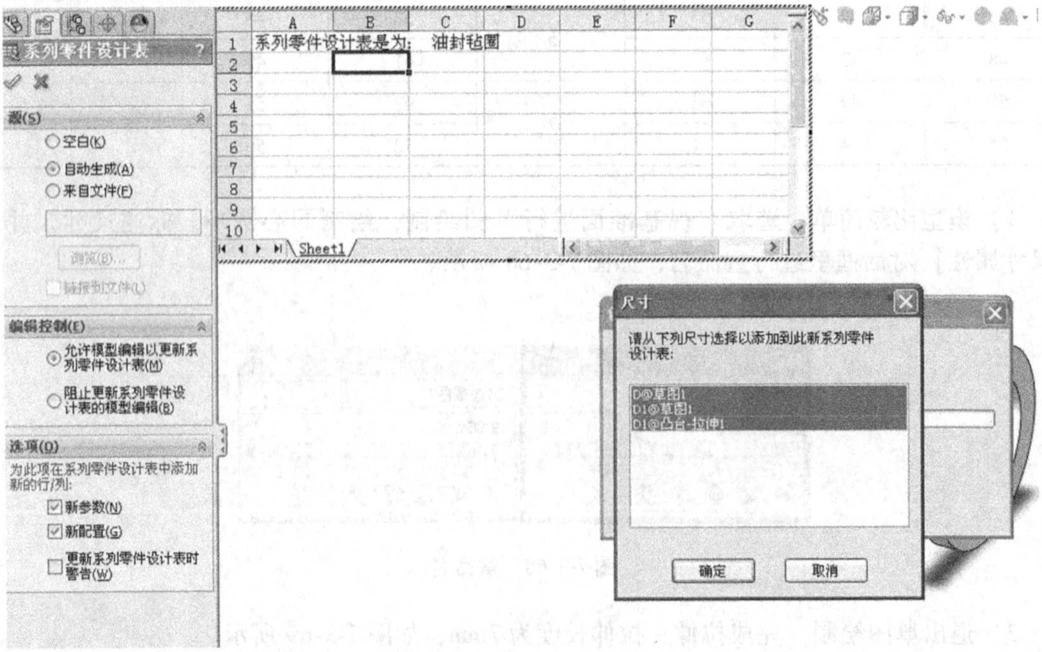

图 7-3-70　确定尺寸参数

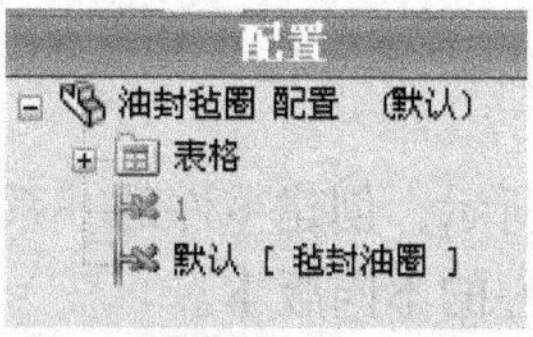

图 7-3-71　添加名为“1”的新配置

说明

系列零件设计表中配置的添加、修改等内容，不仅用于标准件的设计，也适用于其他零件的设计。

7.4　拓展实训

7.4.1　使用配置尺寸/特征

1）根据图 7-4-1（表 7-4-1 中尺寸 1）所示的尺寸绘制零件模型。

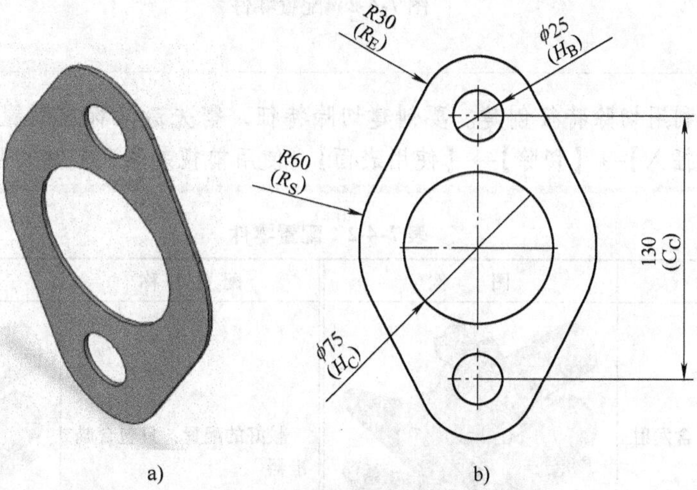

a)　　b)

图 7-4-1　零件模型及尺寸

2）按照表 7-4-1 所列数据对该零件模型创建新配置。

表 7-4-1　配置尺寸和配置特征

配 置 名 称	草图 1			孔	草图 2	
	R_E	R_S	C_C	压　缩	H_B	H_C
尺寸 1	30.000mm	60.000mm	130.000mm	☐	25.000mm	75.000mm
尺寸 2	25.000mm	50.000mm	100.000mm	☐	20.000mm	60.000mm
尺寸 3	20.000mm	40.000mm	90.000mm	☐	15.000mm	50.000mm
尺寸 4	15.000mm	30.000mm	80.000mm	☐	12.000mm	45.000mm
尺寸 5	10.000mm	20.000mm	60.000mm	☑	10.000mm	30.000mm
默认	30.000mm	60.000mm	130.000mm	☐	25.000mm	75.000mm

7.4.2　配置零件

利用现有的零件，如图 7-4-2 所示，创建零件的一系列配置。通过在不同的配置中压缩不同的特征，创建表 7-4-2 所列零件的不同版本。

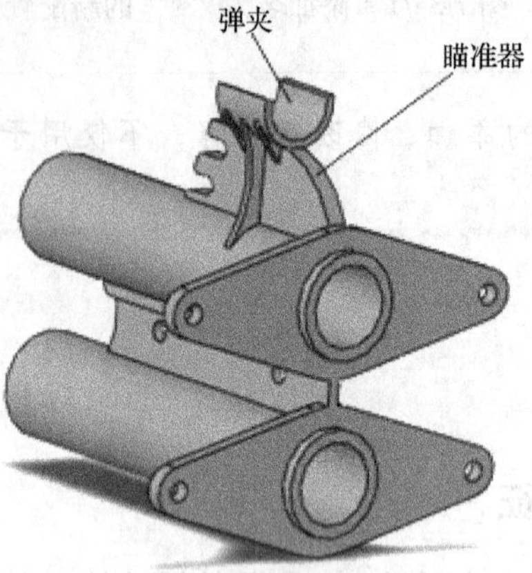

图 7-4-2　配置零件

提示

剖面配置利用切除特征创建。要创建切除特征，需先激活标准配置，具体操作为选择菜单命令【插入】→【切除】→【使用表面】，使用前视基准面创建切除特征。

表 7-4-2　配置零件

配置名称	图　例	配置名称	图　例
最好的配置：包含发射架和瞄准器	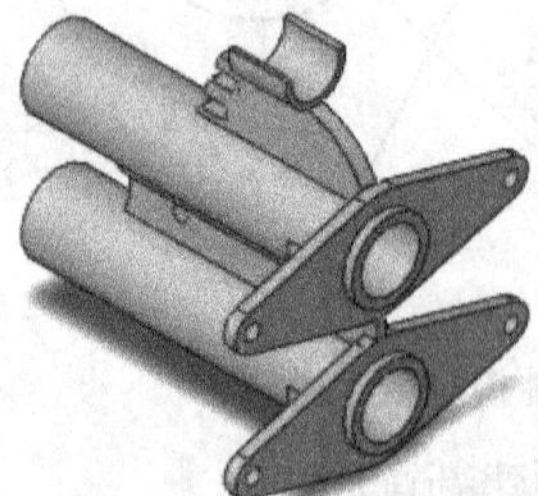	较好的配置：只包含瞄准器	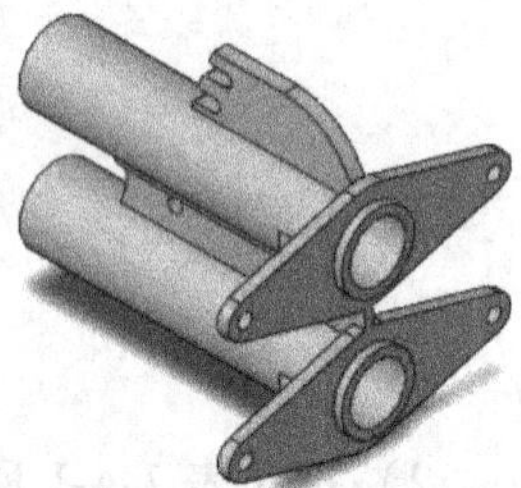
标准的配置：不包含发射架和瞄准器		剖面配置：将标准配置切除一半，以显示内部结构	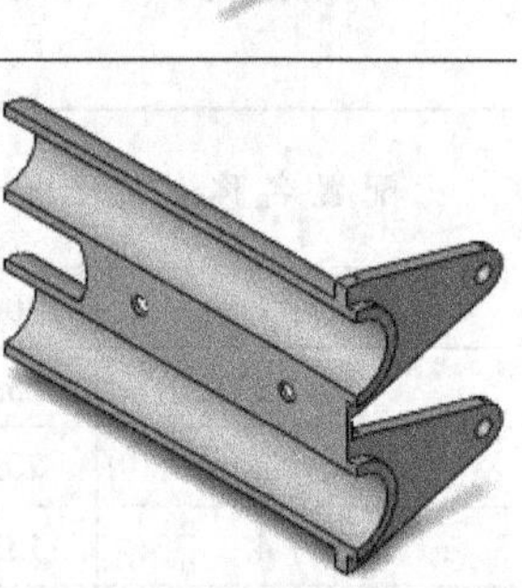

第 8 章　减速器的装配

知识导学

本章主要讲述 SolidWorks 2012 中的装配体操作相关基础知识。通过本章的系统学习和练习，读者可以掌握常用的装配方法和技巧，并能在装配过程中针对装配零部件的相应特征选择合适的装配方法。

本章内容主要包括：零部件装配的基础知识、常用装配约束类型、减速器装配的基本流程、减速器的爆炸视图及减速器的设计修改。

● 重点：常用装配约束类型、减速器装配的基本流程、减速器的爆炸视图及减速器的设计修改。

● 难点：减速器装配的基本流程及减速器的设计修改。

一个产品往往由多个零部件组合（装配）而成，装配模块用来建立零部件间的相对位置关系，从而形成复杂的装配体。零部件间位置关系的确定主要通过添加配合来实现。

SolidWorks 的装配模块具有以下一些优点：

1）提供了方便的零部件定位方法，轻松设置零部件间的位置关系。系统提供了多种配合方式，通过对零部件添加多个配合，可以准确地把零部件装配到位。

2）提供了强大的爆炸图工具，可以方便地生成装配体的爆炸图。

8.1　零部件装配的基础知识

装配体的零部件可以包括独立的零件，也可以是其他的装配体。对于大多数的操作，两种零部件的装配方式是相同的。零部件被安装到装配体上，装配体文件的扩展名为“. sldasm”。

将一个零部件安装到装配体中时，这个零部件文件会与装配体文件产生链接的关系。所以装配体文件不能单独存在，它要和零部件文件一起存放才有意义，同时对零部件文件所进行的任何改变都会更新到装配体文件中。

8.1.1　装配体装配环境

进入装配环境有两种方法，一是新建文件时，弹出【新建 SolidWorks 文件】对话框，如图 8-1-1 所示，在此对话框中单击【装配体】按钮，然后单击【确定】按钮即可进入新建一个装配体环境。二是在零件环境中，单击【标准】工具栏中旁边黑三角下的【装配体】按钮，即可切换到装配体环境。

当新建一个装配体文件或打开一个装配体文件时，即进入 SolidWorks 装配体界面，其界面和零件模式的界面相似，装配体界面同样具有菜单栏、工具栏、设计树、控制区域和零部件显示区域。在左侧的控制区中列出了该装配体包含的所有零部件。在设计树最底端还有一个名为“配合”的文件夹，包含了所有零部件之间的配合关系，如图 8-1-2 所示。

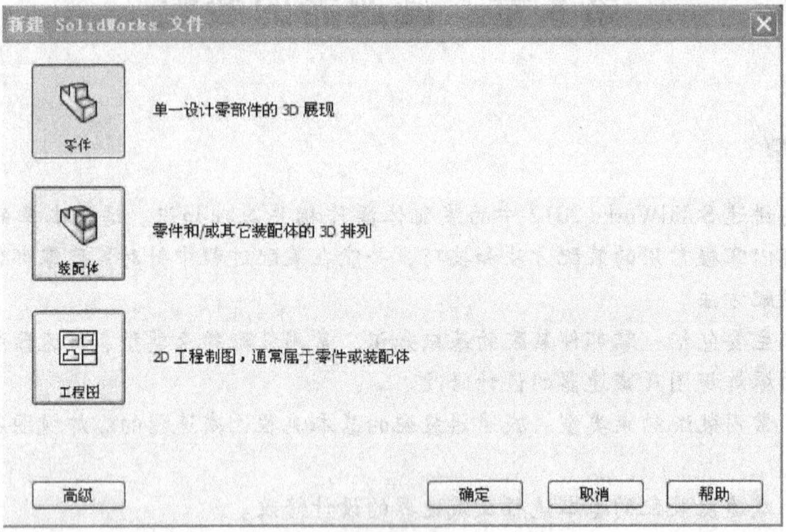

图 8-1-1 【新建 SolidWorks 文件】对话框

图 8-1-2　装配体环境界面

单击零部件前的“ + ”号，展开零部件列表，可以浏览并访问单独的零部件和零部件的特征。在装配体设计树中，选定某个特征后，可以直接对该特征进行再编辑，操作方式与在零件模式下是相同的。

在 SolidWorks 2012 中，单击特征管理器设计树上的【箭头】按钮 » （如图 8-1-2 所示），展开显示模式，可以分别对某个零件设置框架图、消除隐藏线和上色等，零部件的颜色和纹理属性也可以进行设置和修改，如图 8-1-3 所示。

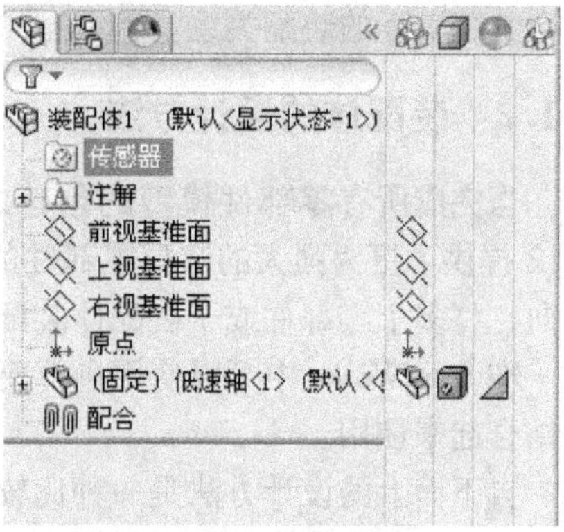

图 8-1-3　【箭头】展开栏

在装配体环境下，很多操作都是通过单击右键后弹出的快捷菜单进行的，例如设置零件的显示和隐藏，如图 8-1-4 所示。在设计树中，单击各个零件，可以单独设置其显示的状态，但是零部件在装配体中还是处于激活状态，隐藏的零部件仍然滞留在内存中，保持与其他零件的配合关系，在质量属性的计算中仍然会考虑它的存在。

装配体环境和零件环境的不同之处在于：装配体环境下的零件空间位置存在参考与被参考的关系，体现为“固定零件”和“浮动零件”。一般都需要根据装配体本身的基准来设置一个相对于环境坐标系静止不动的零件。

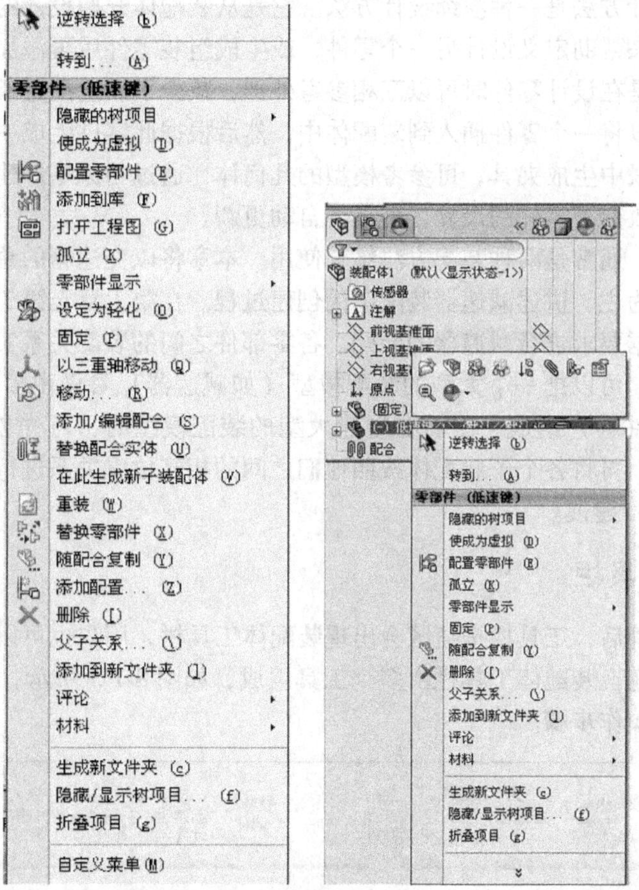

图 8-1-4　快捷菜单

“固定零件”就是在装配体环境下，有着固定空间位置的零件，而“浮动零件”可以被鼠标拖动。选定零件后，通过单击右键后弹出的快捷菜单，可以设置零件为固定或浮动。在 SoildWorks 进行装配体设计时，需要对零件添加配合关系，以限制零件的自由度，使得零件符合工程实际的装配关系。

8.1.2　装配体的设计方法

当完成所有零部件模型的创建之后，就可以根据要求进行零部件的装配。SolidWorks 2012 提供了更为强大的装配零部件的工具，用户可以使用配合关系来确定零部件的位置和方向，将多个零部件或子装配体装配起来生成一个大型的零部件装配体。

在 SolidWorks 中可以使用自下而上和自上而下两种设计装配体的方法，也可以将两种方法结合起来使用。

自下而上的设计方法是一种比较传统的设计方法。它是先生成所有零部件，然后将它们逐个插入到装配体中，最后根据设计要求建立配合关系，将它们组装起来。这种设计方法的优点在于各零件是独立设计的，这样它们的相互关系和重建行为比较简单，并且设计者可以更加专注于单个零件的设计工作，而不用建立控制零件大小尺寸的参考关系等复杂概念。

自上而下的设计方法是一种演绎设计方法。它是从装配体开始设计的，设计者可以使用一个零件的几何体来帮助定义设计另一个零件，或生成组装零件后再添加一些加工特征。这种设计方法的优点是在设计零件时可以互相参考外形，减少了设置配置条件和几何约束关系等麻烦。例如，可以将一个零件插入到装配体中，然后根据此零件生成一个夹具。使用自上而下设计方法在关联中生成夹具，可参考模型的几何体，通过与原零件建立几何关系来控制夹具的尺寸。如果改变了零件的尺寸，夹具会自动更新。

在实际设计中，通常是两种装配方法结合使用。本章将以变速箱的总装配过程为例以自上而下的设计方法为主，讲述减速器装配图的创建过程。在第 1 章至第 7 章的各类零件设计建模完成后，可根据要求进行减速器的装配。各零部件之间的装配关系实际上就是零部件之间的位置约束关系。可以把一个大型的装配模型（如减速器）看做由多个子装配体（低速轴组件、高速轴组件等）组成，因而在创建大型的装配模型时，可先创建各个子装配体，子装配体完成之后，再将各个子装配体按照他们之间的相互位置关系进行装配，最后完成整体（如减速器总装）建模。

8.1.3　装配体工具栏

进入装配体环境后，工具栏按钮区会出现装配体工具栏，用户也可以根据需要在工具栏按钮区添加工具按钮。装配体工具栏由多个工具组成，如图 8-1-5 所示，本节将介绍这些工具的基本功能及其操作步骤。

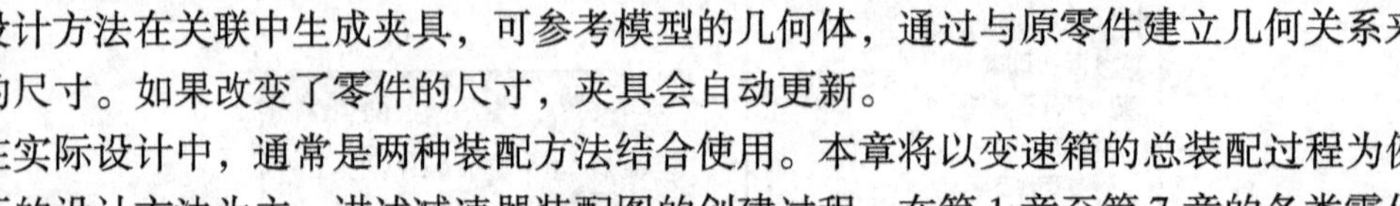

图 8-1-5　装配体工具栏

1. 插入零部件

该命令用来插入一个已经存在的零部件或子装配体到装配体中去，具体步骤如下：

1）单击【装配体】工具栏中的【插入零部件】按钮或者选取菜单命令【插入】→【零部件】→【现有零部件/装配体】，此时在左侧 PropertyManager 中出现【插入零部件】属性管理器，如图 8-1-6 所示。

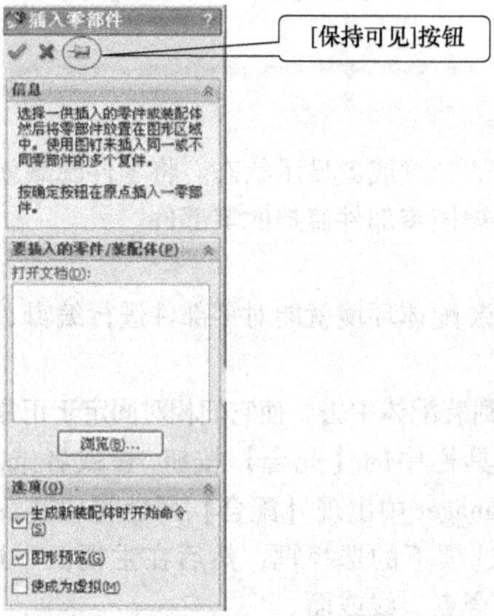

图 8-1-6 【插入零部件】属性管理器

2）单击“打开文档”选项下的【浏览】按钮，此时系统打开【打开】对话框，如图 8-1-7 所示。

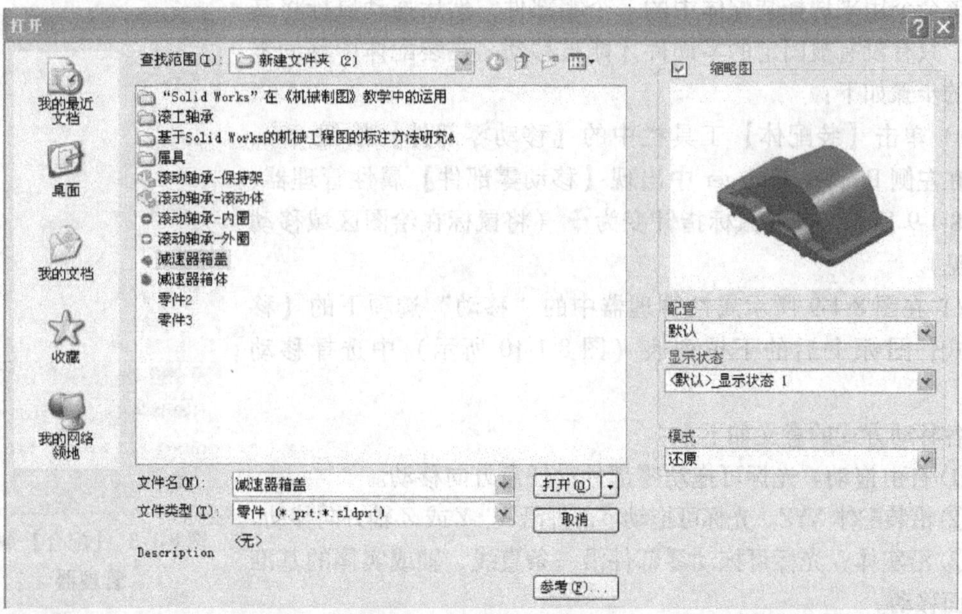

图 8-1-7 【打开】对话框

3）在【打开】对话框里选取要插入的零部件，然后单击【打开】按钮。

4）此时光标变为 ，单击绘图区的任意位置，即可将零部件插入到装配体中。

5）单击【插入零部件】对话框中的【确定】按钮 ，完成插入零部件。

注意

如果要插入多个零部件，可以单击【插入零部件】对话框中（如图 8-1-6 所示）的【保持可见】按钮。

2. 隐藏/显示零部件

该命令用来切换零部件的隐藏或者显示状态。将零件隐藏就是将该零部件从视图中暂时移出，这样便于设计者处理被该零部件遮挡的零部件。

3. 编辑零部件

利用此工具可以不退出装配体环境就能对零部件进行编辑、修改等操作。

4. 配合

该命令用来将零件装配到装配体中去，使它们相对固定于正常的工作位置，使用步骤如下：

1）单击【装配体】工具栏中的【配合】按钮或者选取菜单命令【插入】→【配合】，此时在左侧 PropertyManager 中出现【配合】属性管理器，如图 8-1-8 所示。

2）单击“配合选择”选项下的选择框，然后在主视区中选取要配合的零部件的合理配合点、线或面。

3）在“标准配合”选项区中选择正确的配合关系。

4）单击【配合】属性管理器中的【确定】按钮，完成零部件的配合。

5. 移动零部件

该命令用来选择装配体中的一个零部件，然后拖动鼠标将其移动。只有没有被固定的零部件才能被移动。在装配体中移动零部件的步骤如下：

1）单击【装配体】工具栏中的【移动零部件】按钮，此时在左侧 PropertyManager 中出现【移动零部件】属性管理器，如图 8-1-9 所示。此时鼠标指针变为（将鼠标在绘图区域移动即可见）。

2）在图 8-1-9 所示属性管理器中的“移动”选项下的【移动方式】图标后的下拉列表（图 8-1-10 所示）中选择移动方式。

各移动方式的意义如下：

① 自由拖动。光标可拖动零部件沿任意方向移动。

② 沿装配体 XYZ。光标可拖动零部件沿 *X*、*Y* 或 *Z* 轴方向移动。

③ 沿实体：光标可拖动零部件沿一条直线、轴或实体的基准或平面移动。

图 8-1-8　【配合】属性管理器

④ 由 Delta XYZ。选择该选项，设计者可以输入零部件沿 *X*、*Y*、*Z* 方向移动的距离，零部件就按照指定的增量移动。

⑤ 到 XYZ 位置。这个选项与上一个选项比较类似，不同的是，选择该选项时，如果选择零部件上的点，那么该点将移动到指定坐标；如果选择的不是点或者顶点，那么零部件的原点将移动到指定坐标。

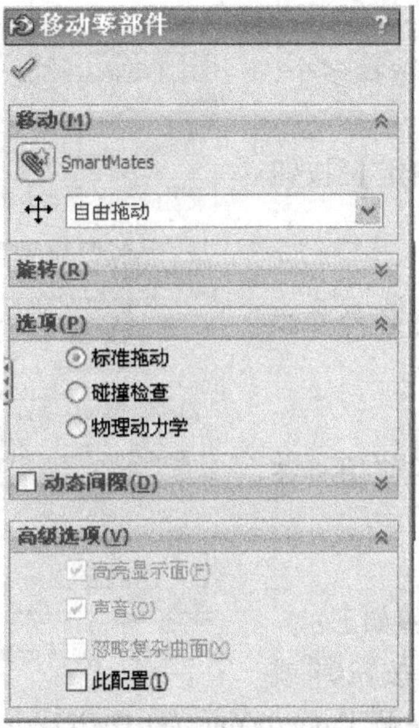

图8-1-9　【移动零部件】属性管理器

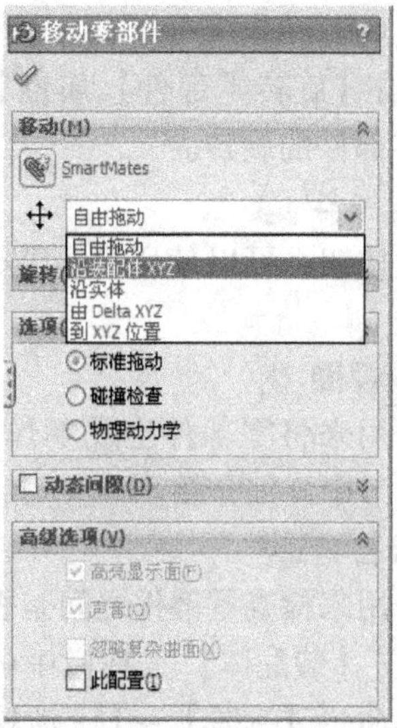

图8-1-10　选择移动方式

3）在主视区选择要移动的零部件时，如果要选择多个，可以按住〈Ctrl〉键。

4）单击【移动零部件】属性管理器中的【确定】按钮，完成零部件的移动。

注意

在【移动】选项下有一个【智慧安装（SmartMates）】按钮 SmartMates，它是用来快速将零部件组装在一起的。

6. 旋转零部件

图8-1-11　【旋转零部件】属性管理器

此命令用来选择装配体中的一个零部件，然后拖动鼠标将其转动。只有没有被固定的零部件才能被旋转。在装配体中，旋转零部件的步骤如下：

1）单击【装配体】工具栏中的【旋转零部件】按钮，此时在左侧PropertyManager中出现【旋转零部件】属性管理器，如图8-1-11所示。此时鼠标指针变为。细心的读者可能会发现，旋转零部件和移动零部件虽然要使用两个不同的按钮，但实际上它们打开的对话框是一样的，只是它们设置的选项不同而已。

2）在“旋转”选项下的【旋转方式】图标后的下拉列表中选择旋转方式，如图8-1-12所示。

各旋转方式的意义如下：

① 自由拖动。光标可拖动零部件沿任意方向旋转。

② 对于实体。选择一个实体，然后围绕所选的实体旋转零部件。

③ 沿Delta XYZ。选择该选项，设计者可以输入零部件沿 X、Y、Z 轴方向旋转的角度，

零部件就按照指定的角度绕 X 轴、Y 轴和 Z 轴旋转。

3）在主视区选择要旋转的零部件时，如果要选择多个，可以按住〈Ctrl〉键。

4）单击【旋转零部件】属性管理器中的【确定】按钮，完成零部件的旋转。

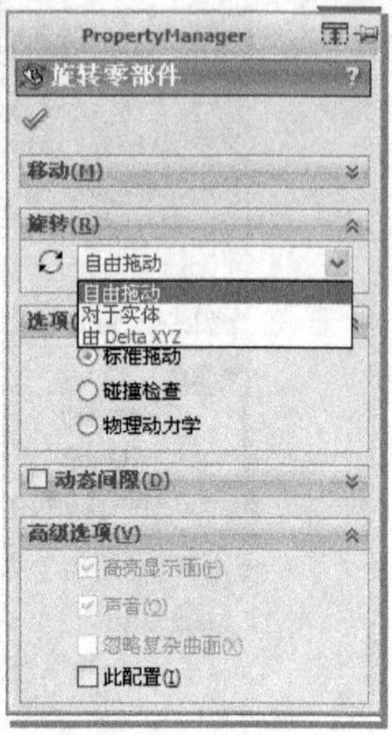

图 8-1-12　旋转方式下拉列表

7. 智能扣件

单击此按钮，可以使用 SolidWorks Toolbox 标准硬件库添加扣件。

8. 爆炸视图

此命令用来将零部件生成爆炸视图。关于它的使用将在本章的 8.4 节中详细介绍。

9. 干涉检查

此命令用来检查零部件之间是否出现干涉，步骤如下：

1）单击【装配体】工具栏中的【干涉检查】按钮或者选取菜单命令【工具】→【干涉检查】，此时在左侧 PropertyManager 中出现【干涉检查】属性管理器，如图 8-1-13 所示。

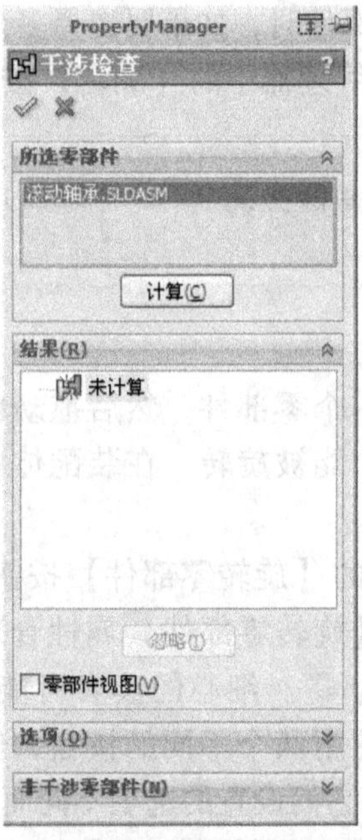

图 8-1-13　【干涉检查】属性管理器

2）选取要检查干涉的零部件，此时所选零部件的名称显示在“所选零部件”选项栏中。

3）在“选项”选项区中勾选“视重合为干涉”复选框，则重合的实体也被视为干涉。

4）单击【计算】按钮，此时在“结果”选项中会列出发生的干涉零部件的名称，并在装配零部件上对应的干涉会以红色显示出来。

5）单击【取消】按钮，关闭【干涉检查】属性管理器，装配体上红色显示的干涉也被解除，如图 8-1-14 所示。

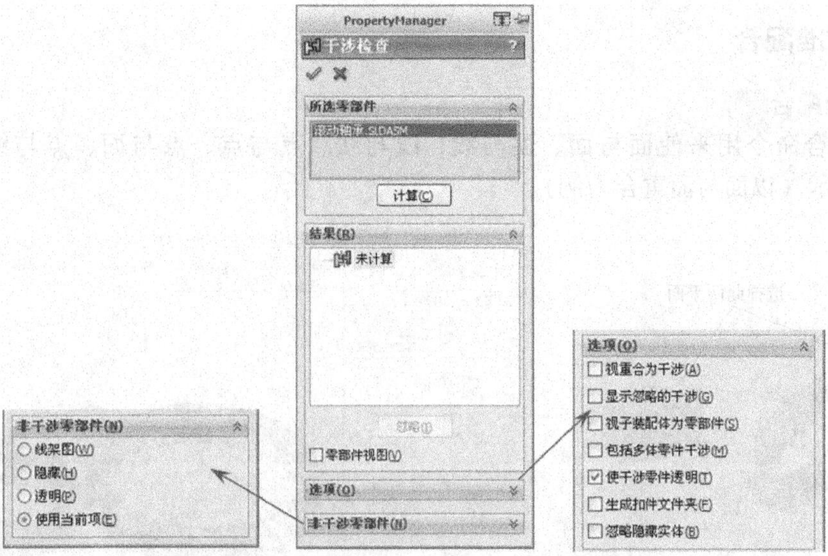

图 8-1-14　【干涉检查】属性管理器中的选项

8.2　常用装配约束类型

将零部件导入装配体环境，并将其安装到正确的位置就是零部件的装配，它是装配操作的基础内容。装配体描述的是零部件之间的约束配合关系，设计装配体需要考虑其工程意义，即需要将各个零部件按照一定的规则进行互相配合。单击【装配体】工具栏上的【配合】按钮，选择需要配合的点、线或面，可以使零部件和装配体之间建立联系。零部件和约束是装配体的基本要素，有时随着设计意图的调整或者设计方案的改进，零部件和配合两个因素都有可能发生改变，因此需要调整零部件或配合的关系。

在 SolidWorks 2012 中，零部件的配合有标准配合、高级配合和机械配合三种，分别如图 8-2-1、图 8-2-2 和图 8-2-3 所示，下面结合图例介绍各项配合类型及其用法。

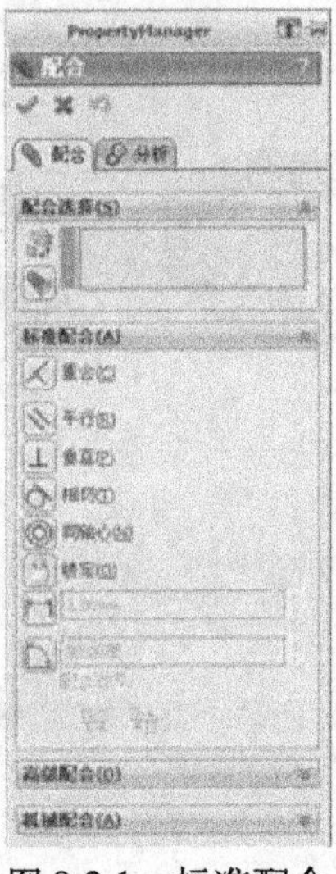

图 8-2-1　标准配合

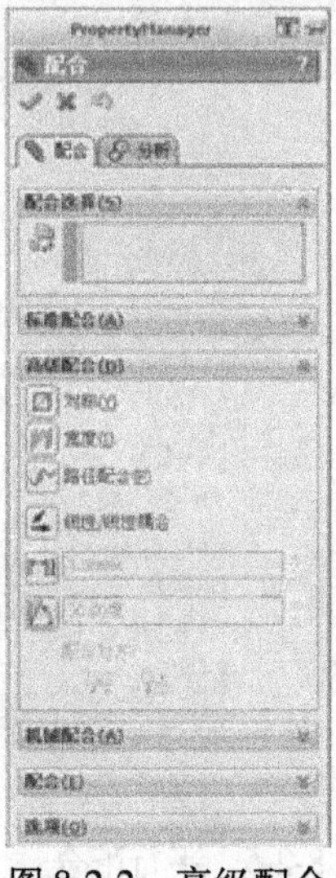

图 8-2-2　高级配合

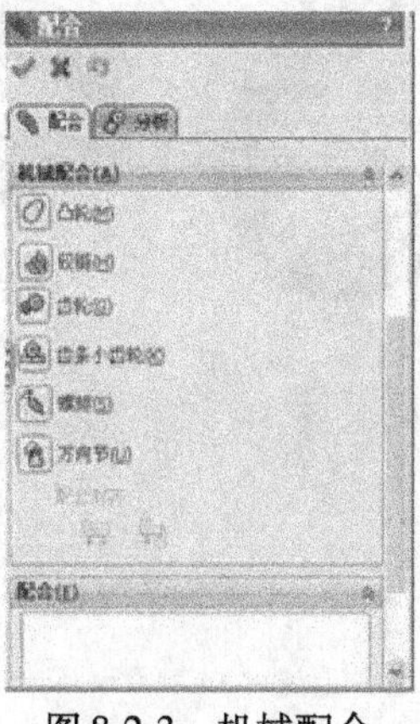

图 8-2-3　机械配合

8.2.1　标准配合

1. 重合配合

重合配合命令用来使面与面、面与线、线与线、点与点、点与面、点与线重合，如图 8-2-4 所示（以面与面重合为例）。

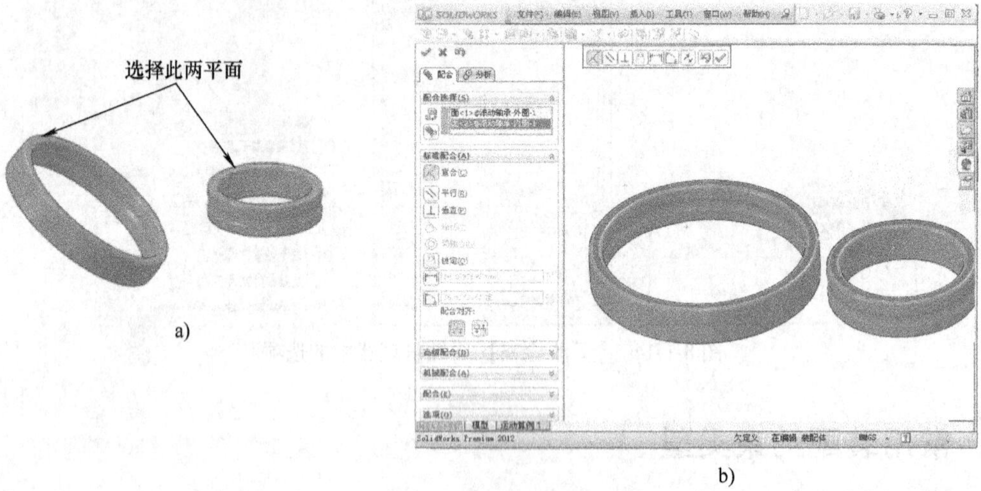

图 8-2-4　重合配合

2. 平行配合

平行配合命令用来使面与面、面与线、线与线平行。如图 8-2-5 所示（以线与线平行为例）。

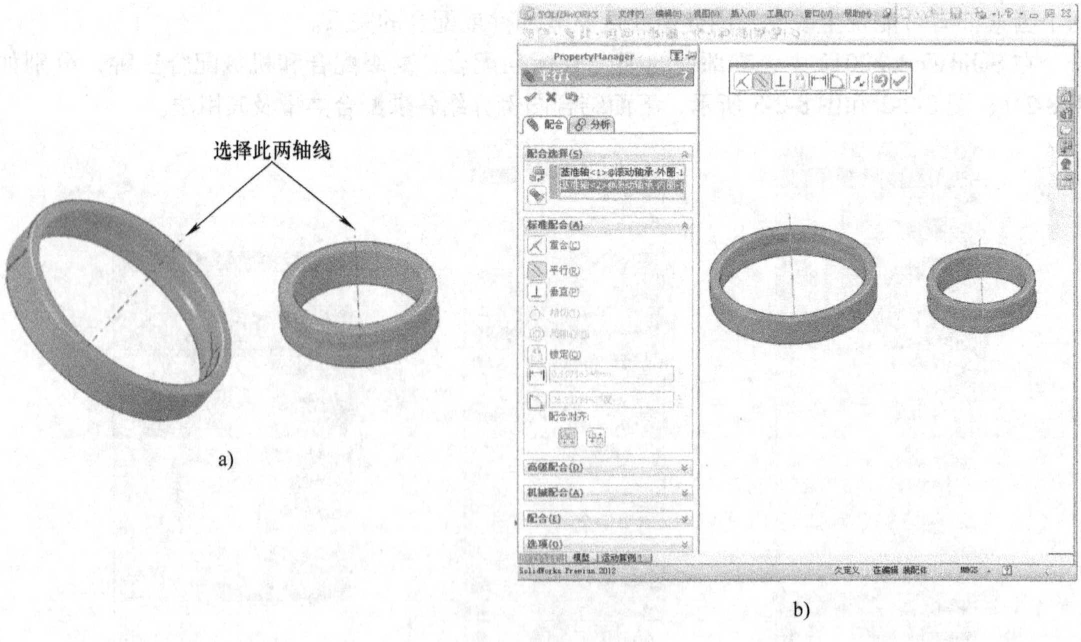

图 8-2-5　平行配合

3. 垂直配合

垂直配合命令用来使面与面、面与线垂直，如图 8-2-6 所示（以面与面垂直为例）。

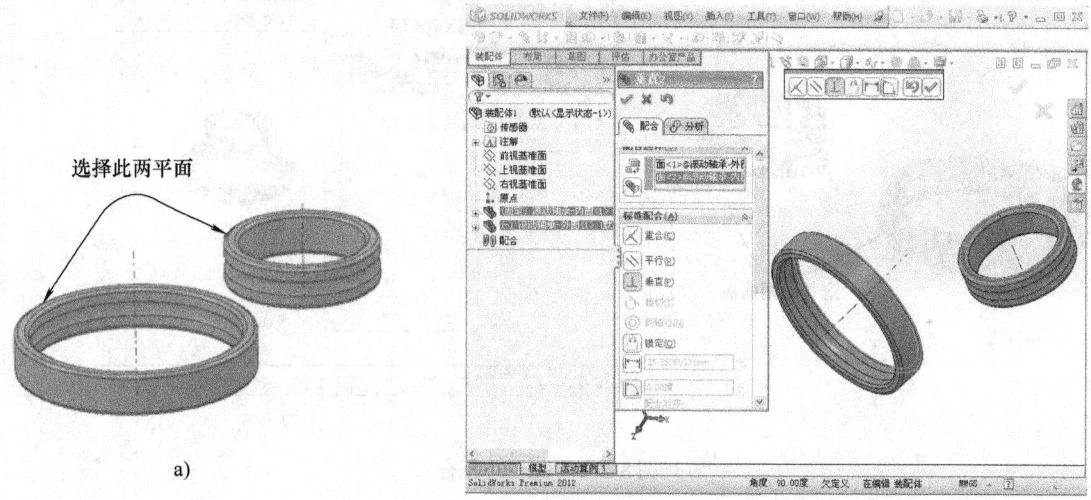

a)　b)

图 8-2-6　垂直配合

4. 相切配合

相切配合命令用来使曲面与平面、曲面与曲面、曲面与直线、曲线与平面、曲线与曲线相切，如图 8-2-7 所示（以曲面与曲面相切为例）。

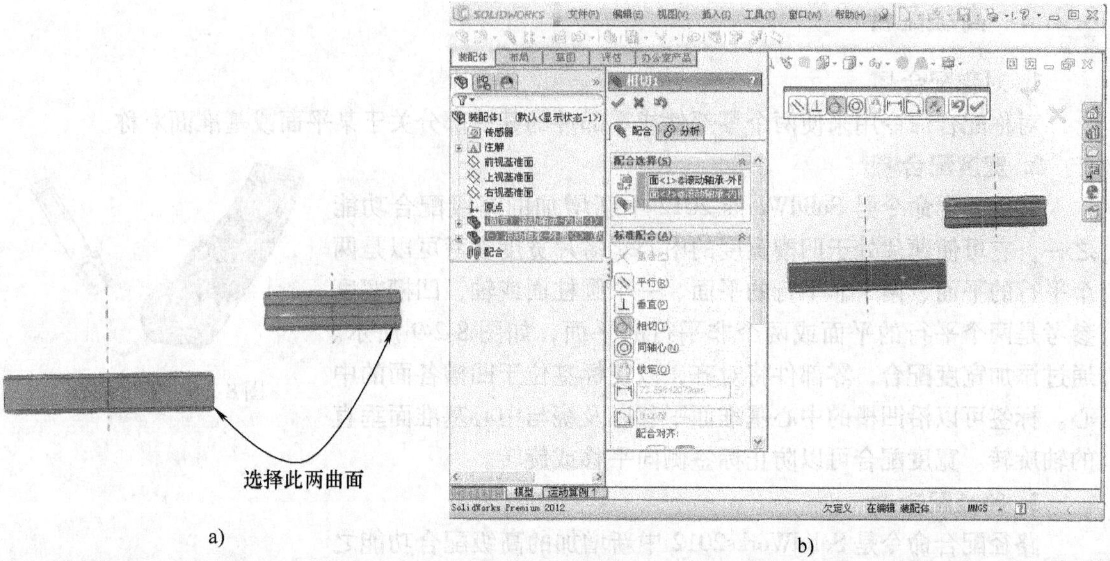

a)　b)

图 8-2-7　相切配合

5. 同轴心配合

同轴心配合命令用来使圆柱与圆柱、圆柱与圆孔、圆柱与圆锥、圆孔与圆孔、圆孔与圆锥、圆锥与圆锥同轴心，如图 8-2-8 所示（以圆孔与圆柱同轴心为例）。

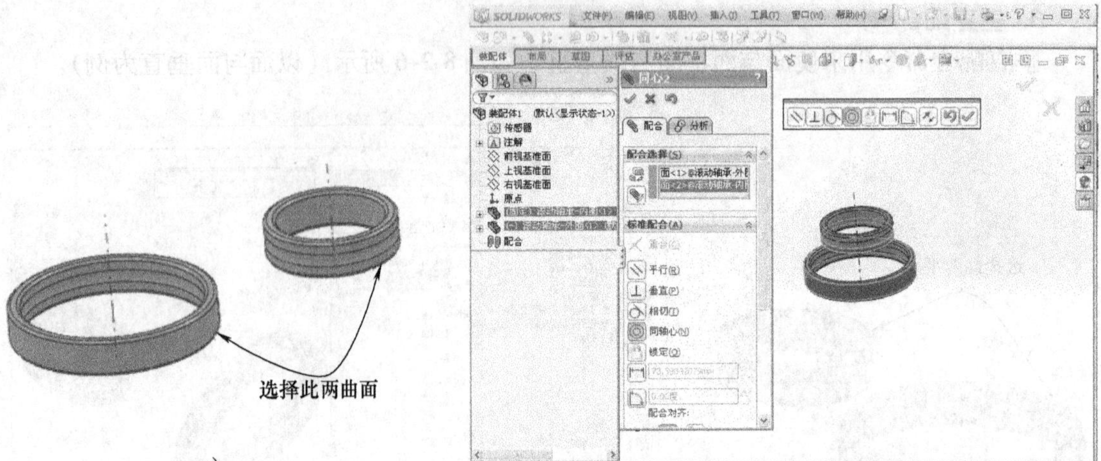

a)　　b)

图 8-2-8　同轴心配合

标准配合包括以上 5 种，另外【距离】按钮、【角度】按钮、【同向对齐】按钮和【反向对齐】按钮是用来辅助以上配合的。在【距离】文本框内可以输入面与面、线与线、点与点、线与面、线与点、面与点之间的距离，在【角度】文本框内可以输入面与面、线与线、面与线之间的角度，【同向对齐】按钮和【反向对齐】按钮是用来定义配合方向的。

8.2.2　高级配合

1. 对称配合

对称配合命令用来使两个零部件或零部件的某一部分关于某平面或基准面对称。

2. 宽度配合

宽度配合命令是 SolidWorks 2012 中新增加的高级配合功能之一，它可使薄片处于凹槽宽度的中心。薄片宽度参考可以是两个平行的平面、两个非平行的平面、一个圆柱面或轴，凹槽宽度参考是两个平行的平面或两个非平行的平面，如图 8-2-9 所示。通过添加宽度配合，零部件将对齐，以使标签位于凹槽各面的中心。标签可以沿凹槽的中心基准面平移以及绕与中心基准面垂直的轴旋转。宽度配合可以防止标签侧向平移或旋转。

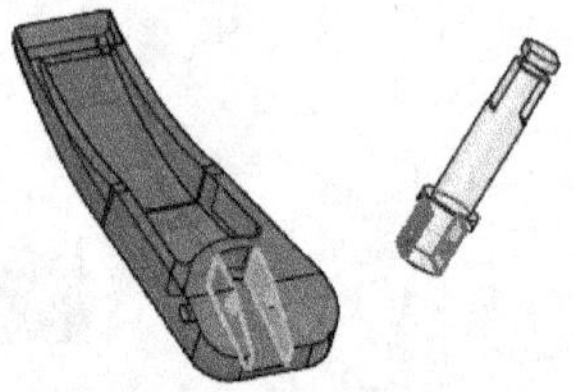

图 8-2-9　宽度配合

3. 路径配合

路径配合命令是 SolidWorks2012 中新增加的高级配合功能之二，它可将零部件上所选的点约束到路径上。可以在装配体中选择一个或多个实体来定义路径，也可以定义零部件在沿路径移动时的纵倾、偏转和摇摆。

4. 线性/线性耦合

线性/线性耦合命令是 SolidWorks 2012 中新增加的高级配合功能之三，它将在一个零部件的平移和另一个零部件的平移之间建立几何关系。

高级配合包括以上 4 种，另外【距离】按钮、【角度】按钮、【同向对齐】按钮和【反向对齐】按钮是用来辅助以上配合的。在【距离】、【角度】文本框内可以输入数值，【同向对齐】按钮和【反向对齐】按钮是用来定义配合方向的。

8.2.3　机械配合

图 8-2-10 所示为【配合】属性管理器中的【机械配合】选项区，其各选项的意义如下：

1. 凸轮配合

凸轮配合命令用来使圆柱面、基准面或顶点与一组相切的拉伸表面（例如凸轮）进行配合。

2. 铰链配合

铰链配合命令可将两个零部件之间的移动限制在一定的旋转范围内。其效果相当于同时添加同心配合和重合配合。此外还可以限制两个零部件之间的移动角度。

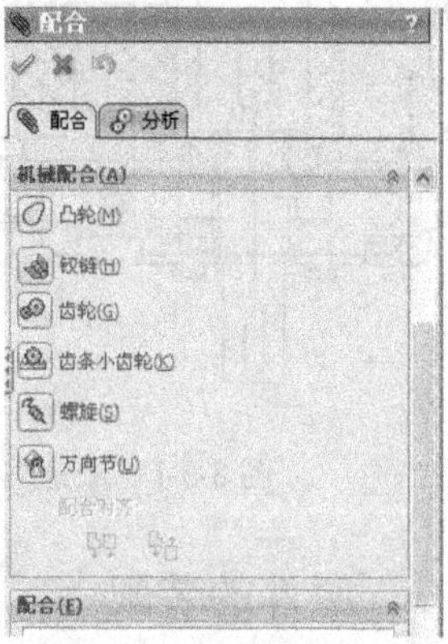

图 8-2-10　【机械配合】选项区

3. 齿轮配合

齿轮配合命令可强迫两个零部件绕所选轴相对旋转。齿轮配合的有效旋转轴包括圆柱面、圆锥面、轴和线性边线。

4. 齿条和小齿轮配合

通过齿条和小齿轮配合，可使某个零部件（齿条）的线性平移引起另一零部件（小齿轮）作圆周旋转。同样，某个零部件的圆周旋转可引起另一零部件的线性平移。可以配合任何两个零部件以进行此类相对运动。这些零部件不需要有轮齿。与其他配合类型类似，齿条和小齿轮配合无法避免零部件之间的干涉或碰撞。

5. 螺旋配合

螺旋配合命令可将两个零部件约束为同心，同时在一个零部件的旋转和另一个零部件的平移之间添加纵倾几何关系。一个零部件沿轴方向的平移会根据纵倾几何关系引起另一个零部件的旋转。同样，一个零部件的旋转可引起另一个零部件的平移。

与其他配合类型类似，螺旋配合无法避免零部件之间的干涉或碰撞。

6. 万向节配合

在万向节配合中，一个零部件（输出轴）绕自身轴的旋转是由另一个零部件（输入轴）绕其轴的旋转驱动的。

机械配合包括以上 6 种，另外【同向对齐】按钮和【反向对齐】按钮是用来辅助以上配合的，用来定义配合的方向。

8.3　减速器装配体的基本装配流程

下面介绍装配减速器的基本流程，图 8-3-1 所示为减速器的装配图，减速器的装配过程主要涉及插入零部件、定义零件配合、定义平面或轴的平行、定义平面间的距离、反向对齐等操作，最后装配完成的减速器装配体模型如图 8-3-2 所示。

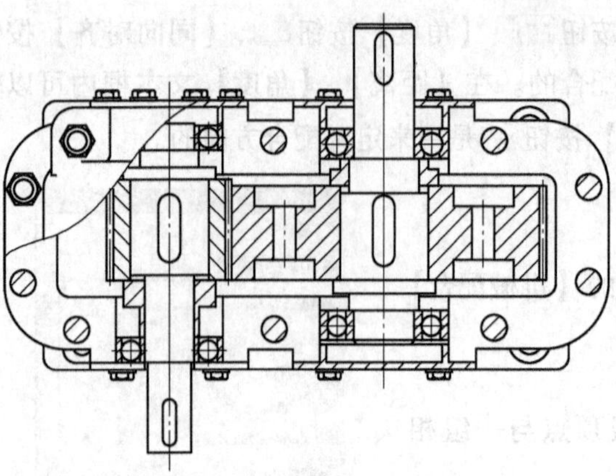

图 8-3-1 减速器的装配图

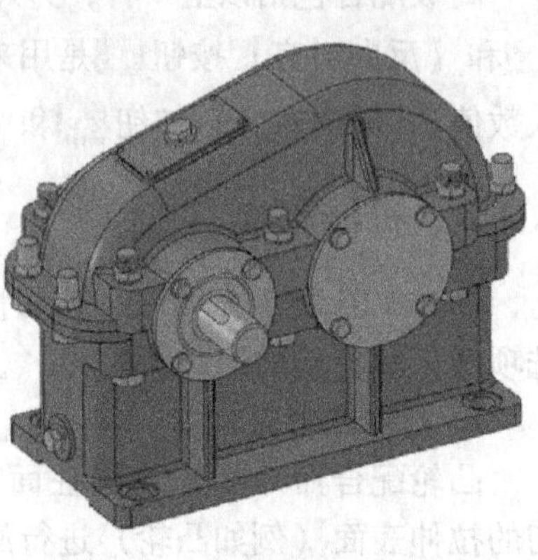

图 8-3-2 减速器的装配体模型

8.3.1 组件的装配

减速器设备是由多个零件装配而成的，如：螺栓、螺母等装配而成的紧固件组合，轴类零件（轴承、轴、键）所构成的传动零部件等。减速器的建模过程是先完成每一个零件的建模，然后通过装配将各个零件按照设计要求组合在一起，最后构成完整的减速器模型。

图 8-3-3 所示为装配减速器的基本流程示意图。

图 8-3-3 装配减速器的基本流程示意图
a）各零件建模 b）各组件装配 c）整机装配

可见，零部件之间的装配关系实际上就是零部件之间的位置约束关系。可以把一个大型的零部件装配模型看做是由多个子装配体组成的，因而在创建大型的装配体模型时，可先创建各个子装配体模型即组件装配，再将各个子装配体按照他们之间的相互位置关系进行装配，最终形成完整的装配模型。

组件的装配是整机装配的基础。进行组件装配时，合理选取第一个装配体零部件尤为重要。通常情况下，第一个装配体零部件应满足以下两个条件：

➢该零部件是整个装配体模型中最为关键的零部件。

➢用户在以后的工作中不会删除该零部件。

组件装配的一般步骤如下：

1）建立一个装配体文件，进入零部件装配模式。

2）调入第一个零部件模型。默认情况下，装配体中第一个插入的零部件是固定的，但是用户可以随时将其取消固定。

3）插入其他与装配体有关的零部件模型或下一级子装配体（下一级组件）。

4）分析零部件之间的装配关系，并逐步建立零部件之间的装配关系。

5）参照步骤 3、4，逐个完成所有的零部件模型装配。

6）全部零部件装配完成后，保存装配体模型。

下面将结合减速器的轴组件的装配过程加以详细的讲述。

8.3.2　低速轴组件

图 8-3-4 所示为低速轴的装配草图。图 8-3-5a 所示为低速轴组件的零件组成，图 8-3-5b 所示为最后完成的低速轴组件的装配模型。

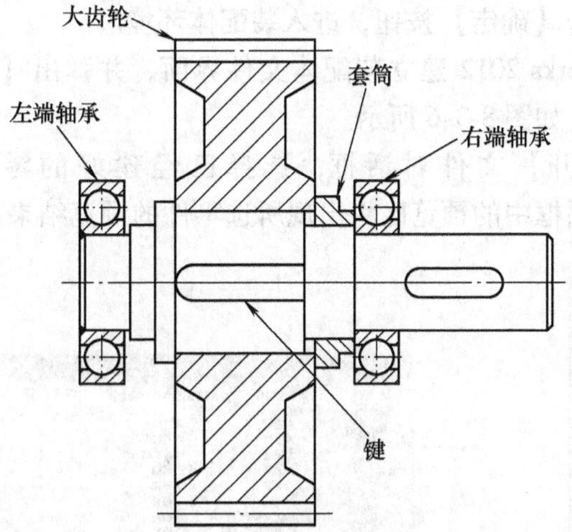

图 8-3-4　低速轴的装配草图

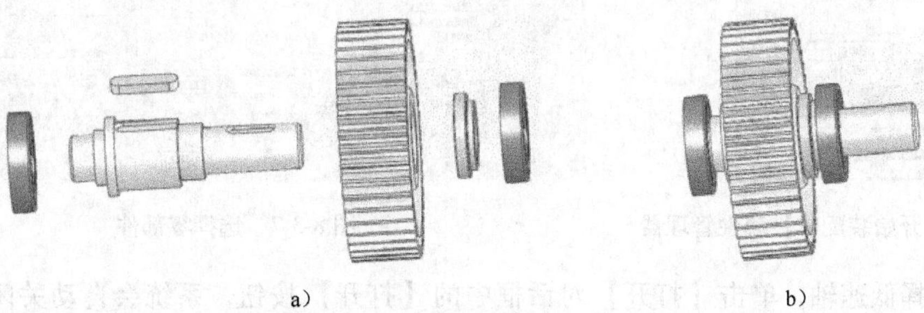

图 8-3-5　低速轴组件的装配体模型

a）低速轴组件组成　b）装配体

如图 8-3-4 所示，以轴环为界，左侧的零部件从左侧安装，右侧的零部件从右侧安装，安装方法为：左侧安装左端轴承，右侧按顺序依次安装键、大齿轮、（低速轴）套筒、右端轴承。

低速轴组件包括低速轴、键、轴承、大齿轮等，下面将具体介绍其装配过程。由于轴是装配的主体，是其他零部件装配的基础，因此，在建立低速轴组件的过程时，先调入轴零件，并把它设为固定。

1. 轴-键的配合

轴与键通过轴上的键槽相配合，通过添加键与键槽之间的位置约束关系，即可完成轴-键的装配。零部件的装配即是添加零部件间的约束关系，因此，要确定一个零部件在装配体中的位置，必须限制它在空间的自由度。在此，只需要 3 个配合即可将键相对于轴固定，即：轴上的键槽底面与键的下表面重合、键的圆头圆柱面与键槽的圆柱面同轴心和键槽的其中一个侧面与键的侧面平行。

轴-键的装配步骤如下：

1）新建装配体文件。启动 SolidWorks 2012，选择菜单命令【文件】→【新建】或单击工具栏中的【新建 SolidWorks 文件】图标，在打开的【新建 SolidWorks 文件】对话框中，选择“装配体”项，单击【确定】按钮，进入装配体环境。

2）系统出现 SolidWorks 2012 建立装配体文件界面，并弹出【开始装配体】属性管理器，单击【浏览】按钮，如图 8-3-6 所示。

3）系统弹出【打开】文件对话框，选择已经建好的零件模型文件“低速轴.SLDPRT”，【打开】对话框中的预览区将出现所选零件的预览结果，如图 8-3-7 所示。

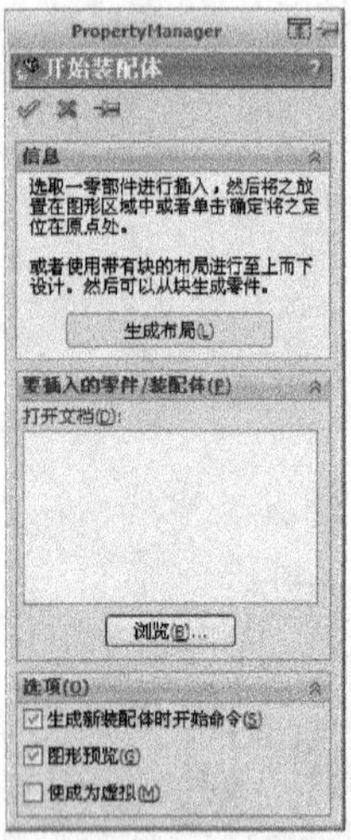

图 8-3-6 【开始装配体】属性管理器

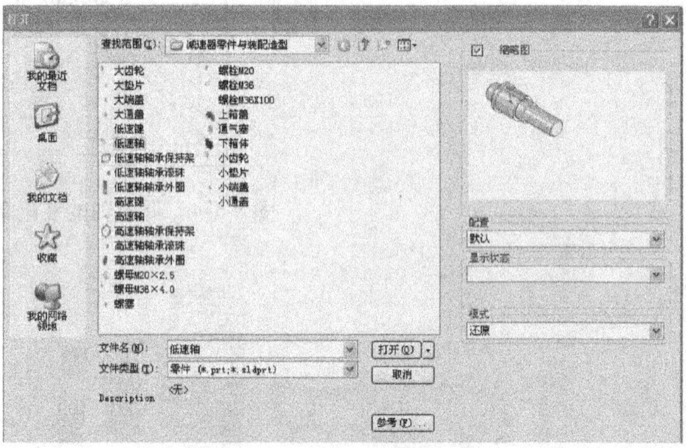

图 8-3-7 选择零部件

4）选择低速轴，单击【打开】对话框中的【打开】按钮，系统会自动关闭【打开】对话框，进入 SolidWorks 2012 装配界面。此时光标变为形状，捕捉系统坐标原点，将低速轴定在原点处。如图 8-3-8 所示。

这时，在 SolidWorks 2012 装配界面的模型树中将会出现“低速轴”零件。同时，低速轴零件名称前面显示了该零件的装配状态符号“+”——固定，如图 8-3-9 所示。

如前所述，SolidWorks 2012 将第一个调入装配的零件默认为固定状态，即它是装配的基础。通过鼠标右键单击模型树中的零部件，在弹出的快捷菜单栏中选择“浮动”项（图 8-3-10），可以改变零部件的装配状态。在本例中，由于低速轴是轴组件的装配基础，所以保持系统默认的装配状态不变。

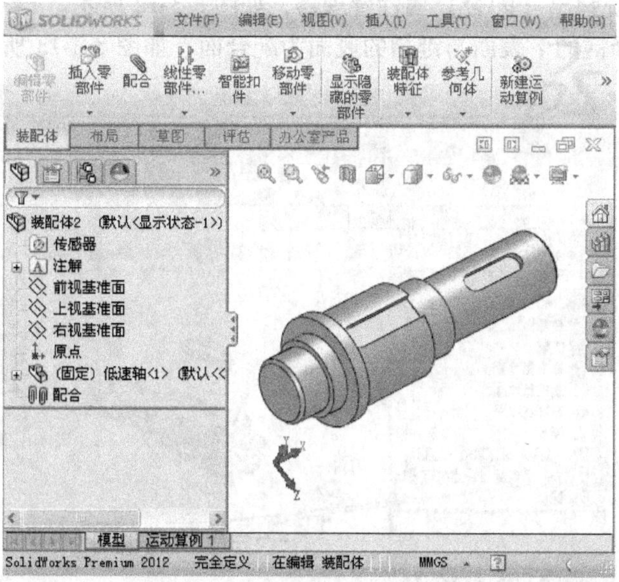

图 8-3-8 装配界面

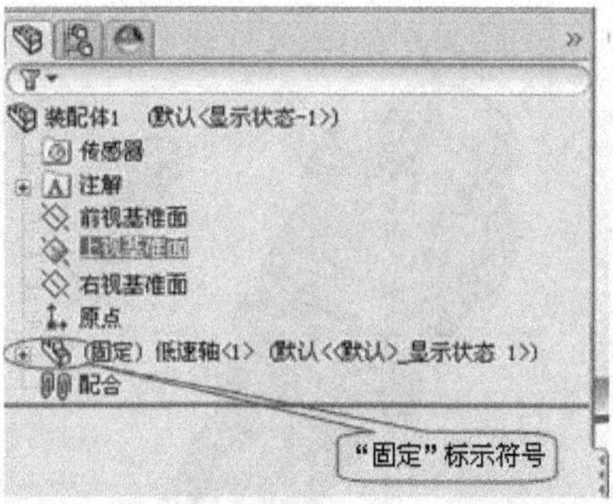

图 8-3-9 零件的装配状态

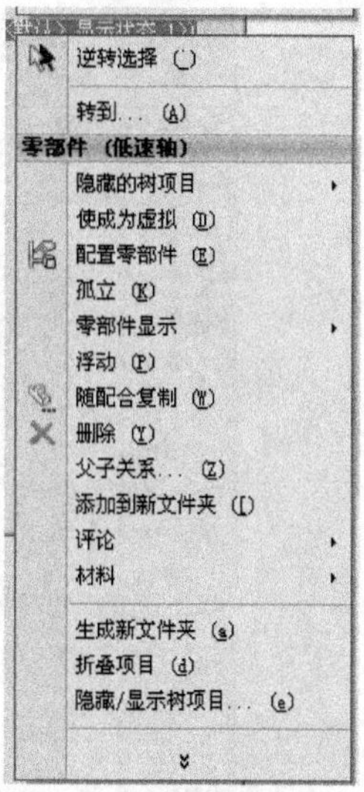

图 8-3-10 系统显示的装配状态

5）插入“低速键”到现有装配体。在工具栏中单击【插入零部件】工具图标 或选择菜单命令【插入】→【零部件】→【现有零件/装配体】，系统弹出【插入零部件】对话框，单击【浏览】按钮，在弹出的【打开】对话框中，选取“低速键.SLDPRT”。单击【打开】按钮或双击该零件，系统关闭【打开】对话框，返回到装配界面。在装配界面的图形窗口中单击任意位置，完成零件的插入，装配体的模型树中将显示被插入的键，如图 8-3-11所示。

6）添加装配关系。用鼠标右键单击模型树中的“低速键”，在弹出的快捷菜单中选择“添加/编辑配合”项。也可以单击工具栏中的【配合】工具图标 或选择菜单命令【插入】→【配合】，系统弹出【配合】属性管理器，如图 8-3-12 所示。

在本例中，选择键的下表面与键槽的底面为配合面，如图 8-3-13 所示。

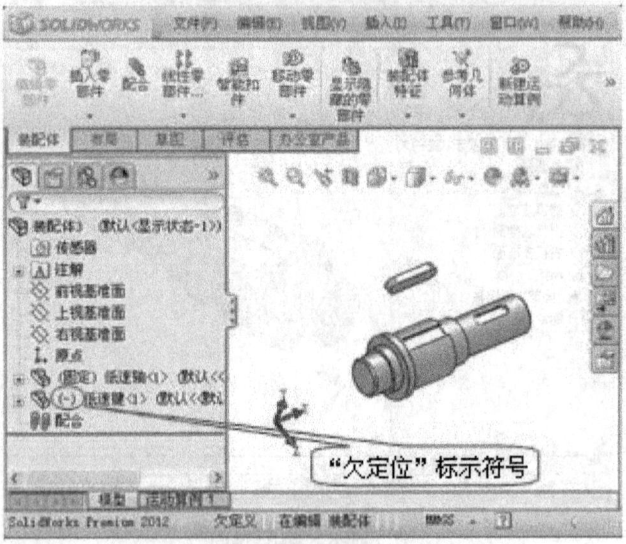

图 8-3-11　插入低速键到装配体中

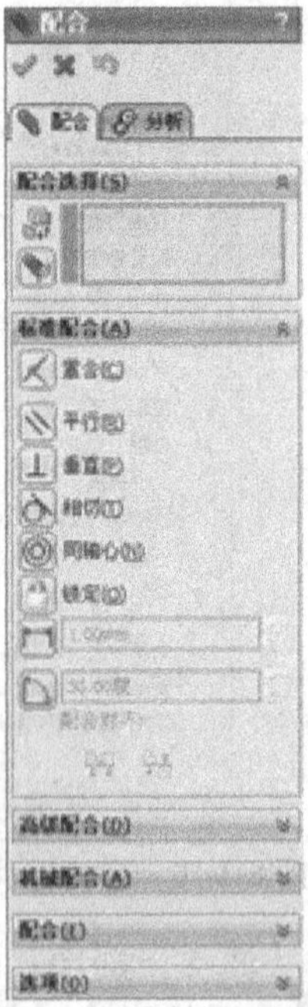

图 8-3-12　【配合】属性管理器

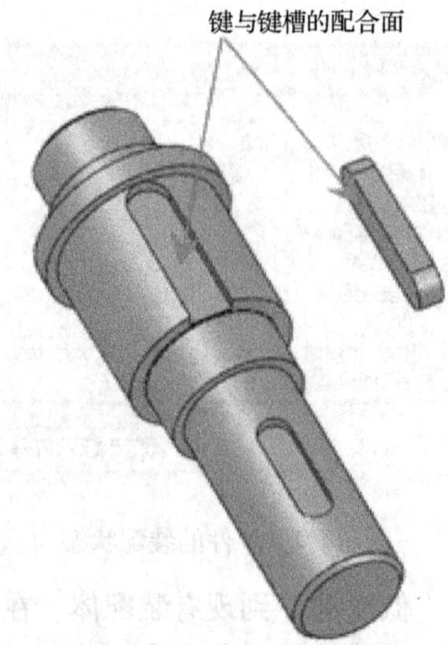

图 8-3-13　选择配合面

7）单击【配合】属性管理器中【标准配合】选项区的【重合】关系按钮，添加配合面的关系为【重合】，单击【确认】按钮，完成添加。此时，【配合】属性管理器变为【重合】属性管理器，同时在【配合】区内显示所添加的配合，如图 8-3-14 所示。

8）参照步骤 6、7，选择配合关系为键的侧面与键槽的侧面平行，键的曲面端与键槽的曲面端同轴心，如图 8-3-15 所示。

图 8-3-14　添加配合关系

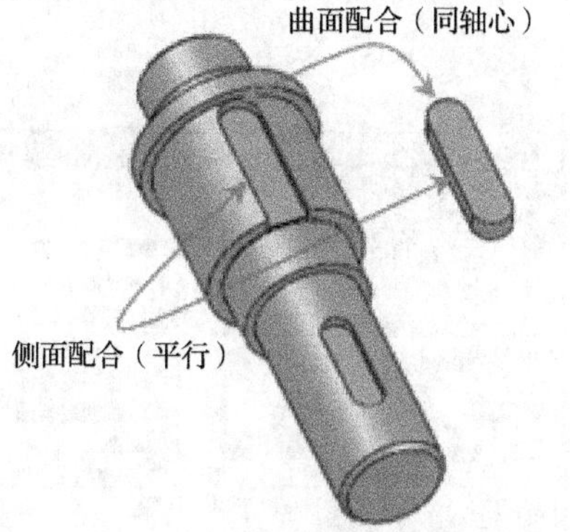

图 8-3-15　添加装配关系

这样，键的位置就完全确定，单击【确认】按钮，完成轴－键的装配，如图 8-3-16a 所示。

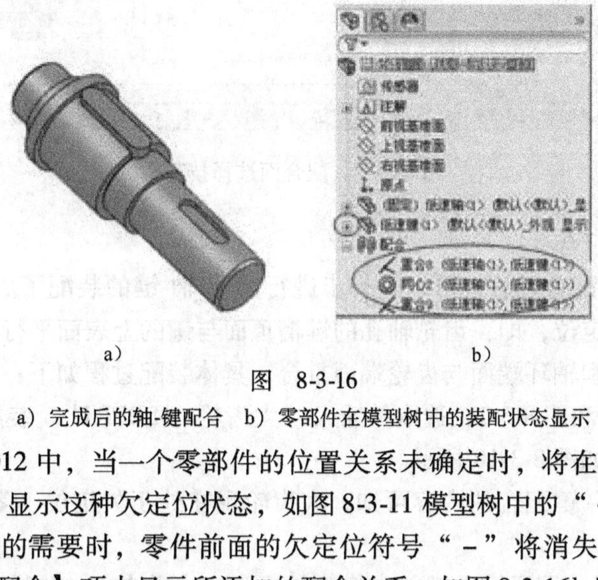

a）　b）

图　8-3-16

a）完成后的轴-键配合　b）零部件在模型树中的装配状态显示

在 SolidWorks 2012 中，当一个零部件的位置关系未确定时，将在装配模型树中的零部件前面以符号“－”显示这种欠定位状态，如图 8-3-11 模型树中的“－”，当添加的约束关系满足确定零件位置的需要时，零件前面的欠定位符号“－”将消失，并显示出完全定位状态“+”，并在【配合】项内显示所添加的配合关系，如图 8-3-16b 所示。

小技巧

在装配的过程中，前一个配合生效之后，如果零件之间可能有相互遮挡，影响下一个配合面的选择，解决方法有两种：

➢可以选择工具栏中的【移动零部件】按钮下的黑三角，根据需要选择【移动零部件】或者【旋转零部件】按钮，然后在左侧的模型树中选择要（旋转）移动的零件，并将其移动（旋转）到合适的位置，如图 8-3-17 所示。在选择键的侧面与键槽侧面为平行配合时，可以将键旋转成图示位置，以方便选择配合面。

➢有时还需要将遮挡的零部件进行隐藏，这时可在左侧模型树中需要隐藏的零部件上单击右键，弹出快捷菜单栏，选择【隐藏零部件】按钮即可隐藏该零件，以方便进行后续操作。操作完毕后，再在左侧模型树中该零部件上单击右键，再次弹出快捷菜单，选择【显示零部件】按钮，该零件又恢复显示。

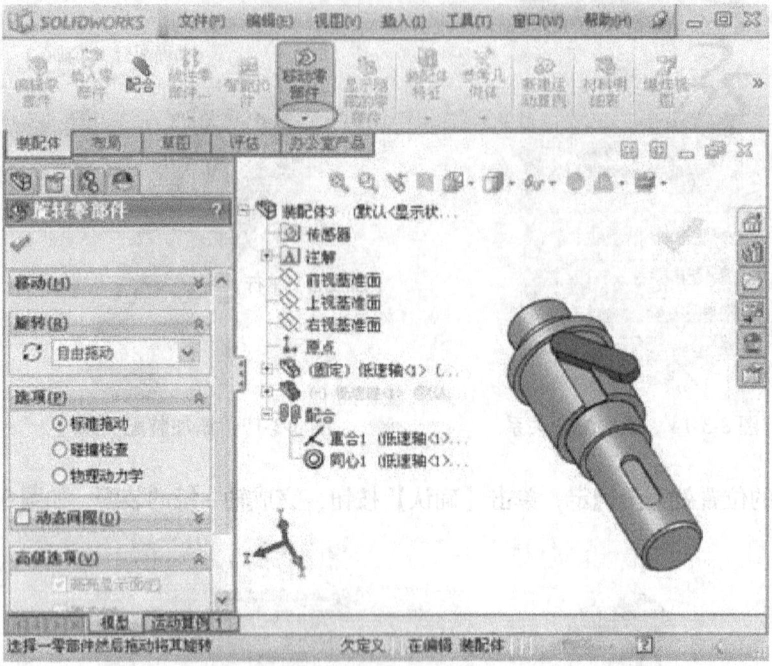

图 8-3-17　配合面选择技巧

2. 齿轮-轴-键的配合

在完成了轴-键的配合以后，可以进一步进行齿轮-轴-键的装配了。齿轮与轴的装配中，只需要 3 个配合即可定位，即：齿轮轴孔的键槽顶面与键的上表面平行、齿轮轴孔与安装齿轮轴段圆柱面同轴心和轴环端面与齿轮端面重合，具体装配过程如下：

1）参照图 8-3-6 和图 8-3-7，选取并插入“大齿轮 . SLDPRT”。装配体的模型树中将显示被插入的大齿轮，如图 8-3-18 所示。

由步骤 1 所述轴 - 键配合的内容可知，大齿轮现在处于欠定位（零件前面有“ - ”符号）状态。

2）添加装配关系。用鼠标右键单击模型树中的“大齿轮”，在弹出的快捷菜单中选择【添加/编辑配合】项，也可以单击工具栏中的【配合】工具图标或选择菜单命令【插入】→【配合】，系统弹出【配合】属性管理器（图 8-3-12）。选择大齿轮键槽底面、轴-键组件中键的上表面为配合面，如图 8-3-19 所示。

3）单击【配合】属性管理器中“标准配合”选项区的【平行】关系按钮，添加配合面的关系为“平行”，单击【配合对齐】按钮或，找到合适位置，单击【确认】按钮。

4）参照步骤 2，选择大齿轮轴孔内表面和安装齿轮轴段外表面，如图 8-3-20 所示。添加配合面的关系为“同轴心”，单击【确认】按钮，大齿轮移至配合位置，如图 8-3-21 所示。

5）添加端面配合。参照步骤 2，选择大齿轮端面与轴肩后端面为配合面，添加配合面的关系为“重合”，如图 8-3-22 所示。

单击【确认】按钮，完成……

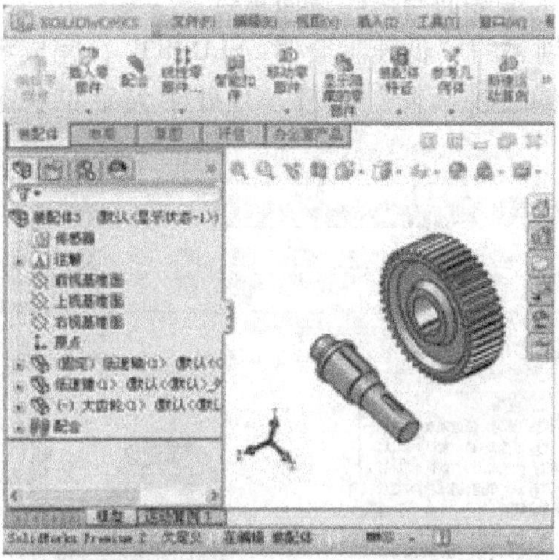

图 8-3-18　插入大齿轮到装配体中

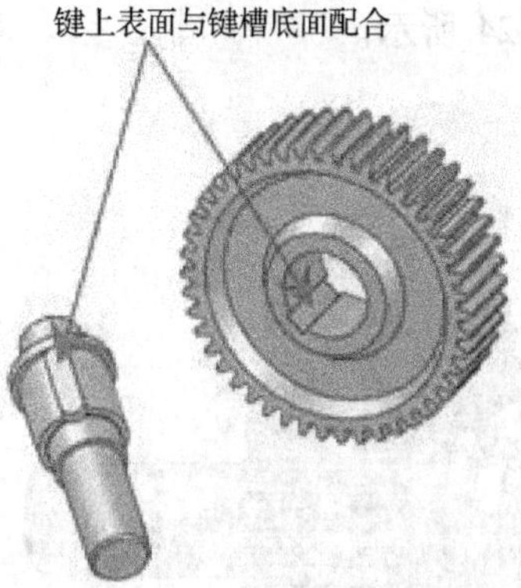

图 8-3-19　选择配合面

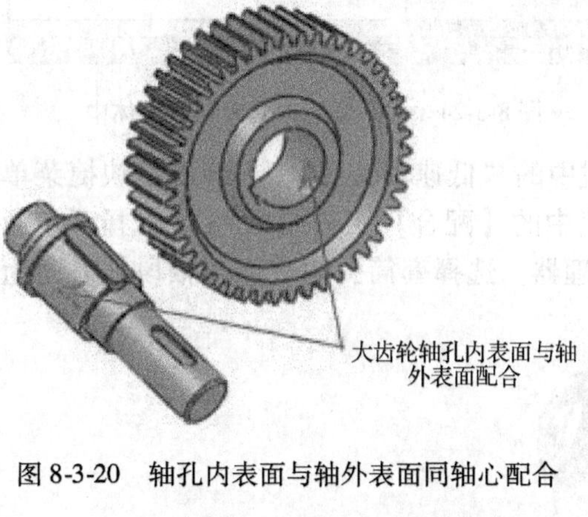

图 8-3-20　轴孔内表面与轴外表面同轴心配合

图 8-3-21　大齿轮按装配关系变动后的位置

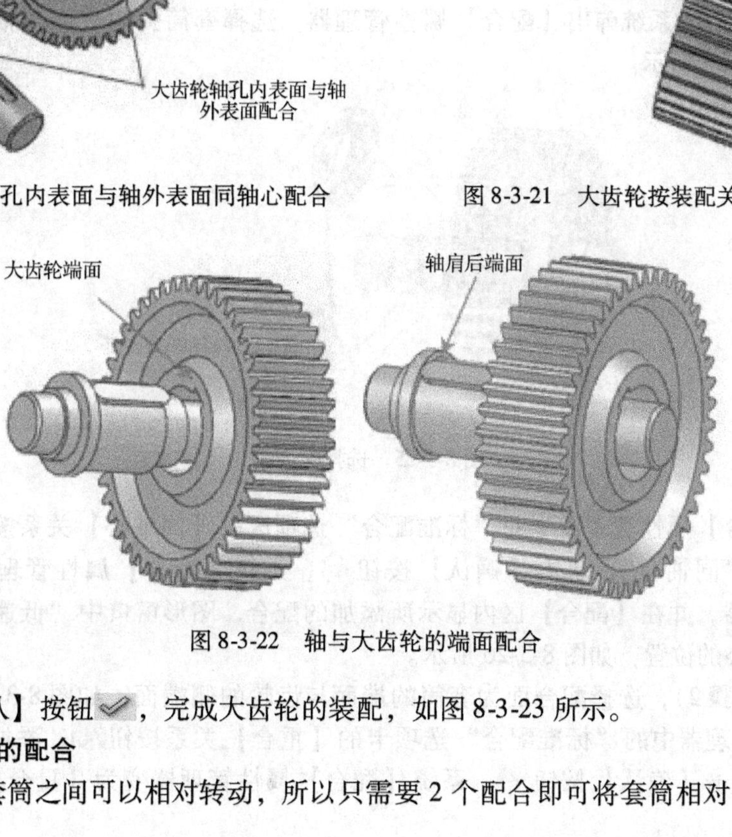

图 8-3-22　轴与大齿轮的端面配合

单击【确认】按钮，完成大齿轮的装配，如图 8-3-23 所示。

3. 轴-套筒的配合

由于轴和套筒之间可以相对转动，所以只需要 2 个配合即可将套筒相对于轴定位，即：

套筒轴孔与安装套筒轴段圆柱面同轴心和套筒大端端面与齿轮端面重合。

1）参照图 8-3-6 和图 8-3-7，选取前面所创建的“低速轴套筒 . SLDPRT”，完成零件的插入。装配体的模型树中将显示被插入的“低速轴套筒”零件，且处于欠定位状态，如图 8-3-24 所示。

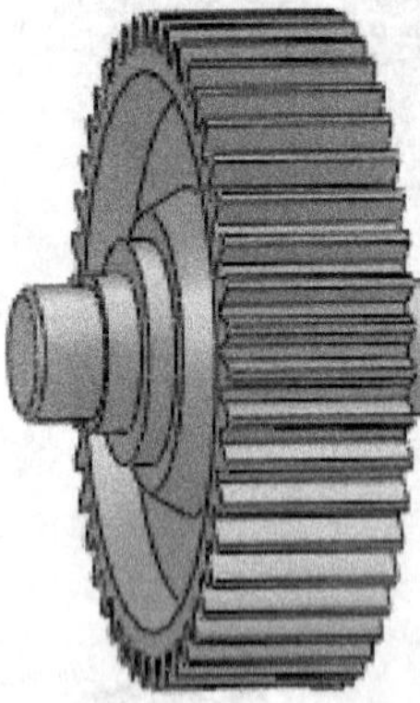

图 8-3-23　完成后的齿轮-轴-键配合

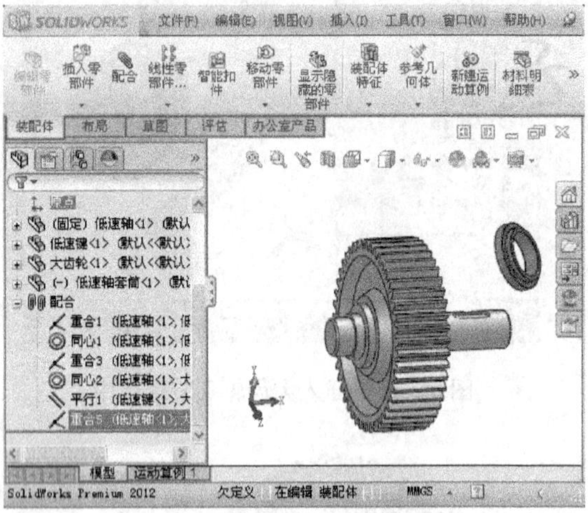

图 8-3-24　插入低速轴套筒到装配体中

2）添加装配关系。用鼠标右键单击模型树中的“低速轴套筒”，在弹出的快捷菜单中选择“添加/编辑配合”项。也可以单击工具栏中的【配合】工具图标或选择菜单命令【插入】→【配合】，系统弹出【配合】属性管理器。选择套筒孔内表面与轴段外表面为配合面，如图 8-3-25 所示。

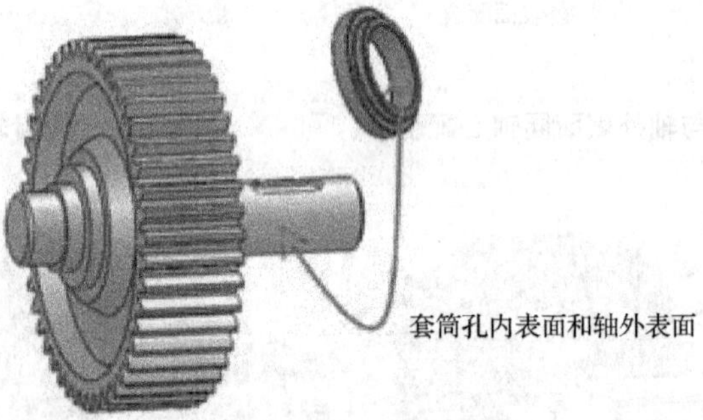

图 8-3-25　选择配合面

单击【配合】属性管理器中的“标准配合”选项区的【同轴心】关系按钮，添加配合面的关系为“同轴心”，单击【确认】按钮，系统【配合】属性管理器变为【同轴心】属性管理器，并在【配合】区内显示所添加的配合，图形窗口中“低速轴套筒”移至与低速轴同轴心的位置，如图 8-3-26 所示。

3）参照步骤 2），选择配合面为套筒的端面与齿轮的侧端面，如图 8-3-27 所示。单击【配合】属性管理器中的“标准配合”选项卡的【重合】关系按钮，添加配合面的关系为“重合”，单击【确认】按钮，系统【配合】属性管理器变为【重合】属性管理器，完成后的轴-套筒配合如图 8-3-28 所示。

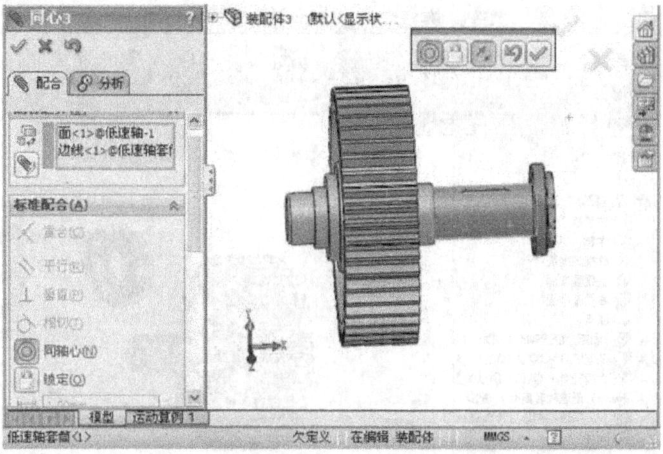

图 8-3-26　添加“同轴心”关系

图 8-3-27　选择配合端面

图 8-3-28　轴和套筒的配合

4. 轴-轴承的配合

低速轴的两端安装“深沟球轴承”，在进行轴与轴承的装配时，只需要 2 个配合即可将轴承相对于轴定位，即：轴承内圈轴孔与安装轴承的轴段圆柱面同轴心和轴肩端面与轴承内圈端面重合。

具体的装配步骤如下：

1）参照图 8-3-6 和图 8-3-7，选取前面所创建的“低速轴轴承 . SLDPRT”，完成零件的插入。装配体的模型树中将显示出被插入的“低速轴轴承”零件，且处于欠定位状态，如图 8-3-29 所示。

2）添加装配关系。用鼠标右键单击模型树中的“低速轴轴承”，在弹出的快捷菜单中选择“添加/编辑配合”项。也可以单击工具栏中的【配合】工具图标或选择菜单命令【插入】→【配合】，系统弹出【配合】属性管理器。选择轴承孔内表面、轴段外表面为配合面，如图 8-3-30 所示。

单击【配合】属性管理器中的“标准配合”选项区的【同轴心】关系按钮，添加配合面的关系为“同轴心”，单击【确认】按钮，【配合】属性管理器变为【同轴心】属性管理器，并在【配合】区内显示所添加的配合，图形窗口中“低速轴轴承”移至与低速轴同轴心的位置，如图 8-3-31 所示。

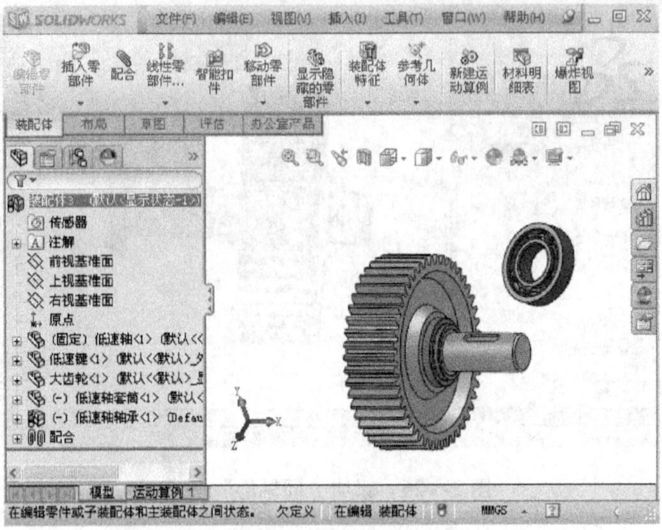

图 8-3-29　插入“低速轴轴承”到装配体中

图 8-3-30　选择配合面（一）

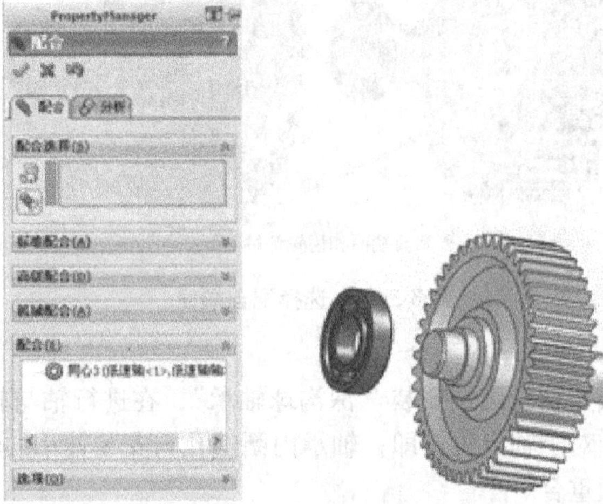

图 8-3-31　添加“同轴心”关系

3）参照步骤 2)，选择配合面为轴承内圈的端面与轴的侧端面，如图 8-3-32 所示。

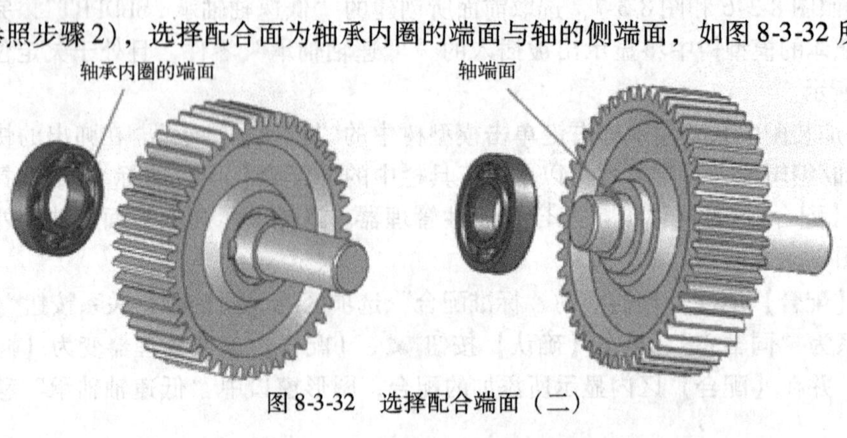

图 8-3-32　选择配合端面（二）

单击【配合】属性管理器中的“标准配合”选项区的【重合】关系按钮，添加配合面的关系为“重合”，单击【确认】按钮，【配合】属性管理器变为【重合】属性管理器，完成后的轴-轴承配合如图 8-3-33 所示。

4）参照步骤 1～3，将低速轴轴承安装在轴的另一侧。至此，低速轴组件已全部装配完成，最后的组件图如图 8-3-34 所示。

图 8-3-33　轴-轴承配合

图 8-3-34　低速轴组件

5）保存组件。单击【标准】工具栏中的【保存】按钮或选择菜单命令【文件】→【保存】，将零件保存为“低速轴组件 . SLDASM”。

8.3.3　高速轴组件

高速轴的装配草图如图 8-3-35 所示。高速轴组件包括高速轴、高速键、小齿轮以及高速轴轴承，如图 8-3-36 所示。

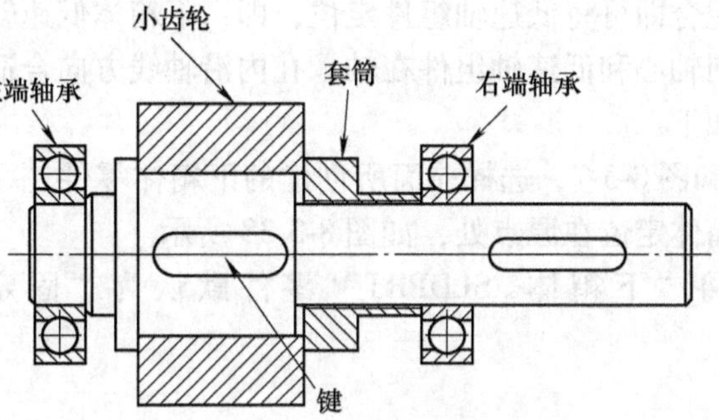

图 8-3-35　高速轴装配草图

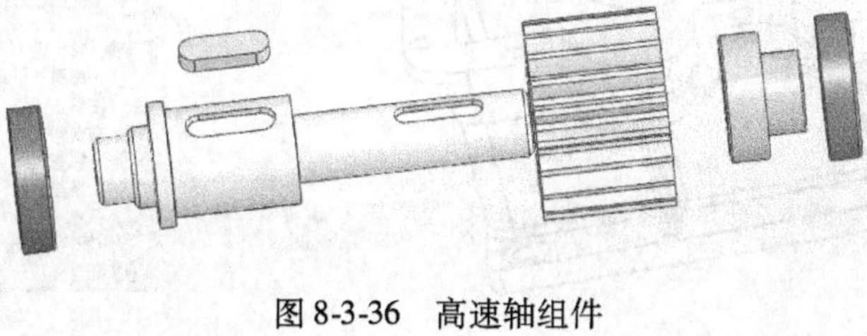

图 8-3-36　高速轴组件

高速轴组件的装配与低速轴组件的装配过程与方法相同，可参考本章 8.3.2 节进行，在此不再赘述。装配完成的高速轴组件如图 8-3-37 所示。

如图 8-3-36 所示，以轴环为界，左侧的零件从左侧安装，右侧的零件从右侧安装，安装方法为：左侧安装左端轴承，右侧按顺序依次安装键、小齿轮、（高速轴）套筒、右端轴承。

装配完成后，单击【标准】工具栏中的【保存】按钮或选择菜单命令【文件】→【保存】将零件保存为“高速轴组件 . SLDASM”。

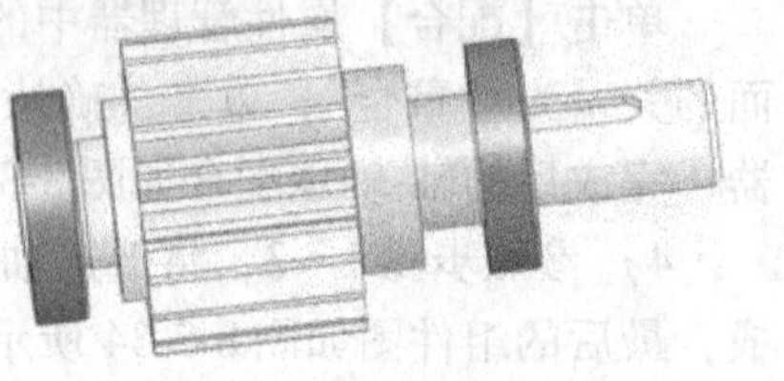

图 8-3-37 装配完成后的高速轴组件

8.3.4 减速器的总体装配

本小节在低速轴组件装配和高速轴组件装配的基础上主要讲述减速器的总体装配。通过这部分的学习和练习，可以更进一步掌握 SolidWorks 2012 中的装配方法。并能在建模过程中针对装配零部件的相应特征选择合适的装配方法和技巧。

1. 减速器总体装配设计方法

总体装配是三维实体建模的最后阶段，也是建模过程的关键阶段。用户可以使用配合关系来确定零部件的位置和方向，可以自下而上设计一个装配体，也可以自上而下地进行设计，或者两种方法结合使用。

本节将以减速器的总体装配过程为例讲述总体装配自下而上的实现过程，最后完成减速器的整体建模。

2. 下箱体-低速轴组件装配

下箱体－低速轴组件的配合是通过低速轴组件中的轴承与下箱体的低速轴轴承孔的配合实现的，只需要 2 个配合即可将低速轴组件定位，即：下箱体低速轴轴承孔圆柱面与低速轴组件轴承外圈圆柱面同轴心和低速轴组件在轴承孔内沿轴线方向合适的位置固定。

具体的装配过程如下：

1）参照图 8-3-6 和图 8-3-7，选择前面所创建的下箱体零件“下箱体 . SLDPRT”，捕捉系统坐标原点，将下箱体定位在原点处，如图 8-3-38 所示。

SolidWorks 2012 将“下箱体 . SLDPRT”零件默认为“固定”状态，如图 8-3-39 所示。

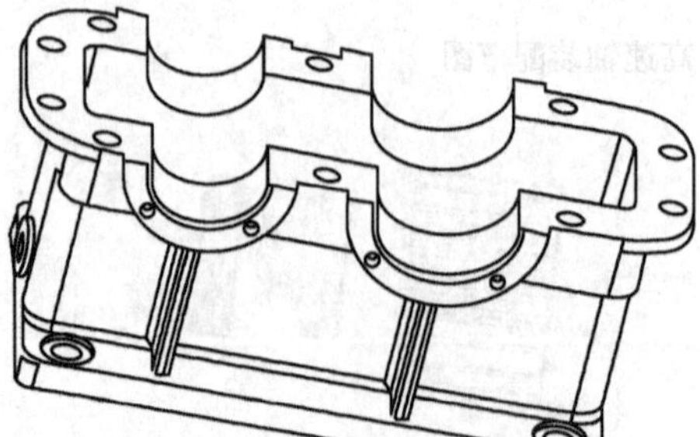

图 8-3-38 定位下箱体到系统坐标原点

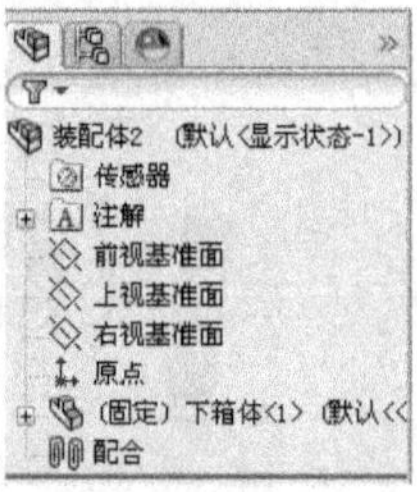

图 8-3-39 下箱体的装配状态

2）装配低速轴组件。在工具栏中单击【插入零部件】工具栏图标，插入“低速轴组件 . SLDASM”。此时“低速轴组件”处于欠定位状态，如图 8-3-40 所示。

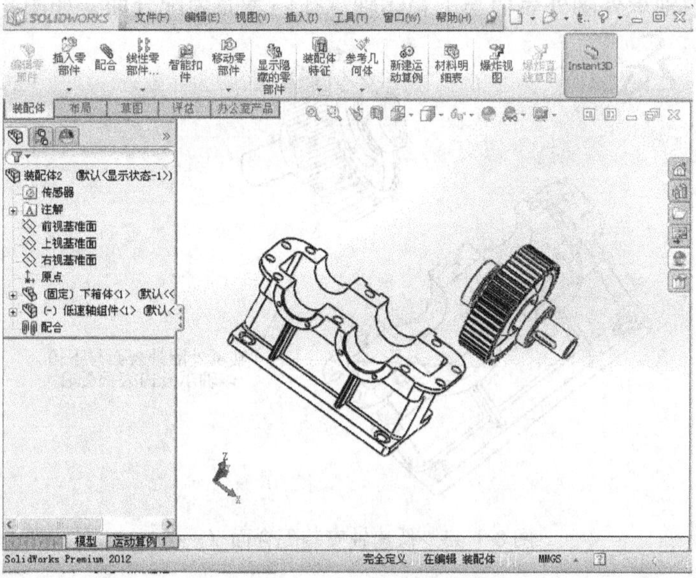

图 8-3-40　插入低速轴组件

3）添加装配关系。用鼠标右键单击模型树中的“下箱体”，在弹出的快捷菜单中选择“添加/编辑配合”项，如图 8-3-41 所示，系统弹出【配合】属性管理器，如图 8-3-42 所示。

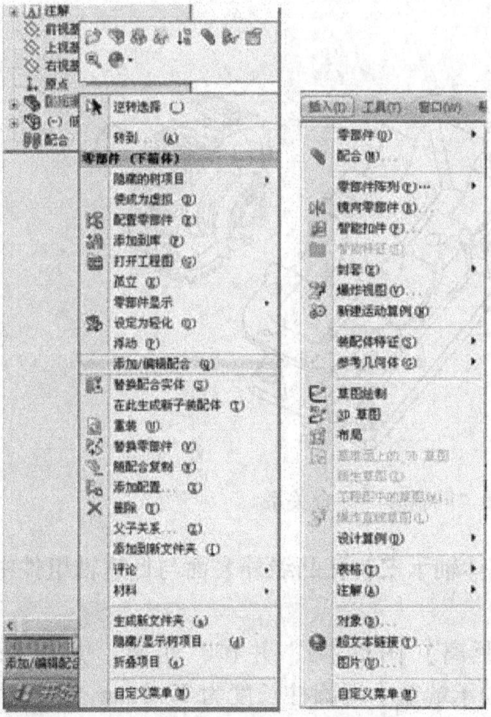

图 8-3-41　添加/编辑配合　　　　图 8-3-42　【配合】属性管理器

选择低速轴中轴承外圈外表面与下箱体轴承孔内表面为配合面，如图 8-3-43 所示。

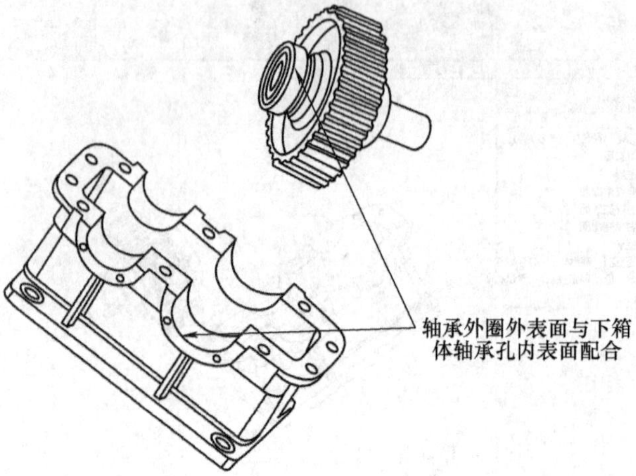

图 8-3-43　低速轴安装配合面（一）

单击【配合】属性管理器中“标准配合”选项区的【同轴心】关系按钮，添加配合面的关系为“同轴心”，单击【确认】按钮，【配合】属性管理器变为【同轴心】属性管理器，并在【配合】区内显示所添加的配合，图形窗口中“低速轴组件”移至同轴心位置，如图 8-3-44 所示。

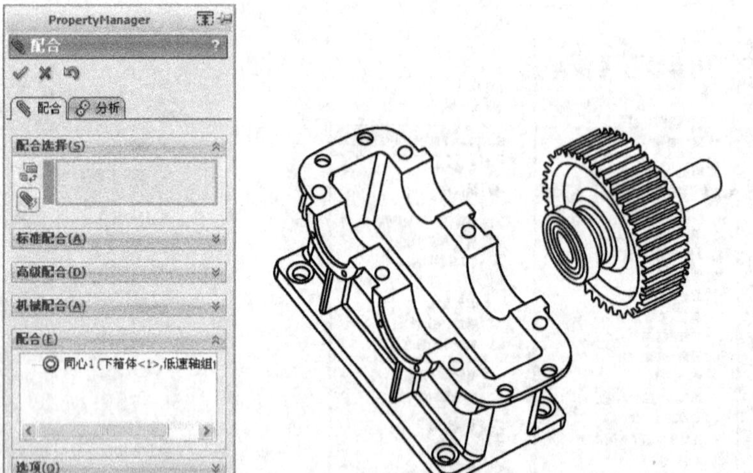

图 8-3-44　添加“同轴心”配合关系

4）参照步骤 2、3，选择配合面为下箱体轴承安装孔凸缘外表面与低速轴组件中轴承的外侧面，如图 8-3-45 所示。

在【配合】属性管理器中，单击【距离】图标，并在“距离”文本框中输入“27. 50mm”（因为此处将安装轴承端盖，轴承端盖小端圆柱长度为 27. 5mm，因此，此处距离设为 27. 5mm，一端设置好以后，另一配对轴承端面距离轴承孔端面的距离自然保持为 27. 5mm，以便安装轴承透盖）。单击【确认】按钮，完成低速轴组件的装配，如

图 8-3-46 所示。

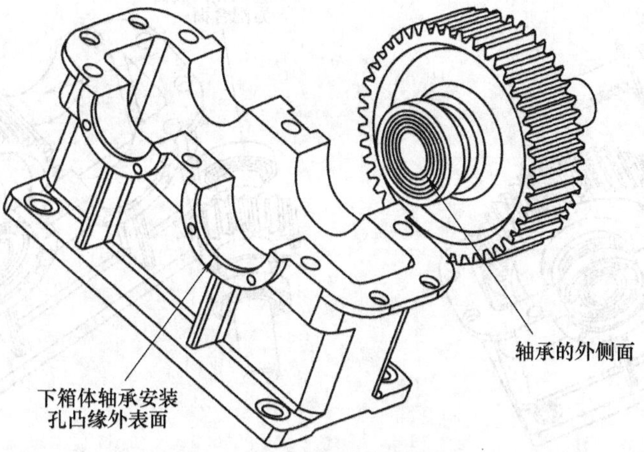

图 8-3-45　低速轴组件安装配合面（二）

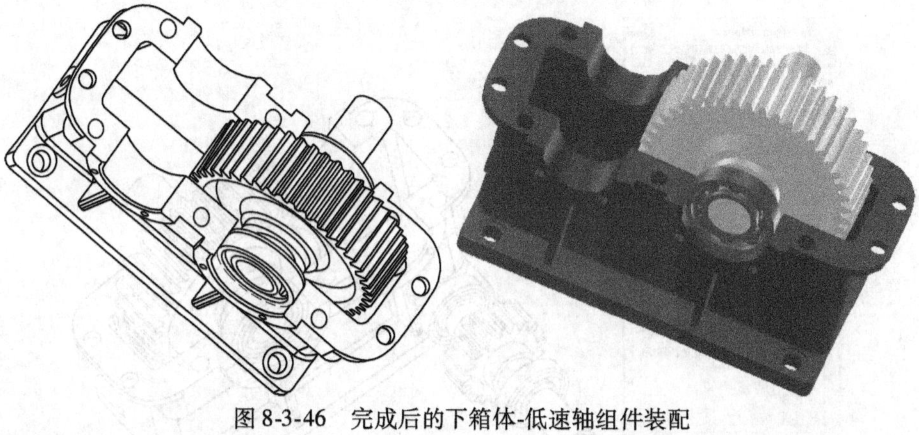

图 8-3-46　完成后的下箱体-低速轴组件装配

3. 下箱体-高速轴组件配合

下箱体－高速轴组件的配合与上一节中下箱体-低速轴组件的配合相似，因为高速轴组件能够在轴承座孔中转动，因此只需要 2 个配合即可将高速轴组件定位，即：下箱体高速轴轴承孔圆柱面与高速轴组件轴承外圈圆柱面同轴心和高速轴组件在轴承孔内沿轴线方向合适的位置固定。具体步骤如下：

1）插入高速轴组件。参照图 8-3-6 和图 8-3-7，选取“高速轴组件 . SLDASM”，在装配界面图形窗口中单击任意位置，插入高速轴组件，如图 8-3-47 所示。

2）添加装配关系。用鼠标右键单击模型树中的“高速轴组件”，在弹出的快捷菜单中选择【添加/编辑配合】项，系统弹出【配合】属性管理器。选择高速轴组件中的轴承外表面、下箱体小轴承孔内表面为配合面，如图 8-3-48 所示。单击【配合】属性管理器中“标准配合”选项区的【同轴心】关系按钮◎，添加配合面的关系为“同轴心”，单击【确认】按钮✔。系统【配合】属性管理器变为【同轴心】属性管理器，并在“配合”区内显示所添加的配合。同时，图形窗口中的高速轴组件移至同轴心位置，如图 8-3-49 所示。

3）参照步骤 2，选择下箱体小轴承安装凸缘外表面与“高速轴组件”中的轴承外侧面为配合面，如图 8-3-50 所示。

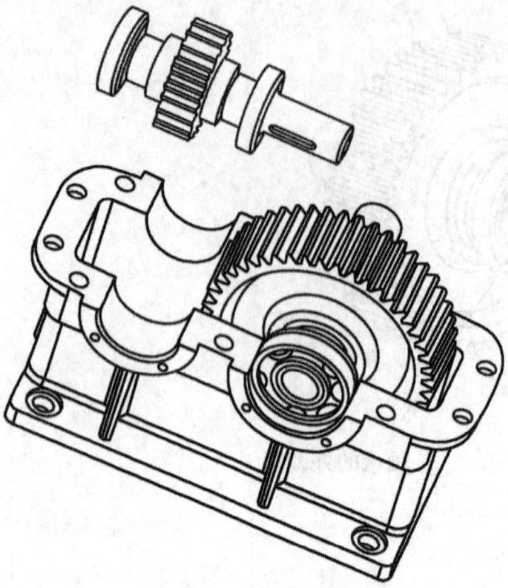

图 8-3-47　插入高速轴组件

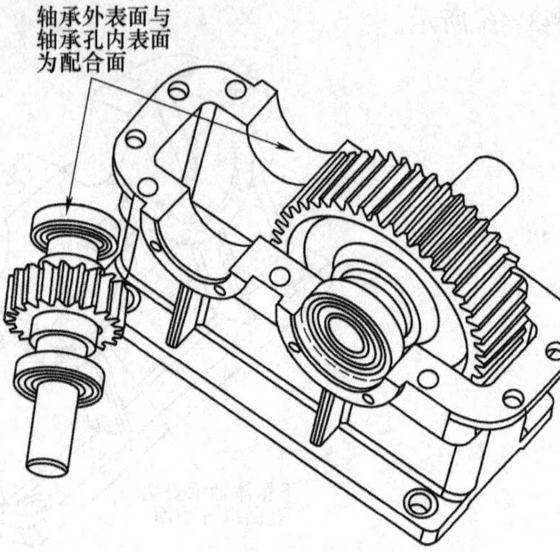

图 8-3-48　高速轴组件安装配合面（一）

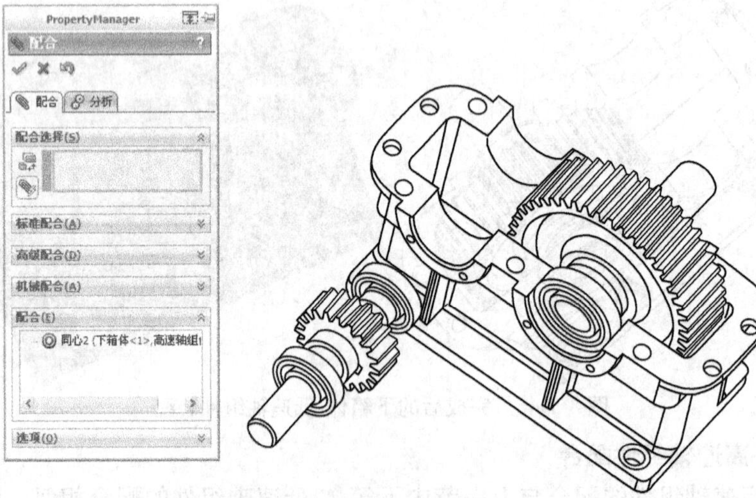

图 8-3-49　添加同轴心配合关系

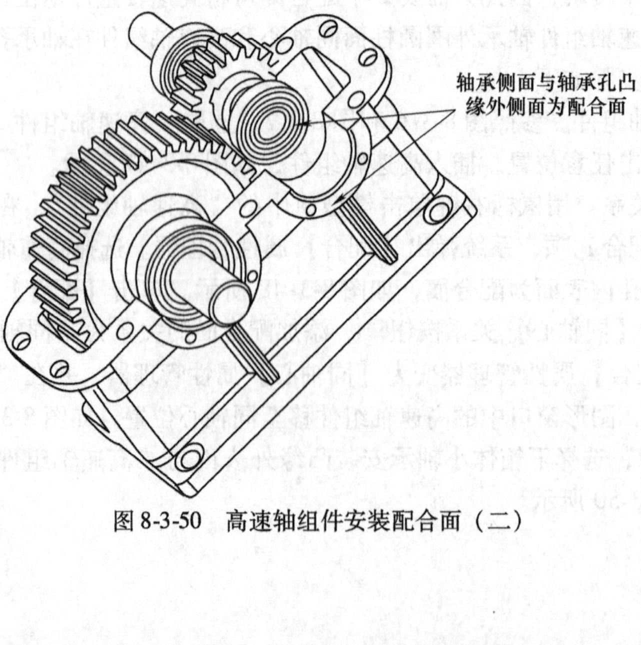

图 8-3-50　高速轴组件安装配合面（二）

在【配合】属性管理器中，单击【距离】图标，并在“距离”文本框中输入“32. 50mm”（因此处将安装轴承端盖，轴承端盖小端圆柱长度为 32. 5mm，因此，此处距离设为 32. 5mm，一端设置好以后，另一配对轴承端面距离轴承孔端面的距离自然保持为 32. 5mm，便于安装轴承透盖）。单击【确认】按钮，最后完成的下箱体-高速轴组件配合如图 8-3-51 所示。

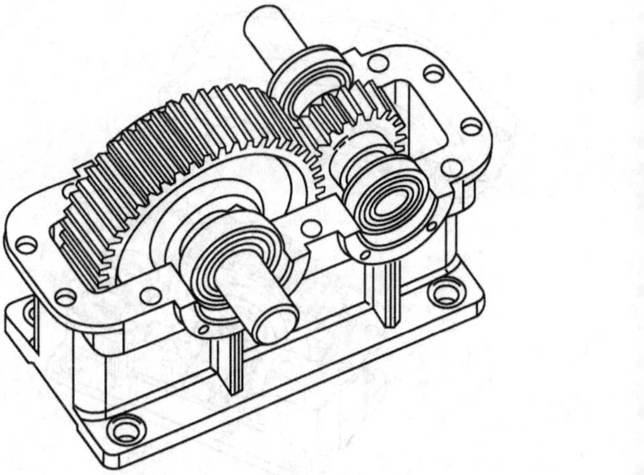

图 8-3-51　完成后的下箱体-高速轴组件配合

4. 上箱盖-下箱体配合

通过以上三个部分的学习，减速器箱体内的传动部分已全部安装完成，下面将装配减速器的其他零件。

只需要 3 个配合即可将上箱盖定位，即上箱盖安装凸缘下表面与下箱体上表面重合、前端端面平齐（重合），上箱盖与下箱体侧面轴承凸缘端面平齐（重合）。具体装配过程如下：

1）插入上箱盖。参照图 8-3-6 和图 8-3-7，选取前面创建的“上箱盖 . SLDPRT”，在装配界面的图形窗口中单击任意位置，插入上箱盖，如图 8-3-52 所示。

2）添加装配关系。用鼠标右键单击模型树中的“上箱盖”，在弹出的快捷菜单中选择【添加/编辑配合】项，系统弹出【配合】属性管理器，选择上箱盖安装凸缘下表面、下箱体上表面为配合面，如图 8-3-53 所示。

单击【配合】属性管理器中“标准配合”选项区的【重合】关系按钮，添加配合面的关系为“重合”，单击【确认】按钮，图形窗口中“上箱盖”移至与下箱体配合面重合的位置，如图 8-3-54 所示。

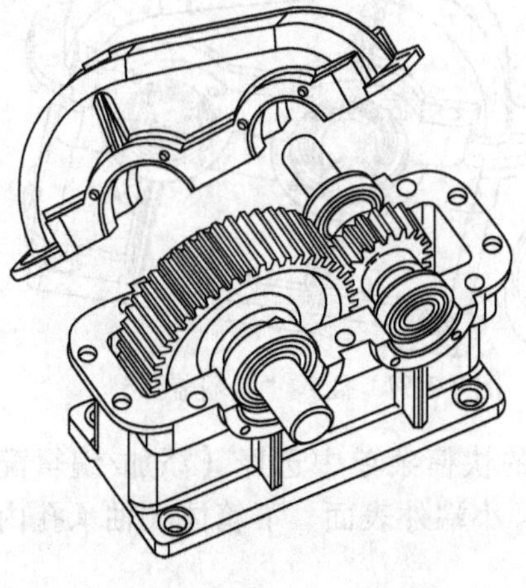

图 8-3-52　插入“上箱盖”

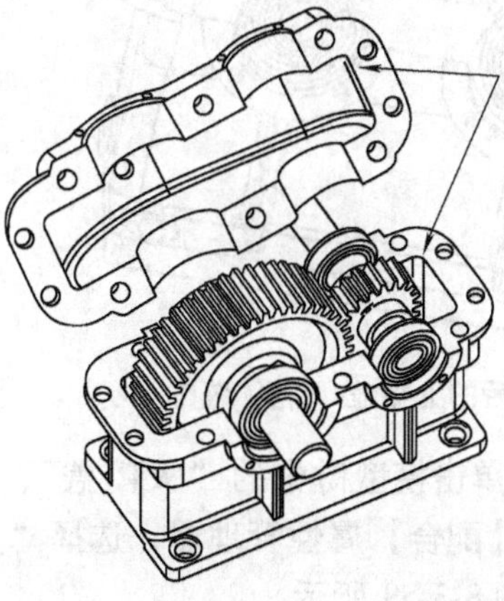

图 8-3-53　上箱盖安装配合面（一）

3）参照步骤 2，分别选择下箱体侧面与上箱盖侧面，下箱体前端面与上箱盖前端面为配合面，如图 8-3-55 所示。

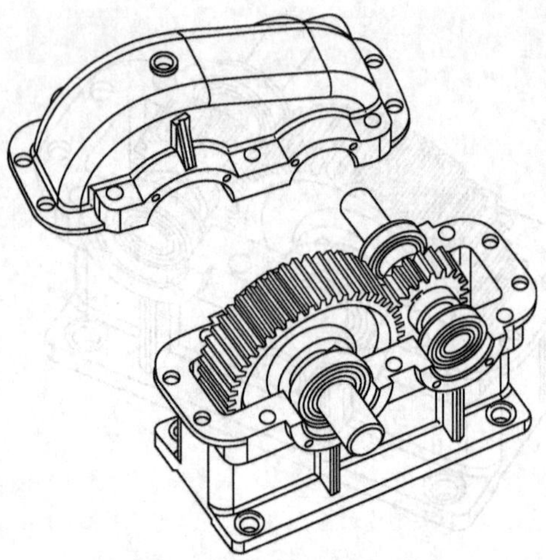

图 8-3-54　添加"重合"配合关系

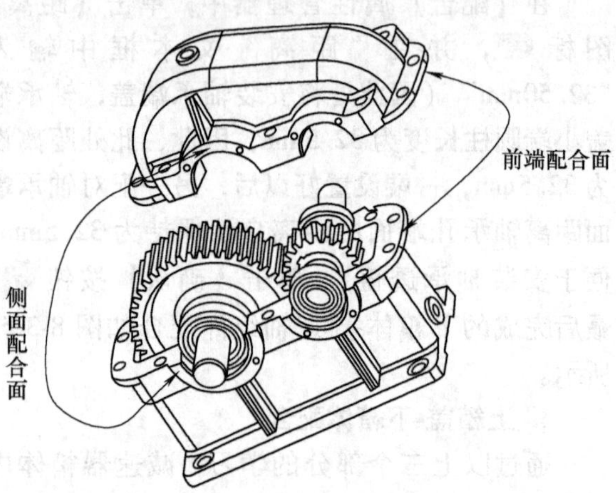

图 8-3-55　上箱盖安装配合面（二）

在【配合】属性管理器中，单击"标准配合"选项区的【重合】按钮，添加配合面的关系为"重合"，单击【确认】按钮，完成上箱盖-下箱体的装配，如图 8-3-56 所示。

5. 端盖的装配

端盖的装配包括大、小闷盖及大、小透盖的装配。需要 3 个配合即可将端盖与箱体定位，即：端盖小端圆柱面与轴承孔圆柱面同轴心、箱体轴承凸缘端面与端盖大端内端面重合（注意对齐方向）、大闷盖上的安装孔与减速器侧面螺孔同轴心。大闷盖的具体装配过程如下：

1）插入大闷盖。参照图 8-3-6 和图 8-3-7，选取"大闷盖 . SLDPRT"，在装配界面的图形窗口中单击任意位置，插入大闷盖，如图 8-3-57 所示。

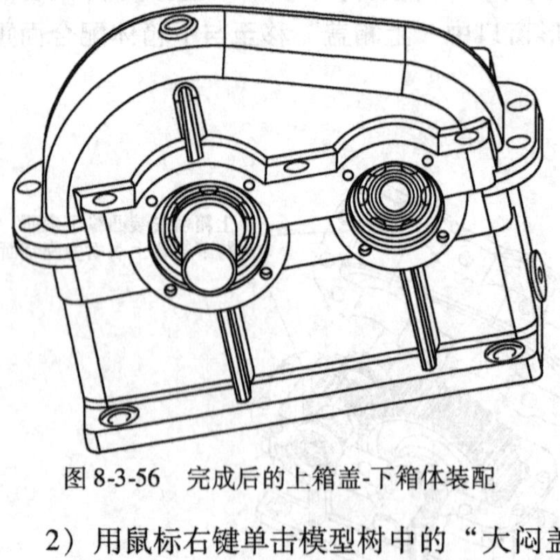

图 8-3-56　完成后的上箱盖-下箱体装配

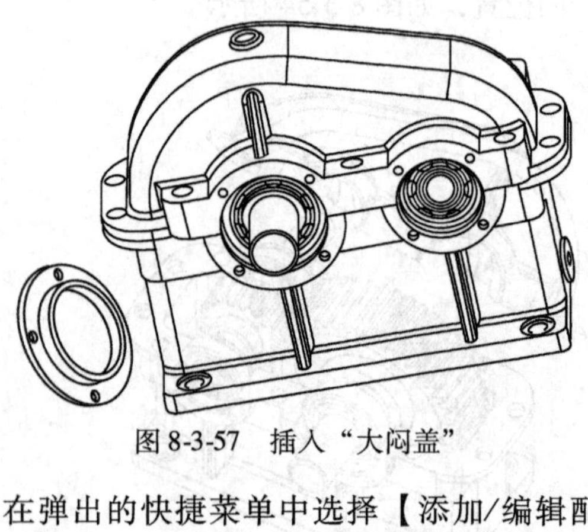

图 8-3-57　插入"大闷盖"

2）用鼠标右键单击模型树中的"大闷盖"，在弹出的快捷菜单中选择【添加/编辑配合】项，系统弹出【配合】属性管理器，选择"大闷盖"小端外表面、下箱体大轴承孔内表面为配合面，如图 8-3-58 所示。

单击【配合】属性管理器中"标准配合"选项区的【同轴心】关系按钮，添加配合面的关系为"同轴心"，单击【确认】按钮，系统【配合】属性管理器变为【同轴心】属性管理器，并在"配合"区内显示所添加的配合。同时，图形窗口中"大闷盖"移至同轴心位置，如图 8-3-59 所示。

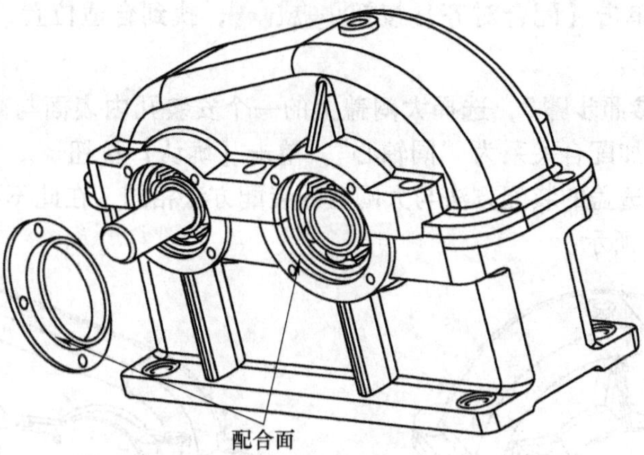

图 8-3-58　大闷盖安装配合面（一）

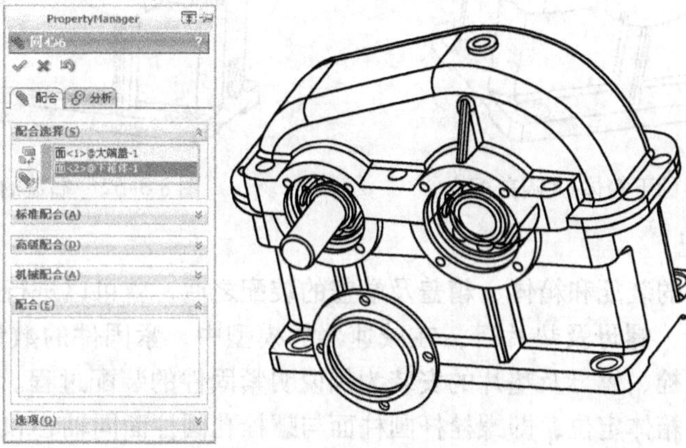

图 8-3-59　添加“同轴心”配合关系

3）参照步骤 2，选择下箱体大轴承安装孔凸缘外表面与大闷盖大端内表面为配合面，如图 8-3-60 所示。

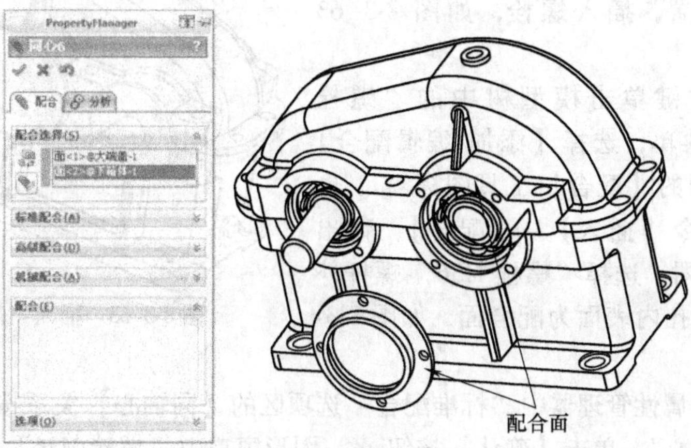

图 8-3-60　大闷盖安装配合面（二）

单击【配合】属性管理器中“标准配合”选项区的【重合】关系按钮，添加配合面的关系为“重合”，单击【配合对齐】按钮或，找到合适位置，单击【确认】按钮，如图 8-3-61 所示。

4）对齐螺孔。参照步骤 3，选择大闷盖上的一个安装孔内表面与减速器侧面一个螺孔内表面为配合面，添加配合关系为“同轴心”，单击【确认】按钮，完成大端盖的安装。

小闷盖和大、小透盖的装配方法与大闷盖的装配方法相同，在此不再讲述。端盖装配的最后效果如图 8-3-62 所示。

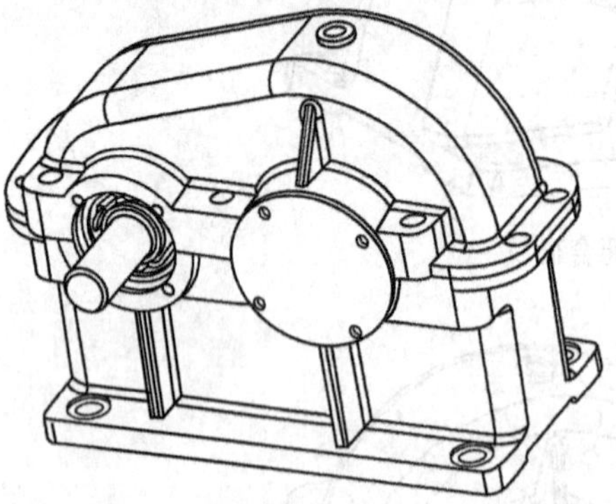

图 8-3-61　完成后的下箱体-大闷盖配合

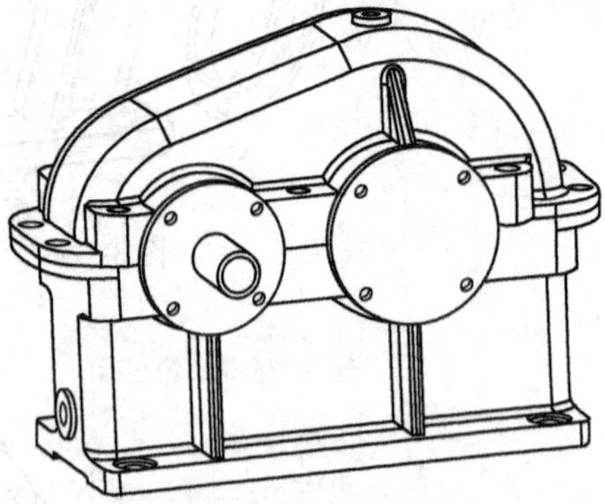

图 8-3-62　端盖的装配效果

6. 紧固件的装配

在完成了传动件的装配和箱体、箱盖及端盖的装配之后，就可以进行紧固件的装配。紧固件的装配包括螺栓、螺母及垫片等，在减速器的模型中，紧固件的数量较多，在此仅以上、下箱体的联接螺栓、螺母及垫片的安装为例说明紧固件的装配过程。螺栓与箱体需要 2 个配合即可将螺栓与箱体定位，即螺栓杆圆柱面与螺栓孔圆柱面同轴心和螺栓头内端面与箱体支承面重合。垫片、螺母的安装与螺栓的方法类似。

上、下箱体的连接紧固件安装步骤如下：

1）插入螺栓。参照图 8-3-6 和图 8-3-7，选取“螺栓 M36. SLDPRT”，在装配界面的图形窗口中单击任意位置，插入螺栓，如图 8-3- 63 所示。

2）用鼠标右键单击模型树中的“螺栓 M36”，弹出快捷菜单，选择【添加/编辑配合】项或单击工具栏中的【配合】工具图标。也可以选择菜单命令【插入】→【配合】，弹出【配合】属性管理器，选择“螺栓 M36”螺杆外表面、上箱盖安装孔内表面为配合面，如图 8-3-64 所示。

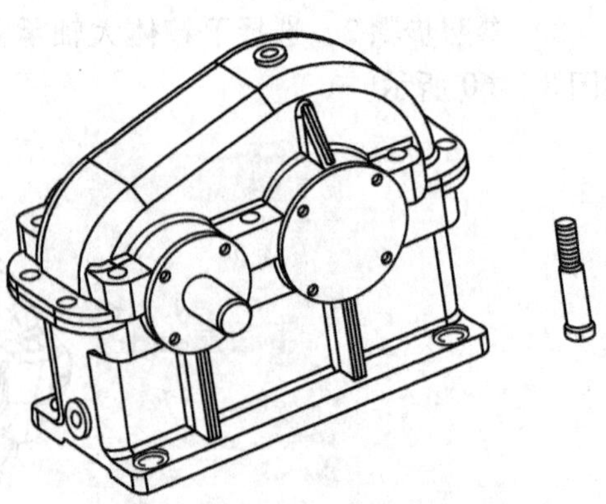

图 8-3-63　插入“螺栓 M36”

单击【配合】属性管理器中“标准配合”选项区的【同轴心】关系按钮，添加配合面的关系为“同轴心”，单击【确认】按钮，图形窗口中“螺栓 M36”移至同轴心位置，如图 8-3-65 所示。

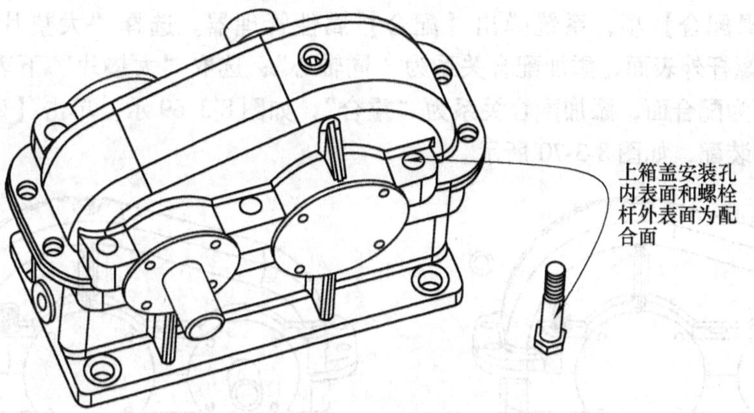

图 8-3-64　螺栓安装配合面（一）

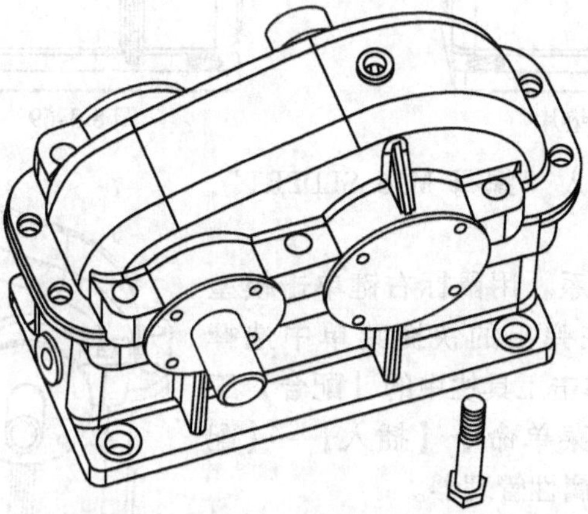

图 8-3-65　添加“同轴心”配合关系

3）参照步骤 2，选择下箱体安装孔凸台下表面与螺栓六方下表面为配合面，如图 8-3-66 所示。

单击【配合】属性管理器中“标准配合”选项区的【重合】关系按钮，添加配合面的关系为“重合”，单击【确认】按钮，完成螺栓的安装，如图 8-3-67 所示。

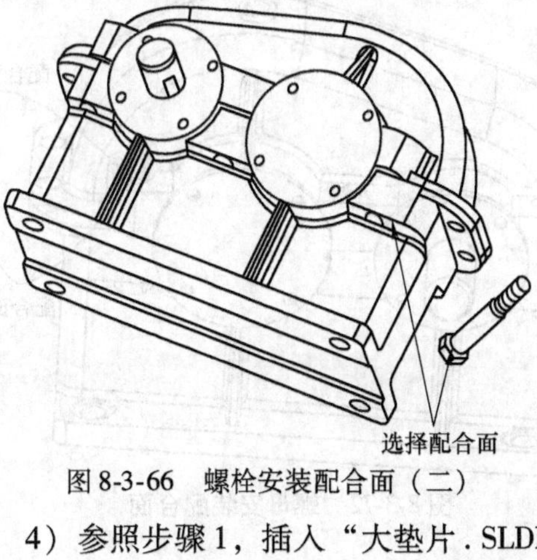

图 8-3-66　螺栓安装配合面（二）

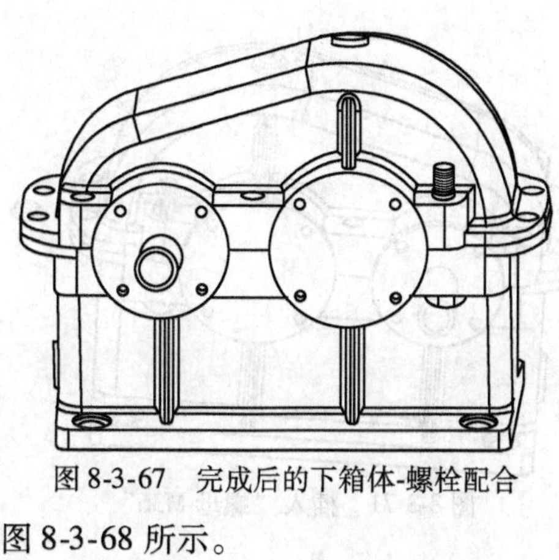

图 8-3-67　完成后的下箱体-螺栓配合

4）参照步骤 1，插入“大垫片 . SLDPRT”，如图 8-3-68 所示。

5）添加大垫片的配合关系。右键单击模型树中的“大垫片”，在弹出的快捷菜单中选择【添加/编辑配合】项，系统弹出【配合】属性管理器。选择“大垫片”内孔表面与“螺栓 M36”螺杆外表面，添加配合关系为“同轴心”；选取“大垫片”下表面与上箱盖安装凸缘上表面为配合面，添加配合关系为“重合”，如图 8-3-69 示。单击【确认】按钮，完成大垫片的装配，如图 8-3-70 所示。

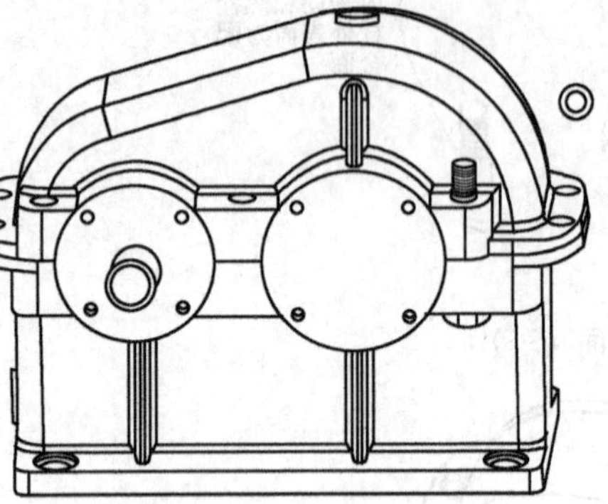

图 8-3-68　插入大垫片

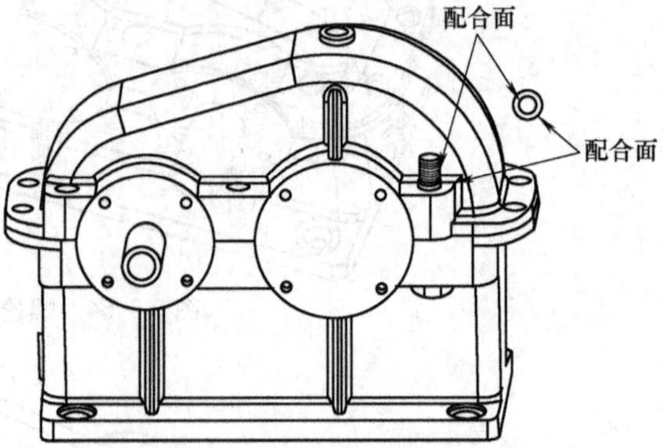

图 8-3-69　大垫片安装配合面

6）参照步骤 1，插入“螺母 M36. SLDPRT”，如图 8-3-71 所示。

7）添加螺母配合关系。用鼠标右键单击模型树中的“螺母 M36”，在弹出的快捷菜单中选择“添加/编辑配合”项或单击工具栏中的【配合】工具图标，也可以选择菜单命令【插入】→【配合】，系统弹出【配合】属性管理器。

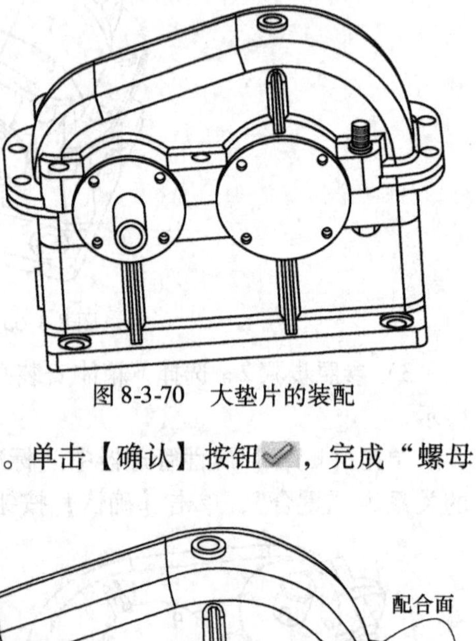

图 8-3-70　大垫片的装配

选择“螺母 M36”内孔表面与“螺栓 M36”螺杆外表面，添加配合关系为“同轴心”，选取“螺母 M36”下表面与大垫片上表面为配合面，添加配合关系为“重合”（注意配合对齐方向），如图 8-3-72 所示。单击【确认】按钮，完成“螺母 M36”的装配，如图 8-3-73 所示。

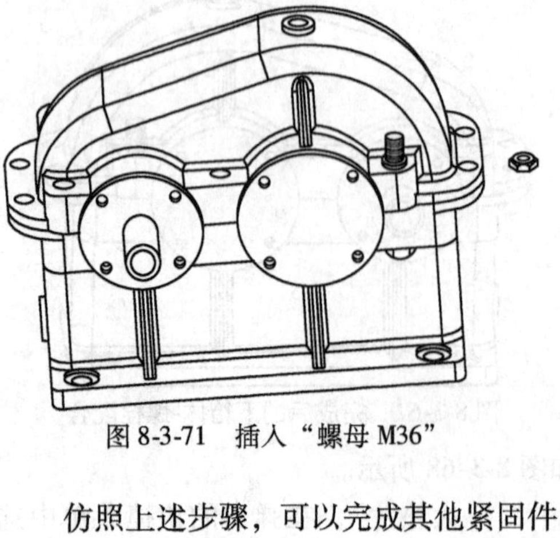

图 8-3-71　插入“螺母 M36”

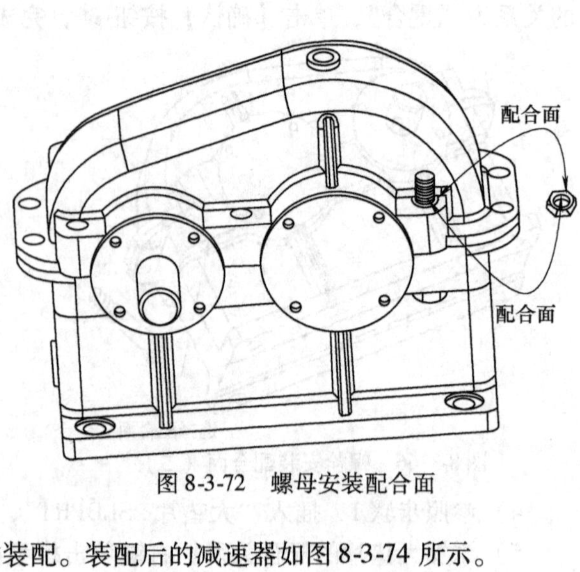

图 8-3-72　螺母安装配合面

仿照上述步骤，可以完成其他紧固件的装配。装配后的减速器如图 8-3-74 所示。

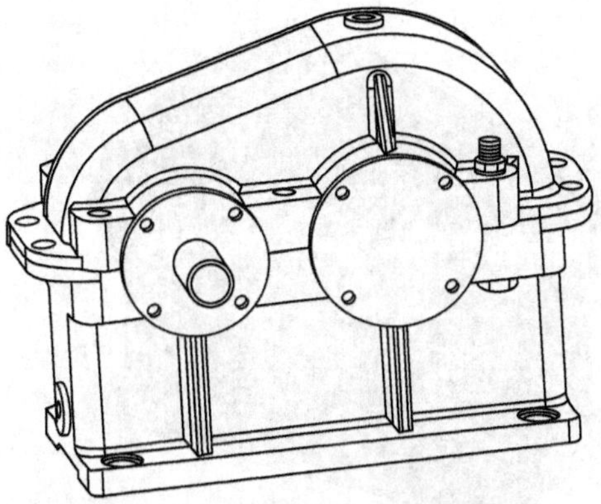

图 8-3-73　完成螺母 M36 的装配

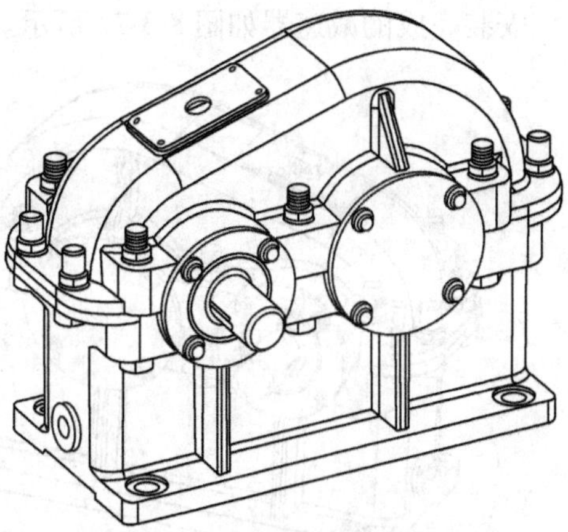

图 8-3-74　紧固件装配后的减速器

7. 窥视孔与通气塞、螺塞的安装

窥视孔与通气塞、螺塞的安装较简单，可仿照本节“5. 端盖的装配”中端盖的安装进行。图 8-3-75、图 8-3-76 所示分别为通气塞、螺塞安装中所使用的配合面。

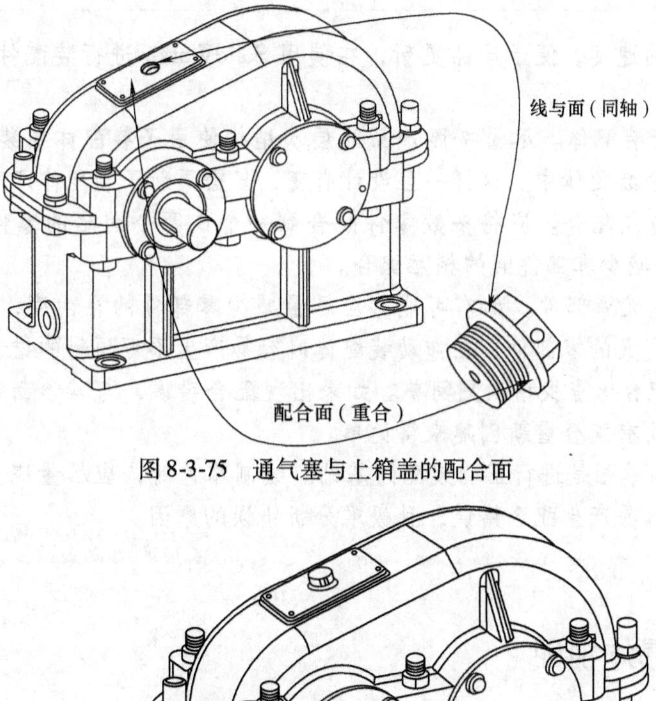

图 8-3-75　通气塞与上箱盖的配合面

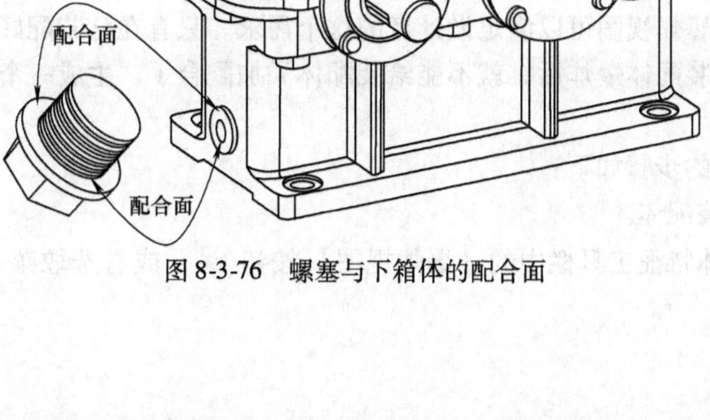

图 8-3-76　螺塞与下箱体的配合面

安装完成的减速器如图 8-3-77 所示。

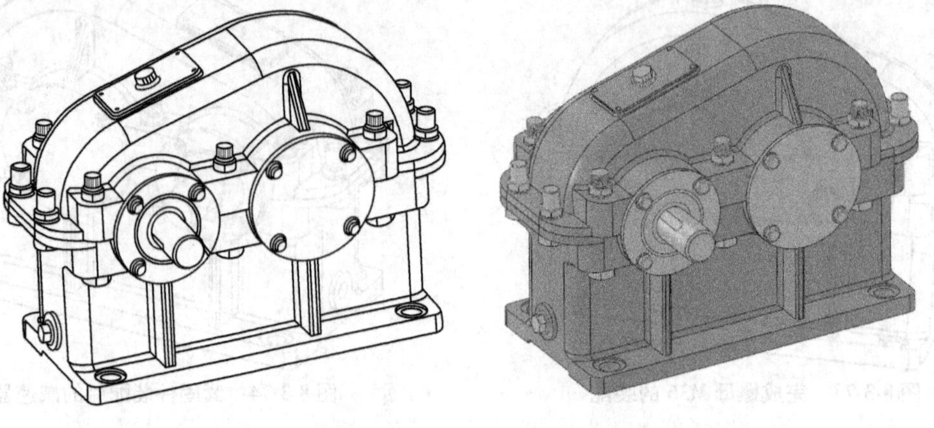

a)　　b)

图 8-3-77　装配完成的减速器

小技巧

为提高装配的速度，便于产品更新，在使用 SolidWorks 进行装配件的设计时，应着重注意如下技巧：

➢灵活使用子装配体。尽量按照产品的层次结构使用子装配体组装产品，避免把所有零件添加到一个装配体中。这样一旦设计有变，只需更新子装配体即可。

➢避免使用链式配合。应将多数零件配合到一个或两个固定的零件上（或基准轴、基准面上），尽量减少零部件间的相互配合。

➢尽量完全定义零部件。如有可能，应尽量减少零部件的自由度，完全定义零部件的位置，未完全定义的零部件，在拖动装配体时容易产生不可预料的错误。

➢重新添加配合比查找错误更简单。如果出现配合错误，与其诊断每个配合的意义，还不如直接删除所有配合重新创建来得简单。

➢完全定义的草图是进行正确装配的基础。绘制零件时，应尽量完全定义所用草图，不精确的草图更容易产生配合错误，且极难分析错误的原因。

8.4　减速器爆炸视图

在实际设计工作中，设计者有时候需要分离装配体中的零部件，以便分析它们之间的相互关系。装配体的爆炸视图可以满足设计者的这个需求。只有在已装配好的装配体中才能使用爆炸视图，并且装配体爆炸后，就不能给装配体添加配合了。生成一个爆炸视图需要一个或多个爆炸步骤。

生成爆炸视图的步骤如下：

1）打开一个装配体。

2）单击装配体特征工具栏中的【爆炸视图】按钮，或者选取菜单命令【插入】→

【爆炸视图】，此时在左侧 PropertyManager 中出现【爆炸】属性管理器，如图 8-4-1 所示。

3）在主视区选中零部件，此时在“设定”选项下的“爆炸步骤的零部件”中会列出所选零部件的名称，并且在主视区中选中的零部件变为黑色，如图 8-4-2 所示。

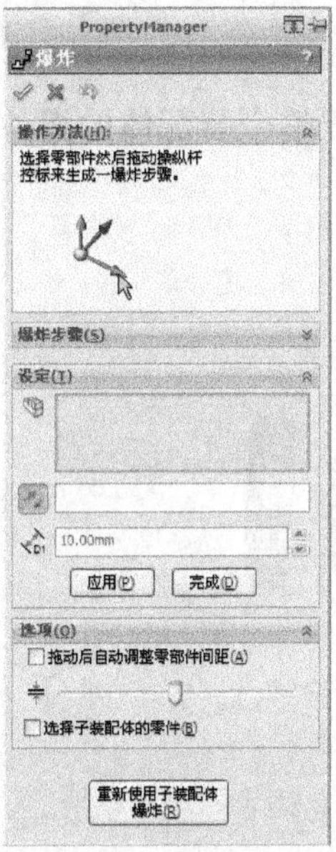

图 8-4-1　【爆炸】属性管理器

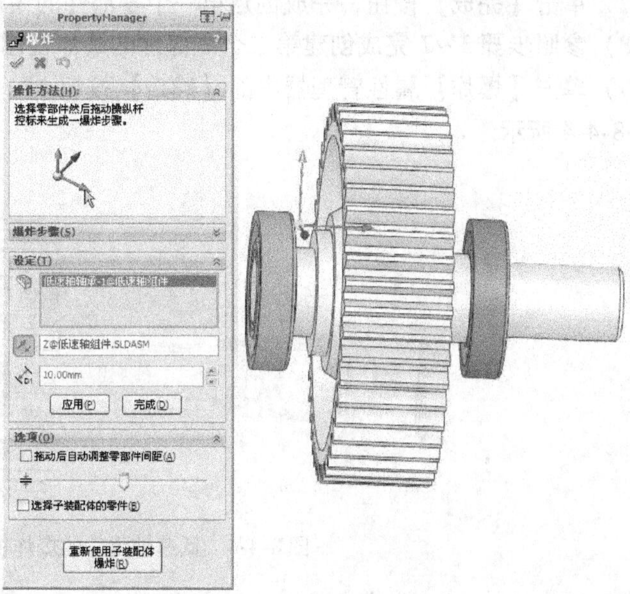

图 8-4-2　爆炸步骤中的零部件

4）按住鼠标左键拖动操纵杆控标，以确定爆炸方向，此时在零部件上有箭头指示爆炸的方向，单击【反向】可以将爆炸的方向反向，此时在“设定”选项下的“爆炸步骤的零部件”中的所选零部件消失，设定好的零部件变为红色，如图 8-4-3 所示。

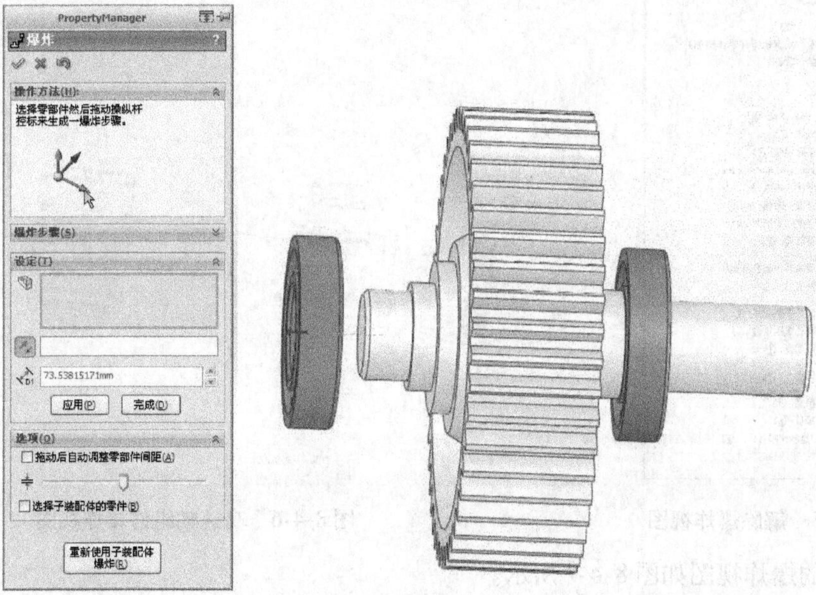

图 8-4-3　设定爆炸方向和距离

5）在“设定”选项下的“距离”文本框内输入爆炸的距离，单击〈Enter〉键，此时在主视区内生成爆炸视图。

6）单击【应用】按钮，确定爆炸视图。

7）单击【完成】按钮，完成创建第一个零部件的爆炸视图。

8）参照步骤 3 ~7 完成创建第二个零部件的爆炸视图。

9）单击【爆炸】属性管理器中的【确定】按钮✓，完成生成整个装配体的爆炸视图，如图 8-4-4 所示。

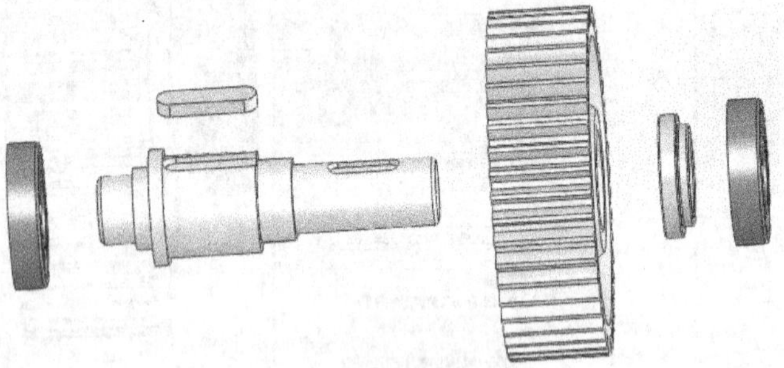

图 8-4-4　低速轴组件的爆炸视图

如果要取消爆炸视图，可在设计树中右键单击装配体的名称，此时系统弹出一个下拉菜单，如图 8-4-5 所示，选择其中的【解除爆炸】项，即可恢复装配体。

参考低速轴组件的爆炸视图生成高速轴组件的爆炸视图，如图 8-4-6 所示。

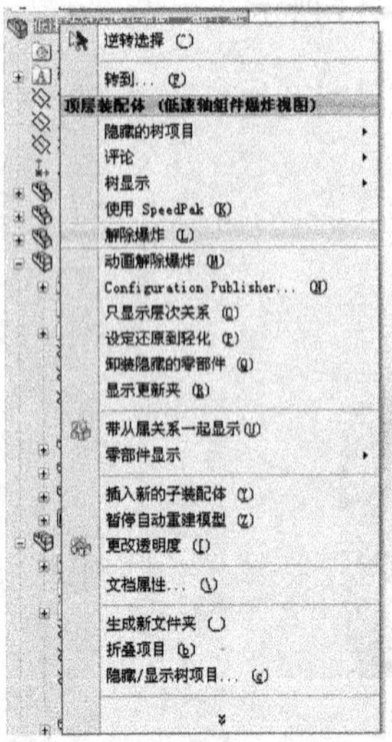

图 8-4-5　解除爆炸视图

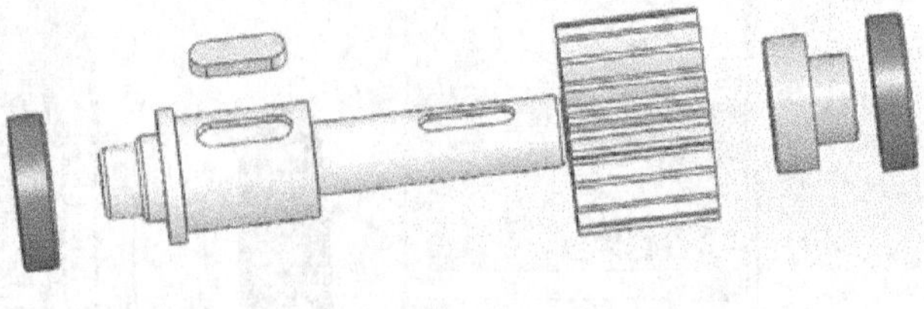

图 8-4-6　高速轴组件爆炸视图

减速器的爆炸视图如图 8-4-7 所示。

图 8-4-7　减速器的爆炸视图

8.5　减速器的设计修改

在 SolidWorks 2012 中，可以对装配好的减速器装配体进行各种类型的分析，如计算装配体的质量特性和干涉检查等。对装配体干涉检查可以发现装配体中零部件之间的干涉情况，找出装配体设计中存在的问题。另外，通过装配体的物理模拟可以显示装配体零部件之间的运动效果。本节将介绍 SolidWorks 中的干涉检查、设计修改和物理模拟的相关知识。

8.5.1　干涉检查

在一个复杂的装配体中，如果想用视觉来检查零部件之间是否有干涉的情况是件困难的事，在 SolidWorks 2012 中可以通过“静态干涉检查”和“动态干涉检查”实现对装配体零部件干涉的自动查找。

1. 静态干涉检查

在 SolidWorks 2012 中通过【干涉检查】命令可以发现装配体中零部件之间的干涉情况，干涉部分将在检查结果的列表中显示出来，并在图形区域显示上了色的干涉真实体积。

下面以“减速器”装配体为例介绍静态干涉检查的操作步骤。

1）单击【标准】工具栏上的【打开】按钮，或选择菜单命令【文件】→【打开】，在

【打开】对话框中选择“减速器.SLDASM”文件，单击【打开】按钮，打开该装配体文件。

2）单击【装配体】工具栏上的【干涉检查】按钮，或选择菜单命令【工具】→【干涉检查】，弹出【干涉检查】属性管理器。

3）在【干涉检查】属性管理器中，单击【所选零部件】选择框，在 FeatureManager 设计树中选择“顶层装配体项目”，在“选项”区中选中【使干涉零件透明】复选框，如图 8-5-1所示。

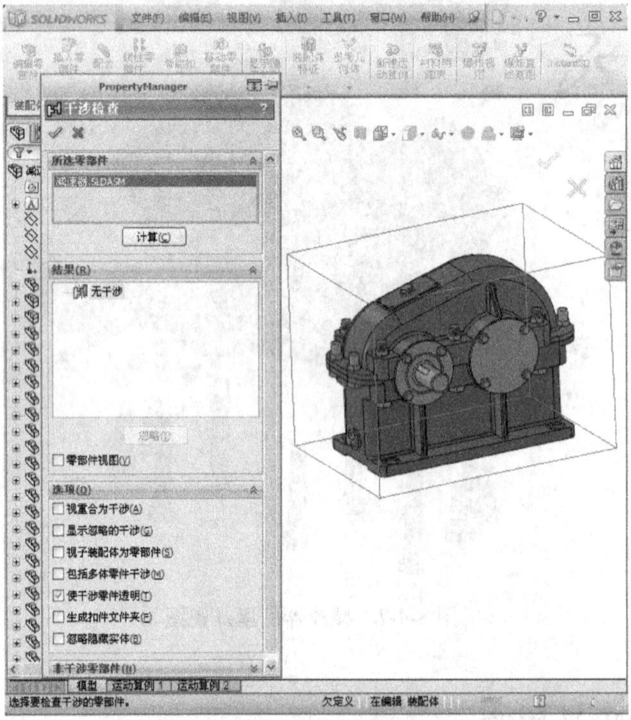

图 8-5-1 【干涉检查】属性管理器设置

4）在【干涉检查】属性管理器中单击【计算】按钮，干涉检查的结果会显示在“结果”列表中，并在图形区显示干涉区域，如图 8-5-2 所示。

5）可以在【干涉检查】属性管理器中单击【忽略】按钮，忽略该干涉。单击【干涉检查】属性管理器中的【确定】按钮，完成干涉检查。

2. 动态干涉检查

静态干涉检查只能检查装配体在一定条件下的干涉，而要考察装配体在运动状态下的干涉情况，需利用【移动】或【旋转】命令来实现。

下面以减速器装配体为例介绍动态干涉检查的操作步骤。

1）单击【装配体】工具栏上的【旋转零部件】按钮，弹出【旋转零部件】属性管理器。

2）在【旋转零部件】属性管理器中，选中“选项”区中的【碰撞检查】单选按钮，如图 8-5-3 所示。

3）移动鼠标指针，在图形区域中选择“低速轴齿轮”零件，旋转零部件的过程中开启动态检查功能，同时在屏幕上以“深绿色”显示干涉区域，如图 8-5-4 所示。

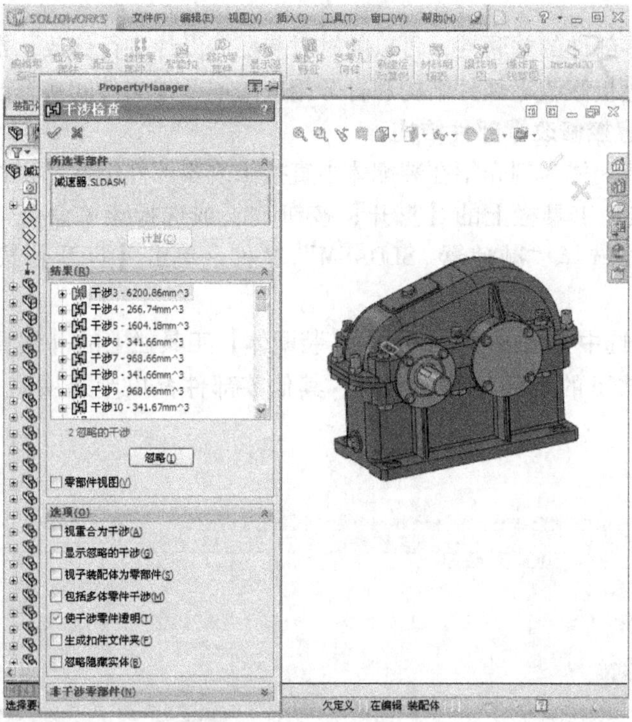

图 8-5-2　干涉检查结果

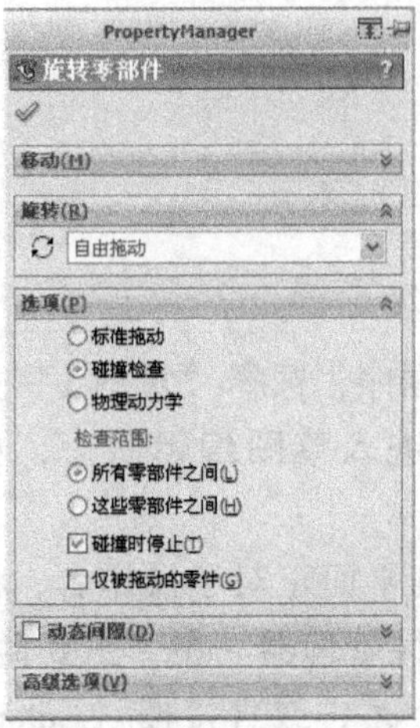

图 8-5-3 【碰撞检查】选项

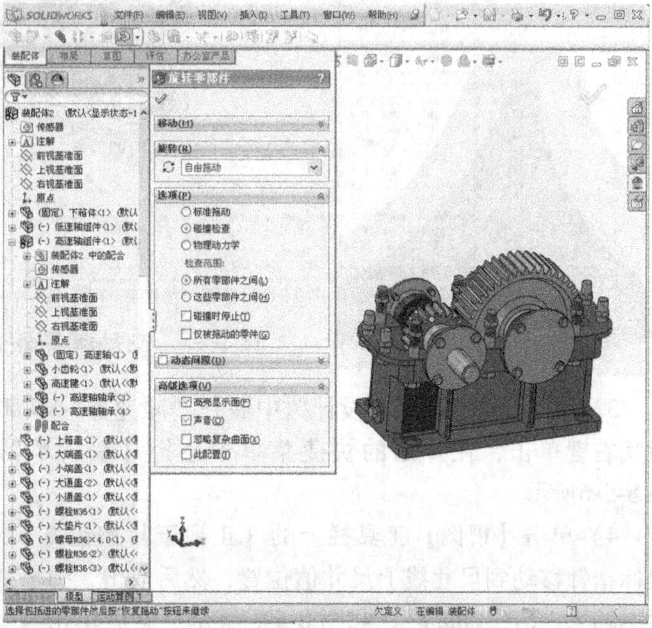

图 8-5-4　动态干涉检查显示

4）单击【旋转零部件】属性管理器中的【确定】按钮✓，完成零部件动态干涉检查。

8.5.2　设计修改

基于装配体与零部件的关联性，可以随时对装配体设计进行修改，常用设计修改方法有两种：在装配体中直接修改零部件结构和打开相应的零部件文件间接修改结构。

1. 在装配体中直接修改零部件结构

下面以减速器装配体为例介绍在装配体中直接修改零部件结构的操作步骤。

1）单击【标准】工具栏上的【打开】按钮，或选择菜单命令【文件】→【打开】，在【打开】对话框中选择“减速器 . SLDASM”文件，单击【打开】按钮，打开该装配体文件。

2）在图形区域选中上箱盖零件，单击【装配体】工具栏上的【编辑零部件】按钮，系统进入装配体模式下的零部件编辑状态，其他零部件都以半透明状态显示，如图 8-5-5 所示。

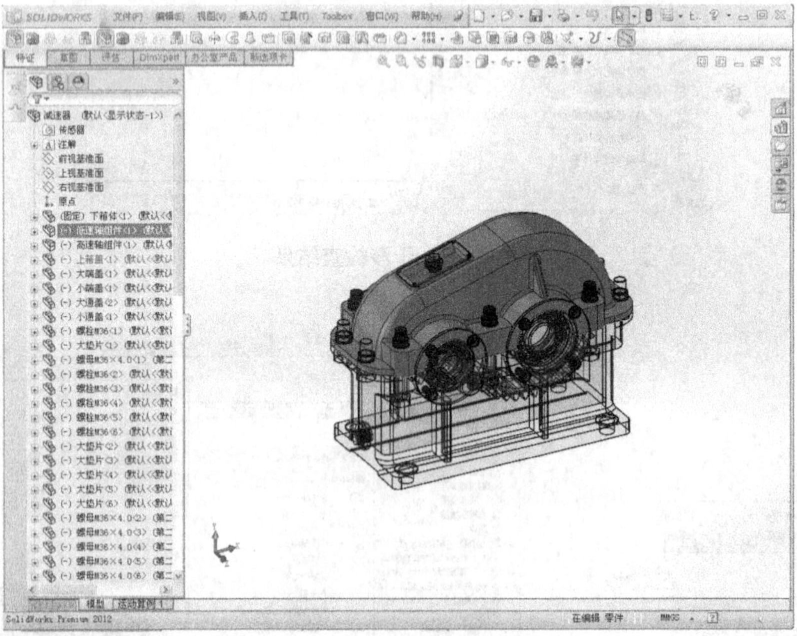

图 8-5-5　选择编辑零部件

3）在 FeatureManager 设计树中展开“减速器”零部件的设计顺序，选择“草图 1”并对其右键单击，在弹出的快捷菜单中选择【编辑草图】命令，进入草图编辑状态，如图 8-5-6所示。

4）单击【视图】工具栏上的【正视于】按钮，使草图绘制平面正对于操作者，将鼠标指针移动到尺寸线上尺寸值位置，然后双击，弹出【尺寸】属性管理器。在“主要值”栏中输入“570. 00mm”，如图 8-5-7 所示。然后单击【确认】按钮，或直接按〈Enter〉键，完成尺寸数值的修改，如图 8-5-8 所示。

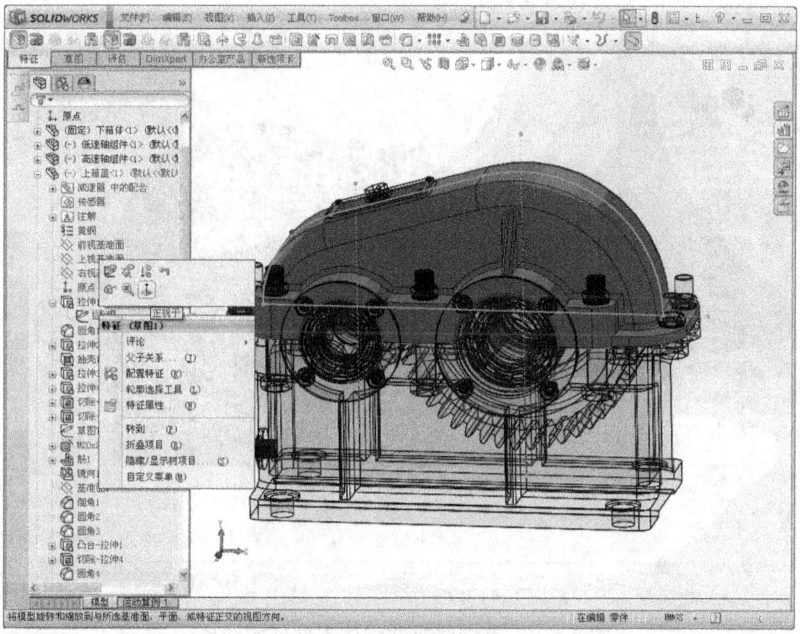

图 8-5-6　启动草图编辑功能

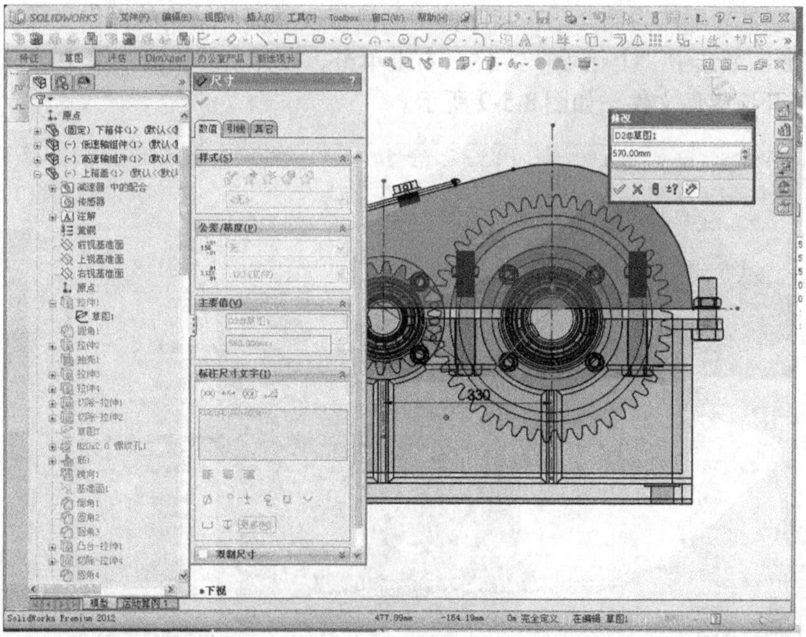

图 8-5-7　修改草图尺寸

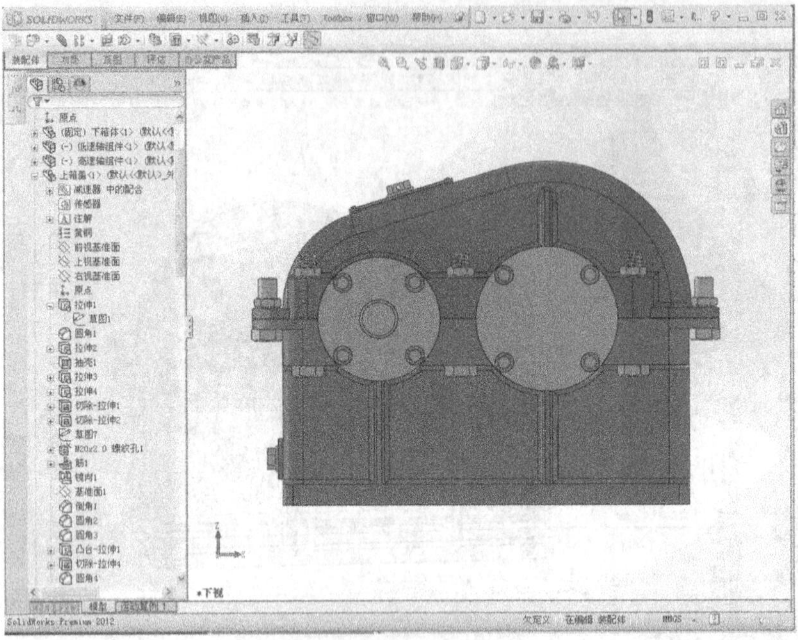

图 8-5-8　直接修改装配体零部件的结果

5）单击图形区域右上角的【确认】图标 ，完成当前草图修改并退出草图绘制状态。

2. 在零部件文件中间接修改零部件结构

下面以减速器装配体为例介绍在装配体中间接修改零部件结构的操作步骤。

1）在图形区域选中“上箱盖”零件，右键单击，在弹出的快捷菜单中选择【打开零部件】命令，打开该零件文件，如图 8-5-9 所示。

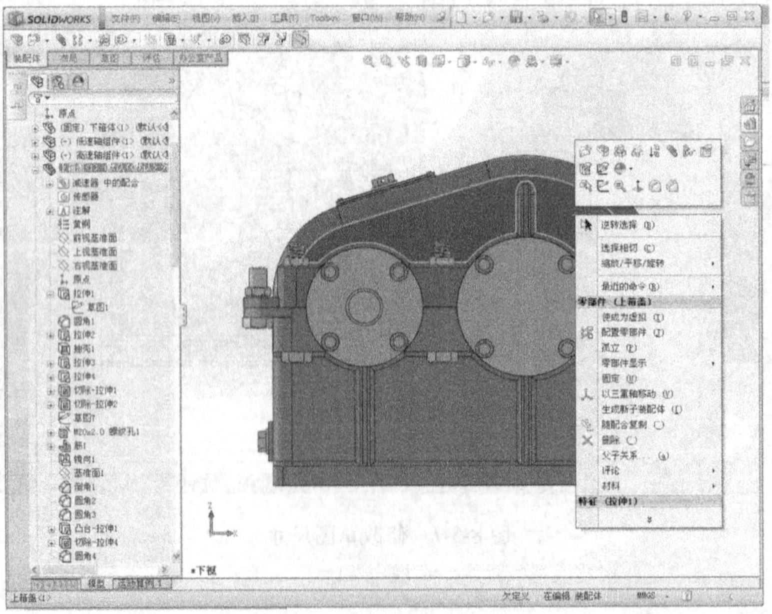

图 8-5-9　在装配体中打开零部件文件

2）在 SolidWorks 中打开“上箱盖 . SLDPRT”文件，可利用前面所讲的编辑功能，修改该零件的结构尺寸，如图 8-5-10 所示。

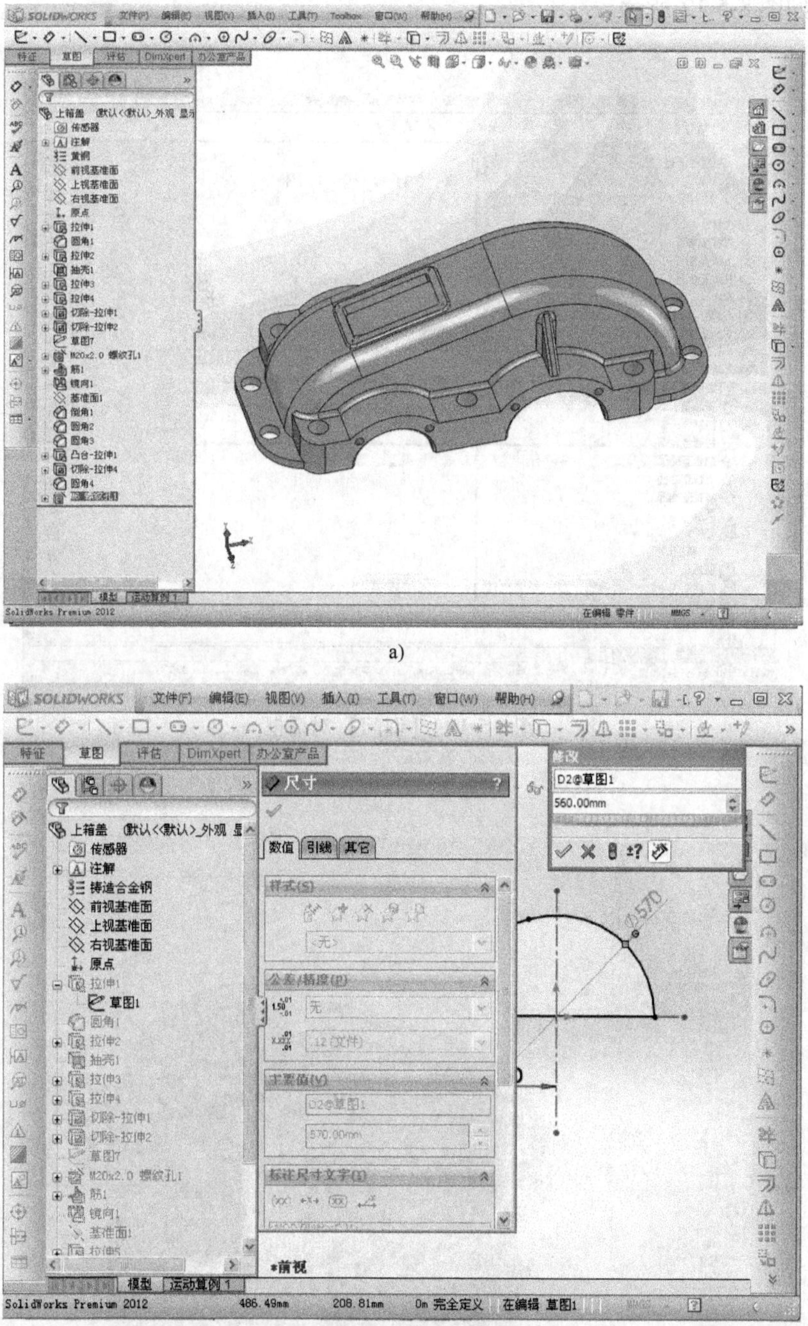

a）　b）

图 8-5-10　修改零部件结构尺寸

a）打开上箱盖零件　b）修改草图尺寸

3）再次打开“减速器”装配体文件，系统弹出询问对话框，如图 8-5-11 所示。这是因为“上箱盖”零件还处于草图编辑状态，单击【确认】按钮，进入“上箱盖”零件编辑窗口，退出草图，然后再次打开“减速器”装配体文件，系统自动将装配体中的“上箱盖”零件更新，如图 8-5-12 所示。

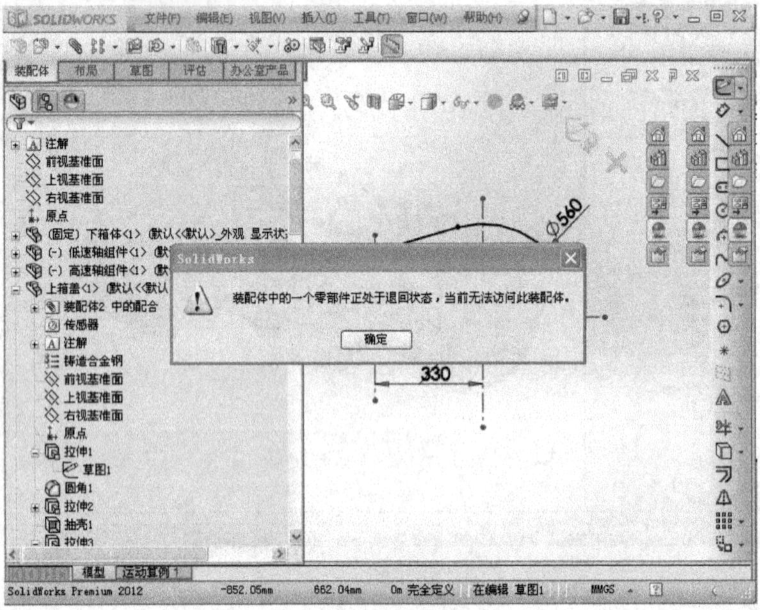

图 8-5-11　【询问】对话框

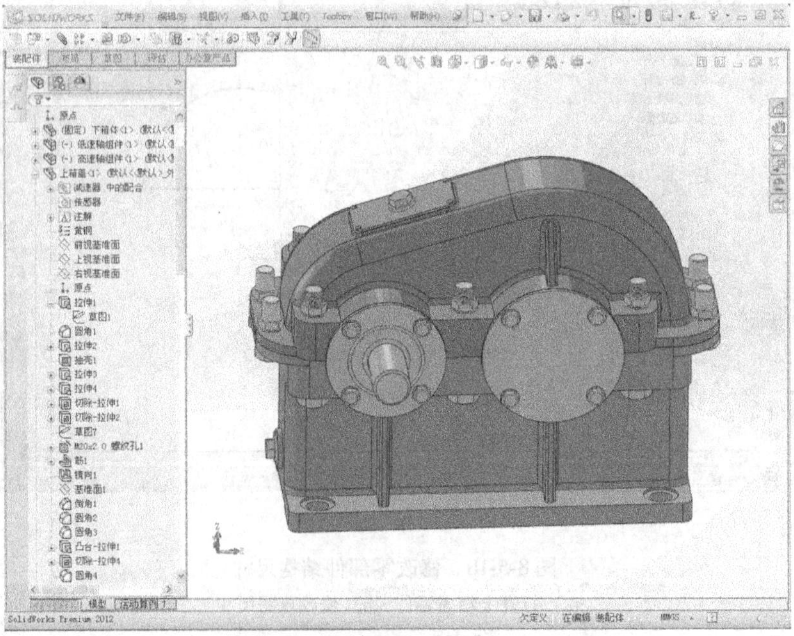

图 8-5-12　间接修改装配体零部件的结果

8.5.3　物理模拟

利用 SolidWorks 物理模拟功能可以模拟马达旋转、齿轮运动、弹簧运动和引力作用于装配体的效果，从而可以不借助其他运动模拟软件设计或录制装配体中零部件的运动情况。需要注意的是，不要认为物理模拟具有动力学分析功能，物理模拟并没有考虑诸如动力、摩擦力等方面的因素，也没有考虑零部件的碰撞是弹性碰撞还是非弹性碰撞。

【模拟】工具栏包含了用于模拟的命令，如图 8-5-13 所示。

图 8-5-13　【模拟】工具栏

下面以减速器装配体为例来说明模拟减速器转动的操作步骤。

1）单击【标准】工具栏上的【打开】按钮，或选择菜单命令【文件】→【打开】命令，在【打开】对话框中选择“减速器 . SLDASM”文件，单击【打开】按钮，打开该装配体文件。

2）在左侧的设计树中，分别在“上箱盖”、“窥视盖”、“通气塞”以及四颗“螺栓 M6”上右键单击，弹出快捷菜单，选择【隐藏零部件】按钮，如图 8-5-14 所示。

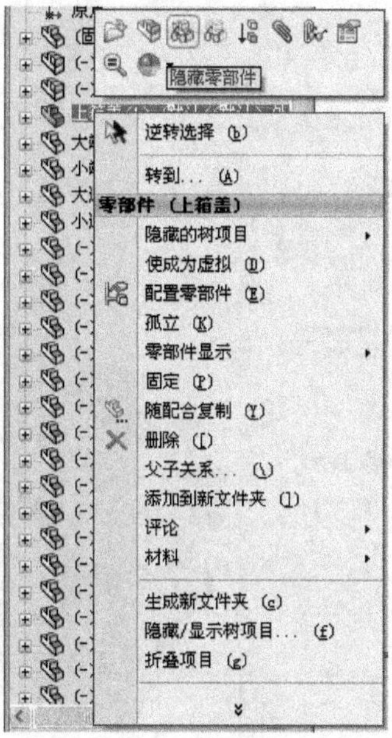

图 8-5-14　快捷菜单

3）单击【装配体】工具栏上的【配合】按钮，或选择菜单命令【插入】→【配合】，弹出【配合】属性管理器，如图 8-5-15 所示。单击【高级配合】区中的【齿轮】按钮 齿轮(G)，依次在图形区域选择“小齿轮”齿廓面和“大齿轮”的齿廓面，保持“比率”文本框中的参数为默认值，弹出图 8-5-16 所示的属性管理器，单击【确定】按钮，效果如图 8-5-17所示。

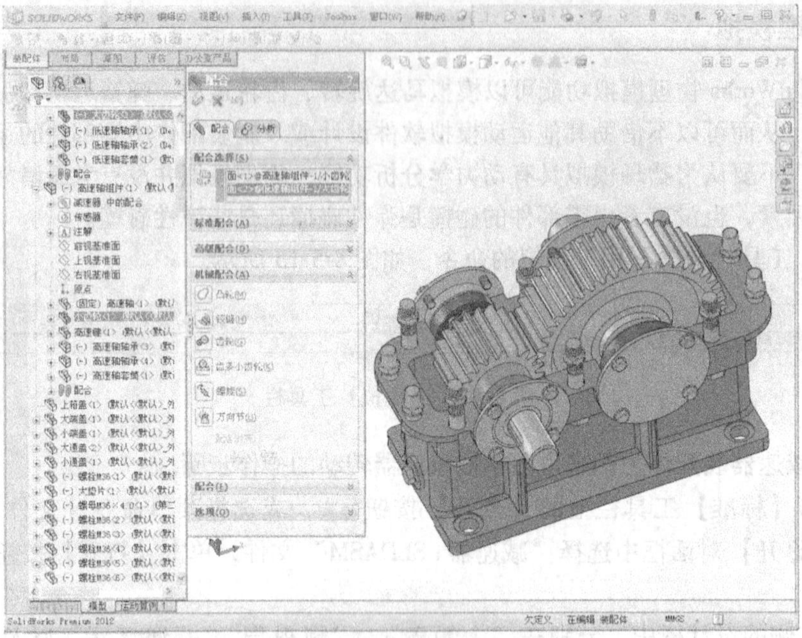

图 8-5-15 【配合】属性管理器

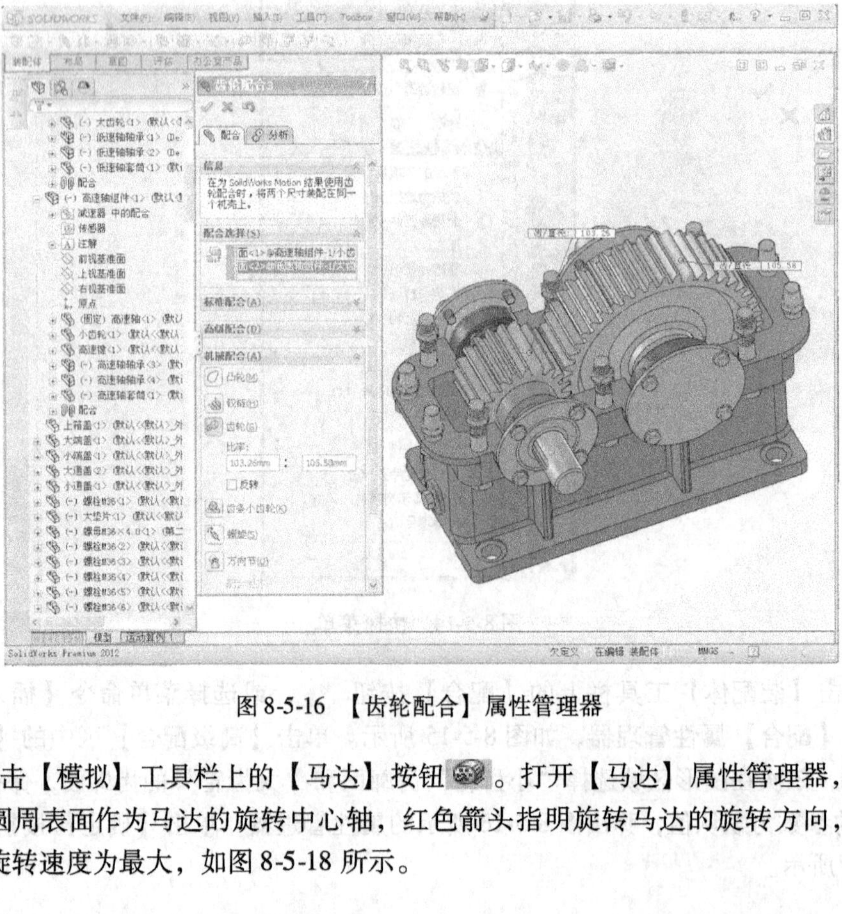

图 8-5-16 【齿轮配合】属性管理器

4）单击【模拟】工具栏上的【马达】按钮。打开【马达】属性管理器，选择“低速轴”外圆周表面作为马达的旋转中心轴，红色箭头指明旋转马达的旋转方向，拖动速度滑块定义旋转速度为最大，如图 8-5-18 所示。

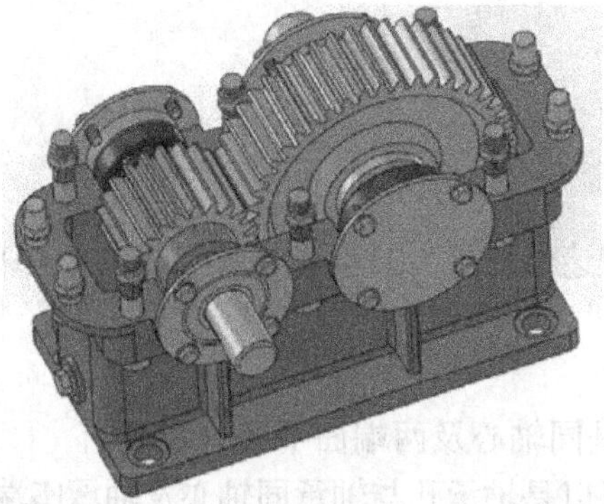

图 8-5-17　齿轮配合设置完成后的效果

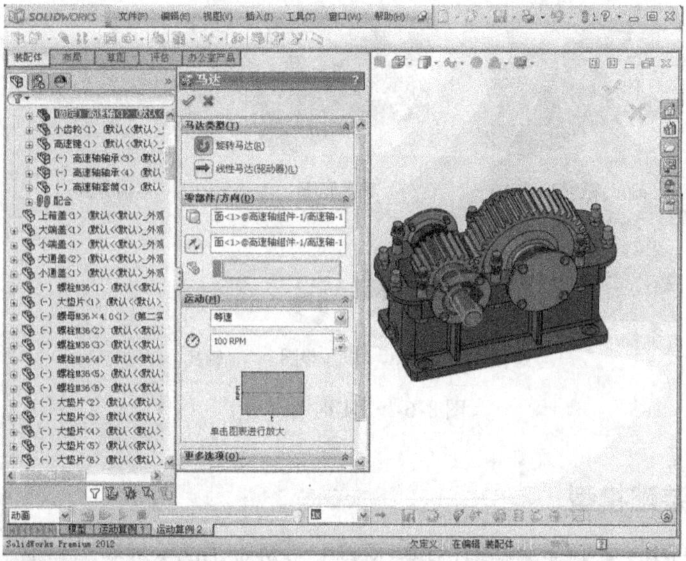

图 8-5-18　【马达】属性管理器

5）单击【马达】属性管理器中的【确定】按钮，完成旋转马达的定义。

6）单击【模拟】工具栏上的【计算】按钮，进行机构模拟的计算，待计算完成之后，会自动显示齿轮的旋转效果。

7）单击【模拟】工具栏上的“动画”选项，并选择循环播放按钮，就可以模拟动画的效果了，如图 8-5-19 所示。

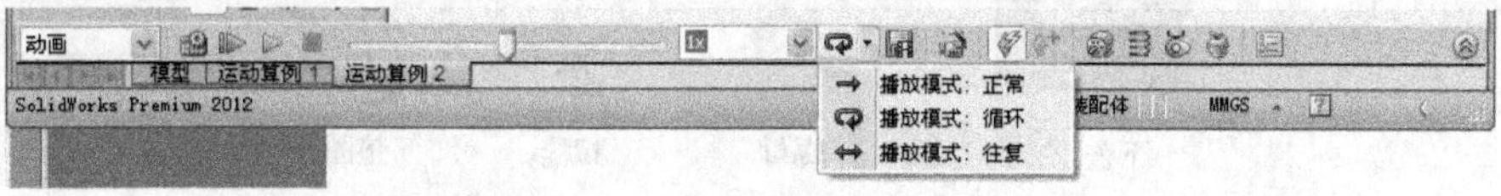

图 8-5-19　【模拟】工具栏动画设置

8.6 拓展实训

8.6.1 轴承座装配模型

将光盘文件“\第 8 章减速器装配\习题\轴承座”文件夹中的零件装配起来，如图 8-6-1 所示。

装配提示：

➢两片轴瓦的配合可以是同轴心及两端面平齐（重合）。

➢轴承与轴承座的配合可以是轴承孔与轴承同轴心及轴承座端面与轴瓦圆柱侧端面重合。

➢轴承底座与轴承盖的配合主要是底座上表面与轴承盖的下安装面重合以及轴承凸缘平齐（重合）。

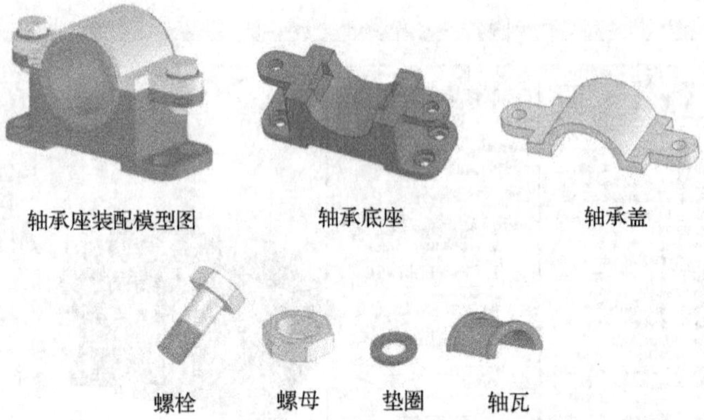

图 8-6-1 实训图（一）

8.6.2 电风扇装配模型

将光盘文件“\第 8 章减速器装配\习题\风扇”文件夹中的零件装配起来，如图 8-6-2 所示。

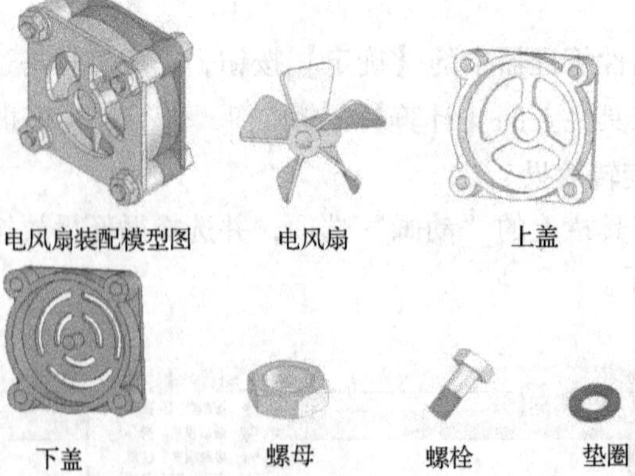

图 8-6-2 实训图（二）

装配提示：

➢本节主要是练习曲面与曲面同轴心和面与面重合的配合操作。

8.6.3　轴承装配模型

将光盘文件“\第 8 章减速器装配\习题\轴承”文件夹中的零件装配起来，如图 8-6-3 所示。

装配提示：

➢本节主要是练习曲面与曲面同轴心和曲面与曲面相切的配合操作。

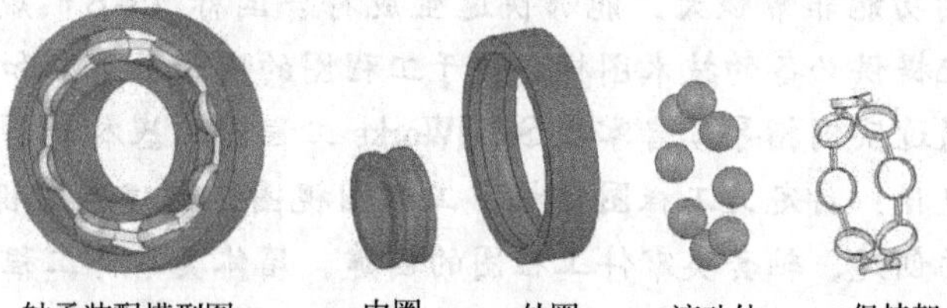

图 8-6-3　实训图（三）

第9章　工　程　图

知识导学

SolidWorks 创建的零件和装配体三维模型可以直接创建与模型相关联的工程图。SolidWorks 2012 工程图的功能非常强大，能够快速生成符合国标（GB）规定的所有视图类型，为产品的加工和装配提供必备的技术图样。关于工程图的内容很多，和实际工作的联系也比较紧密，本章旨在通过实例指导读者掌握 SolidWorks 工程图的基本命令、操作方法和步骤。

本章内容主要包括：自定义工程图模板，工程图视图，创建高级视图，工程图的标注，盘盖类零件工程图的创建，轴套类零件工程图的创建，箱体类零件工程图的创建，工程图的标准化问题，减速器装配体工程图，SolidWorks 的工程图输出为 dwg 格式。

- 重点：创建高级视图，工程图的标注，盘盖类零件工程图的创建，轴套类零件工程图的创建，箱体类零件工程图的创建，减速器装配体工程图，SolidWorks 的工程图输出为 dwg 格式。
- 难点：工程图的标准化问题，减速器装配体工程图。

SolidWorks 生成的零件和装配体等三维模型具有直观、易懂等优点，但是却无法标注完整的加工参数，如尺寸公差、加工精度、基准、表面粗糙度符号等。另外，对于零件中的斜槽和凹孔等局部结构，三维模型也不能清楚地表达。因此，零件和装配体的设计完成后，需要将其详细信息在工程图中表达出来，这样才能向工程技术人员传递具体的几何形状和尺寸信息，最终指导工人进行零件的加工和装配。

利用 SolidWorks 软件，用户可以很容易地使用零件和装配体创建工程图，所创建的工程图与其所参考的零件或装配体是全相关的。当模型被修改后，工程图也会随之更新。其主要特点如下：

- 可以自定义工程图模板，利用模板创建工程图可以节省大量的重复劳动。
- 用户界面直观、简洁、易用，可以快速方便地创建图样。
- 可以快速地将视图放置到图样上，系统会自动正交对齐视图。
- 具有从图形窗口编辑大多数工程图项目（如尺寸和符号等）的功能。用户可以创建制图对象，并立即对其进行编辑。
- 可以自动、手动创建尺寸，尺寸的编辑与整理也十分容易。
- 可以根据制图需要添加符合国家标准或企业标准的各种符号，如基准符号、尺寸公差、几何公差、表面粗糙度符号等。

9.1　自定义工程图模板

SolidWorks 为用户提供了多种规格的图纸格式，但多是国外标准，不一定符合企业内部规范，所以用户需要设计符合本企业要求的图纸格式。使用自定义的标准工程图模板是生成多零件标准工程图的最快捷的方式。

制作工程图模板的具体步骤如下：

1）新建图纸，指定图纸的大小。

2）定义图纸文件属性，包括视图投影类型、图纸比例、视图标号等。

3）编辑图纸格式，包括模板文件中的图形界限、图框线、标题栏并添加相关注解。

4）保存模板文件至系统模板文件夹。

9.1.1 编辑图纸格式

1. 创建工程图文件

选择菜单命令【文件】→【新建】，或者单击【标准】工具栏中的【新建】按钮，系统弹出【新建 SolidWorks 文件】对话框。在对话框中选择其中的【工程图】按钮，单击【确定】按钮。

2. 设置自定义图纸大小

在系统弹出的【图纸格式/大小】对话框中，单击【自定义图纸大小】复选框，按照国标 GB/T 14689—2008《技术制图 图纸幅面和格式》绘制 A4 图幅（横向）。在“宽度”文本框中输入值“297mm”，在“高度”文本框中输入值“210mm”，单击【确定】按钮。此时，图形区出现 A4 的图幅，控制区弹出【模型视图】属性管理器。

3. 编辑图纸格式

单击【模型视图】属性管理器中的【取消】按钮，进入工程图工作界面。右键单击特征管理器设计树中的“图纸 1”，或在绘图区中右键单击鼠标，在弹出的快捷菜单中选择“编辑图纸格式”选项，进入“编辑图纸格式”环境。

注意

进入编辑图纸格式环境后，在图纸格式环境中创建的视图、标注或注释等项目将不可见。

4. 设置线型、线色

单击【线型】工具栏中的【线粗】按钮，在弹出的快捷菜单中选择相应的线宽。单击【线型】工具栏中的【线色】按钮，弹出【设定下一直线颜色】对话框，在其中选择需要的颜色，此处选择黑色。线型的设置过程如图 9-1-1 所示。

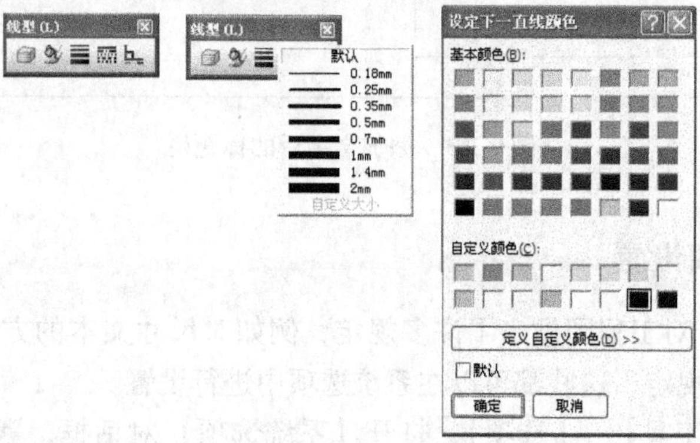

图 9-1-1 线型的设置

5. 绘制图框并添加尺寸约束

在图形区 A4 图幅内绘制一个矩形草图作为图框。选中矩形的左下角端点，在图 9-1-2 所示的【点】属性管理器的“参数”选项中设定点的坐标为（25，5），并单击“添加几何关系”选项中的【固定】按钮，将图框左下角端点约束。

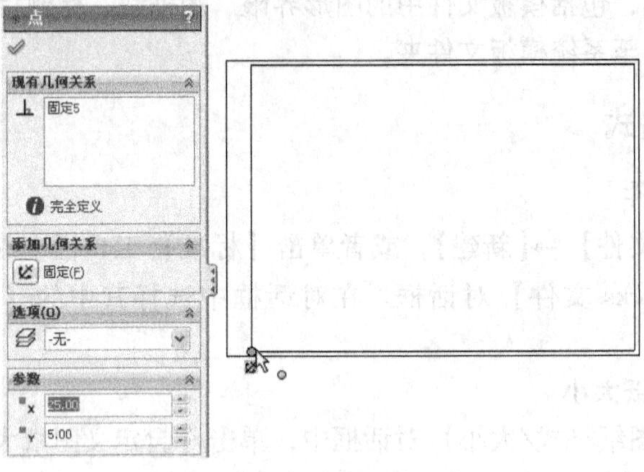

图 9-1-2　绘制图框

重复上一步骤，将图框的右上角端点约束在坐标（292，205）处。

6. 添加标题栏

利用草图工具绘制图 9-1-3 所示的标题栏，并添加尺寸约束及设置线宽。

选择菜单命令【视图】→【隐藏/显示注解】，依次选择要隐藏的尺寸标注线。当隐藏命令执行时，被隐藏的尺寸标注线呈灰色显示。单击鼠标右键，在弹出的快捷菜单中选中“选择”选项，取消隐藏命令操作，被隐藏的尺寸线将不再显示。

单击【常用】工具栏中的【注解】→【注释】按钮，系统弹出【注释】属性管理器。单击“引线”选项中的【无引线】按钮，然后在标题栏中合适的位置添加需要的文字。添加文字后的标题栏如图 9-1-3 所示。

<table>
<tr><td colspan="3" rowspan="2">零件图名称</td><td>比例</td><td></td><td>图号</td><td></td></tr>
<tr><td>数量</td><td></td><td>材料</td><td></td></tr>
<tr><td>设计</td><td></td><td>(日期)</td><td colspan="2" rowspan="3">(课程名称)</td><td colspan="2" rowspan="3">(校名班号)</td></tr>
<tr><td>绘图</td><td></td><td></td></tr>
<tr><td>审阅</td><td></td><td></td></tr>
</table>

图 9-1-3　添加文字后的标题栏

9.1.2　工具图选项设置

我国标准（GB）对工程图做出了许多规定，例如对尺寸文本的方位与字高、尺寸箭头的大小等都有明确的规定，这些都可以在系统选项中进行设置。

选择菜单命令【工具】→【选项】，打开【系统选项】对话框，默认打开“系统选项”选项卡，如图 9-1-4 所示，在此选项卡中可设置“工程图”的整体性能，如工程图的显示类型、剖面线样式、线条颜色以及文件保存的默认位置等。

在【系统选项】→【工程图】对话框中切换到“文档属性”选项卡，在此选项卡中主要可设置“注释”的样式，如注释的线型、尺寸和数字等参数。在图9-1-5所示的界面中可设置文字大小、注释箭头的显示样式的模型效果等。

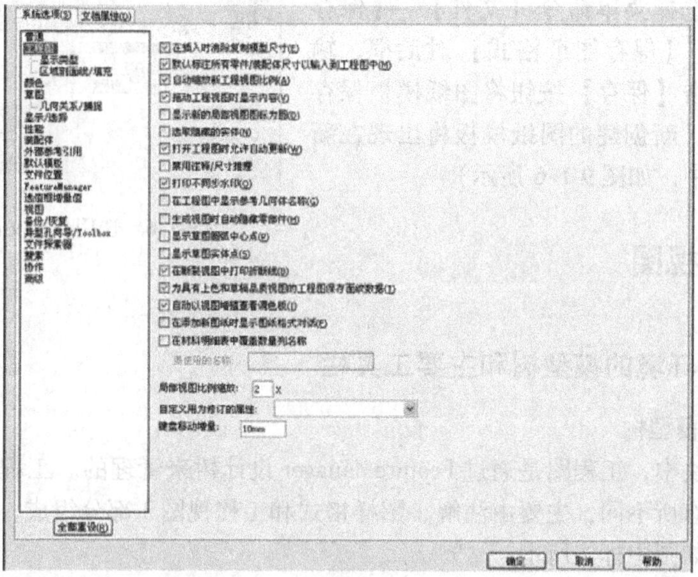

图9-1-4 【系统选项】选项卡

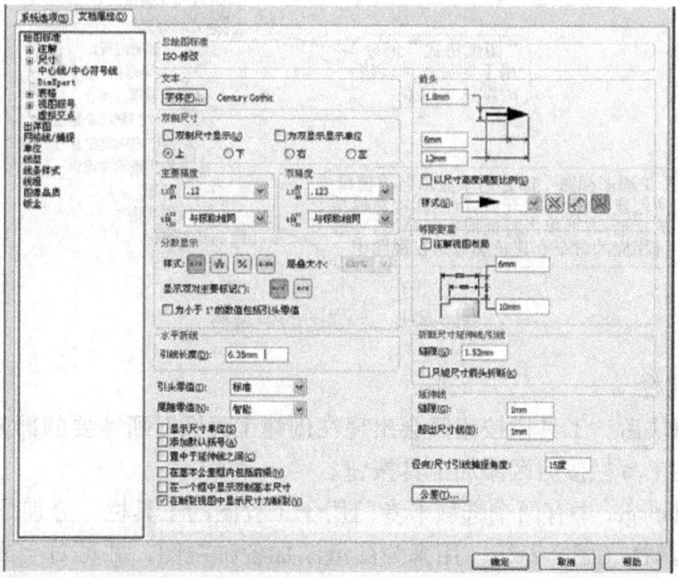

图9-1-5 设置工程图的“文档属性”选项卡

注意

“文档属性”设置只对当前正在操作的工程图文件有影响。

9.1.3　保存图纸格式

当保存图纸格式时，读者在工程图文件中添加的所有自定义属性都将与图纸格式一起保存。其操作步骤为：选择菜单命令【文件】→【保存图纸格式】，打开【保存图纸格式】对话框，输入图纸名称，单击【保存】按钮将图纸模板保存到默认位置即可（新创建的图纸模板将出现在新建图纸的对话框中，如图 9-1-6 所示）。

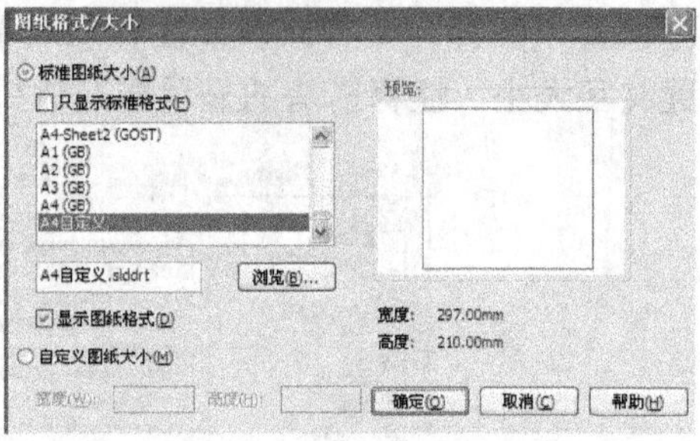

图 9-1-6　选用自定义的图纸格式

9.2　工程图视图

9.2.1　工程图环境的模型树和主要工具栏

1. 工程图的模型树

在工程图模块中，工程图是通过 FeatureManager 设计树来管理的。工程图的模型树与建模环境的模型树有所不同，主要由注解、图样格式和工程视图 3 部分组成，如图 9-2-1 所示。各个部分的作用如图中标注所示。

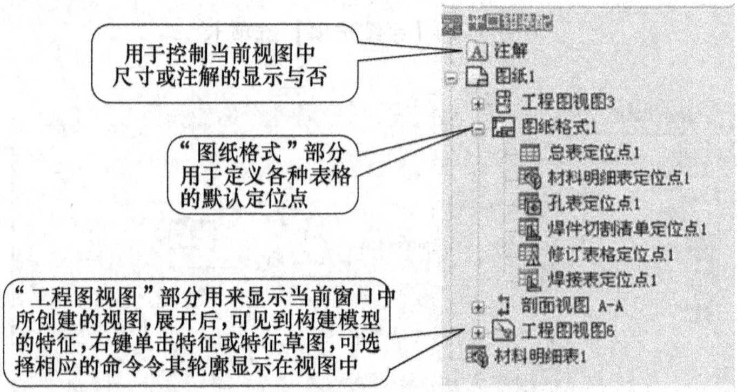

图 9-2-1　工程图的模型树

2. 工程图工具栏

进入工程图模块后，工具栏按钮区会出现在创建工程图时所需要的部分工具按钮，用户也可以根据需要在工具栏按钮区添加工具按钮。

在 CommandManager 中有两个选项卡专门用于工程图的工具栏，分别是：

1）工程图工具栏（图 9-2-2）。用来为图纸添加各种视图，并可对生成的视图进行裁剪等编辑。

图 9-2-2　工程图工具栏

2）注解工具栏（图9-2-3）。添加尺寸、几何和位置公差，表面粗糙度符号以及文本形式的技术条件。

图9-2-3 注解工具栏

9.2.2 创建工程图视图

工程图操作最初的任务是创建工程图视图。工程图视图是按照三维模型的投影关系生成的，主要用来表达部件模型的结构及形状，复杂零件需要多个视图才能表达清楚。为满足表达各种不同结构形状机件的需要，国家标准规定了许多画法，如视图、剖视图、断面图、局部放大图等。各类视图的组合又可得到不同的视图种类。使用 SolidWorks 2012 创建工程图视图的总体思路为：先在工程图中插入主视图，并创建其投影视图，然后使用下拉菜单【插入】→【工程图视图】中的各视图命令，创建所需的各种视图，最后调整视图的显示模式及隐藏或显示相应的边线，便可获得所需的工程图视图了。

说明

在创建工程图前，应根据零件的三维模型，考虑和规划零件视图，如工程图由几个视图组成，是否需要视图等。考虑清楚后，再进行零件视图的创建工作，否则如同用手工绘图一样，创建的视图可能不能很好地表达零件的空间关系，给其他用户的识图、看图造成困难。

1. 标准三视图

标准三视图命令用于同时建立三个默认的正交视图，即我们常说的主视图、俯视图和左视图。主视图、俯视图及左视图有固定的对齐关系。俯视图可以竖直移动，左视图可以水平移动。选择菜单命令【插入】→【工程图视图】→【标准三视图】，或单击【常用】工具栏中的【工程图】→【标准三视图】按钮，在弹出的属性管理器中单击【浏览】按钮，浏览至欲建立工程图的零件或装配体文件，并将其打开，图形区域会自动生成三个默认的正交视图。图9-2-4 所示即为“箱体盖”模型的标准三视图。

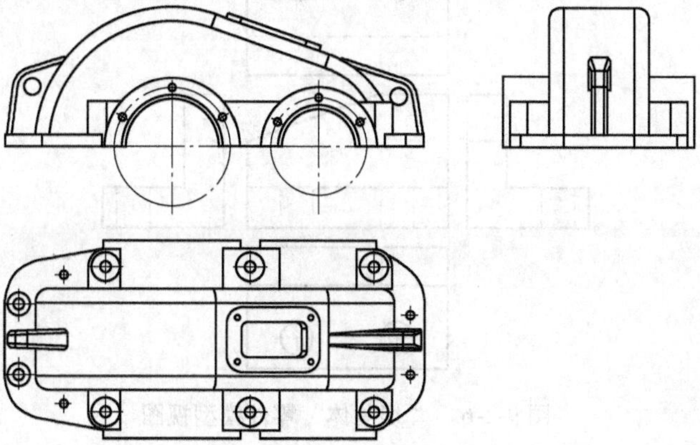

图9-2-4 “箱体盖”模型的标准三视图

注意

标准三视图中，左视图、俯视图与主视图（前视图）之间有着一定的对齐关系。当移动主视图时，其他两视图也随之移动。

2. 模型视图

【模型视图】命令用于生成模型中选定的某一个或多个视图。欲将模型视图插入到工程图文件中，操作步骤如下：

1）选择菜单命令【插入】→【工程图视图】→【模型视图】命令，或单击【常用】工具栏中的【工程图】→【模型视图】按钮，系统弹出【模型视图】属性管理器，如图 9-2-5所示。

图 9-2-5 【模型视图】属性管理器

2）单击【浏览】按钮，选择“切割体”零件，然后在【模型视图】属性管理器的“标准视图”选项中单击【前视】按钮，选择插入的视图方向。在前视图的上、下、左、右各个方向上单击即可放置多个投影视图，如图 9-2-6 所示。

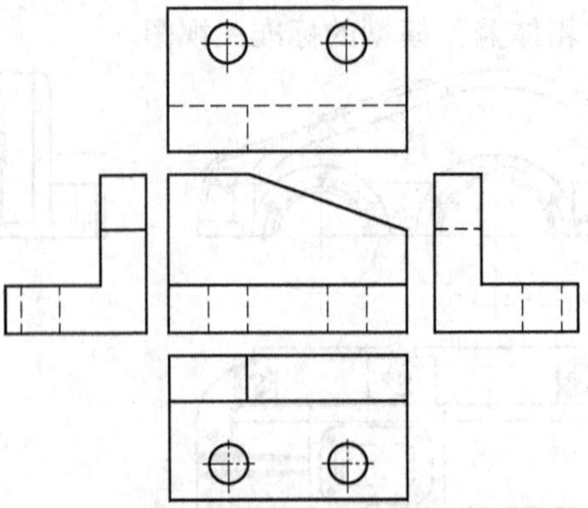

图 9-2-6 “切割体”零件模型视图

注意

根据系统默认设置，投影视图放置在图纸上时，自动与生成它的视图对齐，只能沿投影的方向移动投影视图。若要在放置投影视图时取消默认对齐，则在移动预览时按住〈Ctrl〉键即可。松开〈Ctrl〉键时，视图预览立即恢复默认的对齐。

9.2.3 视图的显示

1. 视图的显示模式

和模型一样，工程图视图也可以改变显示样式，SolidWorks提供了五种工程图视图显示样式，具体可通过选择下拉菜单【视图】→【显示】命令来选择显示样式。另外，可单击相应的视图，出现【工程图视图】属性管理器，在“显示样式”选项中设置对应的显示样式，如图9-2-7所示。

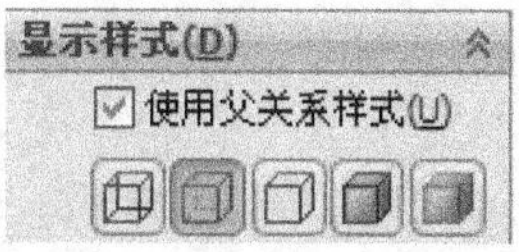

图9-2-7 视图显示样式设置

2. 边线的显示和隐藏

切边是两个面在相切处所形成的过渡边线，最常见的切边是圆角过渡形成的边线。在视图中常需要隐藏切边，在视图区域单击选中该视图，然后单击右键，选择【切边】→【切边不可见】隐藏视图中的切边，如图9-2-8所示。

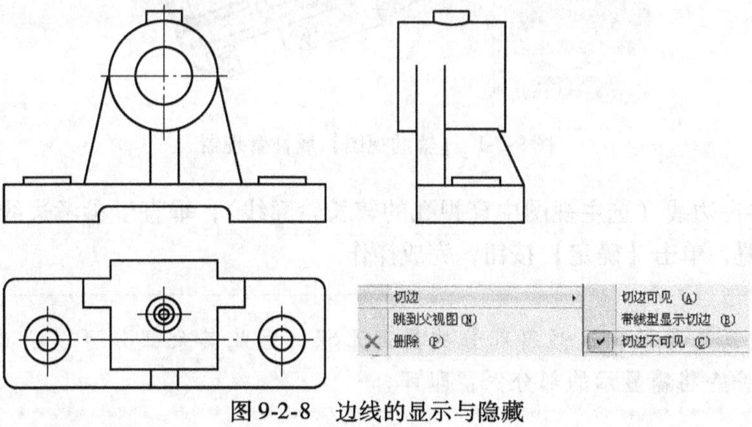

图9-2-8 边线的显示与隐藏

9.3 创建高级视图

在实际生产中，当机件的形状、结构比较复杂时，如果仅采用三视图来表达，则很难把机件的内外形状和结构准确、完整、清晰地表达出来。为了满足生产用图的需要，国家标准给出了视图、剖视、断面及简化画法等常用表达方法。SolidWorks 2012软件则可以通过【辅助视图】、【剖面视图】、【旋转剖视图】、【局部视图】、【断开的剖视图】、【断裂视图】、【剪裁视图】等命令来实现各种视图的画法。

9.3.1 辅助视图

在图9-2-4所示的箱体盖标准三视图中，由于箱体盖的窥视孔是倾斜的，所以它的俯视图和左视图都不反映实形，表达不够清楚，画图和标注尺寸比较困难，读图也不方便。为了清晰地表达箱体盖的倾斜结构，可采用斜视图来表达。斜视图的生成在 SolidWorks 中可通过【辅助视图】命令来完成。

辅助视图是垂直于现有视图中参考边线的正投影视图，但参考边线不能是水平或竖直的边线，否则生成的就是投影视图。下面以“箱体盖”零件模型为例来说明辅助视图的形成过程。具体操作步骤如下：

1）先建立零件的一个视图（此例中为主视图），单击【辅助视图】按钮，系统弹出【辅助视图】属性管理器，如图 9-3-1 所示。

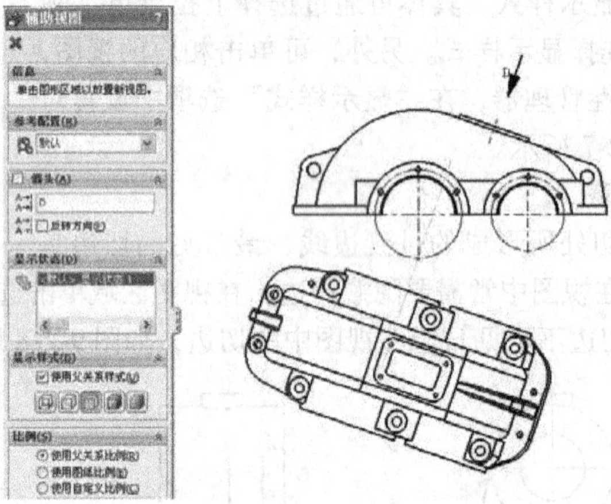

图 9-3-1　【辅助视图】属性管理器

2）指定参考边线（选主视图中窥视孔的较长轮廓线），垂直于参考边线移动鼠标确定辅助视图的位置，单击【确定】按钮，完成操作。

说明

辅助视图只是为了表达倾斜部分的局部形状，因此其余部分可以不必显示，利用【剪裁视图】命令将需显示的部分保留即可。

9.3.2　剪裁视图

剪裁视图命令可将标准视图和投影视图等进行裁剪，以简化视图的表达，使视图看起来更加清晰明了。具体操作步骤如下：

1）用草图绘制工具绘制一个封闭轮廓。

2）选中绘制的封闭轮廓，单击【工程图】工具栏中的【剪裁视图】按钮，单击【确认】按钮即可完成对视图的裁剪，如图 9-3-2 所示。

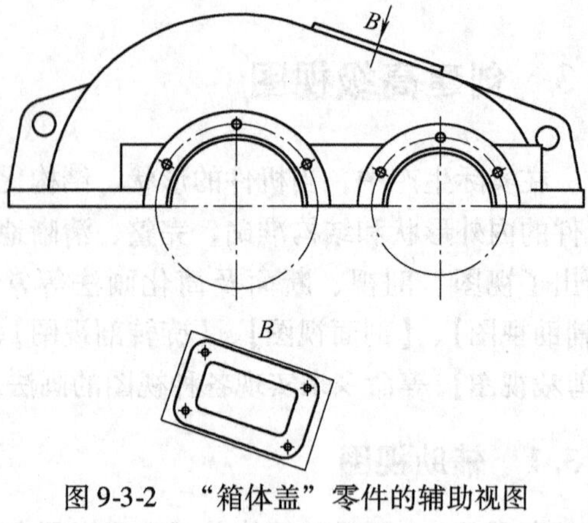

图 9-3-2　“箱体盖”零件的辅助视图

9.3.3 剖面视图

【剖面视图】命令用来表达生成机件的剖视图。生成剖面视图时，必须先在工程视图中绘制适当的剖切路径，然后系统依照剖切路径产生剖面视图。绘制的路径可以是一条直线段或相互平行的线段或圆弧等。生成剖面视图的操作步骤如下：

1）新建零件的一个视图，本例中添加“剖视图”零件的俯视图。

2）单击【常用】工具栏中的【工程图】→【剖面视图】按钮，按照属性管理器的提示，在视图中绘制需要的剖切线。

3）绘制完剖切线后系统弹出【剖面视图】对话框（图9-3-3），如果剖视图方向错误，勾选“反转方向”复选框，单击对话框中的【确定】按钮可完成操作。

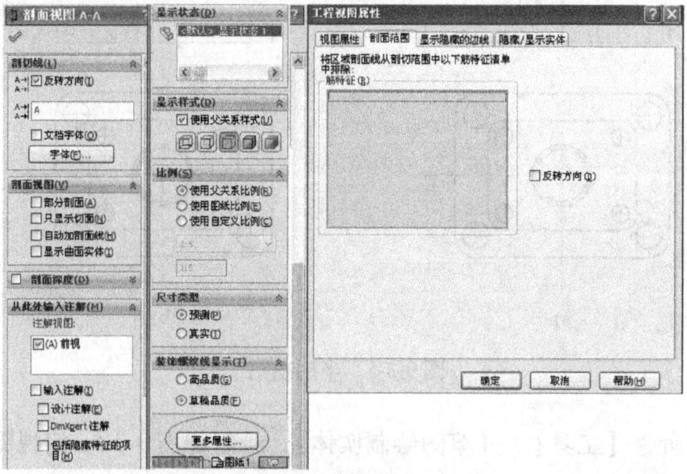

图9-3-3 【剖面视图】对话框

说明

选中“只显示切面”项可生成断面图，单击【更多属性】按钮可以设置剖面范围、显示隐藏的边线等工程视图属性，如图9-3-3所示。

4）移动鼠标确定剖视图的位置，单击【确定】按钮，生成剖面视图，如图9-3-4所示。

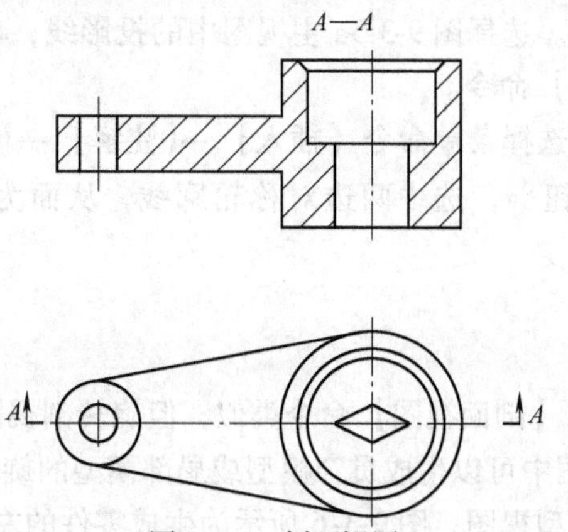

图9-3-4 剖面视图

9.3.4　半剖视图

当机件的内、外形状比较复杂且都需要表达，而形状又基本对称时可采用半剖视图。半剖视图以对称中心线为界，一半画成视图，一半画成剖视图。半剖视图的创建采用【剖面视图】命令。半剖视图的剖切线为两条垂直的直线。其操作步骤如下：

1）生成零件的一个模型视图，图 9-3-5 所示为生成零件的俯视图。

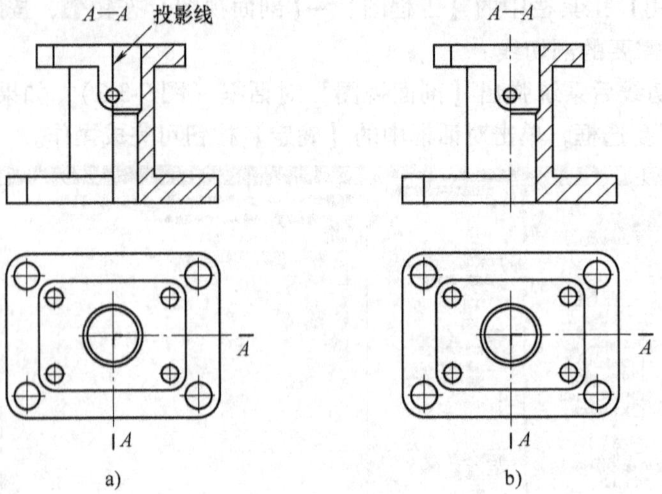

图 9-3-5　半剖视图

2）选择菜单命令【工具】→【草图绘制实体】，绘制如图 9-3-5a 俯视图中所示的两条直线作为剖切线。

3）按住〈Ctrl〉键，依次选取两条直线，单击【剖面视图】按钮，在父视图的上方放置剖视图，在【剖面视图】属性管理器中设置视图编号、投影方向、文字大小等。

注意

最后选取的直线的法线方向为剖视图的投影方向，本例中应先选竖直线后选水平线。

4）隐藏多余的投影线。选择图 9-3-5a 主视图中的投影线，单击右键，从弹出的快捷菜单中选择【隐藏/显示边线】命令。

5）插入对称中心线。选择菜单命令【插入】→【注解】→【中心符号线】，或单击工具栏中的【中心符号线】按钮，选中两边对称轮廓线，从而为视图添加对称中心线，如图 9-3-5b所示。

9.3.5　旋转剖视图

【旋转剖视图】命令与【剖面视图】命令类似，但旋转剖视图的剖切线由连接到一个夹角的两条线组成。在工程图中可以生成贯穿模型或局部模型的旋转剖视图，操作步骤如下：

1）生成零件的一个模型视图。图 9-3-6 所示为生成零件的左视图。

2）单击【常用】工具栏中的【工程图】→【旋转剖视图】按钮。

3）依照【旋转剖视图】属性管理器的提示，在要剖切的视图中绘制两条有夹角的剖切线，如图9-3-6所示。

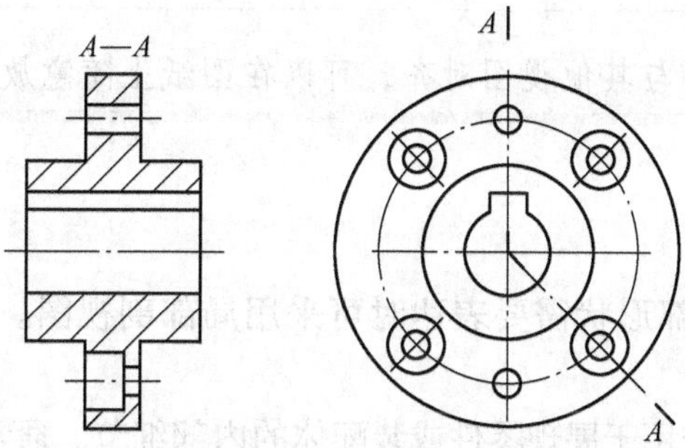

图9-3-6 旋转剖视图

4）按住〈Ctrl〉键，依次选中剖切线。移动鼠标确定剖视图的位置，单击【确定】按钮生成旋转剖视图。

注意

➢在创建旋转剖视图时，还可以通过先绘制剖切线，然后再选中【旋转剖视图】命令来创建旋转剖视图。

➢剖视图的投影方向为最后所选剖切线的法线方向。选择剖切线的顺序不同，生成的旋转剖视图也会不同（本例中应先绘制倾斜的直线，后绘制竖直的直线）。

➢剖视图中的文字、箭头、剖面线等可能不符合比例和有关标准的规定，可通过选择菜单命令【工具】→【选项】→【文档属性】→【视图标号】→【剖面视图】设定，从而可改变标注字体的大小、尺寸界线、箭头的形式等。

9.3.6 局部视图

在机件的大部分结构已表达清楚，只有一些局部结构未表达完全的情况下，可将机件某一部分向基本投影面投影，从而获得局部视图。局部视图可以用圆形或其他闭合曲线通过框选的方式（可框选标准视图、投影视图或剖面视图等的某个区域）来创建，其生成步骤为：

1）单击【常用】工具栏中的【工程图】→【局部视图】按钮，系统弹出【局部视图】属性管理器。

2）在要生成局部视图的视图中绘制封闭的样条曲线，如图9-3-7所示。

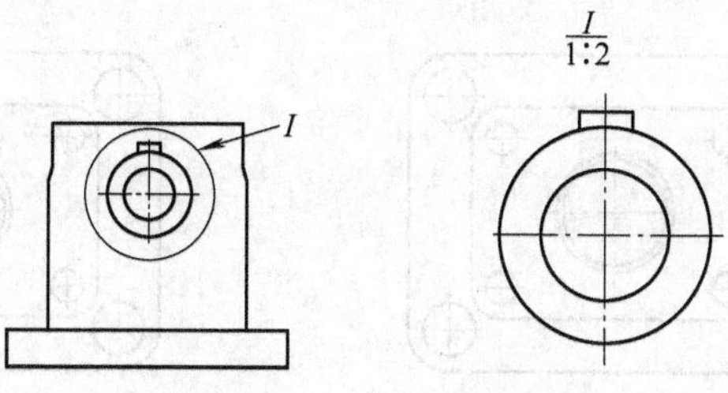

图9-3-7 局部视图

3）绘制完轮廓后移动指针，系统出现视图预览。

4）单击绘图区某处，确定放置局部视图的位置。

> **说明**
>
> 系统默认局部视图不与其他视图对齐，可以在图纸上随意放置。

9.3.7　断开的剖视图

当零件局部结构的内部形状需要表达时可采用局部剖视图。局部剖视图可采用【断开的剖视图】命令实现。

【断开的剖视图】命令用于展现零件或装配体的内部细节。通常用闭合的轮廓来定义断开的剖视图，并且通过设定一个数值或在相关视图中选一边线来确定剖切深度。其生成步骤如下：

1）单击【常用】工具栏中的【工程图】→【断开的剖视图】按钮，系统弹出【断开的剖视图】提示，如图 9-3-8 所示，如先绘制出闭环样条曲线再单击该命令则不会出现此提示。

2）根据提示，使用【样条曲线】命令画出剖切范围，弹出的【断开的剖视图】对话框如图 9-3-9 所示。

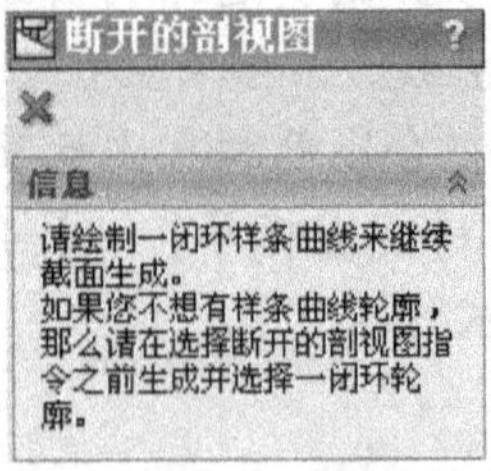

图 9-3-8　【断开的剖视图】属性管理器

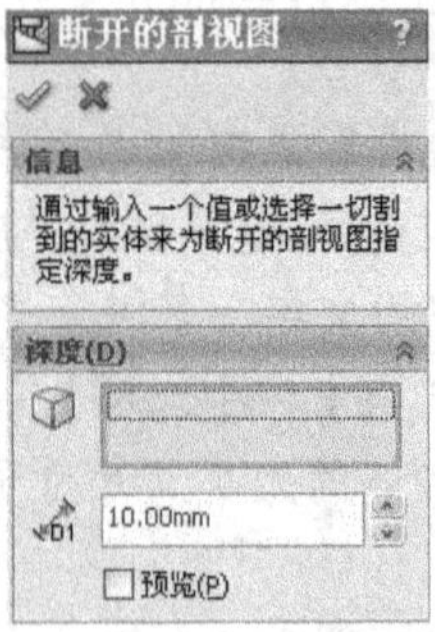

图 9-3-9　设置深度

3）在【断开的剖视图】属性管理器中设定深度，选择图 9-3-10a 所示的圆作为深度参考。

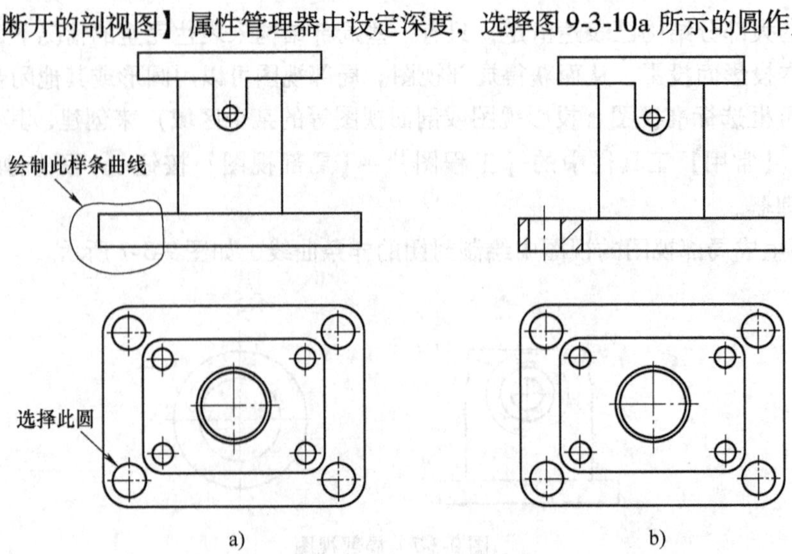

图 9-3-10　断开的剖面视图

4）单击属性管理器中的【确定】按钮，完成局部剖视图的创建，结果如图9-3-10b所示。

注意

➢剖切深度应从模型上离操作者最近的实体边线垂直屏幕往里算起。

➢【断开的剖视图】命令不对“筋特征”进行识别而直接将其剖开，【剖面视图】命令则可以将“筋特征”排除在剖面范围以外。

9.3.8 断裂视图

对于较长的机件（如轴、杆、型材等），沿长度方向形状一致或按一定规律变化时，可用【断裂视图】命令将其断开后缩短绘制，而与断裂区域相关的参考尺寸和模型尺寸，则反映实际的模型尺寸。操作步骤如下：

1）选中视图，单击【常用】工具栏【工程图】→【断裂视图】按钮。

2）在弹出的【断裂视图】属性管理器中单击【竖直折断线】图标或【水平折断线】图标，以及设置“缝隙大小”、“折断线样式”，并在视图中指定折断位置。

3）单击【确定】按钮完成操作，如图9-3-11所示。

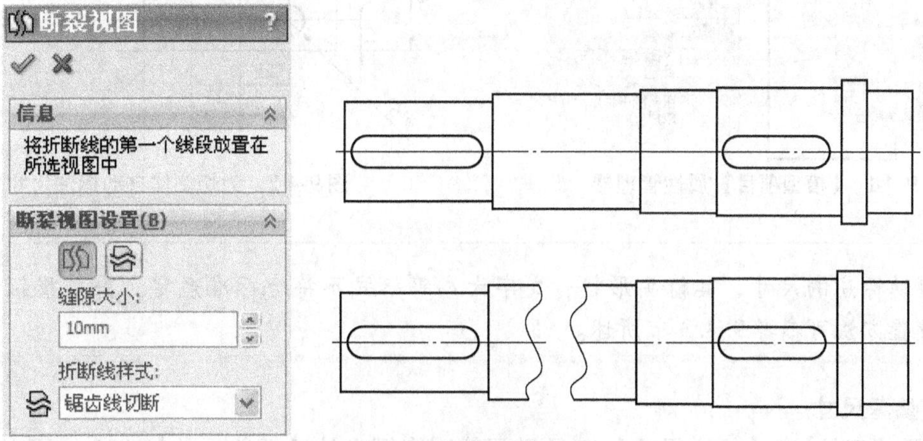

图9-3-11 断裂视图

9.4 工程图的标注

在工程图中，零件图中的视图主要用来表达零件的结构形状，而零件的大小则依靠标注的尺寸来确定，所以尺寸标注是零件图中又一重要内容，它直接影响零件的加工和检测。一张高质量的工程图必须具备完整、合理的标注。尺寸标注要满足“正确、完整、清晰、合理”的要求，也就是要求尺寸的标注要符合国家制图标准；能完整地确定零件的形状和大小，尺寸标注不得遗漏，也不得重复；尺寸应标注在形状特征比较突出的视图上，并且布置整齐清晰，便于识读和理解；最后，尺寸标注既要符合零件的设计要求，又要便于加工和测量。

9.4.1 尺寸标注

在SolidWorks系统中存在着两种不同类型的尺寸，即模型尺寸和参考尺寸，所以添加尺寸标注一般有两种方法：其一是通过选择菜单命令【插入】→【模型项目】来显示存在于零件模型中的尺寸信息，其二是通过选择菜单命令【工具】→【标注尺寸】→【智能尺寸】手动创建尺寸。

1. 插入模型项目

选择菜单命令【插入】→【模型项目】，系统弹出【模型项目】属性管理器，如图 9-4-1 所示。将来源设置为“整个模型”，并在“尺寸”选项中选中【为工程图标注】按钮，单击【确定】按钮即可自动标注尺寸，如图 9-4-2 所示。

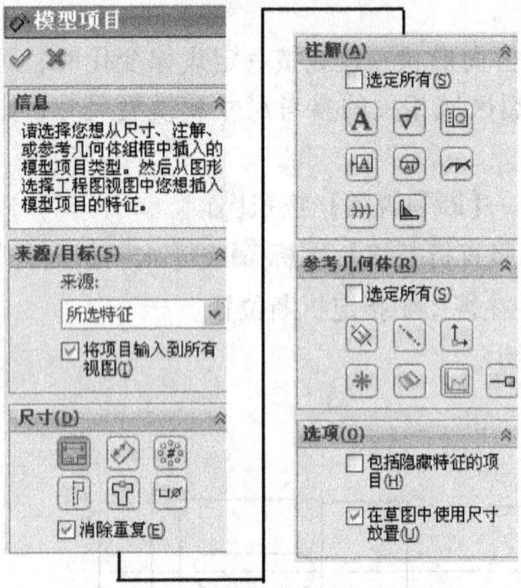

图 9-4-1　【模型项目】属性管理器

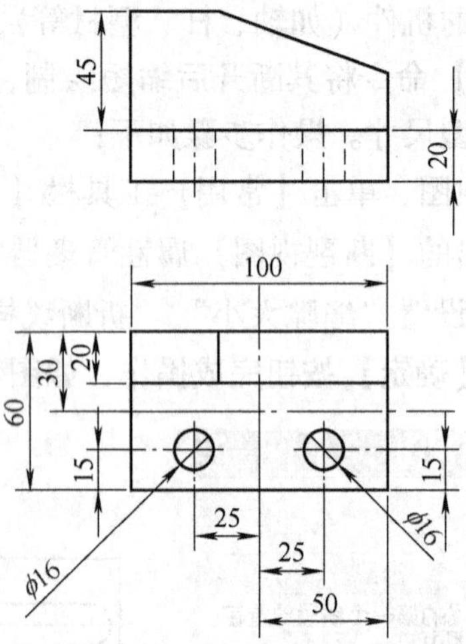

图 9-4-2　为切割体自动标注尺寸

注意

自动标注的尺寸，其箭头形状、文字大小等格式不符合标准规定，需要重新设置。具体设置方法可参考 9.4.3 节所述。

2. 参考尺寸

选择【工具】→【标注尺寸】工具栏下拉列表框中的【智能尺寸】命令，可以自动和手动为模型标注尺寸，其中【智能尺寸】命令较常用，可以完成竖直、平行、弧度、直径等尺寸标注。

（1）自动标注尺寸　选择菜单命令【工具】→【标注尺寸】→【智能尺寸】，系统弹出图 9-4-3 所示的【尺寸】属性管理器，单击【自动标注尺寸】标签，系统弹出图 9-4-4 所示的【自动标注尺寸】选项卡。进行相应设置后，单击【确定】按钮，完成自动标注尺寸的操作，如图 9-4-5 所示。

（2）手动标注尺寸　当自动生成尺寸不能全面地表达零件的结构，或在工程图中需要增加一些特定的标注时，就需要手动标注尺寸。通过菜单命令【工具】→【标注尺寸】可以手动标注尺寸。

1）标注圆的定形尺寸。单击【智能尺寸】按钮，选中图 9-4-6 所示的圆，标注圆的直径。由于尺寸标注引线和注释需要修改，可单击该尺寸，出现【尺寸】属性管理器，在“标注尺寸文字”区域的文本框中键入需要修改的文字，另外还可以设置标注引线形式，如图 9-4-7所示。

图 9-4-3 【尺寸】对话框

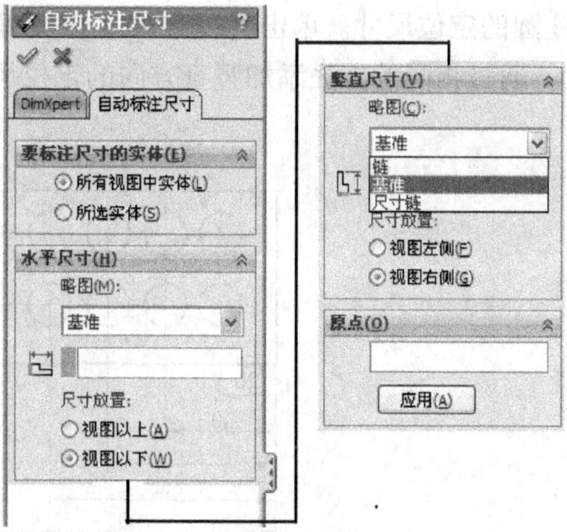

图 9-4-4 【自动标注尺寸】选项卡

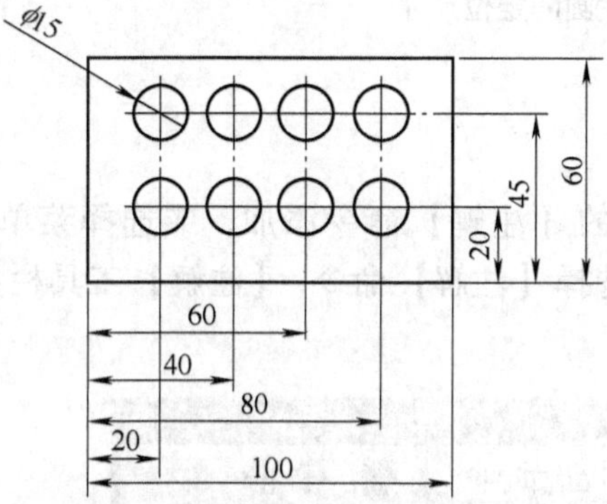

图 9-4-5 以基准的方式标注尺寸

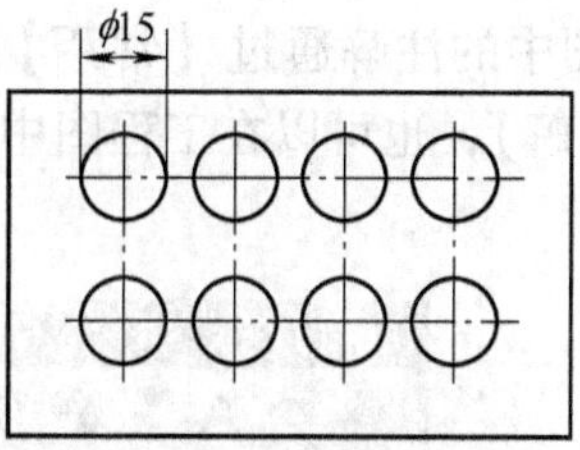

图 9-4-6 标注圆的直径

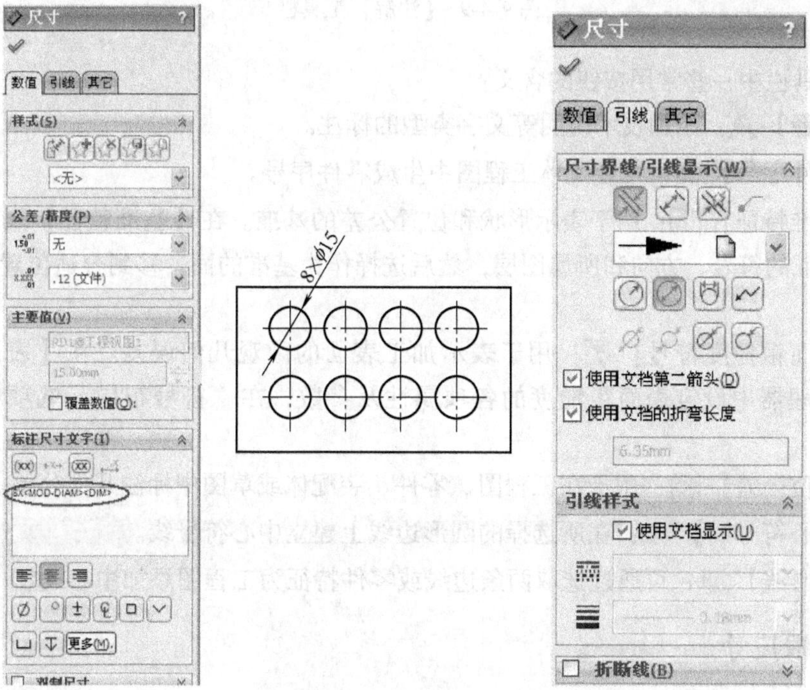

图 9-4-7 修改圆的标注

2）标注圆的定位尺寸。单击【基准尺寸】按钮，依次单击各竖直线，添加水平方向的定位尺寸。通过相同的方法添加竖直方向的定位尺寸，如图 9-4-8 所示。

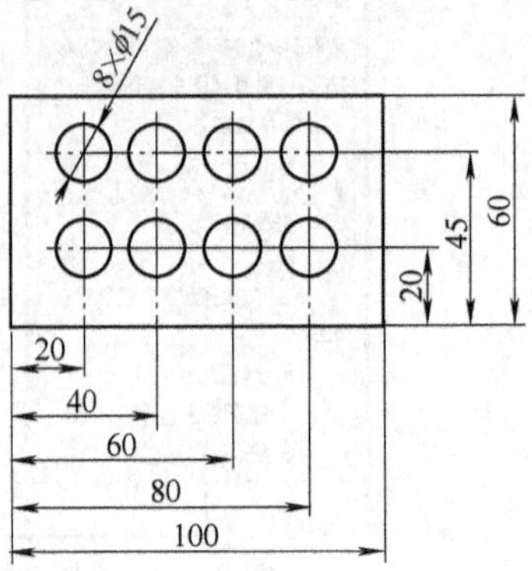

图 9-4-8　标注圆的定位尺寸

9.4.2　插入注解

工程图中的注解通过【常用】工具栏中的【注解】命令添加，或选择菜单命令【插入】→【注解】，也可以在工程图中单击右键选择【注解】命令，【注解】工具栏如图 9-4-9 所示。

图 9-4-9　【注解】工具栏

注解工具栏中一些常用按钮的含义：

- 【注释】：添加技术说明等文字类型的标注。
- 【零件序号】：在装配体工程图中生成零件序号。
- 【基准特征】：用于表示形状和位置公差的基准。在【基准特征】属性管理器中设定基准特征的符号、方向和所属图层，然后选择作为基准的面，移到合适位置后单击建立基准特征。
- 【表面粗糙度符号】：用于表示加工表面的微观几何误差。在【表面粗糙度符号】属性管理器中设定表面粗糙度的各项属性及参数，在“符号布局”选项中输入粗糙度值。
- 【形位公差】：用于在工程图、零件、装配体或草图中标注几何公差。
- 【中心符号线】：在所选择的圆形边线上建立中心符号线。
- 【中心线】：可通过选取两条边线或零件特征为工程图添加中心线。

9.4.3　编辑尺寸

由系统自动显示的尺寸在工程图中有时会显得杂乱无章，如尺寸相互遮盖，尺寸间距过松或过密，某个视图上的尺寸太多，出现重复尺寸，这些问题通过编辑尺寸都可以解决。

1. 移动尺寸

移动尺寸及尺寸文本有三种方法：

1）拖拽要移动的尺寸文本，可在视图内移动尺寸。

2）按住〈Shift〉键拖拽要移动的尺寸，可将尺寸移至另一个视图。

3）按住〈Ctrl〉键拖拽要移动的尺寸，可将尺寸复制至另一个视图。

2. 尺寸箭头大小和样式的设置

尺寸箭头的大小和样式可在【文档属性】对话框中进行设置。通过选择菜单命令【工具】→【选项】，在弹出的“系统选项”对话框中打开“文档属性”选项卡。在对话框中单击“尺寸”选项，通过修改“箭头”选项中各文本框中的数值可修改箭头的大小。

3. 尺寸颜色的编辑

尺寸标注为从动尺寸，系统默认尺寸颜色为灰色。通过选择菜单命令【工具】→【选项】在【系统选项】对话框中单击“颜色”选项，通过设置将“未输入的尺寸（从动）”编辑为黑色即可，如图9-4-10所示。工程图的背景颜色也可以在此编辑设置。

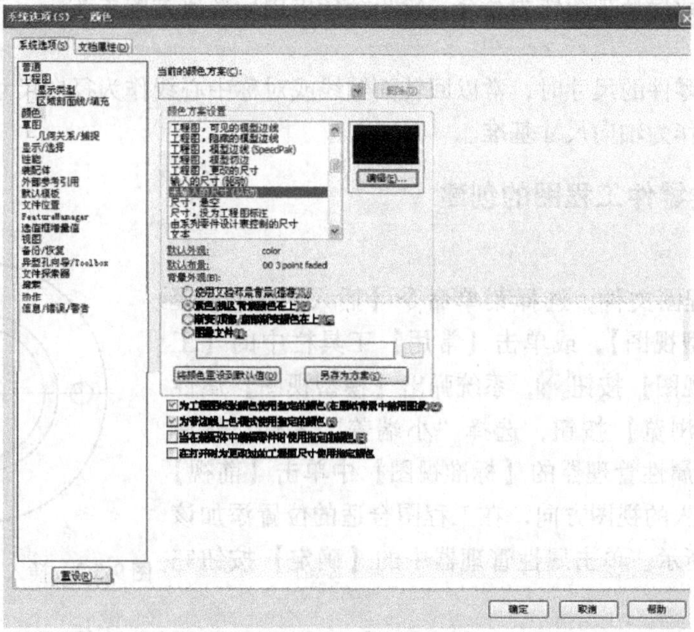

图9-4-10　尺寸颜色的设置

9.5　盘盖类零件工程图的创建

盘盖类零件包括端盖、齿轮、手轮等，其毛坯多为铸件或锻件。结构形状特点是轴向尺寸较小，径向尺寸较大。零件的主体多数由同轴回转体构成（也有主体形状是矩形的），并在径向分布有螺孔、光孔、销孔、键槽、轮辐、肋板等结构，如图9-5-1所示。

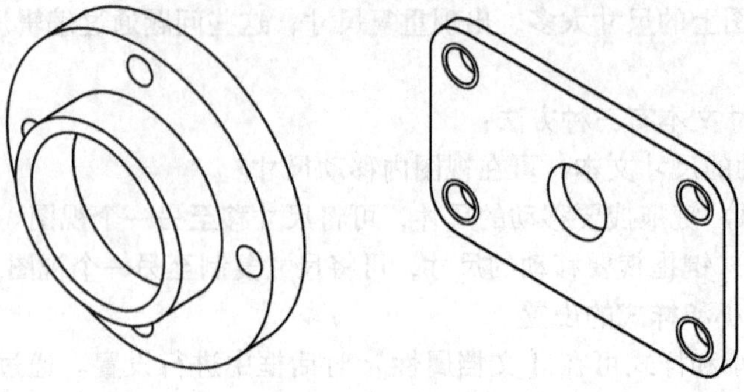

图 9-5-1　盘盖类零件

9.5.1　图例分析

1. 视图选择

盘盖类零件一般选用两个基本视图来表达，主视图按加工位置放置，采用轴向剖视图，表达轴向剖面结构，再用左视图或右视图表达外形特征。基本视图未能表达清楚的结构形状，可用断面图或局部视图作为补充，较小结构可用局部放大图表达。

2. 尺寸标注

标注盘盖类零件的尺寸时，常以回转面轴线或对称中心线作为径向尺寸基准，以重要的端面，如安装面作为轴向尺寸基准。

9.5.2　盘盖类零件工程图的创建

1. 创建视图

1）新建工程图文件，选择菜单命令【插入】→【工程图视图】→【模型视图】，或单击【常用】工具栏中的【工程图】→【模型视图】按钮，系统弹出【模型视图】属性管理器。单击【浏览】按钮，选择“小端盖”零件，然后在【模型视图】属性管理器的【标准视图】中单击【前视】按钮，选择插入的视图方向，在工程图合适的位置添加该图，如图 9-5-2 所示。单击属性管理器中的【确定】按钮完成操作。

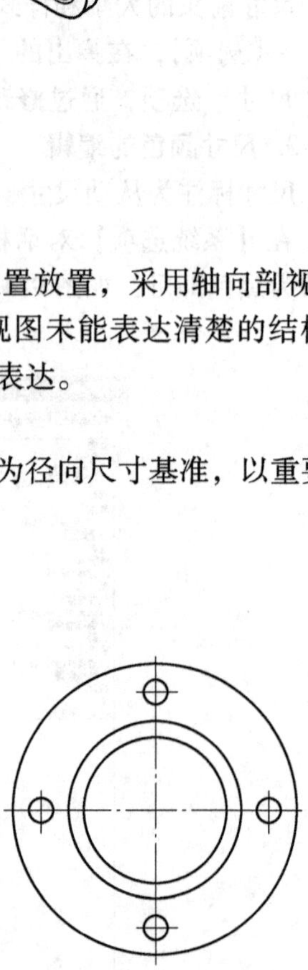

图 9-5-2　插入“小端盖”主视图

2）单击【常用】工具栏中的【工程图】→【剖面视图】按钮，按照属性管理器的提示，在视图中绘制需要的剖切线。绘制完剖切线后系统弹出【剖面视图】选项框，在此对话框中设置剖视图方向、文字大小、剖面线形式等选项。移动鼠标确定剖视图的位置，单击【确定】按钮生成剖面视图，如图 9-5-3 所示。

2. 创建中心线和中心符号线

1）选择菜单命令【插入】→【注解】→【中心线】，系统弹出【中心线】属性管理器，选取需添加中心线的零件特征（各对对称轮廓线），单击【确定】按钮，完成中心线的创建，如图 9-5-4 中的主视图所示。

2）选择菜单命令【插入】→【注解】→【中心符号线】，系统弹出【中心符号线】属性管理器，依次选取四个圆孔，可完成圆孔中心定位线的创建，如图 9-5-4 中的左视图所示。

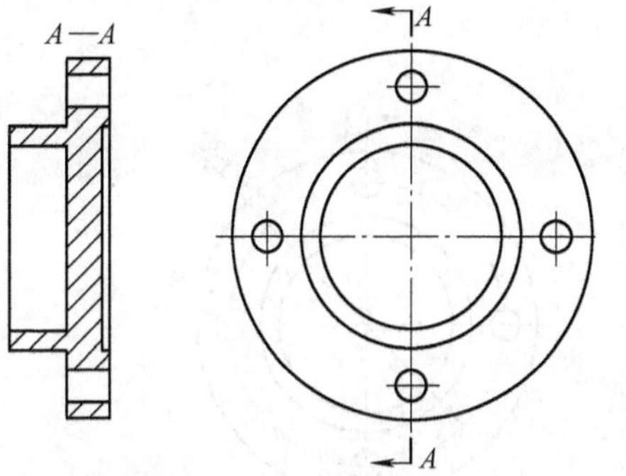

图 9-5-3 “小端盖”剖视图

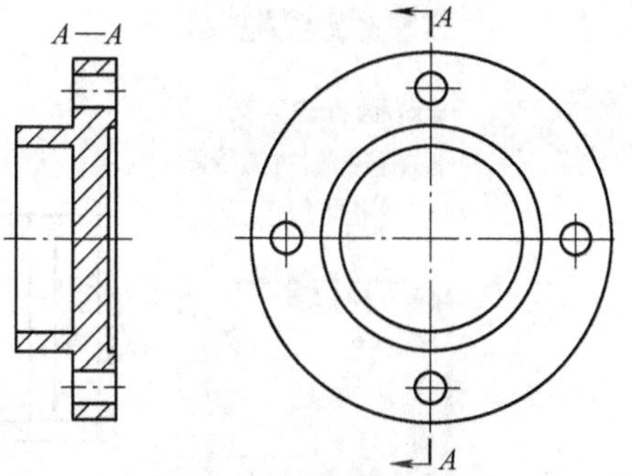

图 9-5-4 创建中心线

3. 手动标注尺寸并编辑

1）选择菜单命令【工具】→【标注尺寸】→【智能尺寸】，系统弹出【尺寸】属性管理器，选取要标注的边线，放置尺寸，单击【尺寸】属性管理器中的【确定】按钮，完成尺寸标注。

2）通过此方法依次标注各个尺寸，结果如图 9-5-5 所示。

3）通过选择菜单命令【工具】→【选项】，将弹出的“系统选项”选项卡切换至【文档属性】选项卡。在该选项卡中单击“尺寸”选项，将箭头的形式改为“实心”，文字字体设置为“仿宋体 GB2312”，文字高度为 3.5mm，如图 9-5-6 所示。

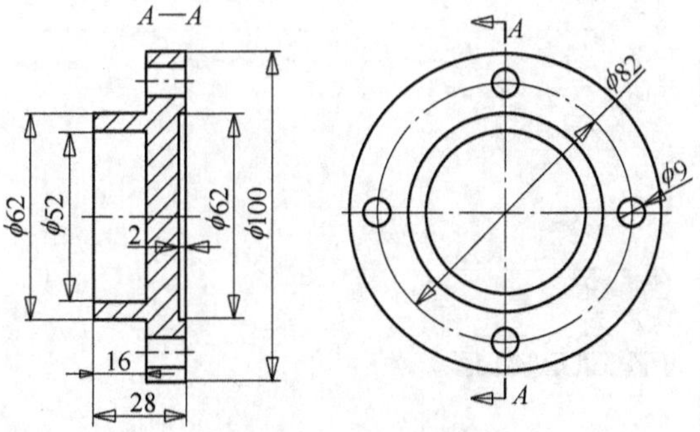

图 9-5-5 手动标注尺寸

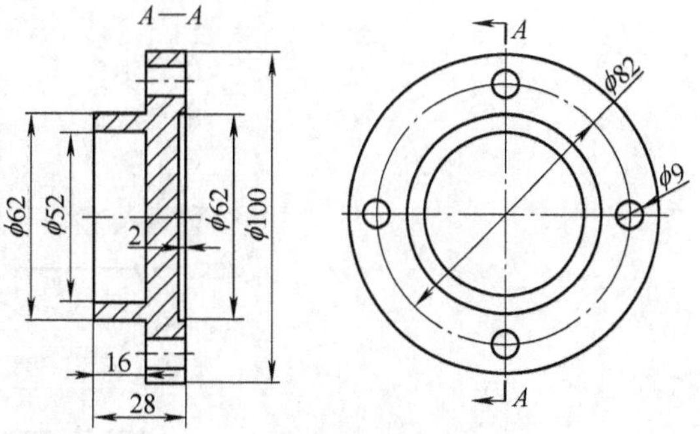

图 9-5-6 修改箭头及文字

4）单击圆的标注尺寸，出现【尺寸】属性管理器，在“标注尺寸文字”区域的文字框中输入“4×ϕ82”，将圆的直径标注由“ϕ82”变为“4×ϕ82”。

5）单击尺寸“ϕ62”，出现【尺寸】属性管理器，在尺寸的“公差/精度”选项中，将公差由“无”设定为“轴套合 h8”，如图 9-5-7 所示。

4. 标注表面粗糙度符号

1）选择菜单命令【插入】→【注解】→【表面粗糙度符号】，系统弹出【表面粗糙度】属性管理器。

2）在属性管理器的“符号”选项中单击【需要切削加工】按钮，在图 9-5-8 所示的“符号布局”区域的文字框中输入粗糙度值“*Ra* 3.2”，其他字体、角度根据标准和实际需要设置。

3）在需要放置表面粗糙度符号的各个位置依次单击，然后单击【确定】按钮，最后通过拖动调整表面粗糙度符号的位置。

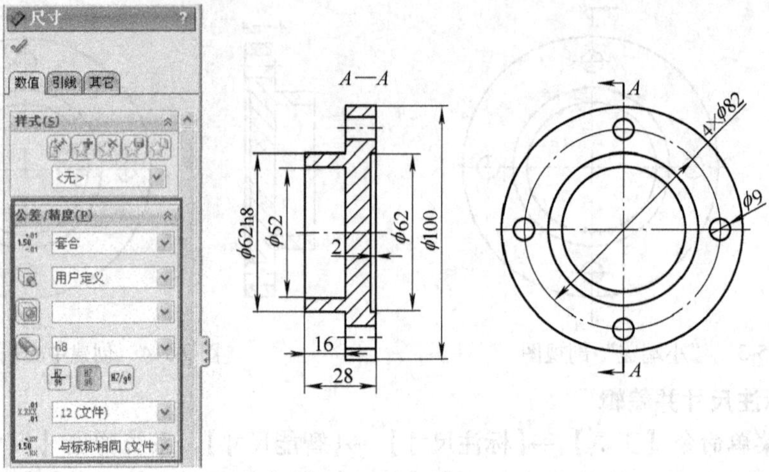

图 9-5-7　标注公差尺寸

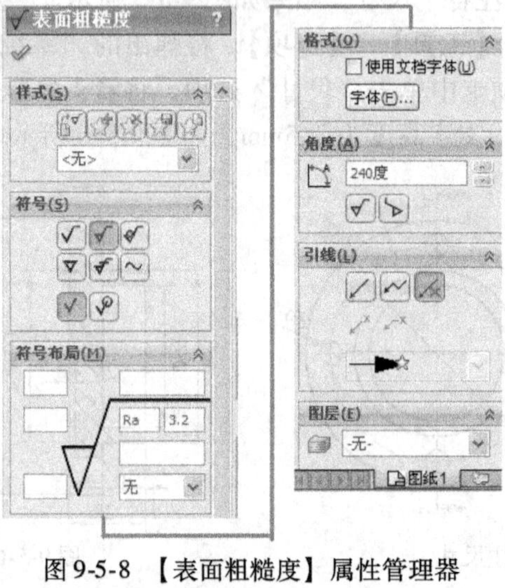

图 9-5-8 【表面粗糙度】属性管理器

4）通过同样的方式，放置其他表面粗糙度符号。

5. 添加注释

1）选择菜单命令【插入】→【注解】→【注释】，系统弹出【注释】属性管理器。

2）在图纸右下方空白处单击来放置注释，并在弹出的文本框中输入文字“铸造圆角为 *R*2”，然后将文本框中的字选中，在弹出的【格式化】对话框中将字高设置为“3.5mm”。

3）通过拖动调整注释的位置，得到的结果如图 9-5-9 所示。

6. 保存工程图

至此，工程图已创建完成，选择菜单命令【文件】→【另存为】，在弹出的【另存为】对话框中将文件命名为“小端盖”，并将其保存在所需的目录中。

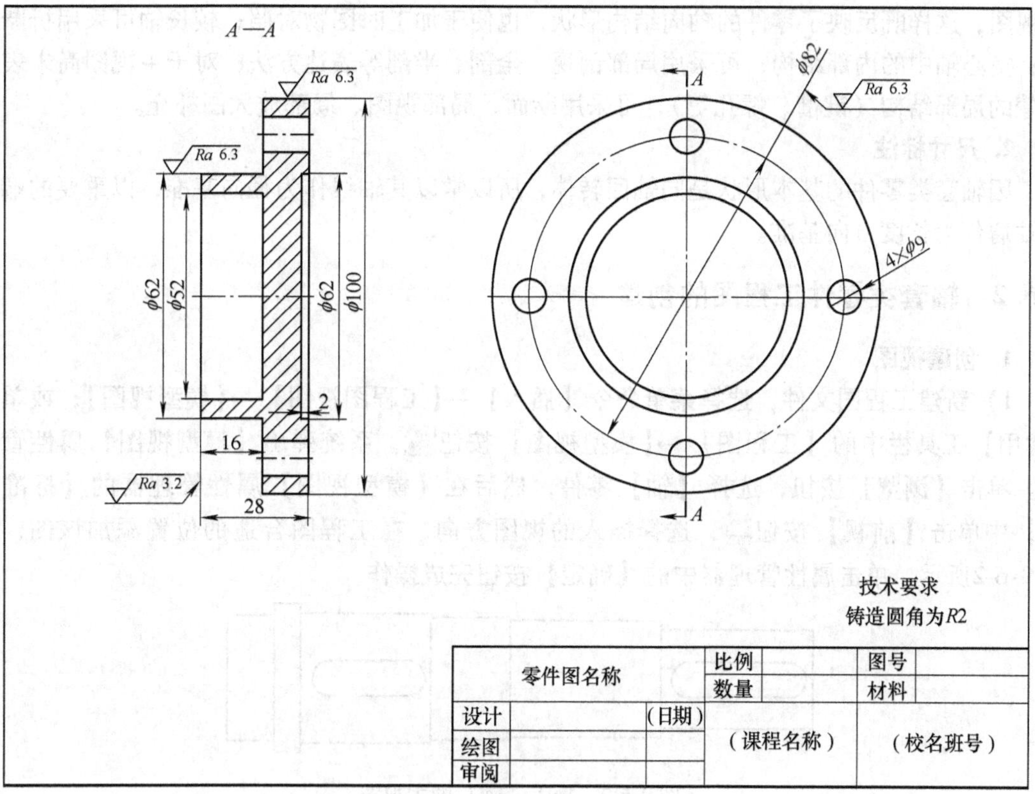

图 9-5-9　小端盖零件工程图

9.6　轴套类零件工程图的创建

轴套类零件通常指轴、套筒等，其主要结构一般由大小不同的同轴回转面（圆柱、圆锥）组成，具有轴向尺寸大于径向尺寸的特点。零件上常有键槽、退刀槽、挡圈槽、螺纹、销孔、倒圆、倒角、中心孔等结构，如图 9-6-1 所示。

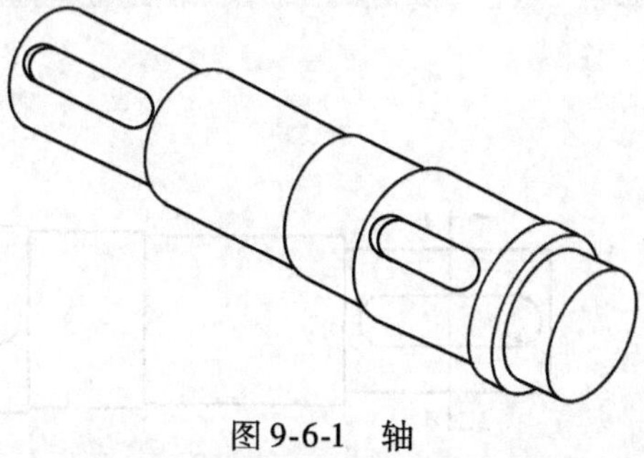

图 9-6-1　轴

9.6.1　图例分析

1. 视图选择

轴套类零件的切削加工主要在车床和磨床上进行，一般按加工位置将轴线水平放置来画主视图，这样既反映了零件的轴向结构形状，也便于加工时图物对照；较长轴可采用折断画法；空心轴中的内部结构，可采用局部剖视、全剖、半剖等表达方法；对于主视图尚未表达清楚的局部结构（键槽、螺孔等），可采用断面、局部视图、局部放大图补充。

2. 尺寸标注

因轴套类零件的基本形状是同轴回转体，所以常以其轴线作为径向基准，以重要的端面或轴肩作为长度方向基准。

9.6.2　轴套类零件工程图的创建

1. 创建视图

1）新建工程图文件，选择菜单命令【插入】→【工程图视图】→【模型视图】，或单击【常用】工具栏中的【工程图】→【模型视图】按钮，系统弹出【模型视图】属性管理器。单击【浏览】按钮，选择【轴】零件，然后在【模型视图】属性管理器的【标准视图】中单击【前视】按钮，选择插入的视图方向，在工程图合适的位置添加该图，如图 9-6-2所示，单击属性管理器中的【确定】按钮完成操作。

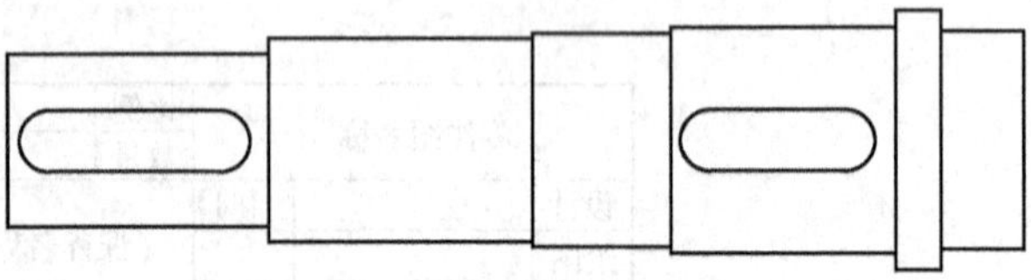

图 9-6-2　插入“轴”的主视图

2）在主视图的键槽位置绘制剖切线，使用【剖面视图】命令建立反映键槽尺寸的断面图。

注意

在建立断面图时，将【剖面视图】对话框中的“只显示切面”复选框选中，按住〈Ctrl〉键将断面图放在适当的位置，单击【确定】按钮生成断面图，如图 9-6-3 所示。采用同样的方法生成另一个断面图。

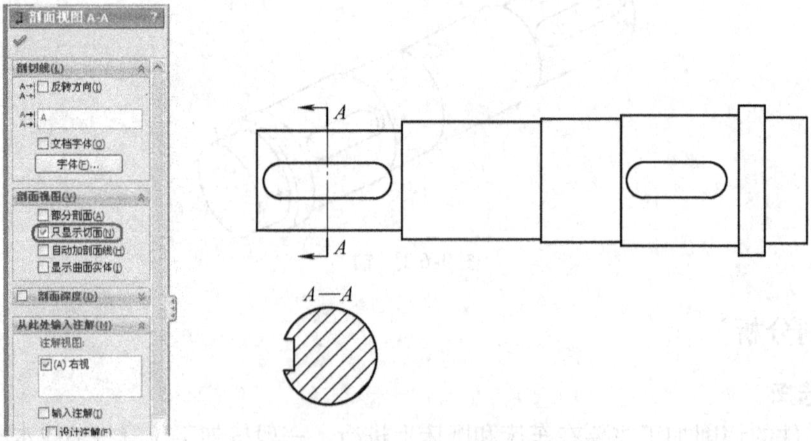

图 9-6-3　插入轴的断面图

3）选中主视图，单击【断裂视图】按钮，在弹出的【断裂视图】属性管理器中选择【竖直折断线】、【缝隙大小】、【折断线样式】，并在视图中指定折断位置，单击【确定】按钮完成操作，如图9-6-4所示。

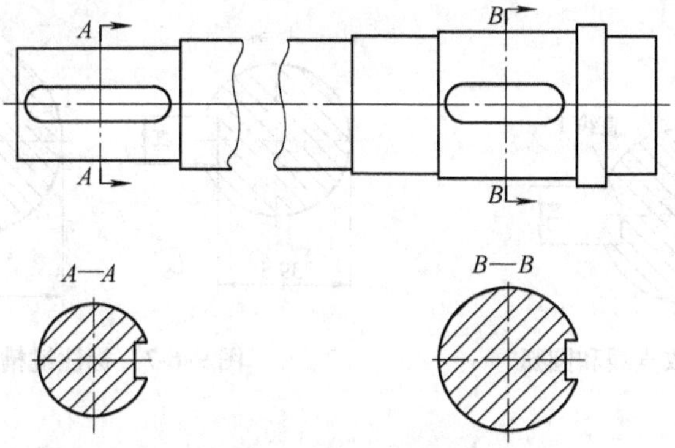

图9-6-4 “轴”视图

2. 手动标注主视图尺寸

1）选择菜单命令【工具】→【标注尺寸】→【智能尺寸】，系统弹出【尺寸】属性管理器，选取要标注的边线，放置尺寸，单击【尺寸】属性管理器中的【确定】按钮，完成尺寸标注。

2）通过此方法依次标注主视图中的各径向和轴向尺寸，结果如图9-6-5所示。

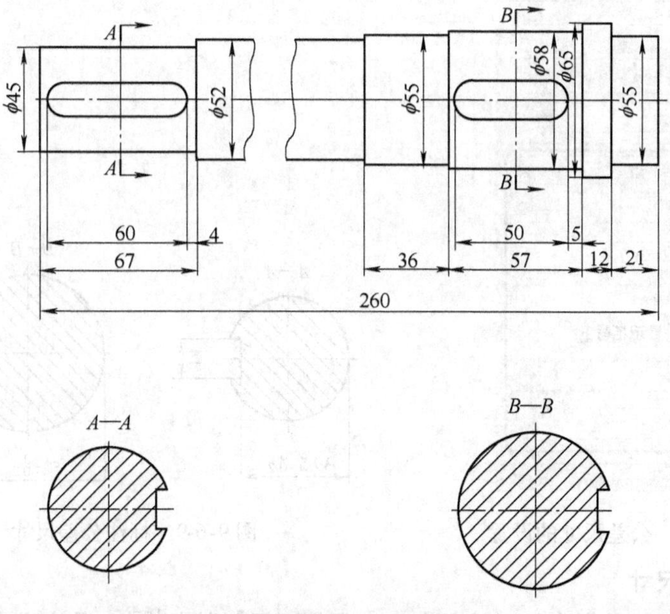

图9-6-5 手动标注主视图各尺寸

3. 标注键槽尺寸

1）用【智能尺寸】命令标注两键槽的宽度尺寸“14mm”和“16mm”，并设置引线的样式和尺寸界线等格式。

2）单击【智能尺寸】按钮，按住〈Shift〉键，选取如图 9-6-6 所示的直线 1 和圆弧 1，在合适的位置放置尺寸。用同样的方法标注剖面视图 *B—B* 中的尺寸，结果如图 9-6-7 所示。

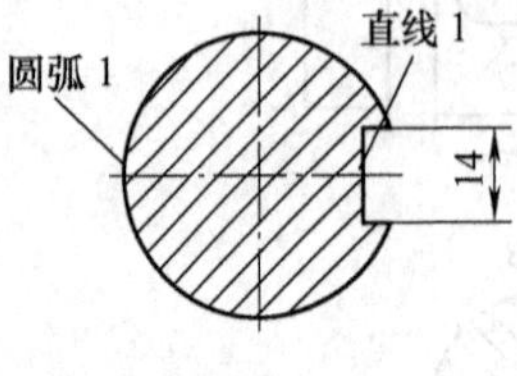

图 9-6-6　选取直线和圆弧

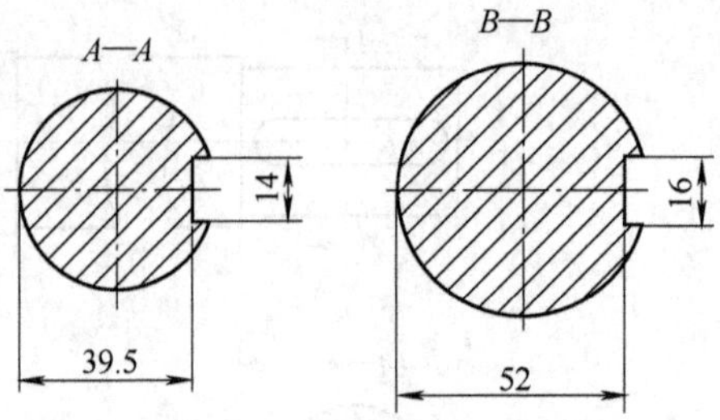

图 9-6-7　标注键槽尺寸

4. 标注公差尺寸

单击断面视图中尺寸 39.5，系统弹出【尺寸】属性管理器。在“公差/精度”项中作如下设置：“公差类型”和选项中选择“双边”，在“+”选项中输入上极限偏差“0.0mm”，“-”选项中输入下极限偏差“-0.2mm”，并可设置单位精度和公差精度为“0.1”，如图 9-6-8 所示。通过同样方法标注尺寸“52”的公差尺寸，结果如图 9-6-9 所示。

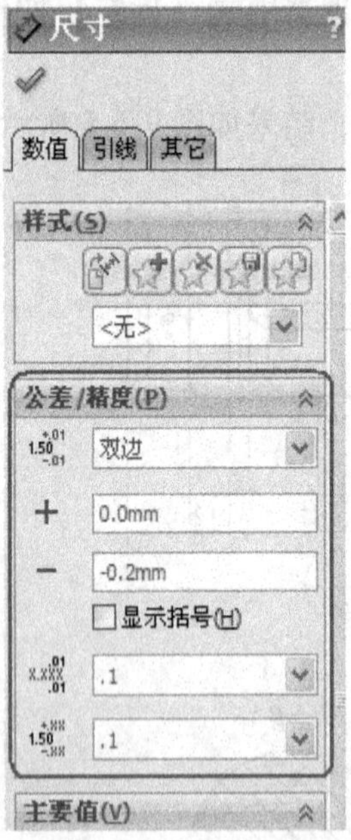

图 9-6-8　公差尺寸的设置

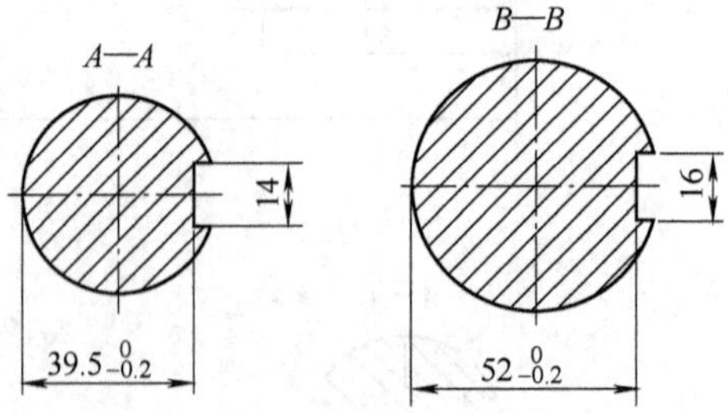

图 9-6-9　标注公差尺寸

5. 标注基准尺寸

单击【常用】工具栏中的【注解】→【基准特征】按钮，系统弹出【基准特征】属性管理器。在此属性管理器中可以设置样式、标号设定、引线等形式，选取基准特征放置位置，完成基准特征的标注，结果如图 9-6-10 所示。

6. 标注几何公差尺寸

单击【形位公差】按钮，系统弹出【属性】对话框，设置几何公差的符号、大小和基准，如图9-6-11所示。在需要标注几何公差的尺寸线处单击，并用鼠标拖动以放置在合适位置。

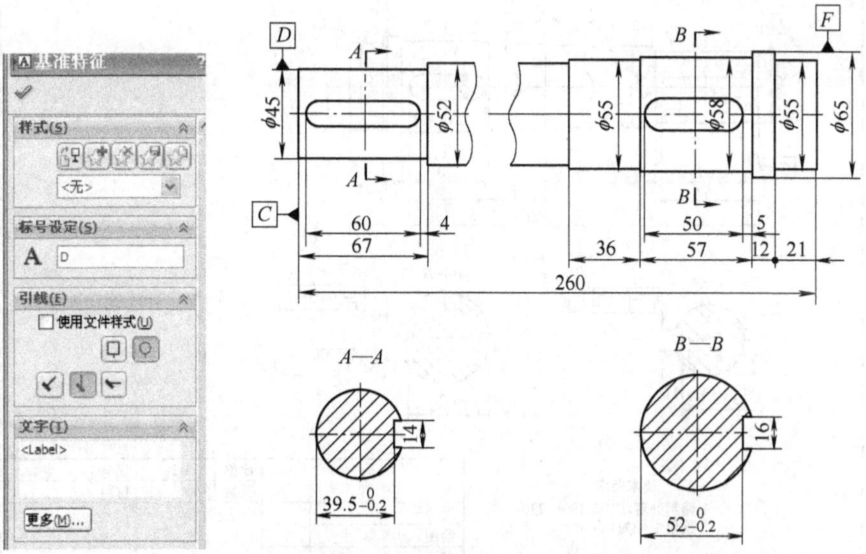

图9-6-10 标注基准尺寸

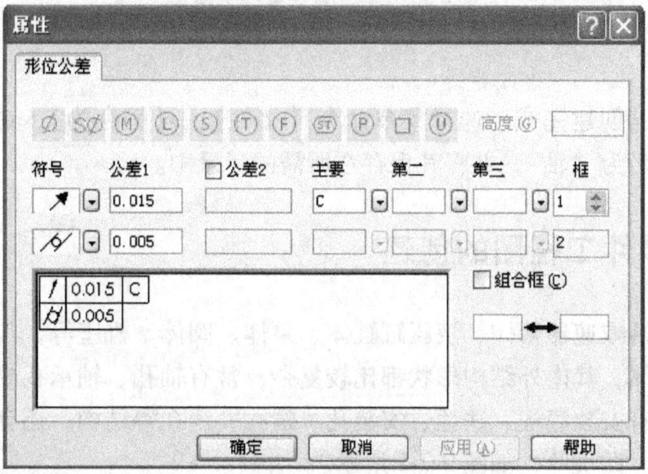

图9-6-11 形位公差【属性】对话框

7. 标注表面粗糙度符号

选择菜单命令【插入】→【注解】→【表面粗糙度符号】，系统弹出【表面粗糙度】属性管理器。在属性管理器中设置表面粗糙度的“符号”、“符号布局”、“字体”、“角度”等参数。在需要放置表面粗糙度符号的各个位置依次单击，然后单击【表面粗糙度】对话框中的【确定】按钮，最后通过拖动调整表面粗糙度符号。

8. 添加注释

1）选择菜单命令【插入】→【注解】→【注释】，系统弹出【注释】属性管理器。

2）在图纸左下方空白处单击来放置注释，并在弹出的文本框中输入技术要求文字，然后将文本框中的字选中，在弹出的【格式化】对话框中将字高设置为“3. 5mm”。

3）通过拖动调整注释的位置，结果如图9-6-12所示。

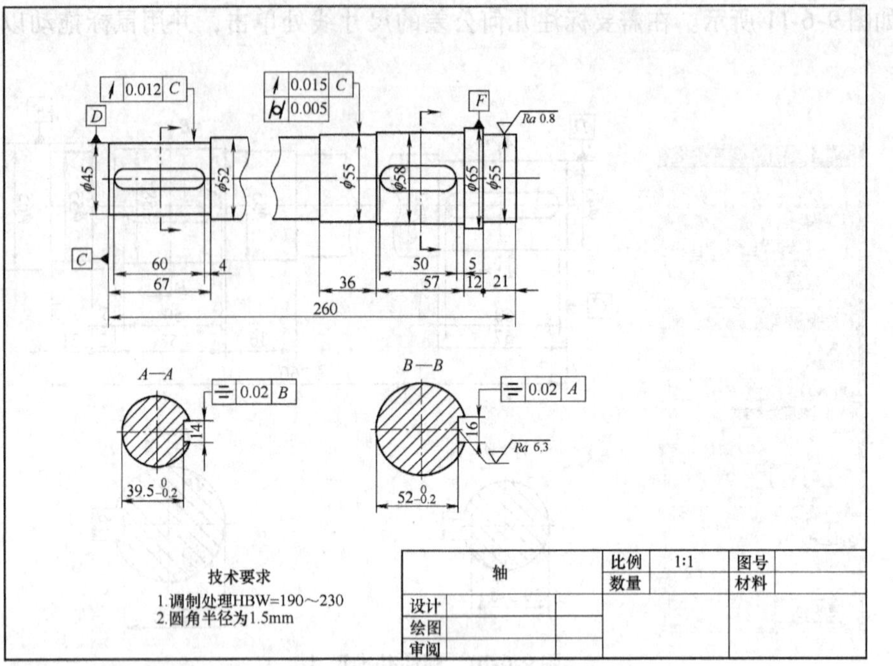

图 9-6-12　“轴”零件工程图

9. 保存工程图

至此，工程图已创建完成。选择菜单命令【文件】→【另存为】，在弹出的【另存为】对话框中将文件命名为“轴”，并将其保存在所需的目录中。

9.7　箱体类零件工程图的创建

箱体类零件包括减速器箱体、液压缸缸体、泵体、阀体、机座等，其毛坯多为铸件。此类零件多为中空壳体，其内外结构形状都比较复杂，常有轴孔、轴承孔或活塞孔、油腔等结构。这类零件常具有安装底板、法兰、安装孔、螺孔、销孔等结构，还有安装油标、油塞等零件的凸缘、凸台、凹坑等，如图 9-7-1 所示。

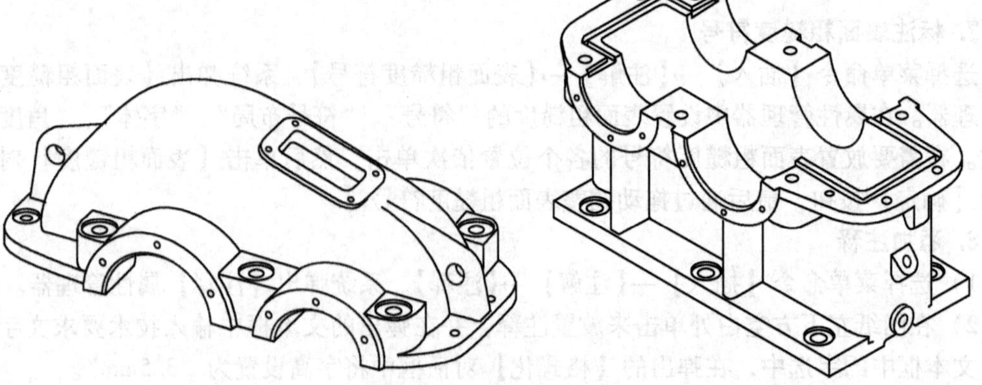

图 9-7-1　箱体类零件

9.7.1　图例分析

1. 视图选择

由于箱体类零件加工部位较多，因此主视图多按工作位置选择。主视图常采用各种剖视来表达主要结构，其投影方向应反映形体特征。由于箱体类零件的外形和内腔都较复杂，所以常需三个或三个以上的基本视图并作适当剖视来进一步表达主体结构。基本视图没有表达清楚的部分可用局部剖视、断面等补充表达。

2. 尺寸标注

标注箱体零件的尺寸时，往往需综合考虑设计、加工、安装几方面因素，采用孔中心线、轴线、对称平面、结合面、安装底面等作为长、宽、高三个方向的基准，并注意重要尺寸的标注，如中心高、安装孔的中心距等。

9.7.2　箱体类零件工程图的创建

1. 创建视图

1）新建工程图文件，选择菜单命令【插入】→【工程图视图】→【模型视图】，或单击【常用】工具栏中的【工程图】→【模型视图】按钮，系统弹出【模型视图】属性管理器。单击【浏览】按钮，选择“机座”零件，然后在【模型视图】属性管理器的【视图】工具栏中单击【前视】按钮，选择插入的视图方向，在工程图合适的位置添加主视图，在主视图下方单击鼠标添加俯视图，结果如图9-7-2所示。

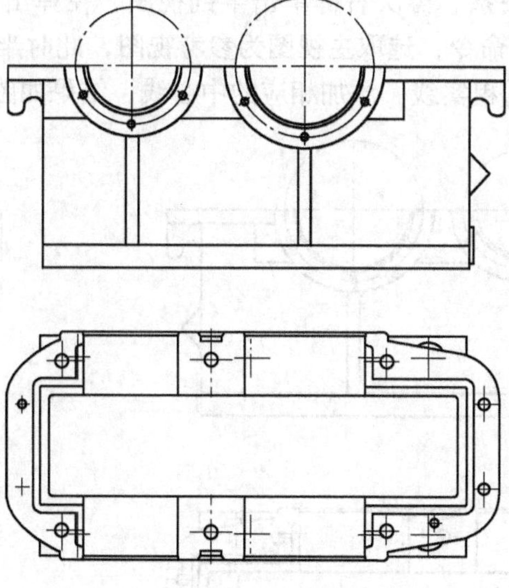

图9-7-2　机座的主视图和俯视图

2）生成半剖的左视图。由于在主视图中，无法绘制表示半剖的剖切线，因此需在俯视图中绘制剖切线。然后选择【剖面视图】命令，生成半剖视图，如图9-7-3所示。

3）建立的半剖视图是由俯视图的左视得到的，因此需要旋转90°才能与主视图的左视投影关系相匹配。选中视图，单击右键，选择【视图旋转】命令，可将半剖视图旋转90°。

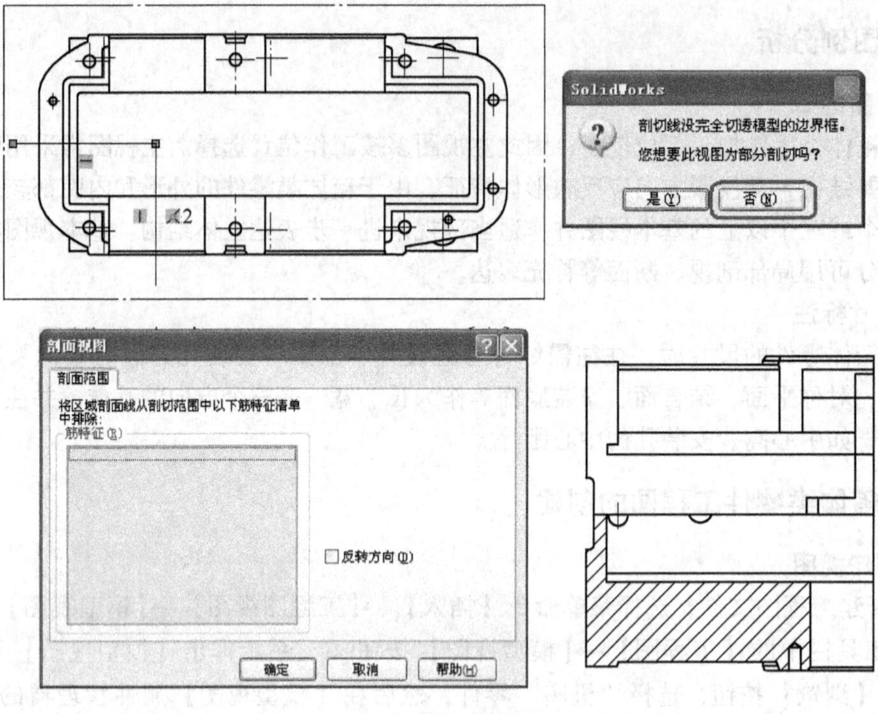

图 9-7-3　创建半剖视图

右键单击半剖视图，在弹出的快捷菜单中选择【视图对齐】→【解除对齐关系】命令，解除半剖视图与俯视图的对齐关系。再次右键单击半剖视图，在弹出的快捷菜单中选择【视图对齐】→【中心水平】对齐命令，选取主视图为参考视图，此时半剖视图与主视图中心水平对齐。隐藏半剖视图中间的粗实线，添加相应的中心线，结果如图 9-7-4 所示。

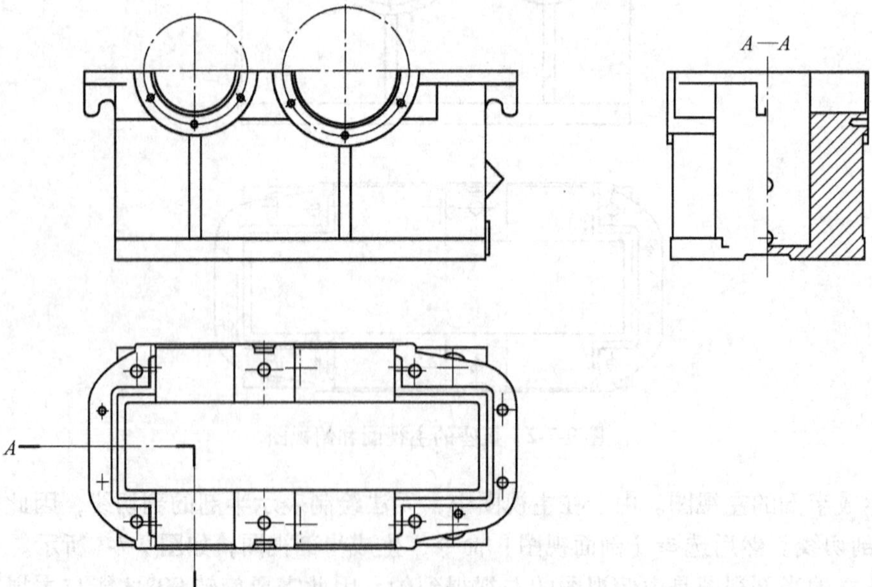

图 9-7-4　将左视图改为半剖视图

4）绘制图 9-7-5 所示的封闭的样条曲线。选中样条曲线，单击【常用】工具栏中的【工程图】→【断开的剖视图】按钮，系统弹出【断开的剖视图】属性管理器，如图 9-7-6 所示。设置断裂深度为 98mm（整个宽度为 196mm），单击【确定】按钮完成操作，结果如图 9-7-7 所示。

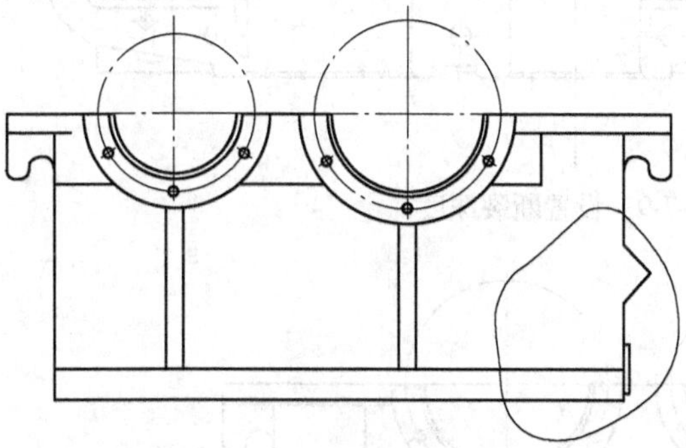

图 9-7-5 绘制样条曲线

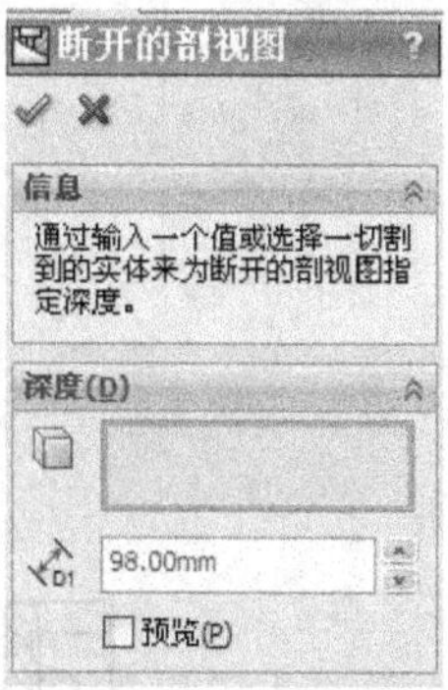

图 9-7-6 设置深度

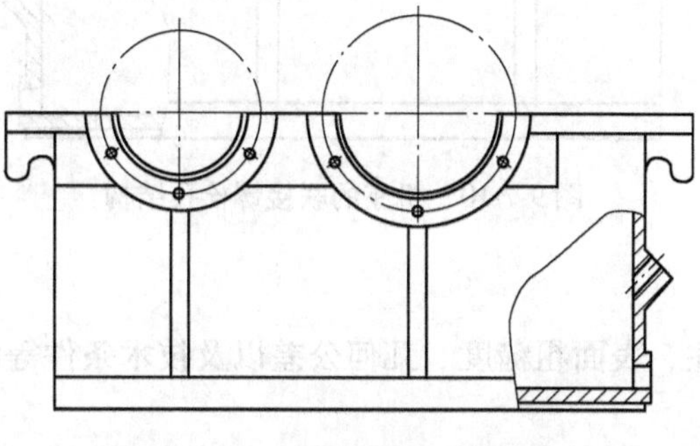

图 9-7-7 机座的断开的剖视图

5）绘制图 9-7-8 左上方所示的封闭的样条曲线。选中样条曲线，单击【常用】工具栏中的【工程图】→【断开的剖视图】按钮，系统弹出【断开的剖视图】属性管理器，设置俯视图中左下方的螺栓孔为参考断裂深度，如图 9-7-9 所示，单击【确定】按钮完成操作，结果如图 9-7-10 所示。

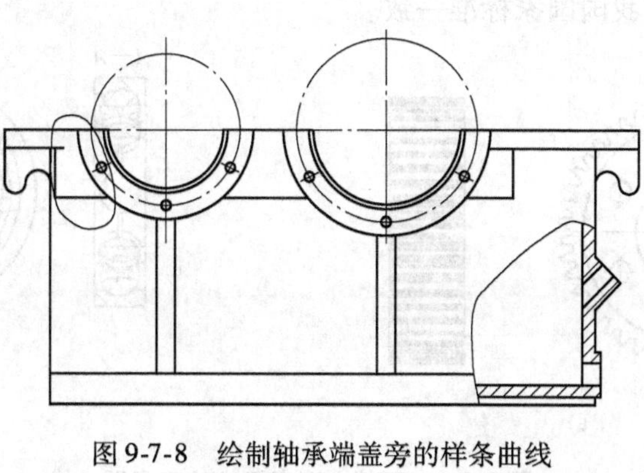

图 9-7-8 绘制轴承端盖旁的样条曲线

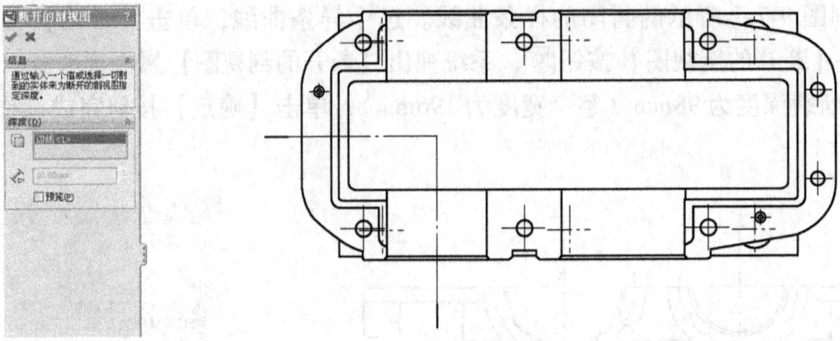

图 9-7-9　设置断裂深度

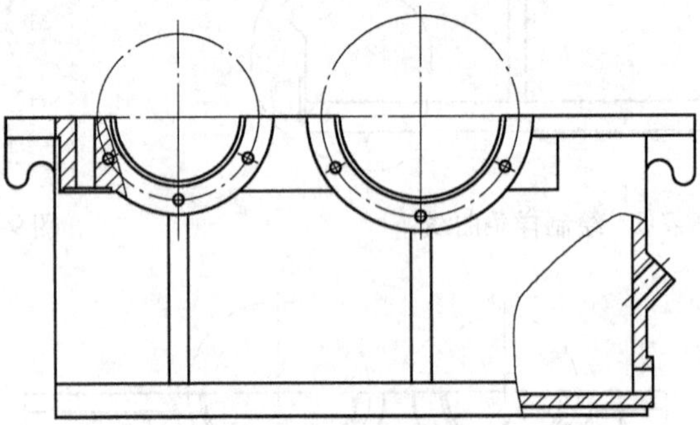

图 9-7-10　机座的联接螺栓孔结构

2. 为视图添加标注

为机座添加尺寸标注、表面粗糙度、几何公差以及技术条件等的操作方法和轴、盖类零件相同，此处不再详述。

9.8　工程图的标准化问题

SolidWorks 生成的二维工程图是纯粹的实体投影，有些地方并不符合我国国家标准中的规定，如齿轮、轴承在工程图中的投影如图 9-8-1 所示。因此必须对模型所生成的工程图进行标准化处理，使之与我国国家标准一致。

a)　　　　b)

图 9-8-1　不符合国家标准的工程图

a）齿轮的工程图　b）轴承的工程图

9.8.1 螺纹联接件的表达

装饰螺纹线是螺纹的规定画法。装饰螺纹线可以在零件造型里添加，也可以在工程图中添加。在零件图中添加的螺纹装饰线可以反映在工程图中；在工程图中添加的装饰螺纹线，在相应的零件更新中也可以添加到模型中。下面以螺栓为例演示在工程图中添加螺纹装饰线的过程，在零件模型中添加螺纹装饰线的过程与此过程类似。

1）为螺栓零件建立图9-8-2所示的工程图（此螺栓杆为光杆）。

2）选择菜单命令【插入】→【注解】→【装饰螺纹线】，出现【装饰螺纹线】属性管理器，如图9-8-3所示。“圆形边线”设置为俯视图中的圆（边线1），标准为“ISO”标准，设定给定深度为“40mm”。

3）单击【确定】按钮，建立螺纹装饰线。至此，符合国家标准的螺纹工程图生成，如图9-8-4所示。

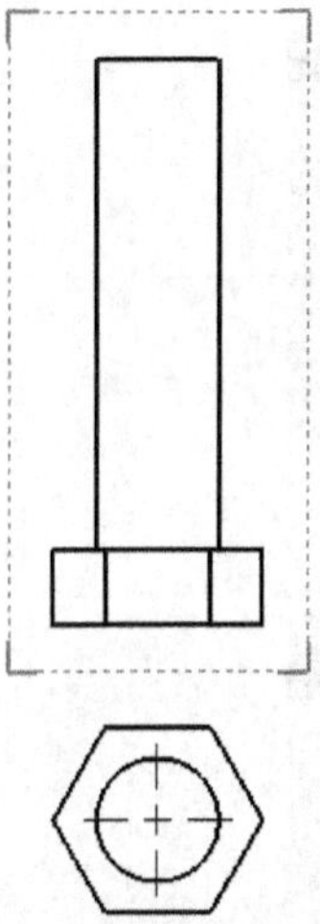

图9-8-2 螺栓杆的工程图

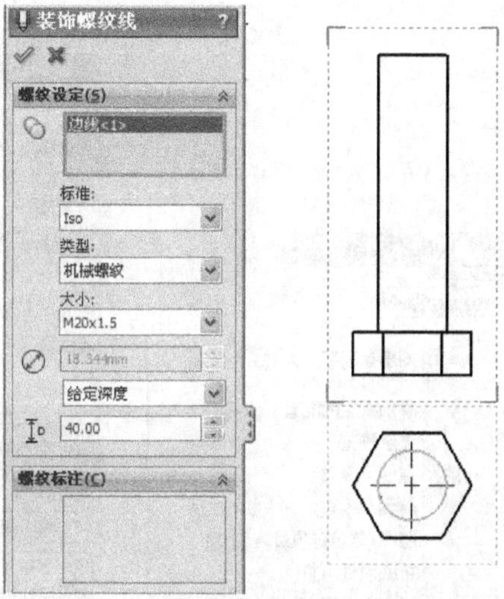

图9-8-3 【装饰螺纹线】属性设置

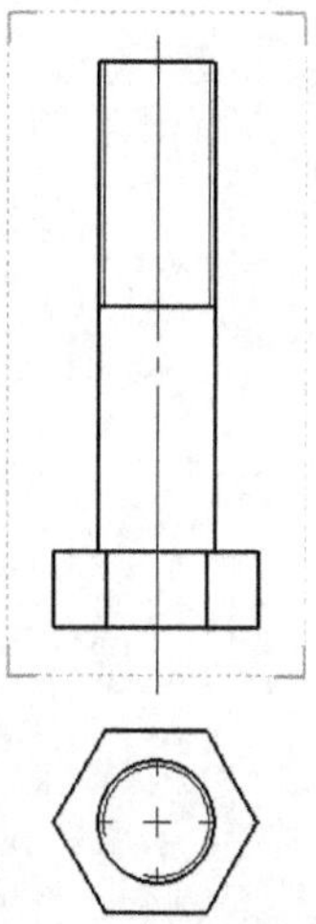

图9-8-4 标准工程图

9.8.2 齿轮的表达

国家标准规定单个圆柱齿轮的画法如下：在表示齿轮端面的视图中，齿顶圆用粗实线，齿根圆用细实线或省略不画，分度圆用点画线画出。齿轮的非圆视图一般采用半剖或全剖视图，这时轮齿按不剖处理，齿根线用粗实线绘制，且不能省略，如图9-8-5所示。

为生成符合国家标准的齿轮工程图，可通过为已有模型添加配置来实现。具体操作步骤如下：

1）激活 ConfigurationManager（配置）。ConfigurationManager 和 FeatureManager 设计树在同一个窗口中，用户可以通过窗口顶部的按钮来切换窗口的显示内容。单击按钮，窗口中会显示带有默认配置列表的 ConfigurationManager。默认配置的名称是“默认”。这个配置是建模时创建的零件——没有任何改变和压缩。

2）单击右键配置列表中需要配置的零件，选择【增加派生的配置】命令，弹出【增加配置】属性管理器，设置配置的名称为“工程图”，单击【确定】按钮，该配置自动处于激活状态，用户可以压缩、解压缩特征并对每个配置更改尺寸值，如图 9-8-6 所示。

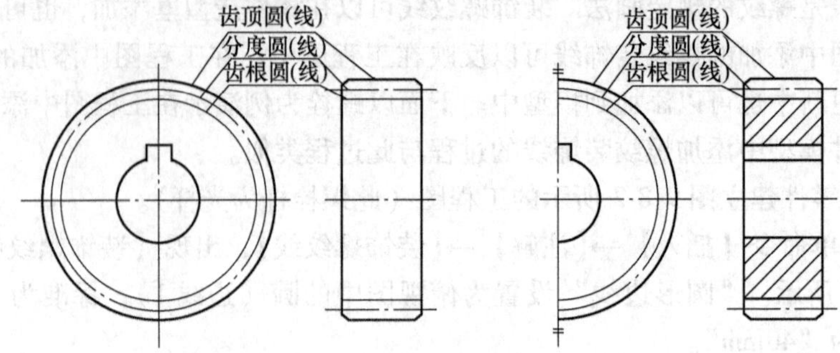

a)　　　　b)

图 9-8-5　直齿圆柱齿轮的画法

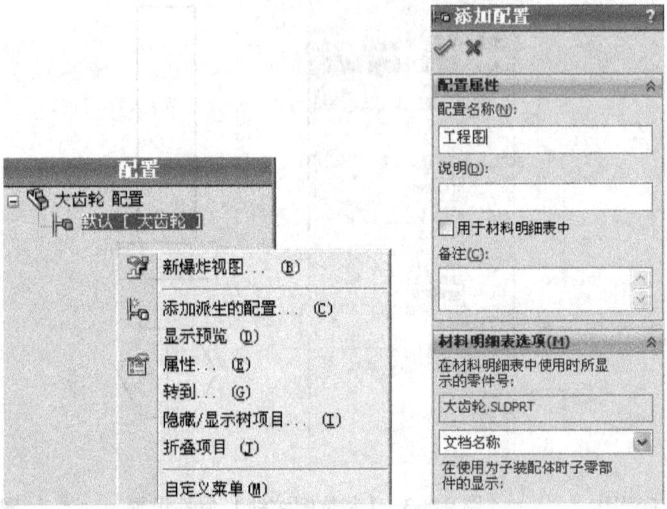

图 9-8-6　【添加配置】属性管理器

3）选中齿轮模型中的轮齿，单击右键，选择【压缩】命令，将轮齿压缩使其不可见。增加一个空心圆柱，其外径与齿轮的齿顶圆直径相等，内径与齿轮的分度圆相等，如图 9-8-7 所示。

4）将模型保存，进入工程图环境。选择【模型视图】命令，插入主视图。视图采用的是默认配置，不符合国家标准，如图 9-8-8 所示。

5）选中主视图，单击右键，选择【属性】命令，弹出【工程视图属性】对话框，在“配置信息”选项区中选择“使用命名的配置”单选按钮，并在下拉列表框中选择“工程图”，如图 9-8-9 所示。

图 9-8-7　齿轮工程图用模型

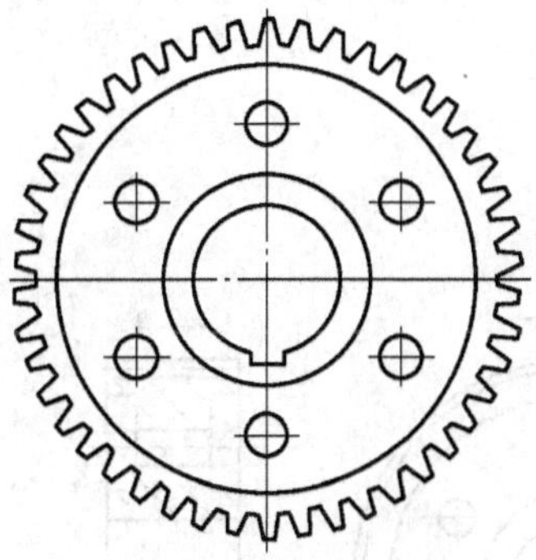

图9-8-8　齿轮主视图

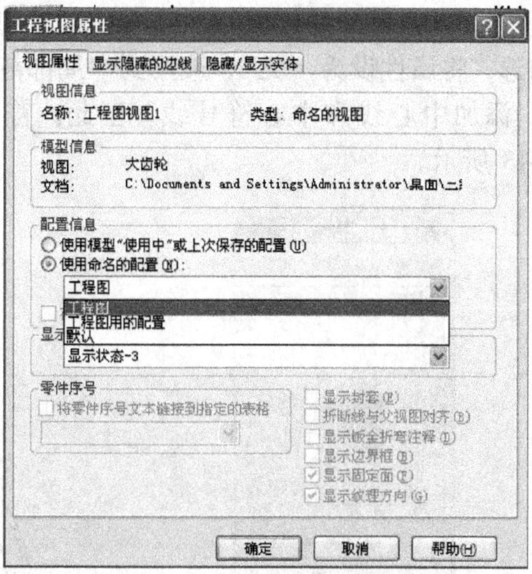

图9-8-9　【工程视图属性】对话框

6）主视图变为与“工程图”配置相对应的视图。采用【剖面视图】命令，为主视图添加一个全剖的左视图，如图9-8-10所示。

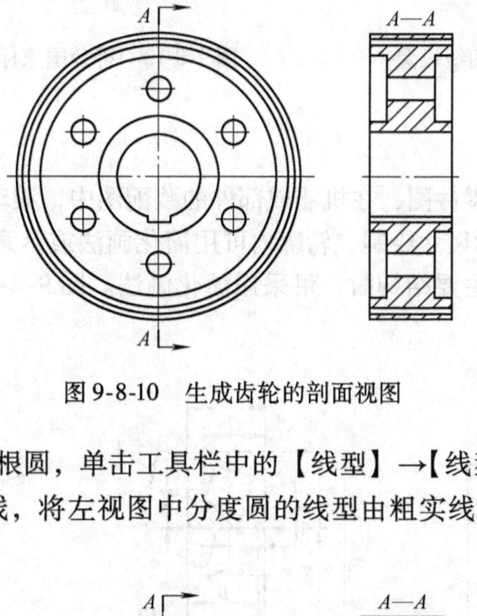

图9-8-10　生成齿轮的剖面视图

7）隐藏主视图中的齿根圆，单击工具栏中的【线型】→【线型样式】按钮将分度圆的线型由粗实线改为点画线，将左视图中分度圆的线型由粗实线改为点画线，如图9-8-11所示。

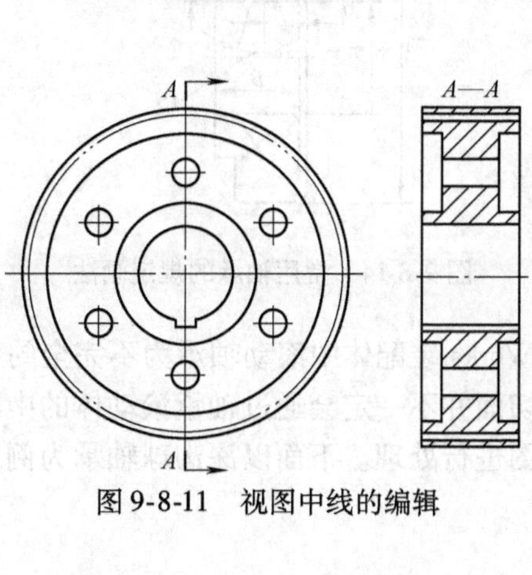

图9-8-11　视图中线的编辑

8）选中轮齿部分的剖面线，弹出【区域剖面线/填充】属性管理器，去掉“材质剖面线”勾选，将属性设为“无”，应用到“局部范围”，如图 9-8-12 所示。

9）添加中心线和中心符号线。至此，符合国家标准规定的齿轮工程视图生成，如图 9-8-13 所示。

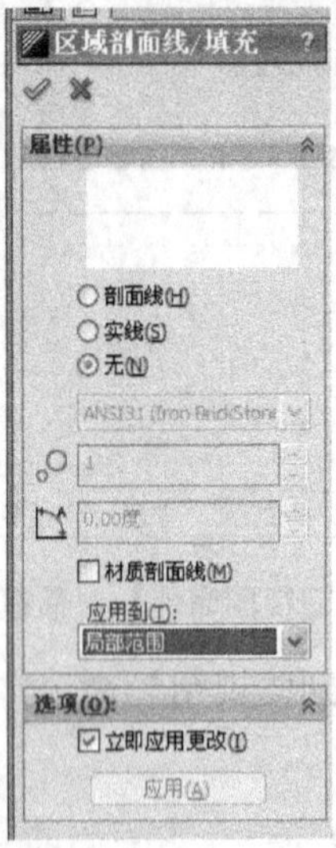

图 9-8-12　轮齿剖面线设置

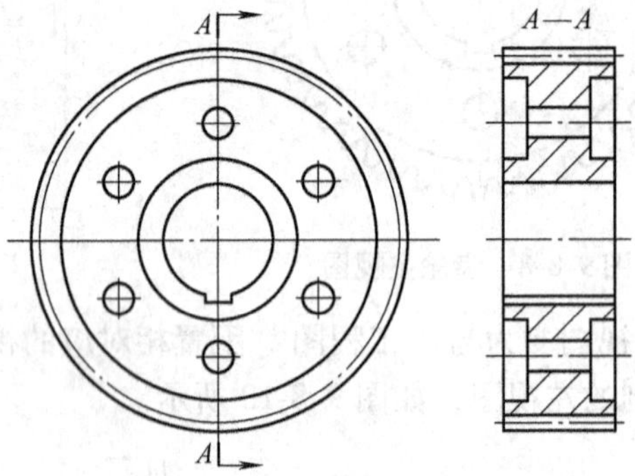

图 9-8-13　符合国家标准的齿轮工程图

9.8.3　轴承的表达

滚动轴承一般不必画零件图，在机器或部件的装配图中，滚动轴承剖视图轮廓应按外径 D、内径 d、宽度 B 等实际尺寸绘制，轮廓内可用简化画法或示意画法绘制。在装配图中需要较详细表达滚动轴承的主要结构时，可采用简化画法。图 9-8-14 所示为常用轴承的规定画法。

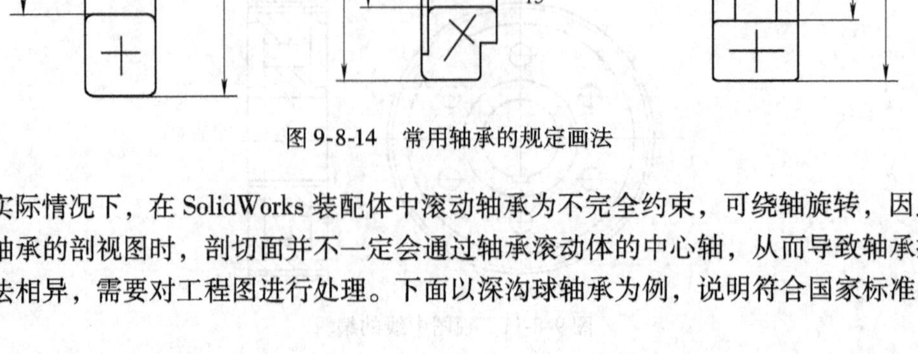

图 9-8-14　常用轴承的规定画法

在实际情况下，在 SolidWorks 装配体中滚动轴承为不完全约束，可绕轴旋转，因此在生成滚动轴承的剖视图时，剖切面并不一定会通过轴承滚动体的中心轴，从而导致轴承投影与规定画法相异，需要对工程图进行处理。下面以深沟球轴承为例，说明符合国家标准的轴承工程图的创建。

1）参照“齿轮”零件中的配置方法，在深沟球轴承建模过程中，建立2个配置，即“默认配置”和“工程图配置”。在“默认配置”中滚动体模型与实际相符，由内圈、外圈、滚动体和保持架组成，如图9-8-15a所示；在“工程图配置”中，将滚动体和保持架压缩，采用一圆环来代替圆球，圆环截面圆直径与“默认配置”中圆球直径相等，如图9-8-15b所示。

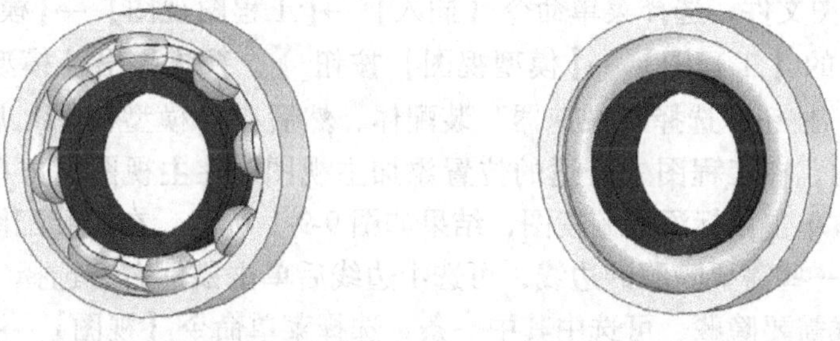

a) b)

图9-8-15 深沟球轴承模型

a） 默认配置模型 b）工程图用配置模型

2）在工程图中，将视图属性中的“配置信息”选为“使用命名的配置”并选择“工程图用配置”，通过添加【剖面视图】命令，得到的轴承工程图如图9-8-16a所示。

3）将多余的线隐藏。将圆环的剖面线设为“无”（具体步骤参考9.8.2小节）。最后为视图添加中心符号线，通过以上处理，得到的工程图已符合轴承的规定画法，如图9-8-16b所示。

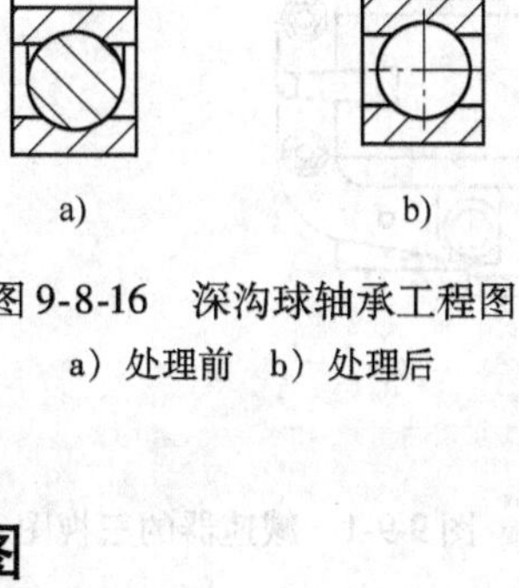

a) b)

图9-8-16 深沟球轴承工程图

a）处理前 b）处理后

9.9 减速器装配体工程图

装配体工程图与零件工程图创建类似，但由于装配体较零件复杂，部分创建视图的命令又增加了专门针对装配体的功能。当需要生成详细工程图时，对装配体有几个特别的要求，除了需要详细的视图之外，还需要材料明细表和零件序号来完整地记录这个装配体。下面就以减速器装配体为例，介绍装配体工程图的创建。本例中综合了装配体主要视图的创建、剖视图的创建、装配体尺寸的标注、材料明细表及零件序号的创建等内容。

9.9.1 创建工程图

创建工程图的具体步骤如下：

1）新建工程图文件，选择菜单命令【插入】→【工程图视图】→【模型视图】，或单击【常用】工具栏中的【工程图】→【模型视图】按钮，系统弹出【模型视图】属性管理器。单击【浏览】按钮，选择“减速器”装配体，然后在【模型视图】属性管理器中，选择插入的视图方向，在工程图中合适的位置添加主视图，在主视图右方单击鼠标添加左视图，在主视图下方单击鼠标添加俯视图，结果如图 9-9-1 所示。在此装配图中可设置为“切边不可见”，对于一些需要隐藏的边线，可选中边线后单击鼠标右键选择【隐藏】命令。如果有多种该类型线需要隐藏，可选中其中一条，选择菜单命令【视图】→【隐藏所有类型】。

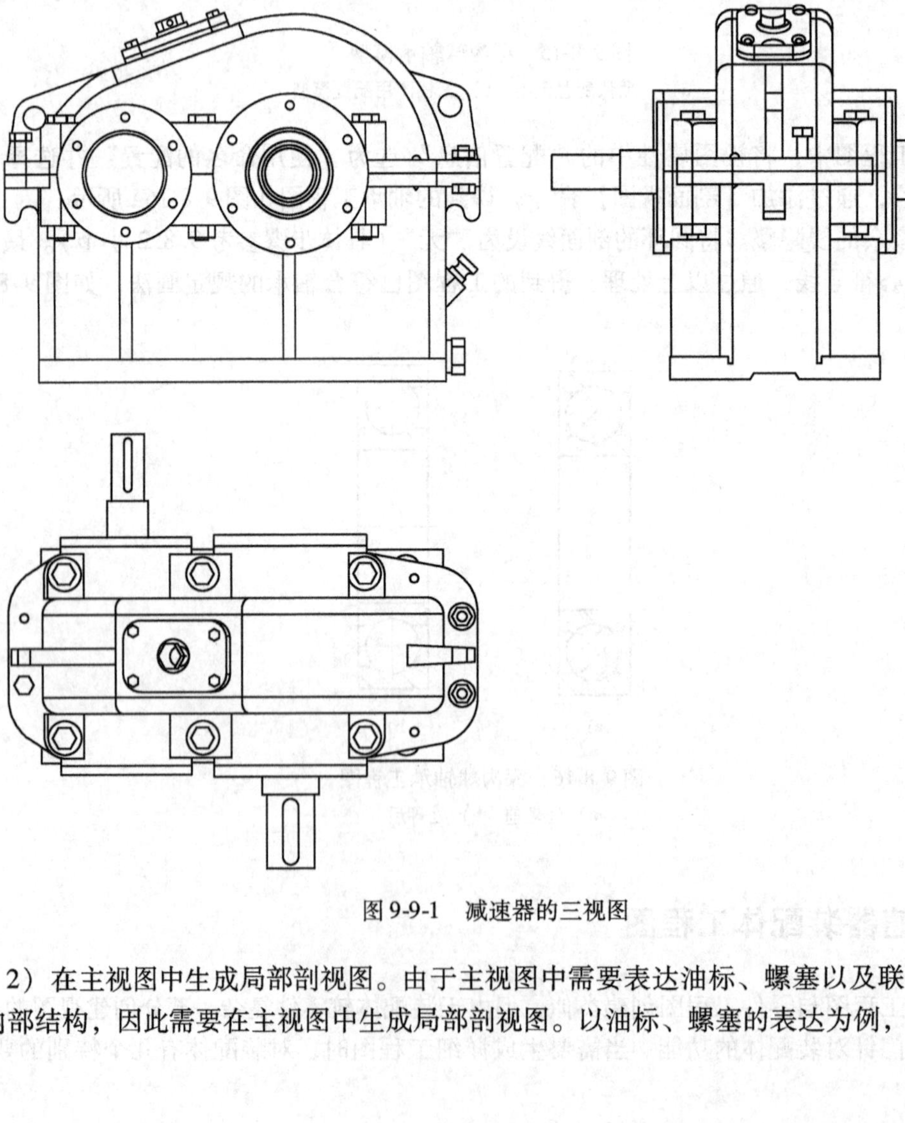

图 9-9-1　减速器的三视图

2）在主视图中生成局部剖视图。由于主视图中需要表达油标、螺塞以及联接螺栓等处的内部结构，因此需要在主视图中生成局部剖视图。以油标、螺塞的表达为例，首先在需要剖切的部位绘制一封闭的样条曲线（图 9-9-2a），选中该曲线，选择【断开的剖面视图】命令，系统弹出【剖面视图】属性管理器，选择不剖切的零部件油标、螺塞（图 9-9-2b），设定剖切深度为 200mm（剖切至箱体对称面为止），生成带有局部剖的主视图，如图 9-9-3 所示。

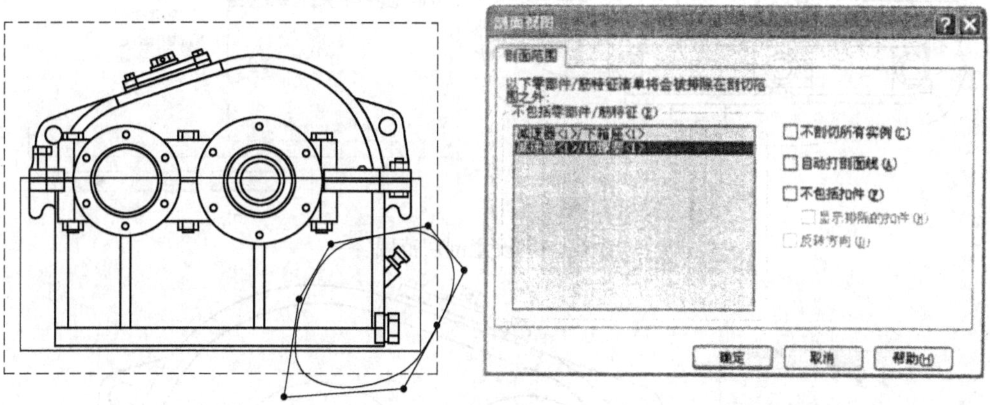

a)　　　　　　　　　　　　　　b)

图 9-9-2　设定主视图中的剖切范围

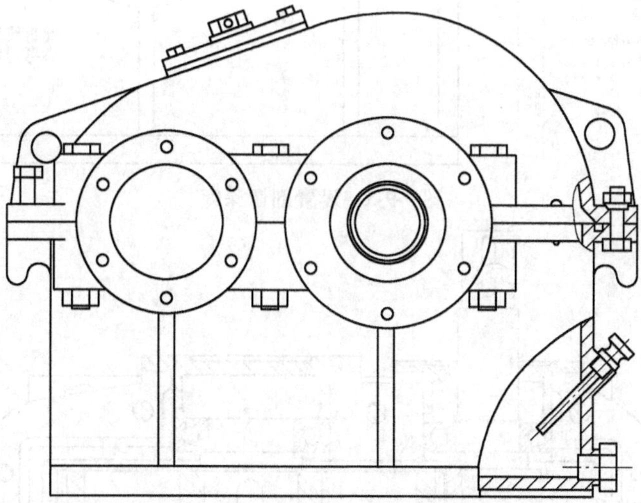

图 9-9-3　带有局部剖的减速器主视图

3）在俯视图中生成局部剖视图。绘制如图 9-9-4a 所示的封闭的样条曲线，选中该曲线，选择【断开的剖面视图】命令，系统弹出【剖面视图】属性管理器，选择不包括的零部件，在图中选择高速轴和低速轴作为不剖零件，如图 9-9-4b 所示。选定主视图中箱体和箱盖结合面处的边线为参考剖切深度，如图 9-9-5 所示。

4）至此，减速器的局部剖视图初步形成，隐藏相应的剖面线、边线，并通过修改线型，得到如图 9-9-6 所示的带有局部剖切的俯视图。

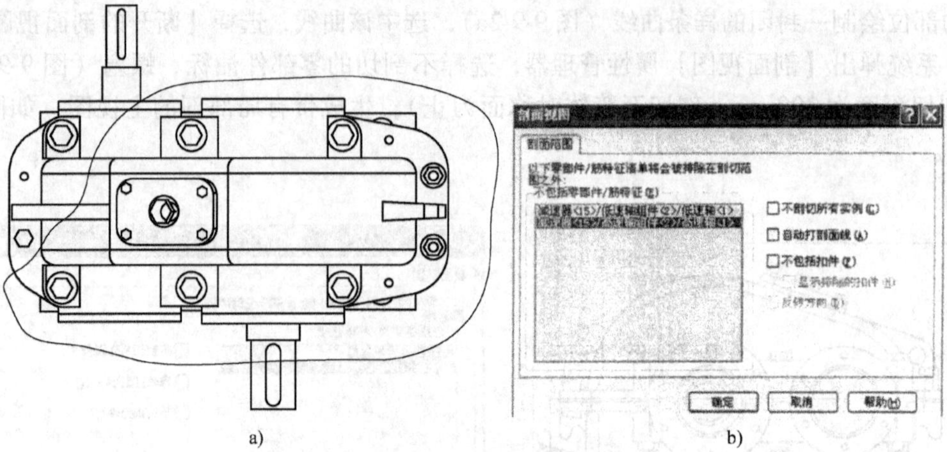

a)　　　　　　　　b)

图 9-9-4　设置剖切范围

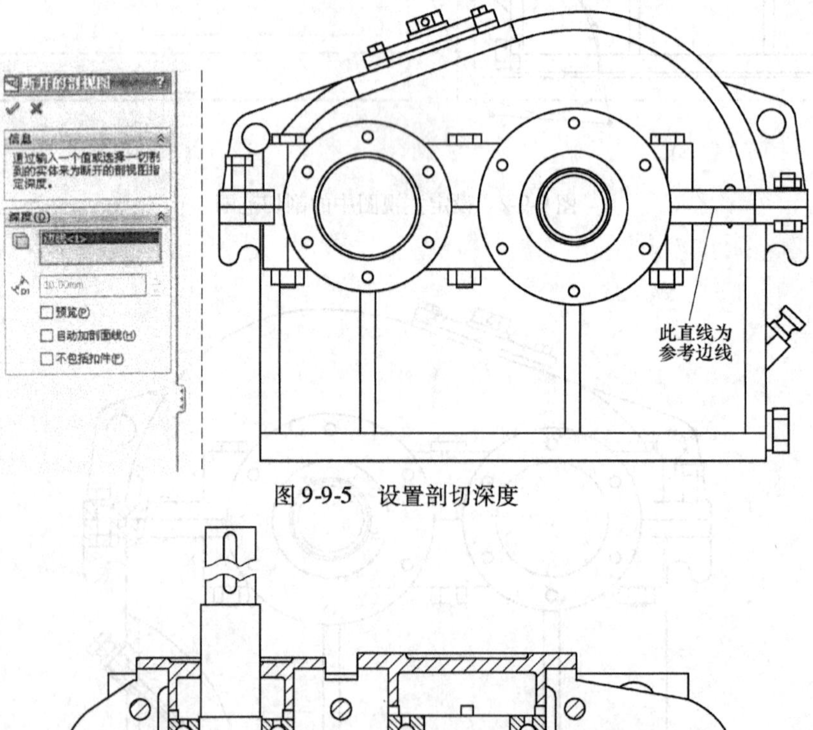

图 9-9-5　设置剖切深度

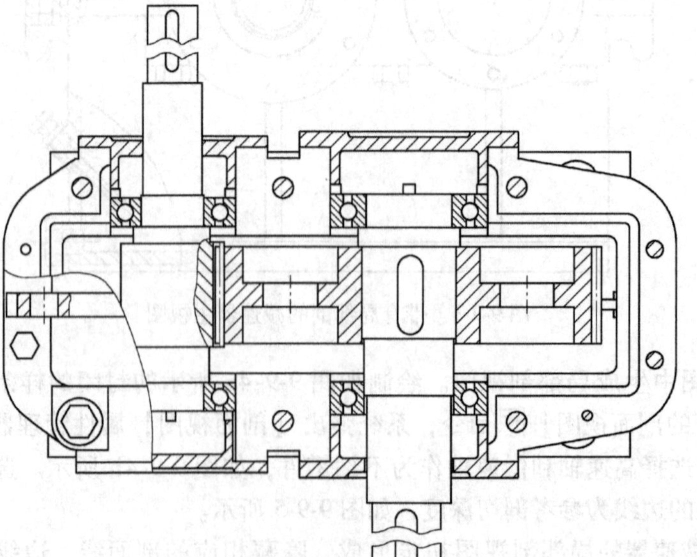

图 9-9-6　带有局部剖的俯视图

注意

如果生成的剖视图中齿轮、轴承不符合国家标准规定，可增加减速器装配图的“工程图”配置，在“工程图”配置中，使齿轮、减速器采用“工程图”配置，具体操作步骤可参考9.8节所述。

9.9.2 插入材料明细表

材料明细表，又称BOM表，用于提取装配体工程图中零件或装配体的参数，如零件名称、材料等，这些参数是和零件模型中的参数相对应的。系统默认在菜单命令【选项】→【文档属性】→【绘图标准】→【表格】→【材料明细表】中选择【自动更新材料明细表】命令，这样当在装配体中添加或删除零部件时，材料明细表会自动更新以反映这些更改。

1. 设置材料明细表定位点

材料明细表定位点用于在工程图中确定材料明细表的位置，需要在图纸格式中设定。先在设计树中右键单击“图纸1”（或在图形区右键单击图纸），在弹出的快捷菜单中选择【编辑图纸格式】命令，进入图纸编辑状态。右键单击图9-9-7所示的断点，在弹出的快捷菜单中，选择【设为定位点】→【材料明细表】命令，将该点设置为材料明细表的定位点。再在设计树中右键单击“图纸1”（或在图纸空白处右键单击鼠标），在快捷菜单中选择【编辑图纸】，退出图纸格式编辑状态即可。

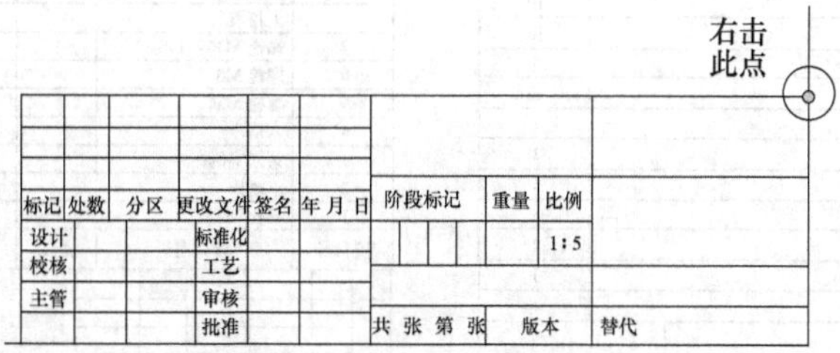

图9-9-7 设置定位点

2. 插入材料明细表

选择菜单命令【插入】→【表格】→【材料明细表】，系统弹出【材料明细表】属性管理器，如图9-9-8所示。选择一个工程视图（本例中为主视图）作为生成材料明细表的指定模型。在【表格模板】属性管理器中单击【为材料明细表打开表格模板】按钮，选择合适的材料明细表模板，设置完其他参数后单击【确定】按钮，这时会在图纸中插入材料明细表，如图9-9-9a所示。

3. 修改材料明细表

添加的材料明细表的列数、列宽、行高等可能不符合国家标准规定，因此需要手动对其进行修改使其符合有关规定。在材料明细表中可以通过手动方式添加列或行，并通过编辑单元格和列属性来添加项目。这些操作可通过在材料明细表中任意位置单击，在弹出的快捷菜单中选择相应的命令进行操作。通过选择菜单命令【插入】→【右列】和【格式化】→【列宽】（【行高度】）等，将材料明细表设置为符合国家标准规定的材料明细表，如图9-9-9b所示。

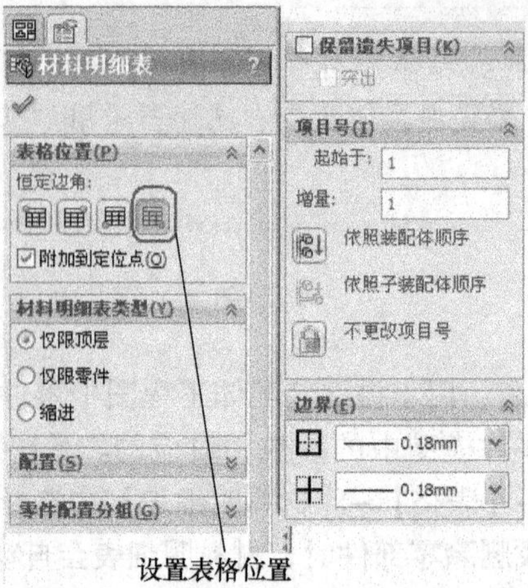

图 9-9-8 【材料明细表】属性管理器

项目号	零件号	说明	默认 / 数量
1	下箱体		1
2	大端盖		1
3	小端盖		1
4	大通盖		1
5	小通盖		1
6	螺栓 M36		6
7	大垫片		10
8	第二实例		10
9	螺栓 M20		16
10	螺栓 M36×100		4
11	小垫片		16
12	通气塞		1
13	螺塞		1
14	窥视孔盖		1
15	螺栓 M6		4
16	上箱盖		2
17	低速轴组件		1
18	高速轴组件		1

标记 处数 分区 更改文件 签名 年月日
阶段标记 重量 比例
设计 标准
校核 工艺
设计 审核
批准
1:5
共 张 第 张 版本 替代

a)

18	下箱体			1
17	低速轴组件			1
16	大端盖			1
15	大通盖			1
14	小端盖			1
13	小通盖			1
12	窥视孔盖			1
11	螺塞			1
10	通气塞			1
9	高速轴组件			1
8	上箱盖			2
7	螺栓 M36×100			4
6	螺栓 M6			4
5	螺栓 M36			6
4	大垫片			10
3	第二实例			10
2	小垫片			16
1	螺栓 M20			16
项目号	零件号	备注	材料	默认 / 数量

D

标记 处数 分区 更改文件 签名 年月日
阶段标记 重量 比例
设计 标准
校核 工艺
设计 审核
批准
1:5
共 张 第 张 版本 替代
6

b)

图 9-9-9 添加材料明细表

a）系统生成的材料明细表　b）符合国家标准的材料明细表

9.9.3 标注零件序号

零件序号在装配体工程图中用来显示与材料明细表相对应的零部件信息。在装配图中插入零件序号，可以使用手工依次选择零件添加序号，也可以使用自动添加序号。自动添加零件序号的操作步骤如下：

1）激活要标注零件序号的视图（本例为主视图），选择菜单命令【插入】→【注解】→【零件序号】按钮，系统弹出【零件序号】属性管理器，在“零件序号设定”选项中，作如下设置："样式"为"下画线"，零件序号文字为"文本"（文本内容为零件编号）；另外，对其他相关属性进行设置后，插入零件序号。

2）添加的引线、箭头等形式可能不符合有关规定，可选中各零件标号并单击，弹出【零件序号】属性管理器，对相应选项进行设置。如果需要更多设置则需选择【更多属性】命令，在弹出的【注释】属性管理器中，可对引线、文字大小等进行设置，结果如图9-9-10所示。至此，减速器的工程图初步形成。

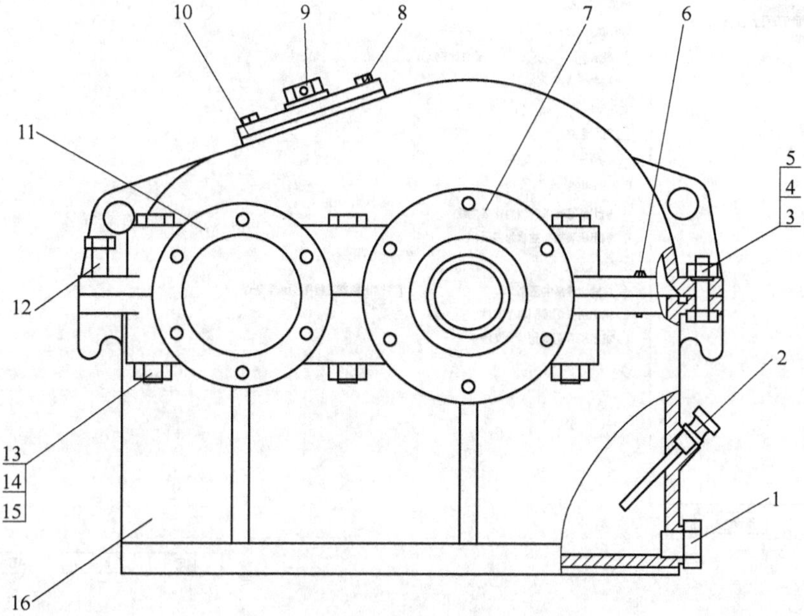

图9-9-10 为主视图添加零件序号

9.10 SolidWorks的工程图输出

9.10.1 SolidWorks的工程图输出为dwg格式

在实际工作中，经常需要将SolidWorks的工程图输出为dwg格式，将SLLDRW格式转换为dwg格式的操作步骤如下：

1）打开文件"轴.SLDDRW"。

2）选择菜单命令【文件】→【另存为】，系统弹出【另存为】对话框，在【保存类型】中选择"dwg（*.dwg）"格式，即将文件类型设置为dwg格式。

3）在【另存为】对话框中单击【选项】按钮，系统弹出图9-10-1所示的【输出选项】对话框，在"文件格式"选项卡中选中"DXF/DWG"选项，在"版本"下拉列表中选择相应版本，在"字体"下拉列表中选择"TrueType"选项，在"线条样式"下拉列表中选择"AutoCAD"选项，其他参数采用系统默认值。

4）在【输出选项】对话框中单击【确定】按钮，在【另存为】对话框中指定文件的保存路径，单击【保存】按钮，完成 SLDDRW 格式转换为 dwg 格式的操作。

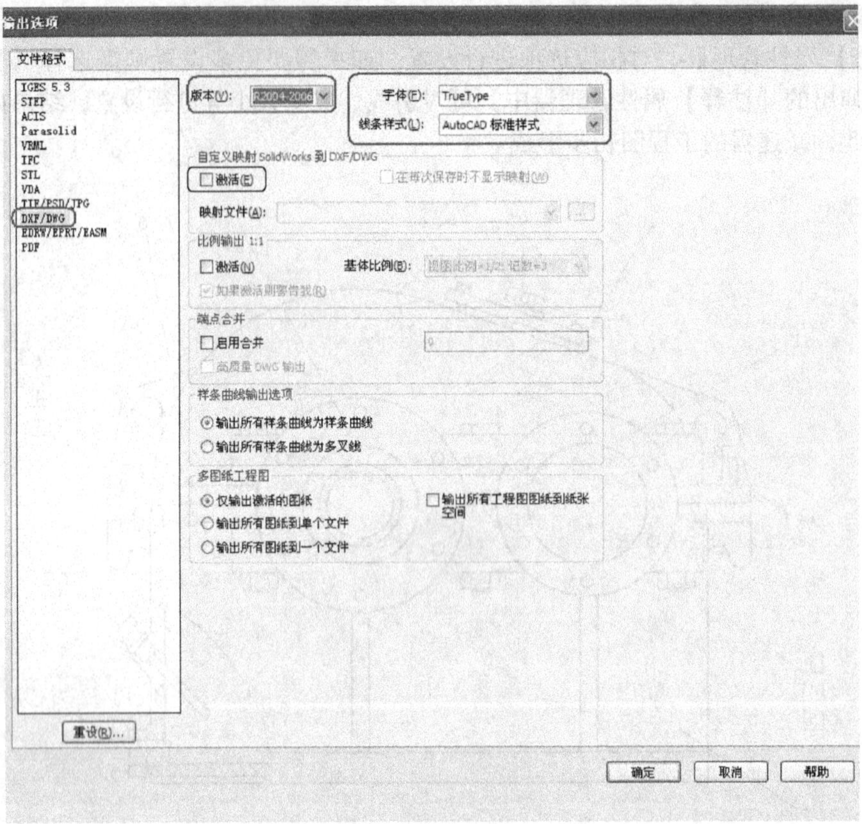

图 9-10-1 【输出选项】对话框

9.10.2 图层的兼容性问题

通过直接另存为 dwg 格式转换得到的图纸，所有的图形实体都是在同一个图层上，在 AutoCAD 里进一步编辑和打印比较麻烦。下面介绍在输出 dwg 格式文件时，如何设置图层和线型的转换。

1）在上一步将 SLDDRW 文件转换为 dwg 格式的过程中，在【输出选项】对话框的"自定义映射 SolidWorks 到 DXF/DWG"选项中，勾选"激活"选项卡，如图 9-10-1 所示，单击【确定】按钮。

2）返回到【另存为】对话框，单击【保存】按钮，系统弹出【SolidWorks 到 DXF/DWG 映射】对话框，通过这个对话框可以设置 SolidWorks 图形实体与 AutoCAD 图层的映射关系。在【定义图层】列表中设置 AutoCAD 中的图层及各图层线条样式，在【映射实体】中设置 SolidWorks 各图形实体所映射的图层，如图 9-10-2 所示，设置完成后，可以单击【保存映射文件】按钮保存映射文件以备下次使用，单击【确定】按钮。

3）在 AutoCAD 中打开转换后的文件，可以看到已经自动生成的各个图层。如图 9-10-3 所示。

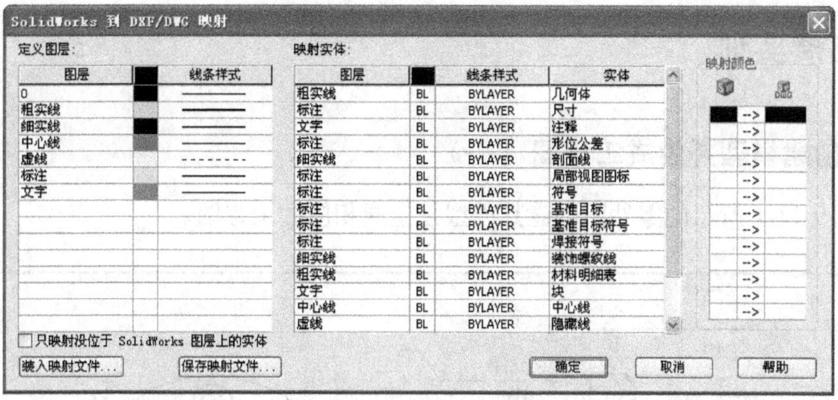

图 9-10-2　定义图层映射

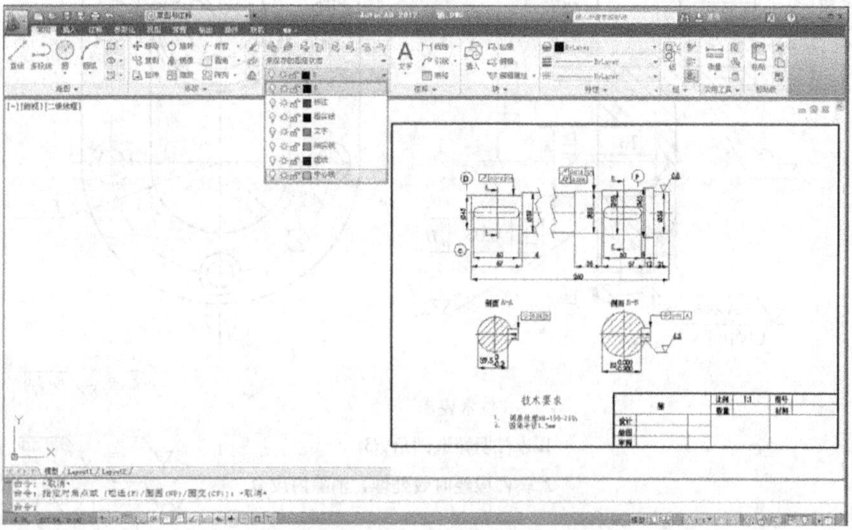

图 9-10-3　在 AutoCAD 中打开转换后的文件

9.10.3　转换注意事项

转换过程中，需要注意以下几点：

1）两个系统之间进行转换，不可避免地会出现一些小问题，转换后还要注意检查一下。

2）SolidWorks 工程图文件中的剖面线往往在转换过程中不能像 AutoCAD 中那样成为“块”，有些剖面线还不能转换到 AutoCAD 文件中。

3）文字的转换在不同版本的 SolidWorks 中可能出现意想不到的结果，不能很好地转换。

4）一些辅助草图或者剖面线可能出现在转换后的 AutoCAD 文件中，需要在检查中注意将它们删除掉。

5）尺寸线在转换后容易出现问题，建议将尺寸标注线放到不同的层中，这样在转化后可以方便对尺寸的修改。

9.11　拓展实训

9.11.1　创建模型并生成工程图（一）

按照图 9-11-1 所示的零件图创建其模型并生成相应的工程图。

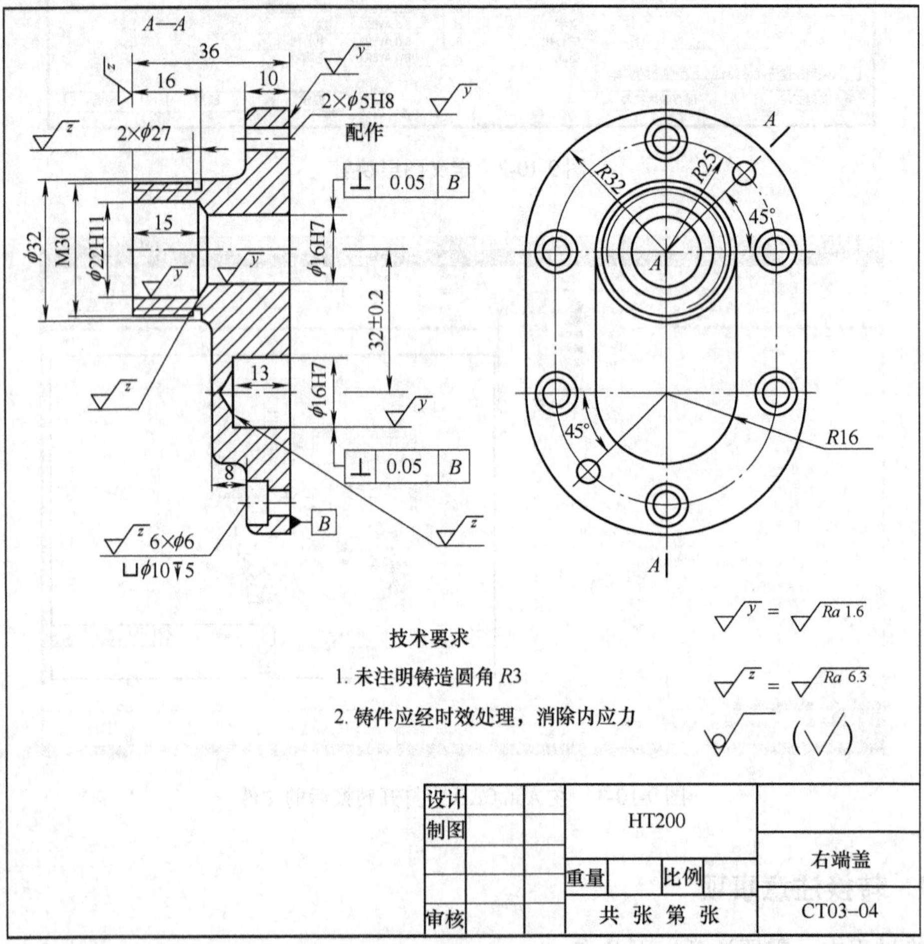

图 9-11-1　实训图（一）

绘图提示：

➢建模过程应是：拉伸基体→拉伸切除孔（或旋转切除）。

➢中间阶梯孔用旋转切除最便捷。

➢工程图采用旋转剖来表达。

9.11.2　创建模型并生成工程图（二）

按照图 9-11-2 所示的零件图创建其模型并生成相应的工程图。

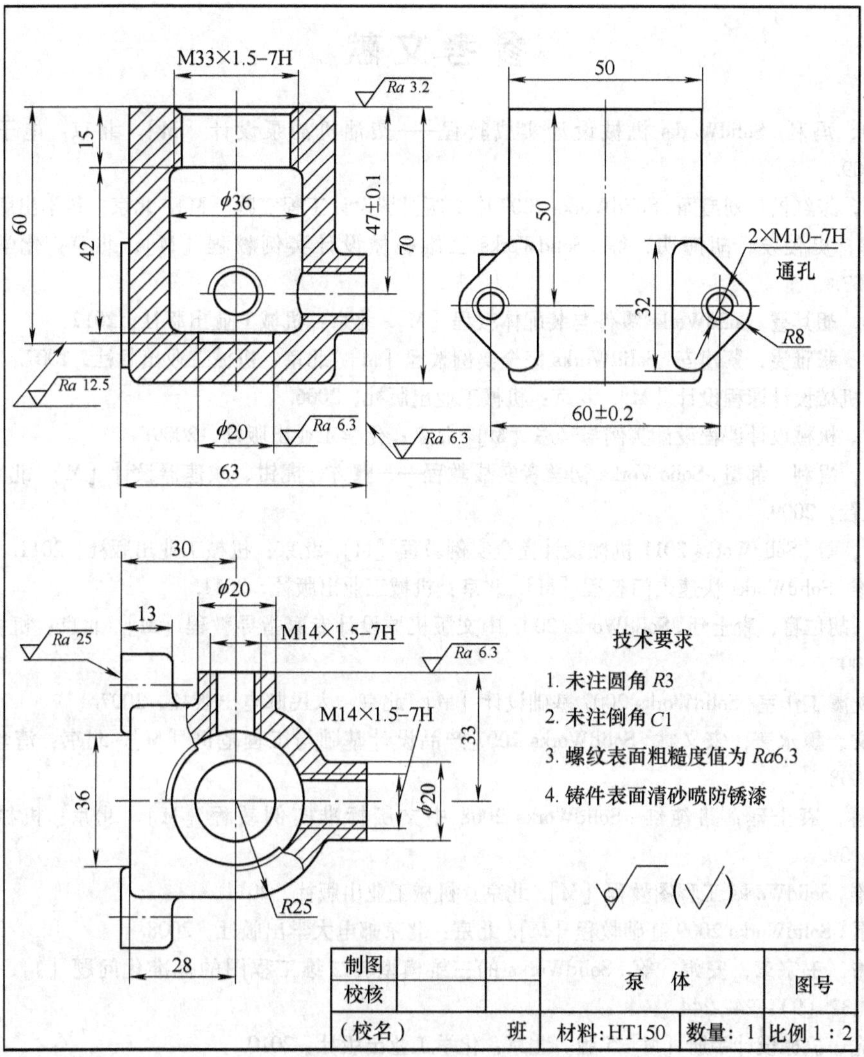

图 9-11-2　实训图（二）

绘图提示：

➢主体通过拉伸命令生成，在建立泵体进出口时要先建立基准面，选用拉伸到下一面方式生成。吊耳也通过先建立基准面，然后拉伸一定深度生成。

➢工程视图中主视图采用全剖视图来表达，俯视图采用局部剖视图来表达。

参考文献

[1] 段建中，冯利．SolidWorks 机械设计实战教程——柴油机油泵设计［M］．北京：电子工业出版社，2009.
[2] 胡仁喜，张红松．刘昌丽．SolidWorks 2007 中文版机械设计工程实践［M］．北京：科学出版社，2007.
[3] 邱龙辉，史俊友，胡海明，等．SolidWorks 三维机械设计实例教程［M］．北京：化学工业出版社，2007.
[4] 陈超祥，胡其登．SolidWorks 零件与装配体教程［M］．北京：机械工业出版社，2012.
[5] 谢忠佑，张雅雯，蔡建安．SolidWorks 完全实例教程［M］．北京：机械工业出版社，2007.
[6] 陆玉．机械设计课程设计［M］．北京：机械工业出版社，2006.
[7] 骆素君．机械设计课程设计实例与禁忌［M］．北京：化学工业出版社，2009.
[8] 段建中，冯利，郝魁．SolidWorks 初学者实战教程——魔方、虎钳、减速器设计［M］．北京：电子工业出版社，2009.
[9] 张忠将，等．SolidWorks 2011 机械设计完全实例教程［M］．北京：机械工业出版社，2011.
[10] 詹迪维．SolidWorks 快速入门教程［M］．北京：机械工业出版社，2011.
[11] 赵健，胡仁喜，康士廷．SolidWorks 2007 中文版机械设计专家指导教程［M］．北京：机械工业出版社，2007.
[12] 二代龙震工作室．SolidWorks 2007 基础设计［M］．北京：人民邮电出版社，2007.
[13] 曹立文，魏永庚，宋义林．SolidWorks 2007 产品设计基础与工程范例［M］．北京：清华大学出版社，2008.
[14] 胡仁喜，康士廷，路纯红．SolidWorks 2008 中文版标准实例教程［M］．北京：机械工业出版社，2009.
[15] 詹迪维．SolidWorks 工程图教程［M］．北京：机械工业出版社，2011.
[16] 李大磊．SolidWorks 2009 基础教程［M］．北京：北京邮电大学出版社，2008.
[17] 吴士彬，王宗彦，安娟，等．SolidWorks 的三维模型转二维工程图的标准化问题［J］．煤矿机械，2011，32（9）：242-244.
[18] 成大先．机械设计手册［M］．5 版．北京：化学工业出版社，2010.
[19] 崔凤奎，等．SolidWorks 机械设计［M］．北京：机械工业出版社，2007.